Angewandte
Thermodynamik

Die Grundlagen der Angewandten Thermodynamik

Von

Dr.-Ing. habil. Kurt Nesselmann

Wiesbaden

Mit 311 Abbildungen und 5 Diagrammen
im Text

Springer-Verlag Berlin Heidelberg GmbH

ISBN 978-3-642-53072-2   ISBN 978-3-642-53071-5 (eBook)
DOI 10.1007/978-3-642-53071-5

Vorwort.

Die Anforderungen, die auf dem Gebiet der Thermodynamik an den wissenschaftlich und auch praktisch arbeitenden Ingenieur gestellt werden, sind in den vergangenen 25 Jahren lawinenartig gewachsen. Man kann sich heute nicht mehr damit begnügen, lediglich die Thermodynamik der einheitlichen Stoffe, also im wesentlichen die Thermodynamik der Gase und Dämpfe zu beherrschen. Die Thermodynamik der Lösungen und chemischen Reaktionen, die Lehre vom Wärmeaustausch und nicht zum mindesten auch die Lehre vom Stoffaustausch, also die Probleme, die mit den Diffusionserscheinungen zusammenhängen, sind auch in ihrer Anwendung so weit vorgedrungen, daß sie nicht mehr als Anhängsel, sondern als mit der Lehre von den einheitlichen Stoffen gleichberechtigte Gebiete angesehen werden müssen.

Eine geschlossene Darstellung der gesamten Thermodynamik würde mehrere Bände füllen, und selbst die Beschränkung auf ihren angewandten Teil in ausführlichster und breitester Darstellung ergäbe ein Werk, das seines Umfanges wegen von einer Durcharbeitung abschrecken würde. Es würde mehr den Charakter eines umfassenden Nachschlagewerkes annehmen.

Den Verfasser lockte die Aufgabe, den angewandten Teil der Thermodynamik in einem solchen Umfang darzustellen, daß sich das Buch noch zum Durcharbeiten eignet, ohne wesentliche Teile des Gebietes auszulassen.

Dies konnte nur dadurch ermöglicht werden, daß das Buch wirklich nur Thermodynamik lehrt. Daher wurde alles herausgelassen, was auf technische Einzelheiten hinzielt. So werden zwar die Kreisprozesse für die Wärmekraftmaschinen und die Zustandsänderungen in den Maschinen selbst ausführlich besprochen. Auf die Spezialfragen jeder Maschinengattung ist jedoch nicht eingegangen. Wer eine Dampfturbine konstruieren will, wird der Spezialwerke doch nicht entraten können. Das vorliegende Buch soll jedoch den Leser so weit bringen, daß er die thermodynamischen Vorgänge innerhalb der Maschinen und die sonstigen thermodynamischen Prozesse versteht und zu verfolgen lernt.

Somit mußte sich der Verfasser auf das Wesentliche und Grundsätzliche der thermodynamischen Vorgänge beschränken und versuchen, den Leser zum thermodynamischen Denken zu erziehen, um ihn schließlich so weit zu bringen, für alle auftauchenden Fragen wenigstens gerüstet zu sein. Da insbesondere der II. Hauptsatz für die Lösung vieler Probleme von Wichtigkeit ist und die vollkommenste Ausnutzung einer thermodynamischen Anordnung abzuschätzen gestattet, ist auf seine gedankliche Durchdringung viel Wert gelegt worden. Die Entropie, die dem Anfänger erfahrungsgemäß oft Schwierigkeiten bereitet, wird zunächst als reine Rechengröße eingeführt und erst später wird ihre tiefere Bedeutung gezeigt. Bezüglich der Behandlung der Gemische kann eine moderne Darstellung nicht auf das von MERKEL und BOSNJAKOVIC eingeführte Entalpie-Konzentrationsdiagramm verzichten. Indessen gibt es diese Diagramme bisher nur für einige wenige Gemische. Da jedoch in der Praxis häufig Einzelfragen über Gemische auftauchen, für die solche Diagramme nicht vorhanden sind, und wo sich auch die Aufstellung eines solchen Diagrammes nicht lohnt, ist auch die Behandlung dieser Probleme ohne dieses Hilfsmittel gezeigt. Einige eingestreute Beispiele dürften förderlich sein. An vielen Stellen ist auf das Schrifttum verwiesen, das zu vertieftem Studium führt. Insofern verfolgt das Buch also einen lehrhaften Zweck. Indessen hofft der Verfasser, daß auch der fortgeschrittene Thermodynamiker das Buch mit Erfolg wird benutzen können, um hier und da das Gedächtnis aufzufrischen.

Aus den schon erwähnten Gründen ist die Darstellung knapp gehalten. Sie verlangt eifrige gedankliche Mitarbeit, die ohnehin zur Durchdringung des Stoffes unerläßlich ist. Der mathematischen Formulierung ist der Vorzug eingeräumt, da letzten Endes nichts klarer und eindrucksvoller sein kann, als die mathematische Gleichung. Die mathematischen Anforderungen gehen jedoch in keinem Fall über die Anfangsgründe der Differential- und Integralrechnung hinaus. Es ist ferner vorausgesetzt, daß der Leser physikalische, chemische und technische Grundkenntnisse besitzt.

Von der Aufnahme von Stoffwerten hat der Verfasser Abstand genommen. Sie würden das Buch stark füllen, ohne schließlich doch vollständig zu sein. Dies scheint dem Verfasser indessen nicht als Mangel, denn der Leser wird zum mindesten das Taschenbuch „Hütte" mit seinen schon für viele Zwecke ausreichenden Zahlenangaben zur Hand haben, oder es werden ihm die „Wärmetechnischen Richtwerte" oder der „Landolt-Börnstein" zugänglich sein. Das Buch enthält daher Stoffwerte nur dort, wo sie schwer zugänglich oder zur Durchrechnung der Beispiele vonnöten sind.

Der Verfasser möchte an dieser Stelle seinen Dank abstatten Herrn Dr.-Ing. K. W. SORG, der zwei Abschnitte des Buches einer kritischen Durchsicht unterzog, Herrn A. WEHLMANN, der die Beispiele nachrechnete, und nicht zum mindesten dem Verlag, der sich der Ausstattung des Buches mit gewohnter Sorgfalt annahm.

So übergibt der Verfasser das Buch der Öffentlichkeit in dem Bewußtsein, nichts Vollkommenes, aber in der Hoffnung, etwas Brauchbares geschaffen zu haben.

Wiesbaden, im Mai 1950.

K. NESSELMANN.

Inhaltsverzeichnis.

I. Grundbegriffe.

1. Temperatur. Für den Grad der Erwärmung eines Körpers haben wir ein Gefühl. Wir unterscheiden „heiß" und „kalt". Objektiv wird der Grad der Erwärmung durch das Thermometer gemessen, bei dem man die Ausdehnung eines Körpers z. B. Quecksilber verwendet. Man gelangt so zum Begriff der *Temperatur*. Im Gleichgewicht mit gefrierendem Wasser nehme das Quecksilber in der Kapillare des Thermometers ein bestimmtes Volumen ein, das wir mit der Marke 0° vermerken. Im Gleichgewicht mit siedendem Wasser bei einem Druck von 760 mm Quecksilber-Säule (QS) ist dann das Volumen größer. Wir versehen es mit der Marke 100°. Indem wir nun die Länge der Kapillare zwischen 0 und 100° in 100 gleiche Teile teilen, kommen wir zu einer an sich willkürlichen Temperaturskala, die wir noch nach oben und unten verlängern können. Diese Temperaturskala heißt Celsius-Skala (° C).

Wenn wir bei verschiedenen Flüssigkeiten nach dieser Vorschrift verfahren, so finden wir, daß die Zwischenwerte nicht genau übereinstimmen, weil die Abhängigkeit der Ausdehnung von der Temperatur bei verschiedenen Flüssigkeiten verschieden ist. In besonderen Fällen verwendet man zur Festlegung der Temperatur daher Gase, die in hohen und tiefen Temperaturbereichen eine gleichmäßige Volumenänderung mit der Temperatur aufweisen.

Die so gewonnene Skala ist eine *empirische Temperaturskala*, weil ihr noch eine gewisse Willkür anhaftet. Die allgemeinen Gesetze der Thermodynamik bieten indessen die Möglichkeit, unabhängig von der Art der gewählten Thermometerfüllung eine Skala festzulegen. Diese Skala nennt man die *thermodynamische Temperaturskala* (vgl. Nr. 41).

Die Messung der Temperatur kann auch noch auf andere Weise erfolgen, z. B. mit Thermoelementen oder Widerstandsthermometern[1]. Erstere beruhen auf dem physikalischen Gesetz, daß in einem aus zwei Drähten verschiedener Metalle, z. B. Kupfer und Konstanten, bestehenden Stromkreis eine elektromotorische Kraft entsteht, wenn die Verbindungsstellen der Drähte verschieden temperiert sind. Die elektromotorische Kraft ist etwa proportional der Temperaturdifferenz. Widerstandsthermometer nutzen die Änderung des elektrischen Widerstandes, in der Regel eines Platindrahtes, mit der Temperatur aus.

2. Wärmemenge. Nicht zu verwechseln mit der Temperatur ist die *Wärmemenge*. Wenn ein Gefäß mit Wasser mit Hilfe einer Glasflamme oder eines elektrischen Heizkörpers auf höhere Temperatur gebracht

---

[1] KOHLRAUSCH, F.: Praktische Physik, Bd. I. Leipzig und Berlin: B. G. Teubner 1943.

wird, so wird dem Wasser offenbar eine bestimmte Wärmemenge zugeführt. Als Einheit definieren wir diejenige Wärmemenge, die notwendig ist, um 1 kg Wasser von 14,5° auf 15,5 zu erwärmen. Diese Wärmemenge heißt eine *Kilokalorie* (kcal). Der tausendste Teil ist die kleine oder *Grammkalorie* (cal).

3. Spezifische Wärme. Die Wärme, die notwendig ist, um die Gewichtseinheit (1 kg) eines Körpers um 1° zu erwärmen, heißt seine *spezifische Wärme*. Sie hat also die Dimension kcal/kg grd. Definitionsmäßig ist also die spezifische Wärme des Wassers zwischen 14,5 und 15,5° gleich Eins. Die spezifische Wärme ist im allgemeinen abhängig vom Zustand des betreffenden Körpers, z. B. von seiner Temperatur. In Tabelle 1 ist die spezifische Wärme c des Wassers und des Äthylalkohols angegeben[1].

Tabelle 1. Spezifische Wärme in kcal/kg grd.

Temperatur °C . .	−100	−50	0	10	20	30	40	50
Wasser	—	—	1,0045	1,0009	0,9986	0,9975	0,9977	0,9992
Alkohol	0,45	0,48	0,55	—	0,59	—	—	0,67

Jeder Temperatur t ist also ein bestimmter Wert der spezifischen Wärme c zugeordnet. Soll die Wärmemenge Q berechnet werden, die zur Erwärmung eines Körpers von der Temperatur t_1 auf die Temperatur t_2 erforderlich ist, so ergibt sich offenbar

$$Q = \int_{t_1}^{t_2} c\, dt, \tag{1}$$

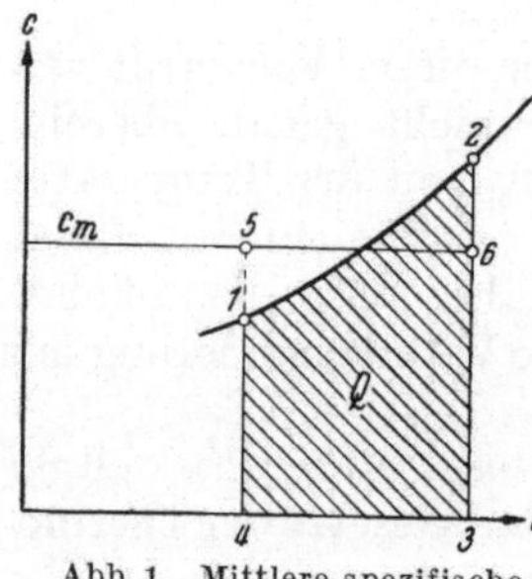

Abb. 1. Mittlere spezifische Wärme.

wobei dann c als Funktion von t als Gleichung gegeben sein muß. Man kann aber auch graphisch verfahren, indem man die spezifische Wärme über der Temperatur aufträgt (Abb. 1). Q ist dann gleich der sehr schraffierten Fläche 1 2 3 4.

Im Gegensatz zu der *wahren spezifischen Wärme* c läßt sich auch eine *mittlere spezifische Wärme* c_m definieren, indem man setzt

$$Q = c_m (t_2 - t_1), \tag{2}$$

wobei c_m als Mittelwert zwischen den Temperaturen t_1 und t_2 gilt. Aus (1) und (2) folgt dann

$$c_m = \frac{1}{t_2 - t_1} \int_{t_1}^{t_2} c\, dt. \tag{3}$$

Dabei ist c_m die Höhe des Rechtecks 4 5 6 3, das den gleichen Inhalt wie die Fläche 1 2 3 4 hat.

Ist der Temperaturbereich nicht allzu groß, so genügt es häufig, mit dem arithmetischen Mittelwert der spezifischen Wärme zu rechnen. Es ist dies lediglich eine Frage der gewünschten Genauigkeit.

---

[1] Nach F. HENNING: Wärmetechnische Richtwerte. Berlin: VDI-Verlag 1938.

4. Wärme und Energie. Wir haben bereits von der Wärmemenge gesprochen, ohne uns recht darüber klar zu sein, was man sich unter Wärme eigentlich vorzustellen hat. Man glaubte ursprünglich, daß die Wärme ein unwägbarer Stoff sei. ROBERT MAYER erkannte indessen als erster (1840), daß die Wärme mechanischer Arbeit, also einer Energieform gleichzusetzen sei.

Ohne Kenntnis der Überlegungen MAYERS fand JOULE experimentell folgendes: Gemäß der schematischen Abb. 2 ordnete er in einem mit Wasser gefüllten Gefäß einen Rührer an, der durch ein herabsinkendes Gewicht G in Drehung versetzt wurde. Er maß dann die Erwärmung des Wassers, die einem bestimmten Herabsinken

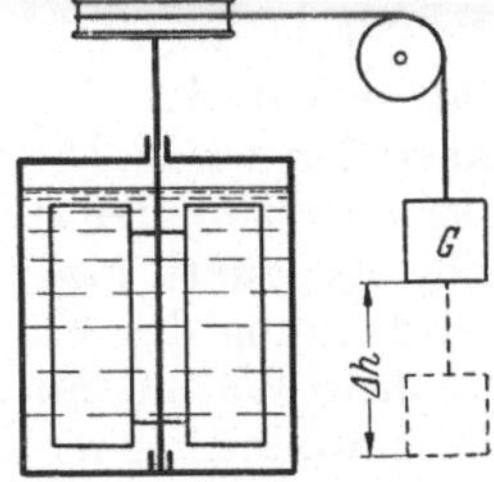

Abb. 2. Bestimmung des mechanischen Wärmeäquivalents.

des Gewichtes entsprach. Bezeichnet W das Gewicht des Wassers, t_1 und t_2 die Anfangs bzw. Endtemperatur und Δh den entsprechenden Höhenunterschied des Gewichtes G, so ist

$$W c (t_2 - t_1) = A G \, \Delta h$$

oder

$$A = \frac{W c (t_2 - t_1)}{G \Delta h} \text{ kcal/mkg.} \tag{4}$$

Die Zahl A ist eine Konstante. Sie gibt das Verhältnis von Wärmemenge zu mechanischer Arbeit an und heißt das *mechanische Wärmeäquivalent*. Ihr Wert ist $\frac{1}{427}$, d. h. also

$$1 \text{ kcal} = 427 \text{ mkg} .$$

Bezeichnet L die mechanische Arbeit, so ist demnach ihr Wärmeäquivalent

$$Q = A L . \tag{5}$$

Aus diesem Zusammenhang ergibt sich ohne weiteres

$$1 \text{ kWh} = 860 \text{ kcal*},$$
$$1 \text{ kW} = 860 \text{ kcal/h},$$
$$1 \text{ PSh} = 632 \text{ kcal},$$
$$1 \text{ PS} = 632 \text{ kcal/h}.$$

5. Der I. Hauptsatz. Aus den Überlegungen MAYERS und dem Befund JOULES ergibt sich der I. Hauptsatz der Wärmelehre: *Wärme ist eine Energieform. Sie kann aus mechanischer Energie erzeugt und in solche umgewandelt werden.*

Diese Aussage ist ein Sonderfall des von HELMHOLTZ später allgemein formulierten Satzes von der Erhaltung der Energie. Es gibt danach keine Maschine, die Arbeit leistet ohne gleichzeitig einen entsprechenden Betrag von Energie zu verbrauchen.

---

* Genau ist 1 kcal = 1/860,4 kWh. Da die elektrischen Einheiten international angenommen sind, setzt man 1 kcal = 860 kWh, wobei sich dann diese internationale Kalorie um rund 0,5⁰/₀₀ von der in Nr. 3 definierten Kalorie unterscheidet. Für technische Zwecke ist der Unterschied belanglos.

Eine Maschine ohne einen ihrer Leistung entsprechenden Energieverbrauch wird ein *Perpetuum mobile erster Art* genannt. Ein Perpetuum mobile erster Art ist also unmöglich.

Führen wir einem Körper Wärme zu, so wissen wir aus Erfahrung, daß sich in der Regel eine Temperaturerhöhung und eine Ausdehnung einstellen wird. Die zugeführte Wärme spaltet sich also in zwei Teile. Der eine Teil, der zur Temperaturerhöhung verwendet wird, vergrößert die sogenannte *innere Energie* des Körpers, der andere leistet bei der Ausdehnung des Körpers mechanische Arbeit. Bezeichnen wir die zugeführte Wärme mit dQ, die Zunahme der inneren Energie mit dU und die gewonnene mechanische Arbeit mit dL, so ergibt sich nach dem I. Hauptsatz

$$dQ = dU + A\,dL. \tag{6}$$

Dies ist die mathematische Formulierung des I. Hauptsatzes, wobei das mechanische Wärmeäquivalent in die Gleichung eingeht, weil die Größen Q und U in kcal, L jedoch in mkg gemessen wird.

Der Zusammenhang zwischen Wärme und mechanischer Energie, der den Kernpunkt des I. Hauptsatzes bildet, ist im übrigen näherliegend, als man zunächst annehmen sollte. Man stellt sich nämlich die innere Energie eines Körpers als die Summe der Bewegungsenergien und der potentiellen Energien der einzelnen Moleküle vor. Für gasförmige Stoffe ergibt sich dann insbesondere ein enger Zusammenhang zwischen dem mittleren Geschwindigkeitsquadrat der einzelnen Moleküle und der Temperatur, der in der sogenannten kinetischen Gastheorie näher behandelt wird (vgl. Nr. 10).

6. Beispiele. a) Welche Wärmemenge muß abgeführt werden, um 4 kg Alkohol von $+20°$ auf $-50°$ abzukühlen, wenn für die spezifische Wärme als Mittelwert 0,54 kcal/kg grd angenommen wird?

$$Q = G c_m (t_2 - t_1). \tag{2}$$

$G = 4$ kg; $t_1 = +20°$; $t_2 = -50°$; $c_m = 0{,}54$. Daraus $Q = -151{,}1$ kcal. Das negative Zeichen zeigt, daß die Wärme abgeführt werden muß.

b) Wieviel Wh sind notwendig, um mit einem elektrischen Tauchsieder 2 kg Wasser von $20°$ auf $100°$ zu erwärmen? Welche Zeit ist dazu erforderlich, wenn der Tauchsieder eine Leistung von 500 W hat?

$$Q = G c (t_2 - t_1). \tag{2}$$

$G = 2$ kg; $c = 1$ kcal/kg grd; $t_1 = 20°$; $t_2 = 100°$. Daraus $Q = 160$ kcal entsprechend 185,9 Wh. Die notwendige Zeit ist $\dfrac{185{,}9}{500} = 0{,}372$ h $= 22{,}3$ min.

c) Eine Kraftmaschine von 50 kW Leistung wird durch eine Wasserbremse[1] abgebremst. Wieviel Wasser wird benötigt, wenn es mit $15°$ zuläuft und mit $60°$ ablaufen soll?

$$Q = G c (t_2 - t_1).$$

50 kW = 43 000 kcal/h. Mit $Q = 43\,000$; $c = 1$ kcal/kg grd; $t_1 = 15°$; $t_2 = 60°$ ergibt sich $G = 955$ kg/h.

---

[1] Vgl. z. B. A. GRAMBERG: Technische Messungen bei Maschinenuntersuchungen und zur Betriebskontrolle, Bd. I. Berlin: Springer 1933.

II. Die vollkommenen Gase.

7. Das Gesetz von GAY-LUSSAC. Absolute Temperatur. In einem Gefäß nach Abb. 3 befinde sich ein Gas, z. B. Luft, in einem Raum V eingeschlossen. Nach oben sei der Raum durch einen Kolben K begrenzt, der durch ein Gewicht G belastet ist. Der Kolben habe die Fläche F. Dann ist der Druck, der auf das Gas ausgeübt wird

$$P = \frac{G}{F} \ \mathrm{kg/m^2}$$

oder wenn die Fläche in $\mathrm{cm^2}$ ausgedrückt wird $p\,\mathrm{kg/cm^2}$. Die Druckeinheit $1\,\mathrm{kg/cm^2}$ nennen wir eine technische Atmosphäre (at). Sie entspricht 735,5 mm Quecksilbersäule. Im Gegensatz hierzu steht die physikalische Atmosphäre (Atm), die einem Druck von 760 mm Quecksilbersäule entspricht. Es ist ferner

$$10^4\,\mathrm{kg/m^2} = 1\,\mathrm{kg/cm^2}; \quad P = 10^4\,p\,.$$

Erwärmen wir das Gas um $1°$, so dehnt es sich unter konstantem Druck, wie der Versuch zeigt, um $1/273$ seines Volumens aus. Dieser Wert ist für alle Gase derselbe. Es ist also für jedes beliebige Gas

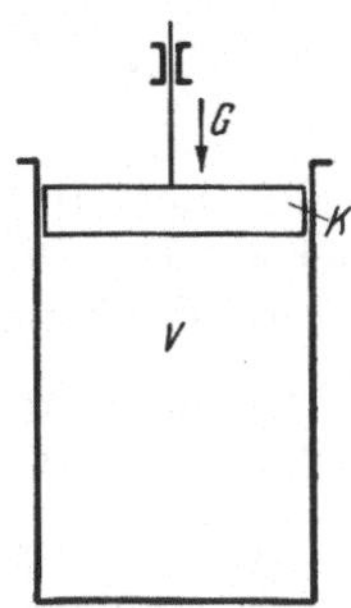

Abb. 3. Zur Erläuterung der Gesetze von GAY-LUSSAC und BOYLE-MARIOTTE.

$$V = V_0(1 + \alpha t)\,, \tag{7}$$

worin V_0 sein Volumen bei $0°$ und $\alpha = 1/273$ den *Ausdehnungskoeffizienten* bedeutet.

Statt (7) kann man auch schreiben

$$V = \alpha V_0 \left(\frac{1}{\alpha} + t\right) = \alpha V_0\,(273 + t)\,. \tag{8}$$

Man kann $273 + t = T$ als eine Temperatur auffassen, deren Nullpunkt gegen t um $273°$ nach unten verschoben ist. Der Temperatur $T = 0$ entspricht also die Temperatur $t = -273°$. Man nennt T die *absolute Temperatur* und die Temperatur $T = 0$ $(t = -273°)$ den *absoluten Nullpunkt*[1]. Die absolute Temperatur wird auch mit $°K$ (Grad Kelvin) bezeichnet. Unter Verwendung der absoluten Temperatur können wir (8) auch schreiben

$$V = \alpha V_0\,T\,. \tag{9}$$

Vergleichen wir zwei verschiedene Volumina V_1 und V_2 bei den Temperaturen T_1 und T_2 aber dem gleichen Druck, so ergibt sich

$$\frac{V_1}{V_2} = \frac{T_1}{T_2}\,. \tag{10}$$

Die Volumina verhalten sich bei gleichem Druck wie die absoluten Temperaturen. Dies ist der Inhalt des Gesetzes von GAY-LUSSAC.

8. Gesetz von BOYLE-MARIOTTE. Wir halten jetzt die Temperatur des Gases in dem Gefäß nach Abb. 3 konstant und erhöhen den Druck durch

---

[1] Der genaue Wert ist $-273,16°$. Indessen wird in praktischen Fällen stets mit 273 gerechnet.

Vergrößerung der aufgelegten Kolbengewichte. Zu jedem Druck stellen wir das zugehörige Volumen fest. Wir finden dann, daß sich das Produkt aus Druck und Volumen bei konstanter Temperatur nicht ändert. Es ist ebenfalls für jedes beliebige Gas

$$P_1 V_1 = P_2 V_2 \tag{11}$$

oder

$$\frac{P_1}{P_2} = \frac{p_1}{p_2} = \frac{V_2}{V_1}, \tag{12}$$

wobei sich die Indizes 1 und 2 wieder auf verschiedene Zustände beziehen. *Die Drucke verhalten sich also bei gleicher Temperatur umgekehrt wie die Volumina.* Dies ist der Inhalt des Gesetzes von BOYLE-MARIOTTE.

9. Die Zustandsgleichung der vollkommenen Gase. Wir füllen das Gefäß nach Abb. 3 mit einem Gas vom Volumen V_1, dem Druck P_1 und der Temperatur T_1 (Abb. 4). Wir erniedrigen nun bei konstanter Temperatur T_1 den Druck auf P_2. Dabei dehnt sich das Gas auf das Volumen V_x aus (Abb. 5). Auf Grund des Gesetzes von BOYLE-MARIOTTE ergibt sich

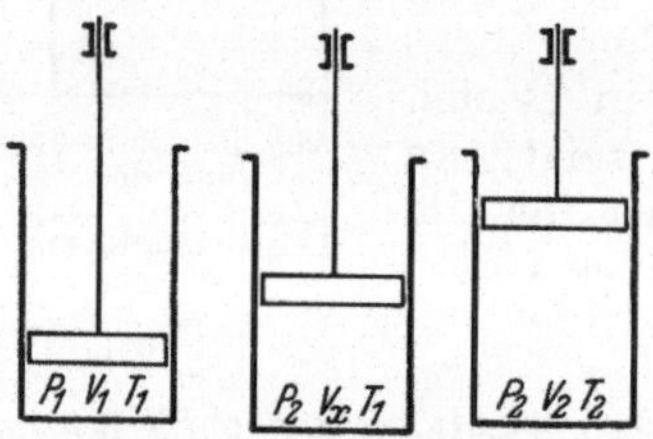

$$P_1 V_1 = P_2 V_x . \tag{13}$$

Abb. 4 bis 6. Zur Ableitung der Zustandsgleichung.

Nunmehr erwärmen wird das Gas bei konstantem Druck P_2 auf die Temperatur T_2. Dabei dehnt sich das Gas auf das Volumen V_2 aus (Abb. 6) und unter Anwendung des Gesetzes von GAY-LUSSAC folgt

$$\frac{V_x}{V_2} = \frac{T_1}{T_2}. \tag{14}$$

Rechnet man V_x aus (13) und (14) aus, so ergibt sich durch Gleichsetzen für die beiden Zustände 1 und 2

$$\frac{P_1 V_1}{T_1} = \frac{P_2 V_2}{T_2} = \text{konst.} \tag{15}$$

P, V und T nennt man *Zustandsgrößen*, weil sie für den Zustand des Gases charakteristisch sind.

Beziehen wir das Volumen des Gases auf 1 kg, so haben wir durch das Gewicht G zu dividieren und erhalten

$$v = \frac{V}{G} \ \text{m}^3/\text{kg} . \tag{16}$$

Wir wollen alle Zustandsgrößen, die sich auf die Gewichtseinheit beziehen, mit kleinen Buchstaben bezeichnen. Aus (15) folgt dann

$$Pv = RT , \tag{17}$$

wobei R eine für jedes Gas verschiedene Konstante, die sogenannte Gaskonstante ist. Nach (17) hat sie die Dimension m/grd oder, was anschaulicher ist, die Dimension mkg/kg grd, also einer Arbeit je kg und grd (vgl. Nr. 16). Für G kg ergibt sich dann

$$PV = GRT. \tag{18}$$

Die Größe v wird das *spezifische Volumen* genannt. Der reziproke Wert ist das *spezifische Gewicht* des Gases

$$\gamma = \frac{1}{v} = \frac{G}{V} \text{ kg/m}^3. \tag{19}$$

10. Das Gesetz von Avogadro. Allgemeine Gaskonstante.

Wie schon erwähnt denkt man sich die Gase aus einzelnen kleinen Teilchen, den Molekülen bestehend, die wie winzige elastische Kugeln ungeordnet im Raum unter dauernden Zusammenstößen umherschwirren. Diese einzelnen Teilchen werden nun bei verschiedenen Gasen unterschiedliches Gewicht haben. Man kann also für jedes Gas ein sogenanntes *Molekulargewicht m* angeben. So ist z. B. das Molekulargewicht von Wasserstoff 2, das von Stickstoff 28 und das von Sauerstoff 32*. Nach Avogadro gilt nun folgender Satz: *Jedes Gas enthält bei gleichem Druck und gleicher Temperatur im gleichen Volumen die gleiche Anzahl Moleküle.* Daraus ergibt sich sofort die Folgerung, daß 2 kg H_2, 28 kg N_2 und 32 kg O_2 im gleichen Zustand je dasselbe Volumen einnehmen (Abb. 7). Diese Menge nennen wir

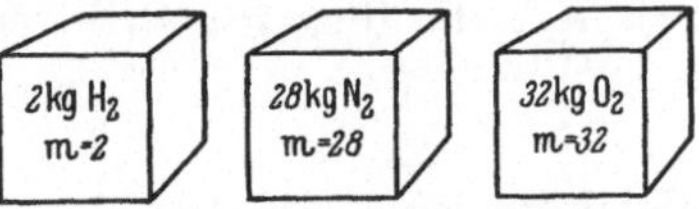

Bild 7. Zur Erläuterung des Mols.

1 *Kilomol* (kmol). Der tausendste Teil ist 1 *Gramm-Mol* (mol). Da v das Volumen von 1 kg des Gases bedeutet, so muß das Produkt $mv = \mathfrak{V}$ für alle Gase konstant sein, wenn Druck ·und Temperatur dieselben sind. Aus Messungen ergibt sich für $0°$ und 760 mm QS

$$\mathfrak{V} = 22,41 \text{ m}^3/\text{kmol}.$$

Die Zustandsgrößen, die auf 1 kmol bezogen sind, wollen wir stets mit großen deutschen Buchstaben bezeichnen.

Unter dem *Normalkubikmeter* (Nm³) eines Gases versteht man diejenige Gasmenge, die in 1 m³ bei $0°$ und 760 mm QS enthalten ist. Es ist daher

$$1 \text{ Nm}^3 = \frac{1}{22,41} \text{ kmol} = \frac{m}{22,41} \text{ kg}; \qquad 1 \text{ kmol} = 22,41 \text{ Nm}^3.$$

Auf das Gewicht von m kg angewendet lautet die Gasgleichung

$$Pmv = P\mathfrak{V} = mRT$$

oder

$$R = \frac{P\mathfrak{V}}{mT}.$$

Setzt man darin die Werte $P = 1,033 \cdot 10^4 \text{ kg/m}^2$ entsprechend 760 mm QS, $\mathfrak{V} = 22,41 \text{ m}^3/\text{kmol}$ und $T = 273$ ein, so folgt

$$R = \frac{848}{m}. \tag{20}$$

---

* Vgl. z. B. A. Eucken: Grundriß der physikalischen Chemie. Leipzig: Akademische Verlagsgesellschaft 1948.

Die Zahl 848 wird auch die *allgemeine Gaskonstante* genannt und mit dem Buchstaben $\mathfrak{R}$ bezeichnet. Sie hat für alle Gase denselben Wert und die Dimension m kg/kmol grd. Für ein kmol auch geschrieben werden

$$P\mathfrak{V} = \mathfrak{R}\,T\,. \tag{21}$$

Wir wollen Gl. (18) bzw. Gl. (21) noch unter dem Gesichtspunkt der kinetischen Theorie der Wärme betrachten, wobei wir die Überlegungen möglichst vereinfachen wollen. In einem Würfel von der Kantenlänge a sollen sich N Moleküle befinden, die wir uns als elastische Kugeln vorstellen und von denen jedes eine Geschwindigkeitskomponente in jeder der drei Koordinatenachsen besitzt. Wenn auch die Geschwindigkeiten der einzelnen Moleküle in jedem Augenblick verschieden sind, so werden doch im Mittel die Geschwindigkeitskomponenten in den drei Richtungen gleich sein und man kann sich in vereinfachter Form die Bewegung so vorstellen, daß jeweils $N/3$ Moleküle mit der Geschwindigkeit w zwischen zwei gegenüberliegenden Flächen des Würfels hin- und herfliegen. Die Zeit zwischen zwei Stößen auf ein und dieselbe Wand ist $z = \dfrac{2a}{w}$. Es fliegen also je Zeiteinheit

$$\frac{N}{3z} = \frac{N}{3}\cdot\frac{w}{2a} = \frac{Nw}{6a}$$

Moleküle gegen eine Wand. Ist M die Masse eines Moleküls, so ist seine Impulsänderung beim Stoß $2\,Mw$. Die auf die Wand ausgeübte Kraft K ist also

$$K = 2\,Mw\,\frac{Nw}{6a} = \frac{1}{3}\,MN\,\frac{w^2}{a}\,.$$

Ist P der Druck, den das Gas ausübt, so ist $K = Pa^2$ und somit folgt

$$Pa^2 = \frac{1}{3}\,MN\,\frac{w^2}{a}\,,$$

$$Pa^3 = \frac{1}{3}\,MN\,w^2\,.$$

Nun ist aber a^3 das Volumen V des Würfels und somit unter Berücksichtigung von Gl. (18)

$$PV = \frac{1}{3}\,MNw^2 = GRT\,.$$

Ferner ist $MN = \dfrac{G}{g}$ die Masse des im Volumen V enthaltenen Gases und daher gibt

$$\frac{1}{3g}\,w^2 = RT$$

den bereits in Nr. 5 erwähnten Zusammenhang zwischen Temperatur und dem mittleren Geschwindigkeitsquadrat der Moleküle wieder.

11. Beispiele. a) Wie groß ist die Gaskonstante für Wasserstoff ($m = 2$)?

$$R = \frac{848}{m} = 424\,. \tag{20}$$

b) Wieviel Raum nehmen 5 kg Wasserstoff bei 10 at und 20° C ein?

$$PV = GRT\,. \tag{18}$$

Mit $G = 5$ kg; $R = 424$; $T = 273 + 20 = 293°$ K; $P = 10\cdot10^4$ kg/m² ergibt sich $V = 6{,}2$ m³.

c) Eine Stahlflasche von 40 l Inhalt enthält Sauerstoff unter einem Druck von 200 at und 20°. Wieviel m³ ergeben sich daraus bei 1 at und 20°?

$$\frac{V_2}{V_1} = \frac{p_1}{p_2}.\tag{12}$$

Mit $V_1 = 40 \cdot 10^{-3}$ m³; $p_2 = 1$ at; $p_1 = 200$ at ergibt sich $V_2 = 8$ m³.

12. Anwendung des I. Hauptsatzes auf die vollkommenen Gase. Dehnt sich ein Gas in einem Zylinder aus, der auf einer Seite mit einem beweglichen Kolben verschlossen ist (Abb. 8), so leistet das Gas äußere Arbeit. Ist der Druck des Gases P und die Kolbenfläche F, so ist diese Arbeit bei einer Verschiebung des Kolbens um ds

$$dL = PF\,ds.$$

Nun ist aber $F\,ds = dV$, so daß die geleistete Arbeit auch geschrieben werden kann

$$dL = P\,dV.\tag{22}$$

Der I. Hauptsatz kann also geschrieben werden nach Gl. (6)

$$dQ = dU + APdV.\tag{23}$$

oder für 1 kg

$$dQ = du + APdv.\tag{24}$$

Abb. 8. Volumenveränderung und äußere Arbeit.

13. Innere Energie und spezifische Wärme c_v. Denkt man sich nach Gl. (24) eine Zustandsänderung bei konstantem Volumen, so ist $dv = 0$ und $dQ = du$. Bei konstantem Volumen ist also die Zunahme der inneren Energie gleich der zugeführten Wärme. Nun ist aber definitionsmäßig die spezifische Wärme

$$c_v = \left(\frac{dQ}{dT}\right)_v,\tag{25}$$

wobei noch der Index v hinzugefügt wurde um anzudeuten, daß das Volumen konstant bleibt.

Bei Gasen wird zuweilen die spezifische Wärme auf 1 m³ bezogen. Dann muß offenbar zusätzlich angegeben werden, auf welchen Druck und welche Temperatur sich die Raumeinheit bezieht. Meist nimmt man 0° und 760 mm QS an. Ist γ das auf diesen Zustand bezogene spezifische Gewicht, so ist die spezifische Wärme bei konstantem Volumen bezogen auf 1 m³

$$C_v = \gamma c_v.\tag{25a}$$

Aus Gl. (25) folgt unter Berücksichtigung von Gl. (24)

$$du = c_v\,dT\tag{26}$$

oder

$$u = c_v T + u_0.\tag{27}$$

Die innere Energie eines idealen Gases ist also bis auf eine Konstante dem Produkt $c_v T$ gleich. Da in der Regel lediglich die Unterschiede der inneren Energie eine Rolle spielen, ist die Größe der Konstanten bedeutungslos.

14. Enthalpie (Wärmeinhalt) und spezifische Wärme c_p. Wir definieren eine neue Zustandsgröße, die Enthalpie J, auch häufig Wärmeinhalt genannt, durch die Gleichung

$$J = U + A P V.\tag{28}$$

Dann ist

$$dJ = dU + A P dV + A V dP.\tag{29}$$

Durch Einsetzen von dU aus Gl. (29) in Gl. (23) ergibt sich

$$dQ = dJ - A V dP\tag{30}$$

oder für 1 kg entsprechend

$$dQ = di - A v dP.\tag{31}$$

Denkt man sich nach Gl. (31) eine Zustandsänderung bei konstantem Druck, so ist $dP = 0$ und $dQ = di$. Bei konstantem Druck ist also die Zunahme der Enthalpie gleich der zugeführten Wärme. Nun ist aber definitionsmäßig die spezifische Wärme

$$c_p = \left(\frac{dQ}{dT}\right)_p,\tag{32}$$

wobei noch der Index p hinzugefügt wurde, um anzudeuten, daß der Druck konstant bleibt.

Auf 1 m³ bezogen erhält man entsprechend Gl. (25a)

$$C_p = \gamma\, c_p.\tag{32a}$$

Aus Gl. (32) folgt unter Berücksichtigung von Gl. (31)

$$di = c_p dT\tag{33}$$

oder

$$i = c_p T + i_0.\tag{34}$$

Die Enthalpie eines Gases ist also bis auf eine Konstante dem Produkt $c_p T$ gleich. Da in der Regel nur die Differenzen der Enthalpie eine Rolle spielen, kommt es auf die Größe der Konstanten nicht an.

Bei Temperaturen, die genügend weit von der Verflüssigungsgrenze liegen sind die spezifischen Wärmen der einatomigen Gase temperaturunabhängig. Bei mehratomigen Gasen ist das nicht mehr der Fall, doch ist die Temperaturabhängigkeit nur gering.

15. Die Beziehungen zwischen c_p und c_v. Molwärme. Wir schreiben Gl. (24) in der Form

$$dQ = c_v\, dT + A P dv.\tag{35}$$

Wir dividieren durch dT und denken uns die Wärme dQ bei konstantem Druck zugeführt, was wir durch den Index p andeuten. Dann erhält man

$$\left(\frac{dQ}{dT}\right)_p = c_v + A P\left(\frac{\partial v}{\partial T}\right)_p.\tag{36}$$

Nun ist aber $\left(\frac{dQ}{dT}\right)_p = c_p$ und $\left(\frac{\partial v}{\partial T}\right)_p$ ergibt sich aus der Zustandsgleichung (17) zu $\frac{R}{P}$. Wir erhalten also durch Einsetzen

$$c_p - c_v = A R.\tag{37}$$

Mithin ist die spezifische Wärme bei konstantem Druck um den Betrag $A R$ größer als die spezifische Wärme bei konstantem Volumen. Daß c_p größer sein muß als c_v ergibt sich schon aus der Überlegung, daß bei

Wärmezufuhr unter konstantem Druck durch die Ausdehnung des Gases noch Arbeit geleistet wird. Es muß also nicht nur die innere Energie des Gases erhöht, sondern auch die geleistete Arbeit kompensiert werden. Wir dividieren Gl. (37) durch c_v und erhalten

$$\frac{c_p}{c_v} = 1 + \frac{AR}{c_v} \, .$$

Setzen wir $\dfrac{c_p}{c_v} = \varkappa$, so ergibt sich

$$c_v = \frac{1}{\varkappa - 1} \, A R \qquad\qquad (38)$$

und entsprechend nach Division von Gl. (37) durch c_p

$$c_p = \frac{\varkappa}{\varkappa - 1} \, A R \, . \qquad\qquad (39)$$

Berechnet man für verschiedene Gase die $\varkappa$-Werte[1], so findet man für Gase gleicher Atomzahl nahezu gleiche Werte und zwar für

$$\begin{aligned}
\text{einatomige Gase} \quad &\varkappa = 1{,}66 \, ,\\
\text{zweiatomige Gase} \quad &\varkappa = 1{,}40 \, ,\\
\text{dreiatomige Gase} \quad &\varkappa = 1{,}30 \, .
\end{aligned}$$

Multipliziert man Gl. (37) mit dem Molekulargewicht m, so erhält man die Molwärmen $m\,c_p = \mathfrak{C}_p$ und $m\,c_v = \mathfrak{C}_v$ und Gl. (37) geht über in

$$\mathfrak{C}_p - \mathfrak{C}_v = A\mathfrak{R} \, . \qquad\qquad (40)$$

Entsprechend folgt

$$\mathfrak{C}_v = \frac{1}{1 - \varkappa} \, A\mathfrak{R} \qquad\qquad (41)$$

$$\mathfrak{C}_p = \frac{\varkappa}{1 - \varkappa} \, A\mathfrak{R} \, . \qquad\qquad (42)$$

Da $\mathfrak{R}$ für alle Gase konstant ist, erhält man für alle Gase die konstante Differenz

$$\mathfrak{C}_p - \mathfrak{C}_v = \frac{848}{427} = 1{,}986 \, .$$

Da für Gase gleicher Atomzahl die $\varkappa$-Werte gleich sind, so sind auch nach Gl. (41) und (42) für Gase gleicher Atomzahl die Molwärmen gleich. Es ergibt sich für

$$\begin{aligned}
\text{einatomige Gase} \quad &\mathfrak{C}_v \sim \frac{3}{2} \, A\mathfrak{R} \, ,\\[4pt]
\text{zweiatomige Gase} \quad &\mathfrak{C}_v \sim \frac{5}{2} \, A\mathfrak{R} \, ,\\[4pt]
\text{dreiatomige Gase} \quad &\mathfrak{C}_v \sim \frac{6}{2} \, A\mathfrak{R} \, .
\end{aligned}$$

Die Molwärmen für Gase verschiedener Atomzahl stehen demnach in einfachen Zahlenverhältnissen. Diese Ergebnisse können mit Hilfe der kinetischen Gastheorie erklärt werden. Nach den Betrachtungen der Nr. 10

---

[1] Eine Zusammenstellung der thermischen Daten von Gasen siehe z. B. bei F. Henning: Wärmetechnische Richtwerte. Berlin: VDI-Verlag 1938 und Taschenbuch *Hütte*. Bd. 1. 1948.

ist nämlich die kinetische Energie der in einem Würfel befindlichen Moleküle, die wir uns als elastische Kugeln vorstellen, $\frac{1}{2} M N w^2$. Ferner ging aus den dort angestellten Betrachtungen die Beziehung

$$\frac{1}{3} M N w^2 = G R T$$

hervor. Führt man in diese Gleichung die kinetische Energie ein, so folgt

$$\frac{2}{3} \cdot \frac{M N w^2}{2} = G R T \, .$$

Ist E die auf die Gewichtseinheit bezogene kinetische Energie und $A E$ ihr Wert ein Wärmemaß, so ist

$$A E = \frac{3}{2} A R T \, .$$

Nun kann aber bei der Temperaturerhöhung des Würfelinhaltes bei konstantem Volumen die zugeführte Wärme lediglich zur Erhöhung der kinetischen Energie verwendet werden. Daher ergibt sich durch Differentiation der voraufgehenden Gleichung

$$\left(\frac{dQ}{dT}\right)_v = A \left(\frac{dE}{dT}\right)_v = \frac{3}{2} A R = c_v$$

oder

$$\mathfrak{C}_v = m c_v = \frac{3}{2} A R \, .$$

Dies gilt lediglich für einatomige Gase, bei denen die als Kugeln gedachten Moleküle drei Freiheitsgrade entsprechend den drei Geschwindigkeitskomponenten haben. Drehungen der Kugeln selber brauchen wir nicht anzunehmen, da wir den Stoß zweier Kugeln als reibungsfrei ansehen können. Zweiatomige Gase können wir uns wie eine Hantel vorstellen. Außer den bereits erwähnten drei Freiheitsgraden der translatorischen Bewegung kommen jetzt noch zwei hinzu, nämlich die Drehungen um die beiden senkrecht zur Verbindungslinie der Atome stehenden Achsen. Aus den bereits erörterten Gründen bleibt die Drehung um die Verbindungslinie als Achse unberücksichtigt. Der Faktor beträgt demnach $\frac{5}{2}$. Bei dreiatomigen Gasen kommen außer der translatorischen Bewegung in den drei Richtungen noch Drehungen um drei Achsen in Frage, so daß sich der Faktor $\frac{6}{2}$ ergibt.

16. Isobare Zustandsänderung. Wir betrachten im folgenden eine Reihe von Zustandsänderungen der vollkommenen Gase, wobei wir jedesmal nach der Veränderung der Zustandsgrößen P, v, T, u und i nach der dabei geleisteten Arbeit und nach der umgesetzten Wärmemenge je kg Gas fragen. Zur Darstellung der Vorgänge verwenden wir das p, v-Diagramm, wobei wir p als Ordinate und v als Abszisse wählen. Da nach Gl. (17) durch die Wahl von p und v die Temperatur des Gases eindeutig bestimmt ist, entspricht also jedem Punkt im p, v-Diagramm eine bestimmte Temperatur. Die Linien gleicher Temperatur sind nach Gl. (17) Hyperbeln, die sich dem Achsenkreuz um so mehr anschmiegen, je tiefer die Temperatur ist (Abb. 9).

Zunächst untersuchen wir eine isobare Zustandsänderung, d. h. eine Zustandsänderung bei konstantem Druck, und tragen sie in das Schaubild ein. Dabei denken wir uns alle Zustandsänderungen in einem Zylinder mit Kolben nach Abb. 3 vor sich gehend, der sich seinerseits in einem luftleeren Raum befinde. Das Gas habe zu Anfang den Zustand, der durch Punkt 1 gegeben ist. Der Druck sei P, das Volumen v_1. Nach der Zustandsgleichung entspricht diesem Zustand eine bestimmte Temperatur T_1. Der Endzustand sei durch Punkt 2 gegeben. Nach Voraussetzung ist der Druck P hier derselbe. Die Änderung verläuft also parallel zur v-Achse. Das Volumen sei v_2 und die Temperatur T_2. Nach dem Gesetz von GAY-LUSSAC ist

$$\frac{v_1}{v_2} = \frac{T_1}{T_2} \,. \tag{43}$$

Die Änderung der inneren Energie ergibt sich aus Gl. (27) zu

$$u_2 - u_1 = c_v \left(T_2 - T_1 \right) . \tag{44}$$

Die Änderung der Enthalpie ergibt sich aus Gl. (34) zu

$$i_2 - i_1 = c_p \left(T_2 - T_1 \right) . \tag{45}$$

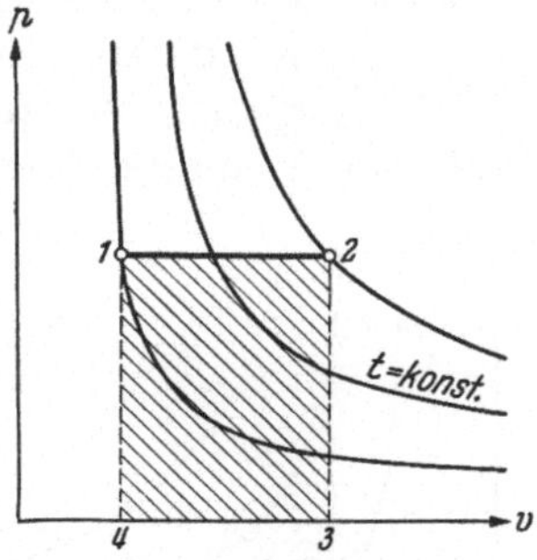

Die Arbeit folgt aus Gl (22) zu

$$L = P(v_2 - v_1) \,.$$

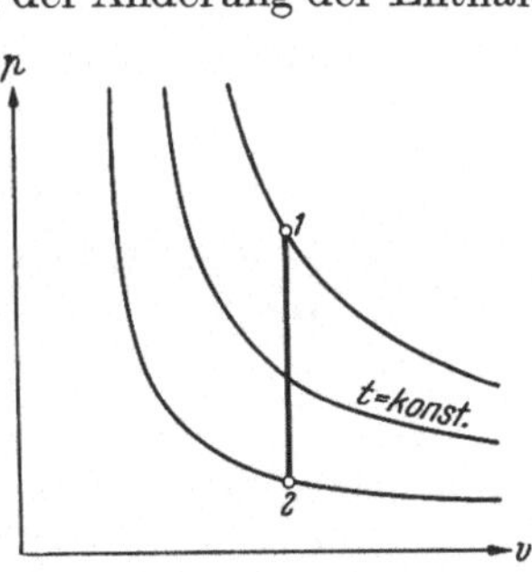
Abb. 9. Isobare Zustandsänderung.

Sie ist gleich der schraffierten Fläche 1 2 3 4 in Abb. 9. Die umgesetzte Wärme erhalten wir am einfachsten aus Gl. (31), aus der durch Integration folgt

$$Q = i_2 - i_1 = c_p \left(T_2 - T_1 \right) . \tag{46}$$

Da die Zustandsänderung bei konstantem Druck vor sich geht, ist nämlich $dP = 0$ und die zugeführte Wärme gleich der Änderung der Enthalpie. Die Linie 12 (Abb. 9) heißt *Isobare.*

Aus Gl. (17) ergibt sich

$$P(v_2 - v_1) = R(T_2 - T_1)$$

$$R = \frac{P(v_2 - v_1)}{T_2 - T_1} \quad \frac{\text{mkg}}{\text{kg grd}} \,.$$

Die Gaskonstante ist also die Arbeit, die 1 kg des Gases bei isobarer Ausdehnung je Grad Temperaturzunahme leistet. Dies ging bereits aus einer Diemensionsbetrachtung der Zustandsgleichung (17) in Nr. 9 hervor.

17. Isochore Zustandsänderung. Isochor heißt eine Zustandsänderung, die bei konstantem Volumen erfolgt. Der Kolben im Zylinder wird festgehalten. Wir zeichnen wieder ein p, v-Diagramm mit dem Anfangs- und Endpunkt 1 und 2 (Abb. 10). Die Änderung geht parallel zur p-Achse. Es ist

Abb. 10. Isochore Zustandsänderung.

$$P_1 v = R T_1 ,$$
$$P_2 v = R T_2 .$$

Durch Division folgt

$$\frac{P_1}{P_2} = \frac{T_1}{T_2} \, . \tag{47}$$

Die Änderung der inneren Energie und der Enthalpie berechnen sich wie in Nr. 16. Die Arbeit ist Null, da $dv = 0$ ist.

Die umgesetzte Wärme errechnet sich am bequemsten aus Gl. (24), die mit $dv = 0$ ergibt:

$$Q = u_2 - u_1 = c_v \, (T_2 - T_1) \, . \tag{48}$$

Man erkennt, daß die umgesetzte Wärme gleich der Änderung der inneren Energie ist.

Die Linie 12 (Abb. 10) heißt *Isochore*.

18. Isotherme Zustandsänderung. Isotherm heißt eine Zustandsänderung, wenn die Temperatur konstant bleibt. Aus dem Gesetz von Boyle-Mariotte folgt sofort

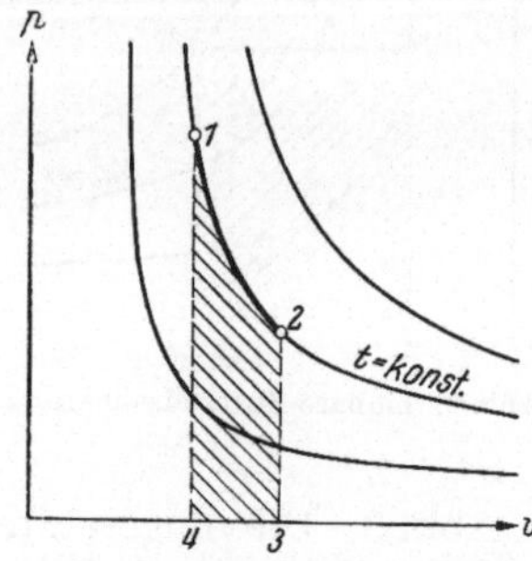

Abb. 11. Isotherme Zustandsänderung.

$$\frac{P_1}{P_2} = \frac{v_2}{v_1}, \tag{49}$$

$$Pv = \text{konst.} \tag{49a}$$

Eine Änderung der inneren Energie oder der Enthalpie erfolgt nicht, weil die Temperatur konstant bleibt. Die Arbeit ist gleich der schraffierten Fläche 1 2 3 4 (Abb. 11)

$$L = \int\limits_1^2 P \, dv \, .$$

Setzen wir $P = \dfrac{RT}{v}$, so ergibt sich

$$L = RT \int\limits_1^2 \frac{dv}{v} = RT \ln \frac{v_2}{v_1} = RT \ln \frac{P_1}{P_2} = RT \ln \frac{p_1}{p_2} \, . \tag{50}$$

Oft empfiehlt es sich für RT den Anfangszustand $P_1 v_1$ zu setzen. Man erhält dann

$$L = P_1 v_1 \ln \frac{v_2}{v_1} = P_1 v_1 \ln \frac{P_1}{P_2} = P_1 v_1 \ln \frac{p_1}{p_2} \, . \tag{51}$$

Um die umgesetzte Wärme zu berechnen, verwenden wir am bequemsten den I. Hauptsatz in der Form Gl. (24). Da $du = 0$ ist, wird

$$Q = AL \, . \tag{52}$$

Die umgesetzte Wärme ist also bei der isothermen Zustandsänderung gleich der Arbeit im Wärmemaß.

Die Kurve 12 (Abb. 11) heißt *Isotherme*.

19. Adiabatische Zustandsänderung. Eine Zustandsänderung heißt adiabatisch, wenn sie ohne Wärmeaustausch mit der Umgebung vor sich geht. Wir müssen uns zunächst über die Veränderung von Druck, Volumen und Temperatur klar werden. Wir benutzen wieder den I. Hauptsatz in der Form Gl. (24). Da nach Voraussetzung keine Wärme zu- oder abgeführt wird, so muß $dQ = 0$ sein. Damit folgt aus Gl. (24)

$$du + AP \, dv = c_v \, dT + AP \, dv = 0 \, . \tag{53}$$

Aus der Zustandsgleichung (17) ergibt sich durch Differentiation

$$dT = \frac{P\,dv + v\,dP}{R}.$$ (54)

Setzt man dT aus Gl. (53) und (54) gleich, so folgt

$$\frac{P\,dv + v\,dP}{R} + \frac{A\,v\,dP}{c} = 0,$$

$$P\,dv\,(A\,R + c_v) + c_v\,v\,dP = 0.$$

Nun ist aber nach Gl. (37) die Klammer gleich c_p und wir erhalten

$$c_p\,P\,dv + c_v\,v\,dP = 0$$

und mit $\frac{c_p}{c_v} = \varkappa$

$$\varkappa\,\frac{dv}{v} = -\frac{dP}{P}.$$

Integriert man zwischen den Grenzen der Zustandsänderung 1 und 2, so ergibt sich

$$\varkappa\ln\frac{v_2}{v_1} = \ln\frac{P_1}{P_2} = \ln\frac{p_1}{p_2},$$

$$\frac{P_1}{P_2} = \frac{p_1}{p_2} = \left(\frac{v_2}{v_1}\right)^{\varkappa}$$ (55)

oder allgemein

$$P\,v^{\varkappa} = \text{konst.}$$ (55a)

Ersetzen wir in Gl. (55) P_1 und P_2 nach der Zustandsgleichung durch v und T so folgt

$$\frac{T_1 v_2}{T_2 v_1} = \left(\frac{v_2}{v_1}\right)^{\varkappa}$$

oder

$$\frac{T_1}{T_2} = \left(\frac{v_2}{v_1}\right)^{\varkappa-1}$$ (56)

oder allgemein Gl. (35) entsprechend

$$T\,v^{\varkappa-1} = \text{konst.}$$ (56a)

Ersetzen wir schließlich in Gl. (56) v_2 und v_1 nach der Zustandsgleichung durch P und T, so ergibt sich

$$\frac{T_1}{T_2} = \left(\frac{P_1}{P_2}\right)^{\frac{\varkappa-1}{\varkappa}} = \left(\frac{p_1}{p_2}\right)^{\frac{\varkappa-1}{\varkappa}}$$ (57)

oder allgemein

$$\frac{T}{P^{\frac{\varkappa-1}{\varkappa}}} = \text{konst.}$$ (57a)

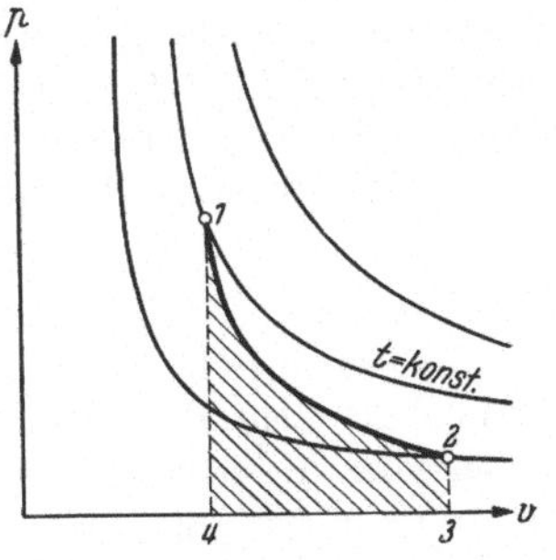

Aus Gl. (57) erkennen wir, daß bei Entspannung eines Gases von P_1 auf P_2 die Temperatur $T_2 < T_1$ wird. Das Gas kühlt sich ab, wie in Abb. 12 dargestellt. Umgekehrt erwärmt sich das Gas bei adiabatischer Verdichtung.

Abb. 12. Adiabatische Zustandsänderung.

Innere Energie und Enthalpie ändern sich bei adiabatischer Ausdehnung wie unter Nr. 16 gezeigt wurde.

Die Arbeit folgt aus Gl. (24) mit $dQ = 0$ zu

$$A L = u_1 - u_2 = c_v\,(T_1 - T_2)\,, \tag{58}$$

d. h. die Arbeitsleitung geht bei adiabatischer Ausdehnung auf Kosten der inneren Energie und ist gleich der schraffierten Fläche 1 2 3 4.

Die Kurve 12 (Abb. 12) heißt *Adiabate*.

Nach Gl. (55) ist

$$P = \frac{P_1 v_1^{\varkappa}}{v^{\varkappa}}\,, \tag{59}$$

wobei sich der Index 1 auf den Anfangszustand bezieht, während P und v zusammengehörende Werte auf der Adiabate bedeuten. Setzt man in den Ausdruck für die Arbeit

$$dL = P\,dv$$

P aus Gl. (59) ein, so ergibt sich

$$dL = P_1 v_1^{\varkappa}\frac{dv}{v^{\varkappa}}\,.$$

Zwischen den Grenzen 1 und 2 integriert, folgt

$$L = \frac{P_1 v_1^{\varkappa}}{1 - \varkappa}\,\big(v_2^{1-\varkappa} - v_1^{1-\varkappa}\big)\,,$$

$$L = \frac{P_1 v_1}{\varkappa - 1}\left[1 - \left(\frac{v_1}{v_2}\right)^{\varkappa-1}\right]. \tag{60}$$

Entsprechend folgt ferner

$$L = \frac{P_1 v_1}{\varkappa - 1}\left[1 - \frac{T_2}{T_1}\right], \tag{61}$$

$$L = \frac{P_1 v_1}{\varkappa - 1}\left[1 - \left(\frac{P_2}{P_1}\right)^{\frac{\varkappa-1}{\varkappa}}\right] = \frac{P_1 v_1}{\varkappa - 1}\left[1 - \left(\frac{p_2}{p_1}\right)^{\frac{\varkappa-1}{\varkappa}}\right], \tag{62}$$

wodurch die Arbeit durch die Anfangs- und Endwerte von P, v und T ausgedrückt ist.

20. Polytropische Zustandsänderung. Bei der isothermen Zustandsänderung wurde vollkommener Wärmeaustausch mit der Umgebung vorausgesetzt. Bei der Adiabate war jeder Wärmeaustausch verhindert. In den Zylindern der Wärmekraft- oder Arbeitsmaschinen wird man beides nicht verwirklichen können, sondern man wird Zustandsänderungen erhalten, die zwischen der Isotherme und Adiabate liegen. Man kommt dann zu der sogenannten polytropischen Zustandsänderung, bei der statt des Exponenten $\varkappa$ allgemein der Exponent n eingeführt ist und erhält

$$P v^n = \text{konst.} \tag{63}$$

als Gleichung für die *Polytrope*.

Man kann jede beliebige Zustandsänderung als Polytrope auffassen und erhält dann die besonderen Zustandsänderungen (Isobare, Isochore, Isotherme, Adiabate) als Sonderfälle der Polytrope. So ergibt sich für

$$n = 0\,;\quad P v^0 = \text{konst. Isobare,}$$

$$n = 1\,;\quad P v^1 = \text{konst. Isotherme,}$$

$$n = \varkappa\,;\quad P v^{\varkappa} = \text{konst. Adiabate,}$$

$$n = \infty\,;\quad P v^{\infty} = \text{konst. } P^{\frac{1}{\infty}} v = \text{konst. Isochore.}$$

Für die Polytrope gelten die Formeln der Adiabate, wenn k durch n ersetzt wird.

$$\frac{P_1}{P_2} = \left(\frac{v_2}{v_1}\right)^n, \qquad (64)$$

$$\frac{T_1}{T_2} = \left(\frac{v_2}{v_1}\right)^{n-1}, \qquad (65)$$

$$\frac{T_1}{T_2} = \left(\frac{P_1}{P_2}\right)^{\frac{n-1}{n}}, \qquad (66)$$

$$L = \frac{P_1 v_1}{n-1}\left[1 - \left(\frac{P_2}{P_1}\right)^{\frac{n-1}{n}}\right]. \qquad (67)$$

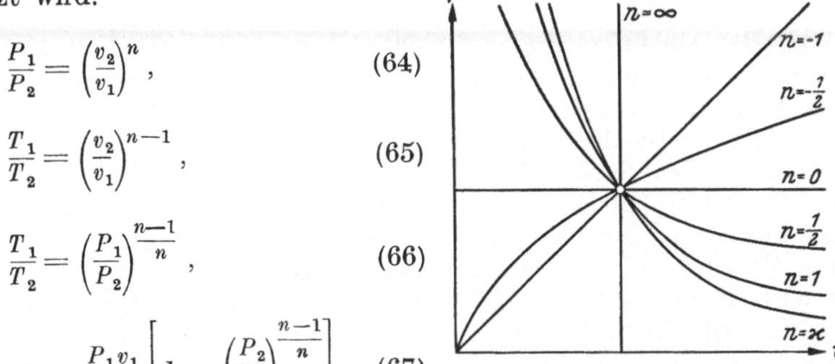

Abb. 13. Polytropen mit verschiedenen Exponenten.

In Abb. 13 sind die Zustandsänderungen für verschiedene Werte von n in ein p, v-Diagramm eingetragen.

21. Ermittlung des Exponenten einer gegebenen Zustandsänderung.
Zeichnung der Polytrope. Ist eine Zustandsänderung gegeben, deren Exponent n bestimmt werden soll, so geht man am besten von Gl. (63) aus. Durch Logarithmieren ergibt sich

$$\log P = \text{konst.} \quad n \log v. \qquad (68)$$

Trägt man einige der zusammengehörenden Werte von P und v in doppellogarithmischem Millimeterpapier auf, so muß sich eine Grade ergeben, deren Neigung tg α mit dem Exponenten übereinstimmt, da nach Gl. (68)

$$\frac{d \log P}{d \log v} = \text{tg } \alpha = -n \qquad (69)$$

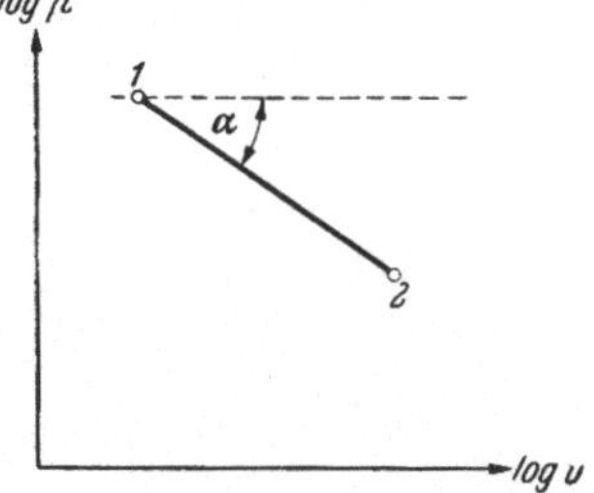

Abb. 14. Bestimmung des Exponenten einer Polytrope.

ist. Diese Auftragung hat den Vorteil, daß man gleich sieht, ob der Exponent n über die ganze Zustandsänderung konstant ist, denn nur in diesem Fall ergibt sich eine Gerade (Abb. 14). Im anderen Falle muß jedem Punkt der Zustandsänderung ein besonderer Exponent zugeordnet werden.

Rechnerisch kann der Exponent aus zwei zusammengehörenden Werten folgendermaßen ermittelt werden: Es ist für die Zustände 1 und 2 nach Gl. (68)

$$\log P_1 + n \log v_1 = \text{konst.}$$

$$\log P_2 + n \log v_2 = \text{konst.}$$

Daraus folgt durch Subtraktion

$$n = \frac{\log P_1 - \log P_2}{\log v_2 - \log v_1} = \frac{\log p_1 - \log p_2}{\log v_2 - \log v_1}. \qquad (70)$$

Mit Hilfe des doppellogarithmischen Papiers ist es auch umgekehrt ohne weiteres möglich, von einem gegebenen Zustand 1 aus die weiteren Werte von P und v bei gegebenem n zu ermitteln, indem man mit der Neigung $\operatorname{tg} \alpha = -n$ vom Punkt $P_1 v_1$ aus die Gerade zieht[1].

22. Der einstufige Gasverdichter. Wir betrachten zunächst einen idealen Gasverdichter. Der Kolben in Abb. 15 befinde sich zunächst ganz links im Zylinder. Im p, v-Diagramm (Abb. 16) entspricht dies dem Punkt 4. Der Kolben bewege sich nun nach rechts bis das Volumen V_1 freigelegt ist. Dabei öffnet sich das in der Saugleitung S befindliche Saugventil selbsttätig, so daß sich das Volumen V_1 mit Gas, beispielsweise Luft vom Druck p_1 füllt. Nun bewege sich der Kolben wieder nach links. Dabei steigt der Druck und das Saugventil schließt selbsttätig. Ist der Gegendruck p_2 erreicht, was dem Volumen V_2 entspricht, so öffnet sich das Druckventil und die Luft wird in die Druckleitung D eingeschoben, bis der Kolben wieder seine linke Totlage erreicht hat (Punkt 3). Dann beginnt das Spiel von neuem.

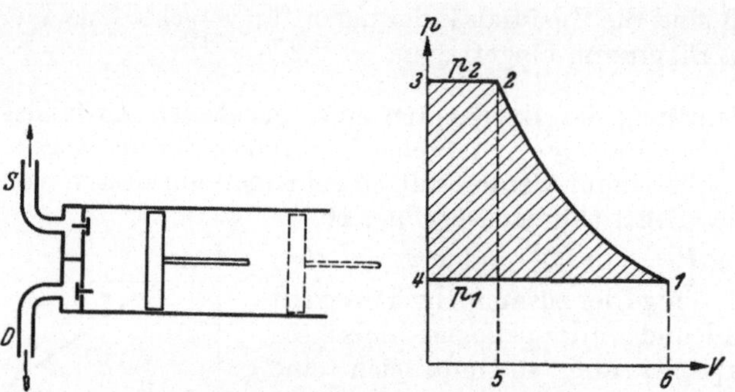

Abb. 15 und 16. Diagramm des idealen Verdichters.

Wir wollen jetzt die Arbeit berechnen, die bei diesem Prozeß aufgewendet werden muß. Dabei setzen wir zunächst voraus, daß auf der rechten Seite des Kolbens Luftleere herrscht.

Auf dem Wege 41 wird vom Gas die Arbeit $L_{41} = P V_1$ geleistet, entsprechend der unter 41 liegenden Fläche. Auf dem Wege 12 wird die Arbeit $L_{12} = \int\limits_1^2 P \, dV$ entsprechend der unter 12 liegenden Fläche aufgewendet. Schließlich wird auf dem Wege 23 die Ausschubarbeit $L_{23} = -P_2 V_2$ aufgewendet, entsprechend der unter 23 liegenden Fläche. Dem Sprung von 3 nach 4 entspricht keine Arbeit, da ja auch unter 34 keine Fläche liegt.

Mithin ist die gesamte Arbeit, die wir im Gegensatz zu der bei der Zustandsänderung 12 aufgewendeten Arbeit die *technische Arbeit* nennen

$$L_t = \int\limits_1^2 P \, dV + P_1 V_1 - P_2 V_2. \tag{71}$$

---

[1] Weitere Verfahren zur Aufzeichnung der Polytrope siehe Taschenbuch *Hütte* Bd. 1. 1948.

Befindet sich auf der rechten Seite des Kolbens der unveränderliche Druck p_0, so sind die entsprechenden Arbeiten

$$L'_{41} = (P_1 - P_0)\, V_1 ,$$

$$L'_{12} = \int\limits_1^2 (P - P_0)\, dV ,$$

$$L'_{23} = - (P_2 - P_0)\, V_2 .$$

Die gesamte Arbeit ist dann unter Auflösung der Klammern

$$L'_t = L_t - P_0 \int\limits_1^2 dV - P_0 V_1 + P_0 V_2$$

$$= L_t - P_0 V_2 + P_0 V_1 - P_0 V_1 + P_0 V_2 = L_t .$$

Gleichung (71) gilt also unabhängig davon, wie hoch der Außendruck ist.

Die Arbeit L_t entspricht offenbar der in Abb. 16 schraffierten Fläche 1234. Sie ergibt sich als negativ, muß also bei Verdichtung aufgewendet werden. Die Größe dieser Fläche hängt vom Verlauf der Zustandsänderung 12 ab. Wir können für den Inhalt der Fläche auch schreiben

$$L_t = -\int\limits_1^2 V\, dP .$$

Setzen wir die Zustandsänderung 12 isotherm voraus, so ist

$$P_1 V_1 = P V$$

und daher

$$L_t = -P_1 V_1 \int\limits_1^2 \frac{dP}{P} , \qquad L_t = P_1 V_1 \ln \frac{P_1}{P_2} = P_1 V_1 \ln \frac{p_1}{p_2} . \tag{72}$$

Ist die Zustandsänderung adiabatisch, so ist indessen zu setzen

$$P_1 V_1^{\varkappa} = P V^{\varkappa}$$

und man erhält

$$L_t = P_1^{\frac{1}{\varkappa}} V_1 \int\limits_1^2 P^{-\frac{1}{\varkappa}}\, dP ,$$

$$L_t = \frac{\varkappa}{\varkappa - 1} P_1 V_1 \left[1 - \left(\frac{P_2}{P_1} \right)^{\frac{\varkappa - 1}{\varkappa}} \right] = \frac{\varkappa}{\varkappa - 1} P_1 V_1 \left[1 - \left(\frac{p_2}{p_1} \right)^{\frac{\varkappa - 1}{\varkappa}} \right] . \tag{73}$$

Nach dem I. Hauptsatz ist nach Gl. (30)

$$dQ = dJ - A V\, dP .$$

Haben wir es mit einer Adiabate zu tun, so ist $dQ = 0$ und es wird

$$A L_t = - A \int\limits_1^2 V\, dP = J_1 - J_2 , \tag{74}$$

d. h. die bei der Verdichtung des Gases aufzuwendende Arbeit im Wärmemaß ausgedrückt ist gleich der Differenz der Enthalpie in den Punkten 1 und 2. Indessen sei ausdrücklich vermerkt, daß Gl. (74) nur für adiabatische Zustandsänderungen Gültigkeit hat.

2*

Ist die Zustandsänderung polytropisch, so geht Gl. (73) über in

$$L_t = \frac{n}{n-1}\, P_1 V_1 \left[1 - \left(\frac{P_2}{P_1}\right)^{\frac{n-1}{1}} \right] = \frac{n}{n-1}\, P_1 V_1 \left[1 - \left(\frac{p_2}{p_1}\right)^{\frac{n-1}{n}} \right]. \quad (75)$$

Die bei der Verdichtung des Gases aufzuwendende technische Arbeit (Fläche 1 2 3 4 in Abb. 16) ist nicht zu verwechseln mit der Arbeit, die bei der Verdichtung des Gases vom Zustand 1 auf den Zustand 2 (Fläche 1256 in Abb. 16) aufzuwenden ist. Bei der technischen Arbeit werden noch die Vorgänge beim Ansaugen und Ausschieben des Gases berücksichtigt. Sie ist es, auf die es bei den thermodynamischen Maschinen in der Regel ankommt.

Geht die Verdichtung isotherm vonstatten, so ist Fläche 1234 = Fläche 1256, also nur in diesem Fall stimmt die Arbeit unter der Zustandsänderung 12 mit der technischen Arbeit überein.

Die Wirkungsweise des Verdichters läßt sich auch umkehren. Hat man Druckluft vom Druck p_2 zur Verfügung und läßt sie bis zum Punkt 2 (Abb. 16) in den Zylinder, läßt dann auf p_1 entspannen und die entspannte Luft ausschieben, so gewinnt man Arbeit. Die Vorzeichen in den Gleichungen für die Arbeit kehren sich dann um, so daß L_t positiv herauskommt.

Die vorhergehenden Ableitungen sind bezüglich der Vorzeichen streng durchgeführt, so daß die aufgewendete Arbeit negativ, die gewonnene positiv herauskommt. Oft werden jedoch die Gleichungen ohne Rücksicht auf die Vorzeichen geschrieben in der Form, daß L_t immer positiv herauskommt. Dies ist deswegen zulässig, weil man ohnehin weiß, daß bei Entspannung Arbeit gewonnen wird und bei Verdichtung Arbeit aufgewendet werden muß. Bei verwickelten thermodynamischen Untersuchungen empfiehlt es sich indessen, bezüglich der Vorzeichen eindeutig und exakt zu verfahren.

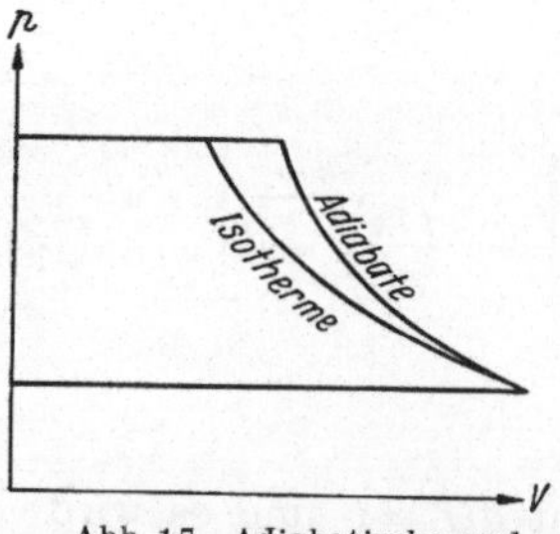

Abb. 17. Adiabatische und isotherme Verdichtung.

Aus Abb. 13 geht hervor, daß die Isotherme im p,v-Diagramm flacher verläuft als die Adiabate. Man erkennt daher aus Abb. 17, daß der Arbeitsaufwand für die Verdichtung eines Gases bei isothermer Verdichtung geringer ist als bei adiabatischer. Im ersten Fall muß während der Verdichtung Wärme abgeführt werden.

Bei den wirklichen Verdichtern ist es nicht möglich, den Kolben soweit in die Endstellung zu bringen, daß die gesamte Luft ausgeschoben wird. Es bleibt noch der sogenannte schädliche Raum V_s (Abb. 18) mit Gas vom Druck p_2 gefüllt übrig, das sich zunächst auf den Druck p_1 entspannen muß, bevor das Saugventil öffnet. Das wirkliche Diagramm wird also etwa die Form der Abb. 18 haben. Sie entspricht dem sogenannten Indikatordiagramm. Man erhält dies, wenn man einen Indikator[1] an den Zylinder des Verdichters anschließt, der den Druck in Abhängigkeit vom Kolbenweg aufzeichnet. Das Indikatordiagramm gibt die Arbeit je Umdrehung an. Ist die Zahl der Umläufe des Verdichters je Minute bekannt, so kann daraus ohne weiteres die *indizierte Leistung* N_i in PS oder kW berechnet werden.

Unter Annahme einer Polytrope ist die aufzuwendende Arbeit der Fläche 1234 gleich, die sich unter Anwendung von Gl. (75) sinngemäß zu

$$L_t = \frac{n}{n-1}\, P_1 V_1 \left[1 - \left(\frac{p_2}{p_1}\right)^{\frac{n-1}{n}}\right] - \frac{n}{n-1}\, P_1 V_4 \left[1 - \left(\frac{p_2}{p_1}\right)^{\frac{n-1}{n}}\right]$$

ergibt. Setzen wir $V_1 - V_4 = V_{14}$ so folgt

$$L_t = \frac{n}{n-1}\, P_1 V_{14} \left[1 - \left(\frac{p_2}{p_1}\right)^{\frac{n-1}{n}}\right]. \tag{76}$$

Das Verhältnis des Ansaugvolumens V_{14} zum Hubvolumen V_h (Abb. 18) nennt man den *Füllungsgrad*. Setzt man ferner den schädlichen Raum gleich $\varepsilon_0 V_h$ so ergibt sich

$$\frac{V_{14}}{V_h} = \frac{V_h(1 + \varepsilon_0) - V_4}{V_h} = 1 + \varepsilon_0 - \frac{V_4}{V_h}.$$

Da aber nach Gl. (64)

$$\frac{V_4}{\varepsilon_0 V_h} = \left(\frac{p_2}{p_1}\right)^{\frac{1}{n}},$$

so wird

$$\frac{V_{14}}{V_h} = 1 - \varepsilon_0\left[\left(\frac{p_2}{p_1}\right)^{\frac{1}{n}} - 1\right].$$

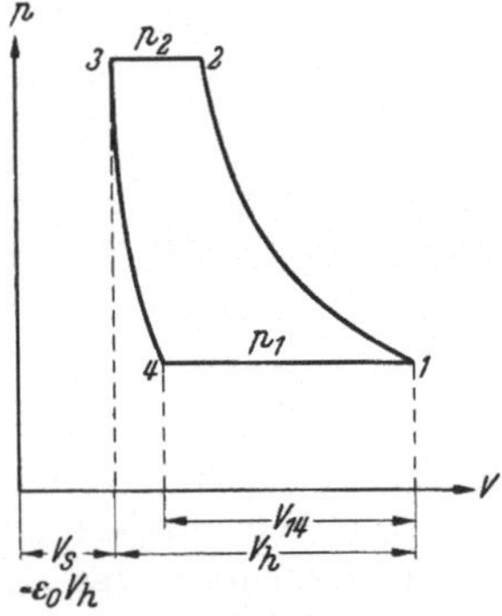

Abb. 18. Indikatordiagramm.

Ist $\varepsilon_0 = 0$, d. h. ist der schädliche Raum gleich Null, so ergeben sich die Verhältnisse des idealen Verdichters. Mit wachsendem ε_0 wird der Füllungsgrad immer kleiner. Er wird Null, wenn

$$1 - \varepsilon_0\left[\left(\frac{p_2}{p_1}\right)^{\frac{1}{n}} - 1\right] = 0.$$

oder

$$\frac{p_2}{p_1} = \left[\frac{1}{\varepsilon_0} + 1\right]^n$$

ist.

Es gibt also für jeden Verdichter ein bestimmtes Druckverhältnis, für das die Förderleistung aufhört. Dann fällt die Verdichtungslinie 12 mit der Entspannungslinie 34 zusammen. Es wird $L_t = 0$, da die bei der Verdichtung aufgewendete Arbeit bei der Entspannung wiedergewonnen wird, aber es wird nichts gefördert.

---

[1] GRAMBERG, A.: Technische Messungen bei Maschinenuntersuchungen und zur Betriebskontrolle. Bd. I. Berlin: Springer 1933.

Beim wirklichen Verdichter treten noch Verluste durch die Drosselung in den Ventilen, die Wandungswirkungen und durch Undichtigkeiten ein[1]. Diesen Verlusten kann im wesentlichen durch folgende Wirkungsgrade Rechnung getragen werden:

$$\eta_i = \frac{N_{th}}{N_i}. \tag{77a}$$

Dabei ist η_i der *indizierte Wirkungsgrad*. Er ist gleich dem Verhältnis aus der theoretischen zur indizierten, also der aus dem Indikatordiagramm gewonnenen Leistung. N_{th} bezieht man dabei am zweckmäßigsten auf die isotherme Verdichtung, also auf den günstigsten Fall. Ferner ist

$$\eta_m = \frac{N_i}{N_e} \tag{77b}$$

der *mechanische Wirkungsgrad*, wobei N_e der aufgenommenen Leistung an der Welle des Verdichters entspricht.

Schließlich trägt der *Ausnutzungsgrad*

$$\lambda = \frac{V}{V_h} \tag{77c}$$

den volumetrischen Verlusten Rechnung. Hierin ist V das tatsächlich angesaugte Volumen bezogen auf den Ansaugezustand und V_h wieder das notwendige Hubvolumen. Statt Ausnutzungsgrad findet man häufig auch die Bezeichnung *Liefergrad*.

23. Der mehrstufige Gasverdichter. Bei höheren Druckverhältnissen unterteilt man aus wirtschaftlichen und thermischen Gründen das Druckgefälle in mehrere Stufen, zwischen denen das Gas gekühlt wird. Dadurch wird eine Verminderung der aufzuwendenden Arbeit erzielt und eine zu hohe Erwärmung des Gases am Ende der Verdichtung vermieden. Man verdichtet zunächst von 1 bis 1′, also vom Druck p_1 auf p_m adiabatisch oder polytropisch (Abb. 19). Dann kühlt man das Gas bei konstantem Druck p_m bis zum Punkt 2′, wo es also wieder die Anfangstemperatur erreicht. Jetzt wird wieder adiabatisch bzw. polytropisch von 2′ auf 2 verdichtet. Die Arbeit L_t, die aufzuwenden ist, ergibt sich dem Betrage nach ohne Rücksicht auf das Vorzeichen aus Gl. (73), wenn man beachtet, daß $P_1 V_1 = P_m V_{2'}$ ist.

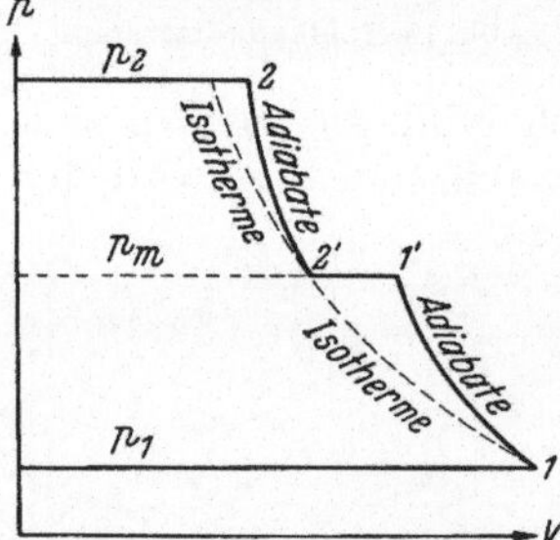

Abb. 19. Mehrstufige Verdichtung.

$$|L_t| = \frac{n}{n-1} P_1 V_1 \left[\left(\frac{p_m}{p_1}\right)^{\frac{n-1}{n}} - 1\right] + \frac{n}{n-1} P_1 V_1 \left[\left(\frac{p_2}{p_m}\right)^{\frac{n-1}{n}} - 1\right],$$

$$|L_t| = \frac{n}{n-1} P_1 V_1 \left[\left(\frac{p_m}{p_1}\right)^{\frac{n-1}{n}} + \left(\frac{p_2}{p_m}\right)^{\frac{n-1}{n}} - 2\right].$$

---

[1] Vgl. Regeln für Abnahme- und Leistungsversuche an Verdichtern. DIN 1945, Berlin 1934 und P. Ostertag: Theorie und Konstruktion der Kolben und Turbokompressoren. 3. Aufl. Berlin: Springer 1923.

Der Betrag $|L_t|$ wird am kleinsten, also der Verdichter arbeitet am wirtschaftlichsten, wenn

$$\left(\frac{p_m}{p_1}\right)^{\frac{n-1}{n}} + \left(\frac{p_2}{p_m}\right)^{\frac{n-1}{n}}$$

ein Minimum wird. Differenzieren wir diesen Ausdruck nach P_m und setzen den Differentialquotienten gleich Null, wobei wir noch der Einfachheit halber $\frac{n-1}{n} = u$ setzen, so erhalten wir

$$\frac{u\, p_m^{u-1}}{p_1^u} - \frac{u\, p_2^u}{p_m^{u+1}} = 0$$

oder

$$p_m = \sqrt{p_1 p_2} \tag{79}$$

oder

$$\frac{p_2}{p_m} = \frac{p_m}{p_1}. \tag{79a}$$

Die beiden Stufen müssen also dasselbe Druckverhältnis haben. Dies gilt sinngemäß auch für Verdichter mit mehr als 2 Stufen. Streng genommen gelten die Folgerungen allerdings nur für Verdichter, bei denen $\varepsilon_0 = 0$ ist.

24. Beispiele. a) 1 kg Stickstoff ($c_p = 0{,}249$; $c_v = 0{,}178$; $R = 30{,}26$) wird von 10 at und $20°$ auf 1 at adiabatisch entspannt. Wie groß ist die Endtemperatur? Welche Arbeit wird gewonnen? Wie groß ist die Änderung der inneren Energie?

$$\varkappa = \frac{c_p}{c_v} = 1{,}40$$

$$\frac{T_2}{T_1} = \left(\frac{p_2}{p_1}\right)^{\frac{\varkappa-1}{\varkappa}}. \tag{57}$$

Mit $T_1 = 293°$ K; $p_2 = 1$ at; $p_1 = 10$ at folgt $T_2 = 151{,}6°$ K $= -121{,}4°$ C *.

$$L = \frac{R\,T_1}{\varkappa - 1}\left[1 - \left(\frac{p_2}{p_1}\right)^{\frac{\varkappa-1}{\varkappa}}\right] = \frac{R\,T_1}{\varkappa - 1}\left[1 - \frac{T_2}{T_1}\right]. \qquad \text{(61) und (62)}$$

Nach Einsetzen der Zahlenwerte ergibt sich $L = 10\,700$ mkg/kg.

Der Unterschied der inneren Energie ist

$$\varDelta u = u_2 - u_1 = c_v\,(T_2 - T_1) = 25{,}2 \text{ kcal/kg}. \tag{27}$$

Nach Gl. (58) entspricht die geleistete Arbeit im Wärmemaß dem Unterschied in der inneren Energie.

b) 1 kg Stickstoff wird einmal adiabatisch, das andere Mal isotherm von 1 at und $20°$ auf 5 at verdichtet. Wie groß ist die Endtemperatur? Wie groß ist die aufzuwendende Arbeit? Wie groß ist das Anfangs- und das Endvolumen?

Für die Adiabate ist

$$\frac{T_2}{T_1} = \left(\frac{p_2}{p_1}\right)^{\frac{\varkappa-1}{\varkappa}}. \tag{57}$$

$T_1 = 293°$ K; $p_1 = 1$ at; $p_2 = 5$ at. Daraus folgt $T_2 = 464°$ K $= 191°$ C.

$$|L| = c_v\,(T_2 - T_1) = 30{,}4 \text{ kcal/kg} = 13\,000 \text{ mkg/kg}. \tag{58}$$

$$v_1 = \frac{R\,T_1}{P_1} = 0{,}886 \text{ m}^3/\text{kg}; \qquad v_2 = \frac{R\,T_2}{P_2} = 0{,}281 \text{ m}^3/\text{kg}. \tag{17}$$

---

* Tabellen zur Erleichterung der Rechnungen mit den gebrochenen Exponenten siehe Taschenbuch *Hütte*. Bd. I. 1948.

Für die Isotherme ist

$$|L| = R T \ln \frac{p_2}{p_1} = 14\,400 \text{ mkg/kg} . \tag{50}$$

$$\frac{v_2}{v_1} = \frac{p_1}{p_2} . \tag{49}$$

Daraus folgt $v_2 = 0{,}1773 \text{ m}^3/\text{kg}$.

c) Welche theoretische Leistung ($\varepsilon_0 = 0$) ist erforderlich, um 1000 m³ Stickstoff je Stunde von 1 at und 20° auf 10 at polytropisch ($n = 1{,}2$) einstufig zu verdichten? Welches ist der günstigste Mitteldruck p_m bei zweistufiger Verdichtung? Wie groß ist die aufzuwendende theoretische Leistung bei zweistufiger Verdichtung? Wie hoch sind die jeweiligen Endtemperaturen?

Im Gegensatz zum Beispiel b) handelt es sich hier um die technische Arbeit bzw. Leistung. Für einstufige Verdichtung ist

$$|L_t| = \frac{n}{n-1} P_1 V_1 \left[\left(\frac{p_2}{p_1} \right)^{\frac{n-1}{n}} - 1 \right] . \tag{73}$$

Mit $n = 1{,}2$; $P_1 = 10^4 \text{ kg/m}^2$; $V_1 = 1000 \text{ m}^3$; $p_2 = 10 \text{ at}$ ergibt sich $2{,}81 \cdot 10^7$ mkg/1000 m³ oder $N = 76{,}5 \text{ kW}$ bei 1000 m³/h.

$$\frac{T_2}{T_1} = \left(\frac{p_2}{p_1} \right)^{\frac{n-1}{n}} . \tag{57}$$

Daraus folgt $T_2 = 430° \text{ K} = 157° \text{ C}$.

Bei zweistufiger Verdichtung ist der günstigste Mitteldruck

$$p_m = \sqrt{p_1\,p_2} = 3{,}16 \text{ at} . \tag{79}$$

$$|L_t| = \frac{n}{n-1} \left[\left(\frac{p_m}{p_1} \right)^{\frac{n-1}{n}} + \left(\frac{p_2}{p_m} \right)^{\frac{n-1}{n}} - 2 \right] . \tag{78}$$

Nach Einsetzen der Zahlen folgt $|L_t| = 2{,}53 \cdot 10^7$ mkg/1000 m³ bzw. $N = 69{,}0 \text{ kW}$ bei 1000 m³/h.

Die Endtemperatur ist nach (Gl. 57) $T_2 = 355° \text{ K} = 82° \text{ C}$.

d) 1000 m³ Luft sollen stündlich von 1 at auf 3 at verdichtet werden. Welche Leistungsaufnahme hat der Verdichter an der Welle, wenn der indizierte Wirkungsgrad bezogen auf den isothermen Prozeß 0,8 und der mechanische Wirkungsgrad 0,9 ist? Wie groß ist das notwendige stündliche Hubvolumen, wenn der Ausnutzungsgrad 0,8 beträgt?

$$|L_t|_{is} = P_1 V_1 \ln \frac{p_2}{p_1} . \tag{72}$$

Mit $P_1 = 10^4 \text{ kg/m}^2$; $V_1 = 1000 \text{ m}^3$; $p_1 = 1 \text{ at}$; $p_2 = 3 \text{ at}$ folgt $|L_t|_{is} = 1{,}099 \cdot 10^7$ mkg/1000 m³ oder $N_{th} = 25{,}4 \text{ kW}$ bei 1000 m³/h.

$$N_e = \frac{N_{th}}{\eta_i \eta_m} . \tag{77a und 77b}$$

Mit $\eta_i = 0{,}8$; $\eta_m = 0{,}9$ ergibt sich $N_e = 35{,}3 \text{ kW}$

$$V_h = \frac{V_1}{\lambda} . \tag{77c}$$

Für $V_1 = 1000 \text{ m}^3/\text{h}$ und $\lambda = 0{,}8$ folgt $V_h = 1250 \text{ m}^3/\text{h}$.

25. Die Entropie der vollkommenen Gase. Wir haben bereits gezeigt, daß die bei einer Zustandsänderung geleistete oder aufgewendete Arbeit im p,v-Diagramm als Fläche erscheint. Nunmehr wollen wir uns die Aufgabe stellen, ein Diagramm zu entwickeln, in dem die bei einer Zustandsänderung umgesetzten Wärmemengen ebenfalls als Flächen erscheinen. Wir gehen dazu auf Gl. (6) oder (24) zurück

$$dQ = du + A P \, dv = du + A \, dL .$$

Da u nur von der Temperatur abhängt, so ist die innere Energie genau wie P, v und T eine Zustandsgröße, d. h. jedem Punkt im p,v-Diagramm ist ein bestimmtes P, v, T und u zugeordnet. Dasselbe gilt auch für die Enthalpie i. Die Größe $A\,L$, die die Arbeit zwischen zwei Punkten 1 und 2 (Abb. 20) darstellt, ist jedoch von dem Wege abhängig, den man zwischen den Punkten 1 und 2 einschlägt. Sie ist bei der Zustandsänderung auf der oberen Kurve größer als auf der unteren. Dementsprechend ist auch die zwischen 1 und 2 zu- oder abführende Wärme nach Gl. (24) vom Wege abhängig. Mathematisch ausgedrückt heißt das, dQ ist kein vollständiges Differential.

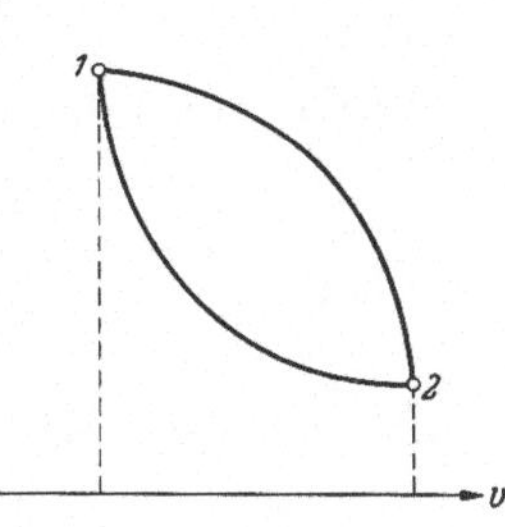

Abb. 20. Abhängigkeit der Arbeit vom Weg der Zustandsänderung.

Um dQ in ein vollständiges Differential zu verwandeln, muß mit dem sogenannten integrierenden Faktor multipliziert werden[1]. Dieser ist $\dfrac{1}{T}$. Man erhält dann aus Gl. (24)

$$\frac{dQ}{T} = ds = \frac{du + A P \, dv}{T} = \frac{c_v \, dT}{T} + \frac{A P}{T} dv . \tag{80}$$

Ersetzt man $\dfrac{P}{T}$ nach der Zustandsgleichung durch $\dfrac{R}{v}$, so erhält man

$$\frac{dQ}{T} = ds = c_v \frac{dT}{T} + A R \frac{dv}{v} . \tag{81}$$

Die Größe ds ist nunmehr ein vollständiges Differential, denn es ist die dafür maßgebende Bedingung

$$\frac{\partial}{\partial v} \left(\frac{c_v}{T} \right)_T = \frac{\partial}{\partial T} \left(\frac{A R}{v} \right)_v$$

erfüllt. Wir nennen s die *Entropie*.

Aus Gl. (81) folgt durch Integration

$$s = c_v \ln T + A R \ln v + s_0 . \tag{82}$$

Hierin ist s_0 eine Integrationskonstante, die in der Regel nicht interessiert, weil es bei wärmetechnischen Rechnungen nur auf die Differenz der Entropie ankommt.

Aus Gl. (31)

$$dQ = di - A v \, dP$$

ergibt sich entsprechend nach Division durch T und nachfolgender Integration

$$s = c_p \ln T - A R \ln P + s_0 . \tag{83}$$

Während Gl. (82) s als Funktion von T und v angibt, zeigt Gl. (83) s als Funktion von T und P. Die Integrationskonstante s_0 in Gl. (83) ist nicht identisch mit der in Gl. (82). Dies spielt indessen aus dem oben bereits

---

[1] Vgl. z. B. Taschenbuch *Hütte* Bd. I 1948.

erwähnten Grund bei den folgenden Betrachtungen keine Rolle. Um s noch als Funktion von P und v zu erhalten, dividieren wir Gl. (82) und (83) beziehentlich durch c_v und c_p und erhalten

$$\frac{s}{c_v} = \ln T + \frac{A\,R}{c_v} \ln v + s_0 \,,$$

$$\frac{s}{c_p} = \ln T - \frac{A\,R}{c_p} \ln P + s_0 \,.$$

Durch Subtrahieren und Umformen ergibt sich

$$s = \frac{A\,R\,c_p \ln v + A\,R\,c_v \ln P}{c_p - c_v} + s_0 \,.$$

Da aber $c_p - c_v = A\,R$, so folgt

$$s = c_p \ln v + c_v \ln P + s_0 \,, \tag{84}$$

womit s durch v und P ausgedrückt ist.

Handelt es sich um G kg, so ist

$$S = G\,s \,. \tag{85}$$

Wie aus Gl. (81) durch Einsetzen der Dimensionen gefunden werden kann, hat s die Dimension kcal/kg grd und S entsprechend Gl. (85) kcal/grd. Aus Gl. (82), (83) und (84) geht hervor, daß s ebenso wie P, v, T, u, i eine Zustandsgröße ist.

26. Das T, s-Diagramm. In Abb. 9 hatten wir bereits ein p, v-Diagramm gezeichnet, das die Linien gleicher Temperatur enthält. Jedem Punkt dieses Diagramms entspricht ein bestimmter Zustand des Gases. Es muß also auch jedem Punkt eine bestimmte Entropie zugeordnet sein, die sich aus Gl. (81), (82) und (83) errechnen läßt. Wir können nun entsprechend ein T, s-Diagramm entwerfen. Setzt man in Gl. (82) $v = $ konst., so erhält man

$$s = c_v \ln T + \text{konst.}$$

und daraus

$$\left(\frac{\partial T}{\partial s} \right)_v = \frac{T}{c_v} \,. \tag{86}$$

Im T, s-Diagramm sind also die Isochoren logarithmische Kurven mit der Neigung T/c_v. Setzt man entsprechend in Gl. (83) $P = $ konst., so folgt

$$s = c_p \ln T + \text{konst.}$$

$$\left(\frac{\partial T}{\partial s} \right)_p = \frac{T}{c_p} \,. \tag{87}$$

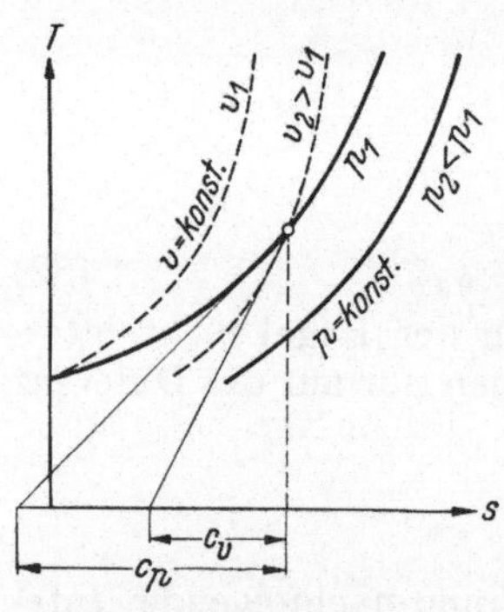

Abb. 21. Isochoren und Isobaren im T, s-Diagramm.

Die Isobaren sind also auch logarithmische Kurven. Da aber $c_p > c_v$, so ist die Neigung der Isochoren größer als die der Isobaren. Es ergeben sich daher für die Isochoren und Isobaren Kurvenscharen, wie sie in Abb. 21 eingetragen sind.

Aus Gl. (86) und (87) ergibt sich, daß die Tangenten an die Kurven $v = $ konst. und $p = $ konst. auf der Abszissenachse Stücke von der Länge c_v bzw. c_p abschneiden.

Hat man für einen bestimmten Zustand, also für ein bestimmtes P_1 und T_1 die Entropie zu Null angenommen, so ist damit die Konstante s_0 in Gl. (83) bestimmt. Damit ist aber auch über die Konstante s_0 in Gl. (82) verfügt, denn zu $P_1 T_1$ gehört ein bestimmtes v_1 und die Konstante s_0 in Gl. (82) ergibt sich dann aus der Beziehung

$$c_v \ln T_1 + A R \ln v_1 = 0 .$$

Aus Gl. (82) und (83) folgt ferner, daß die horizontalen Abstände je zweier Isobaren oder Isochoren über das ganze Diagramm gleich sind[1].

27. Zustandsänderungen im T,s-Diagramm. In Nr. 16 bis 19 haben wir gewisse charakteristische Zustandsänderungen behandelt und in das p,v-Diagramm eingetragen. Wir fanden, daß die zwischen der Zustandskurve und der v-Achse liegende Fläche ein Maß für die geleistete bzw. aufgewendete Arbeit ist.

Im T,s-Diagramm haben wir nun ein Mittel gefunden, auch die umgesetzten Wärmemengen flächenmäßig darzustellen. Da nämlich nach Gl. (80)

$$dQ = T \, ds$$

ist oder

$$Q = \int_1^2 T \, ds , \qquad (88)$$

so ist im T,s-Diagramm die zwischen der Zustandskurve und der s-Achse liegende Fläche gleich der umgesetzten Wärmemenge.

In Abb. 22 bis 29 ist eine Isobare, Isochore, Isotherme und Adiabate in beide Diagramme eingetragen. Die schraffierten Flächen ergeben beziehentlich

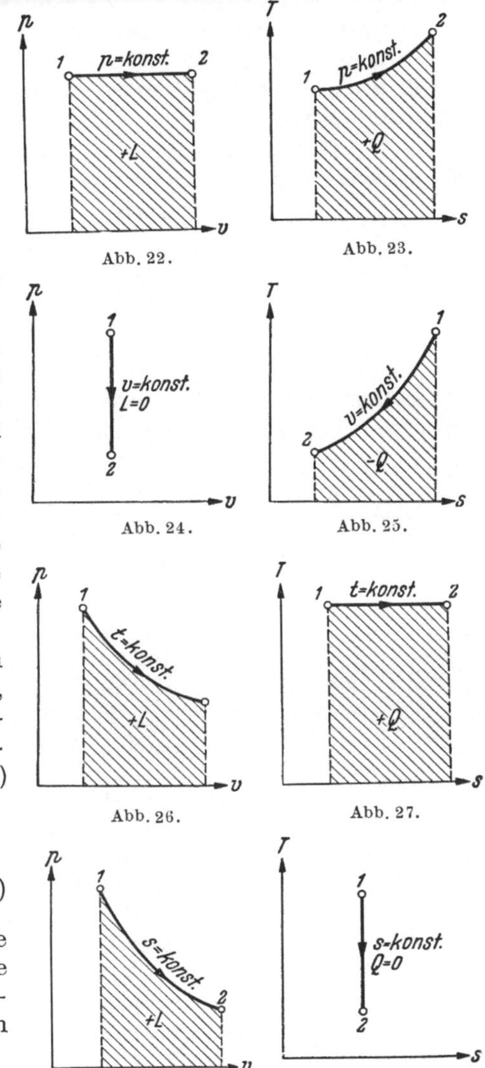

Zustandsänderungen im p,v- und T,s-Diagramm.

<hr>

[1] Entropietafeln für Luft findet man z. B. in P. OSTERTAG: Die Entropietafel für Luft und ihre Verwendung zur Berechnung der Kolben- und Turbokompressoren. Berlin: Springer 1930.

die Arbeit L oder die Wärme Q an. Verläuft im p,v-Diagramm die Zustandsänderung von links nach rechts, also in positiver Richtung der v-Achse, so ist die Arbeit positiv, wird also nach außen abgegeben. Läuft im T,s-Diagramm die Zustandsänderung von links nach rechts, also in positiver Richtung der s-Achse, so ist die Wärmemenge positiv und wird daher zugeführt. Geht die Zustandsänderung in entgegengesetzter Richtung vonstatten, so kehren sich die Vorzeichen von L und Q sinngemäß um.

Im T,s-Diagramm entspricht eine horizontale Linie der Isotherme, eine senkrechte der Adiabate, weil in diesem Fall

$$dQ = T\,ds = 0$$

also auch

$$ds = 0$$

und daher

$$s = \text{konst.}$$

ist.

28. Kreisprozesse. Wir haben bisher lediglich Zustandsänderungen betrachtet, bei denen ein Gas von einem Zustand 1 in einen anderen Zustand 2 gebracht wurde. Offenbar sind auch Zustandsänderungen denkbar, in denen ein Gas über verschiedene Zwischenzustände auf seinen ursprünglichen Zustand zurückgebracht wird. Im p,v-Diagramm würde ein solcher Prozeß, den man einen *Kreisprozeß* nennt, wie in Abb. 30 gezeigt, aussehen, wobei mit 1 der Anfangszustand angedeutet ist, auf den das Gas wieder zurückgebracht wird. Die beiderseitigen Begrenzungspunkte sind 2 und 3. Verläuft der Kreisprozeß in der Pfeilrichtung, also im Uhrzeigersinn, so ist die zwischen der v-Achse und dem Kurvenzug 3 1 2 liegende Fläche eine nach außen abgegebene Arbeit, während die unter dem Kurvenzug 2 a 3 liegende Fläche eine aufgewendete Arbeit darstellt. Der Inhalt des Kurvenzuges stellt somit die geleistete Arbeit L dar.

Verliefe der Kreisprozeß in entgegengesetzter Richtung, so würde die Arbeit L aufzuwenden sein.

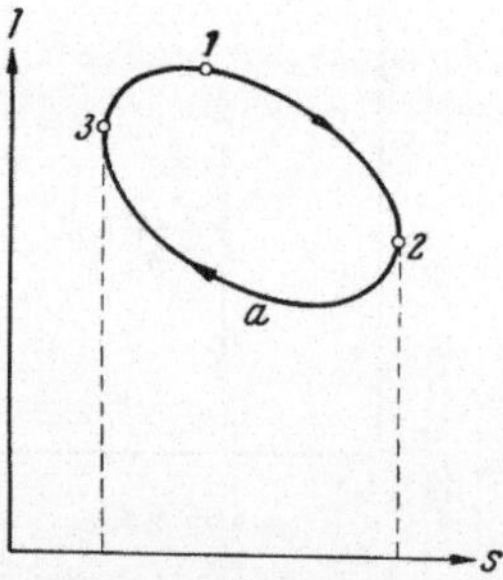

Im T,s-Diagramm (Abb. 31) ist ebenfalls ein beliebiger Kreisprozeß eingezeichnet. Die Fläche zwischen dem Kurvenzug 3 1 2 und der s-Achse bedeutet eine zugeführte Wärmemenge Q_{312}, während die unter dem Kurvenzug 2 a 3 liegende Fläche 2 a 3 eine abgeführte Wärmemenge Q_{2a3} bedeutet. Nach Durchlaufen des Prozesses ist also scheinbar die Wärmemenge $|Q_{312}| - |Q_{2a3}|$ verschwunden. Nach dem I. Hauptsatz muß

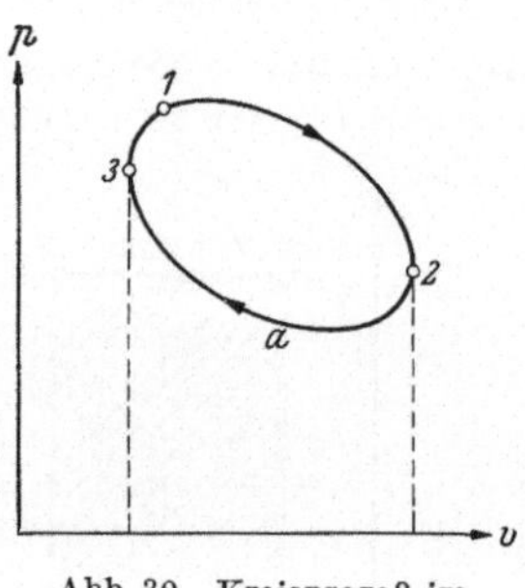

Abb. 30. Kreisprozeß im p,v-Diagramm.

Abb. 31. Kreisprozeß im T,s-Diagramm.

sie sich in Arbeit verwandelt haben, so daß wir schreiben können

$$|Q_{312}| - |Q_{2\,a\,3}| = |A\,L|\,.$$

Der Flächeninhalt des Kurvenzuges des Kreisprozesses im T,s-Diagramm ist also ein Maß für die Arbeit.

Da $Q_{312} > Q_{2\,a\,3}$ so wird $A\,L$ positiv, wenn der Prozeß im Uhrzeigersinn, negativ, wenn er im entgegengesetzten Sinn des Urzeigers verläuft.

Für die Betrachtung von Kreisprozessen zeigt sich also das T,s-Diagramm dem P,v-Diagramm überlegen, weil es nicht nur die umgesetzten Wärmemengen, sondern auch die Arbeit (im Wärmemaß) als Fläche darzustellen gestattet.

Es sei ausdrücklich darauf hingewiesen, daß im T,s-Diagramm die Arbeit nur bei Kreisprozessen und bei einer isothermen Zustandsänderung als Fläche erscheint. Mit Bezug auf Abb. 31 ist es also allgemein nicht etwa so, daß die unter der Kurve 312 bis zur s-Achse liegende Fläche die Arbeit im Wärmemaß darstellt, die während dieser Zustandsänderung 312 geleistet wird. Durch diese Fläche wird nur die zugeführte Wärme dargestellt. Die isotherme Zustandsänderung bildet nur deswegen eine Ausnahme, weil nur bei ihr die zugeführte Wärme gleich der geleisteten Arbeit ist.

29. Der Carnot-Prozeß. Wir wollen jetzt einen bestimmten Kreisprozeß betrachten. Wir denken uns ein Gas vom Zustand 1 gegeben, wobei der Zustand in ein p,v- und ein T,s-Diagramm eingetragen sei (Abb. 32 u. 33). Das Gas werde nunmehr isotherm bis zum Punkt 2 entspannt. Jetzt erfolge eine adiabatische Entspannung bis 3. Von hier aus werde das Gas wieder isotherm bis 4 und von 4 bis auf 1 adiabatisch verdichtet. Einen solchen, aus zwei Isothermen und zwei Adiabaten bestehenden Kreisprozeß nennt man einen *Carnot-Prozeß*.

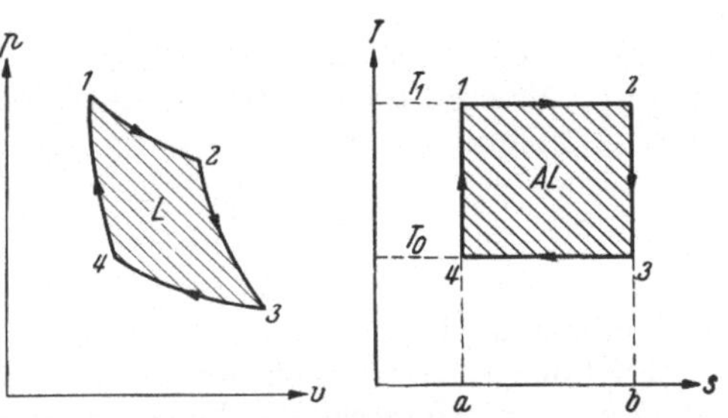

Abb. 32 und 33. Caronot-Prozeß im p,v- und T,s-Diagramm.

Wird der Prozeß im Sinne des Uhrzeigers (Pfeilrichtung) ausgeführt, so wird die Arbeit L (Fläche 1 2 3 4 im p,v-Diagramm) bzw. $A\,L$ (Rechteck 1 2 3 4 im T,s-Diagramm) nach außen abgegeben. Dabei wird die Wärme $Q_1 = 12\,b\,a$ dem Gase zugeführt, während die Wärme $Q_0 = 34\,a\,b$ abgeführt wird.

Haben wir zwei Wärmebehälter mit den Temperaturen T_1 und T_0, so können wir dauernd durch den Kreisprozeß des Gases unter Verbrauch der Wärmemenge Q_1 aus dem Behälter T_1 und Abführung der kleineren Wärmemenge Q_0 an den Behälter T_0 Arbeit gewinnen. Wir haben also eine Wärmekraftmaschine vor uns. Nach dem I. Hauptsatz ist die gewonnene Arbeit

$$|AL| = |Q_1| - |Q_0| \,. \tag{89}$$

Bezeichnen wir den Entropieunterschied $a\,b$ mit $|\varDelta s|$, so ist

$$|Q_1| = T_1 |\varDelta s| \,,$$
$$|Q_0| = T_0 |\varDelta s| \,. \tag{90}$$

Aus Gl. (89) und (90) ergibt sich die je zugeführter Wärmemenge Q_1 geleistete Arbeit

$$\eta = \frac{|AL|}{|Q_1|} = 1 - \frac{T_0}{T_1} \,. \tag{91}$$

Den Ausdruck η können wir als *thermischen Wirkungsgrad des Carnot-Prozesses* bezeichnen und erkennen, daß dieser um so größer ist, je größer T_1 und je kleiner T_0 ist.

Ferner erkennen wir die äußerst wichtige Tatsache, daß der Wirkungsgrad des Carnot-Prozesses unabhängig von der Art des Gases ist, da keine Stoffkonstanten in der Formel vorkommen. Jedes Gas gibt also bei einem Carnotprozeß zwischen denselben Temperaturen T_1 und T_0 denselben Wirkungsgrad. Es kommt nur auf die Höhe der Temperaturen an.

Kehren wir die Pfeilrichtung des Prozesses um, so daß er im entgegengesetzten Sinne des Uhrzeigers verläuft, so wird die Wärme Q_0 dem Gase aus dem Wärmebehälter T_0 zugeführt, die Wärme Q_1 an den Behälter T_1 abgeführt. Dieser Behälter kann Kühlwasser oder die umgebende Luft sein. Die Arbeit AL ist aufzuwenden. Wir haben jetzt eine Kältemaschine vor uns, denn wir können mit einer solchen Einrichtung einem Körper bei tiefer Temperatur T_0 Wärme entziehen. Hier kommt es also auf die Kälteleistung Q_0 im Verhältnis zur aufgewendeten Arbeit an. Es ergibt sich offenbar unter sinngemäßer Berücksichtigung von Gl. (89) und Gl. (90)

$$\varepsilon_k = \frac{|Q_0|}{|AL|} = \frac{T_0}{T_1 - T_0} \,. \tag{92}$$

Man bezeichnet ε_k als die *Leistungsziffer*. Sie ist um so höher, je tiefer T_1 und je höher T_0 liegt.

Schließlich kann es auch der Zweck einer solchen Einrichtung sein, Wärme z. B. zu Heizzwecken bei höherer Temperatur T_1 zu gewinnen, die man einem Behälter tieferer Temperatur z. B. einem Gewässer entzieht. Man hat es dann mit einer *Wärmepumpe* zu tun. Hierbei kommt es auf das Verhältnis Q_1/AL an. Wieder nach Gl. (89) und (90) ergibt sich die Leistungsziffer

$$\varepsilon_w = \frac{|Q_1|}{|AL|} = \frac{T_1}{T_1 - T_2} \,. \tag{93}$$

Die Leistungsziffer ist um so größer, je höher T_0 und je tiefer T_1 liegt.

Während der Wirkungsgrad der Wärmekraftmaschine immer kleiner als Eins sein muß, kann die Leistungsziffer der Kältemaschine oder der Wärmepumpe auch Werte über Eins annehmen.

Obwohl die technischen Kreisprozesse der Wärmekraftmaschinen, Kältemaschinen und Wärmepumpen in der Regel nicht mit Gasen nach dem Carnot-Prozeß ausgeführt werden, sondern — wie wir später sehen werden — mit Dämpfen nach etwas abweichenden Prozessen, sind die voraufgegangenen Betrachtungen dennoch technisch von großer Wichtigkeit. Aus der rechteckigen Form, die der Carnot-Prozeß im T, s-Diagramm annimmt, folgt rein geometrisch, daß er von allen Kreisprozessen, die zwischen zwei Temperaturen ausgeführt werden, die optimale Wirkung hat. Er ist daher als Vergleichsprozeß für viele technische Prozesse von grundlegender Bedeutung.

30. Umkehrbarkeit und Nichtumkehrbarkeit. II. Hauptsatz. Bei der Betrachtung des Carnot-Prozesses hatten wir diesen in beiden Richtungen durchlaufen lassen. Im Sinne des Uhrzeigers laufend ist der Prozeß einer Wärmekraftmaschine mit Arbeitsleistung. Im entgegengesetzten Sinne des Uhrzeigers laufend ist er der Prozeß einer Kältemaschine oder Wärmepumpe mit Verbrauch von mechanischer Arbeit. Lassen wir den Prozeß einmal rechts herum und einmal links herum durchlaufen, so ist der Anfangszustand für alle beteiligten Körper wieder hergestellt. Die beim Rechtslauf geleistete Arbeit wird beim Linkslauf wieder verbraucht und auch die beiden Wärmebehälter enthalten wieder ihre ursprünglichen Wärmemengen. Der Prozeß ist also *umkehrbar* oder *reversibel*. Wir haben dabei stillschweigend vorausgesetzt, daß der Wärmeübergang vom Arbeitsgas zu den Behältern und umgekehrt ohne Temperatursprung vonstatten geht.

Nun gibt es aber auch Prozesse, die *nicht umkehrbar* oder *irreversibel* sind. Befindet sich der Körper A (Abb. 34) auf der Temperatur T_1 und der Körper B auf der Temperatur T_0, wobei $T_1 > T_0$ sei, so weiß man aus Erfahrung, daß — wenn keine äußeren Einwirkungen stattfinden — Wärme nur von dem Körper höherer Temperatur auf den Körper tieferer Temperatur übergeht. Dies ist der Inhalt des II. Hauptsatzes, der in der Formulierung von Clausius (1850) lautet: *Wärme kann nie von selbst von einem Körper tieferer Temperatur auf einen Körper höherer Temperatur übergehen.*

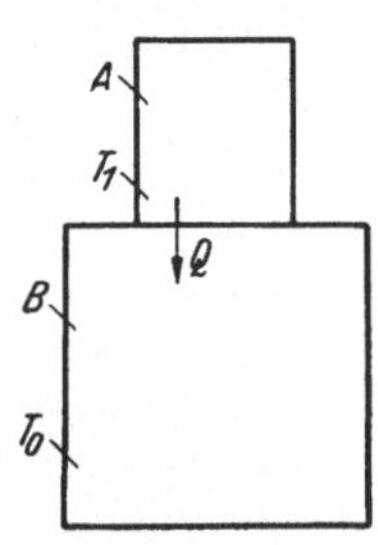

Abb. 34. Wärmeübergang von einem Körper höherer Temperatur auf einen Körper tieferer Temperatur.

Dieser Satz läßt sich in dieser Form nicht beweisen, sondern ist ein Erfahrungssatz[1]. Die Folgerungen, die sich aus ihm ergeben, haben sich jedoch bisher stets als mit der Erfahrung im Einklang erwiesen, so daß an seiner Allgemeingültigkeit keine Zweifel bestehen.

31. Die Planckschel Formulierung des II. Hauptsatzes. Max Planck hat dem II. Hauptsatz eine Fassung gegeben, die insbesondere seine Anwendung auf Wärmekraftmaschinen erleichtert. Sie lautet[1]: *Es ist unmöglich, eine periodisch funktionierende Maschine zu konstruieren, die weiter nichts bewirkt, als Hebung einer Last und Abkühlung eines Wärmereservoirs.*

---

[1] Vgl. jedoch Nr. 38.

Wohlgemerkt würde eine solche Maschine nicht dem I. Hauptsatz widersprechen. Sie ist kein Perpetuum mobile erster Art, denn sie würde Arbeit nicht aus dem Nichts leisten, sondern lediglich Wärme gänzlich in Arbeit umsetzen. Eine solche Maschine nennt man ein *Perpetuum mobile zweiter Art.*

Würde ein Perpetuum mobile zweiter Art möglich sein, so könnte man damit eine Wärmemenge, die man einem Wärmebehälter von der Temperatur T_0 entzieht, periodisch in Arbeit umsetzen. Diese Arbeit könnte dann ohne weiteres durch Reibung in einer Apparatur, wie wir sie bei der Bestimmung des mechanischen Wärmeäquivalentes kennengelernt haben, wieder in Wärme umgesetzt und einem Behälter von der Temperatur T_1 zugeführt werden, wobei $T_1 > T_0$ ist. Dies würde jedoch der Fassung von CLAUSIUS widersprechen. Die Plancksche und Clausiussche Fassung kommen also auf dasselbe heraus.

Wir können sagen: *Ein Perpetuum mobile zweiter Art ist unmöglich.*

Wir hatten allerdings bei der Betrachtung der isothermen Zustandsänderung in Nr. 18 gesehen, daß die gesamte, einem Gas zugeführte Wärmemenge in Arbeit umgesetzt wird. Indessen widerspricht dieses Ergebnis keineswegs dem II. Hauptsatz, denn es handelt sich dabei nicht um eine „periodisch wirkende" Maschine, also um keinen Kreisprozeß. Der Ton in der Planckschen Fassung des II. Hauptsatzes liegt also auf den Worten „periodisch funktionierend".

32. Allgemeine Betrachtungen über Wirkungsgrad und Leistungsziffer umkehrbarer Kreisprozesse. Wir haben in Nr. 29 bereits den Wirkungsgrad und die Leistungsziffer des Carnot-Prozesses kennengelernt. Wir haben auch gesehen, daß er umkehrbar ist und wollen jetzt untersuchen, ob es noch andere zwischen zwei Temperaturgrenzen arbeitende umkehrbare Kreisprozesse gibt, deren Wirkungsgrad oder Leistungsziffer größer als beim Carnot-Prozeß ist.

Unter der Annahme, daß es einen solchen gebe, kuppeln wir ihn mit einem Carnot-Prozeß derart, daß er als Wärmekraftmaschine arbeitet, während der Carnot-Prozeß als Wärmepumpe läuft. Wir richten es so ein, daß sich beide Arbeiten $A L$ gerade aufheben. Bezeichnen wir den ersten Prozeß mit dem Index (') und den Carnot-Prozeß mit ("), so ist nach Voraussetzung

$$\frac{|A L|}{|Q_1'|} > \frac{|A L|}{|Q_1''|},$$

wobei Q_1' und Q_1'' die vom Behälter T_1 ab- bzw. zugeführten Wärmemengen sind. Daraus folgt

$$|Q_1'| < |Q_1''|. \tag{94}$$

Aus dem I. Hauptsatz schließen wir

$$|A L| = |Q_1'| - |Q_0'| = |Q_1''| - |Q_0''|, \tag{95}$$

wobei $|Q_0'|$ und $|Q_0''|$ die dem Behälter T_0 zu- bzw. abgeführten Wärmemengen sind. Aus Gl. (94) und (95) ergibt sich

$$|Q_0'| < |Q_0''|. \tag{96}$$

Aus Gl. (94) und (96) folgt, daß unter den gemachten Voraussetzungen dem Behälter T_1 Wärme zugeführt würde, die dem Behälter T_0 entzogen wird, und zwar von selbst, ohne daß anderweitige Veränderungen stattfinden. Das widerspricht dem II. Hauptsatz. Wir schließen daher: *Alle zwischen denselben Temperaturen arbeitenden umkehrbaren Kreisprozesse haben denselben Wirkungsgrad und dieselbe Leistungsziffer unabhängig von der Art des Körpers, der den Kreisprozeß durchläuft.*

Die für den umkehrbaren Carnot-Prozeß abgeleiteten Gleichungen (91), (92) und (93) sind also allgemein für jeden umkehrbaren Prozeß zwischen T_1 und T_0 gültig. Darin liegt die große Bedeutung des Carnot-Prozesses selbst und der aus ihm abgeleiteten Folgerungen.

Die bereits in Nr. 29 aus dem geometrischen Bild des Carnot-Prozesses im T,s-Diagramm gezogene Folgerung, daß der Carnot-Prozeß eine optimale Wirkung hat, ist also in Übereinstimmung mit dem II. Hauptsatz.

33. Nicht umkehrbare Kreisprozesse. Wenn wir mit einem Gas einen Carnot-Prozeß ausführen, jedoch endliche Temperaturdifferenzen zwischen dem Gas und den Wärmebehältern zulassen, so ist der Prozeß in seiner Gesamtheit nicht mehr umkehrbar, denn das Herabsinken von Wärme von einer höheren auf eine tiefere Temperaturstufe ist nach dem II. Hauptsatz ein nicht umkehrbarer Vorgang.

Ein derartiger nicht umkehrbarer Kreisprozeß kann nicht denselben Wirkungsgrad haben wie ein umkehrbarer, denn sonst wäre er selbst umkehrbar. Er kann entweder einen größeren oder einen kleineren haben.

Wir lassen einen nicht umkehrbaren Prozeß (′) als Wärmekraftmaschine arbeiten und einen umkehrbaren (″) als Wärmepumpe ablaufen und nehmen an, der erstere hätte einen größeren Wirkungsgrad als der zweite. Beim ersteren werde einem Wärmebehälter T_1 die Wärme $|Q_1|$ entzogen, die ihm durch den zweiten wieder zugeführt wird. Dann ist nach Voraussetzung

$$\frac{|AL'|}{|Q_1|} > \frac{|AL''|}{|Q_1|},$$

$$|AL'| > |AL''|, \tag{97}$$

$$|Q_1| - |Q_0'| > |Q_1| - |Q_0''|,$$

$$|Q_0'| < |Q_0''|. \tag{98}$$

Aus Gl. (97) und (98) ergibt sich eine Arbeitsabgabe unter Entzug der entsprechenden Wärme aus dem Behälter T_0, was dem II. Hauptsatz widerspricht. Der Wirkungsgrad des nicht umkehrbaren Kreisprozesses muß also kleiner als der des umkehrbaren sein.

Nehmen wir nun an, der nicht umkehrbare Prozeß (′) arbeite als Kältemaschine, der umkehrbare (″) als Wärmekraftmaschine und die Leistungsziffer des ersteren sei größer als die des zweiten. Dann ergibt sich sinngemäß

$$\frac{|Q_0|}{|AL'|} > \frac{|Q_0|}{|AL''|},$$

$$|AL'| < |AL''|, \tag{99}$$

$$|Q_1'| - |Q_0| < |Q_1''| - |Q_0|,$$

$$|Q_1'| < |Q_1''|. \tag{100}$$

Aus Gl. (99) und (100) ergibt sich wieder ein Arbeitsgewinn, der diesmal ausschließlich durch die dem Behälter T_1 entzogene Wärme kompensiert wird, also ein Widerspruch mit dem II. Hauptsatz. Die Leistungsziffer des nicht umkehrbaren Kreisprozesses muß also kleiner als die des umkehrbaren sein.

Wenn wir schließlich den nicht umkehrbaren Prozeß (') als Wärmepumpe und den umkehrbaren ('') als Kraftmaschine benutzen und für den ersteren eine höhere Leistungsziffer annehmen, so ergibt sich sinngemäß

$$\frac{|Q_1|}{|A\,L'|} > \frac{|Q_1|}{|A\,L''|},$$

$$|A\,L'| < |A\,L''|, \tag{101}$$

$$|Q_1| - |Q_0'| < |Q_1| - |Q_0''|,$$

$$|Q_0'| > |Q_0''|. \tag{102}$$

Gl. (101) und (102) sind wieder mit dem II. Hauptsatz nicht zu vereinbaren. Auch hier ist also die Leistungsziffer des nicht umkehrbaren Kreisprozesses kleiner als die des umkehrbaren.

Wir folgern daher: *Wirkungsgrad und Leistungsziffer eines nicht umkehrbaren Kreisprozesses sind stets kleiner als beim umkehrbaren, wenn beide zwischen denselben Temperaturen arbeiten.*

34. Nicht umkehrbare Zustandsänderungen. Die voraufgegangenen Betrachtungen haben gezeigt, daß jeder nicht umkehrbare Kreisprozeß im Vergleich mit einem umkehrbaren mit Arbeitsverlust verbunden ist. Dies gilt auch für beliebige Zustandsänderungen. Durchläuft man z. B. mit einem Gas die Zustandsänderung 1 a 2 umkehrbar und führt das Gas ebenfalls umkehrbar auf dem Wege 2 b 1 wieder auf den alten Zustand zurück, so wird eine bestimmte Arbeit geleistet (Abb. 35). Verläuft die Zustandsänderung 1 a 2 jedoch nicht umkehrbar, die Rückführung 2 b 1 jedoch umkehrbar, so ist der Kreisprozeß als ganzer nicht umkehrbar und es tritt nach Nr. 33 ein Arbeitsverlust auf. Da aber die Arbeitsbeträge auf dem umkehrbaren Weg 2 b 1 in beiden Fällen dieselben sind, so kann der Arbeitsverlust nur auf dem nicht umkehrbaren Teil eingetreten sein. Wir folgern daher: *Jede nicht umkehrbare Zustandsänderung ist mit einem Arbeitsverlust verbunden.*

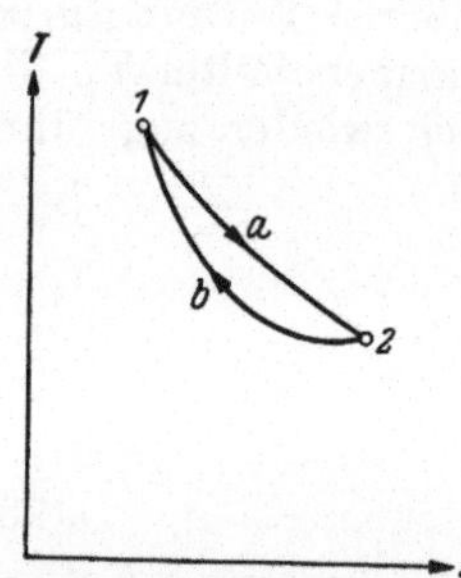
Abb. 35. Zum Beweis des Arbeitsverlustes bei nicht umkehrbaren Zustandsänderungen.

35. Die Entropie beliebiger Körper. Wir müssen jetzt nach einem Kriterium dafür suchen, ob eine Zustandsänderung umkehrbar oder nicht umkehrbar verläuft. Als wir in Nr. 25 die Entropie zunächst als reine Rechengröße einführten und mit ihrer Hilfe das T,s-Diagramm entwickelten, konnten wir auf Grund der Darstellung des Carnot-Prozesses in diesem Diagramm schon gewisse Schlußfolgerungen ziehen, die später durch den II. Hauptsatz in verallgemeinerter Form bestätigt wurden. Es liegt daher nahe, die Entropieveränderungen mit der Umkehrbarkeit in Zusammenhang zu bringen.

Daß die Entropie ein vollständiges Differential und ihre Änderung daher vom Wege unabhängig ist, haben wir in Nr. 25 bisher nur für vollkommene Gase bewiesen. Andererseits haben die allgemeinen Betrachtungen über den II. Hauptsatz gezeigt, daß diese für beliebige Körper galten. Wollen wir also jetzt allgemeine Betrachtungen über das Verhalten der Entropie bei Zustandsänderungen anstellen, so müssen wir zunächst untersuchen, ob auch bei beliebigen Körpern die Entropie eine reine Zustandsgröße ist.

Für einen beliebigen Körper gilt wie auch bei Gasen die Beziehung (23), die den I. Hauptsatz verkörpert

$$dQ = dU + AP\,dV\,.$$

Führen wir mit diesem Körper einen Carnot-Prozeß aus, so wird ihm bei hoher Temperatur T_1 die Wärme Q_1 zugeführt und bei tiefer Temperatur T_0 die Wärme Q_0 entzogen. Aus der rechteckigen Form des Carnot-Prozesses im T,s-Diagramm ergibt sich nun unter Berücksichtigung der Vorzeichen

$$\frac{Q_1}{T_1} + \frac{Q_0}{T_0} = 0$$

oder

$$\sum \frac{dQ}{T} = 0\,.$$

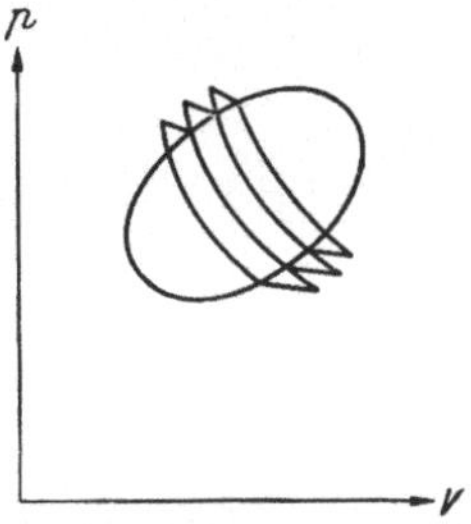

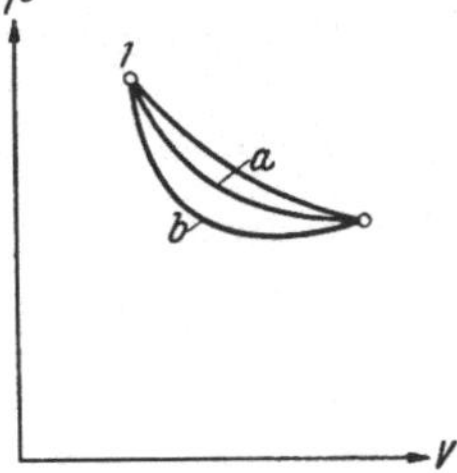

Unter Berücksichtigung von Gl. (23) muß also auch für den Carnot-Prozeß mit beliebigen Körpern

$$\sum \frac{dQ}{T} = \sum \frac{dU + AP\,dV}{T} \qquad (103)$$

Abb. 36. Zerlegung eines beliebigen Kreisprozesses in Carnot-Prozesse.

sein. Nun ist diese Betrachtung nicht auf einen Carnot-Prozeß beschränkt, sondern sie gilt für jeden beliebigen Kreisprozeß. Man kann nämlich jeden Kreisprozeß nach Abb. 36 durch eine unendlich große Zahl von isothermen und adiabatischen Zustandsänderungen in eine Anzahl von Carnot-Prozessen zerlegen.

Führt man nun mit einem beliebigen Körper die umkehrbaren Prozesse $12a1$ und $12b1$ aus (Abb. 37), so muß für beide Gl. (103) erfüllt sein, d. h. aber die Änderung des Ausdruckes

$$\sum \frac{dU + AP\,dV}{T}$$

ist für jeden beliebigen Körper unabhängig von Wege. Es muß also für beliebige Körper

$$dS = \frac{dU + AP\,dV}{T}$$

Abb. 37. Unabhängigkeit der Entropieänderung vom Weg.

ein vollständiges Differential sein. Damit kann jedem Körper auf Grund seines Zustandes eine bestimmte Entropie S als Zustandsgröße zugeordnet werden.

3*

Wenn nun S ganz allgemein eine Zustandsgröße ist, so gilt die Gleichung

$$dS = \left(\frac{\partial S}{\partial T}\right)_v dT + \left(\frac{\partial S}{\partial V}\right)_T dV. \tag{104}$$

Andererseits ist nach Definition

$$dS = \frac{dU}{T} + \frac{AP}{T} dV. \tag{105}$$

Da auch die innere Energie eine reine Zustandsgröße ist, ergibt sich

$$dU = \left(\frac{\partial U}{\partial T}\right)_v dT + \left(\frac{\partial U}{\partial V}\right)_T dV \tag{106}$$

und aus Gl. (105) und (106)

$$dS = \frac{1}{T}\left(\frac{\partial U}{\partial T}\right)_v dT + \frac{1}{T}\left[\left(\frac{\partial U}{\partial V}\right)_T + AP\right] dV. \tag{107}$$

Durch Vergleich von Gl. (104) und (107) folgt

$$\left(\frac{\partial S}{\partial T}\right)_v = \frac{1}{T}\left(\frac{\partial U}{\partial T}\right)_v, \tag{108}$$

$$\left(\frac{\partial S}{\partial V}\right)_T = \frac{1}{T}\left[\left(\frac{\partial U}{\partial V}\right)_T + AP\right]. \tag{109}$$

Da dS ein vollständiges Differential ist, so folgt

$$\frac{\partial^2 S}{\partial T\,\partial V} = \frac{\partial^2 S}{\partial V\,\partial T}. \tag{110}$$

Aus G. (108) und (109) findet man

$$\frac{\partial^2 S}{\partial T\,\partial V} = \frac{1}{T}\,\frac{\partial^2 U}{\partial T\,\partial V} \tag{111}$$

$$\frac{\partial^2 S}{\partial V\,\partial T} = \frac{1}{T}\left[\frac{\partial^2 U}{\partial T\,\partial V} + A\left(\frac{\partial P}{\partial T}\right)_v\right] - \frac{1}{T^2}\left[\left(\frac{\partial U}{\partial V}\right)_T + AP\right]. \tag{112}$$

Durch Gleichsetzen von Gl. (111) und (112) ergibt sich

$$\left(\frac{\partial U}{\partial V}\right)_T = AT\left(\frac{\partial P}{\partial T}\right)_v - AP. \tag{113}$$

Durch Einsetzen von Gl. (109) erhält man

$$\left(\frac{\partial S}{\partial V}\right)_T = A\left(\frac{\partial P}{\partial T}\right)_v. \tag{114}$$

Führt man Gl. (108) und (114) in (104) ein und berücksichtigt, daß $\left(\frac{\partial U}{\partial T}\right)_v = Gc_v$ ist, wobei G das Gewicht des Körpers sei, so ergibt sich für 1 kg

$$ds = \frac{c_v}{T} dT + A\left(\frac{\partial P}{\partial T}\right)_v dv. \tag{115}$$

Diese Gleichung gilt allgemein für jeden Körper und man überzeugt sich leicht, daß sie unter Berücksichtigung der Zustandsgleichung für vollkommene Gase in Gl. (82) übergeht.

Unter Benutzung von Gleichung (30)

$$dQ = dI - AV\,dP$$

ergibt eine entsprechende Überlegung

$$ds = \frac{c_p}{T}\,dT - A\left(\frac{\partial v}{\partial T}\right)_p dP\,.\tag{116}$$

Für feste Körper oder Flüssigkeiten kann oft $dv = 0$ gesetzt werden. Dann ist auch $c_v = c_p = c$ und Gl. (115) geht über in

$$ds = \frac{c}{T}\,dT\tag{117}$$

bzw.

$$s = c \ln T + s_0\,,\tag{118}$$

wobei s_0 wieder eine Integrationskonstante ist.

36. Die Entropie bei umkehrbaren Vorgängen. Betrachten wir die Vorgänge bei einem Carnot-Prozeß genauer, so kann man von einem Kreisprozeß eigentlich nur in bezug auf den arbeitenden Körper sprechen. Dieser kommt nach jedem Kreislauf in seinen ursprünglichen Zustand zurück und seine Zustandsgrößen, also auch seine Entropie sind nach jedem Umlauf dieselben.

Die Wärmebehälter indessen erleiden dauernde Veränderungen ihres Zustandes. Läuft der Prozeß beispielsweise als Kraftmaschinenprozeß, so gibt der Behälter mit T_1 dauernd Wärme ab, der Behälter mit T_0 nimmt dauernd Wärme auf. Rechnen wir diese Behälter mit zu dem System, das wir untersuchen, so müssen wir auch ihre Entropieveränderung feststellen. Der Behälter T_1 erfährt die Entropieabnahme $-\left|\frac{Q_1}{T_1}\right|$, während der Behälter T_0 die Entropiezunahme $+\left|\frac{Q_0}{T_0}\right|$ erfährt. Unter Berücksichtigung von Gl. (90) ergibt sich also für das gesamte System einschließlich Wärmebehälter

$$\sum \frac{dQ}{T} = 0\,.$$

Da wir nach Nr. 35 dieses Ergebnis auch auf beliebige Kreisprozesse übertragen können, da sie in Carnot-Prozesse zerlegbar sind, so können wir folgern: *Bei jedem umkehrbaren Kreisprozeß bleibt die Entropie konstant.* Dieser Satz gilt für jeden Zeitpunkt im Verlauf des Kreisprozesses.

Aber auch bei jeder beliebigen umkehrbaren Zustandsänderung muß die Entropie des Systems konstant bleiben. Wir können uns nämlich stets das gesamte System, das an der Zustandsänderung beteiligt ist, nach außen adiabatisch abgeschlossen denken. Dann brauchen wir, um die Zustandsänderung wieder rückgängig zu machen, von außen keinen Eingriff vorzunehmen. Wir können daher für das System die Gleichung

$$dQ = dU + A P\,dV = T\,dS = 0$$

ansetzen. Dann ist also $dS = 0$ und $S =$ konstant. Wir können daher ganz allgemein den Satz aussprechen: *Bei einem beliebigen umkehrbaren Vorgang bleibt die Entropiesumme aller am Vorgang beteiligten Körper konstant.*

Wohlgemerkt heißt dies keinesfalls, daß gewisse Teile des Systems eine Entropieänderung aufweisen können. Dann müssen jedoch andere eine entgegengesetzte Änderung erfahren. Ein Beispiel dafür ist beim Carnot-Prozeß die Wechselwirkung zwischen Arbeitsstoff und Wärmebehälter.

37. Die Entropie bei nicht umkehrbaren Vorgängen. In Nr. 30 haben wir bereits einen nicht umkehrbaren Prozeß kennengelernt, die Wärmeübertragung bei endlicher Temperaturdifferenz. Wir wollen jetzt die Entropieänderung bei diesem Vorgang untersuchen und knüpfen dabei an Abb. 34 an. Wird zwischen beiden Körpern A und B von der Temperatur T_1 und T_0 die Wärme Q übertragen, so ändert sich die Entropie von A um $-\left|\dfrac{Q}{T_1}\right|$, die von B um $+\left|\dfrac{Q}{T_0}\right|$. Da aber $T_1 > T_0$ so ist $\left|\dfrac{Q}{T_1}\right| < \left|\dfrac{Q}{T_0}\right|$. Daher nimmt die Entropie um den Betrag

$$|\varDelta S| = \left|\frac{Q}{T_0}\right| - \left|\frac{Q}{T_1}\right|$$

zu.

Um zu prüfen, ob diese Schlußfolgerung allgemeine Gültigkeit hat, greifen wir auf die in Nr. 34 bereits gewonnene Folgerung zurück, daß ein nicht umkehrbarer Vorgang mit einem Arbeitsverlsut verbunden ist. Wir lassen in einem zunächst abgeschlossenen System eine nicht umkehrbare Zustandsänderung 12 vor sich gehen. Machen wir diese jetzt auf umkehrbarem Wege 21 rückgängig, so müssen wir die bei der Zustandsänderung 12 aufgetretene Verlustarbeit von außen decken. Dann muß am Schluß dem System ein entsprechender Betrag an Wärme wieder entzogen werden, um den ursprünglichen Zustand von 1 wieder herzustellen. Sonst wäre der Energieinhalt nach Rückkehr in den Zustand 1 größer als zu Anfang. Diese Wärme führen wir nach außen ab. Dann erfährt das System eine entsprechende Entropieabnahme. Da aber alle Zustandsgrößen, also auch die Entropie, am Ende der umkehrbaren Rückführung nach dem Wärmeentzug ebenso groß wie am Anfang sind, so muß die Entropie des Systems auf dem Wege 121 zugenommen haben. Da der Weg 21 umkehrbar erfolgte, kann dies nur auf dem nicht umkehrbarem Wege 12 erfolgt sein. Wir folgern also allgemein: *Bei einem nicht umkehrbaren Vorgang nimmt die Entropie zu.*

Auch hier sei ausdrücklich betont, daß gewisse Teile des betrachteten Systems auch Entropieabnahmen aufweisen können. Die Summe der Entropieänderungen aller beteiligten Körper muß jedoch größer als Null sein.

38. Mathematische Formulierung des II. Hauptsatzes. Mit Hilfe des Begriffes der Entropie kann der II. Hauptsatz formuliert werden

$$\Sigma\, dS \geqq 0 \,. \tag{119}$$

Das Gleichheitszeichen gilt für umkehrbare, das $>$-Zeichen für nicht umkehrbare Vorgänge.

Schon die Ungleichung deutet darauf hin, daß im Gegensatz zum I. Hauptsatz, der allgemein die Möglichkeit des Umsatzes von Wärme in Arbeit und umgekehrt dartut, der II. Hauptsatz die Richtung der Vorgänge einschränkt.

Vorgänge, bei denen die Entropie abnimmt, sind unmöglich. Vorgänge, bei denen die Entropie konstant bleibt, laufen nicht von selbst ab, da bei diesen vollständiges Gleichgewicht vorhanden sein muß. Das bedeutet, daß z. B. bei Vorgängen der Wärmeübertragung die Temperaturdifferenzen nur unendlich klein sein und bei Arbeitsleistung eines Kolbens die Drücke auf beiden Seiten des Kolbens sich nur um einen unendlich kleinen Betrag unterscheiden dürften. Daher sind Vorgänge, die von selbst ablaufen, immer an eine Störung des Gleichgewichtes gebunden. Diese sind dann nicht umkehrbar und laufen bei wachsender Entropie ab. Wir können daher mit MAXWELL sagen: *Die Entropie des Universums strebt einem Maximum zu.*

Man kann auch folgern, daß alle Vorgänge, die mit einer Entropievermehrung verbunden sind, wahrscheinlicher sind als solche ohne Entropievermehrung. In der Tat kann auch die Entropie mit der Wahrscheinlichkeit eines Zustandes in Zusammenhang gebracht werden. Man erhält dann nach BOLTZMANN die Beziehung

$$S = k \ln W ,$$

worin k die Boltzmannsche Konstante und W die Wahrscheinlichkeit des Zustandes ist. Die Entropie ist also proportional dem Logarithmus der Wahrscheinlichkeit[1]. So kann der II. Hauptsatz, den wir in Nr. 30 zunächst als Erfahrungssatz eingeführt hatten, aus statistischen Betrachtungen hergeleitet werden.

Unter diesem weitaus allgemeineren Gesichtspunkt müssen wir allerdings mit der Behauptung, die Entropie könne niemals abnehmen, etwas vorsichtig sein. Denn wenn eine Entropieabnahme den Übergang in einen unwahrscheinlicheren Zustand bedeutet, so ist dieser Übergang zwar unwahrscheinlich, jedoch nicht unmöglich. Indessen ergeben statistische Betrachtungen, die über den Rahmen dieser Darstellung hinausgehen, daß mit wachsender Zahl der Teilchen, die an einer Zustandsänderung teilnehmen, z. B. der Zahl der Moleküle eines Gases, die Wahrscheinlichkeit einen Zustand kleinerer Entropie zu erreichen ungeheuer klein wird. Bei den von uns zu betrachtenden thermodynamischen Aufgaben können wir immer mit einer genügend großen Zahl von Teilchen rechnen, so daß die Aussage, die Entropie können niemals abnehmen, praktisch berechtigt ist und zu keinen Schwierigkeiten führt. Immerhin muß man sich der hier gestreiften unter Umständen notwendigen Einschränkung der Aussage doch bewußt sein.

39. Besondere nicht umkehrbare Vorgänge. Ein nicht umkehrbarer Vorgang ist außer dem Wärmeübergang bei endlicher Temperaturdifferenz auch der Vorgang der Reibung. Bei der Reibung wird mechanische Energie in Wärme umgesetzt, wobei eine Entropievermehrung desjenigen Körpers auftritt, der die Reibungswärme aufnimmt.

Ferner ist der Drosselvorgang nicht umkehrbar. Unter Drosseln versteht man, daß ein Gas oder ein Dampf, ohne äußere Arbeitsleistung auf

---

[1] Vgl. z. B. R. PLANK: Z. VDI. 70 (1926) S. 841.

einen tieferen Druck gebracht wird. Wir betrachten nach Abb. 38 das
Überströmen eines Gases in einem Rohr von der Seite 1 durch eine Blende
zur Seite 2. Die beiden Rohrseiten
denken wir uns durch bewegliche Kolben abgeschlossen. Auf der linken Seite
herrsche der Druck p_1, auf der rechten
$p_2 < p_1$. Wir machen ferner die Annahme, daß die Geschwindigkeit des
Gases auf beiden Seiten der Drossel

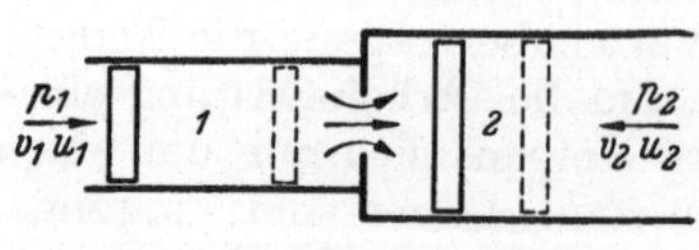

Abb. 38. Drosselvorgang.

stelle nahezu dieselbe sei, so daß wir den Unterschied in der kinetischen
Energie des Gasstromes auf beiden Seiten vernachlässigen können.
Strömt nun 1 kg des Gases von 1 nach 2, so rückt der Kolben auf
Seite 1 von links nach rechts um das Volumen v_1. Dabei wird die Arbeit
$P_1 v_1$ aufgewendet. Hat ferner das Gas auf Seite 1 die innere Energie u_1,
so verschwindet gewissermaßen auf der linken Seite die Energie
$P_1 v_1 + u_1$ und entsprechend findet sich auf der rechten Seite die Energie $P_2 v_2 + u_2$ wieder, wobei der Kolben um das Voluemn v_2 nach rechts
gerückt ist. Wir erhalten also die Beziehung

$$P_1 v_1 + u_1 = P_2 v_2 + u_2 , \tag{120}$$

da andere Energie nirgends zu- oder abgeführt wird. Unter Berücksichtigung von Gl. (28) erhalten wir also für den Drosselvorgang

$$i_1 = i_2$$

und unter Berücksichtigung von Gl. (34) für vollkommene Gase

$$T_1 = T_2 .$$

Beim Drosselvorgang bleibt die Enthalpie konstant.

Für vollkommene Gase bleibt beim Drosseln auch die Temperatur
unverändert.

Nun ist nach Gl. (82) die Entropie eines vollkommenen Gases

$$s = c_p \ln T - A R \ln P + s_0 .$$

Da T konstant bleibt, ist

$$s_2 - s_1 = \Delta s = A R (\ln P_1 - \ln P_2)$$

und da $P_1 > P_2$ ist Δs positiv. Es ist also eine Entropiezunahme eingetreten.

Betrachten wir nun das Drosselrohr als abgeschlossenes System, so
ist $dQ = 0$, weil nirgends Wärme zu- oder abgeführt wird. Nun waren
wir aber ursprünglich bei der Ableitung der Entropie in Nr. 25 von der
Beziehung

$$ds = \frac{dQ}{T} \tag{121}$$

ausgegangen, die für $dQ = 0$ beim Drosselvorgang auch $ds = 0$ ergeben
würde. Wir erkennen daraus, daß Gl. (121) nur beschränkte Gültigkeit
hat, dagegen gilt die Definitionsgleichung

$$ds = \frac{du + A P \, dv}{T} \tag{122}$$

immer, weil in ihr nur Zustandsgrößen vorkommen. Gl. (121) gilt nur, wenn $A\,P\,dv$ auch tatsächlich der geleisteten Arbeit $A\,dL$ entspricht, also für umkehrbare Vorgänge, oder bei festen Körpern und bei Flüssigkeiten, wo $dv = 0$ gesetzt werden kann. Wir müssen also genauer schreiben

$$ds \geq \frac{dQ}{T}\,, \qquad (123)$$

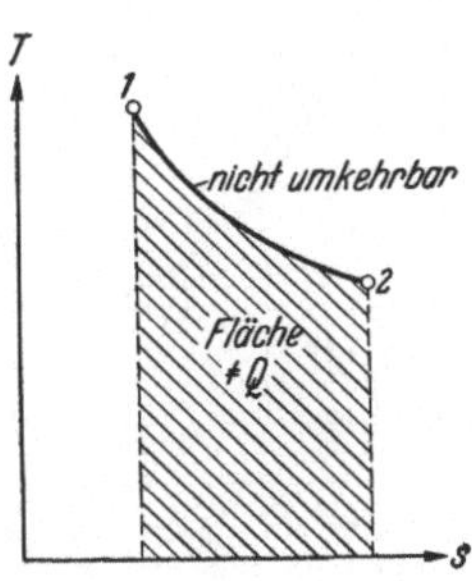

Abb. 39. Nicht umkehrbare Zustandsänderung und umgesetzte Wärme.

wobei das Gleichheitszeichen nur für umkehrbare Vorgänge und für den Fall gilt, daß die Volumenänderungen der beteiligten Körper vernachlässigbar sind.

Aus der Ungleichung (123) folgt, daß bei einer nicht umkehrbaren Zustandsänderung 21 im T,s-Diagramm die unter dem Linienzug 21 liegende Fläche (Abb. 39) nicht mehr der umgesetzten Wärmemenge gleich ist. Dies gilt nur für den Fall, daß das Gleichheitszeichen berechtigt ist.

Später werden wir noch den *Mischungsvorgang* als nicht umkehrbaren Prozeß näher behandeln.

40. Maximale Arbeit. Wie wir gesehen haben, ist die bei einem Vorgang gewinnbare Arbeit dann am größten, wenn er umkehrbar verläuft. Nach dem I. Hauptsatz ist

$$dQ = dU + AP\,dV$$

und daher

$$AL = U_1 - U_2 + Q\,, \qquad (124)$$

wo sich der Index 1 auf den Anfangszustand und 2 auf den Endzustand bezieht. Q ist die dem untersuchten System aus der Umgebung zugeführte Wärme. Wird dem System aus der Umgebung von der Temperatur T_0 Wärme zugeführt, so bedeutet dies eine Abnahme der Entropie der Umgebung. Da sich jedoch bei dem umkehrbaren Vorgang die gesamte Entropie nicht ändern kann, so muß die Entropie des Systems zugenommen haben. Es muß sein

$$Q = T_0\,(S_2 - S_1)$$

und damit wird unter Berücksichtigung von Gl. (124) die maximale Arbeit

$$A L'_{max} = U_1 - U_2 - T_0(S_1 - S_2)\,. \qquad (125)$$

Ferner muß berücksichtigt werden, daß bei Volumenvergrößerung des Systems Arbeit gegen die äußere Atmosphäre geleistet wird, die als Nutzarbeit verloren geht. Ist P_0 der Außendruck, so ist dieser Verlust

$$L_{verl} = P_0(V_2 - V_1)\,. \qquad (126)$$

So ergibt sich aus Gl. (124) unter Berücksichtigung von Gl. (125) und (126) für die maximale Nutzarbeit des Systems

$$A L_{max} = U_1 - U_2 - T_0\,(S_1 - S_2) + A\,P_0\,(V_1 - V_2)\,. \qquad (127)$$

Diese Arbeit, die in Abb. 40 durch die Fläche 12a dargestellt ist, wird geleistet, wenn das untersuchte System vom Zustand 1 in den Zustand 2 übergeht. Wird dauernd Stoff verbraucht, der dem System laufend zugeführt und nach Verbrauch in die Umgebung ausgestoßen wird, so handelt es sich um die technische Arbeit dargestellt durch die Fläche 12abc1. Es ist dann

$$A L_{t\,max} = U_1 - U_2 - T_0 (S_1 - S_2)$$
$$+ A P_0 (V_1 - V_2) + A V_1 (P_1 - P_0).$$

Da nun aber

$$U_1 + A P_1 V_1 = J_1,$$
$$U_2 + A P_2 V_2 = J_2,$$

so folgt

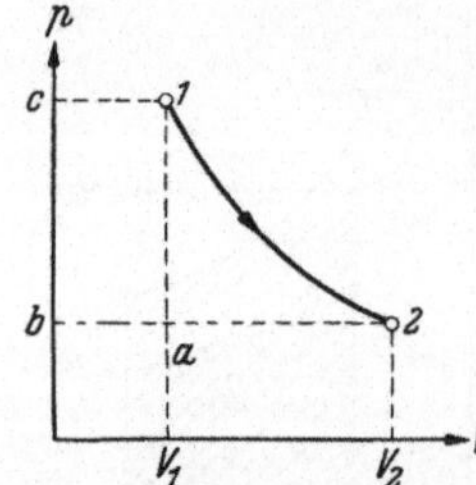

Abb. 40. Maximale Nutzarbeit und maximale technische Arbeit.

$$A L_{tmax} = I_1 - I_2 - T_0(S_1 - S_2). \qquad (128)$$

41. Thermodynamische Temperaturskala. In Nr. 1 hatten wir gesehen, daß der damals angegebenen Temperaturskala noch eine gewisse Willkür anhaftet. Wir waren in gewisser Hinsicht noch abhängig von dem Stoff, den wir zur Füllung des Thermometers verwendeten. Der II. Hauptsatz gibt uns die Möglichkeit, diese Schwierigkeit zu überwinden. Da der Wirkungsgrad des Carnot-Prozesses vom Arbeitsstoff unabhängig ist, gilt an Hand der Abb. 33 für jeden Stoff die Gleichung

$$\frac{T_1}{T_0} = \frac{|Q_1|}{|Q_0|}. \qquad (129)$$

Beziehen wir T_1 auf den Siedepunkt und T_0 auf den Schmelzpunkt des Wassers und teilen wir die Differenz zwischen beiden willkürlich in 100 Teile, so erhalten wir als zweite Gleichung

$$T_1 - T_0 = 100. \qquad (130)$$

Führen wir nun mit einem beliebigen Stoff einen Carnot-Prozeß zwischen T_1 und T_0 aus und messen Q_1 und Q_0, so können wir aus den beiden Gl. (129) und (130) T_1 und T_0 im absoluten Maß berechnen. Da auf diese Weise T_0 bekannt ist, kann man jede beliebige Temperatur T' durch Messen der Wärmemengen beim Carnot-Prozeß aus der Beziehung

$$T' = T_0 \frac{|Q'|}{|Q_0|} \qquad (131)$$

ermitteln und so die Temperaturbestimmung auf das Messen von Wärmemengen bzw. mechanischer Arbeit zurückführen.

Praktisch stimmt die so gewonnene thermodynamische Temperaturskala mit der Celsiusskala eines Gasthermometers überein.

42. Die wichtigsten Gleichungen des I. und II. Hauptsatzes. Wegen der theoretisch und praktisch großen Wichtigkeit der Grundgleichungen des I. und II. Hauptsatzes seien diese im folgenden nochmals zusammengefaßt.

Der I. Hauptsatz wird ausgedrückt durch Gl. (6)
$$dQ = dU + A\,dL.$$

Diese Gleichung gilt ohne Einschränkung. Mit Einschränkung kann Gl. (6) nach den Überlegungen unter Nr. 39 auch geschrieben werden

$$dQ \leq dU + AP\,dV\,. \tag{132}$$

Das Gleichheitszeichen gilt, wenn $P\,dV$ mit der von außen zugeführten oder nach außen geleisteten Arbeit $A\,dL$ identisch ist, also führ umkehrbare Vorgänge oder wenn z. B. bei festen Körpern und bei Flüssigkeiten die Volumenänderungen vernachlässigt werden können, d. h. also wenn $dV = 0$ ist.

Die Entropieänderung ist eindeutig definiert durch

$$dS = \frac{dU + AP\,dV}{T}\,. \tag{133}$$

Diese Gleichung gilt ohne Einschränkung. Aus Gl. (132) und (133) folgt

$$\frac{dQ}{T} \leq dS \tag{134}$$

und daraus

$$dS \geq \frac{dQ}{T}\,. \tag{135}$$

Das Gleichheitszeichen gilt auch hier nur für umkehrbare Zustandsänderungen oder wenn die Volumenänderungen vernachlässigt werden können. Entsprechendes gilt für die Gleichung

$$\frac{dQ}{T} \leq dS = \frac{dI - AV\,dP}{T}\,. \tag{136}$$

Beim Gleichheitszeichen muß $-V\,dP$ mit dL_t identisch sein oder es muß $dP = 0$ sein.

Die mathematische Fassung des II. Hauptsatzes lautet:

$$\sum dS \geq 0\,.$$

Für einen Carnot-Prozeß zwischen den Temperaturen T_1 und T_0 ist der Wirkungsgrad bei Arbeitsgewinn nach Gl. (91)

$$\eta = \frac{|AL|}{|Q_1|} = 1 - \frac{T_0}{T_1}\,.$$

Die Leistungsziffern für Kältemaschine und Wärmepumpe sind nach Gl. (92) und (93)

$$\varepsilon_k = \frac{|Q_0|}{|AL|} = \frac{T_0}{T_1 - T_0}$$

und

$$\varepsilon_w = \frac{|Q_1|}{|AL|} = \frac{T_1}{T_1 - T_0}\,.$$

Die bei einer Zustandsänderung eines Systems von 1 nach 2 gewinnbare maximale Nutzarbeit ist nach Gl. (127)

$$AL_{max} = U_1 - U_2 - T_0(S_1 - S_2) + AP_0(V_1 - V_2)$$

oder wenn es sich um die technische Arbeit handelt

$$AL_{t\,max} = J_1 - J_2 - T_0(S_1 - S_2)\,.$$

Aus Gl. (6) folgt die Arbeit eines Systems bei adiabatischer Zustandsänderung zu

$$A L_{ad} = U_1 - U_2 \qquad (137)$$

unabhängig davon, ob die Zustandsänderung umkehrbar oder nicht umkehrbar ist. Nun ist

$$A L_t = A L_{ad} + A P_1 V_1 - A P_2 V_2 .$$

Damit ergibt sich aus Gl. (137) für den umkehrbaren und nichtumkehrbaren adiabatischen Prozeß

$$A L_t = J_1 - J_2 . \qquad (138)$$

Dieses Ergebnis fanden wir bereits in Nr. 22, ohne allerdings damals auf die Betrachtung der Unterschiede zwischen umkehrbaren und nicht umkehrbaren Zustandsänderungen zu achten.

43. Die Heiß- und Kaltluftmaschine. Wir kommen jetzt zur Besprechung einiger technischer Kreisprozesse. Der Prozeß der Heißluftmaschine setzt sich zusammen aus den beiden Isobaren 23 und 41 und den beiden Adiabaten 12 und 34. In Abb. 41 und 42 ist der Prozeß im p, v- und T, s-Diagramm dargestellt. Abb. 43 zeigt die technische Ausführung. Die Kolbenmaschine I läuft dabei als Motor, II als Verdichter. Im Wärmeaustauscher W_1 wird die Wärme Q_1 zugeführt, in W_0 die Wärme Q_0 abgeführt.

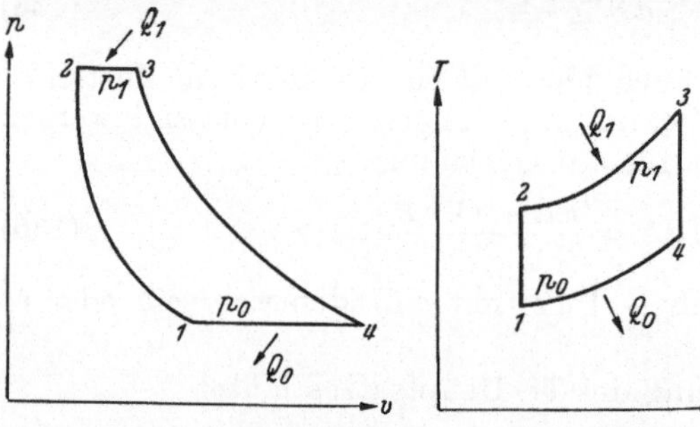

Abb. 41 u. 42. Heiß- und Kaltluftmaschine in p, v- und T, s-Diagramm.

Nach den Gleichungen für die Adiabate (Nr. 19) gelten die Beziehungen:

$$\frac{T_1}{T_2} = \frac{T_4}{T_3} = \left(\frac{P_0}{P_1}\right)^{\frac{\varkappa - 1}{\varkappa}} .$$

Für die umgesetzten Wärmemengen ergibt sich, wenn G kg Luft umlaufen

$$|Q_1| = G\, c_p (T_3 - T_2) , \qquad (139)$$

$$|Q_0| = G\, c_p (T_4 - T_1) . \qquad (140)$$

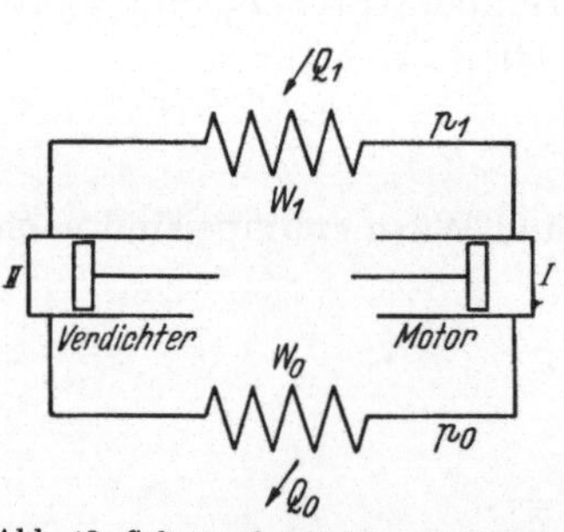

Abb. 43. Schema der Heiß- und Kaltluftmaschine.

Die Differenz der Wärmemengen muß der geleisteten Arbeit gleich sein, daher

$$A L = G\, c_p (T_3 - T_2 + T_1 - T_4) . \qquad (141)$$

Der Wirkungsgrad ist nach Gl. (139) und (141)

$$\eta = \frac{|A L|}{|Q_1|} = \frac{T_3 - T_2 - (T_4 - T_1)}{T_3 - T_2} = 1 - \frac{T_4 - T_1}{T_3 - T_2}$$

und daraus

$$\eta = 1 - \frac{T_1}{T_2} = 1 - \frac{T_4}{T_3} = 1 - \left(\frac{p_0}{p_1}\right)^{\frac{\varkappa-1}{\varkappa}}. \tag{142}$$

Der thermische Wirkungsgrad wächst also mit zunehmendem Druckverhältnis.

Arbeitet die Maschine als Kältemaschine, so kehren sich die Pfeile um. Im Wärmeaustauscher W_1 wird dann Wärme abgeführt derart, daß man mit T_2 etwa auf Umgebungstemperatur (Kühlwasser) kommt. Zylinder II arbeitet jetzt als Expansionsmaschine, so daß die Temperatur T_1 unter Umgebungstemperatur liegt. Die Wärmemenge Q_0 kann dann dem zu kühlenden Gut entzogen werden. Die Leistungsziffer wird entsprechend

$$\varepsilon = \frac{|Q_0|}{|AL|} = \frac{T_1}{T_2 - T_1} = \frac{T_4}{T_3 - T_4} = \frac{1}{\left(\dfrac{p_1}{p_0}\right)^{\frac{\varkappa-1}{\varkappa}} - 1}. \tag{143}$$

Sie ist also um so größer, je kleiner das Druckverhältnis ist.

Bei der Kaltluftmaschine ist darauf zu achten, daß die Temperatur T_4 im Grenzfalle die Kühlraum- bzw. Kühlguttemperatur annehmen darf. Die Temperatur T_1 muß daher tiefer liegen als an sich für die Kühlung erforderlich wäre.

Die Heißluftmaschine hat heute keine praktische Bedeutung und die Kaltluftmaschine wird nur in Sonderfällen angewendet.

44. Der Verpuffungs- oder Ottomotor. Beim Verpuffungsmotor wird die Wärmezufuhr von außen durch innere Verbrennung eines brennbaren Stoffes ersetzt. Man unterscheidet dabei das Viertakt- und das Zweitaktverfahren. Das Viertaktverfahren arbeitet folgendermaßen (Abb. 44 und 45):

1. Takt: Der Kolben geht von links nach rechts. Er saugt dabei ein brennbares Gemisch (Gas und Luft) an (Weg 01).

2. Takt: Der Kolben geht von rechts nach links. Das Gemisch wird verdichtet (Weg 12). In 2 wird das Gemisch entzündet und verpufft, wodurch eine plötzliche Druckerhöhung bis 3 eintritt.

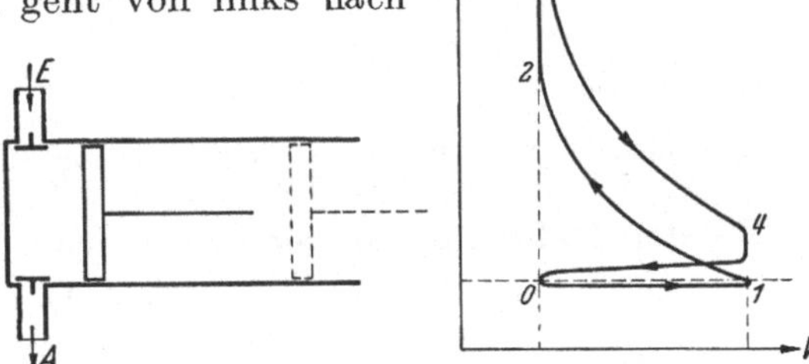

Abb. 44 u. 45. Verpuffungs- oder Ottomotor.

3. Takt: Entspannung unter Arbeitsleitung (Weg 34). Der Kolben geht wieder von links nach rechts.

4. Takt: Der Kolben geht wieder von rechts nach links. Ausschieben des verbrannten Gemisches (Weg 40).

Von vier Takten ist also stets einer ein Arbeitstakt. Der Zylinder hat zwei Ventile. Durch das Ventil E wird während des Saughubes 01 das

Gemisch angesaugt, durch das Ventil A werden die verbrannten Gase während des Hubes 40 ausgeschoben, wobei die Ventile abhängig von der Kurbeldrehung gesteuert werden.

Beim Zweitakt-Verfahren benötigt man keine Ventile. Am Schluß des Arbeitshubes werden durch am Ende des Zylinders vorgesehene Schlitze die verbrannten Gase ausgespült und frisches Gasgemisch zugeführt. Es setzt dann sofort der Verdichtungshub mit anschließender Zündung ein. Die Hübe 01 und 40 sind gewissermaßen in einen Vorgang zusammengefaßt, der sich in der rechten Totpunktlage des Kolbens abspielt. Auf zwei Takte entfällt bei diesem Verfahren also je ein Arbeitstakt.

Im Gegensatz zu dem in Nr. 43 beschriebenen Prozeß, bei dem ein und dasselbe Gas ständig umläuft, handelt es sich hier um keinen reinen Kreisprozeß. Denn erstens ändert der Arbeitsstoff während der Verpuffung seine chemische Zusammensetzung und zweitens werden die Verbrennungsgase ausgeschoben und unverbrannter Brennstoff mit Frischluft wieder angesaugt. Für eine vereinfachte theoretische Behandlung dieses Prozesses kann man jedoch so vorgehen, daß man den Verbrennungsvorgang durch eine Wärmezufuhr von außen und den Ausschub der verbrannten Gase durch eine Wärmeabfuhr nach außen ersetzt. Es handelt sich also nur um einen scheinbaren Kreisprozeß.

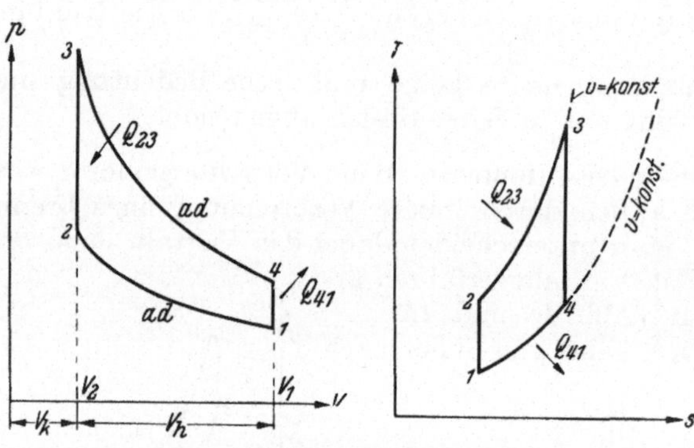

Abb. 46 u. 47. Verpuffungs- oder Ottomotor im p,v- und T,s-Diagramm.

Man erhält unter den gemachten Voraussetzungen einen Kreisprozeß, der im p,v- und T,s-Diagramm in Abb. 46 und 47 veranschaulicht ist. Er besteht aus zwei Adiabaten und zwei Isochoren.

Ist V_k der vom Kolben nicht überschnittene Raum und V_h der Hubraum, so bezeichnet man das Verhältnis

$$\varepsilon = \frac{V_1}{V_2} = \frac{V_k + V_h}{V_k}$$

als das *Verdichtungsverhältnis*. Nach den für die Adiabate geltenden Beziehungen ist

$$\frac{P_2}{P_1} = \frac{P_3}{P_4} = \varepsilon^{\varkappa},$$

$$\frac{T_2}{T_1} = \frac{T_3}{T_4} = \frac{T_3 - T_2}{T_4 - T_1} = \varepsilon^{\varkappa-1}.$$

Die zu- bzw. abgeführten Wärmemengen sind

$$|Q_{23}| = G c_v (T_3 - T_2),$$
$$|Q_{41}| = G c_v (T_4 - T_1)$$

und daher die Arbeit

$$A L = G c_v (T_1 - T_2 + T_3 - T_4)\,.$$

Damit ergibt sich der Wirkungsgrad

$$\eta = \frac{|AL|}{|Q_{23}|} = \frac{T_3 - T_2 - (T_4 - T_1)}{T_3 - T_2} = 1 - \frac{T_4 - T_1}{T_3 - T_2} = 1 - \frac{T_1}{T_2} = 1 - \frac{T_4}{T_3}$$

oder

$$\eta = 1 - \frac{1}{\varepsilon^{\varkappa - 1}} = 1 - \left(\frac{p_1}{p_2}\right)^{\frac{\varkappa - 1}{\varkappa}}\,. \tag{144}$$

Der Wirkungsgrad ist also um so größer, je größer das Verdichtungsverhältnis ist. Praktisch ist der Größe des Verdichtungsverhältnisses dadurch eine Grenze gesetzt, daß die Temperatur T_2 unter der Entzündungstemperatur des Gemisches liegen muß[1].

45. Der Gleichdruck oder Dieselmotor. Der Gleichdruckprozeß unterscheidet sich vom Verpuffungsprozeß dadurch, daß lediglich Luft angesaugt und verdichtet wird und zwar so weit, daß die Temperatur T_2
über der Entzündungstemperatur des Brennstoffes liegt, der im Punkt 2
während des Rückgangs des Kolbens bei gleichbleibendem Verbren-
nungsdruck stetig
eingespritzt wird.
Auch diesen Pro-
zeß kann man
als Viertakt- und
Zweitaktprozeß
ausführen. Er ist
ebenfalls ein
scheinbarer Kreis-
prozeß, der jedoch
zur leichteren
theoretischen Be-
handlung ideali-
siert werden kann.
Man erhält dann

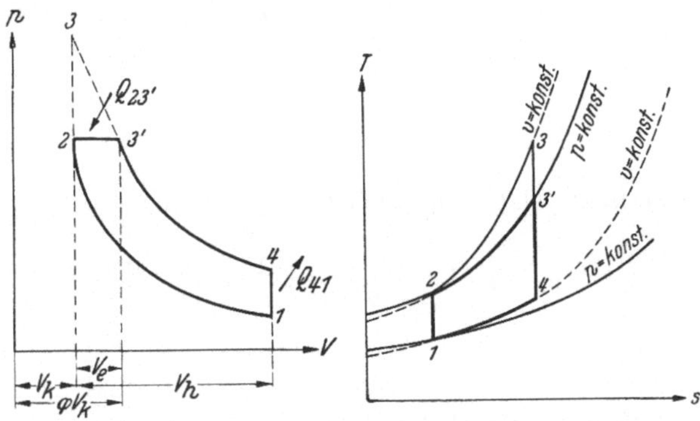

Abb. 48 u. 49. Gleichdruck- oder Dieselmotor im p,v- und
T,s-Diagramm.

im p,v- bzw. T,s-Diagramm einen Prozeß 123′4 nach Abb. 48 und 49,
der durch zwei Adiabaten und je eine Isobare und Isochore begrenzt
ist. Mit

$$|Q_{23'}| = G c_p (T_{3'} - T_2)$$
$$|Q_{41}| = G c_v (T_4 - T_1)$$

ergibt sich

$$AL = G c_v (T_{3'} - T_2) - G c_p (T_4 - T_1)$$

---

[1] Näheres über diese Motoren siehe z. B. bei O. KRAEMER: Bau und Berechnung der Verbrennungskraftmaschinen. Berlin, Göttingen, Heidelberg: Springer
1948. — Zahlenwerte über thermische Wirkungsgrade siehe bei H. HIEDL: Verbrauchsdiagramme von Wärmekraftanlagen. Leipzig: Johann Ambrosius Barth
1937.

und daraus

$$\eta = \frac{|AL|}{|Q_{23}'|} = 1 - \frac{1}{\varkappa}\frac{T_4 - T_1}{T_{3'} - T_2}.$$

Durch Division mit T_2 und weitere Umformung folgt

$$\eta = 1 - \frac{1}{\varkappa}\cdot\frac{\dfrac{T_4}{T_2}-\dfrac{T_1}{T_2}}{\dfrac{T_{3'}}{T_2}-1} = 1 - \frac{1}{\varkappa}\cdot\frac{\dfrac{T_4}{T_3}\cdot\dfrac{T_3}{T_2}-\dfrac{T_1}{T_2}}{\dfrac{T_{3'}}{T_2}-1}. \tag{145}$$

Nun ist aber nach Abb. 48

$$\frac{T_1}{T_2} = \frac{T_4}{T_3} = \frac{1}{\varepsilon^{\varkappa-1}}, \tag{146}$$

wobei ε wieder das Verdichtungsverhältnis (Nr. 44) ist. Führt man ferner den Begriff des *Einspritzverhältnisses*

$$\varphi = \frac{V_k + V_e}{V_k}$$

ein, so gilt für die Isobare 23′

$$\frac{T_{3'}}{T_2} = \varphi \tag{147}$$

und für die Adiabate 33′ gilt

$$\frac{T_3}{T_{3'}} = \varphi^{\varkappa-1}$$

und daher

$$\frac{T_3}{T_2} = \frac{T_{3'}}{T_2}\cdot\frac{T_3}{T_{3'}} = \varphi^{\varkappa}. \tag{148}$$

Setzt man Gl. (146), (147) und (148) in Gl. (145) ein, so folgt

$$\eta = 1 - \frac{1}{\varkappa\,\varepsilon^{\varkappa-1}}\cdot\frac{\varphi^{\varkappa}-1}{\varphi-1} = 1 - \frac{1}{\varkappa}\left(\frac{p_1}{p_2}\right)^{\frac{\varkappa-1}{\varkappa}}\frac{\varphi^{\varkappa}-1}{\varphi-1}. \tag{149}$$

Der Wirkungsgrad beim Gleichdruckprozeß hängt also außer vom Verdichtungsverhältnis noch vom Einspritzverhältnis ab. Mit stärkerer Belastung des Motors wächst φ und damit auch η [1].

46. Genaue Berechnung des Verpuffungs- und Dieselmotors. Die Gl. (144) und (149) sind als Näherungsgleichungen aufzufassen und tragen lediglich qualitativen Charakter. Bei den wirklichen Prozessen sind die Temperaturen so hoch, daß die Temperaturabhängigkeit der spezifischen Wärme und unter Umständen auch die Dissoziation nicht mehr außer acht gelassen werden können. In Nr. 42 haben wir jedoch gesehen, daß die technische Arbeit eines Prozesses allgemein als die Differenz der Enthalpie am Anfang und am Ende der Entspannungs-

---

[1] Näheres über diese Motoren siehe z. B. bei O. Kraemer: Bau und Berechnung der Verbrennungskraftmaschinen. Berlin, Göttingen, Heidelberg: Springer 1948. — Sass, F.: Bau und Betrieb von Dieselmaschinen. 2. Aufl. Bd. I. Berlin, Göttingen, Heidelberg: Springer 1948. — Zahlenwerte über thermische Wirkungsgrade bei H. Hiedl: Verbrauchsdiagramme von Wärmekraftanlagen. Leipzig: Johann Ambrosius Barth 1937.

kurve ermittelt werden kann. Entsprechende Diagramme für die Enthalpie unter Berücksichtigung der Veränderlichkeit der spezifischen Wärme mit der Temperatur und der Dissoziation zur genaueren Berechnung der Motoren sind von PFLAUM[1] und von LUTZ und WOLF[2] entwickelt worden.

47. Der Doppelisothermen-Kreisprozeß. Dieser Kreisprozeß besteht aus zwei Isothermen und zwei Isobaren. Während der isothermen Zustandsänderung 34 (Abb. 50 und 51) wird unter Wärmezufuhr bei hoher Temperatur in einer Entspannungsmaschine Arbeit geleistet, während der isothermen Zustandsänderung 12 wird das umlaufende Gas unter Wärmeabfuhr wieder verdichtet. Die Flächen im p,v- bzw. T,s-Diagramm

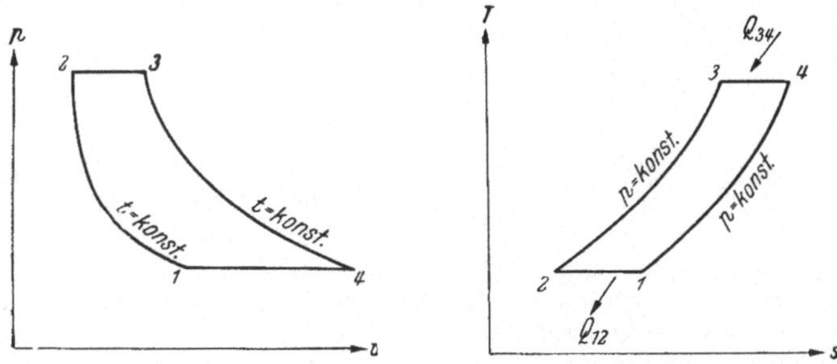

Abb. 50 u. 51. Doppelisothermen-Kreisprozeß im p,v- und T,s- Diagramm.

geben die geleistete Arbeit an. Dabei kann die bei hoher Temperatur zugeführte Wärme z. B. einem Verbrennungsprozeß entstammen, während die Wärmeabfuhr bei tiefer Temperatur an die Umgebung erfolgen kann.

Da in 3 und 4 die gleiche hohe und in 1 und 2 die gleiche tiefe Temperatur herrscht, kann man die beiden Gasströme 41 und 23 in Wärmeaustausch bringen. Sind die spezifischen Wärmen c_p gleich, also unabhängig von der Temperatur, so tritt im Grenzfall zwischen den beiden Isobaren vollkommener Wärmeaustausch ein. Wird der Prozeß umkehrbar geleitet, so fällt er unter die Gattung derjenigen umkehrbaren Prozesse, die zwischen zwei Temperaturen arbeiten und hat daher denselben Wirkungsgrad wie der Carnot-Prozeß, obwohl er an sich von diesem verschieden ist (vgl. Nr. 32). Man spricht dann von einer *Carnotisierung* des Prozesses. Derartige Prozesse sind bereits zur Krafterzeugung technisch angewendet worden[3]. Wir werden bei der Besprechung von Kreisprozessen mit Dämpfen noch weitere Carnotisierungen kennenlernen.

---

[1] PFLAUM, W.: J,s-Diagramme für Verbrennungsgase und ihre Anwendung auf die Verbrennungsmaschine. Berlin: VDI-Verlag 1932.
[2] LUTZ, O. u. F. WOLF: J,s-Tafel für Luft und Verbrennungsgase. Berlin: Springer 1938.
[3] ACKERET. J. u. C. KELLER: Z. VDI 85 (1941) S. 491. — R. PLANK: Z. VDI 90 (1948) S. 19.

48. Beispiele. a) Eine Wärmekraftmaschine arbeitet nach einem Carnot-Prozeß zwischen den Temperaturen $t_1 = 200°$, $400°$, $600°$, $800°$ und $1000°$ C einerseits und der Temperatur $t_0 = 20°$ andererseits. Wie groß sind die thermischen Wirkungsgrade? Trage die Wirkungsgrade über der Temperatur t_1 auf!

$$\eta = 1 - \frac{T_0}{T_1}. \tag{91}$$

Aus Gl. (91) folgt

$$\begin{array}{llllll}
t_1 = 200° & 400° & 600° & 800° & 1000° \\
\eta = 0{,}380 & 0{,}565 & 0{,}664 & 0{,}727 & 0{,}770
\end{array}$$

b) Eine Kältemaschine arbeitet nach einem Carnot-Prozeß zwischen den Temperaturen $t_0 = -10°$ einerseits und $t_1 = 10°$, $20°$, $30°$ und $40°$ C andererseits, ferner zwischen den Temperaturen $t_1 = 20°$ einerseits und $t_0 = 0°$, $-20°$, $-40°$ und $-60°$ andererseits. Wie groß ist die Leistungsziffer? Trage die Leistungsziffer für den ersten Fall über t_1 und für den zweiten Fall über t_0 ab.

$$\varepsilon_k = \frac{T_0}{T_1 - T_0}. \tag{92}$$

Aus Gl. (92) folgt für $t_0 = -10°$

$$\begin{array}{lllll}
t_1 = & 10° & 20° & 30° & 40° \\
\varepsilon_\varkappa = & 13{,}15 & 8{,}77 & 6{,}57 & 5{,}26
\end{array}$$

und für $t_1 = 20°$

$$\begin{array}{lllll}
t_0 = & 0° & -20° & -40° & -60° \\
\varepsilon_\varkappa = & 13{,}66 & 6{,}33 & 3{,}89 & 2{,}66
\end{array}$$

c) Für eine Raumheizung bei der Temperatur $t_1 = 20°$ C stehen 20 kW zur Verfügung Wieviel kcal/h können damit bei direkter Heizung geleistet werden? Wie groß ist die Entropiezunahme bei direkter Beheizung? Welche Heizleistung ist mit einer nach dem Carnot-Prozeß arbeitenden Wärmepumpe zu erzielen, die mit einer unteren Temperatur von $t_0 = 4°$ C arbeitet?

$$20\ \text{kW} = 17200\ \text{kcal/h}.$$

$$\Delta S = \frac{Q_1}{T_1}. \tag{121}$$

Mit $Q_1 = 17\,200$ kcal und $T_1 = 293°$ K ist $\Delta S = +58{,}7$ kcal/grd. Die Entropie der Umgebungsluft nimmt zu, also ist der Prozeß nicht umkehrbar.

$$\varepsilon_w = \frac{T_1}{T_1 - T_0} = 18{,}31. \tag{93}$$

Man kann also durch einen umkehrbaren Prozeß mit der Wärmepumpe die 18,31 fache Wärmemenge, also 315 000 kcal/h erzielen.

d) Welche maximale Nutzarbeit kann mit 1 kg Luft von 10 at und 200° ($c_p = 0{,}240$; $c_v = 0{,}171$; $R = 29{,}3$) erzielt werden, wenn sie sich auf umkehrbarem Wege der Umgebung (1 at und 20°) angleicht?

$$A L_{max} = u_1 - u_2 - T_0(s_1 - s_2) + A\,P_0(v_1 - v_2) \tag{127}$$

$T_1 = 473°$ K; $T_2 = 293°$ K; $u_1 = c_v T_1 = 80{,}9$ kcal/kg; $u_2 = c_v T_2 = 50{,}2$ kcal/kg; $P_1 = 10 \cdot 10^4$ kg/m²; $P_0 = 1 \cdot 10^4$ kg/m².

$$s_1 = c_p \ln T_1 - A R \ln P_1 = 0{,}690\ \text{kcal/kg grd}. \tag{83}$$

$$s_2 = c_p \ln T_2 - A R \ln P_0 = 0{,}732\ \text{kcal/kg grd}.$$

$$v_1 = \frac{R T_1}{P_1} = 0{,}1387\ \text{m}^3/\text{kg}; \qquad v_2 = \frac{R T_2}{P_2} = 0{,}857\ \text{m}^3/\text{kg}. \tag{17}$$

Daraus ergibt sich $A L_{max} = 27{,}11$ kcal/kg oder 11 570 mkg/kg.

Den Vorgang kann man sich so vorstellen, daß die Luft zunächst adiabatisch so weit entspannt wird, daß sie Umgebungstemperatur annimmt. Darauf erfolgt eine isotherme Zustandsänderung auf den Druck von 1 at. Zeichne diesen Prozeß in ein p, v- und T, s-Diagramm ein. Prüfe die Richtigkeit des Ergebnisses durch Einzelberechnung der adiabatischen und isothermen Arbeitsleistung.

e) Ein Verpuffungsmotor hat ein Verdichtungsverhältnis von 5,0. Der Druck nach der Verpuffung sei 20 at, die Ansaugetemperatur der Luft 20°. Wie groß sind die Drücke und Temperaturen in den Eckpunkten des theoretischen Diagrammes, wenn das Gemisch den Adiabatenexponenten $\varkappa = 1,35$ hat? Wie groß ist der theoretische thermische Wirkungsgrad?

$$\eta = 1 - \frac{1}{\varepsilon^{\varkappa-1}}. \tag{144}$$

Mit $\varepsilon = 5,0$ folgt $\eta = 0,430$. Im folgenden gelten die Bezeichnungen der Abb. 46.

$$\frac{p_2}{p_1} = \varepsilon^{\varkappa}; \qquad \frac{p_3}{p_4} = \varepsilon^{\varkappa}.$$

Mit $p_1 = 1$ at; $p_3 = 20$ at ergibt sich $p_2 = 8,79$ at; $p_4 = 2,27$ at.

$$\frac{T_2}{T_1} = \varepsilon^{\varkappa-1}; \qquad \frac{T_3}{T_2} = \frac{p_3}{p_2}; \qquad \frac{T_3}{T_4} = \varepsilon^{\varkappa-1}.$$

Daraus errechnet sich mit $T_1 = 293°$ K; $T_2 = 515°$ K $= 242°$ C; $T_3 = 1170°$K $= 897°$ C; $T_4 = 666°$ K $= 393°$ C.

III. Die Dämpfe.

49. Gase und Dämpfe. Wir hatten uns bisher mit den vollkommenen Gasen beschäftigt. Das sind luftartige Körper, die weit von ihrer Verflüssigungsgrenze entfernt sind. Charakteristisch für sie ist, daß sie der Zustandsgleichung

$$Pv = RT$$

genügen und daß ihre spezifische Wärme und daher auch ihre innere Energie und ihre Enthalpie vom Druck unabhängig sind.

Dämpfe sind ebenfalls luftartige Körper, die sich jedoch in der Nähe ihrer Verflüssigungsgrenze befinden. Sie erfüllen nicht die einfachen genannten Gesetzmäßigkeiten.

Bei der Behandlung der Dämpfe betrachten wir die Dampfphase im Zusammenhang mit der flüssigen und festen Phase.

50. Der Verdampfungsvorgang im p,v-Diagramm. Dampfspannung. Grenzkurven. Kritischer Punkt. Wir füllen einen Zylinder mit Flüssigkeit, z. B. Wasser, und belasten diese durch einen Kolben mit konstantem Druck (Abb. 52). Nun erwärmen wir die Flüssigkeit. Nach Erreichen einer bestimmten Temperatur bemerken wir, daß eine Dampfentwicklung beginnt (Abb. 53). Führen wir jetzt weiter Wärme zu, so bleibt die Temperatur konstant, bis die gesamte Flüssigkeit verdampft ist (Abb. 54). Bei weiterer Wärmezufuhr steigt die Temperatur des Dampfes unter weiterer Volumenzunahme.

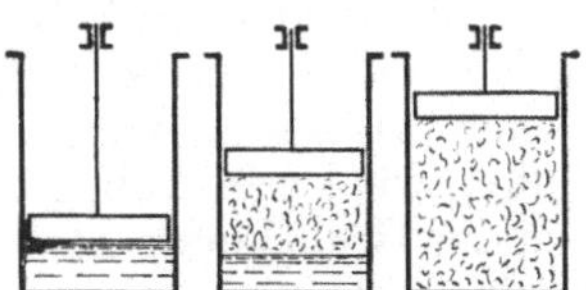

Abb. 52 bis 54. Verdampfungsvorgang.

Wiederholen wir diesen Versuch bei höherem Druck, so bleiben die Erscheinungen an sich dieselben, nur beginnt die Verdampfung bei höherer Temperatur.

Wir tragen jetzt die Versuchsergebnisse in ein p,v-Diagramm ein (Abb. 55). Die Kurve a stellt die Volumina der Flüssigkeit dar in dem Augenblick, indem die Verdampfung beginnt, die Kurve b die Volumina des Dampfes in dem Augenblick, in dem die gesamte Flüssigkeit gerade verdampft ist. Während der Verdampfung bewegen wir uns bei konstantem Druck, also auf einer Parallelen zur v-Achse im Diagramm von links nach rechts. Da sich aber dabei auch die Temperatur nicht ändert, muß zwischen den Kurven a und b die Isobare gleichzeitig eine Isotherme sein.

Die Kurve a nennt man die *linke Grenzkurve*, die Kurve b die *rechte* Grenzkurve. Wie die Erfahrung lehrt, treffen sich beide in einem Scheitelpunkt K, den man den *kritischen Punkt* nennt.

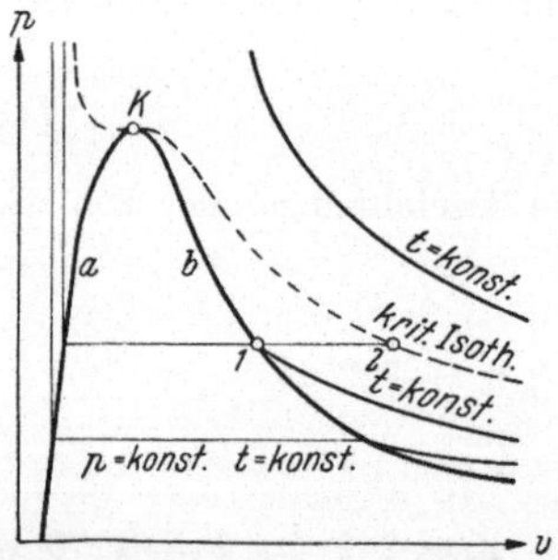

Abb. 55. p,v-Diagramm für Dämpfe.

Jedem Druck ist eine bestimmte Temperatur eindeutig zugeordnet, bei welcher die Verdampfung der Flüssigkeit gerade beginnt. Dieser Druck-Temperaturzusammenhang ergibt die *Dampfdruckkurve*. Oberhalb des kritischen Punktes verliert die Dampfdruckkurve ihren Sinn. Abb. 56 zeigt die Dampfdruckkurven einiger technisch wichtiger Stoffe.

Zwischen den beiden Grenzkurven hat man ein Gemisch von Dampf und Flüssigkeit. Man spricht dann von *nassem Dampf*. Den Dampf auf der rechten Grenzkurve nennt man *trocken gesättigt*.

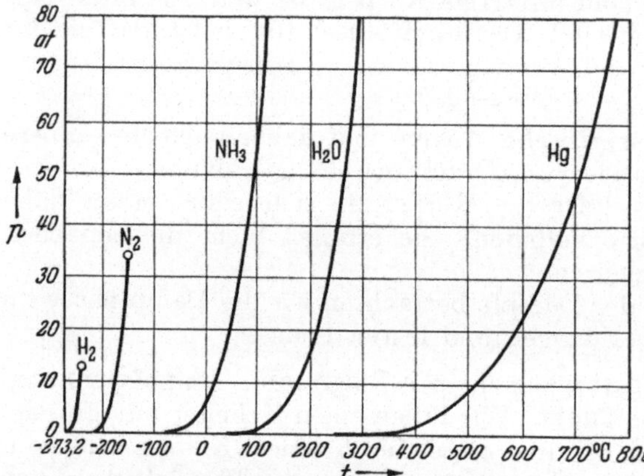

Abb. 56. Dampfspannungskurven.

Führt man trocken gesättigtem Dampf bei konstantem Druck weiter Wärme zu, so erhöht sich seine Temperatur. Man muß also bei der Zustandsänderung 12 (Abb. 55) zu höheren Temperaturen kommen. Man spricht dann von *überhitztem Dampf*. Die Isothermen im überhitzten Gebiet müssen in einer noch näher zu bestimmenden Weise etwa so verlaufen, wie sie in Abb. 55 eingetragen sind. Bei genügender Entfernung von der Grenzkurve, also von der Verflüssigungsgrenze, geht der Dampf in ein vollkommenes Gas über und die Isothermen müssen im p,v-Diagramm zu Hyperbeln werden.

Kühlt man überhitzten Dampf bei konstantem Druck ab, so lehrt das p,v-Diagramm, daß man nur dann zu einer Verflüssigung kommt, wenn man sich unterhalb des in K herrschenden *kritischen Druckes* befindet. Oberhalb des kritischen Druckes ist eine Verflüssigung unmöglich.

Verdichtet man einen überhitzten Dampf isotherm, so kann man nur dann eine Verflüssigung erzielen, wenn die Temperatur unterhalb der in Abb. 55 gestrichelt eingezeichneten *kritischen Temperatur* liegt. Oberhalb der kritischen Temperatur ist eine Verflüssigung unmöglich.

Die kritische Isotherme hat im kritischen Punkt eine horizontale Tangente.

Das im kritischen Punkt herrschende spezifische Volumen heißt das *kritische Volumen.*

Links von der linken Grenzkurve schmiegen sich insbesondere bei tieferen Drücken die Isothermen dicht an die linke Grenzkurve an.

Nimmt man ausgehend von einem Punkt A (Abb. 57) mit einem Dampf eine Zustandsänderung nach Kurve 1 bis B vor, so schneidet man das Naßdampfgebiet. Beim Überschreiten der rechten Grenzkurve setzen sich Flüssigkeitstropfen ab. Die Menge der Flüssigkeit wächst allmählich. Der Flüssigkeitsmeniskus im Versuchsgefäß steigt, bis bei Erreichen der linken Grenzkurve nur noch Flüssigkeit im Versuchsgefäß vorhanden ist. Der Über-

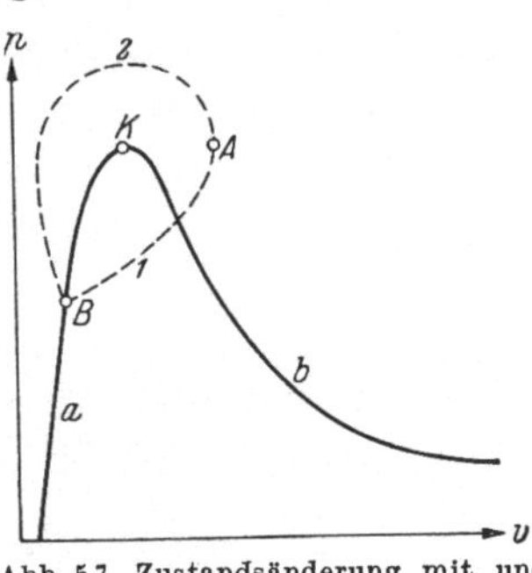

Abb. 57. Zustandsänderung mit und ohne Flüssigkeitsabscheidung.

gang von der Dampfphase zur Flüssigkeitsphase geht also unstetig von statten. Ein Meniskus trennt beim Übergang die beiden Phasen.

Nimmt man hingegen die Zustandsänderung AB nach Kurve 2 vor, so berührt man das Naßdampfgebiet nicht. Im Versuchsgefäß scheiden sich keine Tropfen ab und es kommt zu keiner Meniskusbildung. Der Übergang AB erfolgt also stetig. Man kann also in diesem Falle nicht sagen, wo die Dampfphase aufhört und die Flüssigkeitsphase anfängt. Es ist deshalb auch irrig, die kritischen Isotherme etwa als Grenzlinie zwischen Dampf und Flüssigkeit aufzufassen.

Wir beziehen das p,v-Diagramm auf 1 kg des betreffenden Stoffes und bezeichnen mit v' das spezifische Volumen auf der linken und mit v'' auf der rechten Grenzkurve. Sind dann x kg verdampft, also $(1-x)$ kg noch flüssig, so ist das spezifische Volumen des nassen Dampfes

$$v = xv'' + (1-x)v' = v' + x(v''-v'), \quad (150)$$

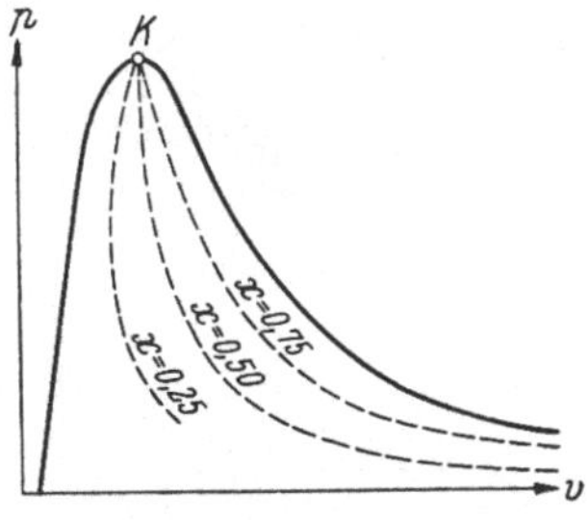

wobei sich v' und v'' auf dieselbe Temperatur bzw. auf denselben Druck beziehen. Die Größe x heißt der *spezifische Dampfgehalt* und die Größe $(1-x)$ die *Dampfnässe.* Aus Gl. (150) folgt

Abb. 58. Linien gleichen Dampfgehalts im p,v-Diagramm.

$$x = \frac{v-v'}{v''-v'}. \quad (151)$$

Aus Gl. (150) ergeben sich unmittelbar die Kurven gleichen Dampfgehaltes. Die Kurve $x = 0{,}5$ halbiert also die Verbindungslinie zwischen den beiden Grenzkurven. Der linken Grenzkurve entspricht $x = 0$, der rechten $x = 1{,}0$. Sämtliche x-Kurven gehen durch den kritischen Punkt (Abb. 58).

51. Der Verdampfungsvorgang im T,s-Diagramm. Verdampfungswärme. Wir haben bisher den Zusammenhang von Druck, Volumen und Temperatur betrachtet. Zur Darstellung der Wärmemengen bedienen wir uns, wie bei den Gasen, mit Vorteil des T,s-Diagramms.

Dabei wollen wir, wie in Nr. 50, von 1 kg Stoffmenge ausgehen, z. B. von 1 kg Wasser von 0° C, das wir bei konstantem Druck zunächst erwärmen, bis die erste Spur einer Dampfbildung auftritt. Wir benutzen die den I. Hauptsatz verkörpernde Gleichung

$$dQ = di - A v \, dP.$$

Wegen $dP = 0$ ist die bis zur Verdampfungstemperatur zugeführte Wärme

$$Q = i' - i_0'. \tag{152}$$

Setzt man willkürlich die Enthalpie der Flüssigkeit bei 0° C zu Null, so wird $i_0' = 0$. Nun ist die Entropiezunahme nach Gl. (134)

$$ds = \frac{dQ}{T} = \frac{di'}{T} = \frac{c' \, dT}{T}, \tag{153}$$

wobei c' die spezifische Wärme der Flüssigkeit auf der linken Grenzkurve ist. Daraus folgt

$$s' - s_0' = c' \ln \frac{T'}{T_0'}.$$

Setzt man die Entropie der Flüssigkeit bei 0° C $= T_0'$ °K willkürlich zu Null, so ergibt sich

$$s' = c' \ln \frac{T'}{T_0'}.$$

Diese Gleichung gilt indessen nur, solange c' von der Temperatur unabhängig ist, was lediglich bei tiefen Temperaturen einigermaßen der Fall ist. Zur Darstellung der gesamten linken Grenzkurve im T,s-Diagramm muß c' als Funktion von T bekannt sein. Grundsätzlich ist es jedoch möglich, aus Gl. (153) die Enthalpie und die Entropie auf der linken Grenzkurve zu berechnen. Man erhält dann eine Kurve a (Abb. 59). Die unter 01 liegende schraffierte Fläche ist gleich der Enthalpie der Flüssigkeit in Punkt 1. Im Punkt 1 beginne bei einem bestimmten Druck die Verdampfung. Wir haben bereits gesehen, daß der Verdampfungsvorgang bei konstanter Temperatur vonstatten geht. Bei der Verdampfung muß also im T,s-

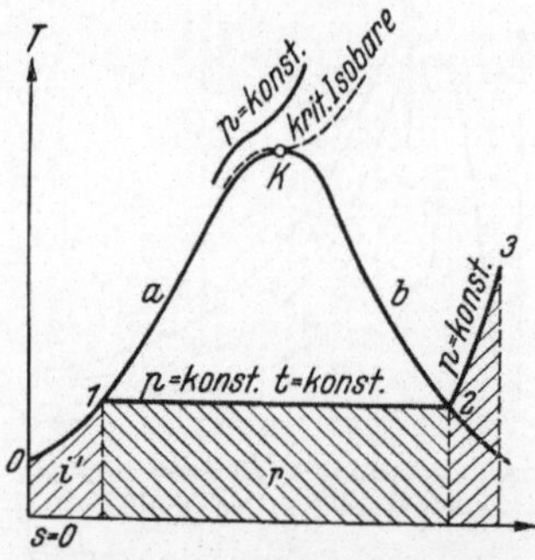

Abb. 59. T,s-Diagramm für Dämpfe.

Diagramm ebenso wie im p,v-Diagramm die Isobare mit der Isotherme zusammenfallen.

Zur Verdampfung von 1 kg Flüssigkeit sei die *Verdampfungswärme r* notwendig. Dann ist die Änderung der Enthalpie von 1 bis 2

$$i'' - i' = r, \tag{154}$$

wobei i'' die Enthalpie nach beendigter Verdampfung, also die Enthalpie des trocken gesättigten Dampfes auf der rechten Grenzkurve b ist.

Für die Entropiezunahme bei der Verdampfung gilt entsprechend

$$s'' - s' = \frac{r}{T}. \tag{155}$$

Die unter 12 liegende schraffierte Fläche stellt demnach die Verdampfungswärme dar.

Die beiden Grenzkurven a und b treffen sich wieder im kritischen Punkt K.

Führt man dem trocken gesättigten Dampf weiter Wärme zu, so steigt seine Temperatur. Er wird überhitzt. Die Zustandsänderung bei der Überhitzung folgt dann etwa der Kurve 23, wobei wir wissen, daß der Verlauf dieser Isobaren bei gebührender Entfernung von der rechten Grenzkurve in das Isobarensystem für die vollkommenen Gase einmünden muß.

Die Enthalpie im Punkte 3 ist

$$i = i'' + \int_{T_2}^{T_3} c_p \, dT, \tag{156}$$

die Entropie

$$s = s'' + \int_{T_2}^{T_3} \frac{c_p}{T} \, dT. \tag{157}$$

Dementsprechend ist die unter 23 liegende schraffierte Fläche gleich der Überhitzungswärme. Die gesamten schraffierten Flächen stellen also die Enthalpie im Punkt 3 dar.

Die Isobaren schmiegen sich an der linken Grenzkurve dicht an diese an. Die kritische Isobare hat im kritischen Punkt eine horizontale Tangente.

Aus den Gl. (86) und (87) in Nr. 26 wissen wir bereits, daß die Isobaren im T,s-Diagramm für Gase flacher verlaufen als die Isochoren und daß die Subtangenten auf der s-Achse ein Maß für die spezifischen Wärmen sind. Dies ist auch bei Dämpfen der Fall, da Gl. (86) und (87) unverändert auch für Dämpfe Gültigkeit haben. In Abb. 60 sind zwei Isobaren gestrichelt und zwei Isochoren in das T,s-Diagramm eingetragen.

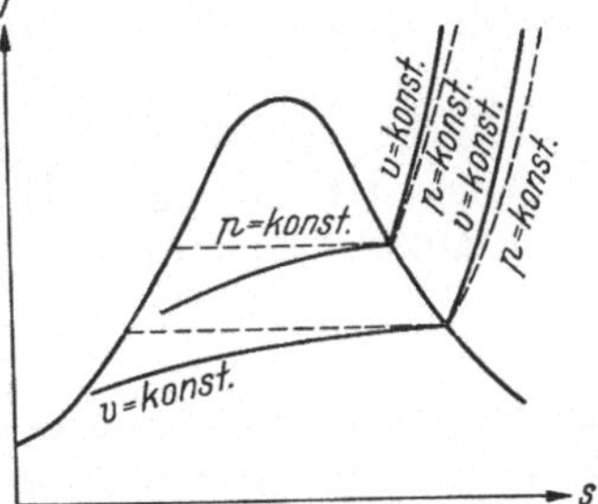

Abb. 60. Isobaren und Isochoren im T,s-Diagramm für Dämpfe.

Für das nasse Gebiet gilt entsprechend Gl. (150)

$$i = i' + x\,(i'' - i'), \tag{158}$$
$$s = s' + x\,(s'' - s'). \tag{159}$$

Aus Gl. (150) und (159) kann man für ein bestimmtes v und eine bestimmte Temperatur bzw. einen bestimmten Druck den zugehörigen Wert von s im nassen Gebiet berechnen. Man erhält dann die in Abb. 60 gezeichneten Isochoren für das Naßdampfgebiet.

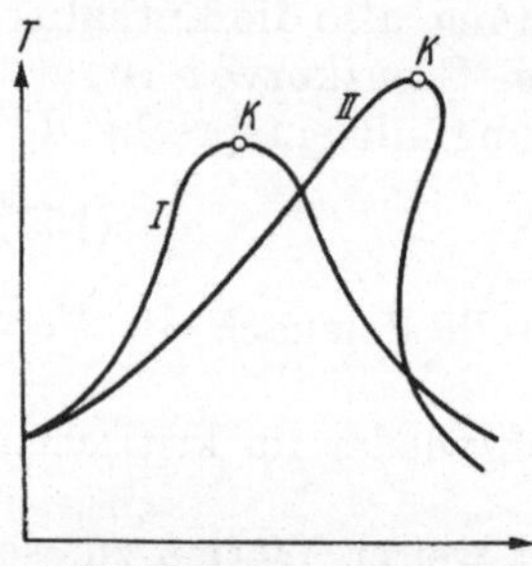

Abb. 61. Formen von Grenzkurven.

Bei den meisten technisch wichtigen Dämpfen haben die Grenzkurven den bisher beschriebenen Verlauf (Kurve I in Abb. 61), bei einigen organischen Verbindungen hingegen hängt die rechte Grenzkurve nach rechts über (Kurve II in Abb. 61)[1].

52. Die Clausius-Clapeyronsche Gleichung.

Es gibt eine Reihe von Zusammenhängen zwischen den thermischen Größen von Dampf und Flüssigkeit[2], von denen im folgenden nur die wichtigsten aufgeführt seien.

Führt man (Abb. 62) im p,v-Diagramm einen elementaren Kreisprozeß 1234 zwischen den Drücken P und dP aus, so ist die dabei

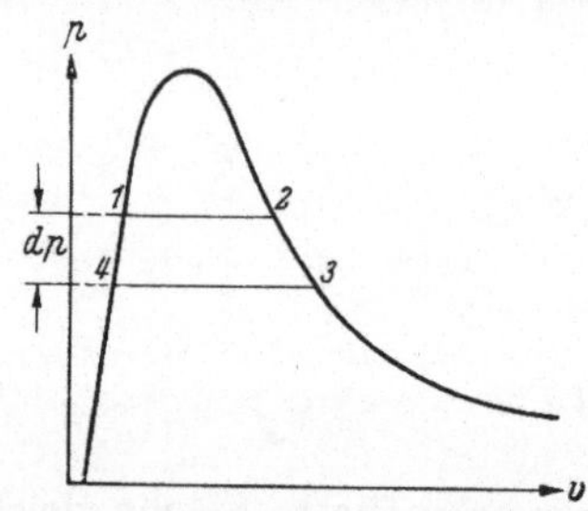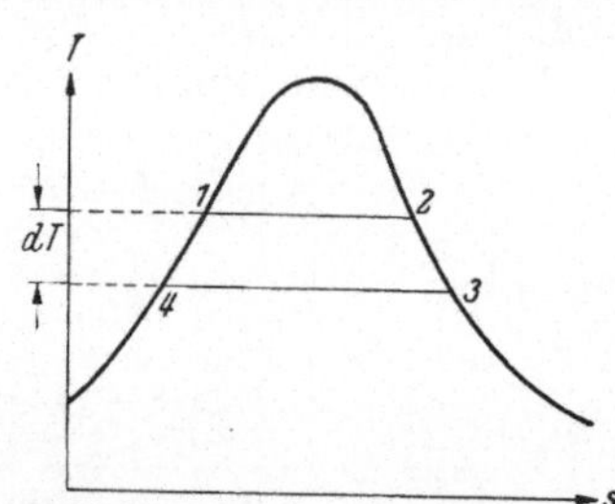

Abb. 62 u. 63. Zur Ableitung der Clausius-Clapeyronschen Gleichung.

geleistete Arbeit unter Vernachlässigung der Differentiale höherer Ordnung

$$dL = (v'' - v')\,dP\,. \tag{160a}$$

Derselbe Prozeß im T,s-Diagramm ergibt die Arbeit

$$A\,dL = (s'' - s')\,dT = \frac{r}{T}\,dT\,. \tag{160b}$$

Rechnet man dL aus beiden Gleichungen aus und setzt gleich, so folgt die Clausius-Clapeyronsche Gleichung

$$r = A\,(v'' - v')\,T\,\frac{dP}{dT}\,. \tag{161}$$

Im Gebiet tiefer Drücke kann v' gegen v'' vernachlässigt werden und man kann in erster Annäherung das Volumen v'' aus der Zustandsgleichung für Gase berechnen. Setzt man also

$$v'' \sim \frac{RT}{P}\,,$$

---

[1] Plank, R.: Z. techn. Physik 3 (1922) S. 1. Bzgl. Toluol s. K. Nesselmann und F. Dardin: Verfahrenstechnik. Z. VDI Beiheft 1 (1943).
[2] Pfaff, P.: Forschg. Ing.-Wes. 11 (1940) S. 125.

so folgt

$$\frac{dP}{dT} = \frac{rP}{ART^2} \qquad (162)$$

oder

$$\ln P = \frac{1}{AR} \int \frac{r}{T^2}\, dT + \text{konst.} \qquad (163)$$

Setzt man hierin noch r in einem gewissen Bereich konstant, so ergibt sich durch Integration

$$\ln P = - \frac{r}{ART} + \text{konst.} \qquad (164)$$

Diese Gleichung kann verwendet werden, um für einen gewissen Bereich aus einem einzigen zugeordneten Wertepaar P und T die Dampfspannungskurve zu berechnen.

53. Einige empirische Zusammenhänge zwischen Dampf und Flüssigkeit. Nach Thiesen[1] kann die Verdampfungswärme durch die empirische Gleichung

$$r = r_0\,(T_k - T)^n \qquad (165)$$

dargestellt werden. Hierin ist r_0 eine Konstante und T_k die kritische Temperatur. Der Exponent n liegt bei den verschiedenen Dämpfen zwischen 0,36 und 0,42[*].

Ein ebenfalls empirischer, sehr einfacher Zusammenhang besteht zwischen γ' und γ'', den spezifischen Gewichten von Flüssigkeit und trocken gesättigtem Dampf auf den Grenzkurven. Trägt man nach Mathias γ' und γ'' über t auf (Abb. 64), so ist die Verbindungslinie der Mittelwerte eine Gerade, die durch den Punkt $\gamma_k t_k$ geht.

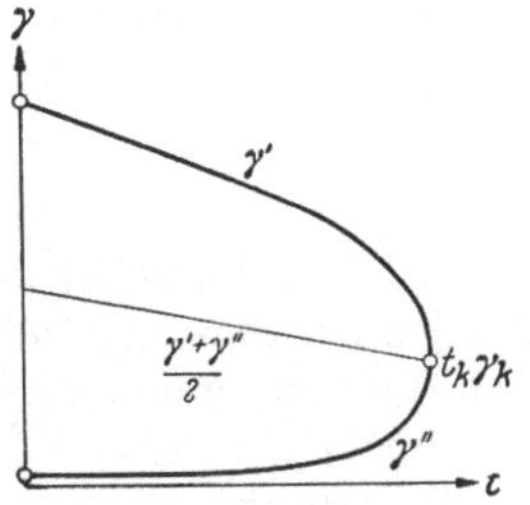

Nach der *Troutonschen Regel* gibt es ferner eine empirische Beziehung zwischen der molekularen Verdampfungswärme im Siedepunkt und der absoluten Siedetemperatur. Es ist

$$\frac{m\,r_s}{T_s} \sim 21, \qquad (166)$$

Abb. 64. Gesetz der gradlinigen Mittellinie.

wobei sich der Zeiger s auf den Siedepunkt bezieht. Auch dies ist nur ein Näherungsgesetz. Bei Stoffen mit sehr tiefer Siedetemperatur treten beträchtliche Abweichungen auf.

Schließlich besteht noch zwischen den kritischen Daten die angenäherte Beziehung

$$\frac{R\,T_k}{P_k v_k} \sim 3{,}75 \,. \qquad (167)$$

Der Nutzen aller dieser Gleichungen liegt für die praktische Thermodynamik darin, daß es mit ihrer Hilfe möglich ist, thermische Daten von Stoffen wenigstens angenähert zu bestimmen, über die im Schrifttum nur spärliche Angaben zu finden sind.

---

[1] Thiesen, M.: Verh. dtsch. physik. Ges. 16 (1897) S. 30.
[*] Pfaff, P.: Forschg. Ing.-Wes. 11 (1940) S. 125.

54. Van der Waalssche Zustandsgleichung. Korrespondierende Zustände. Wir hatten bereits gesehen, daß die Zustandsgleichung

$$Pv = RT$$

nur für vollkommene Gase Gültigkeit hatte. Sie war aus der kinetischen Gastheorie zu verstehen unter der Annahme, daß die Moleküle klein sind im Verhältnis zu ihrem Abstand. Geht man zu Dämpfen über, so ist bei ihnen das spezifische Volumen verhältnismäßig klein, so daß die Moleküle näher aneinander rücken. Die zwischen den Molekülen wirkenden Kräfte können dann nicht mehr vernachlässigt werden. Daher führte van der Waals in die Zustandsgleichung für die vollkommenen Gase Korrektionsglieder ein und erhält so die Gleichung

$$\left(P + \frac{a}{v^2}\right)(v - b) = RT. \tag{168}$$

Das Glied $\frac{a}{v_2}$ wird als *Kohäsionsdruck* bezeichnet und berücksichtigt die Anziehungskräfte zwischen den Molekülen. Der nach außen wirksame Druck P ist also bei Dämpfen kleiner als bei Gasen und man muß daher in die Zustandsgleichung zur Korrektur einen größeren Gesamtdruck einsetzen. Das Glied b berücksichtigt das Eigenvolumen der Moleküle. Man nennt b das *Kovolumen*.

Ist der Dampf sehr verdünnt, d. h. ist v sehr groß, so ist $\frac{a}{v_2} \ll P$ und $v \gg b$. Dann geht Gl. (168) in die Zustandsgleichung für Gase über. Löst man Gl. (168) auf, so erhält man

$$v^3 - v^2\left(\frac{RT}{P} + b\right) + v\frac{a}{P} - \frac{ab}{P} = 0. \tag{169}$$

Als Gleichung dritten Grades muß Gl. (169) für v drei Wurzeln haben. Da jedoch dem kritischen Punkt ein einziges Volumen v_k eindeutig zugeordnet ist, müssen hier die drei Wurzeln zusammenfallen. Bezeichnen wir mit P_k, v_k und T_k die kritischen Daten, so gilt daher für den kritischen Punkt

$$(v - v_k)^3 = v^3 - 3\,v_k\,v^2 + 3\,v_k^2\,v - v_k^3 = 0. \tag{170}$$

Vergleicht man im kritischen Punkt Gl. (169) mit (170), so ergibt sich für die Faktoren von v^2, v und für $\frac{ab}{P}$

$$\frac{RT_k}{P_k} + b = 3\,v_k,$$

$$\frac{a}{P_k} = 3\,v_k^2,$$

$$\frac{ab}{P_k} = v_k^3,$$

und daraus

$$a = 3\,v_k^2\,P_k, \tag{171}$$

$$b = \frac{1}{3}\,v_k, \tag{172}$$

$$R = \frac{8}{3} \cdot \frac{P_k v_k}{T_k}. \tag{173}$$

Es ist also möglich, die Konstanten der van der Waalsschen Gleichung aus den kritischen Daten des entsprechenden Dampfes zu errechnen. Berechnet man nun an Hand von Gl. (168) oder (169) mit den Konstanten a, b und R die einzelnen Isothermen, so erhält man ein p,v-Diagramm nach Abb. 65.

Setzt man Gl. (171), (172) und (173) in (168) ein, und führt die sogenannten *reduzierten Zustandsgrößen*

$$\pi = \frac{P}{P_k}; \qquad \varphi = \frac{v}{v_k}; \qquad \vartheta = \frac{T}{T_k}$$

ein, so folgt

$$\left(\pi + \frac{3}{\varphi^2}\right)(3\varphi - 1) = 8\vartheta. \qquad (174)$$

In Gl. (174) kommen überhaupt keine Größen mehr vor, die stoffabhängig sind. Wäre also die van der Waalssche Gleichung exakt richtig, so hätten alle Stoffe dieselbe

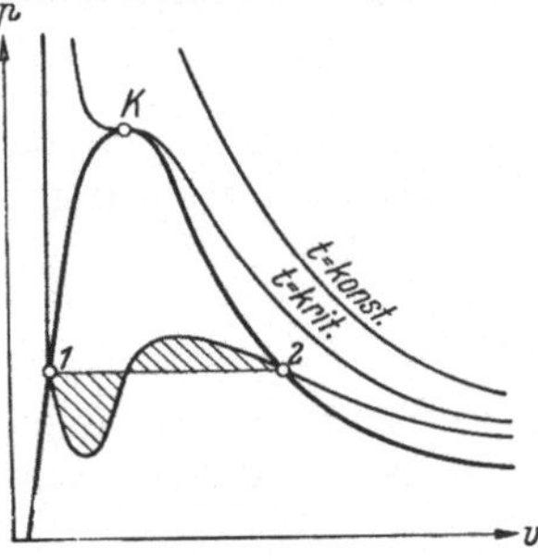

Abb. 65. Darstellung der VAN DER WAALSschen Gleichung im p,v-Diagramm.

Zustandsgleichung, wenn man sich der reduzierten Größen bedient. Die entsprechenden Werte von π, φ und ϑ bei zwei verschiedenen Stoffen zugeordneten Zustände nennt man *korrespondierende Zustände*.

Da die van der Waalssche Gleichung nur qualitativ gilt, ist auch das Gesetz der korrespondierenden Zustände nur ein qualitatives. Man erkennt das schon daraus, daß sich nach Gl. (173) für $RT_k/P_k v_k$ der Wert 2,67 ergibt, während sich nach Gl. (167) im Mittel 3,75 ergeben sollte. Die Bedeutung der Gleichung liegt vornehmlich darin, daß ihr grundsätzliche Fingerzeige für das Verhalten thermischer Größen zu entnehmen sind.

Wie Abb. 65 zeigt, verlaufen die Isothermen nach der van der Waalsschen Gleichung zwischen den Grenzkurven im Gebiet des nassen Dampfes wellenförmig, während sie erfahrungsgemäß gradlinig verlaufen. Man kann sich vorstellen, daß die Abweichung von der Geraden Zustände bedeuten, die nicht einem Gleichgewicht entsprechen, ähnlich den Unterkühlungszuständen von Flüssigkeiten unterhalb des Gefrierpunktes. Es ist jedoch möglich, unter Anwendung des II. Hauptsatzes die gradlinige Isotherme aus der wellenförmigen zu ermitteln.

Führt man nämlich einen Kreisprozeß 121 aus (Abb. 65) und geht von 1 nach 2 über die wellenförmige und von 2 nach 1 über die gradlinige Isotherme, so darf, da beide Isothermen der gleichen Temperatur entsprechen, nach dem II. Hauptsatz keine Arbeit geleistet werden. Es müssen also die beiden oberhalb und unterhalb der gradlinigen Isotherme liegenden schraffierten Flächen gleich sein. Auf diese Weise sind für jede van der Waalssche Isotherme die zugehörigen Punkte 1 und 2 für die beiden Grenzkurven zu finden[1].

---

[1] Weitere theoretische Zustandsgleichungen s. bei A. WOHL: Z. physik. Chem. 87 (1914) Heft 1, 99 (1921) Heft 3—4. — K. NESSELMANN: Z. physik. Chem. 108 (1924) S. 309. — R. PLANK: Forschg. Ing.-Wes. 7 (1936) Heft 4.

55. Das $\ln p, 1/T$-Diagramm. Aus den im vorigen Abschnitt erörterten Zusammenhängen ergibt sich eine Näherungsgleichung für die Dampfspannungskurve mit C und C_1 als Konstanten in der Form

$$\ln P = C - \frac{C_1}{T}, \tag{175}$$

d. h. die Dampfspannungskurven sämtlicher Dämpfe sind in einem $\ln p, 1/T$-Diagramm angenähert gerade Linien. Ein Vergleich mit Gl. (164) zeigt, daß

$$C_1 = \frac{r}{A R}$$

ist, sofern man r bei tiefen Drücken, also in gebührender Entfernung vom kritischen Punkt einsetzt. Beachtet man noch, daß

$$R = \frac{\Re}{m}$$

ist und führt man die molekulare Verdampfungswärme $\mathfrak{r} = mr$ ein, so wird

$$\ln P = C - \frac{\mathfrak{r}}{A\Re} \cdot \frac{1}{T}. \tag{176}$$

Die Gl. (175) und (176) leisten in praktischen Fällen sehr gute Dienste. Sie ermöglichen es, aus zwei gemessenen Werten der Dampfspannungskurve, z. B. dem Siedepunkt und dem kritischen Punkt, die Zwischenwerte angenähert zu bestimmen. Ebenso ist die angenäherte Bestimmung der Dampfspannungskurve aus dem Siedepunkt und der Verdampfungswärme möglich. Da man sich dabei einfach logarithmischen Millimeterpapiers bedient, muß dann Gl. (175) und (176) auf den dekadischen Logarithmus umgerechnet werden.

56. Technische Zustandsgleichungen. Theoretisch begründete Zustandsgleichungen ohne willkürliche Konstanten, die die thermischen Größen eines Stoffes mit für die Technik ausreichender Genauigkeit wiedergeben, gibt es bis heute nicht. Daher werden in der Technik stets empirische Zustandsgleichungen von der Form

$$v = \frac{R T}{P} - f(P; T) \tag{177}$$

verwendet, wobei man den praktischen Bedürfnissen entsprechend Druck und Temperatur als unabhängige Veränderliche wählt.

Wir müssen nun untersuchen, wie die Enthalpie und die Entropie eines überhitzten Dampfes sich durch P und T ausdrücken lassen, wenn die Zustandsgleichung die allgemeine Form Gl. (177) hat. Es ist nach Gl. (136)

$$ds = \frac{di}{T} - \frac{A v \, dP}{T}.$$

Andererseits ist als vollständiges Differential

$$di = \left(\frac{\partial i}{\partial T}\right)_p dT + \left(\frac{\partial i}{\partial P}\right)_T dP. \tag{178}$$

Setzt man di aus Gl. (178) in (136) ein, so folgt

$$ds = \left(\frac{\partial i}{\partial T}\right)_p \frac{dT}{T} + \frac{1}{T}\left[\left(\frac{\partial i}{\partial P}\right)_T - Av\right]dP.\qquad(179)$$

Andererseits ist als vollständiges Differential

$$ds = \left(\frac{\partial s}{\partial T}\right)_p dT + \left(\frac{\partial s}{\partial P}\right)_T dP.\qquad(180)$$

Nun müssen die Faktoren von dT und dP in Gl. (179) und (180) gleich sein. Daraus ergibt sich

$$\left(\frac{\partial s}{\partial T}\right)_p = \frac{1}{T}\left(\frac{\partial i}{\partial T}\right)_p,\qquad(181)$$

$$\left(\frac{\partial s}{\partial P}\right)_T = \frac{1}{T}\left[\left(\frac{\partial i}{\partial P}\right)_T - Av\right].\qquad(182)$$

Da die Entropie ein vollständiges Differential ist muß die Beziehung gelten

$$\frac{\partial^2 s}{\partial T\,\partial P} = \frac{\partial^2 s}{\partial P\,\partial T}.$$

Daraus folgt nach entsprechender Differentiation von Gl. (181) und (182)

$$\frac{1}{T}\cdot\frac{\partial^2 i}{\partial T\,\partial P} = \frac{1}{T}\left[\frac{\partial^2 i}{\partial P\,\partial T} - A\left(\frac{\partial v}{\partial T}\right)_p\right] - \frac{1}{T^2}\left[\left(\frac{\partial i}{\partial P}\right)_S - Av\right]$$

und daraus

$$\left(\frac{\partial i}{\partial P}\right)_T = -AT\left(\frac{\partial v}{\partial T}\right)_p + Av.\qquad(183)$$

Setzt man $\left(\dfrac{\partial i}{\partial P}\right)_T$ aus Gl. (183) in (182) ein, so folgt

$$\left(\frac{\partial s}{\partial P}\right)_T = -A\left(\frac{\partial v}{\partial T}\right)_p.\qquad(184)$$

Da ferner

$$\left(\frac{\partial i}{\partial T}\right)_p = T\left(\frac{\partial s}{\partial T}\right)_p = c_p\qquad(185)$$

ist, ergibt sich durch Einsetzen von Gl. (183), (184) und (185) in Gl. (178) und (180)

$$di = c_p\,dT - A\left[T\left(\frac{\partial v}{\partial T}\right)_p - v\right]dP,\qquad(186)$$

$$ds = \frac{c_p}{T}\,dT - A\left(\frac{\partial v}{\partial T}\right)_p dP.\qquad(187)$$

Nun ist jedoch nach Gl. (181)

$$\left(\frac{\partial s}{\partial T}\right)_p = \frac{c_p}{T}.\qquad(181a)$$

Differenziert man diese Gleichung nach P und Gl. (184) nach T, so müssen die beiden Ausdrücke gleich sein. Es folgt dann

$$\left(\frac{\partial c_p}{\partial P}\right)_T = -AT\left(\frac{\partial^2 v}{\partial T^2}\right)_p.\qquad(188)$$

Wir haben in diesem Zusammenhang nur die für die Aufstellung von Zustandsgleichungen wichtigsten Zusammenhänge zwischen den sogenannten *thermischen Zustandsgrößen* P, v und T und den sogenannten *kalorischen Zustandsgrößen* s, u und i angeführt. Es sei lediglich noch die zu Gl. (188) symmetrische Beziehung

$$\left(\frac{\partial^2 c_v}{\partial v}\right)_p = A\,T\left(\frac{\partial^2 P}{\partial T^2}\right)_v \tag{188a}$$

erwähnt.

Beim Aufstellen einer empirischen Zustandsgleichung ist es unzweckmäßig, das verhältnismäßig kleine Korrekturglied $f(P;T)$ der Zustandsgleichung zu bestimmen. Man geht besser von c_p aus, sei es, daß man c_p direkt mißt oder die Enthalpie, aus der dann c_p ohne weiteres folgt. Bildet man aus Gl. (177) den Ausdruck $\left(\frac{\partial^2 v}{\partial T^2}\right)_p$, so erhält man

$$\left(\frac{\partial^2 v}{\partial T^2}\right) = \left(\frac{\partial^2 f}{\partial T^2}\right)_p, \tag{189}$$

wobei f kurzer Hand für $f(P;T)$ geschrieben ist. Man erkennt daraus, daß für c_p lediglich das Korrekturglied $f(P;T)$ der Zustandsgleichung maßgebend ist. Dies ist der Grund dafür, daß man zweckmäßig von c_p ausgeht. Aus Gl. (188) und (189) ergibt sich

$$\left(\frac{\partial c_p}{\partial P}\right) - A\,T\left(\frac{\partial^2 f}{\partial T^2}\right)_p$$

und daraus durch Integration

$$c_p - c_{p_0} = -A\,T\int\left(\frac{\partial^2 f}{\partial T^2}\right)_p dP = c_{p_0} - f_1(P;\,T), \tag{190}$$

worin c_{p_0} die spezifische Wärme beim Druck Null also im vollkommenen Gaszustand und $f_1(T;P)$ eine aus der Integration folgende Funktion von P und T ist. Dabei kann c_{p_0} konstant oder temperaturabhängig sein. Es kann jedoch nicht vom Druck abhängen.

Für vollkommene Gase ergibt sich

$$\left(\frac{\partial^2 v}{\partial T^2}\right)_p = \left(\frac{\partial^2 f}{\partial T^2}\right)_p = 0$$

und

$$c_p = c_{p_0}.$$

Hat man durch Messungen z.B. c_p bestimmt und so $f_1(P;\,T)$ gefunden, so bildet man nach Gl. (188) zunächst

$$\left(\frac{\partial c_p}{\partial P}\right)_T = \left(\frac{\partial f_1}{\partial P}\right)_T$$

und findet dann durch zweimalige Integration nach T bei konstantem P nach Vorschrift von Gl. (188) die Zustandsgleichung. Weiter kann dann Enthalpie und Entropie nach Gl. (186) und (187) für den überhitzten Dampf berechnet werden, wobei für i und s willkürlich Nullpunkte angenommen werden. Für Wasserdampf setzt man i und s für Wasser von $0°$ gleich Null.

Das c_p-Isobarensystem hat bei Dämpfen etwa die in Abb. 66 angegebene Gestalt. Die stark angezogene Kurve gibt die spezifische Wärmen an der rechten Grenzkurve an.

Für den kritischen Punkt wird $c_p = \infty$. Dies ist an Hand des T, s-Diagramms leicht einzusehen. Im kritischen Punkt K (Abb. 67) ver-

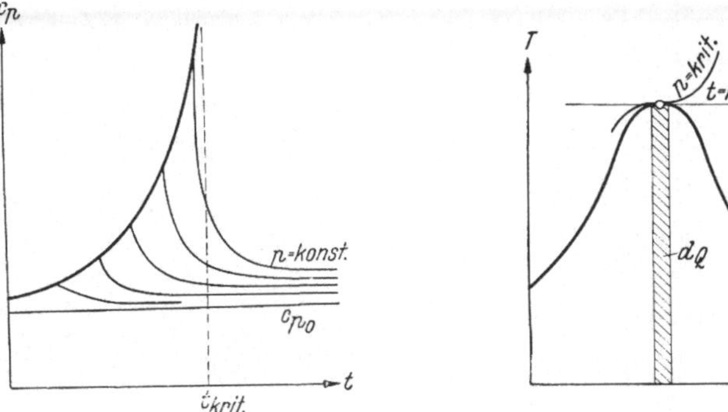

Abb. 66. c_p-Isobarensystem.

Abb. 67. Verhalten von c_p im kritischen Punkt.

läuft die kritische Isobare horizontal. Die Wärmemenge dQ wird daher bei konstanter Temperatur zugeführt, d. h.

$$c_{p_k} = \left(\frac{dQ}{dT}\right)_{dT=0} = \infty\,.$$

Die Grenzkurve des Isobarensystems muß daher im kritischen Punkt ins Unendliche gehen[1].

57. p, i-, i, T-, i, s-Diagramm. Für die Lösung von technischen Aufgaben ist das p, v- und T, s-Diagramm nicht immer am zweckmäßigsten. Man verwendet besser für viele Fälle ein p, i- oder ein i, T-Diagramm.

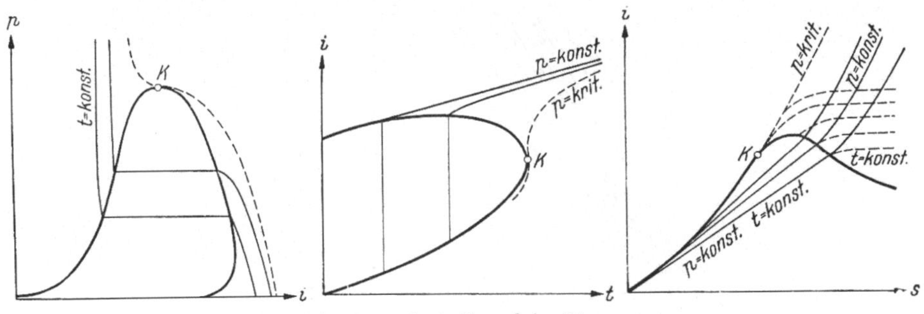

Abb. 68 bis 70. p, i-, i, T- und i, s-Diagramm.

Diese Diagramme, bei denen die Enthalpie eine Koordinate bildet, nennt man Mollier-Diagramme nach R. Mollier, der sie zuerst in die Technik einführte. In Abb. 68 bis 70 sind diese Diagramme schematisch dargestellt[2].

---

[1] Über die Praxis beim Aufstellen technischer Zustandsgleichungen, insbesondere für Wasserdampf vgl. G. Eichelberg: VDI-Forsch.-Heft 220 (1920).

[2] Ein i, s-Diagramm für Wasserdampf in großem Maßstab ist enthalten bei We. Koch: VDI-Wasserdampftafeln. 2. Aufl 1941. Unveränd. Neudruck 1950. München und Berlin: R. Oldenbourg u. Springer 1937.

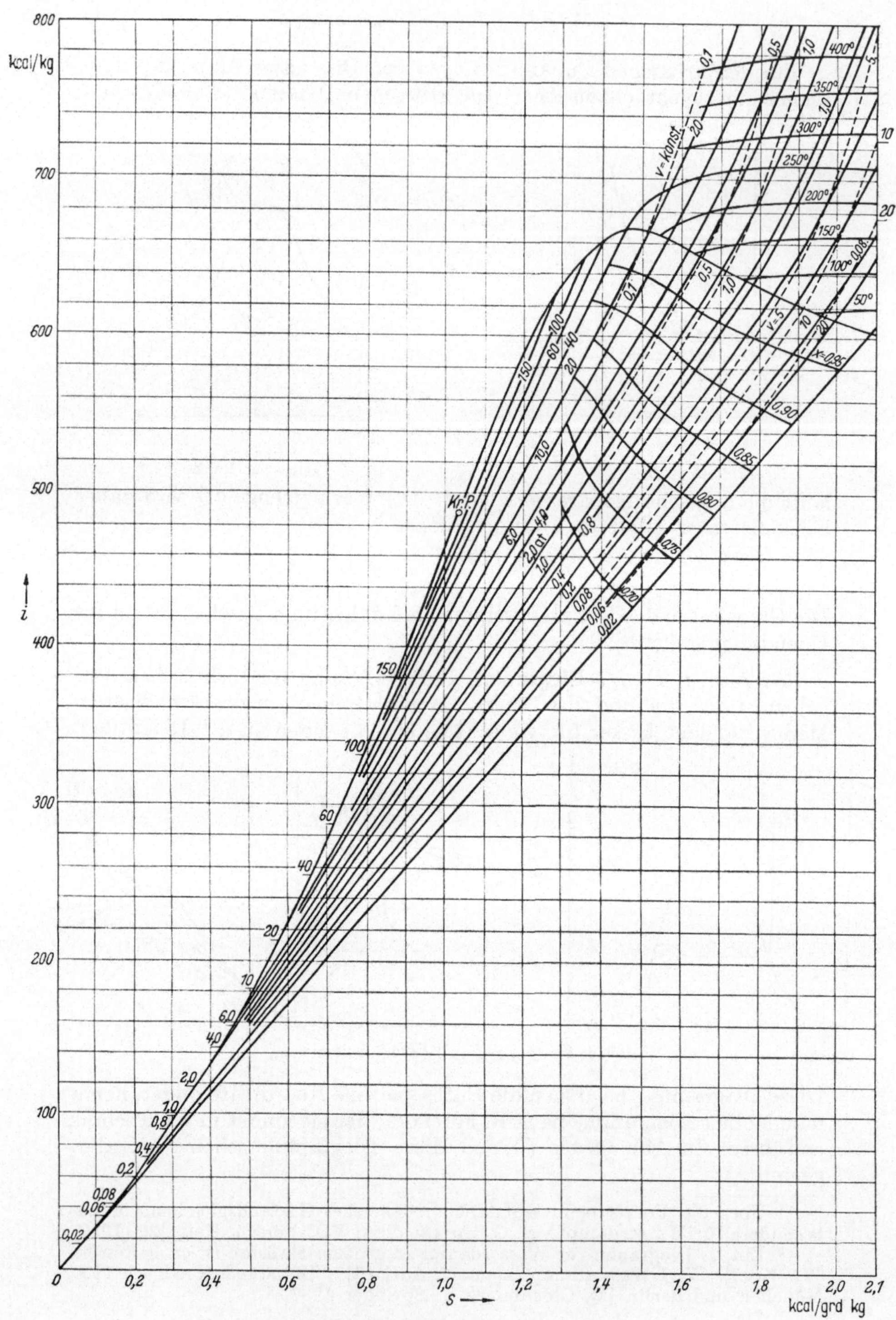

kcal/kg
kcal/grd kg
i
s
v=konst.
Kr.P.
Diagramm I. i, s-Diagramm für Wasserdampf.

Insbesondere wird das i, s-Diagramm für Wasserdampf in der Dampfmaschinentechnik verwendet. Wir hatten bereits gesehen (Nr. 42), daß die technische Arbeit im Wärmemaß gleich der Differenz der Wärmeinhalte des in die Maschine eintretenden und die Maschine verlassenden Arbeitsmittels ist. Dieser Wert kann ohne weiteres auf der Ordinatenachse des Diagrammes abgelesen und so die Arbeit je kg Dampf leicht bestimmt werden.

Das i, s-Diagramm enthält die Isobaren, Isothermen, die Linien gleichen Volumens und gleichen Dampfgehaltes. (Vgl. Diagramm I).

58. Der Gefriervorgang im T, s-Diagramm. Schmelzwärme. Wir haben bisher nur den Verdampfungsvorgang bzw. seine Umkehrung, den Verflüssigungsvorgang betrachtet und insbesondere an Hand des T, s-Diagrammes behandelt. Um den Gefriervorgang zu betrachten, gehen wir von trocken gesättigtem Dampf, z. B. Wasserdampf bei $t = 0°$ aus. Diesem Zustand entspricht Punkt 1 im T, s-Diagramm (Abb. 71) auf der rechten Grenzkurve. Wir verflüssigen den Dampf, wobei wir die zu $t = 0°$ gehörende Verdampfungswärme r abzuführen haben und erreichen Punkt 2 auf der linken Grenzkurve. Entziehen wir dem Wasser jetzt weiterhin Wärme, so bleibt erfahrungsgemäß die Temperatur solange konstant, bis das gesamte Wasser in Eis verwandelt ist. In diesem Augenblick ist Punkt 3 erreicht, nachdem die Schmelzwärme q_s abgeführt und die Entropie um den Betrag

$$\Delta s = \frac{q_s}{T_0}$$

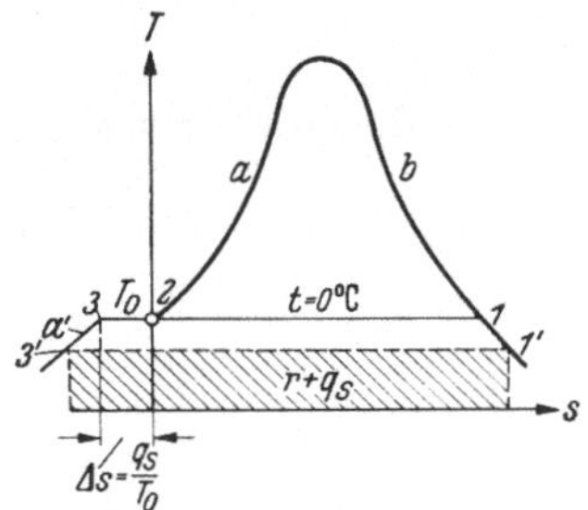

Abb. 71. Gefriervorgang im
T, s-Diagramm.

geringer geworden ist. Bei weiterem Wärmeentzug kühlt sich das Eis ab und wir erhalten eine weiter links liegende, neue Grenzkurve a', die dem Eis zugeordnet ist. Entsprechend Gl. (153) gilt für diese Grenzkurve wieder

$$ds = \frac{c_E\, dT}{T},$$

wobei c_E die spezifische Wärme des Eises bedeutet. Daraus kann die Entropie auf der Eiskurve berechnet werden, wenn c_E bekannt ist.

Auf der Isotherme 123 herrscht über dem Wasser derselbe Dampfdruck wie über dem Eis. Es können also bei dieser Temperatur und diesem Druck alle drei Phasen des Wassers, die feste, die flüssige und die dampfförmige gemeinsam bestehen. Dieser durch eine bestimmte Temperatur und einen bestimmten Druck charakterisierte Punkt heißt *Tripelpunkt*. Hat man Wasserdampf eines geringeren Druckes als er 0° entspricht, z. B. Punkt 1' in Abb. 71 und entzieht bei gleichem Druck und gleicher Temperatur Wärme, so geht der Wasserdampf unmittelbar in die feste Phase über. Im Punkt 3' ist dieser Vorgang beendet. Diesen Vorgang nennt man *Sublimation*.

Auch über Eis herrscht ein bestimmter Dampfdruck und wir können daher dem Eis auch eine Dampfdruckkurve zuordnen. Denselben Prozeß und dieselbe Überlegung, die wir in Nr. 53 im Gebiet des nassen Dampfes ausführten, können wir auch im Gebiet unterhalb des Tripelpunktes vor sich gehen lassen. Wir gelangen dann wieder zu einer Gleichung für die Dampfspannungskurve, die der Gl. (163) entspricht, nur daß statt r jetzt $r + q_s$ zu setzen ist. So ergibt sich für die feste Phase

$$\ln P_E = \frac{1}{AR} \int \frac{r + q_s}{T^2} + \text{konst.} \qquad (191)$$

bzw. mit konstantem $r + q_s$

$$\ln P_E = -\frac{r + q_s}{ART} + \text{konst.} \qquad (191a)$$

Die Summe $r + q_s$ heißt *Sublimationswärme*, wobei unterhalb des Tripelpunktes die Einzelwerte von r und q_s allein unbestimmt bleiben.

Im $\ln p$, $1/T$-Diagramm ist die Neigung der Dampfspannungskurve für die Flüssigkeit

$$\frac{d \ln P}{d\,1/T} = -\frac{r}{AR} \qquad (192)$$

und für die feste Phase

$$\frac{d \ln P}{d\,1/T} = -\frac{r + q_s}{AR}. \qquad (192a)$$

Da nun

$$\frac{r + q_s}{AR} > \frac{r}{AR},$$

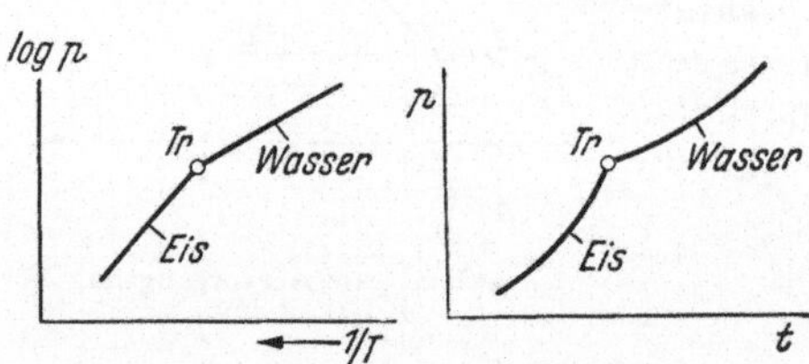

Abb. 72 u. 73. Dampfspannungskurven für Wasser und Eis.

so muß also die Dampfspannungskurve der festen Phase steiler verlaufen als die der Flüssigkeit. In Abb. 72 und 73 sind diese Verhältnisse schematisch in ein $\ln p$, $1/T$- und ein p, t-Diagramm eingetragen. Dem Schnittpunkt der beiden Spannungskurven Tr entspricht der Tripelpunkt.

59. Isobare und isotherme Zustandsänderung nasser Dämpfe. Sämtliche Zustandsänderungen bei nassen und überhitzten Dämpfen verfolgt man sehr bequem an Hand der passenden Diagramme. Indessen sind oft auch rechnerische Verfahren nützlich, die im folgenden behandelt werden sollen.

Da für nasse Dämpfe die Isobaren mit den Isothermen zusammenfallen, gelten für beide dieselben Überlegungen. Führen wir die isobar-isotherme Zustandsänderung 12 aus, so sind die Punkte 1 und 2 gekennzeichnet durch p bzw. T und den Dampfgehalt x_1 und x_2 (Abb. 69 und 70). Beziehen sich alle gestrichenen Werte auf die linke, alle zweigestrichenen Werte auf die rechte Grenzkurve, so ergibt sich nach Nr. 50 für die Volumina

$$v_1 = v' + x_1 (v'' - v'), \qquad (193)$$
$$v_2 = v' + x_2 (v'' - v'). \qquad (193a)$$

Die geleistete Arbeit ist

$$L = P(v_2 - v_1) = P(x_2 - x_1)(v'' - v') \,, \qquad (194)$$

die zugeführte Wärme

$$Q = i_2 - i_1 = (x_2 - x_1)(i'' - i') = (x_2 - x_1)\,r \,. \qquad (195)$$

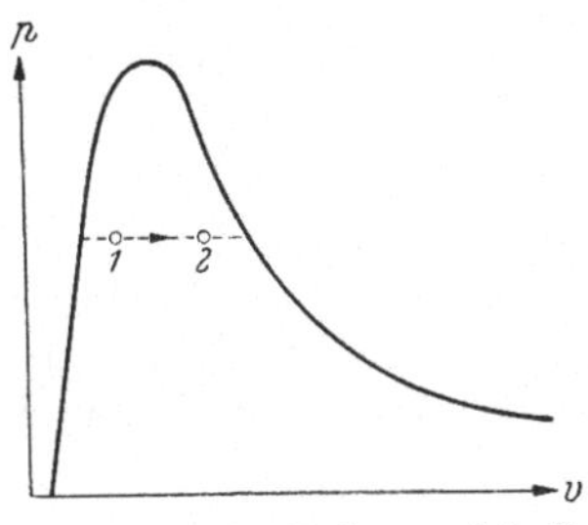
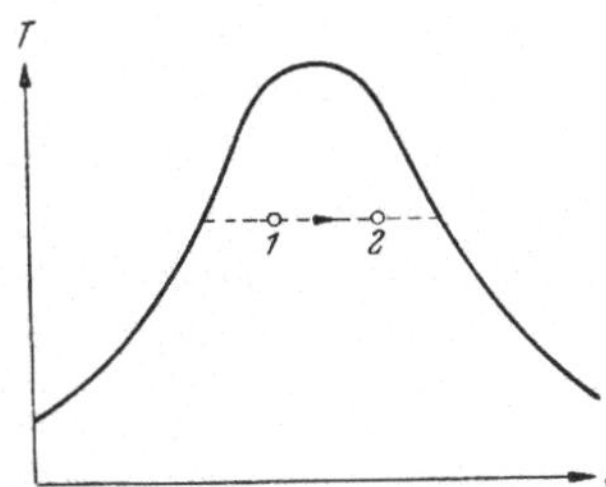

Abb. 74 u. 75. Isobare und isotherme Zustandsänderung nassen Dampfes im p,v- und T,s-Diagramm.

Lassen wir die Zustandsänderung zwischen den beiden Grenzkurven vor sich gehen, so ist $x_1 = 0$ und $x_2 = 1$. Unter Verwendung der den I. Hauptsatz verkörpernden Gleichung

$$dQ = du + A\,dL$$

ergibt sich dann

$$r = u'' - u' + A\,P\,(v'' - v') \,.$$

Für $u'' - u'$, die Änderung der inneren Energie, findet sich im Schrifttum oft die Bezeichnung ϱ, für $A\,P(v'' - v')$ die Bezeichnung ψ, so daß man erhält

$$r = \varrho + \psi \,. \qquad (196)$$

Man nennt ϱ die *innere* und ψ die *äußere Verdampfungswärme*.

60. Isochore Zustandsänderung. Für die isochore Zustandsänderung (Abb. 76 und 77) ist Punkt 1 durch p_1 bzw. T_1 und v, Punkt 2 durch p_2

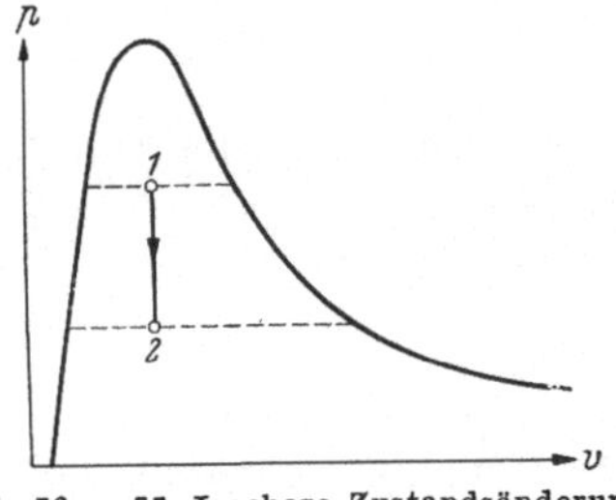
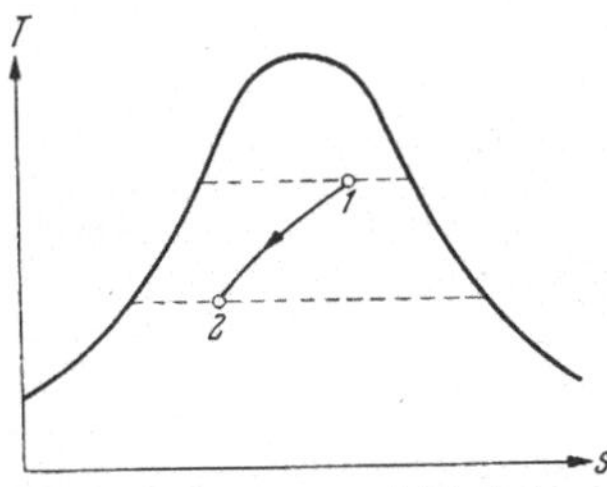

Abb. 76 u. 77. Isochore Zustandsänderung nassen Dampfes im p,v- und T,s-Diagramm.

bzw. T_2 und das gleiche v bezeichnet. Es ist

$$v = v_1' + x_1(v_1'' - v_1') = v_2' + x_2(v_2'' - v_2')$$

und daraus erhält man nach Nr. 50 unter Anwendung von Gl. (151)

$$x_1 = \frac{v - v_1'}{v_1'' - v_1'} \,,$$

$$x_2 = \frac{v - v_2'}{v_2'' - v_2'} \,.$$

Bei dieser Zustandsänderung wird nach Abb. 77 offenbar Wärme abgeführt. Diese ist unter Benutzung von

$$dQ = du + A P\, dv$$

mit $dv = 0$

$$|Q| = u_2 - u_1 = u_2' + x_2\,(u_2'' - u_2') - u_1' - x_1\,(u_1'' - u_1')\,, \qquad (197)$$

wobei sich die Beträge $u_2'' - u'$ sinngemäß nach Gl. (196) errechnen lassen, während nach Gl. (28)

$$u' = i' - A P v'$$

ist.

61. Adiabatische Zustandsänderung. Der Anfangspunkt der adiabatischen Zustandsänderung ist wieder durch p_1 bzw. T_1 und x_1 gekennzeichnet (Abb. 78 und 79), der Endpunkt durch p_2 bzw. T_2 und x_2. Bei

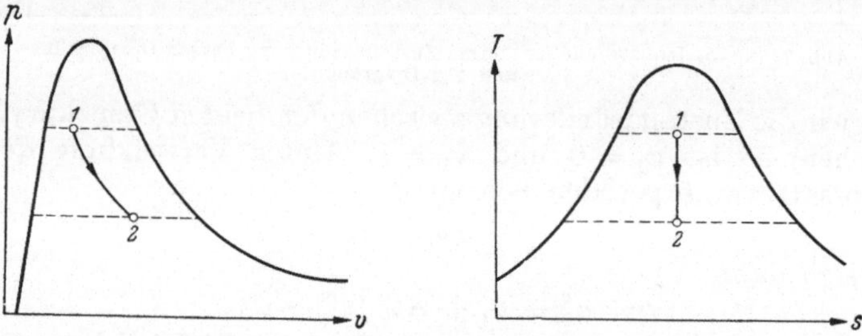

Abb. 78 u. 79. Adiabatische Zustandsänderung nassen Dampfes im p,v- und T,s-Diagramm.

der adiabatischen Zustandsänderung bleibt die Entropie konstant. Es ergibt sich daher nach Nr. 51 mit Gl. (159)

$$s = s_1' + x_1\,(s_1'' - s_1') = s_2' + x_2\,(s_2'' - s_2')$$

und daraus entsprechend Gl. (151)

$$x_2 = \frac{s - s_2'}{s_2'' - s_2'}\,. \qquad (198)$$

Die Berechnung der Volumina erfolgt sinngemäß nach den vorausgegangenen Überlegungen.

Zur Berechnung der Arbeit gehen wir wieder von der Gleichung

$$dQ = du + A P\, dv$$

mit $dQ = 0$ aus und erhalten

$$A L = u_1 - u_2\,, \qquad (199)$$

wobei sich u_1 und u_2 ebenfalls sinngemäß aus dem Vorhergehenden ergeben. Es sei ausdrücklich betont, daß $A L$ nicht die technische Arbeit ist, sie entspricht vielmehr der Arbeit, die 1 kg des Dampfes einmalig bei dieser Zustandsänderung leistet.

Entspannt man trocken gesättigten Dampf, dessen Diagramm den Typus des Wasserdampfdiagramms hat, adiabatisch von einem Punkt der rechten Grenzkurve aus, so kommt man in das Gebiet des nassen Dampfes (Abb. 80, Zustandsänderung 12). Verdichtet man adiabatisch, so kommt man in das Gebiet des überhitzten Dampfes (Zustandsänderung 13).

Hat das Diagramm jedoch den Typus, der Abb. 81 entspricht (vgl. Nr. 51), so ist es in gewissen Druck- bzw. Temperaturbereichen umgekehrt.

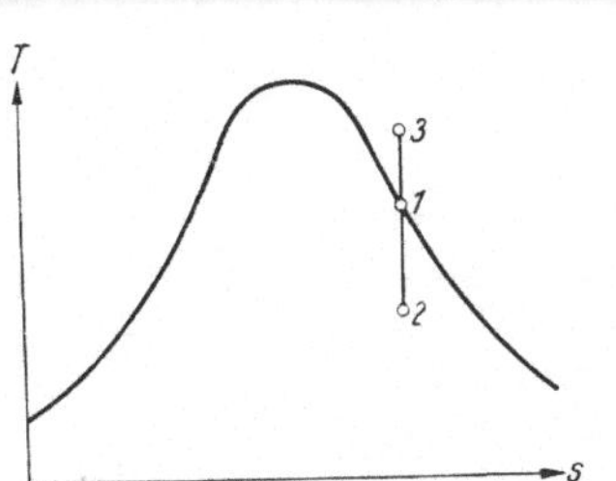

Abb. 80 u. 81. Adiabatische Zustandsänderung trocken gesättigten Dampfes bei verschiedenen Diagrammtypen.

62. Zustandsänderung bei konstanter Enthalpie. In Nr. 39 hatten wir bereits erkannt, daß ganz allgemein beim Drosselvorgang die Enthalpie konstant bleibt. Bei den vollkommenen Gasen bedeutet das, daß sich auch die Temperatur beim Drosseln nicht änderte.

Bei Dämpfen ist dies anders. Wir verfolgen den Vorgang am besten an Hand des i, s-Diagrammes. Drosseln wir nassen Dampf vom Zustand 1 auf einen tieferen Druck von Zustand 2, so erkennen wir, daß sich der Dampf abkühlt und gleichzeitig trockner wird (Abb. 82).

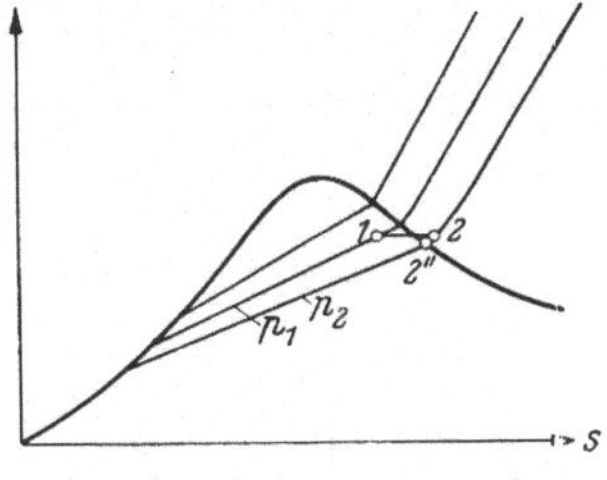

Abb. 82. Zustandsänderung bei konstanter Enthalpie.

Trocken gesättigter Dampf, der gedrosselt wird, kühlt sich ebenfalls ab und wird überhitzt (Zustandsänderung $1'\,2'$).

Man kann auch nassen Dampf durch Drosseln überhitzen (Zustandsänderung $1''\,2''$).

Ist i die Enthalpie im Punkt 1, so ist innerhalb des nassen Gebietes nach Gl. (158) für eine Kurve gleicher Enthalpie, die man auch *Isenthalpe* nennt,

$$i = i'_1 + x_1 (i'' - i'_1) = i_2 + x_2 (i''_2 - i'_2)$$

und daraus

$$x_2 = \frac{i - i'_2}{i''_2 - i'_2}.$$

Kommt man in das Gebiet des überhitzten Dampfes, so verwendet man am besten wieder ein i, s-Diagramm. Man kann jedoch auch folgende rechnerische Methode verwenden.

Abb. 83. Zur Bestimmung der Dampfnässe.

Ist c_p die spezifische Wärme des überhitzten Dampfes in der Nähe der rechten Grenzkurve, wo die Drossellinie die Grenzkurve schneidet, so ist die Enthalpie im Punkt 2 (Abb. 83)

$$i_2 = i''_2 + c_p (t_2 - t''_2),$$

Tabelle 2. *Zustandsgrößen von Wasser und Dampf bei Sättigung*[1].

Temperatur ° (t)	Druck kg/cm² (p)	Spez. Volum Wasser dm³/kg (v')	Spez. Volum Dampf m³/kg (v'')	Spez. Gew. Dampf kg/m³ (γ'')	Entropie kcal/kg grd Wasser (s')	Entropie kcal/kg grd Dampf (s'')	$s''-s'$ = r/T	Enthalpie kcal/kg Wasser (i')	Enthalpie kcal/kg Dampf (i'')	Verdampfungswärme kcal/kg (r)	Innere Energie kcal/kg Wasser (u')	Innere Energie kcal/kg Dampf (u'')	$u''-u'$ = ϱ	$AP(v''-v')$ = ψ
0	0,006 228	1,0002	206,3	0,004 846	0	2,1863	2,1863	0	597,2	597,2	0	567,1	567,1	30,1
5	0,008 890	1,0000	147,2	0,006 795	0,0182	2,1551	2,1369	5,03	599,4	594,4	5,03	568,8	563,8	30,6
10	0,012 513	1,0004	106,4	0,009 396	0,0361	2,1253	2,0892	10,04	601,6	591,6	10,04	570,4	560,4	31,2
15	0,017 376	1,0010	77,99	0,012 82	0,0536	2,0970	2,0434	15,04	603,8	588,8	15,04	572,1	557,1	31,7
20	0,023 83	1,0018	57,84	0,017 29	0,0708	2,0697	1,9989	20,03	606,0	586,0	20,03	573,7	553,7	32,3
25	0,032 29	1,0030	43,41	0,023 04	0,0876	2,0436	1,9560	25,02	608,2	583,2	25,02	575,4	550,4	32,8
30	0,043 25	1,0044	32,93	0,030 36	0,1042	2,0187	1,9145	30,00	610,4	580,4	30,00	577,0	547,0	33,4
35	0,057 33	1,0061	25,25	0,039 60	0,1205	1,9947	1,8742	34,99	612,5	577,5	34,99	578,6	543,6	33,9
40	0,075 20	1,0079	19,55	0,051 14	0,1366	1,9718	1,8352	39,98	614,7	574,7	39,98	580,3	540,3	34,4
45	0,097 71	1,0099	15,28	0,065 44	0,1524	1,9498	1,7974	44,96	616,8	571,8	44,96	581,8	536,8	35,0
50	0,125 78	1,0121	12,05	0,082 98	0,1679	1,9287	1,7606	49,95	619,0	569,0	49,95	583,5	533,5	35,5
55	0,160 51	1,0145	9,584	0,104 3	0,1833	1,9085	1,7252	54,94	621,0	566,1	54,94	585,0	530,1	36,0
60	0,203 1	1,0171	7,682	0,130 2	0,1984	1,8891	1,6907	59,94	623,2	563,3	59,94	586,7	526,8	36,5
65	0,255 5	1,0199	6,206	0,161 1	0,2133	1,8702	1,6569	64,93	625,2	560,3	64,93	588,1	523,2	37,1
70	0,317 7	1,0228	5,049	0,198 1	0,2280	1,8522	1,6242	69,93	627,3	557,4	69,92	589,7	519,8	37,6
75	0,393 1	1,0258	4,136	0,241 8	0,2425	1,8349	1,5924	74,94	629,3	554,4	74,93	591,2	516,3	38,1
80	0,482 9	1,0290	3,410	0,293 3	0,2567	1,8178	1,5611	79,95	631,3	551,3	79,94	592,6	512,7	38,6
85	0,589 4	1,0323	2,830	0,353 4	0,2708	1,8015	1,5307	84,96	633,2	548,2	84,95	594,1	509,1	39,1
90	0,714 9	1,0359	2,361	0,423 5	0,2848	1,7858	1,5010	89,98	635,1	545,1	89,96	595,6	505,6	39,5
95	0,861 9	1,0396	1,981	0,504 5	0,2985	1,7708	1,4723	95,01	637,0	542,0	94,99	597,0	502,0	40,0
100	1,033 23	1,0435	1,673	0,597 7	0,3121	1,7561	1,4440	100,04	638,9	538,9	100,02	598,4	498,4	40,5
105	1,231 8	1,0474	1,419	0,704 5	0,3255	1,7419	1,4164	105,08	640,7	535,6	105,05	599,8	494,7	40,9
110	1,460 9	1,0515	1,210	0,826 5	0,3387	1,7282	1,3905	110,12	642,5	532,4	110,08	601,1	491,0	41,4
115	1,723 9	1,0558	1,036	0,965 0	0,3519	1,7150	1,3631	115,18	644,3	529,1	115,14	602,4	487,3	41,8
120	2,024 5	1,0603	0,8914	1,122	0,3647	1,7018	1,3371	120,3	646,0	525,7	120,2	603,7	483,5	42,2
125	2,366 6	1,0650	0,7701	1,299	0,3775	1,6895	1,3120	125,3	647,7	522,4	125,2	605,0	479,8	42,6
130	2,754 4	1,0697	0,6680	1,496	0,3901	1,6772	1,2871	130,4	649,3	518,9	130,3	606,2	475,9	43,0
135	3,192	1,0746	0,5817	1,719	0,4026	1,6652	1,2626	135,5	650,8	515,3	135,4	607,3	471,9	43,4
140	3,685	1,0798	0,5084	1,967	0,4150	1,6539	1,2389	140,6	652,5	511,9	140,5	608,6	468,1	43,8
145	4,237	1,0850	0,4459	2,243	0,4272	1,6428	1,2156	145,8	654,0	508,2	145,7	609,8	464,1	44,1
150	4,854	1,0906	0,3924	2,548	0,4395	1,6320	1,1920	150,9	655,5	504,6	150,8	610,9	460,1	44,5
155	5,540	1,0963	0,3464	2,887	0,4516	1,6214	1,1698	156,1	656,9	500,8	156,0	612,0	456,0	44,8
160	6,302	1,1021	0,3068	3,260	0,4637	1,6112	1,1475	161,3	658,3	497,0	161,1	613,0	451,9	45,1
165	7,146	1,1082	0,2724	3,671	0,4756	1,6012	1,1256	166,5	659,6	493,1	166,3	614,0	447,7	45,4
170	8,076	1,1144	0,2426	4,122	0,4874	1,5914	1,1040	171,7	660,9	489,2	171,5	615,0	443,5	45,7
175	9,101	1,1210	0,2166	4,617	0,4991	1,5818	1,0827	176,9	662,1	485,2	176,7	615,9	439,2	46,0
180	10,225	1,1275	0,1939	5,157	0,5107	1,5721	1,0614	182,2	663,2	481,0	181,9	616,7	434,8	46,2

185	11,456	1,1345	0,1739	5,749	0,5222	1,5629	1,0407	187,5	664,3	476,8	187,2	617,6	430,4	46,4
190	12,800	1,1415	0,1564	6,302	0,5336	1,5538	1,0202	192,8	665,3	472,5	192,3	618,3	426,0	46,5
195	14,265	1,1490	0,1410	7,094	0,5449	1,5448	1,0099	198,1	666,2	468,1	197,7	619,1	421,4	46,7
200	15,857	1,1565	0,1273	7,857	0,5562	1,5358	0,9796	203,5	667,0	463,5	203,1	619,8	416,7	46,8
205	17,585	1,1645	0,1151	8,687	0,5675	1,5270	0,9595	208,9	667,7	458,8	208,4	620,3	411,9	46,9
210	19,456	1,1726	0,1043	9,585	0,5788	1,5184	0,9396	214,3	668,3	454,0	213,8	620,7	407,0	47,0
215	21,477	1,1812	0,09472	10,56	0,5899	1,5099	0,9200	219,8	668,8	449,0	219,2	621,2	402,0	47,0
220	23,659	1,1900	0,08614	11,61	0,6010	1,5012	0,9002	225,3	669,3	443,9	224,7	621,5	396,8	47,1
225	26,007	1,1991	0,07845	12,75	0,6120	1,4926	0,8806	230,8	669,5	438,7	230,1	621,7	391,6	47,1
230	28,531	1,2088	0,07153	13,98	0,6229	1,4840	0,8611	236,4	669,7	433,3	235,6	621,9	386,3	47,0
235	31,239	1,2186	0,06530	15,31	0,6330	1,4755	0,8416	242,1	669,7	427,6	241,2	621,9	380,7	46,9
240	34,140	1,2291	0,05970	16,75	0,6418	1,4669	0,8221	247,7	669,6	421,9	246,7	621,9	375,2	46,7
245	37,244	1,2400	0,05465	18,30	0,6558	1,4584	0,8026	253,5	669,4	415,9	252,4	621,7	369,3	46,6
250	40,56	1,2512	0,05006	19,98	0,6667	1,4499	0,7832	259,2	669,0	409,8	258,0	621,6	363,6	46,2
255	44,10	1,2629	0,04591	21,78	0,6776	1,4413	0,7637	265,0	668,4	403,4	263,7	621,0	357,3	46,1
260	47,87	1,2755	0,04213	23,74	0,6886	1,4327	0,7441	271,0	667,8	396,8	269,6	620,6	351,0	45,8
265	51,88	1,2888	0,03870	25,84	0,6994	1,4240	0,7246	277,0	666,9	389,9	275,4	619,8	344,4	45,5
270	56,14	1,3023	0,03557	28,11	0,7103	1,4153	0,7050	283,0	665,9	382,9	281,3	619,1	337,8	45,1
275	60,66	1,3169	0,03272	30,57	0,7212	1,4066	0,6854	289,2	664,8	375,6	287,3	618,3	331,0	44,6
280	65,46	1,3321	0,03010	33,22	0,7321	1,3978	0,6657	295,3	663,5	368,2	293,3	617,4	324,1	44,1
285	70,54	1,3484	0,02771	36,09	0,7431	1,3888	0,6457	301,6	661,9	360,3	299,4	616,2	316,8	43,5
290	75,92	1,3655	0,02552	39,18	0,7542	1,3797	0,6255	308,0	660,2	352,2	305,6	614,9	309,3	42,9
295	81,60	1,3837	0,02350	42,56	0,7653	1,3706	0,6053	314,4	658,3	343,9	311,8	613,4	301,6	42,3
300	87,61	1,4036	0,02163	46,24	0,7767	1,3613	0,5846	321,0	656,1	335,1	318,1	611,7	293,6	41,5
305	93,95	1,425	0,01991	50,22	0,7880	1,3516	0,6536	327,7	653,6	325,9	324,6	609,8	285,2	40,7
310	100,64	1,448	0,01830	54,64	0,7994	1,3415	0,5421	334,6	650,8	316,2	331,2	607,7	276,5	39,7
315	107,69	1,472	0,01682	59,46	0,8110	1,3312	0,5202	341,7	647,8	306,1	338,0	605,4	267,4	38,7
320	115,13	1,499	0,01544	64,79	0,8229	1,3206	0,4987	349,0	644,2	295,2	345,0	602,6	257,6	37,6
325	122,95	1,529	0,01415	70,68	0,8351	1,3097	0,4746	356,5	640,4	283,9	352,1	599,7	247,6	36,3
330	131,18	1,562	0,01295	77,20	0,8476	1,2982	0,4506	364,2	636,0	271,8	359,4	596,2	236,8	35,0
335	139,85	1,598	0,01183	84,55	0,8604	1,2860	0,4256	372,3	631,1	258,8	367,1	592,4	225,3	33,5
340	148,96	1,641	0,01076	92,90	0,8734	1,2728	0,3994	380,7	625,6	244,9	375,0	588,1	213,1	31,8
345	158,54	1,692	0,009759	102,4	0,8871	1,2586	0,3715	389,6	619,3	229,7	383,3	583,0	199,7	30,0
350	168,63	1,747	0,008803	113,6	0,9015	1,2433	0,3418	398,9	611,9	213,0	392,0	577,1	185,1	27,9
355	179,24	1,814	0,007875	127,0	0,9173	1,2263	0,3090	409,5	603,2	193,7	401,9	570,2	168,3	25,4
360	190,42	1,907	0,006963	143,6	0,9353	1,2072	0,2719	420,9	592,8	171,9	412,4	561,8	149,4	22,5
365	202,21	2,03	0,00606	165,0	0,9553	1,1833	0,2280	434,2	579,6	145,4	424,6	550,9	126,3	19,1
370	214,68	2,23	0,00500	200	0,9842	1,1506	0,1664	452,3	559,3	107,0	441,1	534,2	93,1	13,9
371	217,3	2,30	0,00476	210	0,992	1,142	0,150	457	554	97	445	529	84	13
372	219,9	2,38	0,00450	222	1,002	1,132	0,130	463	547	84	451	524	73	11
373	222,5	2,50	0,00418	239	1,011	1,116	0,105	471	539	68	458	517	59	9
374	225,2	2,79	0,00365	214	1,04	1,09	0,05	488	523	35	473	503	30	5
374,2	225,6	3,04	0,00304	329	1,06		0	505		0	488		0	0

¹ Nach VDI-Wasserdampftafeln, bearbeitet von We. KOCH, Berlin 1937.

Tabelle 3. *Zustandsgrößen von Wasser und Dampf bei Sättigung*[1].

Druck kg/cm² p	Temperatur °C t	Temperatur °K T	Spez. Volum Dampf m³/kg v''	Spez. Gew. Dampf kg/m³ γ''	Entropie kcal/kg grd Wasser s'	Entropie kcal/kg grd Dampf s''	$s''-s' = r/T$	Enthalpie (Wärmeinhalt) kcal/kg Wasser i'	Enthalpie (Wärmeinhalt) kcal/kg Dampf i''	Verdampfungswärme kcal/kg r	Innere Energie kcal/kg Wasser u'	Innere Energie kcal/kg Dampf u''	$u''-u' = p$	$AP\cdot(v''-v') = \psi$
0,01	6,70	279,86	131,7	0,007595	0,0243	2,1447	2,1204	6,73	600,1	593,4	6,73	569,3	562,6	30,8
0,015	12,74	285,90	89,64	0,01116	0,0457	2,1096	2,0639	12,78	602,8	590,0	12,78	571,3	558,5	31,5
0,02	17,20	290,36	68,27	0,01465	0,0612	2,0847	2,0235	17,24	604,8	587,4	17,24	572,6	555,4	32,0
0,025	20,78	293,94	55,28	0,01809	0,0735	2,0655	1,9920	20,80	606,4	585,6	20,80	574,0	553,2	32,4
0,03	23,77	296,93	46,53	0,02149	0,0836	2,0499	1,9663	23,79	607,7	583,9	23,79	575,0	551,2	32,7
0,04	28,64	301,80	35,46	0,02820	0,0998	2,0253	1,9255	28,65	609,8	581,1	28,65	576,6	547,9	33,2
0,05	32,55	305,71	28,73	0,03481	0,1126	2,0064	1,8938	32,55	611,5	578,9	32,55	577,9	545,3	33,6
0,06	35,82	308,98	24,19	0,04134	0,1232	1,9908	1,8676	35,81	612,9	577,1	35,81	578,9	543,1	34,0
0,08	41,16	314,32	18,45	0,05421	0,1402	1,9664	1,8262	41,14	615,2	574,1	41,14	580,6	539,5	34,6
0,10	45,45	318,61	14,95	0,06688	0,1538	1,9478	1,7940	45,41	617,0	571,6	45,41	582,0	536,6	35,0
0,12	49,06	322,22	12,60	0,07938	0,1650	1,9326	1,7676	49,01	618,5	569,5	49,01	583,1	534,1	35,4
0,15	53,60	326,76	10,21	0,09791	0,1790	1,9140	1,7350	53,54	620,5	567,0	53,54	584,6	531,1	35,9
0,20	59,67	332,83	7,795	0,1283	0,1974	1,8903	1,6929	59,61	623,1	563,5	59,61	586,6	527,0	36,5
0,25	64,56	337,72	6,322	0,1582	0,2120	1,8718	1,6598	64,49	625,1	560,6	64,48	587,5	523,0	37,0
0,30	68,68	341,84	5,328	0,1877	0,2241	1,8567	1,6326	68,61	626,8	558,2	68,60	589,4	520,8	37,4
0,35	72,24	345,40	4,614	0,2169	0,2345	1,8436	1,6090	72,17	628,2	556,0	72,16	590,3	518,2	37,8
0,40	75,42	348,58	4,069	0,2458	0,2437	1,8334	1,5897	75,36	629,5	554,1	75,35	591,4	516,0	38,1
0,50	80,86	354,02	3,301	0,3029	0,2592	1,8150	1,5558	80,81	631,6	550,8	80,80	593,0	512,2	38,6
0,60	85,45	358,61	2,783	0,3594	0,2721	1,8001	1,5280	85,41	633,4	548,0	85,40	594,3	508,9	39,1
0,70	89,45	362,61	2,409	0,4152	0,2832	1,7874	1,5042	89,43	634,9	545,5	89,41	595,4	506,0	39,5
0,80	92,99	366,15	2,125	0,4705	0,2930	1,7767	1,4837	92,99	636,2	543,2	92,97	596,4	503,4	39,8
0,90	96,18	369,34	1,904	0,5253	0,3018	1,7673	1,4655	96,19	637,4	541,2	96,17	597,3	501,1	40,1
1,0	99,09	372,15	1,725	0,5797	0,3096	1,7587	1,4491	99,12	638,5	539,4	99,10	598,1	499,0	40,4
1,1	101,76	374,92	1,578	0,6337	0,3168	1,7510	1,4342	101,81	639,4	537,6	101,78	598,8	497,0	40,6
1,2	104,25	377,41	1,455	0,6875	0,3235	1,7440	1,4205	104,32	640,3	536,0	104,29	599,4	495,1	40,9
1,3	106,56	379,72	1,350	0,7410	0,3297	1,7375	1,4078	106,66	641,2	534,5	106,63	600,0	493,4	41,1
1,4	108,74	381,90	1,259	0,7912	0,3354	1,7315	1,3961	108,85	642,0	533,1	108,82	600,7	491,9	41,2
1,5	110,79	384,95	1,180	0,8472	0,3408	1,7260	1,3852	110,92	642,8	531,9	110,88	601,4	490,5	41,4
1,6	112,73	385,89	1,111	0,8999	0,3459	1,7209	1,3750	112,89	643,5	530,6	112,85	601,9	489,0	41,6
1,8	116,33	389,49	0,9952	1,005	0,3554	1,7115	1,3561	116,54	644,7	528,2	116,50	602,8	486,3	41,9
2,0	119,62	392,78	0,9016	1,109	0,3638	1,7029	1,3391	119,87	645,8	525,9	119,82	603,5	483,7	42,2
2,2	122,65	395,81	0,8246	1,213	0,3715	1,6952	1,3237	122,9	646,8	523,9	122,8	604,3	481,5	42,4

2,4	125,46	398,62	0,7601	1,316	0,3786	1,6884	1,3098	125,8	647,8	522,0	125,7	605,0	479,3	42,7
2,6	128,08	401,24	0,7052	1,418	0,3853	1,6819	1,2966	128,5	648,7	520,2	128,4	605,7	477,3	42,9
2,8	130,55	403,71	0,6578	1,520	0,3914	1,6759	1,2845	131,0	649,5	518,5	130,9	606,3	475,4	43,1
3,0	132,88	406,04	0,6166	1,622	0,3973	1,6703	1,2730	133,4	650,3	516,9	133,3	607,0	473,7	43,2
3,2	135,08	408,24	0,5804	1,723	0,4028	1,6650	1,2622	135,6	650,9	515,3	135,5	607,4	471,9	43,4
3,4	137,18	410,34	0,5483	1,824	0,4081	1,6601	1,2520	137,8	651,6	513,8	137,7	607,9	470,2	43,6
3,6	139,18	412,34	0,5196	1,925	0,4130	1,6557	1,2427	139,8	652,2	512,4	139,7	608,4	468,7	43,7
3,8	141,09	414,25	0,4939	2,025	0,4176	1,6514	1,2338	141,8	652,8	511,0	141,7	608,8	467,1	43,9
4,0	142,92	416,08	0,4706	2,125	0,4221	1,6474	1,2253	143,6	653,4	509,8	143,5	609,3	465,8	44,0
4,5	147,20	420,36	0,4213	2,374	0,4326	1,6380	1,2054	148,0	654,7	506,7	147,9	610,3	462,4	44,3
5,0	151,11	424,27	0,3816	2,621	0,4422	1,6297	1,1875	152,1	655,8	503,7	152,0	611,1	459,1	44,6
5,5	154,71	427,87	0,3489	2,817	0,4510	1,6195	1,1685	155,8	656,9	501,1	155,7	612,0	456,3	44,8
6,0	158,08	431,24	0,3213	3,112	0,4591	1,6151	1,1560	159,3	657,8	498,5	159,1	612,6	453,5	45,0
6,5	161,15	434,31	0,2980	3,356	0,4666	1,6088	1,1422	162,6	658,7	496,2	162,4	613,4	451,0	45,2
7,0	164,17	437,33	0,2778	3,600	0,4737	1,6029	1,1392	165,6	659,4	493,8	165,4	613,8	448,4	45,4
7,5	166,96	440,12	0,2602	3,842	0,4803	1,5974	1,1171	168,5	660,2	491,7	168,3	614,5	446,2	45,5
8,0	169,61	442,77	0,2448	4,085	0,4865	1,5922	1,1057	171,3	660,8	489,5	171,1	614,9	443,8	45,7
8,5	172,11	445,27	0,2311	4,327	0,4923	1,5874	1,0951	173,9	661,4	487,5	173,7	615,4	441,7	45,8
9,0	174,53	447,69	0,2189	4,568	0,4980	1,5827	1,0847	176,4	662,0	485,6	176,2	615,9	439,7	45,9
9,5	176,82	450,98	0,2080	4,809	0,5033	1,5782	1,0749	178,9	662,5	483,6	178,6	616,2	437,6	46,0
10	179,04	452,20	0,1981	5,049	0,5085	1,5740	1,0665	181,2	663,0	481,8	180,9	616,6	435,7	46,1
11	183,20	456,36	0,1808	5,530	0,5180	1,5661	1,0481	185,6	663,9	478,3	185,3	617,3	432,0	46,3
12	187,08	460,29	0,1664	6,010	0,5279	1,5592	1,0333	189,7	664,7	475,0	189,4	618,0	428,6	46,4
13	190,71	463,87	0,1541	6,488	0,5352	1,5526	1,0174	193,5	665,4	471,9	193,2	618,5	425,3	46,6
14	194,13	467,29	0,1435	6,967	0,5430	1,5464	1,0034	197,1	666,0	468,9	196,7	618,9	422,2	46,7
15	197,36	470,52	0,1343	7,446	0,5503	1,5406	0,9903	200,6	666,6	466,0	200,2	619,4	419,2	46,8
16	200,43	473,59	0,1262	7,925	0,5572	1,5351	0,9779	203,9	667,1	463,2	203,5	619,8	416,3	46,9
17	203,35	476,51	0,1190	8,405	0,5638	1,5300	0,9662	207,1	667,5	460,4	206,6	620,1	413,5	46,9
18	206,14	479,30	0,1126	8,886	0,5701	1,5251	0,9550	210,1	667,9	457,8	209,6	620,4	410,8	47,0
19	208,81	482,97	0,1068	9,366	0,5761	1,5205	0,9444	213,0	668,2	455,2	212,5	620,7	408,2	47,0
20	211,38	484,54	0,1016	9,846	0,5820	1,5160	0,9340	215,8	668,5	452,7	215,2	620,9	405,7	47,0
22	216,23	489,39	0,09251	10,81	0,5928	1,5078	0,9150	221,2	668,9	447,7	220,6	621,2	400,6	47,1
24	220,75	493,91	0,08492	11,78	0,6026	1,5060	0,8974	226,1	669,3	443,2	225,4	621,5	396,1	47,1
26	224,99	498,15	0,07846	12,75	0,6120	1,4926	0,8806	230,8	669,5	438,7	230,1	621,8	391,7	47,0
28	228,98	502,14	0,07288	13,72	0,6206	1,4857	0,8651	235,2	669,6	434,4	234,4	621,8	387,4	47,0
30	232,76	505,92	0,06802	14,70	0,6290	1,4793	0,8503	239,5	669,7	430,2	238,6	621,9	383,3	46,9
32	236,35	509,51	0,06375	15,69	0,6368	1,4732	0,8364	243,6	669,7	426,1	242,7	621,9	379,2	46,9
34	239,77	512,93	0,05995	16,68	0,6443	1,4673	0,8230	247,5	669,6	422,1	246,5	621,8	375,3	46,8
36	243,04	516,20	0,05658	17,68	0,6515	1,4617	0,8102	251,2	669,5	418,3	250,2	621,8	371,6	46,7
38	246,17	519,33	0,05353	18,68	0,6584	1,4564	0,7980	254,8	669,3	414,5	253,7	621,7	368,0	46,5

[1] Nach VDI-Wasserdampftafeln, bearbeitet von W. KOCH, Berlin 1937.

Tabelle 3 (Fortsetzung). *Zustandsgrößen von Wasser und Dampf bei Sättigung.*

Druck	Temperatur		Spez. Volum Dampf	Spez. Gew. Dampf	Entropie kcal/kg grd		$s''-s'$	Enthalpie (Wärmeinhalt) kcal/kg		Ver-dampfungs-wärme	Innere Energie kcal/kg		$u''-u'$	$AP\cdot$ $(v''-v')$
kg/cm²	°C	°K	m³/kg	kg/m³	Wasser	Dampf	$=$	Wasser	Dampf	kcal/kg	Wasser	Dampf	$=$	$=$
p	t	T	v''	γ''	s'	s''	r/T	i'	i''	r	u'	u''	ϱ	ψ
40	249,18	522,34	0,05078	19,69	0,6619	1,4513	0,7864	258,2	669,0	410,8	257,0	621,4	364,4	46,4
42	252,07	525,23	0,04828	20,71	0,6712	1,4463	0,7751	261,6	668,8	407,2	260,4	621,3	360,9	46,3
44	254,87	528,03	0,04601	21,73	0,6773	1,4415	0,7642	264,9	668,4	403,5	263,6	621,0	357,4	46,1
46	257,56	530,72	0,04393	22,76	0,6832	1,4369	0,7537	268,0	668,0	400,0	266,6	620,6	354,0	46,0
48	260,17	533,33	0,04201	23,80	0,6889	1,4324	0,7435	271,2	667,7	396,5	269,8	620,5	350,7	45,8
50	262,70	535,86	0,04024	24,85	0,6944	1,4280	0,7336	274,2	667,3	393,1	272,7	620,2	347,5	45,6
55	268,69	541,85	0,03636	27,50	0,7075	1,4176	0,7101	281,4	666,2	384,8	279,7	619,3	339,6	45,2
60	274,29	547,45	0,03310	30,21	0,7196	1,4078	0,6882	288,4	665,0	376,6	286,6	618,5	331,9	44,7
65	279,54	552,70	0,03033	32,97	0,7311	1,3986	0,6675	294,8	663,6	368,8	292,8	617,5	324,7	44,1
70	284,48	557,64	0,02795	35,78	0,7420	1,3897	0,6477	300,9	662,1	361,2	298,7	616,3	317,6	43,6
75	289,17	562,33	0,02587	38,66	0,7524	1,3813	0,6289	307,0	660,5	353,5	304,6	615,1	310,5	43,0
80	293,62	566,78	0,02404	41,60	0,7623	1,3731	0,6108	312,6	658,9	346,3	310,0	613,8	303,8	42,5
85	297,86	571,02	0,02241	44,62	0,7718	1,3654	0,5936	318,2	657,0	338,8	315,4	612,4	297,0	41,8
90	301,92	575,08	0,02096	47,71	0,7810	1,3576	0,5766	323,6	655,1	331,5	320,6	610,9	290,3	41,2
95	305,80	579,96	0,01964	50,91	0,7898	1,3500	0,5602	328,8	653,2	324,4	325,6	609,5	283,9	40,5
100	309,53	582,69	0,01845	54,21	0,7983	1,3424	0,5441	334,0	651,1	317,1	330,6	607,9	277,3	39,8
110	316,58	589,74	0,01637	61,08	0,8147	1,3279	0,5132	344,0	646,7	302,7	340,2	604,5	264,3	38,4
120	323,15	596,31	0,01462	68,42	0,8306	1,3138	0,4832	353,9	641,9	288,0	349,6	600,8	251,2	36,8
130	329,30	602,46	0,01312	76,23	0,8458	1,2998	0,4540	363,0	636,6	273,6	358,3	596,7	238,4	35,2
140	335,09	608,25	0,01181	84,68	0,8606	1,2858	0,4252	372,4	631,0	258,6	367,2	592,3	225,1	33,5
150	340,56	613,72	0,01065	93,90	0,8749	1,2713	0,3964	381,7	624,9	243,2	375,9	587,5	211,6	31,6
160	345,74	618,90	0,009616	104,0	0,8892	1,2564	0,367	390,8	618,3	227,5	384,4	582,2	197,8	29,7
180	355,35	628,51	0,007809	128,0	0,9186	1,2251	0,3065	410,2	602,5	192,3	402,5	569,6	167,1	25,2
200	364,08	637,24	0,00620	161,2	0,9514	1,1883	0,2369	431,5	582,3	150,8	422,1	553,3	131,2	19,6
225	373,6	646,76	0,00394	254	1,022	1,10	0,078	478	532	54	464	511	47	7
225.6	374,2	647,4	0 00304	329	1,06			505		0	488		0	0

wobei sich die Zeiger 2 auf den Druck p_2 beziehen.

Andererseits ist

$$i_2 = i_1' + x_1 (i_1'' - i_1') ,$$

wobei sich die Zeiger 1 auf den Anfangsdruck p_1 beziehen. Aus beiden Gleichungen folgt

$$x_1 = \frac{i_2'' - i_1' + c_p (t_2 - t_2'')}{i_1'' - i_1'} . \tag{200}$$

Damit kann man vom Zustand des überhitzten Dampfes nach erfolgter Drosselung auf die Dampfnässe vor der Drosselung schließen. Man benutzt diese Beziehung, um durch Drosseln die Dampfnässe bzw. die Feuchtigkeit von nassem Dampf zu bestimmen. Dies geschieht mit Hilfe eines Drosselkalorimeters[1].

63. Dampftafeln. In die abgeleiteten Beziehungen für die Verfolgung von Zustandsänderungen der nassen Dämpfe gehen stets die thermischen Zustandsgrößen auf den beiden Grenzkurven ein. Diese Werte entnimmt man den Dampftafeln, die für die technisch wichtigsten Stoffe zusammengestellt sind[2]. In den Tabellen 2 und 3 sind die Werte für Wasser und Wasserdampf angegeben, und zwar ist Tabelle 2 nach Temperaturen, Tabelle 3 nach Drücken geordnet. Die Tabellen reichen bis zu den kritischen Daten $t_k = 374{,}2°$ und $p_k = 225{,}6$ at.

64. Beispiele. a) Bei $0°$ hat Wasser einen Dampfdruck von $0{,}00623$ at und bei $100°$ einen Druck von $1{,}033$ at. Die Gaskonstante für Wasserdampf beträgt $47{,}1$. Ermittle an Hand des $\log p$, $1/T$-Diagrammes die Zwischenwerte! Vergleiche sie mit den genauen Werten aus der Dampftafel! Wie groß ist in diesem Bereich die Verdampfungswärme des Wassers?

$$\ln P = 2{,}303 \log P = - \frac{r}{A\,R\,T} + \text{konst.} \tag{164}$$

Durch Anwendung von Gl. (164) auf zwei Punkte der Dampfspannungskurve und Subtraktion folgt

$$2{,}303 \log \frac{p_2}{p_1} = r \left(\frac{1}{A\,R\,T_1} - \frac{1}{A\,R\,T_2} \right) .$$

Mit $R = 47{,}1$; $T_1 = 273°$ K; $T_2 = 373°$ K; $p_1 = 0{,}00623$ at; $p_1 = 1{,}033$ at ergibt sich als Näherungswert $r = 579$ kcal/kg.

b) Entwirf an Hand der Dampftafeln für Wasserdampf das p, v-Diagramm für nassen Dampf zwischen 1 at und dem kritischen Punkt mit den Linien für $x = \text{konst.}$ Zeichne ausgehend von einem Punkt der linken Grenzkurve eine Adiabate ein!

Die Entropie im Ausgangspunkt sei s_1'. Dann ist

$$s_1' = s' + x (s'' - s') . \tag{159}$$

durch Einsetzen der Werte für s' und s'' bei verschiedenen Drücken erhält man für jeden Druck das zugehörige x und damit den gesuchten Punkt auf der Isobare bzw. Isotherme des Naßdampfgebietes.

c) Entwirf an Hand der Dampftafeln für Wasserdampf das T, s-Diagramm zwischen 1 at und dem kritischen Punkt mit den Linien für $x = \text{konst.}$ Zeichne ausgehend von einem Punkt der rechten Grenzkurve eine Isochore ein!

---

[1] GRAMBERG, A.: Technische Messungen bei Maschinenuntersuchungen und zur Betriebskontrolle, **Bd. I.** Berlin: Springer 1933.

[2] S. z. B. Taschenbuch *Hütte* Bd. I, 1948.

Das Volumen im Ausgangspunkt sei v_1''. Dann ist

$$v_1'' = v' + x\,(v'' - v')\,. \qquad (150)$$

Die weitere Lösung entspricht dann dem Beispiel b).

d) Trockengesättigter Dampf von 10 at wird adiabatisch auf 1 at entspannt. Wie groß ist der Dampfgehalt am Ende der Zustandsänderung? Wie groß ist das spezifische Volumen am Ende der Zustandsänderung? Wie groß ist die geleistete Arbeit?

$$x_2 = \frac{s_1'' - s_2'}{s_2'' - s_2'}\,.$$

Aus der Dampftafel findet man $s_1'' = 1{,}5740$; $s_2'' = 0{,}3096$; $s_2'' = 1{,}7587$ und und damit $x_2 = 0{,}874$.

$$v_2 = v_2' + x\,(v_2'' - v_2')\,. \qquad (150)$$

Aus der Dampftafel findet man $v_2' = 0{,}001043$; $v_2'' = 1{,}725$. Daraus ergibt sich $v_2 = 1{,}507$ m³/kg.

Es handelt sich hier nicht um die technische Arbeit. Daher

$$A L = u_1'' - u_2 \qquad (58)$$

Analog zu Gl. (158) ist

$$u_2 = u_2' + x_2\,(u_2'' - u_2')\,.$$

Aus der Dampftafel folgt $u_1'' = 616{,}6$; $u_2' = 99{,}10$; $u'' = 598{,}1$. Daraus ergibt sich $A L = 83{,}0$ kcal/kg oder $35\,400$ mkg/kg.

Kontrolliere die Rechnung an Hand des i, s-Diagrammes.

e) Nasser Wasserdampf von 10 at wird auf 1 at gedrosselt. Man bestimmt aus Messungen die Temperatur nach der Drosselung zu 128°. Wie groß war der Dampfgehalt des Dampfes vor der Drosselung, wenn die spezifische Wärme des Dampfes $c_p = 0{,}48$ gesetzt wird?

$$x = \frac{i_2'' - i_1' + c_p\,(t_2 - t_2'')}{i_1'' - i_1'}\,. \qquad (200)$$

Aus der Dampftafel ergibt sich $i_1'' = 638{,}5$; $i_1' = 181{,}2$; $t_2 = 128°$; $t_2'' = 99{,}09°$; $i_1'' = 663{,}0$. Daraus folgt $x = 0{,}978$. Der Dampf enthält also $2{,}2\%$ Feuchtigkeit.

Vergleiche das Ergebnis an Hand des i, s-Diagrammes.

65. Der Rankine-Prozeß für die Dampfmaschine.

Wir betrachten nach Abb. 84 den Kreisprozeß, den das Arbeitsmittel, z. B. Wasserdampf, innerhalb der Wärmekraftanlage ausführt. Durch die Speisepumpe P wird das Wasser in den Kessel K gedrückt (Zustand 1). Hier wird das Wasser verdampft unter Zuführung der Wärmemenge Q. Der Dampf verläßt den Kessel trocken gesättigt (Zustand 3) und strömt dann durch einen Überhitzer $\ddot{U}$, wo er unter Zufuhr der Wärme $Q_{\ddot{u}}$ überhitzt wird (Zustand 4). In der Dampfmaschine M wird der Dampf adiabatisch auf den Zustand 5 entspannt, in dem er in den Verflüssiger V gelangt, wo er durch Entzug der Wärme Q_0, z. B. durch Kühlwasser, in den flüssigen Zustand 1 gebracht wird.

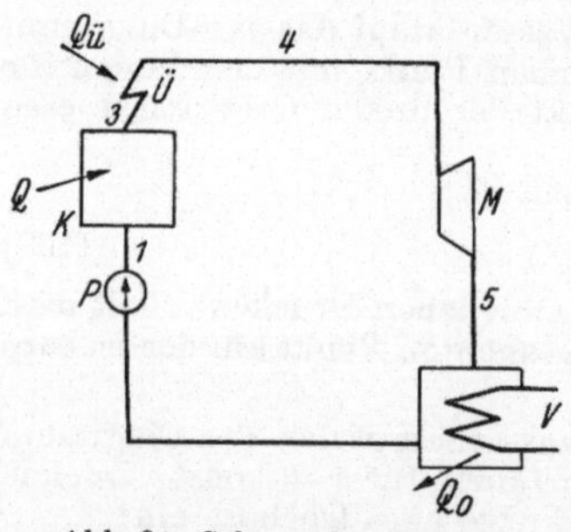

Abb. 84. Schema des Dampfmaschinen-Prozesses.

In der Pumpe P wird das Wasser wieder auf den Kesseldruck (Zustand 1) gebracht und das Spiel beginnt von neuem.

Das theoretische Diagramm der Dampfmaschine sieht genau so aus, wie das theoretische Diagramm des Luftverdichters (Abb. 16, Nr. 22) und wir wissen auch bereits auf Grund von Gl. (138), daß die technische Arbeit je kg Dampf

$$A L_t = i_4 - i_5 \tag{201}$$

ist, wobei sich die Zeiger 4 und 5 auf die jeweiligen Zustände in Abb. 84 beziehen.

Wir verfolgen jetzt den Kreisprozeß im T, s-Diagramm Abb. 85. Das Wasser wird im Zustand 1 aus dem Verflüssiger entnommen und wird in der Pumpe adiabatisch auf den Zustand $1'$ gebracht, der auf der Isobare p liegt. Nun wurde bereits erwähnt (Nr. 51), daß die Isobaren sich links von der linken Grenzkurve sehr dicht an diese anschmiegen. Daher fällt Punkt $1'$ praktisch mit Punkt 1 zusammen. Man kann daher die Isobare $1' 2$ durch die linke Grenzkurve 12 ersetzen.

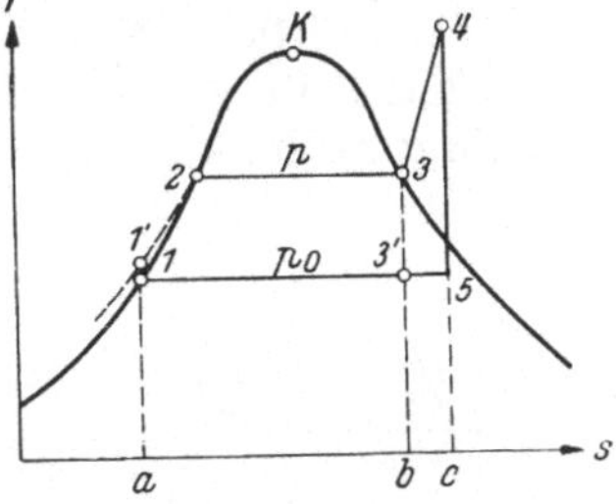

Abb. 85. Rankine-Prozeß im T, s-Diagramm.

Die im Dampfkessel zugeführte Wärme wird durch die Fläche $Q = a\,123\,b$ und die im Überhitzer zugeführte Wärme durch die Fläche $Q_{\ddot{u}} = b\,34\,c$ dargestellt. Die Gerade 45 zeigt die adiabatische Entspannung. Die im Verflüssiger entzogene Wärme entspricht der Fläche $Q_0 = 51\,a\,c = i_5 - i_1$. Die Fläche 123451 ergibt dann die geleistete Arbeit im Wärmemaß $A L_t$. Setzt man die gesamte dem Wasser zugeführte Wärme gleich Q_1, also

$$Q_1 = Q + Q_{\ddot{u}} = (i_3 - i_1) + (i_4 - i_3) = i_4 - i_1 ,$$

so folgt aus dem I. Hauptsatz

$$A L_t = |Q_1| - |Q_0| = i_4 - i_5 - (i_5 - i_1) = i_4 - i_5 , \tag{201a}$$

eine Beziehung, die sich bereits aus Gl. (138) und (201) ergab.

Den durch die Eckpunkte 12345 bezeichneten idealen Dampfmaschinenprozeß nennt man den *Rankine-Prozeß*.

Der *thermische Wirkungsgrad* dieses Prozesses ist

$$\eta_{th} = \frac{|A L_t|}{|Q_1|} = \frac{i_4 - i_5}{i_4 - i_1} . \tag{202}$$

Die technische Arbeit nach Gl. (138) bestimmt man am bequemsten mit Hilfe des i, s-Diagrammes (Abb. 86), indem man die Enthalpiedifferenz $i_4 - i_5$ direkt abgreifen kann. Die Enthalpie i_1 wird aus

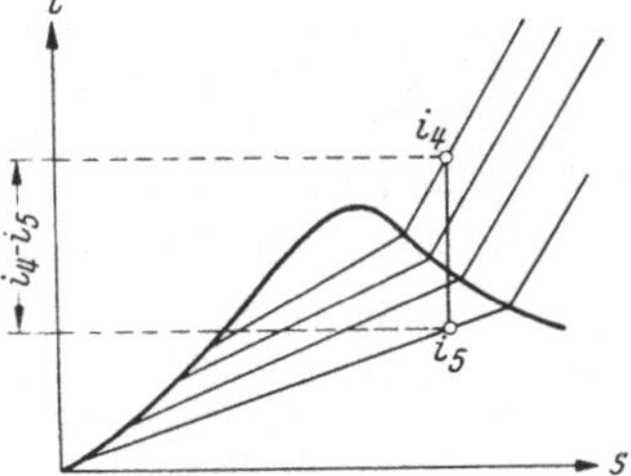

Abb. 86. Arbeit des Dampfes im i, s-Diagramm.

der Dampftafel ermittelt. Sie ist mit der Enthalpie i' beim Verflüssigungsdruck identisch.

Würde die Maschine ohne Überhitzung arbeiten, so würde die Entspannung bereits im Punkt 3 (Abb. 85) beginnen und der Dampf würde im Zustand $3'$ in den Verflüssiger gelangen.

Der Dampfverbrauch einer Dampfmaschine ergibt sich zu

$$D = \frac{1}{A\,L_t}\ \text{kg/kcal}\ . \tag{203}$$

Bezieht man den Dampfverbrauch auf 1 kWh oder 1 PSh, so folgt entsprechend

$$D = \frac{860}{A\,L_t}\ \text{kg/kWh}\ , \tag{204}$$

$$D = \frac{632}{A\,L_t}\ \text{kg/PSh}\ . \tag{204a}$$

66. Die mittlere Temperatur der Wärmezufuhr. Beim Rankine-Prozeß findet die Wärmezufuhr bei unterschiedlicher Temperatur statt. Sie beginnt in Punkt 1 (Abb. 87) z. B. unter normalen Kühlwasserbedin-

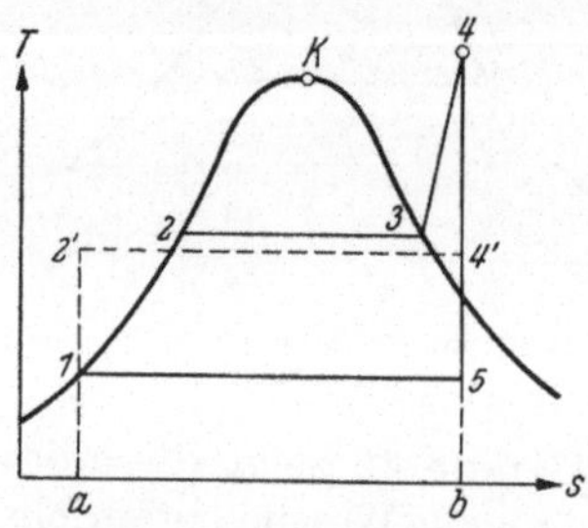

Abb. 87. Ermittlung der mittleren
Temperatur der Wärmezufuhr.

gungen bei etwa 30°. Innerhalb des Kessels wird der größte Anteil der Wärme zugeführt. Wird beispielsweise der Kesseldruck zu 15 at gewählt, so beträgt diese Temperatur bei Wasserdampf rund 197°. Dann kommt noch die Überhitzung bis zum Punkt 4 hinzu.

Man kann nun den Rankine-Prozeß in einen Carnot-Prozeß verwandeln mit demselben thermischen Wirkungsgrad. Man hat dazu lediglich diejenige Temperatur T_1 zu ermitteln, für die die Flächen $a12345b$ und $a12'4'5b$ gleich werden. Ist Δs der Entropieunterschied 15, so ist

$$T_1\,\Delta s = i_4 - i_1$$

oder

$$T_1 = \frac{i_4 - i_1}{\Delta s}\ . \tag{205}$$

Da der Dampf beim Verlassen der Maschine in der Regel nicht überhitzt ist, so geht die Verflüssigung bei konstanter Temperatur T_0 vonstatten.

Ein zwischen den Temperaturen T_1 und T_0 arbeitender Carnot-Prozeß ist also dem Rankine-Prozeß 12345 gleichwertig.

Nun sieht man, daß die Temperatur T_1 um so höher rückt, d. h. der Wirkungsgrad um so günstiger wird, je höher die Isotherme 23 liegt und je höher die Überhitzung getrieben wird.

Man ist deshalb in der Technik bestrebt, die Isotherme 23 und damit die mittlere Temperatur T_1 zu heben. Bleibt man bei Wasserdampf, so ist damit zwangsläufig eine Erhöhung des Druckes verbunden. Man spricht in diesem Zusammenhang auch von *Hochdruckdampf*. Dieser Ausdruck ist indessen thermodynamisch unrichtig, es müßte Hochtemperaturdampf heißen, da es lediglich auf die Temperaturgrenzen und nicht auf die Druckgrenzen des Prozesses ankommt. Daß der Druck bei Erhöhung der Temperatur steigt, ist lediglich eine unerwünschte Begleiterscheinung und wir werden später sehen, daß man auch ohne hohe Drücke die mittlere Temperatur der Wärmezufuhr erhöhen kann.

67. Die praktische Dampfmaschine. Bei der wirklichen Maschine treten im Vergleich zum Rankine-Prozeß eine Reihe von Verlusten auf, z. B. durch unvollständige Entspannung, durch Wandungswirkungen, durch Drosselwirkungen und durch den schädlichen Raum des Zylinders[1]. Wenn wir auch im einzelnen nicht darauf eingehen wollen, so können wir doch sagen, daß alle diese Verluste schließlich Nichtumkehrbarkeiten im Sinne des II. Hauptsatzes bedeuten und daher zu einer Entropievergrößerung des Dampfes führen müssen. Wir betrachten daher nochmals die Zustandsänderung des Dampfes in der Maschine an Hand des i,s-Diagrammes (Abb. 88). Bei adiabatischer Ausdehnung ergibt sich beim umkehrbaren Prozeß die Linie 45. Wächst jedoch die Entropie des Dampfes durch die Nichtumkehrbarkeiten, so endigt die Entspannungslinie zwar auf derselben Isobare, aber bei größerer Entropie. Da jedoch die Gl. (138) auch für nicht umkehrbare Prozesse gilt (vgl. Nr. 42), so ergibt sich die tatsächliche, die sogenannte *indizierte Arbeit*, die durch das Indikatordiagramm ermittelt werden kann, zu

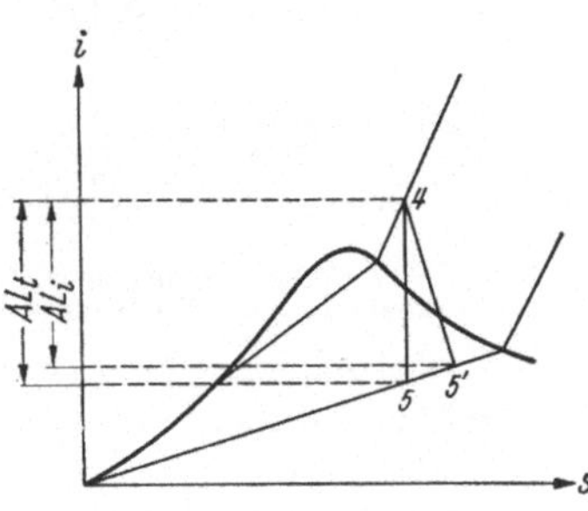

Abb. 88. Berücksichtigung der Nichtumkehrbarkeiten im i,s-Diagramm.

$$A L_i = i_4 - i_5' . \qquad (206)$$

Der *indizierte Wirkungsgrad* ist

$$\eta_i = \frac{A L_i}{A L_t} = \frac{i_4 - i_5'}{i_4' - i_5'} . \qquad (207)$$

Zuweilen findet man hierfür auch die Bezeichnung *thermodynamischer Wirkungsgrad oder Gütegrad* (vgl. Nr. 78).

Er kann aus dem i,s-Diagramm als das Verhältnis zweier Strecken entnommen werden[2].

Um die Leistung N an der Welle der Dampfmaschine zu erhalten, ist noch der mechanische Wirkungsgrad η_m zu beachten als Verhältnis der indizierten zur effektiven Leistung N_i

$$\eta_m = \frac{N_i}{N_e} = \frac{A L_i}{A L_e} . \qquad (207a)$$

Aus dem T,s-Diagramm (Abb. 89) ergibt sich, daß bei dem wirklichen Prozeß im Vergleich zum Rankine-Prozeß im Verflüssiger die Wärmemenge 5 5' b a zusätzlich abgeführt werden muß. Die Arbeit muß daher um den durch diese Fläche dargestellten Wärmebetrag kleiner geworden sein. Daher wird beim Auftreten von nicht umkehrbaren Vorgängen die Arbeit im T,s-Diagramm nicht mehr durch die von den Eckpunkten gebildete Fläche 1 2 3 4 5' dargestellt, worauf ausdrücklich hingewiesen wird (vgl. Nr. 39).

---

[1] Näheres über Dampfmaschinen s. z. B. bei R. GRASSMANN: Anleitung zur Berechnung einer Dampfmaschine. 4. Aufl. Berlin: Springer 1924.

[2] Über Verbrauchszahlen vgl. H. HIEDL: Verbrauchsdiagramme für Wärmekraftanlagen. Leipzig: Johann Ambrosius Barth 1937.

68. Zwischenüberhitzung. Es wurde schon gezeigt, daß zur Erhöhung des thermischen Wirkungsgrades die mittlere Temperatur der Wärmezufuhr erhöht werden muß, was, abgesehen von besonderen Verfahren, zu einer Erhöhung des Druckes und der Überhitzungstemperatur führt. Durch Materialfragen ist der höchsten Temperatur jedoch eine Grenze gezogen. Andererseits liegt es in der Form des T,s-Diagrammes begründet, daß bei konstanter Überhitzungstemperatur der Endpunkt der Entspannungslinie bei immer höherer Dampffeuchtigkeit liegt je höher

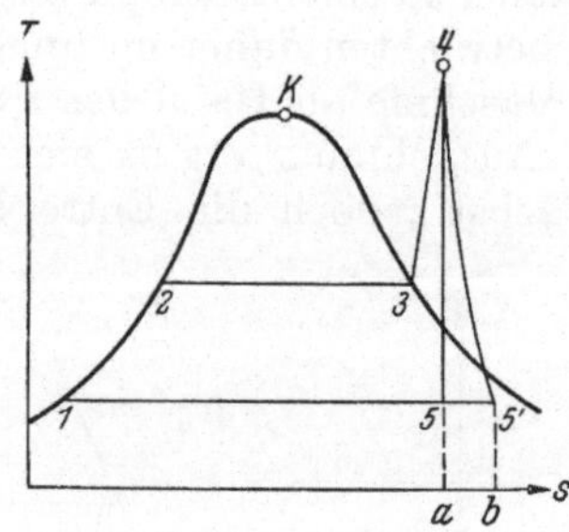

Abb. 89. Berücksichtigung der Nichtumkehrbarkeiten im T,s-Diagramm.

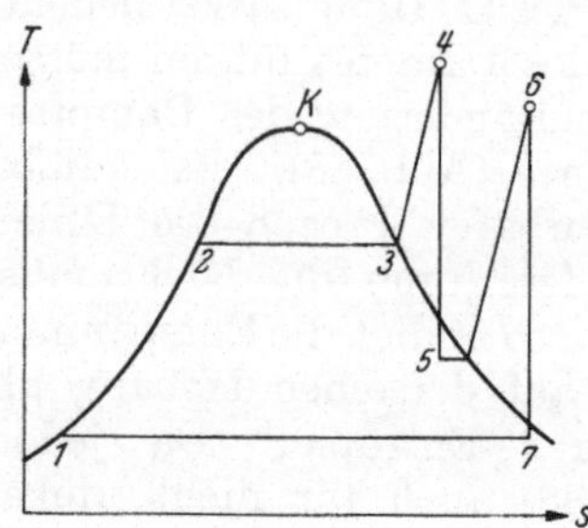

Abb. 90.   Zwischenüberhitzung im
T,s-Diagramm.

der Kesseldruck ist. Das ist aber aus verschiedenen technischen und thermischen Gründen unerwünscht. Man wendet daher in solchen Fällen *Zwischenüberhitzung* an, d. h. man entspannt in einer ersten Maschinengruppe nur bis zum Punkt 5 (Abb. 90). Dann führt man den Dampf nochmals in einen Überhitzer und bringt ihn auf den Zustand 6, von wo er dann in einer zweiten Maschinengruppe bis zum Zustand 7 entspannt wird. Man erzielt auf diese Weise sowohl einen besseren thermischen Wirkungsgrad als auch eine geringere Dampfnässe am Ende der Entspannung.

69. Das Benson-Verfahren. Erhöht man den Druck im Kessel immer weiter bis zum kritischen, so erfolgt die Dampferzeugung auf der kritischen Isobare die bis zum kritischen Punkt praktisch mit der linken Grenzkurve zusammenfällt. Der Übergang von Flüssigkeit zum Dampf erfolgt dann kontinuierlich und es sind keine größeren Kesseltrommeln mehr erforderlich, in denen der Dampf sich von der Flüssigkeit trennen kann.

Um den Dampf nach der Entspannung nicht zu naß werden zu lassen, wird er nach der ersten Überhitzung meist etwas gedrosselt (Zustandsänderung 23 in Abb. 91), dann nochmals überhitzt (Zustandsänderung 34) und dann entspannt (Zustandsänderung 45).

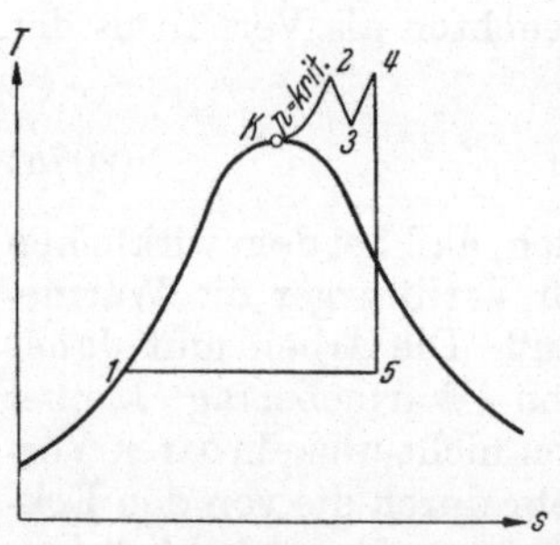

Abb. 91.   Benson-Prozeß im T,s-
Diagramm.

70. Die Carnotisierung des Rankineprozesses. Man kann sich zunächst rein theoretisch einen Kreisprozeß vorstellen, bei dem während der Entspannung dem Dampf gerade soviel Wärme abgeführt wird, wie zur Er-

wärmung der Flüssigkeit von der Verflüssigertemperatur bis zur Kessel-
temperatur notwendig ist. Man erhält dann den in Abb. 92 gezeichneten
Prozeß 1234, bei dem die beiden schraffierten Flächen gleich sind.

Bei diesem Prozeß wird lediglich bei der
Temperatur der Isotherme 23 Wärme zugeführt und bei der Temperatur der Isotherme 41 Wärme abgeführt, so daß der Wirkungsgrad des Carnot-Prozesses erreicht
wird. Freilich kann ein solcher Prozeß praktisch nicht ausgeführt werden, weil der
Dampf im Punkt 4 zu naß und auch der
Aufbau der Anlage zu verwickelt werden
würde.

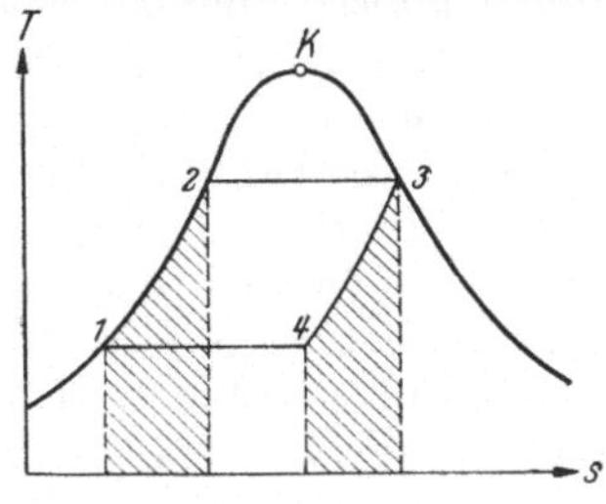

Abb. 92. Carnotisierung des Rankine-
Prozesses.

Es gibt aber eine Möglichkeit, sich diesem Idealprozeß anzunähern unter Umge-
hung der genannten Schwierigkeit. Der im Kessel K (Abb. 93)
erzeugte Dampf strömt beim Druck p_4 einer Dampfmaschine M_4 zu
(Zustand 4 in Abb. 94). Hier wird er bis zum Zustand 3 herunter-
gearbeitet. Ein geringer Teil des Dampfes wird jetzt abgezapft und in

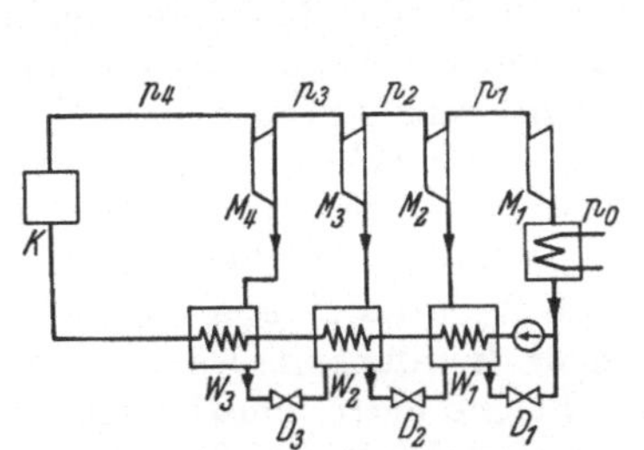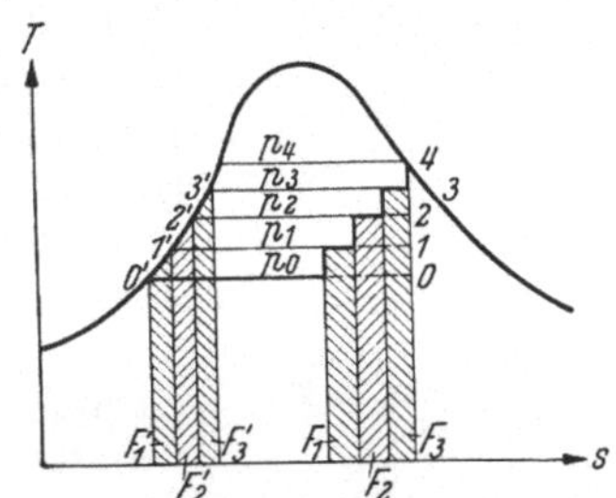

Abb. 93 u. 94. Carnotisierung des Rankine-Prozesses.

den Wärmeaustauscher W_3 geleitet, wo er sich verflüssigt und seine Verflüssigungswärme an die zum Kessel strömende Flüssigkeit abgibt. Diese
wird dadurch von $2'$ bis $3'$ erwärmt. Die beiden Flächen F_3 und $F_{3'}$
müssen daher gleich sein. Entsprechend geht man bei der nächsten
Stufe vor, so daß die weiteren Flächen $F_2 = F_2'$ und $F_1 = F_1'$ werden.
Die Hauptmenge des Dampfes geht durch die Maschinen M_4 bis M_1 und
verläßt die letztere im Zustand 0, der auch erreicht würde, wenn keine
Anzapfung stattgefunden hätte. Die im Verflüssiger ankommende
Dampfmenge ist natürlich um die abgezapfte Menge kleiner als die An-
fangsmenge. Die in den Wärmeaustauschern W_3 bis W_1 verflüssigte
Dampfmenge wird als Flüssigkeit über die Drosselventile D_3 bis D_1 der
Speisepumpe zugeleitet und gelangt dann wieder in den Kessel zurück.

Macht man die Zahl der Stufen unendlich groß, so erreicht man vollkommene Carnotisierung und den Wirkungsgrad des Carnot-Prozesses
(vgl. auch Nr. 47).

71. Mehrstoffdampfmaschinen. Wir hatten bereits erkannt, daß zur
Erhöhung des Wirkungsgrades des Dampfmaschinenprozesses die mittlere

Temperatur der Wärmezufuhr möglichst hochgetrieben werden muß. Bleibt man bei Wasserdampf als Arbeitsmittel, so ist hier durch die Form des T, s-Diagrammes und den schon sehr hohen Druck im Gebiet der technisch noch anwendbaren Temperaturen eine Grenze gezogen.

In dieser Hinsicht ist z. B. Quecksilber erheblich besser geeignet. Seine kritische Temperatur liegt etwa bei 1450° C und sein kritischer Druck bei rund 1000 at. Bei 500° C hat es einen Druck von 8,37 at, bei 20° den außerordentlich kleinen Dampfdruck von 1,77 10⁻⁶ at. Bei diesem Druck sind die Volumina schon so groß, daß es technisch nicht möglich ist, den Quecksilberdampf bis auf diese Temperatur herunterzuarbeiten. Man hilft sich dann so, daß man den Quecksilberdampf nur bis etwa 250° C herunterarbeitet, wobei der Sättigungsdruck rund 0,1 at beträgt. Bei

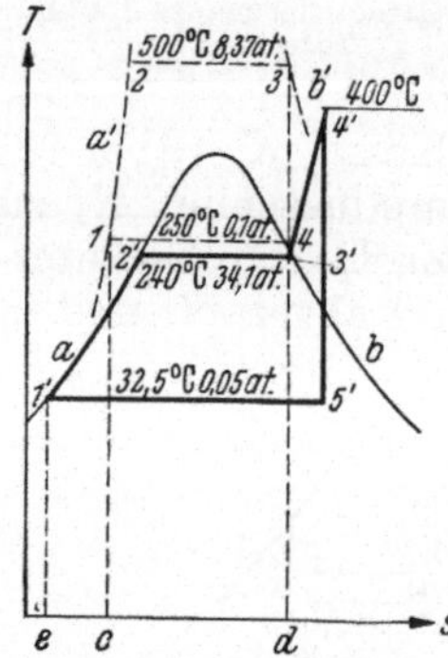

Abb. 95. Prozeß der Mehrstoff-Dampfmaschine im T, s-Diagramm.

diesem Druck sind die Volumina noch technisch gut zu bewältigen. Die Verflüssigungswärme des Quecksilbers dient dann zur Erzeugung von Wasserdampf, der dann das Temperaturgefälle von 250° bis zur Umgebungstemperatur bewältigt.

Man erhält dann das T, s-Diagramm nach Abb. 95. Durch die Punkte 1 2 3 4 ist der Rankine-Prozeß für den Quecksilberdampf bezeichnet zwischen den Grenzkurven a' und b'. Der trocken gesättigte Quecksilberdampf wird in einer Turbine bis 4 herunter gearbeitet. Seine Verflüssigungswärme 14 dc dient dazu, das Wasser, das im Zustand 1' aus dem Wasserdampfverflüssiger kommt, in Dampf zu verwandeln. Die Fläche 14 dc muß daher gleich der Fläche e 1' 2' 3' d sein. Außerdem wird der Wasserdampf noch auf beispielsweise 400° überhitzt (Punkt 4').

Da die Verdampfungswärme des Quecksilbers etwa 70 kcal/kg beträgt, für die Erzeugung von Wasserdampf unter den in Abb. 95 eingetragenen Bedingungen jedoch etwa 640 kcal/kg aufzuwenden sind, so muß je kg Wasserdampf rund die neunfache Menge Quecksilber umlaufen. Bezieht man daher das Wasserdampfdiagramm auf 1 kg Wasserdampf, so muß das gestrichelte Quecksilberdiagramm auf die entsprechende Menge bezogen werden.

72. Die Kaltdampfmaschine.
Kehrt man den Umlaufssinn des Dampfmaschinenprozesses um, so kommt man zur Kaltdampf- oder Kältemaschine, mit deren Hilfe einem Kühlgut bei tiefer Temperatur Wärme entzogen wird, die nach entsprechendem Arbeitsaufwand bei höherer Temperatur, z. B. an Kühlwasser oder die umgebende Luft abgeführt wird.

Da es sich in der Kältetechnik in der Regel darum handelt, Temperaturen unter 0° zu erzeugen, so muß man Arbeitsstoffe, die man in diesem Falle *Kältemittel* nennt, verwenden, deren Gefrierpunkt unterhalb 0° liegt. Andererseits soll der Druck bei Umgebungstemperatur

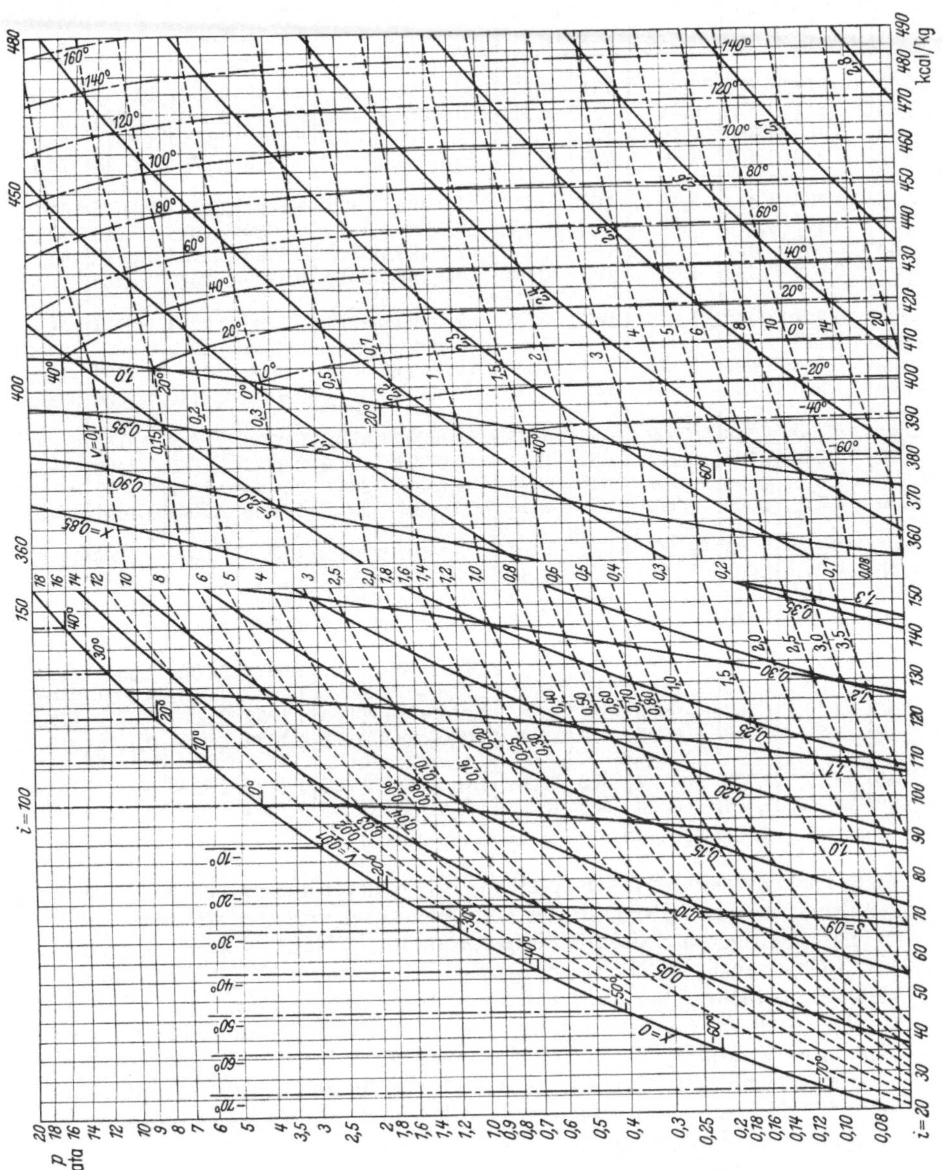

Diagramm II. p, i-Diagramm für Ammoniak. (Nach Kältemaschinen-Regeln DKV. Karlsruhe: C. F. Müller 1950.)

Tabelle 4. *Zustandsgrößen des flüssigen und dampfförmigen Ammoniaks bei Sättigung*[1].

t	p	$\dfrac{v'}{\mathrm{dm^3}}$	v''	γ'	γ''	i'	i''	r	s'	s''	$r \cdot T$	r/v''
°	kg/cm²	$\overline{\mathrm{kg}}$	m³/kg	kg/m²		kcal/kg			kcal/kg grd			$\dfrac{\text{kcal}}{\mathrm{m^3}}$
— 75	0,0765	1,368	12,89	731	0,078	20,9	373,5	352,6	0,6633	2,4431	1,7798	27,4
— 70	0,111	1,379	9,01	725	0,111	25,9	375,7	349,8	0,6878	2,4101	1,7223	38,8
— 65	0,160	1,390	6,46	720	0,155	31,0	377,9	346,9	0,7123	2,3794	1,6671	53,7
— 60	0,223	1,401	4,70	713	0,213	36,1	380,0	343,9	0,7366	2,3504	1,6138	73,1
— 55	0,308	1,413	3,49	708	0,286	41,2	382,1	340,9	0,7601	2,3233	1,5632	97,7
— 50	0,417	1,425	2,62	702	0,382	46,2	384,1	337,9	0,7832	2,2978	1,5146	129,0
— 45	0,557	1,437	2,01	696	0,497	51,5	386,1	334,6	0,8065	2,2738	1,4673	166,5
— 40	0,732	1,449	1,55	690	0,645	56,8	388,1	331,3	0,8295	2,2510	1,4215	213,7
— 35	0,951	1,462	1,22	684	0,820	62,1	390,0	327,9	0,8520	2,2294	1,3774	268,8
— 30	1,219	1,476	0,963	678	1,04	67,4	391,9	324,5	0,8742	2,2090	1,3348	337,0
— 25	1,546	1,490	0,772	671	1,30	72,7	393,7	321,0	0,8960	2,1896	1,2936	415,8
— 20	1,940	1,504	0,624	665	1,60	78,2	395,5	317,3	0,9174	2,1710	1,2536	508,5
— 15	2,410	1,519	0,509	658	1,97	83,6	397,1	313,5	0,9385	2,1532	1,2147	616,0
— 10	2,966	1,534	0,419	652	2,39	89,0	398,7	309,7	0,9593	2,1362	1,1769	739,1
— 5	3,619	1,550	0,347	646	2,88	94,5	400,1	305,6	0,9798	2,1199	1,1401	880,7
0	4,379	1,566	0,290	639	3,45	100,0	401,5	301,5	1,0000	2,1041	1,1041	1040
5	5,259	1,583	0,244	632	4,10	105,5	402,8	297,3	1,0200	2,0889	1,0689	1218
10	6,271	1,601	0,206	625	4,86	111,1	403,9	292,8	1,0397	2,0741	1,0344	1421
15	7,427	1,619	0,175	618	5,72	116,7	405,0	288,3	1,0592	2,0598	1,0006	1647
20	8,741	1,639	0,149	610	6,72	122,4	405,9	283,5	1,0785	2,0459	0,9674	1903
25	10,23	1,659	0,128	602	7,82	128,1	406,8	278,7	1,0976	2,0324	0,9348	2177
30	11,90	1,680	0,111	595	9,01	133,8	407,4	273,6	1,1165	2,0191	0,9026	2465
35	13,77	1,702	0,0959	587	10,4	139,7	408,0	268,3	1,1352	2,0061	0,8709	2798
40	15,85	1,726	0,0833	579	12,0	145,5	408,4	262,9	1,1538	1,9933	0,8395	3156
45	18,17	1,750	0,0727	572	13,8	151,4	408,6	257,2	1,1722	1,9807	0,8085	3538
50	20,73	1,777	0,0635	563	15,8	157,4	408,7	251,3	1,1904	1,9681	0,7777	3957

[1] Nach der Bearbeitung von E. SCHMIDT aus Taschenbuch Hütte. Bd. 1. 1948.

nicht zu hoch sein. Wasser spielt als Kältemittel nur da eine Rolle, wo Kühltemperaturen oberhalb des Gefrierpunktes verlangt werden.

Die wichtigsten Kältemittel sind Ammoniak (NH_3), Schweflige Säure (SO_2), Chlormethyl (CH_3Cl), gelegentlich Kohlensäure (CO_2) und für ganz tiefe Temperaturen bei mehrstufigen Anlagen Äthan (C_2H_6) und Äthylen (C_2H_4). Auch die sogenannten Frigene, das sind chlorierte und fluorierte Kohlenwasserstoffe, spielen heute eine wichtige Rolle[1].

Das meist verbreitete Kältemittel dürfte heute noch das Ammoniak sein, für das eine Dampftafel in Tabelle 4 und ein $\log p,i$-Diagramm in Diagramm II dargestellt ist.

73. Der Kältemaschinenprozeß. Man kann einen idealen Kälteprozeß ausführen nach Abb. 96, der dem Carnot-Prozeß entspricht. Der Kälte-

[1] Dampftabellen und Diagramme der wichtigsten Kältemittel s. Kältemaschinen-Regeln. DKV. Karlsruhe: C. F. Müller 1950. Über die Frigene vgl. G. SEGER: Beihefte Z. Ver. dtsch. Chem. (1942) Nr. 43 und R. PLANK: Ebenda (1942) Nr. 44.

mitteldampf werde im Zustand 1 angesaugt, und in einem Verdichter adiabatisch bis zum Punkt 2' und dann isotherm bis 3 auf der rechten Grenzkurve verdichtet. Nunmehr wird der Dampf bei konstanter Temperatur T_1 weiter durch Wärmeabfuhr an die Umgebung im Verflüssiger verflüssigt. Er verläßt diesen im Zustand 4 und wird nun in einer Entspannungsmaschine unter Arbeitsleistung entspannt bis zum Punkt 5'. Im Verdampfer wird unter Wärmeaufnahme d. h. Kälteleistung der nasse Dampf bei konstanter Temperatur T_0 in den Zustand 1 also zur Verdampfung gebracht.

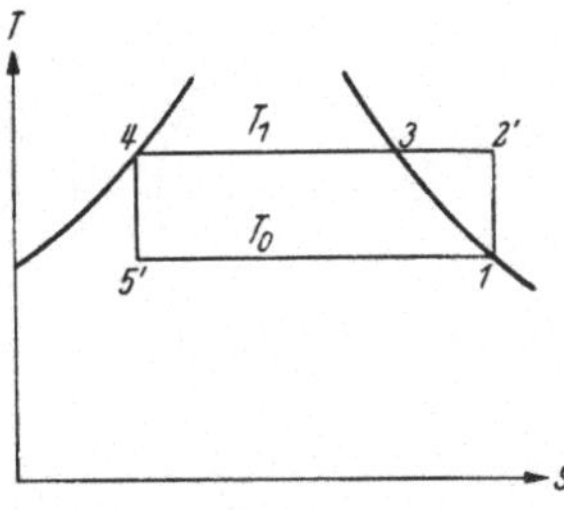

Abb. 96. Theoretischer Kältemaschinen-Prozeß im T,s-Diagramm.

Indessen wird dieser Prozeß praktisch nicht ausgeführt. Zur Vereinfachung der technischen Anlage verzichtet man auf die Arbeitsleistung der Entspannungsmaschine und ersetzt diese durch ein Drosselorgan (Abb. 97). Die Adiabate des Idealprozesses 45' geht daher in eine Kurve 45 mit $i =$ konst. über (Abb. 98). An gewonnener Arbeit verliert man also den Betrag

$$|A L_{verl}| = i_4 - i_{5'} = i_5 - i_{5'} = \text{Fläche } a\,5'\,5\,b$$

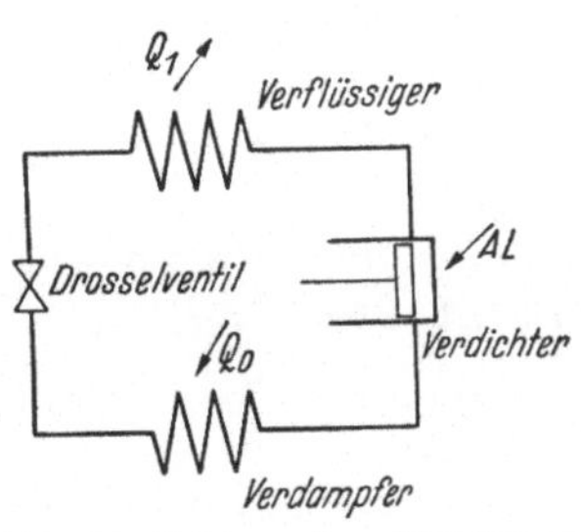

Abb. 97. Schema der Kaltdampfmaschine.

und an Kälteleistung den gleichen Betrag

$$|Q_{0\,verl}| = i_5 - i_{5'} .$$

Ferner verzichtet man auf die isotherme Verdichtung und verdichtet lediglich adiabatisch bis zum Punkt 2, der dem Druck p entspricht, so daß die Überhitzungs-

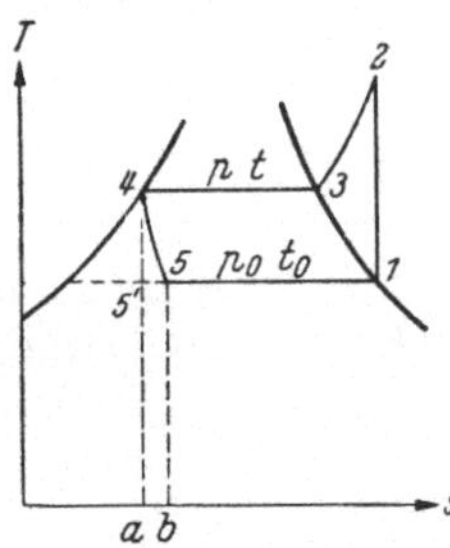

Abb. 98. Kältemaschinen-Prozeß im T,s-Diagramm.

wärme, die durch die Fläche $23cd$ dargestellt wird, auch im Verflüssiger abgeführt werden muß.

Zur Berechnung der Kältemaschinen wird in der Regel das $\log p, i$-Diagramm verwendet. Die fünf Zustandspunkte 1 2 3 4 5 sind in Abb. 99 eingezeichnet. Die Kälteleistung ist je kg Kältemittel

$$|Q_0| = i_1 - i_5 . \tag{208}$$

Die aufzuwendende Arbeit ist

$$|A L| = i_2 - i_1 . \tag{209}$$

Die im Verflüssiger abzuführende Wärme ergibt sich zu

$$|Q_1| = i_2 - i_3 , \tag{210}$$

wobei nach dem I. Hauptsatz

$$|Q_1| = |Q_0| + |A L| \tag{210a}$$

ist.

Oft ist es bequemer, statt der Wärmemengen schlechthin die Wärmemengen je Stunde einzusetzen. Bedeutet also $|Q_0|$ die Kälteleistung in kcal/h, N_i die indizierte Leistung in kW und $|Q_1|$ die dem Verflüssiger abzuführende Wärme in kcal/h, so ist nach Gl. (210a)

$$|Q_1| = |Q_0| + 860\,N_i . \qquad (210\mathrm{b})$$

Die Leistungsziffer (vgl. Nr. 29) ist

$$\varepsilon_k = \frac{|Q_0|}{|AL|} = \frac{i_1 - i_5}{i_2 - i_1} . \qquad (211)$$

Häufig wird in der Kältetechnik die spezifische theoretische Kälteleistung

$$K_{th} = 860\,\frac{i_1 - i_5}{i_2 - i_1}\ \mathrm{kcal/kWh} \qquad (212)$$

angegeben[1].

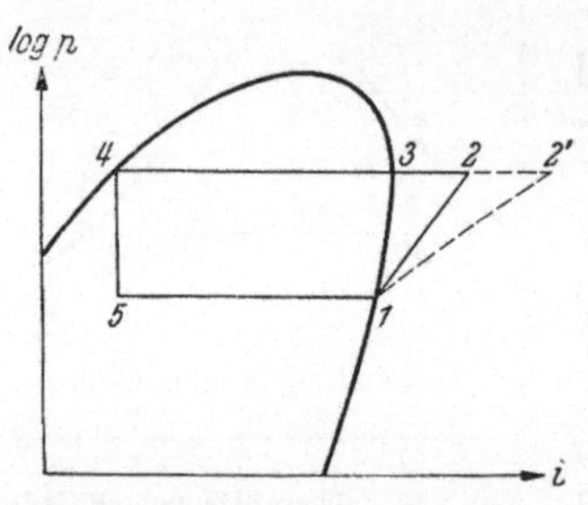

Abb. 99. Kältemaschinen-Prozeß im log p, i-Diagramm.

Durch Nichtumkehrbarkeiten während der Verdichtung wird die Entropie des Kältemittels ansteigen, so daß der Endpunkt der Verdichtung im Punkt 2′ bei einem höheren Entropiewert liegen wird, wodurch die aufzuwendende Arbeit und damit N_i wächst.

Ist K die spezifische Kälteleistung und N_i die indizierte Leistung des tatsächlichen Prozesses, so nennt man

$$\eta_i = \frac{K}{K_{th}} = \frac{N_{th}}{N_i} \qquad (213)$$

den Gütegrad oder auch den *indizierten Wirkungsgrad*[2]. Dabei ist N_{th} die zuzuführende Leistung bei dem Prozeß 1 2 3 4 5.

Zur Berechnung der Leistung an der Welle N_e ist noch der mechanische Wirkungsgrad η_m zu berücksichtigen. Es ist also

$$\eta_m = \frac{N_i}{N_e} . \qquad (214)$$

Bezüglich der volumetrischen Verhältnisse bei Kolbenverdichtern vgl. auch Nr. 21.

Während man bei den Dampfmaschinen den Rankine-Prozeß als Bezugsprozeß zugrunde legt, geht man neuerdings in der Kältetechnik aus guten Gründen dazu über, den Carnot-Prozeß zwischen den Temperaturen T_1 und T_0 (Abb. 96) als Vergleichsbasis zu verwenden[3].

74. Mehrstufige Kältemaschinen. Bei tieferen Verdampfertemperaturen teilt man das Druckgefälle auf und verwendet mehrstufige Maschinen[4].

Geht man zu sehr tiefen Verdampfertemperaturen über ($t_0 < -70°$), so nimmt man beispielsweise für die unterste Stufe Äthan und für die oberen Stufen Ammoniak. Der Verflüssiger der Äthanstufe gibt dann

---

[1] Kältemaschinen-Regeln DKV. Karlsruhe: C. F. Müller 1950.

[2] Zahlenangaben bei M. Hirsch: Die Kältemaschine. 2. Auflage. Berlin: Springer 1932.

[3] Plank, R.: Z. ges. Kälteind. 44 (1937) S. 147. — W. Niebergall: Ebenda 45 (1938) S. 25. — K. Nesselmann: Ebenda 45 (1938) S. 118.

[4] Linge, K.: Z. ges. Kälteind. 44 (1937) S. 181.

seine Wärme an den Verdampfer der untersten Ammoniakstufe ab. Man hat es dann mit der Umkehrung der Mehrstoffdampfmaschine zu tun[1].

75. Die Wärmepumpe. Die Kaltdampfmaschine kann auch in der Weise verwendet werden, daß die Wärmeabgabe Q_1 bei der Temperatur T_1 der Zweck des Verfahrens ist. Dann bleiben die Gl. (208) bis (210 b) bestehen. Für die Leistungsziffer tritt dann jedoch der Ausdruck

$$\varepsilon_w = \frac{|Q_1|}{|AL|} = \frac{i_2 - i_4}{i_2 - i_1} \tag{215}$$

ein (vgl. Nr. 29).

Die Verwendung der Wärmepumpe zu Heizzwecken ist heute indessen nur in Sonderfällen wirtschaftlich, insbesondere bei niedrigem Strompreis, hohem Kohlenpreis und langer jährlicher Betriebsdauer[2]. Besonders günstige Verhältnisse ergeben sich, wenn gleichzeitig Bedarf an Wärme und Kälte vorliegt.

76. Beispiele. a) Berechne an Hand der Dampftafel und des i, s-Diagramms den theoretischen thermischen Wirkungsgrad einer Dampfmaschine für einen Verflüssigungsdruck von 0,05 at und verschiedenen Kesseldrücken von 10 at bis zum kritischen Druck einmal unter der Annahme trocken gesättigten Dampfes, dann für Überhitzungstemperaturen von 400° und 500°. Trage den Wirkungsgrad über dem Kesseldruck auf!

Für die Berechnung wird die Gleichung

$$\eta_{th} = \frac{AL_t}{Q_1} = \frac{i_4 - i_5}{i_4 - i_1} \tag{202}$$

verwendet.

b) Führe dieselbe Rechnung für einen Gegendruck von 5 at aus unter der Annahme, daß der Dampf von 5 at z. B. zu Heizzwecken weiterverwendet werden soll.

c) Diskutiere die Ergebnisse unter dem Gesichtspunkt der Zunahme des Wirkungsgrades mit steigendem Anfangsdruck und steigender Überhitzungstemperatur!

d) Eine Dampfmaschine arbeitet mit 15 at und 350° Überhitzungstemperatur auf einen Verflüssigungsdruck von 0,05 at. Wie groß ist die theoretische Arbeit je kg Dampf? Wie groß ist der theoretisch thermische Wirkungsgrad? Wie groß ist der theoretische Dampfverbrauch je kWh? Wie groß ist der effektive Dampfverbrauch je kWh, wenn der indizierte Wirkungsgrad 0,75 und der mechanische Wirkungsgrad 0,9 beträgt? Wie groß ist die Dampfnässe am Ende der Entspannung?

Vgl. zu diesem Beispiel Abb. 85 und 88

$$AL_t = i_4 - i_5 . \tag{201}$$

Aus dem i, s-Diagramm findet man $i_4 = 751{,}0$; $i_5 = 517{,}0$. Damit wird $AL_t = 234{,}0$ kcal/kg.

Die dem Kessel zugeführte Wärme ist

$$Q_1 = i_4 - i_1 . \tag{201a}$$

Mit $i_1 = 32{,}55$ wird $Q_1 = 718{,}4$ kcal/kg. Daher

$$\eta_{th} = \frac{i_4 - i_5}{Q_1} = 0{,}326 , \tag{202}$$

$$D = \frac{860}{AL_t} . \tag{204}$$

---

[1] In besonderen Fällen wird auch die adiabatische Entspannung von Luft zur Kälteerzeugung verwendet oder auch der Thomson-Joule-Effekt (vgl. Nr. 94).

[2] LINGE, K.: Z. VDI 88 (1944) S. 57.

Daraus errechnet sich $D = 3{,}68 \text{ kg/kWh}$.

$$A L_i = \eta_i A L_t = 175{,}3 \text{ kcal/kg} . \tag{207}$$

Die Arbeit an der Welle ist je kg Dampf

$$A L_e = \eta_m A L_i = 157{,}8 \text{ kcal/kg} . \tag{207a}$$

Damit wird der effektive Dampfverbrauch

$$D_e = \frac{860}{A L_e} = 5{,}45 \text{ kg/kWh} .$$

Die tatsächliche Dampfnässe ergibt sich aus dem i, s-Diagramm. Die Enthalpie i_5' liegt auf der Isobare 0,05 at. Daher ist $i_5' = 575{,}7$ und $x = 0{,}938$. Die Dampfnässe ist also am Ende der Entspannung $6{,}2\%$.

e) Eine Ammoniak-Kältemaschine soll 100 000 kcal/h bei einer Verdampfungstemperatur von $-15°$ und einer Verflüssigungstemperatur von $+25°$ leisten. Wie hoch ist die theoretische Überhitzungstemperatur? Welche Kältemittelmenge muß stündlich umlaufen? Wie groß ist der theoretische Leistungsaufwand? Wie groß ist die effektive Leistungsaufnahme bei einem indizierten Wirkungsgrad von 0,75 und einem mechanischen Wirkungsgrad von 0,9? Wie groß ist das notwendige stündliche Hubvolumen bei einem Ausnutzungsgrad von 0,65? Wie groß ist die im Verflüssiger abzuführende Wärme?

Vgl. zu diesem Beispiel Abb. 99. Aus dem $\log p, i$-Diagramm (Diagramm II) ergibt sich die theoretische Überhitzungstemperatur zu 77°.

$$|A L| = i_2 - i_1 . \tag{209}$$

Aus dem Diagramm bzw. aus der Dampftafel für Ammoniak folgt $i_2 = 446$; $i_1 = 397{,}12$. Daraus $|A L| = 49 \text{ kcal/kg}$.

$$|Q_0| = i_1 - i_5 . \tag{208}$$

Mit $i_5 = i_4 = 128{,}09$ folgt $|Q_0| = 269{,}03 \text{ kcal/kg}$.

Das stündlich umlaufende Gewicht ist

$$G = \frac{100\,000}{269} = 372 \text{ kg/h} .$$

$$K_{th} = 860 \frac{i_1 - i_5}{i_2 - i_1} = 4710 \text{ kcal/kWh} . \tag{212}$$

Daraus folgt für die Leistungsaufnahmen

$$N_{th} = \frac{Q_0}{K_{th}} = \frac{100\,000}{4710} = 21{,}2 \text{ kW}$$

$$N_i = \frac{Q_0}{K} = \frac{Q_0}{\eta_i K_{th}} = 28{,}2 \text{ kW}$$

$$N_e = \frac{N_i}{\eta_m} = 31{,}3 \text{ kW} .$$

Die vom Verflüssiger abzuführende Wärme ist

$$|Q_1| = |Q_0| + 860 |N_i| = 124\,250 \text{ kcal/h} . \tag{210b}$$

Das spezifische Volumen des angesaugten Dampfes ist $v_1'' = 0{,}5087 \text{ m}^3/\text{kg}$. Das Hubvolumen ist dann

$$V_h = \frac{G\, v_1''}{\lambda} = 291 \text{ m}^3/\text{h} . \tag{77c}$$

IV. Die strömende Bewegung der Gase und Dämpfe.

77. Enthalpie und Strömungsenergie. Wir knüpfen an Nr. 39 an, wo wir den Drosselvorgang behandelten. Nach Abb. 100 denken wir uns ein Rohr großen Querschnittes, aus dem ein Gas oder ein Dampf vom Zustand P_1, v_1, T_1 mit der Geschwindigkeit w_1 über eine Verjüngung in ein engeres Rohr strömt. Hierin nehme es den Zustand P_0, v_0 und T_0 an und habe die Geschwindigkeit w_0. Im Gegensatz zu unseren Überlegungen in Nr. 39 soll jetzt der Unterschied der Geschwindigkeiten nicht mehr vernachlässigbar sein.

Strömt 1 kg des Gases in der Anordnung von links nach rechts, so wird zum Vorwärtstreiben des Gases die Energie $P_1 v_1$ benötigt, so daß im ganzen 1 kg des Gases auf der linken Seite die Energie

$$u_1 + P_1 v_1 + A \frac{w_1^2}{2g}$$

enthält.

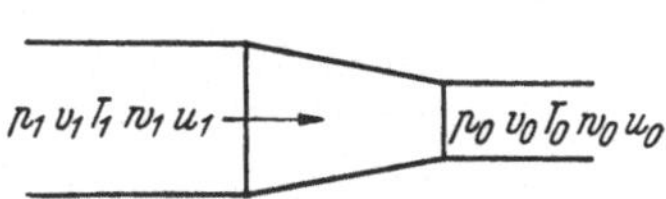

Abb. 100. Erläuterung des Zusammenhanges von Enthalpie und Strömungsenergie.

Auf der rechten Seite wird entsprechend die Arbeit $P_0 v_0$ geleistet. So ergibt sich für die gesamte Energie der rechten Seite

$$u_0 + P_0 v_0 + A \frac{w_0^2}{2g}.$$

Beachtet man, daß $u + Pv = i$ ist, so ergibt die Gleichsetzung der Energiebeträge

$$i_1 - i_0 = A \left(\frac{w_0^2}{2g} - \frac{w_1^2}{2g} \right). \tag{216}$$

Da die Ableitung dieser Gleichung aus dem Energieprinzip heraus erfolgte, ist sie auch gültig, wenn z. B. innerhalb der Düse nicht umkehrbare Vorgänge vorhanden sind.

Wäre $w_0 = w_1$, so hätten wir einen Drosselvorgang vor uns mit $i_1 = i_0$. Ist jedoch $w_0 > w_1$, so wird der Gewinn an Strömungsenergie durch die Abnahme der Enthalpie gedeckt.

Andererseits wissen wir bereits. daß

$$i_1 - i_0 = A L_t, \tag{217}$$

also gleich der technischen Arbeit einer Wärmekraftmaschine ist. Die Arbeit, die dem Unterschied in der Enthalpie entspricht, kann also entweder dadurch geleistet werden, daß das Gas oder der Dampf in einem Zylinder entspannt wird. Dann hat man es mit einer Kolbenmaschine zu tun. Oder man verwendet die aus dem Enthalpieunterschied gewonnene Strömungsenergie. Dann kommt man zu einer Turbine.

Bei diesen Ableitungen ist stillschweigend vorausgesetzt, daß der Energieunterschied durch verschiedene Höhenlage des Gases oder des Dampfes beim Aufwärts- oder Abwärtsströmen vernachlässigt werden kann, was bei Turbomaschinen, die mit Gasen oder Dämpfen betrieben werden, immer der Fall ist.

78. Die Turbine. Bei der Kolbendampfmaschine ist die Übertragung des Dampfdruckes über den Kolben auf das Triebwerk, also die Energieübertragung auf die Welle leicht zu übersehen. Bei einer Dampf- oder Gasturbine liegen die Verhältnisse etwas verwickelter. Durch die feststehende Düse (Abb. 101) strömt der Dampf mit der Geschwindigkeit v_1 dem auf der Welle sitzenden und sich drehenden Laufrad zu. Das Laufrad hat die Umfangsgeschwindigkeit u. Ist w_1 die Relativgeschwindigkeit des Dampfes innerhalb des Laufrades am Laufradeintritt, so ist

(Abb. 102) als Vektorgleichung geschrieben

$$\mathfrak{v}_1 = \mathfrak{w}_1 + \mathfrak{u}\,.$$

Für den Austritt gilt entsprechend

$$\mathfrak{v}_2 = \mathfrak{w}_2 + \mathfrak{u}\,.$$

Zum Verständnis der Vorgänge wendet man am besten den Satz vom Drall an. Danach ist

$$\frac{d}{dz}\, m\,[\mathfrak{v}\,\mathfrak{r}] = [\mathfrak{P}\,\mathfrak{r}]\,,$$

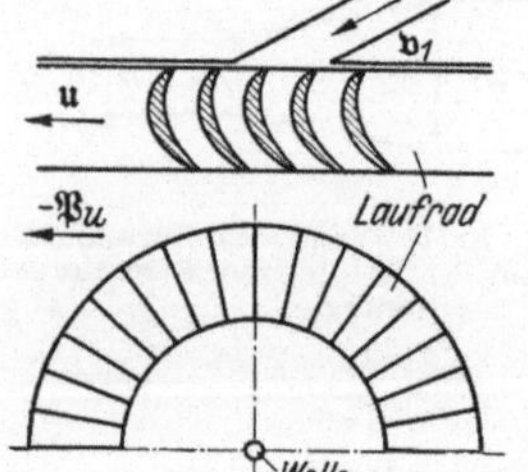

Abb. 101 u. 102. Arbeitsgewinnung in der Turbine.

worin z die Zeit, m die Masse und $\mathfrak{P}$ die am Hebelarm $\mathfrak{r}$ angreifende Kraft bedeutet. $[\mathfrak{v}\,\mathfrak{r}]$ ist das Vektorprodukt von Geschwindigkeit und Radius, $[\mathfrak{P}\,\mathfrak{r}]$ das Vektorprodukt von Kraft und Radius, also das Drehmoment. Man integriert nun zwischen den Zeiten z_1 und z_2 und dividiert durch $z_2 - z_1$. Dabei ist $z_2 - z_1$ die Zeit, in der die Masse m das Laufrad durcheilt.

Es ergibt sich

$$\frac{m}{z_2 - z_1}\left([\mathfrak{v}_2\,\mathfrak{r}_1] - [\mathfrak{v}_1\,\mathfrak{r}_1]\right) = \frac{1}{z_2 - z_1}\int_{z_1}^{z_2} [\mathfrak{P}\,\mathfrak{r}]\,dz = \overline{\mathfrak{M}}\,,$$

worin $\overline{\mathfrak{M}}$ das mittlere Drehmoment ist.

Man kann nun $\dfrac{m}{z_2 - z_1}$ als die Dampfmasse auffassen, die durch das Laufrad je Zeiteinheit strömt. Für 1 kg Dampf je Zeiteinheit erhalten wir dann

$$\frac{1}{g}\left([\mathfrak{v}_2\,\mathfrak{r}_2] - [\mathfrak{v}_1\,\mathfrak{r}_1]\right) = \overline{\mathfrak{M}}.$$

Da es für das an die Welle zu übertragende Drehmoment nur auf die Drehmomentskomponente in Richtung der Turbinenachse ankommt, so hat man lediglich die Komponenten in dieser Richtung zu nehmen und erhält

$$\frac{1}{g}\left([\mathfrak{v}_{2u}\,\mathfrak{r}] - [\mathfrak{v}_{1u}\,\mathfrak{r}]\right) = [\overline{\mathfrak{P}}_u\,\mathfrak{r}]\,,$$

d. h. es muß eine Kraft $\overline{\mathfrak{P}}_u$ am Umfange des Laufrades ausgeübt werden, um den Dampfstrahl entsprechend zu führen oder umgekehrt, bei der Führung des Dampfstrahles übt dieser am Umfang des Laufrades eine Kraft $-\overline{\mathfrak{P}}_u$ aus. Die Leistung erhält man durch Multiplikation des Drehmomentes mit der Winkelgeschwindigkeit.

Eine in der bezeichneten Weise arbeitende Turbine heißt Axialturbine, weil der Dampf in axialer Richtung strömt. Sinngemäße Überlegungen gelten auch für radiale Strömung in Radialturbinen, nur ist dann zu beachten, daß die Radien r nicht mehr gleich sind, weil Ein- und Austritt des Dampfes radial an verschiedenen Stellen liegen, so daß für Ein- und Austritt verschiedene Radien vorhanden sind.

Thermodynamisch gesehen ist es gleichgültig, ob die Umsetzung der Enthalpieabnahme des Gases oder Dampfes in technische Arbeit über einen Kolben mit Kurbeltrieb oder auf dem Umwege über Strömungsenergie über ein Laufrad erfolgt. Daher gelten die in Nr. 65 und 67 abgeleiteten Gleichungen ohne Abänderung auch für die Dampfturbine[1]. Es ist jedoch zu beachten, daß der Ausdruck „indizierte Arbeit" bei Turbinen nur im übertragenen Sinne gebraucht werden kann, weil ein Indikatordiagramm nicht aufgenommen werden kann. Ebenso steht es mit dem indizierten Wirkungsgrad. Man benutzt daher bei Turbinen besser den Ausdruck *thermodynamischer Wirkungsgrad* oder *Gütegrad*. Die Umkehrung der Dampfturbine führt sinngemäß zum Turboverdichter und damit zur Kältemaschine bzw. Wärmepumpe[2].

79. Die verlustlose Düsenströmung. Wir haben bisher die Umsetzung der Druckenergie eines Gases oder Dampfes in Strömungsenergie als Ganzes behandelt und wollen jetzt dazu übergehen, diesen Vorgang im einzelnen zu untersuchen. In einem Gefäß (Abb. 103) befinde sich ein Gas, das durch dauerndes Nachpumpen auf konstantem Druck p_1 gehalten werde. Sein spezifisches Volumen sei v_1, seine Temperatur T_1. Durch die Öffnung F_0 ströme dieses Gas in die Um-

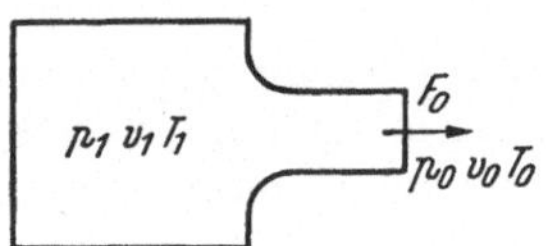

Abb. 103. Ausströmen von Gas aus einem Gefäß konstanten Druckes.

gebung, wobei es in diesem Querschnitt den Zustand P_0, v_0, T_0 annehmen möge. Wir wollen die Austrittsgeschwindigkeit berechnen. Aus Gl. (216) folgt für adiabatische Vorgänge mit $dQ = 0$ unter Berücksichtigung von Gl. (31)

$$i_1 - i_0 = A\left(\frac{w_0^2}{2g} - \frac{w_1^2}{2g}\right) = \int_0^1 d\,i = A \int_0^1 v\,dP. \qquad (218)$$

Setzt man nach der aus der Adiabate folgenden Beziehung

$$v = v_1 \left(\frac{p_1}{p}\right)^{\frac{1}{\varkappa}}$$

[1] Einzelheiten siehe z. B. bei **A. Stodola:** Dampf- und Gasturbinen. Berlin: Springer 1924. — Zahlenangaben über Wirkungsgrad siehe bei **H. Hiedl:** Verbrauchsdiagramme für Wärmekraftanlagen. Leizpig: Johann Ambrosius Barth 1937. Gasturbinen und Strömmungsantriebe s. z B. bei **E. Schmidt:** Einführung in die technische Thermodynamik und in die Grundlagen der chemischen Thermodynamik. Berlin/Göttingen/Heidelberg: Springer 1950.

[2] **Eck, B.** und **W. J. Kearton:** Turbo-Gebläse und -kompressoren. Berlin: Springer 1929. — **C. Pfleiderer:** Die Kreiselpumpen für Flüssigkeiten und Gase. Berlin/Göttingen/Heidelberg: Springer 1949. — Über den Zusammenhang von Raddurchmesser, Drehzahl und Stufenzahl für Turbo-Verdichter in der Kältetechnik vgl. F. **Dardin:** Z. ges. Kälteind. 49 (1942) S. 137.

v in Gl. (218) ein und integriert, so ergibt sich als Austrittsgeschwindigkeit

$$w_0 = \sqrt{2\,g\,\frac{\varkappa}{\varkappa-1}\,P_1 v_1 \left[1 - \left(\frac{p_0}{p_1}\right)^{\frac{\varkappa-1}{\varkappa}}\right] + w_1^2}\,. \tag{219}$$

Ist die Anfangsgeschwindigkeit $w_1 = 0$, so ergibt sich

$$w_0 = \sqrt{2\,g\,\frac{\varkappa}{\varkappa-1}\,P_1 v_1 \left[1 - \left(\frac{p_0}{p_1}\right)^{\frac{\varkappa-1}{\varkappa}}\right]}\,. \tag{220}$$

Innerhalb der Austrittsdüse nimmt die Geschwindigkeit allmählich von Null ausgehend zu, der Druck nimmt von P_1 auf P_0 ab. Für einen beliebigen Zwischenquerschnitt F, in dem der Druck P erreicht ist, ergibt sich daher

$$w = \sqrt{2\,g\,\frac{\varkappa}{\varkappa-1}\,P_1 v_1 \left[1 - \left(\frac{p}{p_1}\right)^{\frac{\varkappa-1}{\varkappa}}\right]}\,. \tag{221}$$

Das je Zeiteinheit durchströmende Gewicht ist

$$G = w_0 F_0 \gamma_0 = w F \gamma\,. \tag{222}$$

Diese Gleichung gilt ebenfalls für jeden beliebigen Querschnitt mit den zusammengehörenden Werten w, F und γ. Das Gewicht G muß konstant sein. Setzt man nach der Adiabatenbeziehung

$$\gamma = \frac{1}{v} = \frac{1}{v_1}\left(\frac{p}{p_1}\right)^{\frac{1}{\varkappa}},$$

so folgt unter Berücksichtigung von Gl. (221) und (222)

$$G = F\left(\frac{p}{p_1}\right)^{\frac{1}{\varkappa}} \sqrt{2\,g\,\frac{\varkappa}{\varkappa-1}\,\frac{P_1}{v_1}\left[1 - \left(\frac{p}{p_1}\right)^{\frac{\varkappa-1}{\varkappa}}\right]}\,.$$

Durch Umformung folgt

$$G = F\left(\frac{p}{p_1}\right)^{\frac{1}{\varkappa}} \sqrt{\frac{\varkappa}{\varkappa-1}\left[1 - \left(\frac{p}{p_1}\right)^{\frac{\varkappa-1}{\varkappa}}\right]} \cdot \sqrt{2\,g\left(\frac{P_1}{v_1}\right)}\,. \tag{223}$$

Wir setzen

$$\left(\frac{p}{p_1}\right)^{\frac{1}{\varkappa}} \sqrt{\frac{\varkappa}{\varkappa-1}\left[1 - \left(\frac{p}{p_1}\right)^{\frac{\varkappa-1}{\varkappa}}\right]} = \psi \tag{224}$$

und erhalten

$$G = F\psi\sqrt{2\,g\,\frac{P_1}{v_1}}\,. \tag{225}$$

Dabei ist ψ nur von $\varkappa$ und vom Druckverhältnis abhängig, während unter der Wurzel nur Größen stehen, die vom Anfangszustand des Gases abhängen.

Wir wollen zunächst ψ als Funktion des Druckverhältnisses untersuchen. Für $p = 0$ und $p = p_1$ wird ψ Null. Wir differenzieren nach (p/p_1) um das Maximum zu ermitteln, setzen den Differentialquotienten gleich

Null und erhalten durch weitere Rechnung daraus das sogenannte *kritische Druckverhältnis*, für welches $\psi = \psi_{max}$ wird zu

$$\left(\frac{p}{p_1}\right)_{kr} = \left(\frac{2}{\varkappa + 1}\right)^{\frac{\varkappa}{\varkappa - 1}}. \tag{226}$$

Setzt man (p/p_1) aus Gl. (226) in (224) ein, so ergibt sich

$$\psi_{max} = \left(\frac{2}{\varkappa + 1}\right)^{\frac{1}{\varkappa - 1}} \sqrt{\frac{\varkappa}{\varkappa + 1}}. \tag{227}$$

In Abb. 104 ist die Größe ψ in Abhängigkeit vom Druckverhältnis für verschiedene $\varkappa$-Werte aufgetragen. Die Scheitelpunkte der Kurve entsprechen dem kritischen Druckverhältnis. Hält man also den Kesseldruck p_1 fest und senkt den Außendruck p_0, so wird bei einem bestimmten F_0 nach Gl. (222) G zunächst zunehmen bis zum Maximum von ψ, d. h. solange bis

$$\left(\frac{p_0}{p_1}\right) = \left(\frac{p}{p_1}\right)_{kr}$$

ist. Senkt man den Gegendruck p_0 noch weiter, so wird zwar ψ wieder kleiner. Da jedoch das durchströmende Gewicht nicht abnehmen kann, wird es von jetzt ab konstant bleiben. Der Druck im Austrittsquerschnitt einer Düse nach Abb. 103 muß daher bei weiterer Senkung von p_0 unabhängig vom Außendruck dem Druck entsprechen, der sich aus dem kritischen Druckverhältnis errechnet.

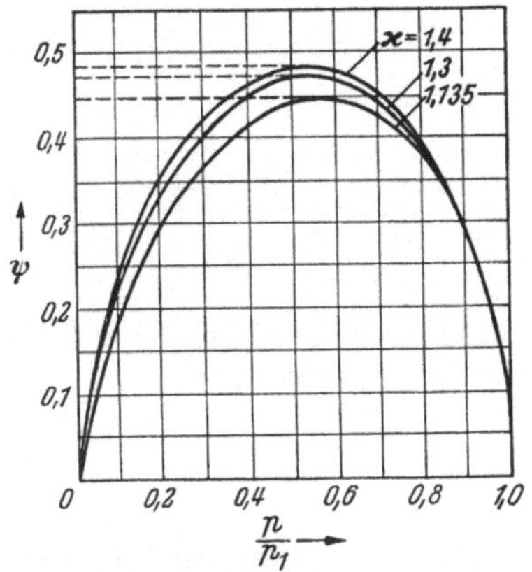

Abb. 104. ψ in Abhängigkeit von Druckverhältnis.

Wir betrachten jetzt den für eine bestimmte Gasmenge G notwendigen Querschnitt. Nach Gl. (225) ist

$$F = \frac{G}{\psi \sqrt{2 g \dfrac{P_1}{v_1}}}. \tag{228}$$

Aus dieser Gleichung folgt, daß bei Senken des Außendruckes F zunächst abnimmt, da ψ wächst. Ist der Außendruck soweit gesenkt, daß das kritische Druckverhältnis erreicht ist, so hat ψ sein Maximum und daher F sein Minimum erreicht. Bei weiterem Absenken des Außendruckes nimmt ψ wieder ab und daher muß F wieder zunehmen.

Wir kommen also bezüglich des Querschnittsverlaufes zu folgendem Ergebnis: *Ist* $\left(\dfrac{p_0}{p_1}\right) \geqq \left(\dfrac{p}{p_1}\right)_{kr}$, *so ist keine Erweiterung der Düse notwendig* (*Abb. 105*). *Ist dagegen* $\left(\dfrac{p_0}{p_1}\right) < \left(\dfrac{p}{p_1}\right)$, *so ist eine Düse nach Abb. 106 anzuwenden, die sich hinter dem engsten Querschnitt wieder erweitert. Würde man trotz* $\left(\dfrac{p_0}{p_1}\right) < \left(\dfrac{p}{p_1}\right)_{kr}$ *keine Erweiterung anwenden, so hätte das ausströmende Gas im Austrittsquerschnitt noch einen höheren Druck als* p_0 *und der Strahl würde beim Austritt zerplatzen (Abb. 107).*

Wir wollen jetzt noch die Geschwindigkeit berechnen, die im engsten Querschnitt einer Düse für $\psi = \psi_{max}$ auftritt. Setzt man in Gl. (221)

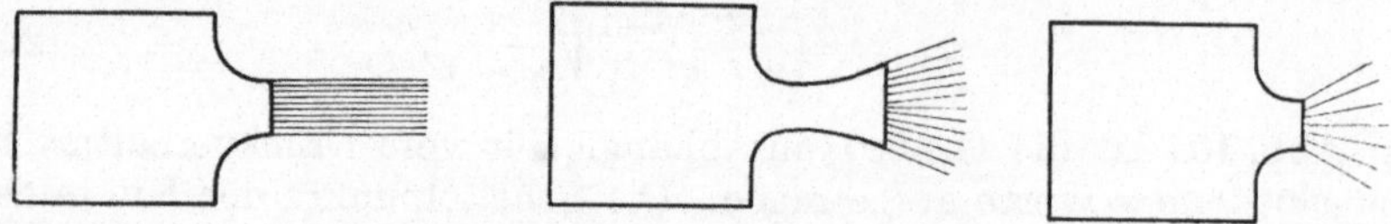
Abb. 105 bis 107. Strahlaustritt aus Düsen.

das kritische Druckverhältnis aus Gl. (226) ein, so ergibt sich für den engsten Querschnitt

$$w_e = \sqrt{2\,g\,\frac{\varkappa}{\varkappa - 1}\,P_1 v_1}\,. \tag{229}$$

Nun ist aber

$$P_1 v_1^{\varkappa} = P_e v_e^{\varkappa},$$

wobei sich der Zeiger e auf den engsten Querschnitt bezieht. Ferner ist noch Gl. (226)

$$\left(\frac{p_e}{p_1}\right) = \left(\frac{2}{\varkappa + 1}\right)^{\frac{\varkappa}{\varkappa - 1}}.$$

Errechnet man aus diesen beiden Gl. P_1 und v_1 und setzt in Gl. (229) ein, so ergibt sich

$$w_e = \sqrt{g\,\varkappa\,P_e v_e} = w_s \tag{230}$$

Dies ist die Schallgeschwindigkeit bezogen auf den Gaszustand im engsten Querschnitt. Wir erkennen also: *Ist* $\left(\dfrac{p_0}{p_1}\right) \leqq \left(\dfrac{p}{p_1}\right)_{kr}$*, so tritt im engsten Querschnitt stets Schallgeschwindigkeit auf.*

Die abgeleiteten Gleichungen mit den Werten von $\varkappa$ für die Adiabate gelten streng genommen nur für Gase, können jedoch mit guter Annäherung auch für überhitzte Dämpfe verwendet werden. Überschreitet man jedoch mit Dampf bei der Entspannung die rechte Grenzkurve und kommt ins nasse Gebiet, so kann der Exponent der Adiabate nur erfahrungsmäßig festgelegt werden. Für nassen Wasserdampf ergibt sich nach Zeuner[1]

$$\varkappa = 1{,}035 + 0{,}1\,x\,, \tag{231}$$

wobei x der Anfangswert des spezifischen Dampfgehaltes ist. Diese Gleichung gilt für $x > 0{,}7$. Entspannt man also von der rechten Grenzkurve aus, so ist $\varkappa = 1{,}135$.

Die kritischen Druckverhältnisse sind für verschiedene Werte von $\varkappa$ aus Abb. 104 oder aus Tabelle 5 zu entnehmen.

---

[1] Zeuner, G.: Technische Thermodynamik. Leipzig: Arthur Felix 1900.

Statt der entwickelten Gleichungen kann für die Berechnung das i,s-Diagramm verwendet werden (Abb. 108), aus dem die Enthalpiedifferenz unmittelbar abgegriffen und der Geschwindigkeitsunterschied nach Gl. (218)

Tabelle 5. *Kritisches Druckverhältnis in Abhängigkeit von $\varkappa$.*

$\varkappa$	1,4	1,3	1,135
ψ_{max}	1,530	0,546	0,577

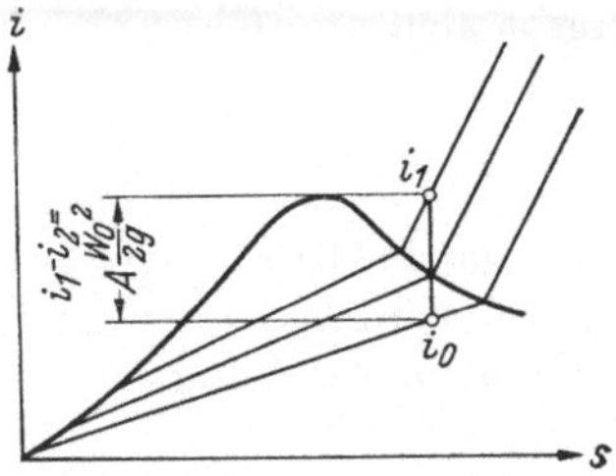

berechnet werden kann. Da für jeden Punkt der Zustandsänderung auch v bzw. γ aus dem Diagramm abgelesen werden kann, ist auch die Bestimmung des Düsenquerschnitts für eine bestimmte stündliche Geschwindigkeit mit Hilfe des Diagrammes und Gl. (222) möglich.

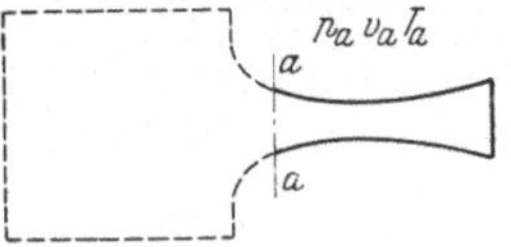

Abb. 108. Ermittlung der Strömungsenergie aus dem i,s-Diagramm.

80. Verlustlose Düsenströmung mit Vorgeschwindigkeit.

Bisher wurde vorausgesetzt, daß die Anfangsgeschwindigkeit des Gases Null sei. Diese Voraussetzung soll jetzt fallen gelassen werden. Strömt das Gas mit der Anfangsgeschwindigkeit w_a im Zustand $P_a v_a$ in die Düse, so ergibt die sinngemäße Anwendung von Gl. (219) sofort für die Geschwindigkeit an einer beliebigen Stelle der Düse

$$w = \sqrt{2g\,\frac{\varkappa}{\varkappa-1}\,P_a v_a\left[1-\left(\frac{p}{p_a}\right)^{\frac{\varkappa-1}{\varkappa}}\right] + w_a^2}\,. \tag{232}$$

Indessen überblickt man die Verhältnisse besser, wenn man die folgende Überlegung anwendet. Schneidet man eine Düse, in die Gas aus einem Gefäß einströmt (Abb. 109) beispielsweise bei a auf, so hat das Gas dort eine bestimmte Geschwindigkeit w_a. Für die in Strömungsrichtung folgenden Querschnitte ist es nun offenbar gleichgültig, ob das Gas aus der Ruhelage aus dem gestrichelten Gefäß durch den ebenfalls gestrichelten Teil der Düse in den Querschnitt a eintritt oder ob es mit dieser Vorgeschwindigkeit und diesem Zustand unmittelbar dem ausgezogen gezeichneten Teil der Düse zuströmt.

Abb. 109. Düsenströmung mit Vorgeschwindigkeit.

Sind die Größen $w_a P_a v_a$ und damit auch T_a gegeben, so können die vorher abgeleiteten Gleichungen ohne weiteres benutzt werden, wenn man aus diesen Größen den Zustand $P_1 v_1 T_1$ ermittelt, den das mit der Geschwindigkeit w_a zuströmende Gas haben würde, wenn es aus dem Ruhezustand in einem Gefäß käme. Dann wäre der Fall mit Vorgeschwindigkeit auf den im vorigen Abschnitt behandelten Fall zurückgeführt.

Für den gestrichelten Teil der Düse gilt nach Gl. (221)

$$w_a = \sqrt{2g\,\frac{\varkappa}{\varkappa-1}\,P_1 v_1\left[1-\left(\frac{p_a}{p_1}\right)^{\frac{\varkappa-1}{\varkappa}}\right]}\,. \tag{233}$$

Unter Beachtung der Adiabatengleichung

$$P_1 v_1^{\varkappa} = P_a v_a^{\varkappa}$$

ergibt sich aus Gl. (233)

$$\left(\frac{p_1}{p_a}\right)^{\frac{\varkappa-1}{\varkappa}} = 1 + \frac{\varkappa-1}{\varkappa} \cdot \frac{w_a^2}{2g\, P_a v_a}. \tag{234}$$

Aus dieser Gleichung kann p_1 ohne weiteres berechnet werden. Für $w_a = 0$ wird $p_1 = p_a$. Das spezifische Volumen v_1 kann man aus der Adiabatenbeziehung

$$v_1 = \left(\frac{p_a}{p_1}\right)^{\frac{1}{\varkappa}} v_a \tag{235}$$

erhalten.

Hat man p_1 und v_1 gefunden, so kann man die in Nr. 79 entwickelten Gleichungen und die Funktion ψ (Abb. 104) verwenden. Man hat lediglich zu beachten, daß die Düse erst bei dem Druckverhältnis $\frac{p_a}{p_1}$ (Abb. 110) beginnt, bei dem ψ bereits von Null verschieden ist.

In dem in Abb. 110 eingetragenen Fall hätte der Querschnitt der Düse zunächst bis zum engsten Querschnitt abzunehmen.

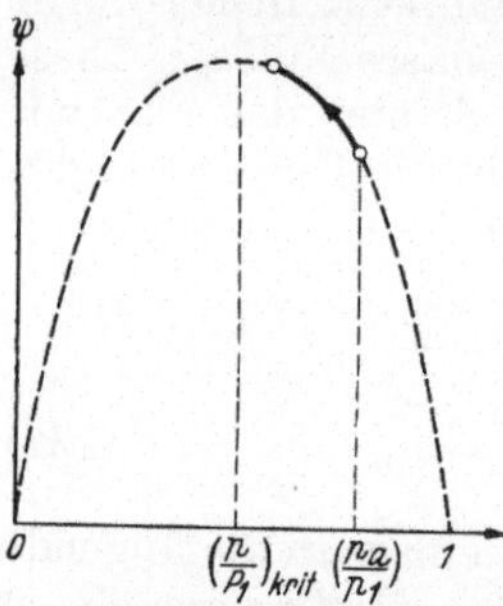

Abb. 110. Düsenströmung mit Vorgeschwindigkeit.

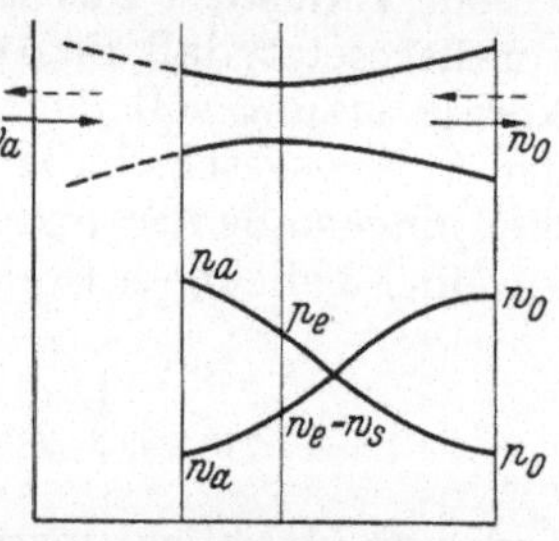

Abb. 111. Geschwindigkeit und Druck in Abhängigkeit vom Querschnitt für Düsen- und Diffussorströmung.

Wäre w_a gerade gleich der Schallgeschwindigkeit im Zustand $P_a v_a$, so beginnt die Düse gerade im engsten Querschnitt und erweitert sich dann. Das Druckverhältnis $\left(\frac{p_a}{p_1}\right)$ entspricht dann gerade dem kritischen und dem Maximum von ψ.

Ist w_a größer als die Schallgeschwindigkeit, so liegt man in Abb. 110 links vom kritischen Druckverhältnis und auf dem abfallenden Ast von ψ.

Auch hier erleichtert das i,s-Diagramm im Zusammenhang mit Gl. (218) und (219) die Berechnung wesentlich.

81. Verlustlose Diffusorströmung. In Abb. 111 ist der Verlauf des Druckes und der Geschwindigkeit bei Düsenströmung aufgetragen, wobei die stark gezeichneten Pfeile gelten. Geht der Vorgang verlustlos vor sich, so ist er umkehrbar. Die *Düsenströmung* verwandelt sich in eine *Diffusorströmung*, wobei unter *Diffusor* ein Apparat zu verstehen ist, in dem sich die Strömungsenergie in Druck umsetzt. Hierfür gelten die gestrichelten Pfeile.

Sind P_0 und v_0 gegeben, so folgt aus Gl. (232), wenn P_a und v_a aus der Beziehung

$$P_a v_a^{\varkappa} = P_0 v_0^{\varkappa}$$

durch P_0 und v_0 ersetzt werden

$$w_0 = \sqrt{2\,g\,\frac{\varkappa}{\varkappa-1}\,P_0 v_0\left[\left(\frac{p_a}{p_0}\right)^{\frac{\varkappa-1}{\varkappa}}-1\right]+w_a^2}\;. \tag{236}$$

Hieraus ist für ein verlangtes p_a die notwendige Anfangsgeschwindigkeit w_0 beim Druck p_0 zu errechnen. Für ein bestimmtes w_0 wird p_a um
so größer, je kleiner w_a, die Endgeschwindigkeit im Diffusor ist.

Um die ψ-Werte der Abb. 104 benutzen zu können, geht man am
besten wieder so vor, daß man die Werte P_1 und v_1 für den Ruhezustand
ausrechnet. Entsprechend den Überlegungen,
die zu Gl. (234) führten, findet man

$$\left(\frac{p_1}{p_0}\right)^{\frac{\varkappa-1}{\varkappa}} = 1 + \frac{\varkappa-1}{\varkappa}\,\frac{w_0^2}{2\,g\,P_0 v_0}\,, \tag{237}$$

$$v_1 = \left(\frac{p_0}{p_1}\right)^{\frac{1}{\varkappa}} v_0\,. \tag{238}$$

Man bewegt sich dann auf der ψ-Kurve nach
Abb. 112 beispielsweise zwischen den einge-
zeichneten Druckverhältnissen $\left(\dfrac{p_0}{p_1}\right)$ und $\left(\dfrac{p_a}{p_1}\right)$.

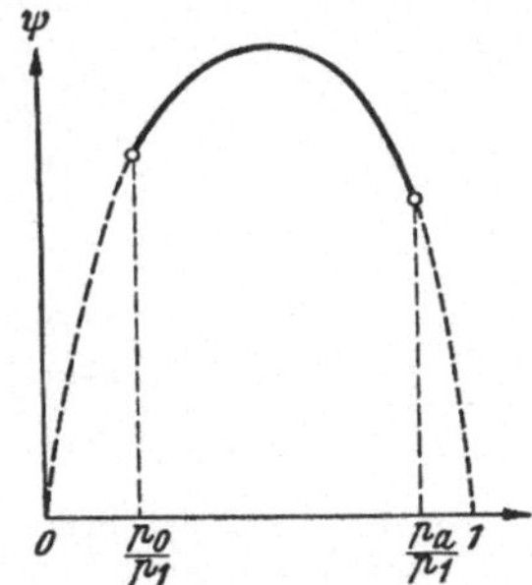

Abb. 112. ψ in Abhängigkeit
vom Druckverhältnis bei
Diffussorströmung.

Stimmt p_1 mit p_a überein, so wird $w_a = 0$.
Dann hätte man die gesamte Strömungsenergie in Druck umgesetzt.
Ein größerer Wert als p_1 wäre dann bei der gegebenen Anfangsge-
schwindigkeit w_0 nicht zu erzielen.

Auch hier kann die Berechnung durch das i,s-Diagramm im Zusammenhang mit Gl. (218) wesentlich erleichtert werden.

82. Düsen und Diffusorformen. In Abb. 113 bis 115 sind schematisch die
Düsen- und in Abb. 116 bis 118 die Diffusorformen für alle vorkommenden
Fälle eingetragen. Besonders bemerkenswert ist, daß bei einer Diffusorströmung, bei der die Anfangsgeschwindigkeit w_0 größer als die Schallgeschwindigkeit w_s ist, der Diffusor sich nicht vergrößern darf, sondern
sich erst verengen muß. Der notwendige Teil der Düse oder des Diffusors
ist dick ausgezogen und gestrichelt bis zum Druckverhältnis Eins bei
$w_a = 0$ verlängert.

83. Strömungsgleichungen für kleine Druckunterschiede. Sind die
Druckunterschiede so gering, daß die Änderung des Volumens vernach-
lässigt werden kann, oder ist v konstant, wie bei Flüssigkeiten, so ergibt
Gl. (219) mit $\varkappa = \infty$ und $w_1 = 0$ (vgl. auch Nr. 20)

$$w_0 = \sqrt{2\,g\,v(P_1 - P_0)}$$

oder

$$w_0 = \sqrt{2\,g\,\frac{P_1 - P_0}{\gamma}}\,, \tag{239}$$

worin für γ der Mittelwert des spezifischen Gewichtes zwischen den

Drucken P_1 und P_0 einzusetzen ist. Da ferner

$$\frac{P_1 - P_0}{\gamma} = h$$

ist, worin h die dem Druckunterschied $P_1 - P_0$ entsprechende Höhe einer Säule des strömenden Stoffes ist, so folgt

$$w_0 = \sqrt{2gh}, \qquad (240)$$

eine Gleichung, die aus der Mechanik der tropfbaren Flüssigkeiten bekannt ist.

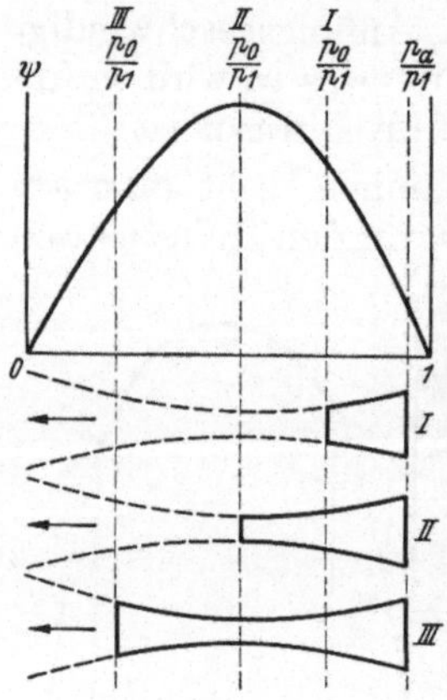

84. Die Reibungsverluste bei der Düsenströmung. Bei der wirklichen Strömung treten Reibungsverluste auf, und wir wollen untersuchen, wie sich diese auswirken. Wir benutzen dazu das T,s-Diagramm (Abb. 119). Die Entspannung beginne in Punkt 1 und gehe zunächst verlustlos bis Punkt 2 vor sich. Von der in 2 erreichten Strö-

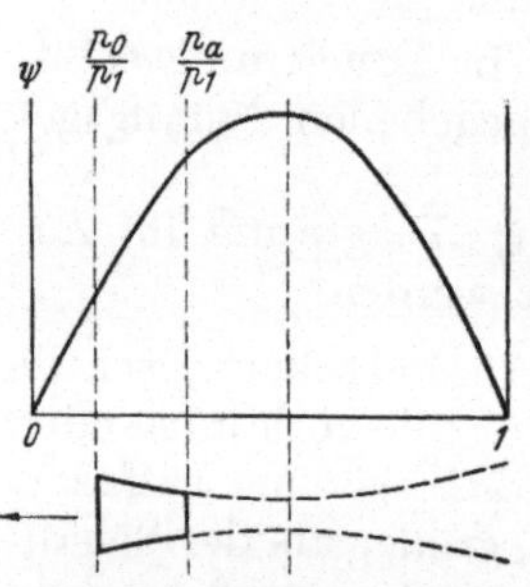

Abb. 113. Düsenströmung.
$p_a/p_1 > p/p_{1\,kr}; w_a < w_s$
I: $p_0/p_1 > p/p_{1\,kr}; w_0 < w_s$
II: $p_0/p_1 = p/p_{1\,kr}; w_0 = w_s$
III: $p_0/p_1 < p/p_{1\,kr}; w_0 > w_s$

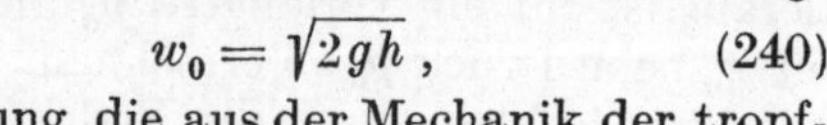
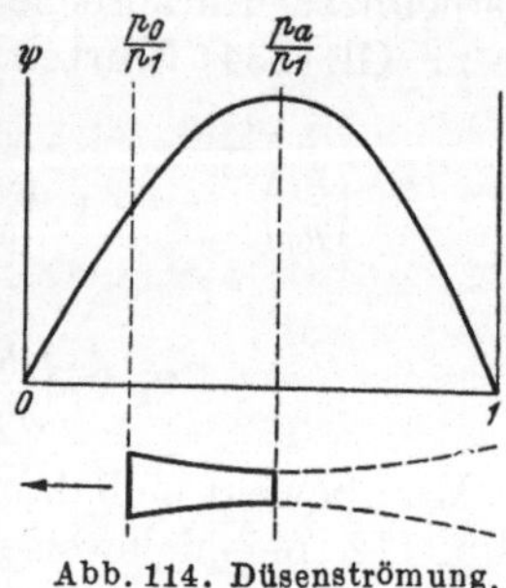

Abb. 114. Düsenströmung.
$p_a/p_1 = p/p_{1\,kr}; w_a = w_s$
$p_0/p_1 < p/p_{1\,kr}; w_0 > w_s$

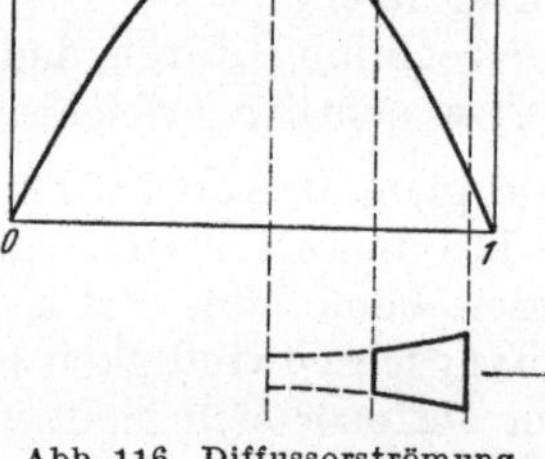
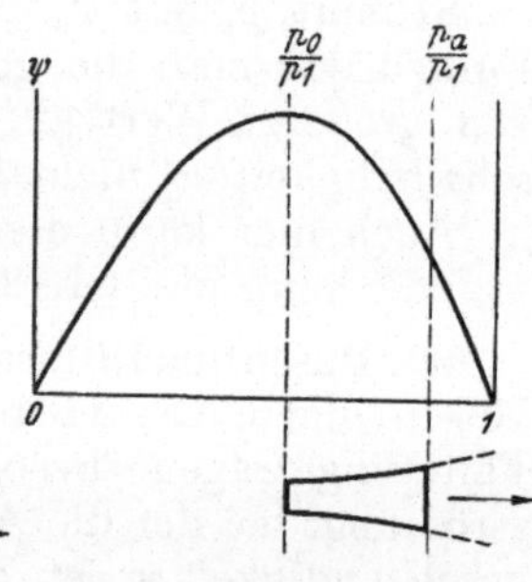

Abb. 115. Düsenströmung.
$p_a/p_1 < p/p_{1\,kr}; w_a > w_s$
$p_a/p_1 < p/p_{1\,kr}; w_0 > w_s$

Abb. 116. Diffussorströmung.
$p_0/p_1 > p/p_{1\,kr}; w_0 < w_s$
$p_a/p_1 > p/p_{1\,kr}; w_a > w_s$

Abb. 117. Diffussorströmung.
$p_0/p_1 = p/p_{1\,kr}; w_0 = w_s$
$p_a/p_1 > p/p_{1\,kr}; w_a < w_s$

mungsenergie $\frac{w_2^2}{2g}$ wird nun ein Teil durch die Reibung vernichtet und in Wärme umgesetzt, die dem Gas zugeführt wird, wodurch es bei gleichem Druck in den Zustand 3 gelangt mit der Geschwindigkeit w_3. Nun ist

$$i_1 - i_2 = A\,\frac{w_2^2}{2g},$$

$$i_1 - i_3 = A\,\frac{w_3^2}{2g},$$

$$i_3 - i_2 = A\left(\frac{w_2^2}{2g} - \frac{w_3^2}{2g}\right) = c_p\,(T_3 - T_2) = \Delta Q_{R\,13},$$

worin ΔQ_R die Reibungswärme ist. Nun entspricht $i_3 - i_2$ offenbar der Fläche 23 b a.

Stellt man für den nächsten Schnitt dieselbe Überlegung an, so ergibt sich

$$i_5 - i_4 = c_p(T_5 - T_4) = \Delta Q_{R34},$$

was der Fläche 45 c b entspricht.

Wählt man die Schritte unendlich klein, so folgt, daß die gesamte Reibungswärme Q_R bei der Entspannung von 1 nach 0 der Fläche 10 da entspricht, so daß man den Vorgang so auffassen kann, als ob die Reibungswärme von außen zugeführt würde.

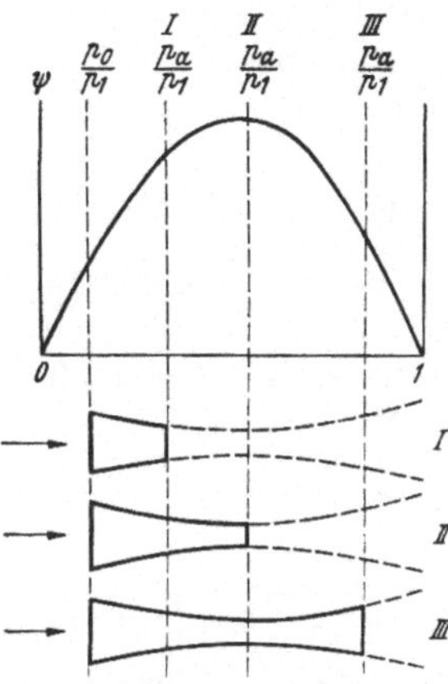

Abb. 118. Diffussorströmung
$p_0/p_1 < p/p_1\,{}_{kr};\ w_0 > w_s.$
I: $p_a/p_1 < p/p_1\,{}_{kr};\ w_a > w_s$
II: $p_a/p_1 = p/p_1\,{}_{kr};\ w_a = w_s$
III: $p_a/p_1 > p/p_1\,{}_{kr};\ w_a < w_s$

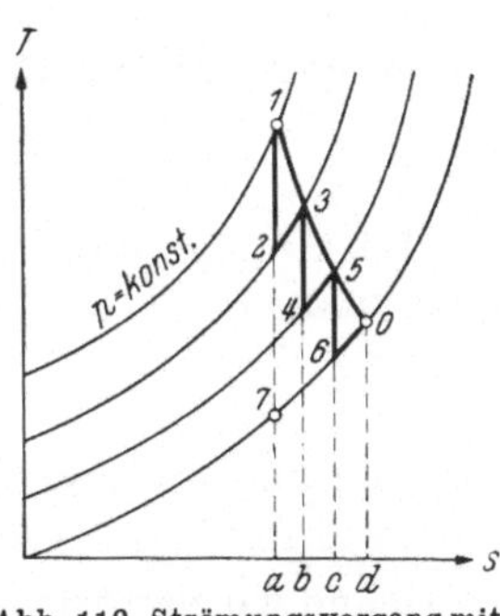

Abb. 119. Strömungsvorgang mit Reibung im T,s-Diagramm.

Der Verlust an Strömungsenergie für den gesamten Vorgang ist indessen kleiner als Q_R. Offenbar ist dieser Verlust im Wärmemaß

$$Q_{verl} = A\left(\frac{w_7^2}{2g} - \frac{w_0^2}{2g}\right) = i_1 - i_7 - (i_1 - i_0) = i_0 - i_7,$$

wobei w_7 die verlustlos erreichte Geschwindigkeit ist. Es entspricht also Q_{verl} lediglich der Fläche 70 da.

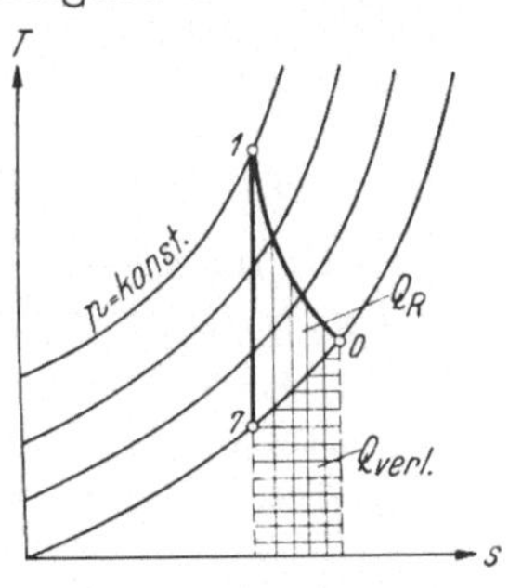

Abb. 120. Verluste bei Strömung mit Reibung im T,s-Diagramm.

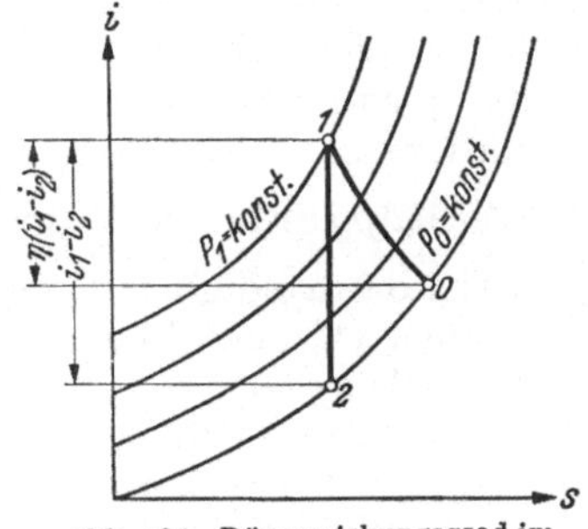

Abb. 121. Düsenwirkungsgrad im i,s-Diagramm

Die Verhältnisse sind in Abb. 120 nochmals verdeutlicht, wobei die senkrecht schraffierte Fläche den Reibungsverlust und die waagrecht schraffierte Fläche den Verlust an Strömungsenergie darstellt.

Daß der Verlust an Strömungsenergie kleiner ist als die Reibungswärme erklärt sich daraus, daß die Reibungswärme dem Gas wieder zugeführt wird, wodurch sich die Enthalpie immer wieder vergrößert.

In Abb. 121 sind die Verhältnisse in ein i,s-Diagramm übertragen. Es ist

$$i_1 - i_2 = A \left(\frac{u_2^2}{2g} - \frac{w_1^2}{2g} \right)$$

der Enthalpieunterschied bei verlustloser Strömung und

$$i_1 - i_0 = A \left(\frac{w_0^2}{2g} - \frac{w_1^2}{2g} \right)$$

bei Reibungsströmung. Man bezeichnet dann mit

$$\eta = \frac{i_1 - i_0}{i_1 - i_2} \tag{241}$$

den Wirkungsgrad der Düse. Ist die Anfangsgeschwindigkeit $w_1 = 0$, so setzt man

$$\frac{i_1 - i_0}{i_1 - i_2} = \frac{w_0^2}{w_2^2} = \varphi^2 , \tag{242}$$

woraus ohne weiteres folgt

$$\varphi = \sqrt{\eta} . \tag{243}$$

Gehen wir nun wieder auf Gl. (220) und (222) zurück und bezeichnen wir allgemein die Austrittsgeschwindigkeit ohne Reibung mit w_0 und mit Reibung mit w_{0R} und die durchströmenden Dampfgewichte mit G und G_R, so ist

$$w_{0R} = \varphi w_0 , \tag{244}$$

$$G_R = \varphi G . \tag{245}$$

Man kann also die Reibung durch den Geschwindigkeitsfaktor φ berücksichtigen, der durch Gl. (243) mit dem Wirkungsgrad verbunden ist.

Es sei jedoch nochmals ausdrücklich darauf hingewiesen, daß die Gl. (242) bis (245) nur dann gelten, wenn keine Anfangsgeschwindigkeit vorhanden ist. Dagegen gelten Gl. (241) und die Grundgleichung (216) immer. Man macht daher nie einen Fehler, wenn man mit der tatsächlichen Enthalpiedifferenz rechnet, die ihrerseits gleich der adiabatischen Enthalpiedifferenz multipliziert mit dem Wirkungsgrad ist. Die tatsächliche Enthalpiedifferenz ist stets gleich der Differenz $\frac{w_0^2}{2g} - \frac{w_1^2}{2g}$. Der Fall $w_1 = 0$ ist dann lediglich ein Spezialfall dieses allgemeinen Gesetzes.

Ist bei einer Düsenströmung Anfangszustand, Enddruck und Wirkungsgrad gegeben, so kann nach Abb. 121 Punkt 0 ohne weiteres ermittelt werden. Man zeichnet zwischen p_1 und p_0 Linie 12 ein und sucht auf p_0 den Punkt 0 für den

$$i_1 - i_0 = \eta (i_1 - i_2) .$$

Ist bereits eine Vorgeschwindigkeit w_1 im Punkt 1 vorhanden, so ist

$$A \frac{w_{0R}^2}{2g} = i_1 - i_0 + A \frac{u_1^2}{2g} . \tag{246}$$

Durch die Nichtumkehrbarkeit, die durch die Reibungsverluste bedingt ist, tritt also eine Entropievergrößerung ein. Dies geht aus dem i,s-Diagramm unmittelbar hervor, denn dem Endpunkt 0 entspricht eine größere Entropie als dem Endpunkt 2 ohne Reibungsverluste.

85. Die Reibungsverluste bei der Diffusorströmung. Dieselben Überlegungen wie sie für die Düsenströmung angestellt wurden, gelten auch für die Diffusorströmung. Geht man vom Druck p_0 und der Geschwindigkeit w_0 aus, so ist wieder nach Abb. 122 und 123

$$i_2 - i_0 = A \left(\frac{w_0^2}{2g} - \frac{w_2^2}{2g} \right), \tag{247}$$

$$i_1 - i_0 = A \left(\frac{w_{0R}^2}{2g} - \frac{w_1^2}{2g} \right). \tag{248}$$

Die erste Gleichung gilt bei verlustloser, die zweite bei Reibungsströmung. Wir setzen voraus $w_1 = w_2 = 0$. Da $i_1 > i_2$ muß zur Er-

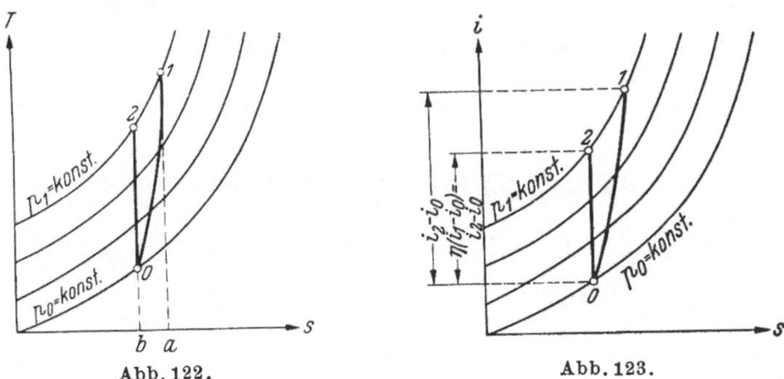

Abb. 122. Abb. 123.

Abb. 122 u. 123. Zustandsänderung im Diffussor im T,s- und i,s-Diagramm.

reichung eines verlangten Enddruckes $w_{0R} > w_0$ sein. Damit wird der zusätzliche Aufwand an Strömungsenergie

$$Q_{verl} = i_1 - i_2 ,$$

was der Fläche 21ab im T,s-Diagramm entspricht.

Der Reibungsverlust kann wieder durch die stufenweise Betrachtung gefunden werden, die schon im vorigen Abschnitt verwendet wurde. Es ergibt sich daraus, daß Q_R der Fläche 01ab entspricht. Im Gegensatz zur Düsenströmung ist also beim Diffusor $Q_{verl} > Q_R$.

Als Wirkungsgrad definieren wir an Hand des i,s-Diagramms

$$\eta = \frac{i_2 - i_0}{i_1 - i_0} . \tag{249}$$

Die Berechnung von Diffusoren erfolgt im übrigen am bequemsten an Hand des i,s-Diagrammes, wie es schon für die Düsen gezeigt wurde.

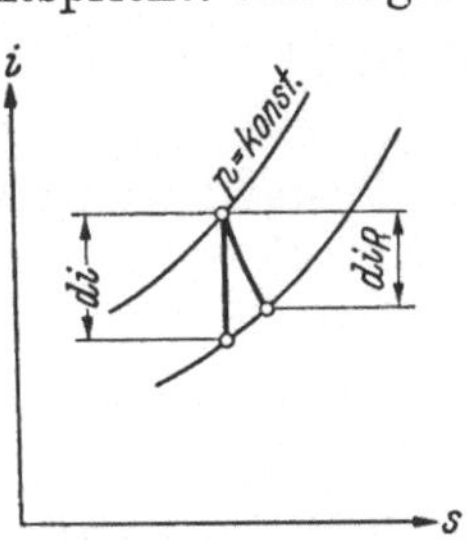

86. Berücksichtigung der Reibungsverluste durch einen polytropischen Exponenten. Nach dem Vorgange von ZEUNER[1] kann man für einen Elementarvorgang die Reibungswärme ins Verhältnis zur tatsächlichen Enthalpieänderung

Abb. 124. Zur Ermittlung des Polytropen-Exponenten bei Reibungsströmung.

<hr>

[1] ZEUNER, G.: Technische Thermodynamik, Bd. I. Leipzig: Arthur Felix 1900.

setzen. Es wird dann für die Düse (Abb. 124)

$$dQ_R = di_R - di = \zeta\, di_R ,\qquad (250)$$

wobei ζ als *Widerstandskoeffizient* bezeichnet wird. Aus Gl. (250) folgt

$$\zeta = \frac{di}{di_R} - 1 = \frac{1}{\eta} - 1 . \qquad (251)$$

Da andererseits der Vorgang mit Reibung so aufgefaßt werden kann, als ob die Reibungswärme von außen zugeführt wird, ergibt sich nach Gl. (31)

$$dQ_R = di_R - A v d P . \qquad (252)$$

Nun ist aber für Gase unter Berücksichtigung von Gl. (39)

$$di_R = c_p\, dT = A R\, \frac{\varkappa}{\varkappa - 1}\, dT . \qquad (253)$$

Andererseits kann dT auch aus der Zustandsgleichung für Gas berechnet werden. Es ist

$$dT = \frac{1}{R} d(Pv) = \frac{1}{R}\, (P\, dv + v\, dP) . \qquad (254)$$

Durch Einsetzen von Gl. (253) und (254) in Gl. (252) ergibt sich

$$dQ_R = \frac{A}{\varkappa - 1}\, (\varkappa\, P\, dv + v\, dP) . \qquad (255)$$

Setzt man dQ_R aus Gl. (250) und (255) unter Berücksichtigung von Gl. (253) und (254) gleich, so erhält man

$$-\zeta\, \frac{\varkappa}{\varkappa - 1}\, d(Pv) = \frac{1}{\varkappa - 1}\, (\varkappa P\, dv + v\, dP)$$

und nach weiterer Umformung

$$P\, dv(\zeta \varkappa + \varkappa) + v\, dP(1 + \zeta \varkappa) = 0 . \qquad (256)$$

Setzt man zur Abkürzung

$$\frac{\varkappa(1 + \zeta)}{1 + \varkappa\zeta} = n , \qquad (257)$$

so ergibt sich aus Gl. (256)

$$P v^n = \text{konst.} \qquad (258)$$

Die Zustandsänderung kann also als Polytrope mit dem Exponenten n aufgefaßt werden.

Nun ist mit Gl. (253) und (254)

$$di_R = d\left(A\, \frac{w^2}{2g}\right) = A\, \frac{\varkappa}{\varkappa - 1}\, d(Pv) .$$

Integriert man zwischen den Grenzen p_1 und p_0 und setzt nach Gl. (258)

$$P_1 v_1^n = P v^n ,$$

so ergibt sich, wenn $w_1 = 0$ gesetzt wird, analog zu Gl. (220)

$$w_{0R} = \sqrt{2g\, \frac{\varkappa}{\varkappa - 1}\, P_1 v_1 \left[1 - \left(\frac{p_0}{p_1}\right)^{\frac{n-1}{n}}\right]} . \qquad (259)$$

Hierin sind die Verluste durch den Exponenten n berücksichtigt.

Entsprechend Gl. (223) ergibt sich für G_R nunmehr

$$G_R = F \left(\frac{p}{p_1}\right)^{\frac{1}{n}} \sqrt{\frac{\varkappa}{\varkappa - 1}\left[1 - \left(\frac{p}{p_1}\right)^{\frac{n-1}{n}}\right]} \cdot \sqrt{2g\frac{P_1}{v_1}}\,, \qquad (260)$$

wobei

$$\psi_R = \left(\frac{p}{p_1}\right)^{\frac{1}{n}} \sqrt{\frac{\varkappa}{\varkappa - 1}\left[1 - \left(\frac{p}{p_1}\right)^{\frac{n-1}{n}}\right]} \qquad (261)$$

jetzt außer von $\frac{p}{p_1}$ und $\varkappa$ auch noch von n abhängt.

Das kritische Druckverhältnis ergibt sich durch Differenzieren zu

$$\left(\frac{p}{p_1}\right)_{kr\,R} = \left(\frac{2}{n+1}\right)^{\frac{n}{n-1}} \qquad (262)$$

und die Geschwindigkeit im engsten Querschnitt

$$w_{eR} = \sqrt{g\frac{\varkappa}{\varkappa - 1}(n-1)\,P_e\,v_e}\,. \qquad (263)$$

Es versteht sich von selbst, daß alle diese Gleichungen für $\zeta = 0$ also $n = \varkappa$ in die Gleichungen ohne Reibungsverluste übergehen.

Da $n < \varkappa$, muß im engsten Querschnitt unter dem Einfluß der Reibungsverluste eine kleinere als die durch Gl. (230) definierte Schallgeschwindigkeit herrschen. Der Unterschied ist indessen sehr klein, da n sich nur wenig von $\varkappa$ unterscheidet.

Beim Diffusor mit Reibung wird

$$dQ_R = di_R - di = +\zeta\,di_R\,, \qquad (264)$$

$$\zeta = 1 - \frac{di}{di_R} = 1 - \eta\,, \qquad (265)$$

$$dQ_R = di_R - Av\,dP\,. \qquad (266)$$

Man findet dann mit Hilfe der auch bei der Düse angewandten Methode

$$n = \frac{\varkappa(1 - \zeta)}{1 - k\zeta}\,, \qquad (267)$$

ein Ausdruck, der für $\zeta = 0$ ebenfalls $\varkappa$ ergibt.

Die Gl. (264) und (266) entsprechen genau den Gl. (250) und (252). Der einzige Unterschied besteht darin, daß ζ mit positivem Vorzeichen auftritt. Daher ergeben sich auch für den engsten Querschnitt dieselben Überlegungen wie bei der Düse. Da jedoch beim Diffusor $n > \varkappa$ ist, so muß die Geschwindigkeit im engsten Querschnitt größer als die durch Gl. (230) definierte Schallgeschwindigkeit sein. Der Unterschied ist jedoch auch hier sehr gering.

Um ein bestimmtes Druckverhältnis zu erreichen, muß die Anfangsgeschwindigkeit

$$w_{0R} = \sqrt{2g\frac{\varkappa}{\varkappa - 1}P_0\,v_0\left[\left(\frac{p_1}{p_0}\right)^{\frac{n-1}{n}} - 1\right] + w_1^2} \qquad (268)$$

sein, wobei die Endgeschwindigkeit w_1 im Grenzfall Null sein kann.

Nimmt man für die gesamte Düse (Abb. 125) für die Zustandsänderung von 1 bis 0 einen bestimmten Wirkungsgrad und damit auch ein bestimmtes ζ und n an und setzt man dieselben Werte auch für die Elementarvorgänge voraus, so käme man nur dann in beiden Fällen auf den gleichen Endpunkt 0, wenn die adiabatischen Teiländerungen di_{12} und di_{10} zwischen zwei Drücken aneinander gleich wären, wenn also der vertikale Abstand zweier Isobaren im i,s-Diagramm derselbe wäre. Das ist jedoch nicht der Fall. Bei Voraussetzung eines bestimmten Gesamtwirkungsgrades weichen also die Teilwirkungsgrade von diesem ab. Die Zustandsänderung 10 weist eine Krümmung gemäß der Beziehung

$$P v^n = \text{konst.}$$

auf.

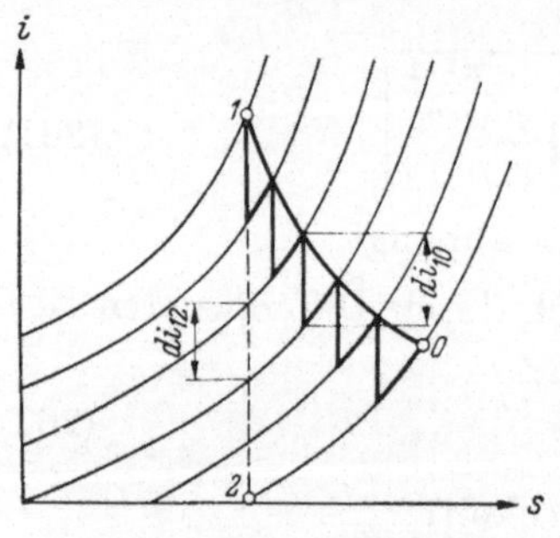

Abb. 125. Zusammenhang zwischen Teilwirkungsgrad und Gesamtwirkungsgrad.

87. Strahlkontraktion. Besteht die Austrittsöffnung nicht aus einer gut abgerundeten Düse, sondern aus einer scharfkantigen Öffnung, so zieht sich der Strahl nach dem Austritt zusammen, wie es in Abb. 126 für die Durchströmung einer Blende gezeigt ist. Die Geschwindigkeit w_0 tritt dann erst hinter der Öffnung F_0 auf und der Strahl nimmt nur den Querschnitt $F' < F_0$ ein. Man setzt dann

$$\mu = \frac{F'}{F_0}.$$

Diese Erscheinung ist insbesondere bei der Mengenmessung mit Hilfe von Blenden zu beachten[1].

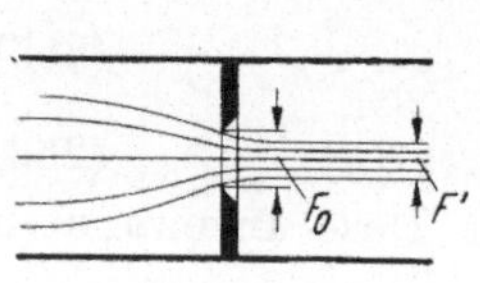

Abb. 126. Blende.

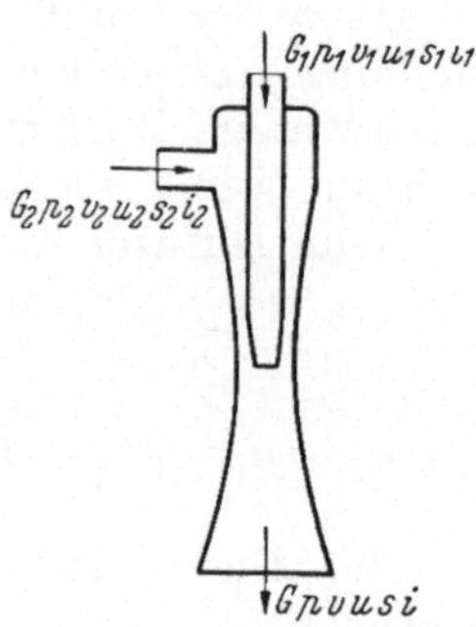

Abb. 127. Strahlapparat.

88. Der verlustlose Strahlapparat. In den Strahlapparaten wird die Strömungsenergie des treibenden Stoffes zur Stoffförderung verwendet. So wird beispielsweise beim Injektor, der zum Speisen eines Dampfkessels dient, die Strömungsenergie des aus dem Kessel kommenden Dampfes dazu benutzt, um das Speisewasser aus der Umgebung in den Dampfkessel zu fördern. Dabei mischt sich im Injektor der treibende Dampf mit dem Speisewasser, so daß beide gemeinsam dem Kessel zugeführt werden. Abb. 127 zeigt allgemein das Schema eines Strahlapparates.

Sind G_1, G_2 und $G = G_1 + G_2$ die dem Apparat zuströmenden bzw. ihn verlassenden Gewichtsmengen mit den entsprechenden Zustandsgrößen P, v, u und s, wobei G_1 die treibende und G_2 die angetriebene Menge ist, so gilt nach dem Energieprinzip unter allen Umständen, also auch wenn

---

[1] VDI-Durchflußmeßregeln. DIN 1952. Berlin: 1949.

Nichtumkehrbarkeiten während des Prozesses auftreten, die Beziehung

$$G_1(u_1 + P_1 v_1) + G_2(u_2 + P_2 v_2) = G(u + Pv) \qquad (269)$$

oder

$$G i_1 + G i_2 = G i . \qquad (270)$$

Daraus folgt nach Umformung

$$\frac{G_1}{G} = \frac{i_2 - i}{i_2 - i_1}, \qquad (271)$$

$$\frac{G_2}{G} = \frac{i_1 - i}{i_2 - i_1} . \qquad (272)$$

Setzt man voraus, daß der Vorgang verlustlos von statten geht, so muß die Entropie konstant bleiben. Daraus ergibt sich

$$G_1 s_1 + G_2 s_2 = G s \qquad (273)$$

oder

$$\frac{G_1}{G} = \frac{s_2 - s}{s_2 - s_1}, \qquad (274)$$

$$\frac{G_2}{G} = \frac{s_1 - s}{s_2 - s_1} . \qquad (275)$$

Die Gleichsetzung von Gl. (271) und (274) ergibt

$$\frac{i_2 - i}{i_2 - i_1} = \frac{s_2 - s}{s_2 - s_1} . \qquad (276)$$

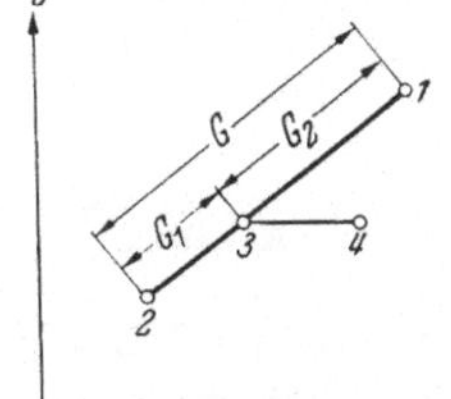

Abb. 128. Vorgang im Strahlapparat im i,s-Diagramm.

Aus Gl. (276) folgt, daß der Zustand des austretenden Gemisches im i,s-Diagramm auf der Verbindungslinie der Zustände 1 und 2 liegt (Abb. 128).

Dividiert man Gl. (271) durch (273), so folgt

$$\frac{G_1}{G_2} = \frac{i_2 - i}{i_1 - i}, \qquad (277)$$

wobei i die Enthalpie des Endzustandes 3 bedeutet. Daraus ergibt sich, daß die Strecke 12 durch Punkt 3 im Verhältnis der Mengen G_1 und G_2 geteilt wird.

89. Strahlapparat mit Verlusten. Treten im Strahlapparat Verluste, also Nichtumkehrbarkeiten auf, so bleiben die Gl. (270, (271) und (272) und damit auch Gl. (277) unverändert. Die Enthalpie des Endpunktes 3 des Prozesses bleibt dieselbe, jedoch muß sich die Entropie vergrößern. Der Punkt 3 rückt also im i,s-Diagramm nach rechts bei konstanter Enthalpie (Punkt 4 Abb. 128).

Verbindet man im i,s-Diagramm, um die Verhältnisse bei einem Injektor für die Speisung eines Dampfkessels zu zeigen, den Sattdampfzustand mit dem Zustand des Speisewassers, z. B. Sattdampf 10 at und Speisewasser bei 30° und 1 at, so findet man, daß ein höherer Druck erzielt werden kann, als es dem Kesseldruck entspricht. Tatsächlich fördert ja auch der Injektor gegen den Kesseldruck und die Widerstände in den Rohrleitungen und dem Rückschlagventil.

Jedenfalls ist diese Tatsache, die unter gewissen thermischen Bedingungen von Antriebs- und Treibmittel, aber nicht immer eintritt, bemerkenswert. Ob sie eintritt, hängt also von der Lage des Zustandspunktes von Antriebs- und Treibmittel im i,s-Diagramm ab.[1]

90. Die Dampfstrahlkältemaschine.

Dampfstrahlkältemaschinen[2] werden in der Regel nur mit Wasserdampf als Kältemittel ausgeführt, sei es, daß Kühltemperaturen von etwa über 0° verlangt werden, sei es, daß durch Verdampfen von Wasser und die dadurch entstehende Kälteleistung Eis erzeugt wird. Abb. 129 zeigt das Schema einer solchen Maschine. Im Dampfkessel wird Dampf von hohem Druck p_2 erzeugt. Der Dampf strömt dem Strahlapparat zu, der Wasserdampf aus dem Verdampfer mit dem niedrigen Druck p_0 ansaugt. Im Strahlapparat wird das Gemisch auf den Mitteldruck p_1 gebracht, der so groß sein muß, daß im Verflüssiger durch Wärmeabfuhr an die Umgebung, z. B. an Kühlwasser, die Verflüssigung erfolgen kann. Das im Verflüssiger nieder

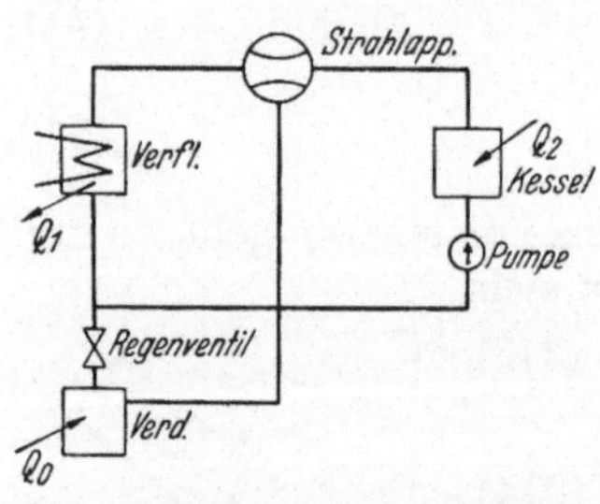

Abb. 129. Schema der Dampfstrahl-Kältemaschine.

geschlagene Wasser wird teils durch eine Pumpe dem Kessel wieder zugeführt, teils gelangt es über das Regelventil in den Verdampfer als Kältemittel zurück.

Im i,s-Diagramm (Abb. 130) muß ohne Berücksichtigung der Verluste nach Nr. 89 der Endpunkt 1, der dem Einströmzustand in den

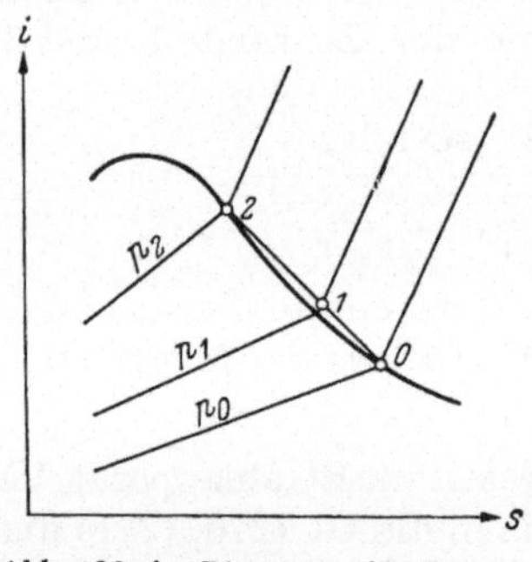

Abb. 130. i,s-Diagramm für Dampfstrahl-Kältemaschine.

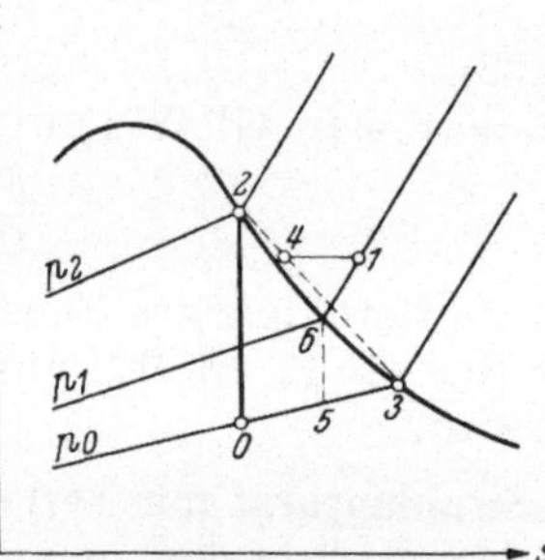

Abb. 131. i,s-Diagramm für Dampfstrahl-Kältemaschine.

Verflüssiger entspricht, auf der Verbindungsgraden der Punkte 0 und 2 liegen.

Unter Berücksichtigung der Verluste und unter Anlehnung an die tatsächlich herrschenden Verhältnisse kann man noch eine andere Betrachtungsweise der Vorgänge vornehmen. Ist G_1 die Sattdampfmenge des Antriebsdampfes und G_2 die Sattdampfmenge des angesaugten Dampfes, so ist die Geschwindigkeit des Antriebsdampfes bei Entspan-

---

[1] **Bosniakovic, F.:** Z. ges. Kälteind. 43 (1936) S. 229.
[2] Vgl. auch R. Plank: Amerikanische Kältetechnik. Berlin: VDI-Verlag 1938. — **P. Ostertag:** Kälteprozesse dargestellt mit Hilfe der Entropietafel, 2. Aufl. Berlin: Springer 1933.

nung von p_2 auf p_0 unter Berücksichtigung des Wirkungsgrades der Düse

$$\eta_{D\ddot{u}}\,(i_2 - i_0) = A\,\frac{w_1^2}{2g}, \tag{278}$$

wobei $(i_2 - i_0)$ das adiabatische Wärmegefälle bedeutet (Abb. 131). Dieser Dampf G_1 mit der Geschwindigkeit w_1 stoße im Strahlapparat auf den ruhend angenommenen Dampf G_2, wobei ein unelastischer Stoß angenommen werde. Die Geschwindigkeit des Gemisches ist dann

$$w_0 = \frac{G_1}{G_1 + G_2}\,w_1. \tag{279}$$

Das Gemisch $G_1 + G_2$ mit der Geschwindigkeit w_0 muß nun in einem Diffusor auf den Mitteldruck p_1 gebracht werden. Der Endpunkt dieser Zustandsänderung muß nach den Erörterungen in Nr. 89 rechts von der gestrichelten Verbindungslinie 23 liegen. Würde die Zustandsänderung im Diffusor verlustlos erfolgen, so käme man etwa zum Punkt 4, mit Verlusten zum Punkt 1 mit höherer Entropie. Nun spielen sich die Vorgänge bei der Dampfstrahlkältemaschine so dicht an der rechten Grenzkurve ab, daß man für den Unterschied in den Enthalpien zwischen p_0 und p_1 im Diffusor in erster Annäherung den Wert $i_6 - i_5$ einsetzen kann, wobei dann i_6 auf der rechten Grenzkurve beim Druck p_1 liegt. Die Enthalpiedifferenz ist in diesem Teil des Diagramms praktisch unabhängig von der Lage des Punktes 5 auf der Isobare p_0. Für den Diffusor gilt dann

$$\frac{1}{\eta_{Di}}\,(i_6 - i_5) = A\,\frac{w_0^2}{2g}. \tag{280}$$

Aus Gl. (279) ergibt sich nun

$$\frac{w_0}{w_1} = \frac{G_1}{G_1 + G_2}. \tag{281}$$

Setzt man nun die Geschwindigkeiten aus Gl. (278) und (280) in Gl. (281) ein, so folgt

$$\frac{G_1}{G_1 + G_2} = \sqrt{\frac{i_6 - i_5}{\eta_{D\ddot{u}}\,\eta_{Di}\,(i_2 - i_0)}}. \tag{282}$$

91. Thermodynamische Betrachtung der Dampfstrahlkältemaschine.

An dieser Stelle mag eine kurze Abschweifung eingeschaltet werden. Die folgenden Betrachtungen beziehen sich zwar auf die Dampfstrahlkältemaschine, haben aber mit den eigentlichen Strömungserscheinungen nichts zu tun.

Wir wissen bereits, daß die Leistungsziffer einer Verdichtungskältemaschine lediglich von den beiden Temperaturen abhängt, zwischen denen die Anlage arbeitet. Es ist nach Nr. 29 für die umkehrbare Kältemaschine nach Gl. (92)

$$\varepsilon_k = \frac{|Q_0|}{|AL|} = \frac{T_0}{T_1 - T_0}. $$

Nun wird bei der Dampfstrahlmaschine im Kessel die Wärme Q_2 bei der Temperatur T_2 zugeführt, ebenso im Verdampfer bei der Temperatur T_0 die Wärme Q_0. Im Verflüssiger wird bei der Temperatur T_1

die Wärme Q_1 abgeführt. Wird der Prozeß umkehrbar ausgeführt, so muß die Entropie konstant bleiben. Daher ist

$$\left|\frac{Q_2}{T_2}\right| + \left|\frac{Q_0}{T_0}\right| = \left|\frac{Q_1}{T_1}\right|. \tag{283}$$

Andererseits ist nach dem ersten Hauptsatz

$$|Q_2| + |Q_0| = |Q_1|. \tag{284}$$

Aus beiden Gleichungen folgt

$$\frac{Q_0}{Q_2} = \zeta = \frac{\dfrac{1}{T_1} - \dfrac{1}{T_2}}{\dfrac{1}{T_0} - \dfrac{1}{T_1}}. \tag{285}$$

Man nennt ζ, das Verhältnis der Kälteleistung zur zugeführten Wärme, das *Wärmeverhältnis*. Man kann auch schreiben

$$\zeta = \frac{T_0}{T_1 - T_0} \cdot \frac{T_2 - T_1}{T_2}. \tag{286}$$

Der erste Bruch ist die Leistungsziffer einer Verdichtungskältemaschine ε_k und der zweite Bruch nichts anderes als der thermische Wirkungsgrad einer nach dem Carnot-Prozeß zwischen den Temperaturen T_2 und T_1 arbeitenden Wärmekraftmaschine. Es ist also

$$\zeta = \varepsilon_k \eta. \tag{287}$$

Wir ziehen also die thermodynamisch interessante Folgerung, daß das Wärmeverhältnis einer Dampfstrahlkältemaschine, die zwischen den drei Temperaturen T_2, T_1 und T_0 arbeitet, gleich ist dem Produkt aus der Leistungsziffer einer Verdichtungskältemaschine in den Temperaturgrenzen T_1 und T_0 und dem Wirkungsgrad einer Wärmekraftmaschine in den Temperaturgrenzen T_2 und T_1.

Dies ist auch ohne weiteres verständlich. Koppelt man nämlich eine Wärmekraftmaschine mit einer Verdichtungskältemaschine, so tritt irgendeine mechanische Arbeit nach außen nicht in Erscheinung, weil die Arbeit der Wärmekraftmaschine vom Verdichter völlig aufgebraucht wird. Eine solche Anordnung muß also thermodynamisch einer Dampfstrahl-Kältemaschine gleichwertig sein.

Ferner erkennen wir ganz allgemein, *daß zur Umwandlung von Wärme einer bestimmten Temperatur in Wärme höherer Temperatur entweder mechanische Arbeit erforderlich ist, oder es muß stattdessen noch ein weiterer Wärmebehälter einer dritten Temperatur zur Verfügung stehen*[1].

Im ersten Fall spricht man von einem *Wärmeumformer*, im zweiten von einem *Wärmetransformator*. Dementsprechend ist also die Verdichtungs-Kältemaschine oder die Wärmepumpe mit Verdichterbetrieb ein Wärmeumformer, die Dampfstrahl-Kältemaschine dagegen ein Wärmetransformator.

Wir werden später bei der Absorptions-Kältemaschine ähnliche Betrachtungen anstellen

---

[1] NESSELMANN, K.: Zur Theorie der Wärmetransformation. Wiss. Veröff. Siemens-Konz. XII, 2 (1933) S. 89.

92. Beispiele. a) Sattdampf von 10 at wird ohne Anfangsgeschwindigkeit verlustlos in einer Düse auf 1 at entspannt. Beweise, daß eine Düse mit engstem Querschnitt und Erweiterung notwendig ist! Wie groß ist die Austrittsgeschwindigkeit? Wie groß ist für einen Durchfluß von 100 kg/h der engste und der Austrittsquerschnitt? Die Berechnung der Geschwindigkeit ist sowohl mit Gl. (220) als auch mit Hilfe des i,s-Diagrammes auszuführen.

Mit $p_1 = 10$ at und $p_0 = 1$ at wird $\dfrac{p_0}{p_1} = 0,1 < \left(\dfrac{p}{p_0}\right)_{kr} = 0,577$ (Abb. 104). Daher ist eine erweiterte Düse notwendig.

$$w_0 = \sqrt{2g\,\frac{\varkappa}{\varkappa - 1}\,P_1 v_1 \left[1 - \left(\frac{p_0}{p_1}\right)^{\frac{\varkappa - 1}{\varkappa}}\right]}. \tag{220}$$

Mit $\varkappa = 1,135$ nach Gl. (231); $P_1 = 10 \cdot 10^4$ kg/m²; $v_1 = 0,1981$ folgt $w_0 = 885$ m/s.

$$i_1 - i_0 = A\,\frac{w_0^2}{2g}. \tag{216}$$

Aus dem i,s-Diagramm findet man $i_1 = 663$; $i_0 = 570$. Daraus ergibt sich das gleiche Resultat.

$$F_e = \frac{G}{\psi_{max}\sqrt{2g\dfrac{P_1}{v_1}}} \tag{228}$$

$G = 100$ kg/h; $\psi_{max} = 0,577$ aus Abb. 104. Daraus folgt $F_e = 15,3$ mm². G muß in kg/s eingesetzt werden, da g die Dimension m/s² hat.

$$F_0 = \frac{G}{\psi_0\sqrt{2g\dfrac{P_1}{v_1}}}. \tag{228}$$

Aus Abb. 104 ergibt sich $\psi_0 = 0,188$ für $\dfrac{p_0}{p_1} = 0,1$, daher $F_0 = 47,1$ mm².

$$F_0 = \frac{G}{w_0\,\gamma_0} = \frac{G}{w_0}\,v_0. \tag{222}$$

Aus dem i,s-Diagramm folgt $v_0 = 1,5$ m³/kg und damit das obige Resultat.

b) Wie groß ist die Austrittsgeschwindigkeit und die austretende Menge der unter a) bestimmten Düse, wenn der Wirkungsgrad 0,9 ist.

$$\varphi = \sqrt{\eta} = 0,949 \tag{243}$$
$$w_{0R} = \varphi w_0 \tag{244}$$
$$G_R = \varphi G. \tag{245}$$

Daraus ergibt sich $w_{0R} = 839$ m/s und $G_R = 94,9$ kg/h.

c) In einem Diffusor soll Sattdampf von 1 at auf 1,5 at verdichtet werden. Wie ist die Form des Diffusors? Wie groß muß die Anfangsgeschwindigkeit mindestens sein, wenn der Wirkungsgrad des Diffusors 1,0 und 0,9 ist?

Mit $p_0 = 1$ at und $p_1 = 1,5$ at wird $\dfrac{p_0}{p_1} = 0,667 > \left(\dfrac{p}{p_1}\right)_{kr} = 0,546$ nach Abb. 104. Dabei ist $\varkappa = 1,3$ zu setzen, weil sich der Sattdampf im Diffusor überhitzt. Es kommt also lediglich eine Erweiterung des Diffusors in Frage.

Die geringste Anfangsgeschwindigkeit ist nötig, wenn die Endgeschwindigkeit Null ist.

$$w_{0min} = \sqrt{2g\,\frac{i_2 - i_0}{A}} \tag{247}$$

mit den Bezeichnungen nach Abb. 123. Aus dem i,s-Diagramm findet man $i_0 = 639$; $i_2 = 655$ für die Adiabate ohne Reibung. Daher $w_{0min} = 366$ m/s für $\eta = 1$.

Für $\eta = 0{,}9$ ergibt sich

$$w_{0R\,min} = \sqrt{2g\,\frac{i_2 - i_0}{A\,\eta}} \qquad\qquad \text{(248) u. (249)}$$

und daraus $w_{0R\,min} = 386\ \text{m/s}$.

d) Wie groß ist das Wärmeverhältnis einer umkehrbar arbeitenden Wasserdampf-Strahlkältemaschine, die Kälte bei $+4$ leistet, während die Verflüssigung bei $+30°$ und die Wärmezufuhr im Kessel bei $120°$ erfolgt?

$$\zeta = \frac{T_0(T_2 - T_1)}{T_2(T_1 - T_0)}. \qquad\qquad (286)$$

Mit $T_0 = 277°\ \text{K}$; $T_1 = 303°\ \text{K}$; $T_2 = 393°\ \text{K}$ folgt $\zeta = 2{,}44$.

V. Die unvollkommenen Gase.

93. pv, p-Diagramm. Boyle-Punkt. Idealkurve. Boyle-Kurve.

Wir hatten bisher zwischen vollkommenen Gasen und Dämpfen unterschieden, wobei wir uns bewußt waren, daß eine scharfe Trennlinie zwischen beiden nicht gezogen werden kann.

Kennzeichnend für die vollkommenen Gase war, daß sie der Zustandsgleichung (17)

$$Pv = RT$$

gehorchten. Bildet man aus dieser Gleichung den Ausdruck $\left(\dfrac{\partial^2 v}{\partial T^2}\right)$, so ergibt sich aus der allgemein gültigen Gl. (188)

$$\left(\frac{\partial c_p}{\partial P}\right)_T = 0,$$

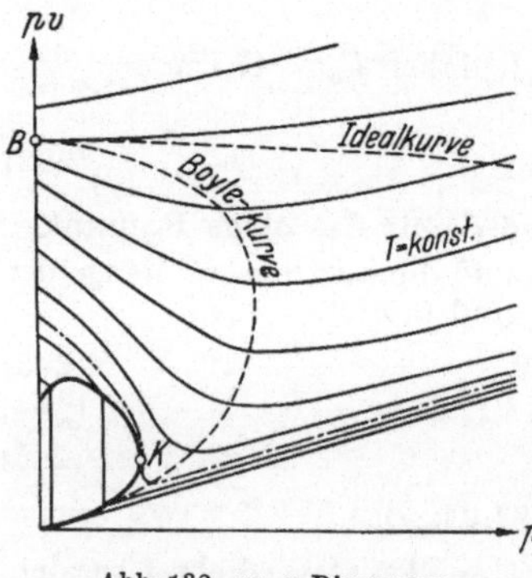

Abb. 132. *pv, p*-Diagramm.

so daß c_p entweder konstant oder nur eine Funktion der Temperatur ist. Wirklich vollkommen sind jedoch Gase nur bei unendlicher Verdünnung, aber auch schon in Bereichen, wo mit der Zustandsgleichung der vollkommenen Gase noch unbedenklich gerechnet werden kann, treten Abweichungen vom Verhalten der vollkommenen Gase auf, die zwar klein, aber unter Umständen doch technisch von größter Bedeutung sind.

Um überhaupt einen Überblick über diese Abweichungen zu erhalten, trägt man am besten die Größe pv über dem Druck p auf und erhält so ein pv, p-Diagramm, das z. B. für Luft in Abb. 132 dargestellt ist. Wir betrachten darin die Isothermen. Diese müßten, wenn die Zustandsgleichung für die vollkommenen Gase genau erfüllt wäre, horizontale Gerade sein. Wir erkennen jedoch, daß die Isothermen bei hohen Temperaturen mit wachsendem Druck nach oben ansteigen. Bei etwa $T = 350°\ \text{K}$ hat die Isotherme gerade bei $p = 0$ eine horizontale Tangente. Bei tieferen Temperaturen fällt die pv-Kurve zunächst und steigt nach Erreichen eines Minimums wieder an.

Für den Druck $p = 0$ ist die Zustandsgleichung (17) erfüllt.

Diejenige Temperatur, bei der die horizontale Tangente der Isotherme gerade in den Punkt $p = 0$ fällt, heißt die *Boyle-Temperatur* und der Punkt der *Boyle-Punkt* (Punkt B in Abb. 132).

Unterhalb der Boyle-Temperatur gibt es auf jeder Isotherme auch für $p > 0$ nochmals einen Punkt, bei dem wiederum die Zustandsgleichung (17) erfüllt ist nämlich dort, wo der Wert von pv gleich dem beim Druck $p = 0$ ist. Die Verbindung aller dieser Punkte ergibt die *Idealkurve*, die bei $p = 0$ im Boyle-Punkt endet.

Schließlich kann man noch die Minima der Isothermen miteinander verbinden. Auch diese Kurve, die man die *Boyle-Kurve* nennt, endet im Boyle-Punkt. Auf ihr ist

$$\left[\frac{\partial (P v)}{\partial P} \right]_T = 0 \, .$$

Unten links im Diagramm tritt bereits Verflüssigung ein, so daß sich dort das Gas wie ein Dampf verhält.

94. Der differentiale Thomson-Joule-Effekt. Wir haben bereits festgestellt, daß bei einer Drosselung die Temperatur eines vollkommenen Gases unverändert bleibt. Bei Dämpfen haben wir gesehen, daß sie sich bei Drosselung abkühlen. Wir wollen nun den Drosselvorgang etwas genauer betrachten und gehen zu diesem Zweck von der allgemeingültigen Gl. (186)

$$d i = c_p d T - A \left[T \left(\frac{\partial v}{\partial T} \right)_p - v \right] d P$$

aus. Da sich beim Drosselvorgang die Enthalpie nicht ändert, ist $d i = 0$ zu setzen. Wir fragen nach der Änderung der Temperatur mit dem Druck und erhalten bei konstanter Enthalpie aus Gl. (186)

$$\left(\frac{\partial T}{\partial P} \right)_i = \alpha_i = \frac{A \left[T \left(\frac{\partial v}{\partial T} \right)_p - v \right]}{c_p} \, . \tag{288}$$

Diese Änderung der Temperatur mit dem Druck bei Drosselung nennt man den differentialen *Thomson-Joule-Effekt*.

Für ein vollkommenes Gas ist

$$T \left(\frac{\partial v}{\partial T} \right)_p = v \, , \tag{289}$$

woraus sich sofort $\alpha_i = 0$ und $T = $ konst. ergibt, eine Folgerung, die wir für vollkommene Gase unter anderen Gesichtspunkten bereits gezogen hatten. Die Nullpunkte des differentialen Thomson-Joule-Effektes liegen dort, wo die Tangente an die Linie $i =$ konst. mit der Tangente an die Linie $T =$ konst. zusammenfällt.

Gl. (288) führt nun sofort zu einer wichtigen Erkenntnis. Ist der Thomson-Joule-Effekt positiv, d. h. tritt bei Drosselung eine Abkühlung ein, so muß

$$T \left(\frac{\partial v}{\partial T} \right)_p > v \tag{289a}$$

sein. Ist umgekehrt

$$T\left(\frac{\partial v}{\partial T}\right)_p < v,\qquad\qquad(289\text{b})$$

so ist der Thomson-Joule-Effekt negativ und bei der Drosselung tritt sogar eine Erwärmung auf. Der Fall des vollkommenen Gases bildet also gerade den Übergang zwischen diesen beiden Möglichkeiten.

Zur Untersuchung der Frage, ob das eine oder das andere eintritt, gehen wir am besten von der van der Waalsschen Gleichung in reduzierter Form aus, von der wir allerdings nur qualitative Ergebnisse erwarten dürfen. Diese Gl. (174) lautet

$$\left(\pi + \frac{3}{\varphi^2}\right)(3\varphi - 1) = 8\vartheta.$$

Für die Umkehrpunkte des Thomson-Joule-Effektes ist nach Gl. (288)

$$\left(\frac{\partial T}{\partial v}\right)_p = \frac{T}{v}$$

oder mit reduzierten Zustandsgrößen geschrieben

$$\left(\frac{\partial \vartheta}{\partial \varphi}\right)_\pi = \frac{\vartheta}{\varphi}.\qquad\qquad(290)$$

Aus Gl. (174) findet man nach entsprechender Differentiation

$$\frac{\vartheta}{\varphi} = \frac{3}{8}\pi - \frac{9}{8\,\varphi^2} + \frac{6}{8\,\varphi^3}.\qquad\qquad(291)$$

Andererseits folgt aus Gl. (174) ferner

$$\frac{\vartheta}{\varphi} = \frac{3}{8}\pi + \frac{9}{8\,\varphi^2} - \frac{3}{8\,\varphi^3} - \frac{\pi}{8\,\varphi}.\qquad\qquad(292)$$

Durch Gleichsetzen von $\frac{\vartheta}{\varphi}$ aus Gl. (291) und (292) ergibt sich dann

$$\pi = \frac{18}{\varphi} - \frac{9}{\varphi^2},$$

bzw.

$$\varphi = \frac{1}{1 \pm \sqrt{1 - \dfrac{1}{9}\pi}}.\qquad\qquad(293)$$

Setzt man diesen Wert für in Gl. (171) ein, so folgt

$$\vartheta = \frac{15}{4} - \frac{1}{12}\pi \pm \sqrt{9 - \pi},\qquad\qquad(294)$$

bzw.

$$\pi = 24\sqrt{3\vartheta} - 12\vartheta - 27.\qquad\qquad(295)$$

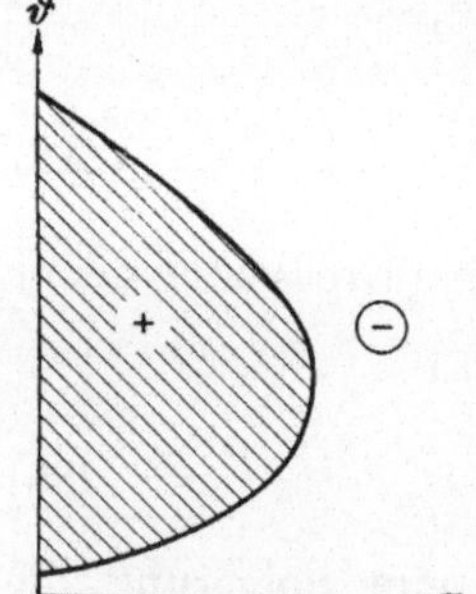

Abb. 133. Inversionskurve.

Die Gl. (294) und (295) geben jeweils die zusammengehörigen Werte von π und ϑ an, für die der differentiale Thomson-Joule-Effekt verschwindet. Die Verbindungskurve aller dieser Punkte heißt *Inversionskurve*. In Abb. 133 ist diese Kurve dargestellt, d. h. die reduzierte *Inversionstemperatur* in Abhängigkeit vom reduzierten *Inversionsdruck*.

Wir müssen nun noch feststellen, in welchem der beiden durch die Inversionskurve abgegrenzten Bereichen der Thomson-Joule-Effekt

positiv oder negativ ist. Zu diesem Zweck bilden wir den Differentialquotienten $\left(\dfrac{\partial v}{\partial T}\right)_p$ aus der van der Waalsschen Gl. (168)

$$\left(P + \frac{a}{v^2}\right)(v - b) = R\,T$$

und setzen diesen in Gl. (288) ein. Nach Umformung folgt

$$\alpha_i = \frac{A}{c_p}\,\frac{\dfrac{2\,a\left(v - \dfrac{3}{2}\,b\right)}{P\,v^2}}{1 - \dfrac{a}{P\,v^2}\cdot\dfrac{v - 2\,b}{v}}\,. \tag{296}$$

Ersetzt man hierin $P\,v^2$ aus Gl. (168), so erhält man den etwas verwickelten Ausdruck

$$\alpha_i = \frac{A}{c_p}\,\frac{\dfrac{v - \dfrac{3}{2}\,b}{v - b}\cdot\dfrac{2\,a}{R\,T\left(\dfrac{v}{v - b}\right)^2 - \dfrac{a}{v - b}} - b}{1 - \dfrac{a}{R\,T\left(\dfrac{v}{v - b}\right)^2 - \dfrac{a}{v - b}}\cdot\dfrac{v - 2\,b}{v\,(v - b)}}\,. \tag{297}$$

Betrachten wir nun das Gebiet des Gaszustandes bei sehr kleinen Drücken
und großen Volumina, wo v sehr groß gegenüber a und b ist, so erhält
man aus Gl. (297)

$$\alpha_i \sim \frac{A}{c_p}\left(\frac{2\,a}{R\,T} - b\right)\,. \tag{298}$$

Dabei wird $\alpha_i = 0$. wenn

$$\frac{2\,a}{R\,T} - b = 0$$

wird. Für den Zustand sehr großer Volumina ($\pi = 0$) ist also die Inversionstemperatur T_i

$$T_i = \frac{2\,a}{R\,b}\,. \tag{299}$$

Setzt man hier die Konstanten a, b und R nach der van der Waalsschen
Gleichung aus Gl. (171), (172) und (173) ein, so erhält man

$$T_i = \frac{27}{4}\,T_k = 6{,}75\,T_k$$

oder

$$\vartheta_i = 6{,}75\,.$$

Dies ist der Wert, der dem oberen Schnittpunkt der Inversionskurve mit
der Ordinate in Abb. 133 gemäß Gl. (294) und (295) entspricht. Ist
$T > 6{,}75\,T_k$ bzw. $\vartheta > 6{,}75$ so wird die Klammer in Gl. (298) negativ
und es tritt beim Drosseln Erwärmung ein, ist $T < 6{,}75\,T_k$ bzw.
$\vartheta < 6{,}75$, so wird die Klammer positiv und es tritt Abkühlung beim
Drosseln ein. Der schraffierten Fläche in Abb. 133 entspricht also ein
positiver, dem äußeren Teil ein negativer Thomson-Joule-Effekt.

Es war schon bemerkt worden, daß wir von der van der Waalsschen Gleichung lediglich qualitative Ergebnisse zu erwarten haben. In Tabelle 6 sind für Luft, Wasserstoff und Helium die berechneten und gemessenen Daten auf volle Grade abgerundet eingetragen.

Tabelle 6. *Inversionstemperatur für Luft, Wasserstoff und Helium.*

	t_k	T_k	T_i berechnet	t_i berechnet	T_i gemessen	t_i gemessen	T_i/T_k gemessen
Luft	—140	132	890	617	760	487	5,8
H$_2$	—240	33	222	— 51	200	— 73	6,1
He	—268	5	34	—239	40	—233	8,0

Will man ausgehend von der Umgebungstemperatur von 20° C durch den Thomson-Joule-Effekt eine Abkühlung hervorrufen, so erkennt man aus Tabelle 6, daß dies zwar bei Luft, nicht aber bei Wasserstoff und Helium möglich ist. Wasserstoff müßte erst bis mindestens —73° C, Helium bis mindestens —233° C vorgekühlt werden.

95. Der integrale Thomson-Joule-Effekt. Der differentiale Thomson-Joule-Effekt α_i ist die Temperaturänderung bei Drosselung um das Druckdifferential dP. Unter dem *integralen Thomson-Joule-Effekt* versteht man die Temperaturänderung bei Drosselung um die endliche Druckdifferenz ΔP. Daraus ergibt sich

$$\overline{\alpha_i} = \frac{T_2 - T_1}{P_2 - P_1} = \frac{1}{P_2 - P_1} \int_{P_1}^{P_2} \left(\frac{\partial T}{\partial P}\right)_i dP = \frac{1}{P_2 - P_1} \int_{P_1}^{P_2} \alpha_i \, dP . \tag{300}$$

Eine Zahlenangabe über den integralen Thomson-Joule-Effekt hat natürlich nur dann einen Sinn, wenn man ihn auf einen bestimmten Anfangs- und Enddruck bezieht. Man kann z. B. die Abkühlung angeben, wenn man von verschiedenen Anfangsdrücken p_1 auf denselben Enddruck p_2, z. B. $p_2 = 1$ at entspannt.

Diese Verhältnisse lassen sich sehr anschaulich in einem $i, \log p$-Diagramm[1] darstellen (Abb. 134). In dieses Diagramm sind schematisch die Isothermen und die Inversionskurven für den differentialen und integralen Thomson-Joule-Effekt eingezeichnet. Die *differentiale Inversionskurve* verbindet alle Punkte, in denen die Isothermen horizontale Tangenten haben. Die *integrale Inversionskurve* bezogen auf den Enddruck 1 at verbindet alle Punkte, die bezogen auf dieselbe Enthalpie beim Anfangs- und Enddruck die gleiche Temperatur haben. Das von der differentialen Inversionskurve eingeschlossene Gebiet entspricht der schraffierten Fläche der Abb. 133.

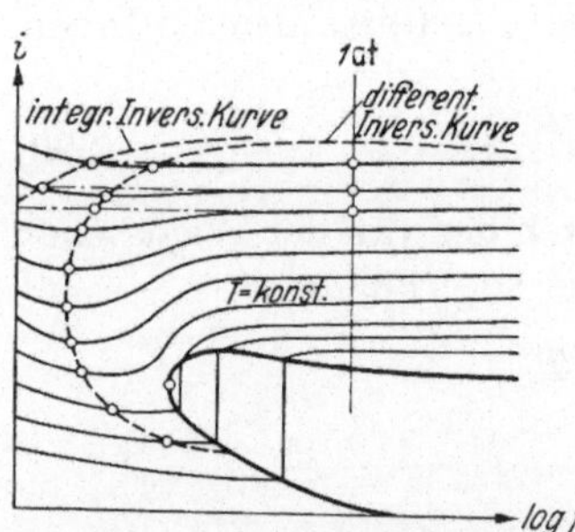

Abb. 134. $i, \log p$-Diagramm für unvollkommene Gase.

---

[1] SELIGMANN, A.: Z. ges. Kälteind. 29 (1922) S. 77.

Abb. 135 zeigt die Verhältnisse im T,s-Diagramm. Hier sieht man deutlich, daß die differentiale Inversionskurve durch die Punkte geht, wo die Linien gleicher Enthalpie und Temperatur die gleiche Neigung Null haben. Oberhalb der Isothermen T_i gibt es solche Stellen nicht mehr. Der im Unendlichen liegende Berührungspunkt der Inversionskurve mit der eingezeichneten Geraden T_i entspricht also dem oberen Schnittpunkt der Inversionskurve mit der Ordinate in Abb. 133. Unten im Diagramm erkennt man wieder die Grenzkurven, wo die Luft die Dampfeigenschaften annimmt.

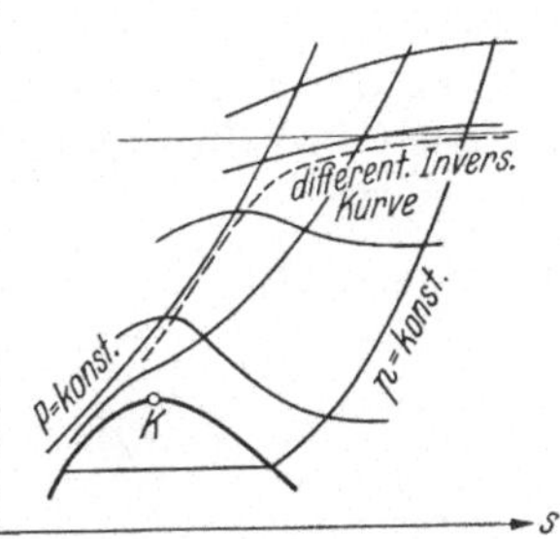

Abb. 135. T,s-Diagramm für unvollkommene Gase.

96. Allgemeine Gesichtspunkte für die Gasverflüssigung. Der Thomson-Joule-Effekt spielt in der Technik der Gasverflüssigung eine bedeutsame Rolle. Ehe wir jedoch diese Verfahren näher besprechen, wollen wir einige allgemeine Bemerkungen über die Verflüssigung von Gasen einschalten. Wir hatten bereits in Nr. 50 gesehen, daß zur Verflüssigung unter allen Umständen die Unterschreitung der kritischen Temperatur notwendig ist. Bei Ammoniak beispielsweise beträgt die kritische Temperatur 132°. Diese liegt erheblich höher als die Umgebungstemperatur. Ammoniakdampf bei 20° und 1 at befindet sich im Zustand 1 des T,s-Diagramms Abb. 136 und kann daher ohne weiteres durch isotherme Drucksteigerung in den flüssigen Zustand 2

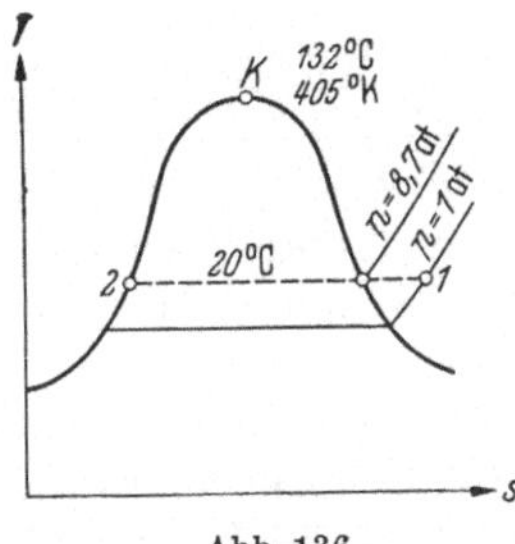

Abb. 136.

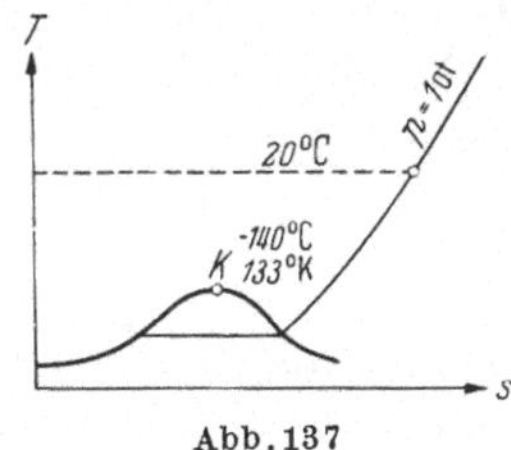

Abb. 137

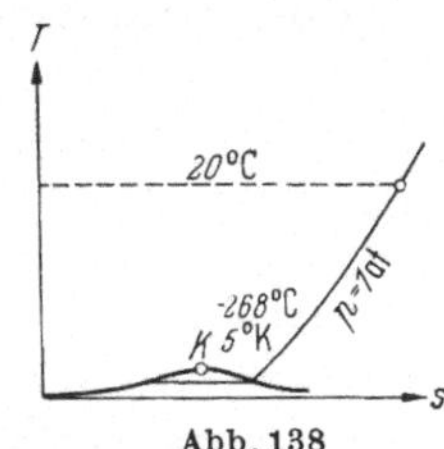

Abb. 138

Abb. 136 bis 138. Verflüssigungsmöglichkeiten verschiedener Gase.

versetzt werden, wobei der Druck auf 8,7 at ansteigt. Ammoniak kann daher in Stahlflaschen bei Umgebungstemperatur im flüssigen Zustand aufbewahrt werden.

Nehmen wir dagegen Luft mit einer kritischen Temperatur von —140°, so erkennen wir aus dem T,s-Diagramm Abb. 137, daß eine bloße Drucksteigerung bei Umgebungstemperatur nicht zu einer Verflüssigung führt, weil die Isotherme der Umgebungstemperatur über den kritischen Punkt hinweggeht. Es ist daher unter keinen Umständen möglich, Luft etwa bei Umgebungstemperatur im flüssigen Zustand zu halten und seien die Drücke auch noch so groß.

Noch krasser liegen die Verhältnisse bei Helium (Abb. 138) mit einer kritischen Temperatur von —268° C.

8*

97. Der theoretische Arbeitsaufwand zur Gasverflüssigung. Bei allen thermodynamischen Untersuchungen erweist es sich als außerordentlich fruchtbar, zunächst denjenigen Prozeß herauszufinden, der die Lösung einer bestimmten Aufgabe auf umkehrbarem Wege ermöglicht, denn wir wissen, daß nach dem II. Hauptsatz ein solcher Prozeß die optimale Lösung des Problems darstellt. Mit dem Carnot-Prozeß ist es jedoch bei der Gasverflüssigung nicht getan, denn dieser bezieht sich auf einen Prozeß zwischen zwei festen Temperaturen, während bei der Gasverflüssigung die Abkühlung des Gases über einen weiteren Temperaturbereich notwendig ist.

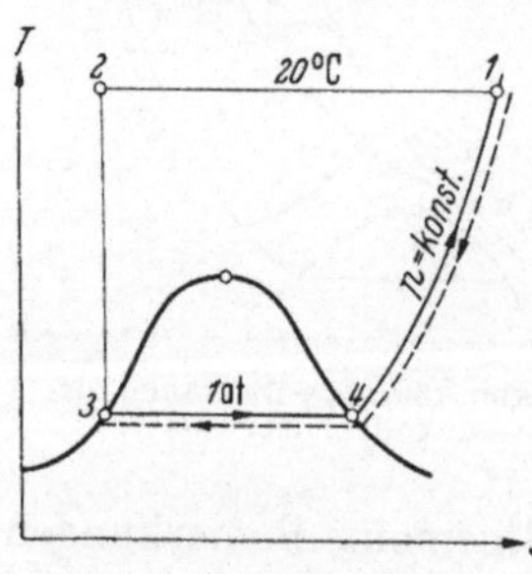

Abb. 139. Umkehrbarer Prozeß zur Gasverflüssigung im T, s-Diagramm.

Folgender umkehrbarer Prozeß führt jedoch bei der Gasverflüssigung zum Ziel. · Wir haben ein Gas bei 20° C und 1 at (T, s-Diagramm in Abb. 139 Punkt 1). Wir verdichten dieses Gas isotherm bei 20° bis zum Punkt 2. Nun entspannen wir unter Arbeitsleistung adiabatisch auf Punkt 3 und zwar so, daß wir bei 1 at gerade die linke Grenzkurve treffen. In 3 ist das gesamte Gas flüssig. Nunmehr verdampfen wir das Gas von 3 bis 4 und überhitzen es von 4 bis 1, so daß wir wieder auf den Ausgangspunkt kommen.

Offenbar wird bei der Zustandsänderung 12 die Wärme

$$|Q_{12}| = T(s_1 - s_2) = T(s_1 - s_3)$$

abgeführt, wobei T die absolute Temperatur der Umgebung ist. Auf dem Wege 341 wird dagegen dem Gas die Wärme

$$|Q_{31}| = i_1 - i_3$$

zugeführt. Diese Kälteleistung, denn um eine solche handelt es sich, können wir dazu benutzen, um eine entsprechende Gasmenge bei unendlicher kleiner Temperaturdifferenz in einem Wärmeaustauscher vom Zustand 1 in den Zustand 3 zu bringen (gestrichelte Linie). Hat also 1 kg Gas den Kältemaschinenprozeß 1 2 3 4 durchlaufen, so ist damit auch 1 kg Gas verflüssigt, d. h. vom Zustand 1 in den Zustand 3 gebracht.

Die dabei aufgewendete Arbeit ist nach dem I. Hauptsatz

$$|A L_{min}| = |Q_{12}| - |Q_{31}| = T(s_1 - s_3) - (i_1 - i_3). \tag{301}$$

Gl. (301) gibt also diejenige Arbeit an, die im günstigsten Fall zur Verflüssigung von 1 kg Gas aufzuwenden ist. Praktisch kann der beschriebene Prozeß deswegen nicht ausgeführt werden, weil man im Punkt 2 zu technisch nicht beherrschbaren Drücken kommt.

98. Das Linde-Verfahren zur Luftverflüssigung. Im folgenden wollen wir uns insbesondere mit der Verflüssigung der Luft beschäftigen. Der geniale Gedanke C. v. Lindes bestand darin, den Thomson-Joule-Effekt hierzu nutzbar zu machen. Die einfachste Linde-Anordnung ist in Abb. 140 dargestellt. Der Verdichter V saugt Luft vom Umgebungszustand 1, etwa 20° und 1 at, an und verdichtet diese isotherm bis zum Zustand 2, z. B. bis 200 at. Diese Verdichtung ist im T, s-Dia-

gramm Abb. 141 als Zustandsänderung 12 eingetragen. Mit Hilfe des
Drosselventils D wird die Luft auf Atmosphärendruck gedrosselt. Dabei kühlt sie sich, der Linie $i =$ konst. folgend, bis zur Temperatur des Punktes 6 ab. Diese Luft verläßt nun die Apparatur durch
den Gegenströmer G, wobei sie sich im Grenzfall auf Umgebungstemperatur erwärmt, während die vom Verdichter kommende Luft ebenfalls
im Grenzfall bis zu der dem Punkt 6 entsprechenden Temperatur, also
Punkt 7, vorgekühlt wird. Die vorgekühlte Luft kommt also bereits im
Zustand 7 vor dem Drosselventil an, wo sie sich bei Entspannung bis 8
abkühlt. So wird die Temperatur allmählich soweit herabgedrückt, daß
die Luft vor dem Drosselventil den Zustand 3 und
hinter diesem den Zustand 4 erreicht, wo bereits
ein Teil verflüssigt ist,
der durch das Ablaß-
ventil A in den Behäl-
ter B abgelassen werden
kann.

Im Beharrungszu-
stand werden z kg Luft
flüssig abgelassen, wäh-
rend $(1 - z)$ kg durch
den Gegenströmer ab-
ziehen und zur Vor-
kühlung verwendet wer-
den.

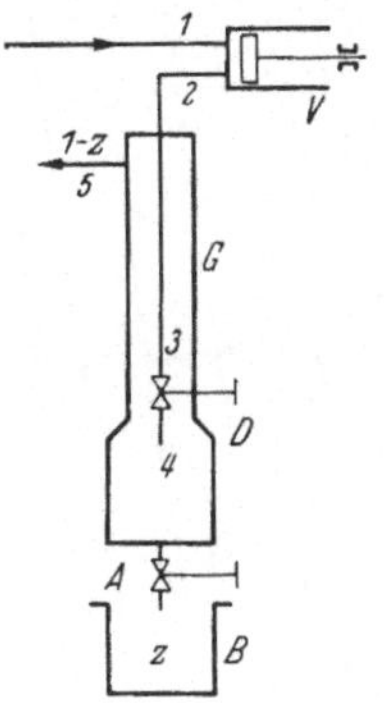

Abb. 140. Schema einer einfachen Luftverflüssigungsanlage nach LINDE.

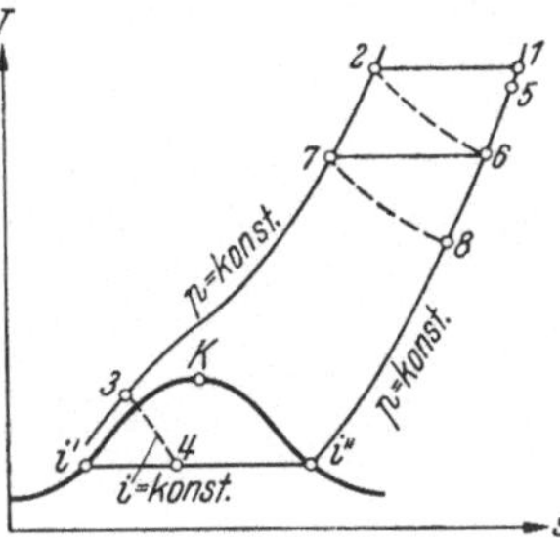

Abb. 141. Luftverflüssigung nach
LINDE im T, s-Diagramm.

Stellt man die Wärmebilanz ausschließlich des Verdichters auf, so ist

$$i_2 = z\,i' + (1 - z)\,i_5 , \qquad (302)$$

wobei sich i' auf die Enthalpie auf der linken Grenzkurve beim Umgebungsdruck bezieht. Der Punkt 5 wird praktisch eine etwas tiefere
Temperatur als es dem Punkt 1 bzw. 2 entspricht haben, weil bei endlichen Wärmeaustauschflächen keine volle Angleichung der Temperaturen erzielt werden kann.

Aus Gl. (302) folgt

$$z = \frac{i_5 - i_2}{i_5 - i'} . \qquad (303)$$

Ist der Gegenströmer unendlich groß, wird im Grenzfall $i_1 = i_5$. Es
folgt also

$$z_{max} = \frac{i_1 - i_2}{i_1 - i'} . \qquad (304)$$

Die Ausbeute wird also um so größer, je größer $(i_1 - i_2)$, also je
höher die Druckdifferenz wird. Aus dem Diagramm (Abb. 134) erkennt
man jedoch, daß hier eine Grenze gesetzt ist. Überschreitet man nämlich
mit Punkt 2 die differentiale Inversionskurve, so wird die Differenz wieder kleiner.

Wichtig ist die Kenntnis des Arbeitsaufwandes je kg verflüssigter
Luft L_z. Die technische Arbeit bei der isothermen Verdichtung stimmt

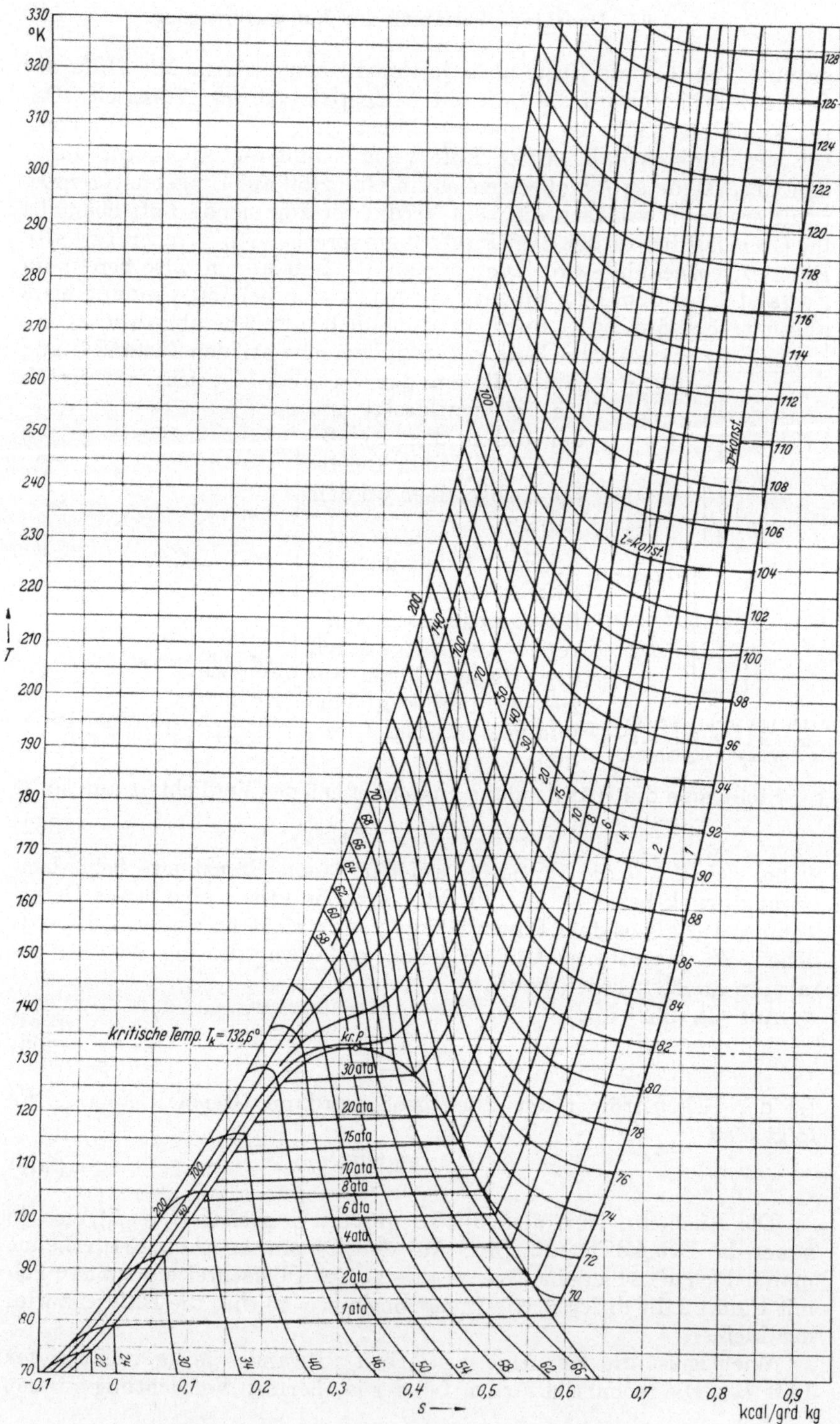

Diagramm III. T, s-Diagramm für Luft. (Nach H. HAUSEN).

mit der Arbeit unter der Isotherme überein. Daher ist

$$|L_t| = R\,T\ln\frac{p_2}{p_1}$$

und damit

$$|L_z| = \frac{|L_t|}{z} = R\,T\ln\left(\frac{p_2}{p_1}\right)\cdot\frac{i_5 - i_1'}{i_5 - i_2}, \tag{305}$$

oder im Grenzfall

$$|L_{z\,min}| = R\,T\ln\left(\frac{p_2}{p_1}\right)\frac{i_1 - i_1'}{i_1 - i_2}. \tag{306}$$

In Wirklichkeit ist die Arbeit größer, weil die Verluste im Verdichter berücksichtigt werden müssen.

Für den Gegenströmer gilt nach Abb. 137 die Beziehung

$$i_2 - i_3 = (1 - z)\,(i_5 - i''). \tag{307}$$

Je nach Annahme einer bestimmten Temperaturdifferenz an dem Ende des Gegenströmers, an dem die Abluft ausströmt, kann Punkt 5 festgelegt werden.

Diagramm III enthält ein T,s-Diagramm für flüssige Luft nach H. HAUSEN. Sehr vorteilhaft erweist sich auch oft das i,T-Diagramm[1]. Im T,s-Diagramm erkennt man, daß im Gebiet des nassen Dampfes die Isothermen nicht mit den Isobaren zusammenfallen. Dies liegt daran, daß Luft ein Gemisch aus mehreren Gasen und kein einheitlicher Stoff ist. Auf diese Verhältnisse wird in Abschnitt VI noch eingegangen werden.

99. Die technische Ausbildung von Luftverflüssigungsanlagen. Derartig einfache Anlagen, wie sie im vorigen Abschnitt besprochen wurden, werden nur bei kleinen Laboratoriumsausführungen verwendet. Bei größeren Anlagen verwendet man einen sogenannten doppelten Kreislauf. Dabei wird die Drosselung in zwei Stufen ausgeführt, wobei die Mitteldruckluft nach Kälteabgabe in einem Gegenströmer vom Verdichter in einer Mitteldruckstufe wieder angesaugt wird. Ferner kühlt man die Luft mit Hilfe einer normalen Kältemaschine auf etwa —50° vor. Durch diese Maßnahme kann der Arbeitsaufwand je kg flüssige Luft erheblich herabgesetzt werden[2].

100. Das Claude-Verfahren zur Luftverflüssigung. Der Grundgedanke von G. CLAUDE ist der, den nicht umkehrbaren Drosselvorgang beim Lindeverfahren wenigstens teilweise durch umkehrbare adiabatische Entspannung zu ersetzen.

Abb. 142 stellt schematisch die Claude-Anordnung dar. Die Luft vom Umgebungszustand wird bei 1 angesaugt und auf den Zustand 2 mit Hilfe des Verdichters V verdichtet (vgl. auch das T,s-Diagramm Abb. 143). Nachdem sie im Gegenströmer bis 6 abgekühlt ist, wird ein

---

[1] HAUSEN, H.: Der Thomson-Joule-Effekt und die Zustandsgrößen der Luft, VDI-Forsch.-Heft 274 (1926). Diese Arbeit enthält alle für die Berechnung von Luftverflüssigungsanlagen notwendigen Diagramme.
[2] RABES, M.: Z. ges. Kälteind. 37 (1930) S. 7.

Teil z_e der Entspannungsmaschine E zugeführt. Würde die Entspannung hier adiabatisch erfolgen, käme man bereits in das Gebiet des nassen Dampfes 7. Die Nichtumkehrbarkeiten innerhalb der Entspannungsmaschine bei diesen tiefen Temperaturen bringen es jedoch mit sich, daß man am Ende der Entspannung lediglich Punkt 8 erreicht. Diese kalte Luft wird am kalten Ende dem Gegenströmer zugeführt. Durch das Drosselventil D erfolgt sodann Entspannung auf Atmosphärendruck von

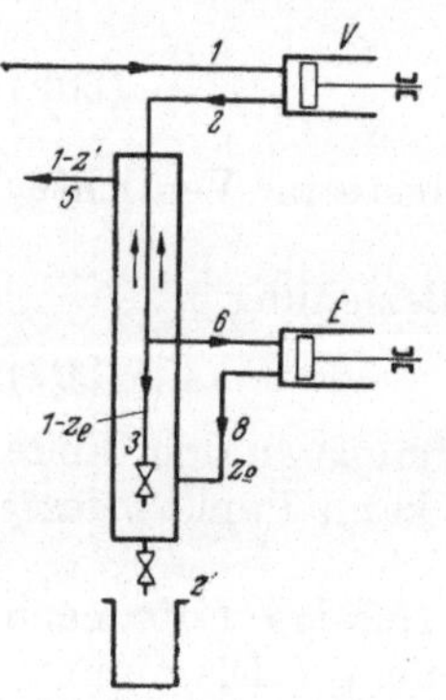

Abb. 142. Schema einer einfachen Luftverflüssigungsanlage nach CLAUDE.

Zustand 3 aus und Abscheidung der Flüssigkeit z'. Der nicht verflüssigte Teil der Luft strömt zusammen mit dem Teil z_e durch den Gegenströmer zurück und verläßt diesen im Zustand 5, wobei im Grenzfall 5 mit 1 übereinstimmt.

Die Wärmebilanz des Gegenströmers ergibt ohne Verdichter und Entspannungsmaschine

$$i_e = z' i' + (1 - z') i_5 + z_e (i_6 - i_8), \qquad (308)$$

woraus die Ausbeute z' sich ergibt zu

$$z' = \frac{i_5 - i_2}{i_5 - i'} + z_e \frac{i_6 - i_8}{i_5 - i'}, \qquad (309)$$

oder im Grenzfall

$$z'_{max} = \frac{i_1 - i_2}{i_1 - i'} + z_e \frac{i_6 - i_8}{i_1 - i'}. \qquad (310)$$

Nun ist aber der erste Bruch in Gl. (309) und (310) gleich der Ausbeute des Linde-Verfahrens. Man kann also setzen

$$z' = z + z_e \frac{i_6 - i_8}{i_5 - i'}, \qquad (311)$$

$$z'_{max} = z_{max} + z_e \frac{i_6 - i_8}{i_1 - i'}. \qquad (312)$$

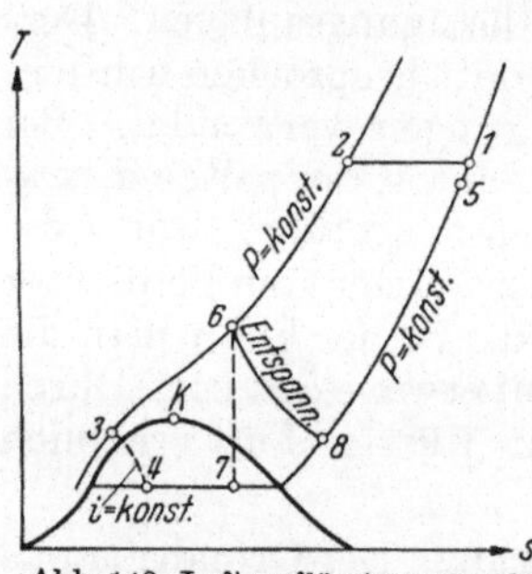

Abb. 143. Luftverflüssigung nach CLAUDE im T, s-Diagramm.

Man erkennt daraus, daß die Ausbeute des einfachen Claude-Verfahrens größer ist als die Ausbeute des einfachen Linde-Verfahrens. Die Vergrößerung ist um so stärker, je größer z_e ist, jedoch sind der Vergrößerung von z_e Grenzen gesetzt. Es ergibt sich die einschränkende Bedingung, daß

$$(1 - x_4)(1 - z_e) = z' \qquad (313)$$

sein muß, wobei x_4 der spezifische Gehalt an gasförmiger Luft ist. Dabei ist Punkt 4 mit 3 durch die Linie $i =$ konst. verknüpft (s. Abb. 143). Man hat sodann die Wärmebilanz des Austauschers aufzustellen und zu prüfen, ob unter der Annahme bestimmter Werte i_2, i_3, i_5, i_6, i_8 die Temperaturverhältnisse im Austauscher in Ordnung sind, d. h. ob überall der wärmeabgebende Luftstrom wärmer als der wärmeaufnehmende ist. Andernfalls ist die Rechnung zu wiederholen. Indessen sei auf diese verhältnismäßig verwickelte Untersuchung nicht eingegangen.

Wird im Grenzfall $z_e = 0$, so geht das Claude-Verfahren in das Linde-Verfahren über.

Die aufzuwendende Arbeit ist für 1 kg verdichteter Luft

$$|L_t| = R\,T\ln\frac{p_2}{p_1} - z_e(i_6 - i_8)\,, \tag{314}$$

wobei der erste Teil von Gl. (314) die aufzuwendende Arbeit des Verdichters ist, während der zweite Teil die in der Entspannungsmaschine zurückgewonnene adiabatische Arbeit bedeutet.

Die Überlegenheit des Claude-Verfahrens gegenüber dem Linde-Verfahren hört jedoch auf, wenn man das Linde-Verfahren mit Vorkühlun mit einem ebenfalls verbesserten Claude-Verfahren mit zweistufiger Entspannung vergleicht, so daß sich bei großen technischen Anlagen die wirtschaftlichen Unterschiede beider Systeme verwischen[1].

Ähnlich wie das Claude-Verfahren wirkt auch das Verfahren nach HEYLANDT[2].

101. Beispiele. a) Wie groß ist der differentiale Thomson-Joule-Effekt für Luft bei $+50°$ C, $0°$ C und $-50°$ C? Die kritischen Daten der Luft $p_k = 38{,}5$ at, $t_k = -140{,}7°$ und $v_k = 0{,}00323$ m³/kg. Ferner ist $c_p = 0{,}239$ kcal/kg grd.

$$\alpha_i = \frac{A}{c_p}\left(\frac{2a}{R\,T} - b\right), \tag{298}$$

$$a = 3\,v_k^2\,P_k\,; \quad b = \frac{1}{3}\,v_k\,; \quad R = \frac{8}{3}\,\frac{P_k\,v_k}{T_k}\,. \tag{171 bis 173}$$

Daraus folgt $a = 12{,}05$; $b = 0{,}001\,075$; $R = 25{,}05$. Da Gl. (298) auf die Gleichung von VAN DER WAALS zurückgeht, müssen auch a, b und R nach dieser Gleichung berechnet werden. Es ergibt sich

$$t = \quad 50° \qquad\qquad 0° \qquad\qquad -50°$$
$$a_i = +0{,}1865 \qquad +0{,}240 \qquad +0{,}317 \text{ grd/at.}$$

Es tritt überall Abkühlung auf, da α_i positiv ist.

b) Wie groß ist der differentiale Thomson-Joule-Effekt für Wasserstoff bei $0°$ C?

Die zur Berechnung notwenigen Daten sind $p_k = 13{,}2$ at; $t_k = -240°$; $v_k = 0{,}0323$ m³/kg; $c_p = 3{,}40$ kcal/kg grd.

Aus der unter a) verwendeten Beziehung folgt $a = 413$, $b = 0{,}01075$; $R = 344$; $\alpha_i = -0{,}0135$ grd/at. Es tritt also Erwärmung ein, da α_i negativ ist.

c) Wie groß ist die theoretische Arbeit zur Erzeugung von 1 kg flüssiger Luft, wenn von 1 at und $20°$ C ausgegangen wird?

$$|A\,L_{min}| = T\,(s_1 - s_3) - (i_1 - i_3)\,. \tag{301}$$

Bezüglich der Bezeichnungen s. Abb. 139. Aus dem T,s-Diagramm (Diagramm III) wird abgelesen $s_1 = 0{,}9$; $s_3 = 0$; $i_1 = 120{,}5$; $i_3 = 22{,}0$. Daraus folgt $|A\,L_{min}| = 165{,}4$ kcal/kg $= 0{,}1922$ kWh/kg.

d) Wie groß ist nach dem einfachen Linde-Verfahren bei unendlich großem Wärmeaustauscher und verlustloser isothermer Verdichtung auf 200 at, ausgehend von 1 at und $20°$, die Ausbeute, der Arbeitsaufwand je kg flüssiger Luft und der Wärmeumsatz im Gegenströmer? Wie groß ist die Temperaturdifferenz am kalten Ende des Gegenströmers? Trage den Prozeß in das T,s-Diagramm ein.

---

[1] RABES, M.: Z. ges. Kälteind. Bd. 37 (1930) S. 7.

[2] Über die Erzeugung sehr tiefer Temperaturen mit Hilfe des Thomson-Joule-Effektes oder adiabatischer Entspannung s. **H. Glaser:** Z. ges. Kälteind. 50 (1943) S. 57 u. Kältetechnik 1 (1949) S. 143.

Bezüglich der Bezeichnungen s. Abb. 140 und 141.

$$z_{max} = \frac{i_1 - i_2}{i_1 - i'} . \tag{304}$$

Aus dem T,s-Diagramm (Diagramm III) findet man $i_1 = 120{,}5$; $i_2 = 111{,}5$; $i' = 22{,}0$ und damit $z_{max} = 0{,}0914\,\text{kg/kg}$. Es werden also rund 10 % der verdichteten Luft verflüssigt.

$$|L_t| = RT \ln \frac{p_i}{p_1} .$$

Mit $R = 29{,}3$; $T = 293°\,\text{K}$; $p_2 = 200\,\text{at}$; $p_1 = 1\,\text{at}$ fogt $|L_t| = 45\,400\,\text{mkg/kg}$ entsprechend $0{,}1238\,\text{kWh/kg}$ angesaugter Luft.

$$|L_z| = \frac{|L_t|}{z} = 1{,}35\,\text{kWh/kg verflüssigter Luft.} \tag{305}$$

Für den Gegenströmer gilt

$$i_2 - i_3 = (1 - z)\,(i_5 - i'') . \tag{307}$$

Aus dem T,s-Diagramm wird abgelesen $i'' = 69{,}0$. Damit ergibt die rechte Seite mit $z = z_{max} = 0{,}0914$ den Wert $46{,}8\,\text{kcal/kg}$ angesaugter Luft als im Gegenströmer ausgetauschte Wärme.

Man kann auch i_3 ermitteln aus der Beziehung

$$i_3 = i' + x(i'' - i') ,$$

wobei $x = 1 - z$ der spezifische Gehalt an gasförmiger Luft bei Atmosphärendruck ist. Daraus ergibt sich $i_3 = 42{,}7$ und $i_2 - i_3 = 46{,}8\,\text{kcal/kg}$ wie oben.

Zu i_3 gehört bei 200 at die Temperatur $t_3 = -151°$, zu i'' die Temperatur $t'' = -191°$. Diese beiden Temperaturen herrschen am kalten Ende des Gegenströmers in den entsprechenden Luftströmen. Die Temperaturdifferenz am kalten Ende beträgt somit $40°$.

VI. Thermodynamik der Gemische.

102. Gemische und Lösungen. Mischt man Wasser und Öl oder Wasser und Alkohol untereinander, so erhält man zwei *Gemische*, zwischen denen ein grundsätzlicher Unterschied besteht. Im ersten Fall setzt sich selbst nach gutem Durchrühren das Öl vom Wasser ab. Man unterscheidet deutlich zwei verschiedene flüssige Phasen, die des Öles und die des Wassers. Man kann z. B. durch Absetzen oder auch durch Zentrifugieren eine Trennung der beiden Phasen vornehmen. Im zweiten Fall können nach der Mischung der Alkohol oder das Wasser nicht mehr als zwei verschiedene flüssige Phasen erkannt werden. Eine Trennung durch Absetzen oder Zentrifugieren ist nicht möglich, man hat es nur mit einer einzigen flüssigen Phase zu tun. In diesem Fall spricht man von einer *Lösung*. Eine Lösung ist also ein besonderer Fall eines Gemisches.

Diese Überlegungen sind nicht auf flüssige Bestandteile beschränkt. Es gibt auch Lösungen fester und flüssiger Stoffe, wie z. B. eine Lösung von Zucker in Wasser.

Lösungen haben in jedem beliebig kleinen herausgegriffenen Teilchen die gleiche Zusammensetzung und dieselben physikalischen Eigenschaften wie Dichte, Temperatur und Druck.

In diesem Sinne ist auch die Mischung zweier oder mehrerer Gase als Lösung zu betrachten, wie z. B. die Luft als Gemisch aus Sauerstoff und Stickstoff. In der Luft ist nur eine einzige Gasphase zu erkennen.

103. Kennzeichnung der Gemische. Man kann ein Gemisch dadurch kennzeichnen, daß man die Gewichtsanteile seiner einzelnen Bestandteile angibt. Sind diese $G_1, G_2, \ldots, G_i, \ldots, G_n$, so ist der Gewichtsanteil an Stoff 1

$$\xi = \frac{G_1}{\sum\limits_{i=1}^{i=n} G_i} \tag{315}$$

und setzt man kurzerhand $\sum\limits_{n=1}^{n=i} G_i = G$, so ist

$$\xi = \frac{G_1}{G} \tag{316}$$

und entsprechend der Anteil des Stoffes 2

$$\eta = \frac{G_2}{G} \tag{317}$$

usw. Wir werden uns im wesentlichen mit der Mischung nur zweier Stoffe beschäftigen. Für diesen Fall folgt aus Gl. (316) und (317)

$$\xi + \eta = 1\,. \tag{318}$$

Sinngemäß erfolgt die Berechnung der Gewichte der Bestandteile aus den Anteilen und dem Gesamtgewicht aus der Beziehung

$$G_1 = \xi G\,, \tag{319}$$

$$G_2 = \eta G\,. \tag{320}$$

Zuweilen wird auch der eine Bestandteil gewichtsmäßig auf den anderen bezogen. Man setzt dann

$$x = \frac{G_1}{G_2}\,. \tag{321}$$

In der Thermodynamik der Gemische erweist es sich oft als zweckmäßig, nicht die Gewichtsanteile, sondern die Molanteile anzugeben. Ist insbesondere für eine Mischung aus zwei Bestandteilen N_1 die Zahl der Mole des ersten und N_2 die Zahl der Mole des zweiten Stoffes, so ist

$$\psi = \frac{N_1}{N_1 + N_2}\,, \tag{322}$$

$$1 - \psi = \frac{N_2}{N_1 + N_2}\,. \tag{323}$$

Die Größe ψ wird auch *Molenbruch* genannt. Die Umrechnung vom Molenbruch in den Gewichtsanteil geschieht in folgender Weise: Sind m_1 und m_2 die Molekulargewichte der Bestandteile, so ist

$$\psi = \frac{\dfrac{G_1}{m_1}}{\dfrac{G_1}{m_1} + \dfrac{G_2}{m_2}} = \frac{\dfrac{G_1}{G_1 + G_2} \cdot \dfrac{1}{m_1}}{\dfrac{G_1}{G_1 + G_2} \cdot \dfrac{1}{m_1} + \dfrac{G_2}{G_1 + G_2} \cdot \dfrac{1}{m_2}}$$

und daraus folgt

$$\psi = \frac{\xi}{\xi + \dfrac{m_1}{m_2}(1-\xi)} \, . \tag{324}$$

Umgekehrt ergibt sich

$$\xi = \frac{\psi}{\psi + \dfrac{m_2}{m_1}(1-\psi)} \, . \tag{325}$$

Schließlich kann ein Gemisch auch durch die Volumenanteile gekennzeichnet werden. Sind die Einzelvolumina V_1 und V_2, so ist der *Volumenanteil* des Stoffes 1 bzw. des Stoffes 2

$$\mathfrak{v}_1 = \frac{V_1}{V_1 + V_2} \, , \tag{326}$$

$$\mathfrak{v}_2 = \frac{V_2}{V_1 + V_2} \, , \tag{327}$$

$$\mathfrak{v}_1 + \mathfrak{v}_2 = 1 \, . \tag{328}$$

Die letztere Kennzeichnung wird insbesondere auch bei Gasgemischen angewendet und mit Volumenkonzentration bezeichnet. Der Ausdruck Konzentration wird indessen auch oft zur Bezeichnung von ξ und ψ benutzt, insbesondere in der Form *Gewichtskonzentration* und *Molkonzentration*.

104. Gemische von Gasen. Gesetz von DALTON. Für Gemische von Gasen gilt das Gesetz von DALTON, welches lautet: *Sind mehrere Gase in einem Raum vorhanden, so hat jedes dieser Gase einen Teildruck, der so groß ist, als ob das Gas allein in dem Raum vorhanden wäre. Die Summe der Teildrucke ist der Gesamtdruck des Gemisches.*

Die Einzelbestandteile seien gewichtsmäßig gegeben durch $G_1 \ldots G_n$. Die Partialdrücke seien $P_1, \ldots, P_n$. Die Gase nehmen das Volumen V ein. Ferner sei

$$G_1 + G_2 + \ldots G_n = G \, ,$$
$$P_1 + P_2 + \ldots P_n = P \, .$$

Dann ist für das Volumen V nach der Zustandsgleichung für vollkommene Gase

$$P_1 V = G_1 R_1 T$$
$$P_2 V = G_2 R_2 T$$
$$\cdots\cdots\cdots\cdots$$
$$P_n V = G_n R_n T \, .$$

Durch Addition ergibt sich

$$V \Sigma P_i = T \Sigma G_i R_i$$

und daraus folgt für das Gemisch

$$P V = G R_m T \, , \tag{329}$$

worin

$$R_m = \frac{\Sigma G_i R_i}{G} \tag{330}$$

ist. Man nennt R_m die *mittlere Gaskonstante*. Man kann also mit einem Gemisch von vollkommenen Gasen so rechnen, als ob es sich um ein einheitliches Gas handelt, wenn man in die Zustandsgleichung die mittlere Gaskonstante einführt.

Weiterhin können wir ein *mittleres Molekulargewicht* einführen. Wir wissen bereits aus Gl. (20), daß

$$R = \frac{848}{m}$$

ist. Unter Berücksichtigung dieser Tatsache folgt aus Gl. (330)

$$R_m = 848 \, \frac{\sum \frac{G_i}{m_i}}{G} = \frac{848}{M} , \qquad (331)$$

worin M das mittlere Molekulargewicht ist. Daraus ergibt sich mit $N_1, N_2, \ldots N$ als Molebestandteile

$$M = \frac{G}{\sum \frac{G_i}{m_i}} = \frac{\Sigma \, m_i \, N_i}{\Sigma \, N_i} . \qquad (332)$$

Ist nun V das Volumen des Gemisches und V_i das Volumen, das der Bestandteil i beim Gesamtdruck P einnehmen würde, so ist

$$P_i V = P V_i = G_i R_i T = 848 \, \frac{G_i}{m_i} \, T = 848 \, N_i T . \qquad (333)$$

Daraus folgt durch Summieren

$$P \Sigma V_i = P V = 848 \, T \Sigma N_i = 848 \, N T \qquad (334)$$

und

$$P \Sigma m_i V_i = 848 \, T \Sigma m_i N_i . \qquad (335)$$

Unter Berücksichtigung dieser beiden Beziehungen ergibt sich aus Gl. (331) und (332)

$$M = \frac{\Sigma \, m_i \, V_i}{V} , \qquad (336)$$

$$R_m = 848 \, \frac{V}{\Sigma \, m_i \, V_i} , \qquad (337)$$

wobei jetzt M und R_m durch die Volumenanteile des Gasgemisches ausgedrückt sind.

Aus Gl. (333) und (334) ergibt sich ferner

$$\frac{P_i}{P} = \frac{V_i}{V} = \frac{N_i}{N} . \qquad (338)$$

Bei Gasgemischen verhalten sich also die Partialdrücke der einzelnen Bestandteile zum Gesamtdruck wie die Volumenanteile und die Molanteile zum Gesamtvolumen bzw. zur Gesamtmolzahl.

Die Umrechnung von Volumen- in Gewichtsanteile ergibt sich aus der Beziehung

$$\frac{V_i}{V} = \frac{M\,G_i}{m_i\,G}\,,\qquad\qquad (339)$$

$$\frac{G_i}{G} = \frac{m_i\,V_i}{M\,V}\,.\qquad\qquad (340)$$

Schließlich spielen die mittleren spezifischen Wärmen c_{pm} und c_{vm} des Gasgemisches noch eine Rolle. Es ist

$$c_{pm}\,G = \Sigma\,c_{pi}\,G_i$$

und folglich

$$c_{pm} = \frac{\Sigma\,c_{pi}\,G_i}{G}\qquad\qquad (341)$$

und entsprechend

$$c_{vm} = \frac{\Sigma\,c_{vi}\,V_i}{V}\,.\qquad\qquad (342)$$

Eine adiabatische Zustandsänderung der Mischung erfolgt dann nach der Gleichung

$$P\,v^{\varkappa} = \text{konst.}\,,$$

wobei

$$\varkappa = \frac{c_{pm}}{c_{vm}}\qquad\qquad (343)$$

gesetzt wird.

Bei allen diesen Betrachtungen ist stillschweigend vorausgesetzt, daß die Gesetze der vollkommenen Gase anwendbar sind. Dies trifft auch noch für Dämpfe zu bei genügender Verdünnung. So können z. B. diese Gesetze ohne weiteres auch auf den Wasserdampf in der atmosphärischen Luft angewendet werden, weil sein Teildruck darin sehr niedrig ist.

Ferner ist als selbstverständlich angenommen, daß zwischen den einzelnen Gasen keine chemischen Reaktionen auftreten und keine Wärmetönungen vorhanden sind. Bei technischen Aufgaben sind diese Voraussetzungen in der Regel erfüllt. Sonst sind besondere Betrachtungen erforderlich[1].

105. Feuchte Luft. Taupunkt. Relative und absolute Feuchtigkeit.
Eines der technisch wichtigsten Gemische zweier gasförmiger Bestandteile ist die feuchte Luft. Dabei ist der Dampfdruck des Wasserdampfes in der Regel so klein, daß man den Wasserdampf als vollkommenes Gas betrachten kann. Daher gelten für dieses Gemisch sämtliche Beziehungen, die in Nr. 104 für Gemische von Gasen abgeleitet wurden.

Die Anteile von trockener Luft und Wasserdampf wollen wir nach Nr. 103 durch die Größe x kennzeichnen, wobei wir den Wasserdampfgehalt auf trockene Luft beziehen. Es ist daher

$$x = \frac{\text{kg Wasserdampf}}{\text{kg trockene Luft}}\,.$$

---

[1] Justi, E.: Forschg. Ing.-Wes. 15 (1944) S. 22.

Ist V das Volumen des Gemisches und bezieht sich der Zeiger L auf trockne Luft, der Zeiger W auf Wasserdampf, so ergibt sich

$$P_L V = G_L R_L T \,, \tag{344}$$

$$P_W V = G_W R_W T \,, \tag{345}$$

$$P_L + P_W = P \,. \tag{346}$$

Bezeichnen wir das Volumen, das 1 kg trockne Luft und x kg Wasserdampf einnimmt mit V_{1+x}, so ergibt sich

$$P_L V_{1+x} = R_L T \,, \tag{347}$$

$$P_W V_{1+x} = x R_W T \,. \tag{348}$$

Oft wird bei feuchter Luft der Druck in mm QS angegeben. Dadurch ändert sich der Zahlenwert der Gaskonstanten R_L und R_W. Ist nämlich

$$R_L = \frac{848}{m_L} = 29{,}3$$

und

$$R_W = \frac{848}{m_W} = 47{,}1$$

und bezeichnet man die Drücke in mm QS beziehentlich mit h_L und h_W, so ergibt sich aus Gl. (347) und (348)

$$\frac{h_L}{0{,}07355} \, V_{1+x} = 29{,}3 \, T \,, \tag{349}$$

$$\frac{h_W}{0{,}07355} \, V_{1+x} = 47{,}1 \, T \,. \tag{350}$$

Hierin ist 0,07355 der Umrechnungsfaktor von kg/m² auf mm QS, wobei 1 kg/m² $= 0{,}07355$ mm QS ist. Aus Gl. (349) und (350) folgt dann

$$h_L V_{1+x} = 2{,}153 \, T \,, \tag{351}$$

$$h_W V_{1+x} = 3{,}461 \, x T \,. \tag{352}$$

Setzen wir wieder

$$h_L + h_W = h \,, \tag{358}$$

so ergibt die Addition von Gl. (351) und (352)

$$h \, V_{1+x} = (2{,}153 + 3{,}461 \, x) \, T \,. \tag{354}$$

Dies ist die Zustandsgleichung für feuchte Luft bezogen auf 1 kg trockene Luft mit x kg Wasserdampf.

Ermitteln wir aus Gl. (352) den Wert V_{1+x}/T und führen diesen in Gl. (354) ein, so erhalten wir

$$h_W = \frac{x \, h}{x + 0{,}622} \,. \tag{355}$$

Die Gleichung ermöglicht die Berechnung des Teildruckes für Wasserdampf h_W, wenn der Wasserdampfgehalt x und der Gesamtdruck h gegeben sind. Aus Gl. (355) ergibt sich

$$x = 0{,}622 \, \frac{h_W}{h - h_W} \,. \tag{356}$$

Nun ist beim Gemisch von Luft und Wasserdampf noch eine Tatsache zu beachten, die bei der Mischung vollkommener Gase keine Rolle spielt. Bei einer bestimmten Temperatur T_S kann nämlich der Teildruck des Wasserdampfes höchstens so groß sein, daß er dem Sättigungsdruck bei dieser Temperatur gemäß der Dampfspannungskurve des Wasserdampfes entspricht. Dies geht ohne weiteres aus dem Diagramm (Abb. 144) hervor. Im Zustand 1 hat der Wasserdampf die Temperatur T_S und den

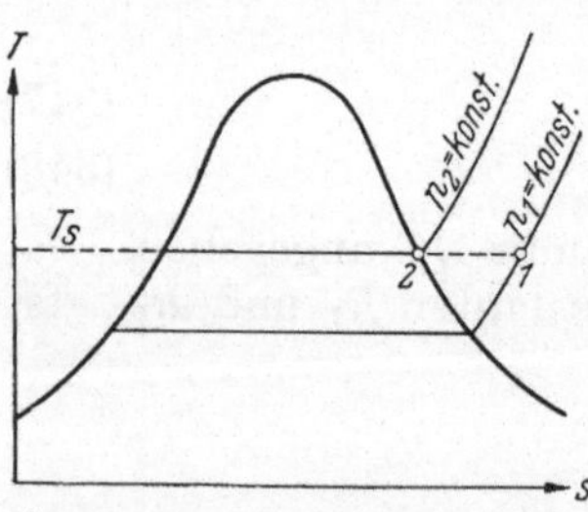

Druck p_1. Bei konstanter Temperatur kann der Druck höchstens bis p_2 im Punkt 2 auf der rechten Grenzkurve ansteigen. Würde man versuchen, noch mehr Wasserdampf in das Gemisch einzubringen, um den Wasserdampfdruck zu steigern, so würde Wasser in flüssiger Form ausfallen und eine Nebelbildung stattfinden. Diejenige Temperatur, bei der die ersten Spuren einer Nebelbildung eintreten würden, oder bei der, wie man sagt, die Luft mit Wasserdampf gerade ge-

Abb. 144. T, s-Diagramm zur Erläuterung des Taupunktes.

sättigt ist, nennt man den *Taupunkt*.

Für den Taupunkt nimmt x seinen Maximalwert, d. h. den Sättigungswert x_S, und h_W ebenfalls seinen Maximalwert, d. h. den Sättigungswert h_{WS} an. Es ergibt sich daher entsprechend Gl. (355) und (356)

$$h_{WS} = \frac{x_S h}{x_S + 0{,}622} , \qquad (357)$$

$$x_S = 0{,}622 \, \frac{h_{WS}}{h - h_{WS}} . \qquad (358)$$

Das Verhältnis des in 1 m³ feuchter Luft vorhandenen Wasserdampf-gewichtes zu dem Wasserdampfgewicht, das bei gleichem Gesamtdruck und gleicher Temperatur maximal vorhanden sein kann, nennt man die *relative Feuchtigkeit*. Definitionsmäßig ist die relative Feuchtigkeit also

$$\varphi = \frac{x / V_{1+x}}{x_S / V_{1+x_S}} . \qquad (359)$$

Durch Anwendung von Gl. (352) auf die beiden Zustände folgt

$$\frac{h_W}{h_{WS}} \frac{V_{1+x}}{V_{1+x_S}} = \frac{x}{x_S}$$

und daraus

$$\varphi = \frac{h_W}{h_{WS}} . \qquad (360)$$

Die relative Feuchtigkeit kann also auch definiert werden als das Verhältnis des tatsächlich herrschenden Wasserdampfdruckes zu seinem Sättigungs-druck bei gleicher Temperatur.

Die absolute Feuchtigkeit ist die in 1 m³ feuchter Luft vorhandene Wasserdampfmenge, also

$$\varphi_{abs} = \frac{x}{V_{1+x}} . \qquad (361)$$

Aus Gl. (361) ergibt sich unter Benutzung von Gl. (354)

$$\varphi_{abs} = \frac{x\,h}{(x + 0{,}622)\,3{,}461\,T}\,.\tag{362}$$

Die absolute Feuchtigkeit hat die Dimension kg/m³, während die relative Feuchtigkeit dimensionslos ist.

106. Das J,x-Diagramm. Gewisse Zustandsänderungen feuchter Luft lassen sich außerordentlich übersichtlich an Hand eines J, x-Diagrammes verfolgen, wie es von MOLLIER[1] entwickelt worden ist. Wir bezeichnen die Enthalpie von $1 + x$ kg feuchter Luft mit J und setzen

$$J = i_L + x\,i_W\,.\tag{363}$$

Für den praktisch in Frage kommenden Bereich kann die spezifische Wärme der Luft mit $c_{pL} = 0{,}24$ kcal/kg grd angesetzt werden. Wird der Nullpunkt der Enthalpie bei 0° C angenommen, so ist

$$i_L = 0{,}24\,t\,.\tag{364}$$

Nimmt man ferner die Enthalpie des Wassers bei 0° zu Null an, so kann im praktisch vorkommenden Bereich für die Enthalpie des Wasserdampfes mit genügender Genauigkeit

$$i_W = 595 + 0{,}46\,t\tag{365}$$

gesetzt werden, wobei 595 ein Mittelwert für die gesamte zum Verdampfen notwendige Wärme und 0,46 ein Mittelwert für die spezifische Wärme des überhitzten Wasserdampfes c_{pW} ist. Damit ergibt sich

$$J = 0{,}24\,t + x\,(595 + 0{,}46\,t)\,.\tag{366}$$

Diese Gleichung kann nach dem Vorgang von MOLLIER besonders bequem in einem schiefwinkeligen Koordinatensystem dargestellt werden. Auf der Achse OA (Abb. 145) tragen wir x ab. Tragen wir von dieser Achse aus senkrecht nach unten die Werte $595\,x$ ab, so erhalten wir die Achse OB, von der aus wir J senkrecht nach oben zählen. Ziehen wir ferner zu OA eine Parallele $O'A'$ im Abstand $0{,}24\,t$ und tragen über dieser senkrecht nach oben den Wert $0{,}46\,t$ ab, so erhalten wir mit $O'C$ eine der jeweiligen Temperatur t zugeordnete Isotherme. Der senkrechte Abstand zwischen OB und $O'C$ gibt dann für ein bestimmtes x die Enthalpie bei der Temperatur t. Aus dieser Überlegung folgt, daß die Isothermen mit steigender Temperatur

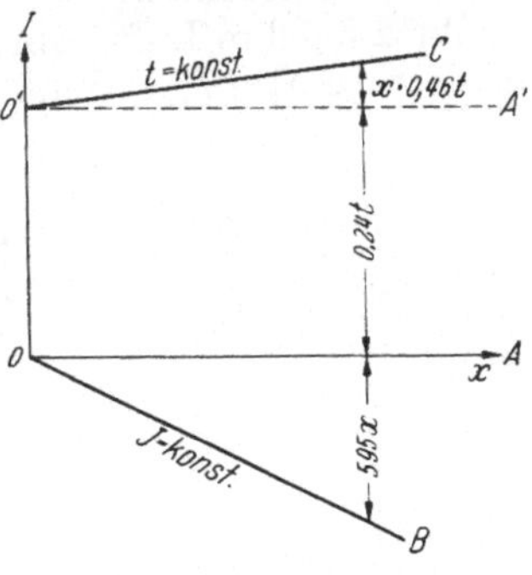

Abb. 145. Entwicklung des J,x-Diagrammes für feuchte Luft.

eine stärkere Neigung haben und im Diagramm weiter nach oben wandern. Die Achse OA ist die Isotherme für $t = 0$. Die Linien gleicher Enthalpie sind der Achse OB parallel.

---

[1] MOLLIER, R.: Z. VDI 67 (1923) S. 869 u. 73 (1929) S. 1009. — GRUBENMANN, M.: J, x-Tafeln feuchter Luft. 2. Aufl. Berlin: Springer 1942.

In Abb. 146 sind in ein J, x-Diagramm die Linien gleicher Enthalpie und gleicher Temperatur eingetragen. Nimmt man nun einen bestimmten Druck an, für den das Diagramm gelten soll, z. B. den Gesamtdruck von 1 at $= 735{,}5$ mm QS, so kann man nach Gl. (358) für jede Temperatur und den dazu gehörigen Sättigungsdruck h_{WS} den Maximalwert der

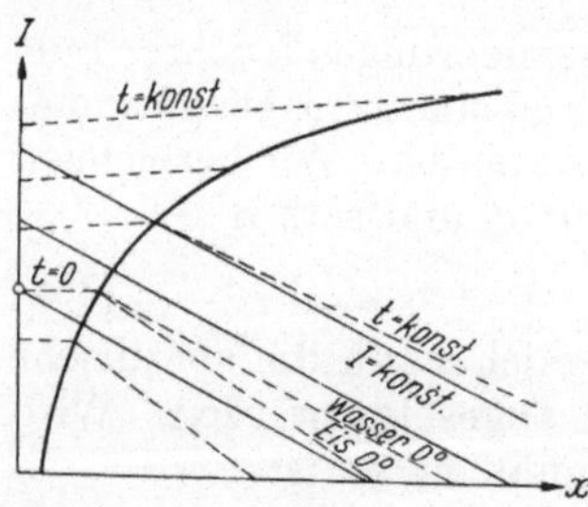

Abb. 146. J, x-Diagramm für feuchte Luft.

Feuchtigkeit berechnen und in das Diagramm eintragen. Man erhält dann die in Abb. 146 stark hervorgehoben Sättigungskurve für $\varphi = 1$.

Die Sättigungskurve hat bei 0° einen leichten Knick, weil unter 0° die Dampfspannungskurve für Eis zu nehmen ist. Es ist dann in Gl. (358) für h_{WS} der Dampfdruck über Eis einzusetzen (vgl. auch Nr. 58).

Aus Gl. (358) geht überdies hervor, daß die Sättigungslinie im J, x-Diagramm je nach dem Gesamtdruck etwas verschoben ist.

Ferner kann jeweils für eine bestimmte Temperatur und für eine beliebig relative Feuchtigkeit φ nach Gl. (360) der zugehörige Wert h_W ermittelt und mit diesen aus Gl. (356) der entsprechende Wert von x berechnet werden. Man erhält dann die Kurven konstanter relativer Feuchtigkeit $\varphi > 1$.

Damit liegt das gesamte schiefwinklige J, x-Diagramm fest, soweit es sich um den gasförmigen Zustand handelt und es fragt sich lediglich noch, wie die Isothermen in dem Gebiet verlaufen, wo sich Wasser flüssig oder, wenn es sich um Temperaturen unter 0° handelt, als Eis oder Schnee niederschlägt.

Wird feuchte Luft vom Anfangszustand 1 mit der Temperatur t_1 auf die Temperatur t_3 abgekühlt, die unterhalb des Taupunktes t_2 liegt

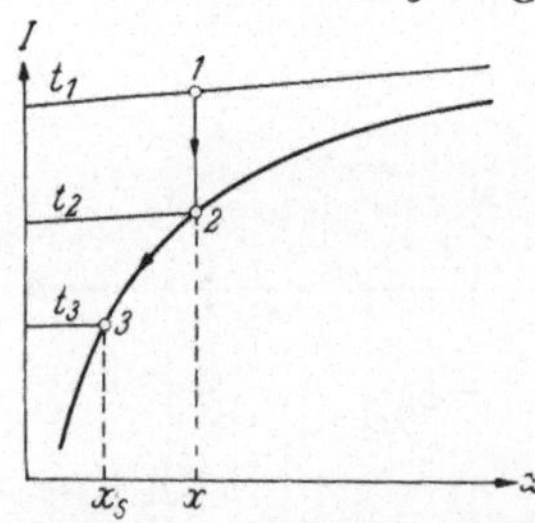

Abb. 147. Zustandsänderung mit Unterschreitung des Taupunktes im J, x-Diagramm.

(Abb. 147), so kann man sich auch die Zustandsänderung so vorstellen, daß die Luft bei $x =$ konst. zunächst auf den Taupunkt 2 gebracht wird. Tritt weitere Abkühlung ein, so muß sich Wasser niederschlagen bis der Gehalt an Wasserdampf von x auf x_S abgenommen hat, wobei x_S der Dampfgehalt der feuchten Luft bei der Temperatur t_3 im gesättigten Zustand ist. Ist J_S die Enthalpie der feuchten Luft in 3, so ist die gesamte Enthalpie des Anfangsgemisches

$$J = J_S + (x - x_S)\, i_W . \qquad (367)$$

Hierin ist i_W die Enthalpie von 1 kg Wasser bei der Temperatur t_3. Nun ist aber mit c_W als spezifischer Wärme des Wassers

$$i_W = c_W t$$

und daher kann Gl. (367) auch geschrieben werden

$$J = J_S + (x - x_S)\, c_W t . \qquad (368)$$

Kommt man unter $0°$, so muß in Gl. (367) an Stelle von i_W die Enthalpie des Eisens i_E gesetzt werden. Ist q_s die Schmelzwärme und c_E die spezifische Wärme des Eisens, so ist

$$i_E = -q_s + c_E t .$$

Im Bereich unter $0°$ gilt also die Gleichung

$$J = J_S + (x - x_S)(c_E t - q_s) . \tag{369}$$

An Hand von Gl. (368) und (369) können nun die Isothermen auch in das Gebiet unterhalb der Sättigungslinie eingetragen werden. Für $0°$ erhält man zwei Isothermen, eine nach Gl. (368) für Wasser und eine nach Gl. (369) für Eis, je nachdem ob der Wasserdampf sich nur in Form von Wasser oder von Eis niedergeschlagen hat. Unter $0°$ sind die Isothermen unterhalb der Sättigungslinie stärker, über $0°$ schwächer geneigt als die Linien gleicher Enthalpie (vgl. Abb. 146).

DiagrammIV zeigt ein J, x-Diagramm. Dieses enthält außerdem noch den Druck des Wasserdampfes über x. Da die Feuchtigkeit x im praktisch wichtigen Bereich klein gegenüber dem Wert 0,622 ist, so ist h_W nach Gl. (355) angenähert proportional x und daher die Spannungskurve fast gradlinig. Einem bestimmten x entspricht bei festgesetztem h eindeutig ein bestimmter Wert h_W.

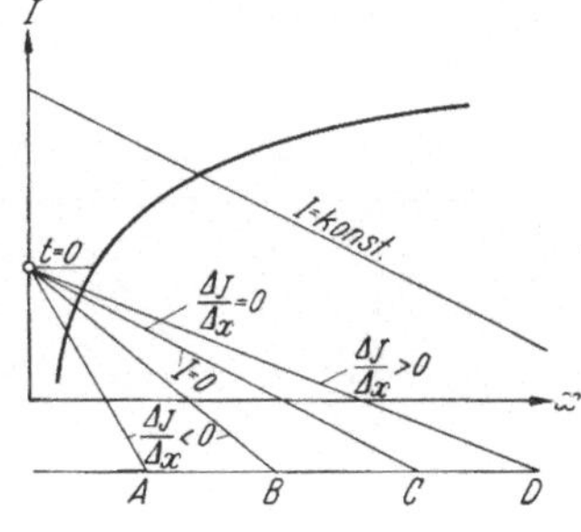

Abb. 148. Randmaß im J, x-Diagramm.

Schließlich zeigt das Diagramm noch einen Randmaßstab $\Delta J / \Delta x$, also das Verhältnis der Enthalpieänderung zur Feuchtigkeitsänderung, dessen Bedeutung in folgendem gezeigt werden wird. Dem einzelnen, von $t = 0$ und $J = 0$ ausgehenden Strahlen OA, OB, OC usw. nach Abb. 148 entspricht jeweils ein bestimmter Wert $\Delta J / \Delta x$. Die Linie $J = 0$ ist also gleichzeitig der Strahl mit dem Wert $\Delta J / \Delta x = 0$.

Derartige Diagramme können selbstverständlich auch für andere Stoffpaare entwickelt werden.

107. Erwärmung und Abkühlung feuchter Luft. In Abb. 149 ist ein J, x-Diagramm gezeichnet. Gegeben sei 1 kg trockner Luft mit x kg Wasserdampf bei der Temperatur t_1. Dieser Zustand sei durch Punkt 1 gekennzeichnet. Die Luft werde

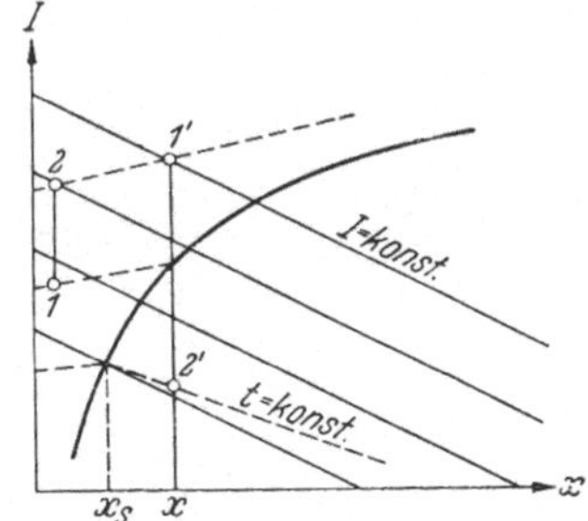

Abb. 149. Erwärmung und Abkühlung feuchter Luft im J, x-Diagramm.

erwärmt anf die Temperatur t_2 in Punkt 2. Da sich die Zusammensetzung des Gemisches nicht verändert, muß x konstant bleiben, so daß 2 senkrecht über 1 liegt. Die zugeführte Wärme ist, wenn es sich um G_L kg trockner Luft handelt

$$Q_{12} = G_L (J_2 - J_1) . \tag{370}$$

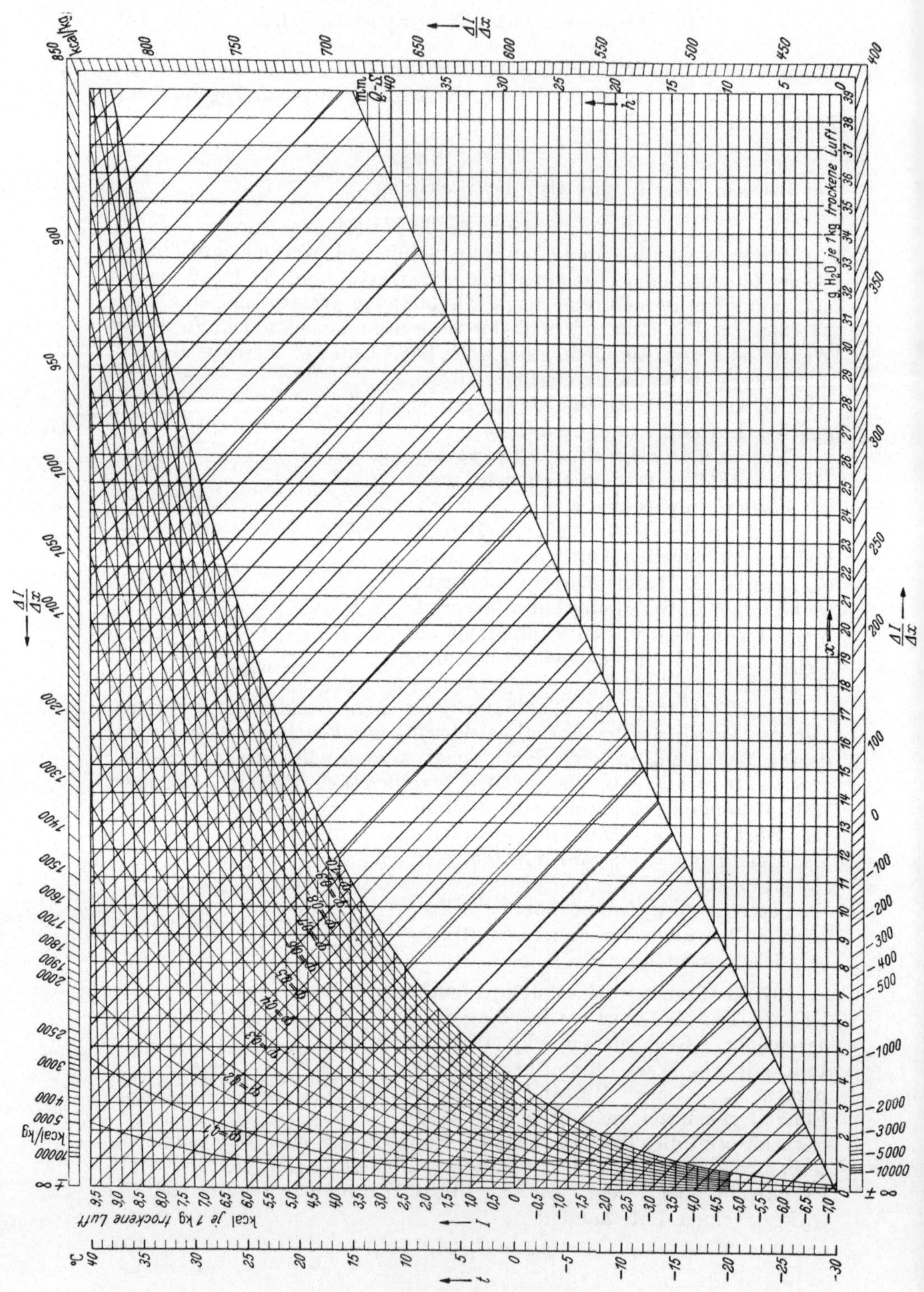

Diagramm IV. J, x- Tafel feuchter Luft für 1kg/cm^2 Gesamtdruck. (Nach W. TAMM: Die Grundlagen der Raumkühlung. Berlin: Springer 1938.)

Entsprechend wird durch die Linie 1′ 2′ die Abkühlung eines Dampf-Luft-Gemisches dargestellt, wobei angenommen ist, daß die Sättigungslinie überschritten wird. Die abgeführte Wärme ist

$$|Q_{1'2'}| = G_L(J_{1'} - J_{2'}).\tag{371}$$

Dabei sind $G_L(x_S - x)$ kg Wasser ausgeschieden worden, während $G_L x_S$ kg Wasser in der Luft dampfförmig verblieben sind.

108. Mischung zweier Mengen feuchter Luft. Wir mischen eine Menge A_1 kg feuchter Luft vom Zustand $J_1 x_1$ mit einer anderen Menge A_2 kg vom Zustand $J_2 x_2$. Sind G_{L1} und G_{L2} wieder die Gewichte der trockenen Luft, so ist

$$A_1 = G_{L1}(1 + x_1),$$
$$A_2 = G_{L2}(1 + x_2).$$

Ist $(G_{L1} + G_{L2}) J_m$ die Enthalpie nach der Mischung, so ist

$$G_{L1} J_1 + G_{L2} J_2 = (G_{L1} + G_{L2}) J_m$$

und mit der Abkürzung $G_{L2}/G_{L1} = n$ folgt daraus

$$J_m = \frac{J_1 + n J_2}{1 + n}.\tag{372}$$

Durch eine ähnliche Überlegung findet man für den Feuchtigkeitsgehalt nach der Mischung

$$x_m = \frac{x_1 + n x_2}{1 + n}.\tag{373}$$

Aus Gl. (372) und (373) folgt

$$J_1 - J_m = n(J_m - J_2),\tag{374}$$
$$x_1 - x_m = n(x_m - x_2)\tag{375}$$

und durch Division ergibt sich dann

$$\frac{J_1 - J_m}{x_1 - x_m} = \frac{J_m - J_2}{x_m - x_2}.\tag{376}$$

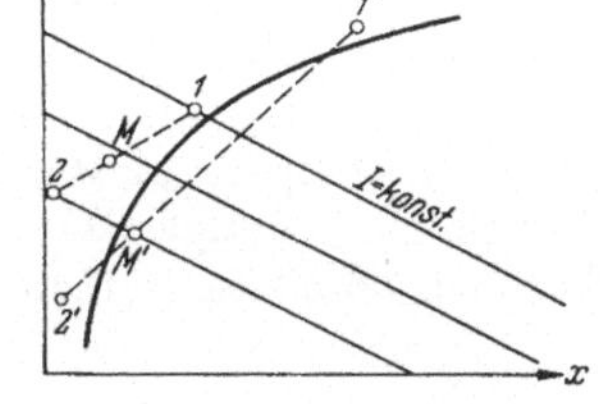

Abb. 150. Mischung von feuchten Luftmengen im I,x-Diagramm.

Der Mischpunkt M liegt demnach auf der gradlinigen Verbindungslinie der Zustände 1 und 2 (Abb. 150) und zwar gibt Gl. (374) das Verhältnis an, nach dem der Mischpunkt M die Verbindungslinie teilt. Unter Umständen kann M auch unterhalb der Sättigungskurve liegen wie z. B. bei der Mischung mit den Zuständen 1′ und 2′. Dann scheidet sich Wasser oder Eis ab.

Aus Gl. (374) folgt ferner, daß die Verbindungsgerade 12 durch Punkt M im Verhältnis n, d. h. also im Verhältnis der Trockenluftgewichte geteilt wird.

109. Die Zumischung von Wasser oder Wasserdampf zu feuchter Luft.
Zu $G_L(1 + x_1)$ kg feuchter Luft von Zustand $J_1 x_1$ werden G_W kg Wasser oder Wasserdampf vom Wärmeinhalt i_W zugemischt. Für diesen Vorgang gilt die Wärme- und die Stoffbilanz

$$G_L J_1 + G_W i_W = G_L J_2,$$
$$G_L x_1 + G_W = G_L x_2.$$

Dabei bezieht sich der Zeiger 2 auf den Zustand nach der Mischung. Aus diesen beiden Gleichungen ergibt sich durch Umformung

$$\frac{J_2 - J_1}{x_2 - x_1} = i_W . \tag{377}$$

Die Zustandsänderung im J, x-Diagramm hat also die Neigung i_W. Diese Richtung ist bei bekanntem i_W aus dem Randmaßstab der Tafel IV sofort zu entnehmen. In Abb. 151 ist eine solche Zustandsänderung 12 eingetragen.

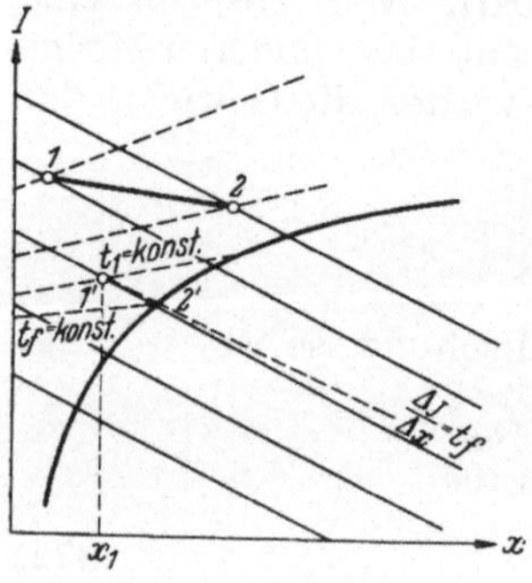

Abb. 151. Zumischung von Wasser oder Wasserdampf zu feuchter Luft im J, x-Diagramm.

Derartige Zustandsänderungen sind beim *Psychrometer*[1] von Wichtigkeit, das zur Messung der Luftfeuchtigkeit dient. Es besteht aus zwei Thermometern, von denen das eine an seiner Quecksilberkuppe mit einem mit Wasser getränkten Belag überzogen ist. Mit Hilfe eines kleinen Ventilators wird die Luft in zwei parallelen Strömen über die Thermometer geblasen. Dadurch wird Wasser vom feuchten Thermometer in die Luft hinein verdampft, wodurch sich das Wasser, aber auch die über das feuchte Thermometer streichende Luft abkühlt. Im Beharrungszustand hat das Thermometer konstante Temperatur und die zur Verdampfung des Wassers notwendige Wärme wird der Luft entnommen, die sich mit Wasserdampf sättigt. Man kann den Vorgang so auffassen, als ob man soviel Wasser der Temperatur t_f, d. h. der Temperatur des feuchten Thermometers, zur Luft zumischt, daß sie sich sättigt. Da nun aber die spezifische Wärme des Wassers Eins ist, so ist $i_W = t_f$ und Gl. (377) geht über in

$$\frac{J_2 - J_1}{x_2 - x_1} = t_f . \tag{378}$$

Dies ist im J, x-Diagramm eine Zustandsänderung $1'\,2'$ mit der Neigung t_f. Der Endpunkt $2'$ liegt auf der Sättigungslinie. Um den Wasserdampfgehalt der Luft zu finden, hat man lediglich mit der Neigung t_f eine Gerade von der Sättigungskurve bei der Temperatur t_f (Punkt $2'$) bis zum Schnittpunkt mit der Isotherme t_1, der Temperatur des trockenen Thermometers, zu ziehen. Dann ist x_1 der Wasserdampfgehalt der Luft.

Liegt, was die Regel ist, die Temperatur t_f zwischen 0 und 20°, so fällt die Zustandsänderung praktisch mit den Linien $J =$ konst. zusammen.

Die Temperatur t_f ist die untere Grenztemperatur, die Wasser und Luft beim Verdunstungsvorgang annehmen können. Diese Grenztemperatur heißt *Kühlgrenze*. Man erkennt aus dem Diagramm, daß Luft bestimmter Temperatur Wasser um so tiefer abkühlen kann, je trockener sie ist.

---

[1] GRAMBERG, A.: Technische Messungen bei Maschinenuntersuchungen und, zur Betriebskontrolle, 6. Aufl. Berlin: Springer 1933. — GRUBENMANN, M.: J, x-Tafeln feuchter Luft. 2. Aufl. Berlin: Springer 1942.

110. Der Trockenvorgang. Auch der Trockenvorgang kann im J, x-Diagramm äußerst übersichtlich veranschaulicht werden. In die in Abb. 152 dargestellte Trockenkammer wird das Trockengut G mit der Feuchtigkeit G_W, der spezifischen Wärme c und der Temperatur t' eingeführt. Es verläßt die Kammer nach Abgabe der Feuchtigkeit G_W mit der Temperatur t''. Die Feuchtigkeit wird durch Beheizung mit der Wärme Q aus dem Gut ausgetrieben und durch die Luftmenge G_L aufgenommen, die im Zustand 1 der Kammer zugeleitet wird und sie im Zustand 2 verläßt. Die Wärmebilanz ergibt

$$Q = G_L(J_2 - J_1) + Gc(t'' - t') - G_W t' . \qquad (379)$$

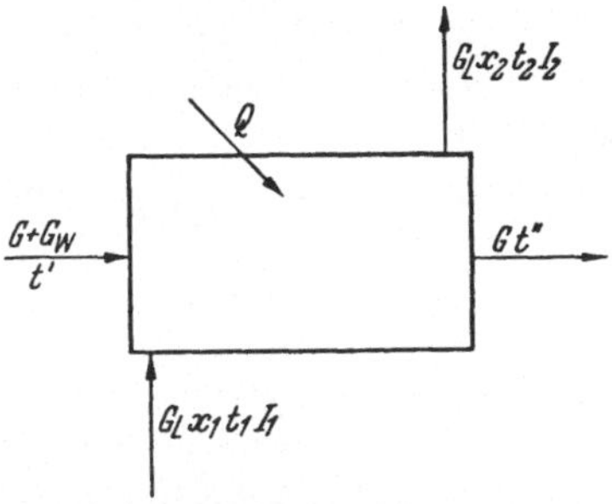

Ferner ist

$$G_W = G_L(x_2 - x_1) ,$$

also

$$\frac{G_L}{G_W} = \frac{1}{x_2 - x_1} . \qquad (380)$$

Abb. 152. Schema einer Trockenkammer.

Aus beiden Gleichungen ergibt sich durch Umformung

$$\frac{Q}{G_W} = \frac{J_2 - J_1}{x_2 - x_1} + c \frac{G}{G_W}(t'' - t') - t' . \qquad (381)$$

In der Regel ist

$$c \frac{G}{G_W}(t'' - t') - t' \ll \frac{J_2 - J_1}{x_2 - x_1} ,$$

so daß angenähert

$$\frac{Q}{G_W} \sim \frac{J_2 - J_1}{x_2 - x_1} \qquad (381a)$$

gesetzt werden kann. Hat man also mit einem Psychrometer die Zustände 1 und 2 gemessen, so kann mit Hilfe von Gl. (380) und (381) bzw. (381a) G_L/G_W und Q/G_W ermittelt werden. Umgekehrt lassen sich unter Annahme bestimmter Endzustände der Luft die Veränderung der Quotienten G_L/G_W und Q/G_W leicht bestimmen.

111. Adiabatische Zustandsänderung feuchter Luft unter Arbeitsleistung. Bei einer adiabatischen Zustandsänderung unter Arbeitsleistung kühlt sich die feuchte Luft ab. Solange dabei der Taupunkt nicht unterschritten wird, kann das Gemisch wie ein Gasgemisch nach den Vorschriften von Nr. 104 behandelt werden. Schlägt sich jedoch Wasser nieder, so müssen besondere Betrachtungen angestellt werden. Das J, x-Diagramm kann nämlich in diesem Falle nicht verwendet werden, weil es sich auf konstanten Gesamtdruck bezieht, während bei adiabatischer Entspannung der Gesamtdruck fällt.

Die Gleichungen des I. Hauptsatzes

$$dQ = dU + A P dV = dU + A dL ,$$
$$dQ = dJ - A V dP = dJ - A dL_t$$

gelten auch für das Gemisch und bei adiabatischer Entspannung ist die geleistete Arbeit mit $dQ = 0$

$$A L = U_0 - U ,$$

während die technische Arbeit

$$A L_t = J_0 - J$$

ist. Dabei bezieht sich der Zeiger 0 auf den gegebenen Anfangszustand. Die Werte ohne Zeiger seien einer gewählten Temperatur $T < T_0$ zugeordnet.

Für die trockene Luft gelten nun die Beziehungen

$$U_L = G_L c_v T ,$$
$$J_L = G_L c_p T ,$$

wobei es an sich gleichgültig ist, von welcher Temperatur ab U und J gezählt werden, weil es lediglich auf die Differenzen ankommt.

Ferner sei G_W die mit G_L kg trockner Luft gemischte Wasser- bzw. Wasserdampfmenge, wobei dann $x\,G_W$ kg Wasserdampf und $(1 - x)G_W$ kg Wasser in flüssiger Form vorhanden sind. Dabei sei ausdrücklich darauf hingewiesen, daß x hier den spezifischen Dampfgehalt im Sinne der Nr. 50 bedeutet und nicht etwa die Wasserdampfmenge bezogen auf 1 kg trockner Luft im Sinne des J, x-Diagrammes. Da jedoch die Bezeichnung x für beide Größen im technischen Schrifttum üblich ist, ist sie auch hier beibehalten. Dann ist allgemein

$$U_W = G_W(u' + x\varrho) ,$$
$$J_W = G_W(i' + xr) ,$$

wobei sich u' und i' auf die linke Grenzkurve beziehen und ϱ und r die innere bzw. die totale Verdampfungswärme bedeuten (vgl. Nr. 60).

Wird nun die feuchte Luft vom Anfangszustand mit dem spezifischen Dampfgehalt x_0 und der Temperatur T_0 auf die Temperatur T mit dem Dampfgehalt x abgekühlt, so ist die Arbeit

$$A L = G_L c_v(T_0 - T) + G_W(u_0' - u' + x_0 \varrho_0 - x\varrho) \tag{382}$$

und die technische Arbeit

$$A L_t = G_L c_p(T_0 - T) + G_W(i_0' - i' + x_0 r_0 - xr) . \tag{383}$$

Ist die Luft im Anfangszustand gerade gesättigt, so wird $x_0 = 1$.

Alle mit dem Zeiger 0 versehene Werte sind für T_0 aus der Dampftafel bekannt. Für die gewählte Temperatur T sind ebenfalls sämtliche Werte außer x bekannt. Man erhält jedoch eine Gleichung für x, wenn man bedenkt, daß für adiabatische Entspannung die Entropie am Anfang und Ende der Zustandsänderung dieselbe sein muß. Es ergibt sich für die Entropie beziehentlich unter Berücksichtigung von Gl. (83)

$$S_0 = G_L[c_p \ln T_0 - A R_L \ln P_{L0}] + G_W[s_0' + x_0(s_0'' - s_0')] , \tag{384}$$

$$S = G_L[c_p \ln T - A R_L \ln P_L] + G_W[s' + x(s'' - s')] . \tag{385}$$

Durch Subtraktion folgt, da $S_0 = S$ ist

$$G_L\left[c_p \ln \frac{T_0}{T} - A\,R_L \ln \frac{P_{L0}}{P_L}\right] \left.\begin{array}{c} \\ \\ \end{array}\right\}$$
$$+ G_W[s_0' - s' + x_0(s_0'' - s_0') - x(s'' - s')] = 0 \quad (386)$$

und daraus

$$x = \frac{G_L}{G_W(s'' - s')}\left[c_p \ln \frac{T_0}{T} - A\,R_L \ln \frac{P_{L0}}{P_L}\right] \left.\begin{array}{c} \\ \\ \end{array}\right\}$$
$$+ \frac{1}{s'' - s'}\,[s_0' - s' + x_0(s_0'' - s_0')] \, . \quad (387)$$

In Gl. (387) ist jedoch noch P_L unbekannt. Daher ist noch ein zweiter Zusammenhang zwischen x und P_L erforderlich. Da die Luft und der dampfförmige Teil von G_W am Ende der Entspannung beide dasselbe Volumen V einnehmen, so gelten die Beziehungen

$$P_L V = G_L R_L T \, ,$$
$$P_W V = x G_W R_W T \, .$$

Dividiert man beide Gleichungen durcheinander, so ergibt sich

$$x = \frac{P_W G_L R_L}{P_L G_W R_W} \quad (388)$$

Da Gl. (387) eine transzendente Gleichung ist, kann die Auflösung der beiden Gl. (387) und (388) nur auf zeichnerischem Wege erfolgen.

Ist somit x und P_L bekannt, so erfolgt die Berechnung von $A\,L$ oder $A\,L_t$ aus Gl. (382) bzw. (383).

Anfangs- und Endvolumen ergaben sich aus

$$V_0 = \frac{G_L R_L T_0}{P_{L0}} = \frac{x_0 G_W R_W T_0}{P_{W0}}\, , \quad (389)$$

bzw.

$$V = \frac{G_L R_L T}{P_L} = \frac{x G_W R_W T}{P_W}\, . \quad (390)$$

Die Volumina V_0 und V geben jeweils das Volumen der gas- bzw. dampfförmigen Bestandteile an. Für das Gesamtvolumen kommt noch der flüssige Teil $(1 - x)G_W v'$ hinzu, der jedoch in der Regel vernachlässigt werden kann.

Der Gesamtdruck ist nach dem Daltonschen Gesetz

$$P_0 = P_{L0} + P_{W0}\, , \quad (391)$$

bzw.

$$P = P_L + P_W\, . \quad (392)$$

112. Adiabatische Zustandsänderung von Dampfgemischen unter Arbeitsleistung. Die eben angestellten Überlegungen gelten sinngemäß auch für die Mischung von Dämpfen, soweit keine chemischen Reaktionen eintreten und die flüssigen Phasen sich nicht ineinander lösen. Dabei ist allerdings vorausgesetzt, daß sämtliche Dämpfe naß oder höchstens trocken gesättigt sind. Wäre das nicht der Fall, so müßten die überhitzten Dämpfe wie ein Gas behandelt werden und das Berechnungsverfahren käme auf eine Kombination der Nr. 111 und 112 hinaus.

Beziehen sich die Zeiger $1 \ldots n$ je auf eine Dampfart, so treten an Stelle von Gl. (382) und (383) unter den gemachten Voraussetzungen

$$AL = G_1(u'_{10} - u'_1 + x_{10}\varrho_{10} - x_1\varrho_1) \left. \atop + \cdots G_n(u'_{n0} - u'_n + x_{n0}\varrho_{n0} - x_n\varrho_n)\,, \right\} \tag{393}$$

$$AL_t = G_1(i'_{10} - i'_1 + x_{10}r_{10} - x_1r_1) \left. \atop + \cdots G_n(i'_{n0} - i'_n + x_{n0}r_{n0} - x_nr_n)\,. \right\} \tag{394}$$

Da die Entropie am Anfang und am Ende der Zustandsänderung gleich sein muß, ergibt sich entsprechend Gl. (386)

$$G_1[s'_{10} + x_{10}(s''_{10} - s_{10}) - s'_1 - x_1(s''_1 - s'_1)] \left. \atop + \cdots G_n[s'_{n0} + x_{n0}(s''_{n0} - s_{n0}) - s'_n - x_n(s''_n - s'_n)] = 0\,. \right\} \tag{395}$$

Die Werte für x_1 bis x_n können durch folgende Überlegung gefunden werden. Allgemein gilt für jeden der Dämpfe die Beziehung

$$PV = xGRT\,. \tag{396}$$

Hierin ist P der Teildruck und V das Volumen, das alle Dämpfe gemeinsam einnehmen. Dabei ist xG der dampfförmige Gewichtsanteil. Da das Volumen V für alle Dämpfe dasselbe ist, so ergibt sich für den Anfangszustand

$$V_0 = \frac{x_{10}G_1R_1T_0}{P_{10}} = \cdots = \frac{x_{n0}G_nR_nT_0}{P_{n0}} \tag{397}$$

und für den Endzustand

$$V = \frac{x_1G_1R_1T_1}{P_1} = \cdots = \frac{x_nG_nR_nT}{P_n}\,. \tag{398}$$

In Gl. (398) hängen die Werte T und P durch die Dampfspannungskurve funktional zusammen. Daher ist Gl. (398) ein System von $(n-1)$ Gleichungen zur Berechnung von x_1 bis x_n, wozu als n-te Gleichung noch Gl. (395) hinzukommt.

Das Volumen V kann nach Berechnung der x-Werte aus Gl. (398) gefunden werden. Es bezieht sich, wie schon erwähnt, nur auf die dampfförmigen Anteile. Das Volumen der ausgefallenen Flüssigkeitsmengen

$$\sum_{i=1}^{i=n} (x_{i0} - x_i)\,G_i$$

muß gesondert bestimmt werden.

Schließlich versteht es sich von selbst daß die abgeleiteten Gleichungen nur soweit gelten, als die Dämpfe noch mit genügender Genauigkeit der Zustandsgleichung für vollkommene Gase gehorchen.

Es gibt sehr elegante graphische Methoden zur Lösung der in Nr. 111 und 112 besprochenen Probleme. Mit Hilfe eines s,ξ-Diagrammes für das entsprechende Dampfgemisch wird die Lösung wesentlich erleichtert und übersichtlicher gestaltet[1]. Die Aufstellung eines solchen Diagrammes

---

[1] BOSNJAKOVIC, F.: Z. VDI 75 (1931) S. 1197 u. Technische Thermodynamik, Bd. II. Leipzig: Theodor Steinkopff 1949. Die s,ξ-Diagramme haben als Abszisse die Konzentration und als Ordinate die Entropie des Gemisches.

ist indessen recht mühevoll und lohnt sich daher nur, wenn häufiger Aufgaben der beschriebenen Art bei ein- und demselben Gemisch gelöst werden müssen. Für einmalig auftretende Aufgaben wird man sich mit der Rechnung begnügen.

113. Umkehrbare und nicht umkehrbare Mischung zweier Gase. In Nr. 39 haben wir verschiedene nicht umkehrbare Vorgänge behandelt und auch den Mischungsvorgang bereits erwähnt. Im folgenden wollen wir die Mischung zweier Gase einer näheren thermodynamischen Untersuchung unterziehen. In einem Gefäß nach Abb. 153 befinden sich zwei

Gase (1) und (2), die zunächst durch eine Wand voneinander getrennt sind. Druck P und Temperatur T beider Gase seien gleich und die Volumina seien beziehentlich V_1 und V_2. Unter Fortlassen der bei den

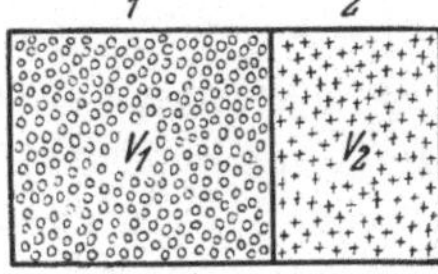
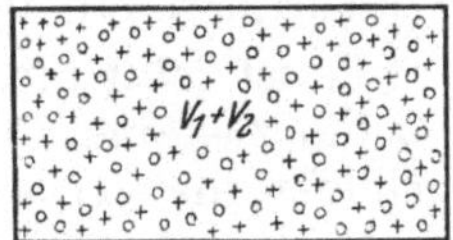

Abb. 153 u. 154. Nicht umkehrbare Mischung zweier Gase.

Betrachtungen herausfallenden Integrationskonstanten s_0 ist die Entropie der beiden Gase im Anfangszustand nach Gl. (82), wenn G_1 und G_2 die Gewichte sind.

$$S_{10} = G_1(c_{v1} \ln T + A R_1 \ln v_1) ,$$

$$S_{20} = G_2(c_{v2} \ln T + A R_2 \ln v_2) .$$

In diesen Gleichungen sind v_1 und v_2 die spezifische Volumina, d. h.

$$v_1 = \frac{V_1}{G_1}; \qquad v_2 = \frac{V_2}{G_2} .$$

Wird die Trennwand entfernt, so vermischen sich die Gase und jedes nimmt das gesamte Volumen des Gefäßes $V_1 + V_2$ ein (Abb. 154). Nach der Mischung ist also die Entropie

$$S_1 = G_1 \left[c_{v1} \ln T + A R_1 \ln \frac{V_1 + V_2}{G_1} \right] ,$$

$$S_2 = G_2 \left[c_{v2} \ln T + A R_2 \ln \frac{V_1 + V_2}{G_2} \right] .$$

Die Entropieänderung ist also

$$S - S_0 = (S_1 + S_2) - (S_{10} + S_{20})$$
$$= A G_1 R_1 \ln \frac{V_1 + V_2}{V_1} + A G_2 R_2 \ln \frac{V_1 + V_2}{V_2} . \qquad \left. \right\} \quad (399)$$

Aus Gl. (399) geht hervor, daß eine Entropievergrößerung eingetreten ist, womit der Mischungsvorgang als nicht umkehrbar gekennzeichnet ist. Es muß also ein Arbeitsverlust eingetreten sein und wir fragen, welche Arbeit geleistet werden könnte, wenn der Vorgang umkehrbar verliefe.

Zur Beantwortung dieser Frage greifen wir auf Gl. (127) zurück, wobei sich die Werte mit dem Zeiger 0 auf den Anfangszustand beziehen.

$$A L_{max} = U_0 - U - T(S_0 - S) + A P_0(V_0 - V) .$$

Da die Temperatur konstant ist, ist $U_0 = U$. Da sich auch das gesamte Volumen nicht ändert, ist $V_0 = V$. Daher bleibt für den betrachteten Fall

$$A L_{max} = -T(S_0 - S) = T(S - S_0),$$

woraus unter Berücksichtigung von Gl. (399) folgt

$$A L_{max} = T\left(A G_1 R_1 \ln \frac{V_1 + V_2}{V_1} + A G_2 R_2 \ln \frac{V_1 + V_2}{V_2}\right). \tag{400}$$

Die maximale Arbeit, die bei umkehrbarer Leitung des Mischvorganges geleistet werden könnte, ist also gleich der Entropieänderung der Gase multipliziert mit ihrer absoluten Temperatur.

Es ist jetzt die Frage, wie man den Mischungsvorgang umkehrbar ausführen kann. Dazu denken wir uns die Trennwand durch zwei Kolben gebildet, die aus sogenannten halbdurchlässigen Wänden bestehen. Der Kolben A sei nur für das Gas 1, der Kolben B nur für das Gas 2 durchlässig (Abb. 155). Beide Gase sollen zu Anfang den gleichen Druck P und die gleiche Temperatur T haben. In dem anfangs ganz geringen

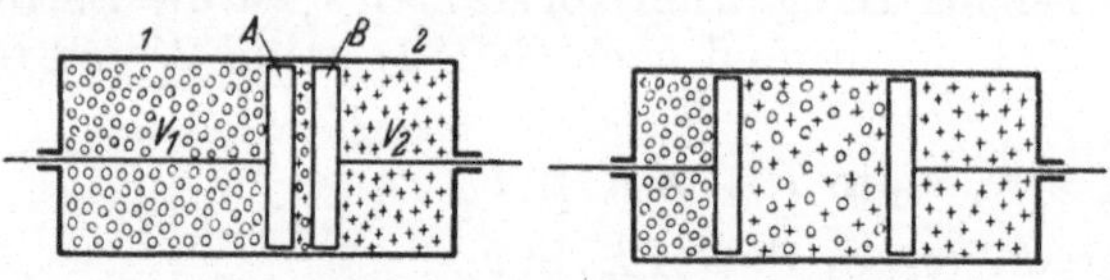

Zwischenraum zwischen den Kolben A und B diffundiert nun einerseits von links das Gas 1 und von rechts das Gas 2

Abb. 155 u. 156. Umkehrbare Mischung zweier Gase.

und da jedes von beiden in diesem Raum den Teildruck P herstellt, so ist der Gesamtdruck $2P$. Beide Kolben werden somit durch den Überdruck $2P - P = P$ nach links bzw. nach rechts gedrückt. Wir halten zunächst Kolben B fest und lassen Kolben A so langsam nach links rücken, daß die Gase stets genug Zeit haben, durch A bzw. B in den freigelegten Raum zu diffundieren (Abb. 156). In diesem durch die Linksbewegung von A freigegebenen Raum behält Gas 1 stets den Anfangsdruck P bei, während

der Teildruck P'' des Gases 2 gemäß der Volumenvergrößerung nach der Gleichung

$$P'' V'' = P V_2$$

abnimmt (Abb. 157). Nach Gl. (50) ist die Arbeit, die bis zur Endlage des Kolbens durch das Gas 2 geleistet wird

$$L_2 = G_2 R_2 T \ln \frac{V_1 + V_2}{V_2}. \tag{401}$$

Es hat am Ende der Arbeitsleistung im gesamten Raum den Partialdruck

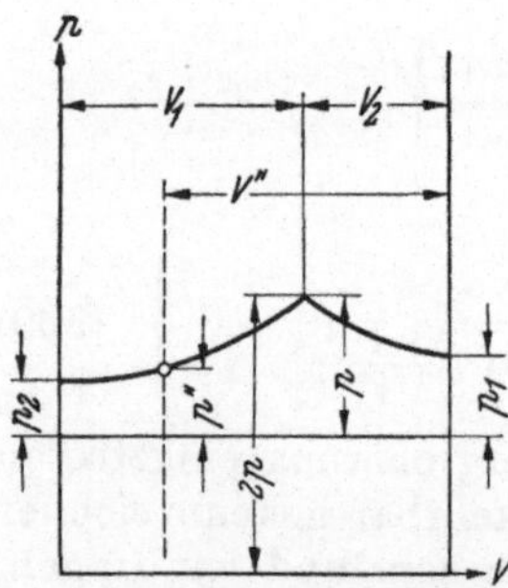

Abb. 157. Umkehrbare Mischung zweier Gase im p,V-Diagramm.

$$P_2 = P \frac{V_2}{V_1 + V_2}, \tag{402}$$

so daß jetzt im Raum V_1 der Gesamtdruck $P_2 + P$, im Raum V_2 der Gesamtdruck P_2 herrscht, weil in V_2 nur das Gas 2 vorhanden ist. Daher kann nunmehr der Kolben B mit dem anfänglichen Überdruck

$P_2 + P - P_2 = P$ seine Bewegung nach rechts ausführen, wobei das Gas 1 entspannt wird. Seine Arbeitsleistung bis zur äußersten Rechtslage des Kolbens B ist

$$L_1 = G_1 R_1 T \ln \frac{V_1 + V_2}{V_1}. \tag{403}$$

Am Ende der Entspannung hat Gas 1 den Teildruck

$$P_1 = P \frac{V_1}{V_1 + V_2}. \tag{404}$$

Der Gesamtdruck am Ende der umkehrbaren Vermischung ist also nach Gl. (402) und (404)

$$P_1 + P_2 = P,$$

also genau so groß wie nach nicht umkehrbarer Vermischung. Dagegen wird bei umkehrbarer Vermischung die Arbeit

$$L_1 + L_2 = G_1 R_1 T \ln \frac{V_1 + V_2}{V_2} + G_2 R_2 T \ln \frac{V_1 + V_2}{V_2} \tag{405}$$

geleistet. Dieselbe Arbeit muß aufgewendet werden, um die beiden Gase zu entmischen.

Im übrigen ist Gl. (405) identisch mit dem auf anderem Wege gefundenen Ergebnis Gl. (400).

114. Beispiele. a) Für folgende gasförmige Gemische sind für die Gewichtsanteile $\xi = 0$; $0{,}2$; $0{,}4$; $0{,}6$; $0{,}8$ und $1{,}0$ die entsprechenden Molenbrüche ψ zu berechnen und ψ über ξ aufzutragen!

Ammoniak NH_3 ($m_1 = 17$) und Wasserdampf H_2O ($m_2 = 18$).

Benzol C_6H_6 ($m_1 = 78$) und Wasserdampf.

Wasserstoff H_2 ($m_1 = 2$) und Wasserdampf.

Der Anteil ξ soll sich jeweils auf NH_3, C_6H_6 und H_2 beziehen, also z. B. im ersten Fall

$$\xi = \frac{kg\ NH_3}{kg\ NH_3 + kg\ H_2O}.$$

Aus der Beziehung

$$\psi = \frac{\xi}{\xi + \dfrac{m_1}{m_2}(1 - \xi)} \tag{324}$$

findet man, daß für $\xi = 0$ und $\xi = 1$ auch $\psi = 0$ und $\psi = 1$ ist. Für die Zwischenwerte ist

$$\psi < \xi, \text{ wenn } \frac{m_1}{m_2} > 1,$$

$$\psi = \xi, \text{ wenn } m_1 = m_2,$$

$$\psi > \xi, \text{ wenn } \frac{m_1}{m_2} < 1.$$

b) Luft besteht aus 21 Vol.-Anteilen Sauerstoff ($m = 32$) und 79 Vol.-Anteilen Stickstoff ($m = 28$). Wie groß sind die Teildrücke, wenn der Gesamtdruck 1 at ist? Wie groß ist die Gaskonstante der Mischung? Wie groß sind die Gewichtsanteile? Wie groß ist der Wert $\varkappa$, wenn für Sauerstoff $c_p = 0{,}218$ und $c_v = 0{,}156$ und für Stickstoff $c_p = 0{,}250$ und $c_v = 0{,}178$ ist?

Im folgenden beziehe sich der Zeiger 1 auf Sauerstoff, der Zeiger 2 auf Stickstoff

$$\frac{p_1}{p} = \frac{V_1}{V_1 + V_2}. \tag{338}$$

Mit $p = 1$ at; $V_1 = 0,21 \, \mathrm{m}^3$; $V_2 = 0,79 \, \mathrm{m}^3$ ergibt sich $p_1 = 0,21$ at, $p_2 = 0,79$ at.

$$R_m = 848 \, \frac{V_1 + V_2}{m_1 V_1 + m_2 V_2} = 29,3 \, \mathrm{mkg/kg \, grd}. \tag{337}$$

$$\xi_1 = \frac{G_1}{G_1 + G_2} = \frac{m_1 V_1}{m_1 V_1 + m_2 V_2} = 0,233. \tag{316}$$

$$\xi_2 = 1 - \xi_1 = \frac{m_2 V_2}{m_1 V_1 + m_2 V_2} = 0,767. \tag{317 u. 318}$$

$$c_{pm} = \frac{c_{p1} G_1 + c_{p2} G_2}{G_1 + G_2} = 0,243 \, \mathrm{kcal/kg \, grd}. \tag{341}$$

$$c_{vm} = \frac{c_{v1} V_1 + c_{v2} V_2}{V_1 + V_2} = 0,173 \, \mathrm{kcal/kg \, grd}. \tag{342}$$

$$\varkappa = \frac{c_{pm}}{c_{vm}} = 1,405. \tag{343}$$

c) 10 m³ feuchte Luft von 30°, 30 % relativer Feuchtigkeit und einem Druck von 1 at werde auf −2° abgekühlt. Wo liegt der Taupunkt, d. h. bei welcher Temperatur fallen die ersten Feuchtigkeitsspuren aus? Wie groß ist die abzuführende Wärmemenge? Welche Wassermenge ist am Ende der Abkühlung in Dampfform und in Eisform vorhanden?

Aus dem J, x-Diagramm findet man den Taupunkt zu 10,7° C. Ferner ergibt sich aus dem Diagramm $h_W = 9,5$ mm QS.

$$h_W V_{1+x} = 3,461 \, x T. \tag{352}$$

Ist G_L das Gewicht an trockener Luft, so entspricht $G_L V_{1+x}$ dem gesamte Volumen von 10m³. Folglich ist das Gewicht an trockner Luft in 10 m³ feuchter Luft nach Gl. (352)

$$G_L = \frac{10 h_W}{3,461 \, x T}.$$

Mit $x = 0,0082$ aus dem Diagramm und $T = 273 + 30 = 303°$ K ergibt sich $G_L = 10,91$ kg. Mit $J_1 = 12,2$ kcal/kg und $J_2 = 1,05$ kcal/kg folgt

$$|Q| = G_L(J_1 - J_2) = 121,2 \, \mathrm{kcal}. \tag{371}$$

Aus dem Diagramm ergibt sich für −2° $x_S = 0,0033$. Folglich sind dampfförmig in der Luft

$$G_L x_S = 0,0360 \, \mathrm{kg}.$$

Ausgefroren sind.

$$G_L(x - x_S) = 0,0535 \, \mathrm{kg}.$$

d) 3 m³ feuchte Luft von 10° und 50 % relativer Feuchtigkeit werden mit 2 m³ feuchter Luft von 30° und 20 % relativer Feuchtigkeit bei 1 at Gesamtdruck gemischt. Welchen Zustand hat die Mischung?

Die erste Luftmenge sei durch 1, die zweite durch 2 gekennzeichnet. Aus dem J, x-Diagramm folgt $J_1 = 4,75$ kcal/kg, $J_2 = 10,50$ kcal/kg. Ferner $h_{W1} = 4,6$ mm QS; $h_{W2} = 6,4$ mm QS; $x_1 = 0,0039$ kcal/kg; $x_2 = 0,0054$; $T_1 = 283°$ K; $T_2 = 303°$ K

$$h_W V_{1+x} = 3,461 \, x T. \tag{352}$$

Mit $G_L V_{1+x} = 3$ m³ bzw. 2 m³ folgt

$$G_{L1} = \frac{3 h_{W1}}{3,461 \, x_1 T_1} = 3,61 \, \mathrm{kg} \text{ trockene Luft für die erste Menge.}$$

$$G_{L_2} = \frac{2\,h_{W_2}}{3{,}461\,x_2\,T_2} = 2{,}26 \text{ kg trockene Luft für die zweite Menge.}$$

Mit $\dfrac{G_{L_2}}{G_{L_1}} = n = 0{,}626$ ergibt sich $J_m = \dfrac{J_1 + n\,J_2}{1 + n} = 6{,}96 \text{ kcal/kg.}$ \hfill (372)

Man findet diesen Zustand im J, x-Diagramm auf der Verbindungslinie der Zustände 1 und 2. Der Punkt J_m teilt diese Verbindungslinie im Verhältnis n. Man findet für den Mischpunkt $t_m = 17{,}9°$ und $\varphi_m = 34\%$.

c) Luft von $25°$, 1 at Druck und einer relativen Feuchtigkeit von 25% wird über Wasser geblasen. Welches ist die tiefst erreichbare Temperatur?

Für $t = 25°$ und $\varphi = 0{,}25$ findet man im J, x-Diagramm $J_1 = 9{,}0$. Verlängert man die Gerade $J = 9{,}0$ bis zur Sättigung, so findet man in erster Annäherung $t_f = 13{,}2°$. Zieht man nach der Gleichung

$$\frac{J_2 - J_1}{x_2 - x_1} = t_f$$

von J_1 aus einen Strahl mit der Neigung $t_f = 13{,}2$, so findet man $13{,}3°$. Die erste Annäherung ist also genau genug.

115. Der osmotische Druck. Wir wenden uns nun der Lösung fester Stoffe in Flüssigkeiten zu und gehen dabei zunächst von einem Versuch aus. Charakteristisch für diese Lösungen ist, daß der feste Stoff einen so niedrigen Dampfdruck hat, daß dieser ohne weiteres vernachlässigt und zu Null angenommen werden kann. Wir lösen etwas Rohrzucker ($C_{12}H_{22}O_{11}$) in Wasser und füllen diese Lösung in das Gefäß 1 (Abb. 158), das sich zunächst außerhalb des Gefäßes 2 befinde. Gefäß 1 ist mit einer halbdurchlässigen Wand W abgeschlossen, die für Wasser durchlässig aber für Rohrzucker undurchlässig ist. Solche halbdurchlässigen Wände haben wir bereits in Nr. 113 kennen gelernt. Bei dem Rohrzuckerversuch, der erstmalig von PFEFFER 1877 angestellt wurde, diente als halbdurchlässige Wand Ton, der innen mit einem Niederschlag von Ferrozyankupfer, $Fe(CN)_6Cu_2$, versehen war. Am oberen Ende des Gefäßes 1 ist ein Manometer angebracht. Nun tauchen wir das

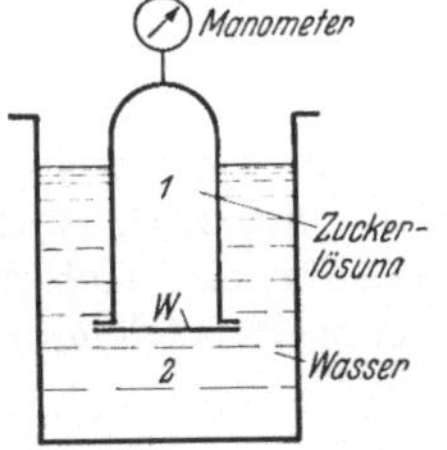

Abb. 158. Zur Erklärung des osmotischen Druckes.

Gefäß 1 in das mit reinem Wasser gefüllte Gefäß 2. Wir beobachten dann, daß das Manometer einen Überdruck anzeigt. Diesen Druck nennt man den *osmotischen Druck*.

Man kommt zu einer Erklärung der Erscheinung, wenn man auf die beiden chemischen Bestandteile Rohrzucker und Wasser ähnliche Betrachtungen anwendet, wie wir es schon im Zusammenhang mit den Gasgemischen an Hand des Daltonschen Gesetzes getan haben. Man kann sich vorstellen, daß jeder der beiden Bestandteile einen Teildruck ausübt, und da bei gleichem Gesamtdruck der Teildruck des Wassers in der Lösung offenbar kleiner ist als in dem mit reinem Wasser gefüllten Gefäß, werden Wassermoleküle durch die halbdurchlässige Wand solange in den Lösungsraum diffundieren, bis der Wasserteildruck in beiden Räumen der gleiche ist. Es tritt also in Raum 1 eine Druckerhöhung ein ähnlich der, die bereits in Nr. 113 beim umkehrbaren Mischungsvorgang besprochen war. Diese Druckerhöhung macht sich im

Manometer als Überdruck bemerkbar. Der im Raum 1 herrschende Überdruck entspricht also dem Teildruck des Zuckers, da sich der Druck des Wassers durch die halbdurchlässige Wand ausgleichen kann.

Wendet man nun auf diese sich auf Flüssigkeiten beziehenden Vorgänge die Zustandsgleichung für Gase an, so erhält man für den osmotischen Druck die Zuckerlösung

$$P_{osm} V = G R T ,\tag{406}$$

oder

$$P_{osm} = R T \frac{G}{V} ,\tag{407}$$

worin R die Gaskonstante des Zuckers und G/V die je Volumeneinheit vorhandene Zuckermenge bedeutet.

Beachtet man, daß $R = \dfrac{\Re}{m}$ ist, so kann Gl. (407) auch geschrieben werden

$$P_{osm} = \Re T \frac{N_0}{V} .\tag{408}$$

Der osmotische Druck ist also bei konstanter Temperatur der in der Volumeneinheit enthaltenen Zahl N_0 der Mole proportional.

Genau wie die Zustandsgleichung für Gase eigentlich nur bei sehr niedrigen Drücken gilt, so ist es auch mit Gl. (408). Man kann also nur bei verhältnismäßig sehr kleinen Konzentrationen eine befriedigende Übereinstimmung der rechnerischen Ergebnisse mit der Messung erwarten.

Wir können jedoch unsere Betrachtungen noch etwas verfeinern. Löst man z. B. Natriumhydroxyd in Wasser auf, so ist aus der Chemie bekannt, daß sich das Hydroxyd teilweise in *Ionen* aufspaltet nach der chemischen Gleichung

$$NaOH \rightarrow N_a^+ + OH^- .$$

Bei manchen Stoffen, beispielsweise Bariumchlorid $BaCl_2$ entstehen drei Ionen

$$BaCl_2 \rightarrow B_a^+ + Cl^- + Cl^- .$$

Es sei nun N_0 die Zahl der gelösten Moleküle, α der Anteil der, wie man sagt, dissoziierten Moleküle und n die Zahl der Ionen, die aus einem ursprünglich in Lösung gegangenen Molekül entstehen. Es entstehen also aus den N_0 gelösten Molekülen $n \alpha N_0$ neue Bestandteile während $(1 - \alpha) N_0$ Moleküle nicht dissoziiert sind. Aus N_0 Molekülen gehen also im ganzen

$$N = n \alpha N_0 + (1 - \alpha) N_0 = N_0 [1 + (n - 1)\alpha] = N_0 i \tag{409}$$

neue osmotisch wirksame Bestandteile hervor. In Gl. (408) ist also an Stelle von N_0 jetzt $i N_0$ zu schreiben, wobei i die Abkürzung für $[1 + (n - 1)\alpha]$ ist. Demnach ergibt sich, falls eine Dissoziation in Ionen stattfindet,

$$P_{osm} = i N_0 \Re T ,\tag{410}$$

bzw.

$$P_{osm} = i G R T .\tag{411}$$

In Tabelle 7 sind für einige in Wasser lösliche Stoffe die Werte für i angegeben.

Tabelle 7. *i-Werte für dissoziierende Stoffe.*

Basen		Säuren		Salze	
NaOH	1,96	HCl	1,98	NaCl	1,90
KOH	1,91	HNO_3	1,94	KCl	1,82
$Ba(OH)_2$	2,69	H_2SO_4	2,06	$BaCl_2$	2,63

Für Moleküle, die in zwei Ionen zerfallen, kann i, wie aus Gl. (409) hervorgeht, den Höchstwert 2, für Moleküle, die in drei Ionen zerfallenden Höchstwert 3 erreichen.

116. Dampfdruckerniedrigung. Raoultsches Gesetz. Wir wissen bereits, daß jedem Stoff, z. B. Wasser, bei einer bestimmten Temperatur ein bestimmter Dampfdruck zugeordnet ist. Löst man nun beispielsweise Zucker oder Kochsalz in Wasser und mißt bei einer bestimmten Temperatur den Dampfdruck, so findet man, daß dieser über der Lösung niedriger ist als über dem reinen Wasser. Den Dampfdruck des gelösten

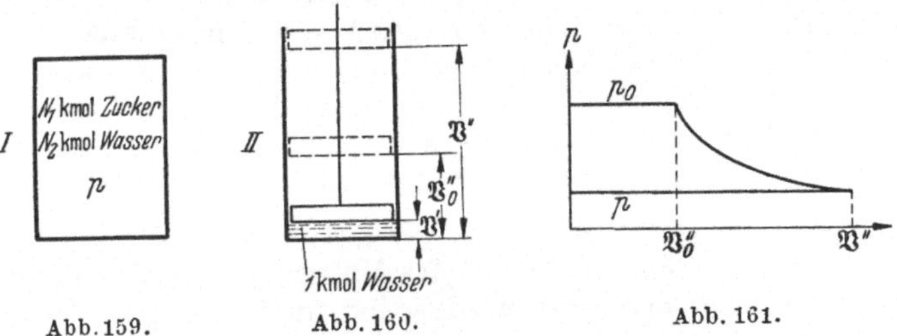

Abb. 159.   Abb. 160.   Abb. 161.

Zur Ableitung des Raoultschen Gesetzes.

Stoffes, also des Zuckers, können wir als verschwindend klein vernachlässigen. Wir wollen uns jetzt die Aufgabe stellen, diese *Dampfdruckerniedrigung* zu berechnen.

In einem Gefäß I (Abb. 159 u. 160) befindet sich ein Gemisch von N_1 kmol Zucker und N_2 kmol Wasser bei der Temperatur T. In einem zweiten Gefäß II befindet sich ein kmol Wasser bei derselben Temperatur. Der Druck im Gefäß II sei P_0, wobei dieser Druck gemäß der Spannungskurve für reines Wasser der Temperatur T zugeordnet ist. Im Gefäß I herrsche der Druck P, der nach unserer experimentellen Erfahrung kleiner als P_0 ist. Ferner sei $N_1 + N_2$ sehr groß gegen Eins, so daß durch Vermischen des Inhaltes beider Gefäße die Konzentration der Lösung sich nur um einen unendlich kleinen Betrag ändert. Wir verdampfen nun das Wasser im Gefäß II unter Wärmezufuhr bei der Temperatur T. Dabei wird die Arbeit

$$L_1 = P_0(\mathfrak{V}_0'' - \mathfrak{V}') \sim P_0\mathfrak{V}_0''$$

geleistet (Abb. 161). Darin ist $\mathfrak{V}_0''$ das Volumen von 1 kmol Wasserdampf und $\mathfrak{V}'$ das Volumen von 1 kmol Wasser. $\mathfrak{V}'$ ist sehr klein gegen

$\mathfrak{V}_0''$. Nunmehr bringen wir den Wasserdampf durch isotherme Entspannung auf den Druck P. Dabei wird die Arbeit

$$L_2 = \mathfrak{R}\,T \ln \frac{p_0}{p} \tag{412}$$

geleistet, wobei sich der Dampf von Volumen $\mathfrak{V}_0''$ auf das Volumen $\mathfrak{V}''$ ausdehnt. Schließlich bringen wir diesen Dampf mit der Lösung im Gefäß I in Verbindung und verdichten isotherm bei konstantem Druck P, so daß sich der Dampf wieder verflüssigt. Hierbei ist die Arbeit

$$|L_3| = P(\mathfrak{V}'' - \mathfrak{V}') \sim P\mathfrak{V}''$$

aufzuwenden. Nun ist aber, da sich alle Vorgänge bei gleicher Temperatur abspielen

$$P\mathfrak{V}'' = P_0\mathfrak{V}_0'',$$

so daß sich die Arbeiten L_1 und L_3 gerade aufheben. Es bleibt also lediglich die Arbeit L_2 nach Gl. (412) übrig.

Nun stellen wir den ursprünglichen Zustand wieder mit Hilfe eines halbdurchlässigen Kolbens her. Dieser soll das Wasser, aber nicht den Zucker hindurchlassen. Wir bringen den Kolben in das Gefäß I ein (Abb. 162) und drücken ihn in die gestrichelte Lage so, daß im oberen Teil des Gefäßes I wieder 1 kmol reines Wasser übrig bleibt. Unterhalb des Kolbens befinden sich $N_1 + N_2$ kmol Lösung. Nach den Erörterungen in Nr. 115 ist bei der Bewegung des Kolbens nach unten der osmotische Druck zu überwinden. Es ist daher die Arbeit

$$|L_4| = P_{osm}\,\mathfrak{V}' \tag{413}$$

zu leisten. Ist V das Volumen, das von der Lösung eingenommen wird, so ist unter den gemachten Voraussetzungen

$$P_{osm}\,V = i N_1 \mathfrak{R}\,T \tag{414}$$

und

$$V = N_2 \mathfrak{V}', \tag{415}$$

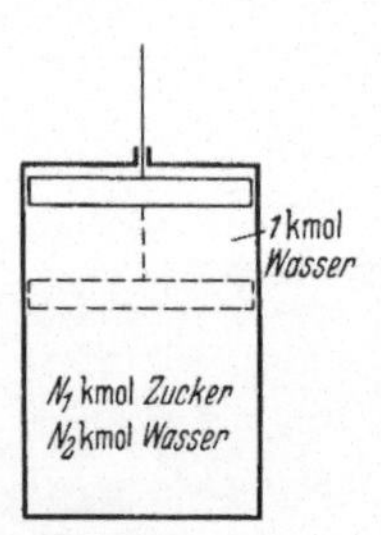

Abb. 162. Zur Ableitung des Raoultschen Gesetzes.

wenn wir die bei sehr verdünnten Lösungen erlaubte Voraussetzung machen, daß sich das Volumen des Wassers bei der Auflösung von N_1 kmol Zucker nicht merklich ändert.

Wir haben nun einen isothermen, umkehrbaren Kreisprozeß beschrieben und da wir auf Grund des II. Hauptsatzes wissen, daß bei einem umkehrbaren Prozeß nur dann Arbeit geleistet werden kann, wenn zwei Wärmebehälter verschiedener Temperatur vorhanden sind, so muß bei dem beschriebenen isothermen Prozeß die geleistete Arbeit Null sein. Daher ist unter Berücksichtigung von Gl. (412) und (413)

$$\mathfrak{R}\,T \ln \frac{p_0}{p} = P_{osm}\,\mathfrak{V}'. \tag{416}$$

Ersetzen wir hierin P_{osm} aus Gl. (414) und $\mathfrak{V}'$ aus Gl. (415), so erhalten wir

$$\ln \frac{p_0}{p} = i \frac{N_1}{N_2}. \tag{417}$$

Dies ist das Raoultsche Gesetz. Es zeigt, daß der Dampfdruck des Lösungsmittels über der Lösung eines festen Stoffes stets kleiner ist, als der Dampfdruck des reinen Lösungsmittels bei derselben Temperatur und daß die Dampfdruckerniedrigung um so größer, also p gegen p_0 um so kleiner ist, je stärker die Konzentration der Lösung ist.

Wir wollen Gl. (417) in eine etwas bequemere Form bringen. Ein Ausdruck $\ln(x+1)$ kann in eine Reihe entwickelt werden in der Form[1]

$$\ln(x+1) = x - \frac{x^2}{2} + \frac{x^3}{3} - \cdots .$$

Nun ist

$$\ln \frac{p_0}{p} = \ln\left(\frac{p_0 - p}{p} + 1\right) = \frac{p_0 - p}{p} - \frac{1}{2}\left(\frac{p_0 - p}{p}\right)^2 + \cdots .$$

und wenn wir in erster Annäherung nur das erste Glied berücksichtigen wird

$$\ln \frac{p_0}{p} \sim \frac{p_0 - p}{p} .$$

Damit geht Gl. (417) über in

$$\frac{p_0 - p}{p} = i \frac{N_1}{N_2} , \qquad (418)$$

oder

$$p = p_0 \frac{N_2}{i N_1 + N_2} . \qquad (419)$$

Setzen wir nun noch zur Vereinfachung $i = 1$ und beachten, daß nach Gl. (322)

$$\frac{N_1}{N_1 + N_2} = \psi$$

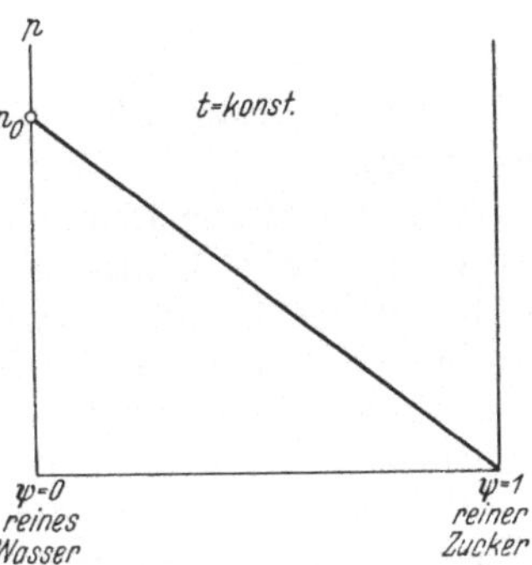

Abb. 163. Dampfdruck über einer Lösung in Abhängigkeit vom Molenbruch ψ.

der Molenbruch bezogen auf den gelösten Stoff (Zucker) ist, so ergibt sich

$$p = p_0(1 - \psi) . \qquad (420)$$

Diese Gleichung sagt aus, daß zwischen dem Druck p und dem Molenbruch ψ ein linearer Zusammenhang besteht (Abb. 163). Bei $\psi = 0$ ist reines Wasser vorhanden, also $p = p_0$, für $\psi = 1$ ist reiner Zucker vorhanden, also $p = 0$. Würde man statt des Molenbruches als Abszisse den Gewichtsanteil auftragen, so ergibt sich im allgemeinen keine Gerade, worauf ausdrücklich hingewiesen wird. Nur für den Fall der Gleichheit der Molekulargewichte des gelösten und des lösenden Stoffes wird $\psi = \xi$ (vgl. Nr. 103).

Ferner sei nochmals hervorgehoben, daß die angestellten Betrachtungen gewissen Einschränkungen unterliegen. Es war vorausgesetzt, daß der Dampfdruck so klein ist, daß man auf den Dampf die Zustandsgleichung der vollkommenen Gase anwenden kann und daß auch die Konzentration der Lösung so klein ist, daß die Betrachtungen über den osmotischen Druck noch Gültigkeit haben. Schließlich ist in Gl. (420) mit der Annahme $i = 1$ vorausgesetzt, daß keine Dissoziation eintritt.

---

[1] Vgl. Taschenbuch *Hütte* Bd. I (1948).

10*

Man wird daher von Gl. (419) nur bei verdünnten nicht dissoziierenden Lösungen quantitativ richtige Werte erwarten können, darüber hinaus jedoch nur qualitative. Solche einschränkenden Bedingungen ziehen sich mehr oder weniger durch das gesamte Gebiet der Thermodynamik der Gemische, wenigstens was die rechnerische Behandlung anbelangt, und man wird daher stets gut tun, die anzuwendenden Beziehungen kritisch auf ihren Geltungsbereich zu prüfen.

Oft wird die *relative Dampfdruckerniedrigung* $\dfrac{p_0 - p}{p_0}$ angegeben. Aus Gl. (418) und (419) ergibt sich durch Umformung

$$\frac{p_0 - p}{p_0} = \frac{i N_1}{i N_1 + N_2}, \tag{421}$$

oder mit der Vereinfachung $i = 1$

$$\frac{p_0 - p}{p_0} = \psi. \tag{422}$$

Die relative Dampfdruckerniedrigung ist also dem Molenbruch proportional.

117. Die Wärmetönung beim Lösen. Löst man zwei Stoffe ineinander, so werden dabei häufig Wärmemengen frei oder gebunden. Hält man während des Lösungsvorganges die Temperatur konstant, so muß im ersteren Fall Wärme abgeführt, im zweiten Wärme zugeführt werden. Das Freiwerden oder das Gebundenwerden von Wärme bei derartigen chemischen Reaktionen nennt man *Wärmetönung.*

Während man in der Thermodynamik im allgemeinen der zugeführten Wärmemenge das positive und der abgeführten Wärmemenge das negative Vorzeichen zuordnet, ist es üblich, bei der Wärmetönung umgekehrt zu verfahren. Man spricht also von positiver Wärmetönung, wenn beim Lösen Wärme frei wird und von negativer Wärmetönung, wenn Wärme gebunden d. h. zugeführt werden muß. Die Wärmetönung beim Lösungsvorgang nennt man *Lösungswärme.*

Wir gehen wieder von einem Versuch aus, indem wir z. B. Natriumhydroxyd mit Wasser vermischen. Die Gewichtsanteile beziehen wir auf Natriumhydroxyd, so daß $\xi = 1$ reines Natriumhydroxyd und $\xi = 0$ reines Wasser bedeutet. Wir gießen nun zum Natriumhydroxyd bestimmte Mengen von Wasser hinzu und halten die Lösung auf gleicher Temperatur.

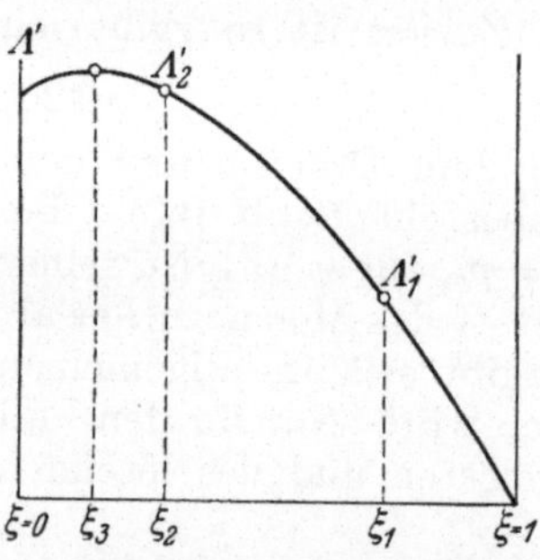

Abb. 164. Integrale Lösungswärme in Abhängigkeit von der Gewichtskonzentration ξ.

Wir finden dann, daß wir ausgehend von $\xi = 1$ nach jedem Verdünnungsvorgang Wärme abführen müssen. Diese Wärmemengen tragen wir jeweils über der Endkonzentration auf. Verdünnen wir z. B. auf ξ_1 (Abb. 164), so wird die Wärme Λ_1' frei, bei Verdünnung auf ξ_2 die Wärme Λ_2'. Gehen wir von einer Lösung ξ_1 aus und verdünnen auf ξ_2, so wird die Wärmetönung durch die Differenz $\Lambda_2' - \Lambda_1'$ gegeben.

Gehen wir bei Natriumhydroxyd über eine bestimmte Verdünnung ξ_3 hinaus, so bemerken wir, daß die Wärmetönung dann wieder kleiner wird. Diese Wärmetönung bezeichnen wir, da sich der Vorgang über einen gewissen Konzentrationsbereich erstreckt, im besonderen mit *integraler Lösungswärme*.

Für die Lösung praktischer Aufgaben ist es zweckmäßig, die Lösungswärme auf die Zumischung von 1 kg eines der beiden Bestandteile bei konstanter Konzentration zu beziehen. Man kann sich das praktisch so vorstellen, daß man 1 kg des einen Bestandteiles in einer unendlich großen Lösungsmenge auflöst. Bei Lösungen von festen Stoffen in Flüssigkeiten nimmt man dabei am besten das Lösungsmittel, also in unserem Falle das Wasser. Die auf 1 kg des zugemischten Bestandteiles bezogene Lösungswärme bei konstanter Konzentration heißt die *differentiale Lösungswärme*. Wir wollen jetzt aus der für die integrale Lösungswärme ermittelten Kurve die differentiale Lösungswärme berechnen.

Es sei G_1 das Gewicht des Natriumhydroxyds und G_2 das Gewicht des Wassers, also

$$\xi = \frac{G_1}{G_1 + G_2} \, . \tag{423}$$

Dann ist nach der Definition die differentiale Lösungswärme

$$l = \left(\frac{d\Lambda'}{dG_2}\right)_{\xi=konst} \tag{424}$$

Aus Gl. (423) ergibt sich

$$G_2 = \frac{G_1(1 - \xi)}{\xi}$$

und daraus durch Differentiation

$$dG_2 = -G_1 \frac{d\xi}{\xi^2} \, . \tag{425}$$

Setzt man dG_2 aus Gl. (425) in Gl. (424) ein, so folgt

$$l = \frac{\xi^2}{G_1} \frac{d\Lambda'}{d\xi}. \tag{426}$$

Bezieht man Λ' auf 1 kg des festen Stoffes und setzt $\Lambda = \Lambda'/G_1$, so wird

$$l = -\xi^2 \frac{d\Lambda}{d\xi} \, . \tag{426a}$$

Wir können also l aus der experimentell ermittelten Kurve für Λ' berechnen, indem wir für jeden Punkt, also für jedes ξ den Differentialquotienten $\frac{d\Lambda'}{d\xi}$ bilden, mit dem jeweiligen ξ^2 multiplizieren und durch das Gewicht des in der Lösung vorhandenen Natriumhydroxyds G_1 dividieren. Trägt man von vornherein Λ statt Λ' auf, so entfällt die Division durch G_1.

In Abb. 165 sind die Verhältnisse schematisch dargestellt. Für $\xi = 0$ und $\frac{d\Lambda}{d\xi} = 0$ wird nach Gl. (426) auch $l = 0$. Nimmt Λ mit abnehmender Konzentration ab, so wird l negativ und umgekehrt.

Der Verlauf von Λ bzw. l braucht nicht etwa bei allen Lösungen so zu sein, wie in Abb. 165 dargestellt. Der tatsächliche Verlauf läßt sich jeweils nur experimentell feststellen.

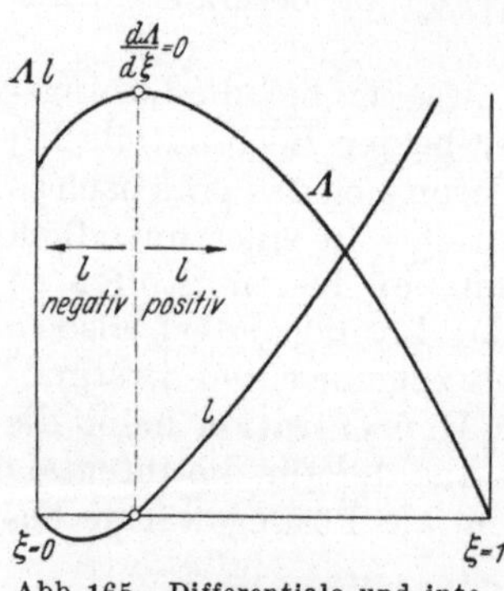

Abb. 165. Differentiale und integrale Lösungswärme.

Die differentiale Lösungswärme ist, wie Abb. 165 zeigt, abhängig von der Konzentration. Da ferner der Verlauf von Λ jeweils nur für eine bestimmte Temperatur Gültigkeit hat und für eine andere Temperatur anders ist, so sind Λ und l außerdem noch temperaturabhängig.

Ist l gegeben, so kann die gesamte bei der Verdünnung von ξ_1 auf ξ_2 auftretende Wärmetönung berechnet werden, indem Gl. (426a) integriert wird. Es ergibt sich

$$\Lambda_2 - \Lambda_1 = -\int_{\xi_1}^{\xi_2} \frac{l}{\xi^2}\,d\xi\,. \tag{427}$$

118. Die Ausdampfungswärme. Wir wollen uns jetzt die Aufgabe stellen diejenige Wärmemenge zu berechnen, die zum Ausdampfen von 1 kg des flüchtigen Stoffes aus einer Lösung notwendig ist. Auf das Beispiel der Nr. 117 bezogen, müssen wir also die zum Verdampfen von 1 kg Wasser aus Natronlauge notwendige Wärme ermitteln.

Offenbar können wir diese Aufgabe auch umkehren und die Wärme bestimmen, die bei der Verflüssigung von 1 kg Wasserdampf in einer Lösung frei wird. Wir nehmen dabei an, daß die Lösungsmenge so groß ist, daß sich die Konzentration bei der Verflüssigung nicht merklich ändert.

Nach dem Vorgang von Hilde Mollier[1] kann man sich den Vorgang dabei folgendermaßen vorstellen. Die Lösung und der Dampf darüber

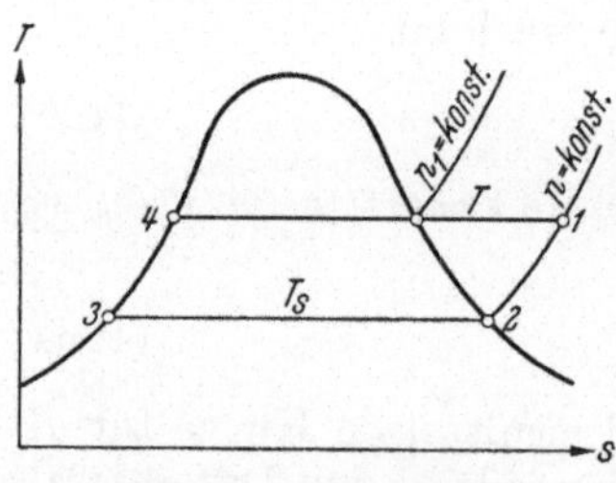

Abb. 166. Zur Berechnung der Ausdampfungswärme.

haben beide dieselbe Temperatur T. Da nun aber der Dampfdruck über der Lösung p kleiner ist als der Druck bei der Temperatur T über reinem Wasser so muß sich bezogen auf reines Wasser, der Wasserdampf über der Lösung in überhitztem Zustand befinden. Dieser Zustand entspricht dem Punkt 1 im T,s-Diagramm Abb. 166. Wir stellen uns nun vor, daß wir den Dampf von der Lösung abtrennen und ihn allein zunächst auf die seinem Druck p entsprechende Sättigungstemperatur T_s bringen. Dabei wird die Wärme

$$c_p(T - T_s)$$

abgeführt (Punkt 2). Jetzt verflüssigen wir den Dampf, wobei die Verdampfungswärme r abzuführen ist (Punkt 3). Schließlich bringen wir

---

[1] Mollier, H.: VDI-Forsch.-Heft 63/64 (1909).

die Flüssigkeit wieder auf die Temperatur T. Dabei muß die Wärme

$$c'(T - T_s)$$

zugeführt werden (Punkt 4), wobei c' die spezifische Wärme der Flüssigkeit auf der linken Grenzkurve ist.

Nun bringen wir die Flüssigkeit mit der Lösung wieder zusammen, wobei dann die differentiale Lösungswärme l abzuführen bzw. bei negativer Wärmetönung zuzuführen ist.

Die gesamte abzuführende Wärmemenge ist also

$$r + l + c_p(T - T_s) - c'(T - T_s) = r + l - (c' - c_p)(t - t_s)\,.$$

Mithin ist die zum Ausdampfen von 1 kg des flüchtigen Bestandteiles notwendige Ausdampfungswärme

$$q_a = r + l - (c' - c_p)(t - t_s)\,. \tag{428}$$

Sind t und t_s nicht wesentlich voneinander verschieden, d. h. ist die Lösung nur schwach konzentriert, so ist

$$q_a \sim r + l\,. \tag{429}$$

Die Überlegungen, die zu den Ansätzen Gl. (428) und (429) führten, treffen offenbar auf die tatsächlichen Verhältnisse nicht völlig zu, denn beim Ausdampfen von 1 kg des flüchtigen Stoffes aus einer sehr großen Lösungsmenge oder beim umgekehrten Vorgang, der Verflüssigung, ändert sich die Temperatur von Dampf und Lösung nur um einen verschwindend kleinen Betrag. Der Vorgang verläuft also praktisch isotherm. Die Hilfsvorstellung nach Abb. 166 ergibt aber keineswegs einen isothermen Vorgang. Wir müssen daher die Hilfsvorstellung kritisch betrachten und den Fehler, der dabei begangen wird, abschätzen.

Die Arbeit, die beim Ausdampfen geleistet wird, ist, wenn der Vorgang in einem Zylinder nach Abb. 167 in der üblichen Weise geleitet wird

$$P(v_1 - v_4')\,,$$

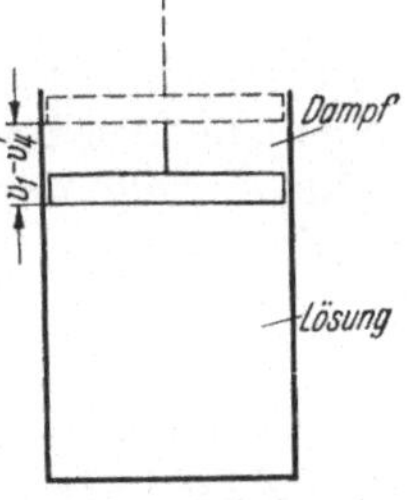

Abb. 167. Zur Berechnung der Ausdampfungswärme.

wobei v_1 das Volumen im Punkt 1 der Abb. 166 und v_4' das Volumen der Flüssigkeit im Punkt 4 ist. Bei der Verflüssigung wird dieselbe Arbeit aufgewendet. Läßt man jedoch die Verflüssigung nicht im Zylinder nach Abb. 167, sondern nach der Hilfsvorstellung (Abb. 166) vor sich gehen, so ist die beim Verflüssigen aufzuwendende Arbeit

$$P(v_1 - v_3') - \int\limits_3^4 P\,dv$$

und die bei dem aus Ausdampfung und Wiederverflüssigung bestehenden Kreisprozeß gewonnene Arbeit

$$P(v_1 - v_4') - P(v' - v_3') + \int\limits_3^4 P\,dv = P(v_3' - v_4') + \int\limits_3^4 P\,dv\,.$$

Die nach Gl. (428) berechnete Ausdampfungswärme ist also mit einem Fehler behaftet, der dem Wärmeäquivalent dieser Arbeit entspricht.

Da jedoch die Volumina v_3' und v_4' sehr klein sind und das Integral ebenfalls nahezu Null ist, so ist der Fehler nicht bedenklich, vor allem wenn p und der Unterschied zwischen t und t_s nicht sehr groß ist.

119. Das Lösungsfeld. Jedem einheitlichen Stoff entspricht eine einzige Dampfspannungskurve. Bei einer Lösung gibt es je eine Kurve für jede beliebige Konzentration. Der Kurve $\xi = 0$ (Abb. 168) entspricht der reine flüchtige Bestandteil, z. B. Wasser. Den Kurven $\xi > 0$ entsprechen die Kurven für die wachsenden Konzentrationen an nicht flüchtigen Bestandteilen, z. B. Natriumhydroxyd. Da nach dem Raoultschen Gesetz die Dampfdrücke des flüchtigen Bestandteiles über einer Lösung geringer sind als über dem reinen Stoff, liegen die Dampfspannungs-

kurven für die Lösung unterhalb derjenigen für das reine Lösungsmittel.

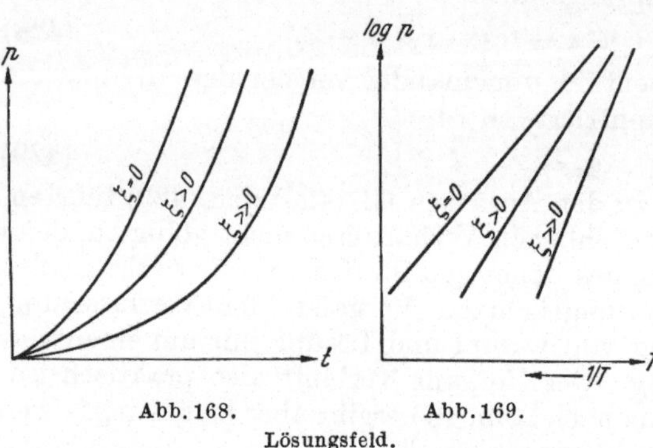

Abb. 168.　　　　　　Abb. 169.

Lösungsfeld.

In Abb. 169 sind die Spannungskurven in ein $\log\ p,1/T$-Diagramm eingetragen und wir wollen jetzt feststellen, wie es sich mit der Neigung der Kurven in diesem Diagramm verhält. Wir können auch auf die Lösungen die Überlegungen der Nr. 52 und 55 anwenden, nur müssen wir an Stelle der Verdampfungswärme nunmehr die Ausdampfungswärme aus der Lösung setzen. Wir erhalten dann in Anlehnung an Gl. (164), wenn wir für q_a den Ausdruck Gl. (429) wählen

$$\ln P = -\frac{r+l}{ART} + \text{konst.} \tag{430}$$

In dieser Gleichung bezieht sich die Gaskonstante R auf den flüchtigen Bestandteil, d. h. auf das Lösungsmittel. Je größer die Lösungswärme l ist, um so steiler verlaufen also die Dampfspannungslinien im $\log p,1/T$ Diagramm. Ist $l = 0$, so sind die Linien parallel, ist l negativ, so verlaufen sie flacher als die Linie für den reinen flüchtigen Bestandteil. In Abb. 170 bis 172 sind diese Möglichkeiten schematisch zusammengestellt[1]. Da man es bei Lösungen stets mit einer Schar von Spannungskurven zu tun hat, die sich über ein ganzes Feld im p,t- oder $\log p, 1/T$-Diagramm verteilen, spricht man auch von einem *Lösungsfeld*. Wie wir später sehen werden, spielen diese Lösungsfelder bei der Lösung technischer Aufgaben eine wichtige Rolle.

120. Siedepunktserhöhung. Den Tatbestand, daß der Dampfdruck des Lösungsmittels über einer Lösung geringer ist als über dem reinen Lösungsmittel, kann man auch anders ausdrücken. Bezieht sich die eben

---

[1] NESSELMANN, K.: Zur Theorie der Wärmetransformation. Wiss. Veröff. Siemens-Konz. 12 (1933) S. 89 u. Z. ges. Kälteind. 41 (1934) S. 73.

gewählte Betrachtungsweise auf die gleiche Temperatur, so kann man auch von konstantem Druck ausgehen. Dann hat offenbar eine Lösung einen höheren Siedepunkt, d. h. eine höhere Siedetemperatur als das reine Lösungsmittel. Es tritt also eine *Siedepunktserhöhung* ein. Die Dampfdruckerniedrigung kann nach dem Raoultschen Gesetz (vgl.

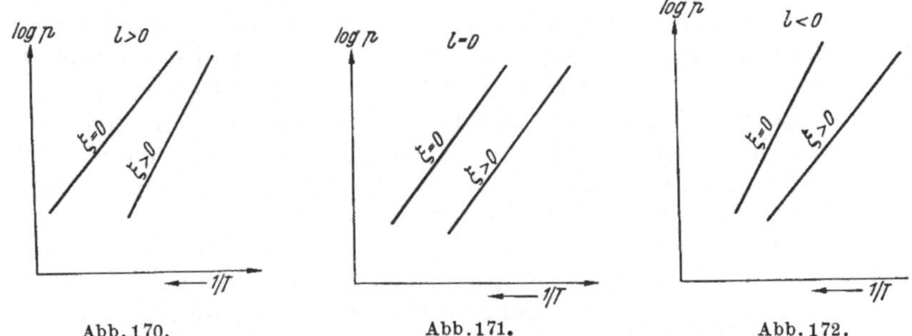

Abb. 170.　　　　Abb. 171.　　　　Abb. 172.

Gestalt des Lösungsfeldes in Abhängigkeit von der Lösungswärme.

Nr. 116) berechnet werden. Wir wollen jetzt eine Beziehung für die Siedepunktserhöhung ableiten.

Wir betrachten in Abb. 173 den Punkt A, in dem die Lösung den Druck P und die Temperatur T_s, d. h. die Siedetemperatur des reinen Lösungsmittels beim Druck P_0 haben möge. Es ist dann $\Delta P/\Delta T_s$ in erster Annäherung die Neigung der Dampfspannungskurve in A. Nun ist aber $\Delta P = P_0 - P$ die Dampfdruckerniedrigung und ΔT_s die Siedepunktserhöhung. Ferner ist die Neigung der Dampfspannungskurve nach Gl. (162) und (430)

$$\frac{P_0 - P}{\Delta T_s} \sim \left(\frac{dP}{dT}\right)_s = \frac{P\,q_a}{A\,R\,T_s^2}, \qquad (431)$$

wobei sinngemäß q_a an Stelle von r gesetzt ist. Aus Gl. (431) ergibt sich durch Umformung unter Berücksichtigung von Gl. (418)

$$\Delta T_s = i\,\frac{N_1\,A\,R\,T_s^2}{N_2\,q_a}. \qquad (432)$$

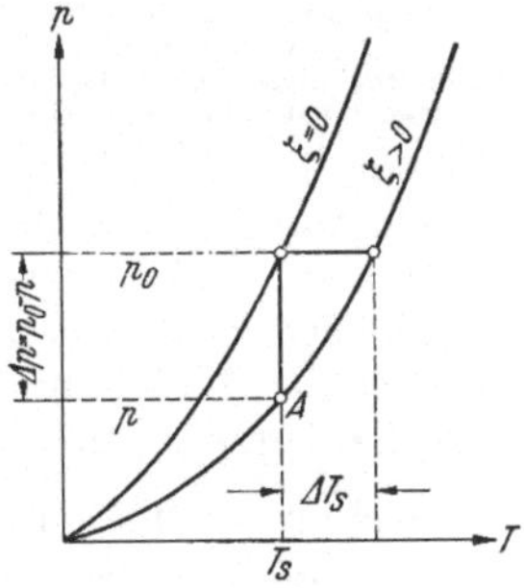

Abb. 173. Zur Bestimmung der Siedepunktserhöhung.

Hierin beziehen sich R und N_2 auf das flüssige Lösungsmittel und N_1 auf den festen Bestandteil. Zuweilen ist es bequemer, mit den Gewichten zu rechnen. Da

$$G_1 = m_1\,N_1,$$
$$G_2 = m_2\,N_2$$

ist, so folgt mit $R = 848/m_2$

$$\Delta T_s = 1{,}985\,i\,\frac{G_1\,T_s^2}{G_2\,m_1\,q_a}. \qquad (433)$$

Aus dieser Gleichung kann die Siedepunktserhöhung in Abhängigkeit von der Zusammensetzng der Lösung berechnet werden. Sie ist mit denselben Einschränkungen zu benutzen, die auch schon für das Raoultsche Gesetz galten.

121. Gefrierpunktserniedrigung. Das t, ξ-Diagramm. Eutektischer Punkt. Wir wollen nun das Verhalten von Lösungen bei tiefen Temperaturen betrachten. Dazu stellen wir uns eine nicht allzu konzentrierte Lösung von beispielsweise Kochsalz und Wasser her und kühlen sie ab. Es zeigt sich dann, daß diese Lösung bei 0° noch nicht erstarrt, wie es reines Wasser tut. Erst bei einer Temperatur unterhalb 0° bemerken wir, daß sich Wassereiskristalle abzusetzen beginnen. Kühlen wir noch weiter ab, so nimmt die Zahl der Wassereiskristalle zu und die restliche Lösung wird dementsprechend konzentrierter. Ferner finden wir, daß der Beginn des Ausscheidens von Eiskristallen um so tiefer liegt, je stärker die Konzentration der Anfangslösung war, wenn wir nicht zu hohe Konzentrationen wählen.

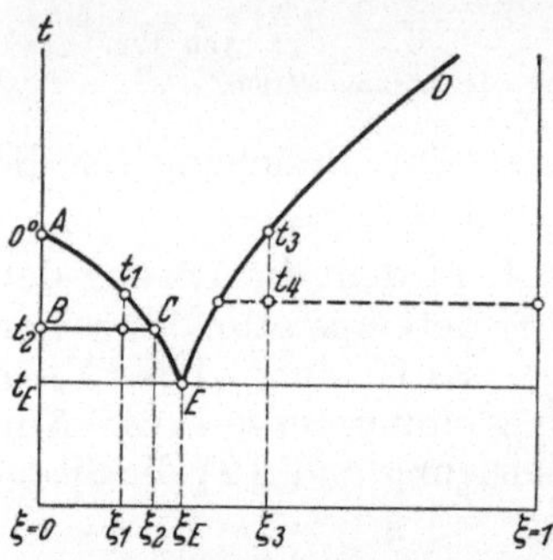

Abb. 174. Gleichgewichtskurve und Gefrierpunktserniedrigung im t, ξ-Diagramm.

In einem t, ξ-Diagramm tragen wir die Temperaturen ein, bei denen bei einer bestimmten Konzentration gerade das Ausscheiden von Eiskristallen beginnt, z. B. liegt für ξ_1 diese Temperatur bei t_1 (Abb. 174). Kühlen wir bis zur Temperatur t_2 weiter ab, so zerfällt die Lösung in Eiskristalle ($\xi = 0$) und in eine restliche Lösung (ξ_2). Man kann diese Tatsache auch so auffassen, daß überall auf der Kurve $A E$ Wassereis mit der Lösung entsprechender Temperatur im Gleichgewicht ist. Wir verstehen darunter, daß der Wasserdampfdruck über dem Eis gleich dem Wasserdampfdruck über der Lösung ist. So ist z. B. Wassereis von der Temperatur t_2 (Punkt B) im Gleichgewicht mit Lösung der Temperatur t_2 und der Konzentration ξ_2 (Punkt C). Man kann daher zu einer solchen Lösung beliebige Mengen Eis der Temperatur t_2 zufügen, ohne daß eine Veränderung eintritt.

Stellen wir uns eine Lösung ganz bestimmter Konzentration ξ_E her, die für wässerige Kochsalzlösung bei $\xi_E = 0,231$ liegt, so finden wir, daß die gesamte Lösung bei der Temperatur t_E, bei wässeriger Kochsalzlösung $-21,2°$, als Ganzes ausfriert, wobei sich ein Kristallgemisch von Eis- und NaCl-Kristallen bildet. Der Punkt E, bei dem diese charakteristische Erscheinung auftritt, heißt *eutektischer Punkt*.

Stellen wir uns nun weiter eine Lösung her, deren Konzentration $\xi_3 > \xi_E$ ist, so finden wir, daß die Kristallausscheidung bei einer Temperatur $t_3 > t_E$ vonstatten geht. Es werden jetzt jedoch keine Eiskristalle, sondern Salzkristalle ausgeschieden. Kühlt man weiter auf die Temperatur t_4 ab, so scheiden sich weitere Salzkristalle aus und die restliche Lösung wird entsprechend wasserreicher.

Die Kurve $ACED$ nennt man die *Gefrierkurve* oder auch *Gleichgewichtskurve*. Der rechte Ast endet bei $\xi = 1$ bei der Schmelztemperatur des gelösten Stoffes. Diese Temperaturen liegen z. B. bei Salzen sehr hoch, so daß dieser Ast sehr steil nach oben verläuft.

Wir betrachten nun nochmals eine Lösung im Bereich des linken Astes der Gefrierkurve (Abb. 175) und wollen feststellen, wie groß die Anteile von Eis und Lösung bei der Temperatur t sind. Ist G das Anfangsgewicht der Lösung und sind G_f und G_{fl} die festen bzw. flüssigen Gewichtsteile mit den Konzentrationen ξ_f und ξ_{fl}, so ist auf Grund der Stoffbilanz

$$G = G_f + G_{fl}, \qquad (434)$$

$$\xi G = \xi_f G_f + \xi_{fl} G_{fl} . \qquad (434a)$$

Aus den beiden Gleichungen folgt

$$\frac{G_f}{G} = \frac{\xi_{fl} - \xi}{\xi_{fl} - \xi_f}, \qquad (435)$$

$$\frac{G_{fl}}{G} = \frac{\xi_f - \xi}{\xi_{fl} - \xi_f} . \qquad (435a)$$

Da für den Punkt A die Konzentration $\xi_f = 0$ ist, so wird

$$\frac{G_f}{G} = \frac{\xi_{fl} - \xi}{\xi_{fl}}, \qquad (436)$$

$$\frac{G_{fl}}{G} = \frac{\xi}{\xi_{fl}} . \qquad (436a)$$

Es verhält sich also

$$\frac{G_{fl}}{G_f} = \frac{AB}{BC} . \qquad (437)$$

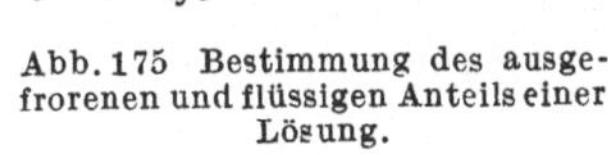

Abb. 175 Bestimmung des ausgefrorenen und flüssigen Anteils einer Lösung.

Sinngemäße Überlegungen gelten, wenn sich die Anfangskonzentration der Lösung im Bereich des rechten Astes der Gefrierkurve bewegt.

Der in Abb. 174 bzw. 175 dargestellte Typus von Gleichgewichtskurven ist für viele Lösungen charakteristisch. Es gibt jedoch noch andere Typen von Lösungen, die noch kurz gestreift werden mögen.

Geht man von einem in Abb. 176 dargestellten Lösungstypus aus, so bilden sich bei Erreichen von Punkt 1 die ersten Kristallspuren. Diese haben jedoch nicht die Konzentration $\xi = 0$ wie im Falle der wässerigen Kochsalzlösung, sondern ξ_2.

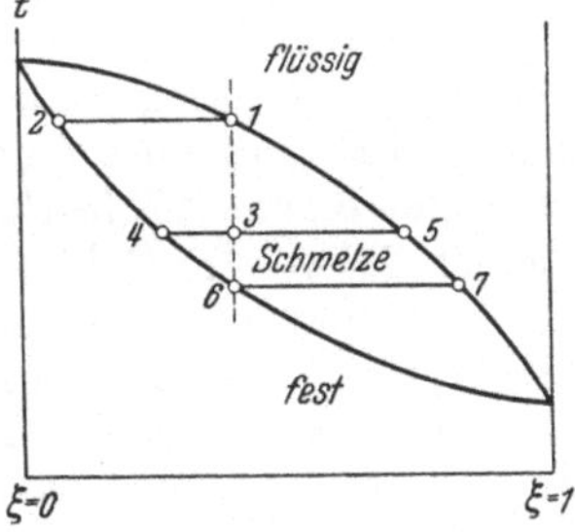

Abb. 176. Im festen Zustand vollkommen lösliches Gemisch im t, ξ-Diagramm.

Es handelt sich hier also um *Mischkristalle*, d. h. um Kristalle, die in ihrem Gitter Moleküle beider Bestandteile enthalten. Ein solcher Mischkristall ist nicht mit dem *Kristallgemisch* zu verwechseln, das wir im eutektischen Punkt der Kochsalzlösung vorfanden. Dieses bestand aus einem Gemisch von Eis und Salzkristallen, doch enthielten die Eiskristalle nur H_2O-, die Salzkristalle nur NaCl-Moleküle.

Im Punkt 3 haben wir eine *Schmelze* des Konzentrates ξ_5 und Mischkristalle der Konzentration ξ_4 und im Punkt 6 sind schließlich nur noch Mischkristalle der Konzentration ξ_6 vorhanden, die auch bei weiterem Abkühlen bestehen bleiben. Die letzten verschwindenden Spuren der Schmelze haben die Konzentration ξ_7.

Der Unterschied der beiden besprochenen Lösungstypen besteht darin, daß die beiden Bestandteile im zweiten Fall auch im festen Zustand vollkommen ineinander löslich sind, während sie sich im ersten Fall im festen Zustand gar nicht ineinander lösen.

Die Felder des t, ξ-Diagrammes, in denen die beiden Bestandteile nicht ineinander löslich sind, nennt man *Mischungslücken*.

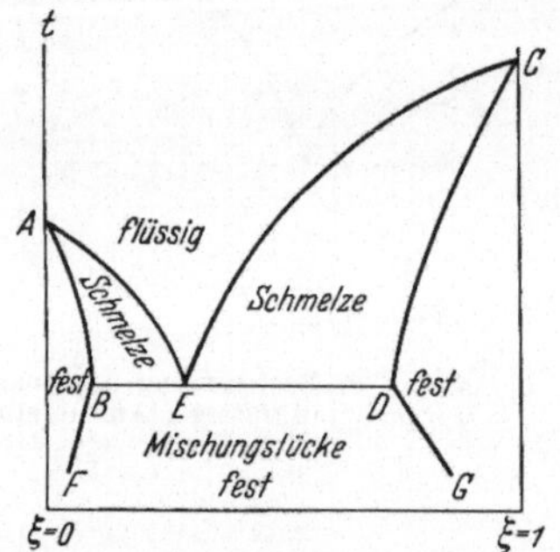

Abb. 177. Lösung mit Mischungslücken und Gebieten vollkommener Löslichkeit im t, ξ-Diagramm.

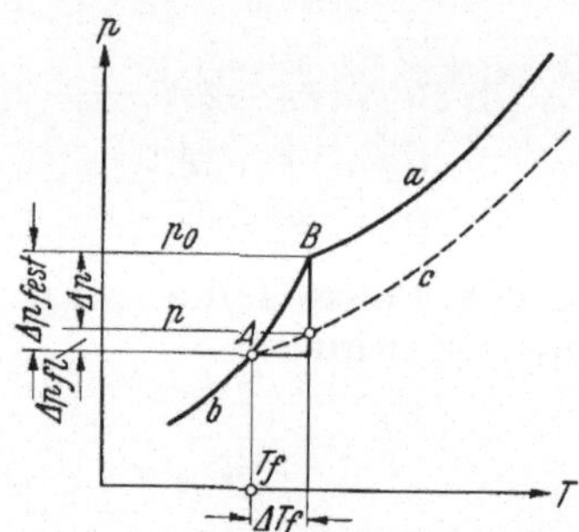

Abb. 178. Zur Berechnung der Gefrierpunktserniedrigung.

Im übrigen gelten die Gl. (434) und (435) auch für den in Abb. 176 dargestellten Fall.

Schließlich sei noch ein in Abb. 177 dargestellter Lösungstyp gezeigt. Oberhalb des Kurvenzuges AEC ist die Lösung flüssig. Innerhalb des Gebietes ABE ergeben sich Mischkristalle, deren Konzentration auf der Kurve AB liegt zusammen mit einer Schmelze, deren Konzentration durch die Kurve AE festliegt. Das Entsprechende gilt sinngemäß für das Gebiet CDE. Im Gebiet zwischen ABF und der Ordinate $\xi = 0$ scheiden sich Kristalle des reinen Stoffes und Mischkristalle entsprechend dem Linienzuge ABF ab. Entsprechendes gilt für das Gebiet zwischen CDG und der Ordinate $\xi = 1$. Durch E ist ein eutektischer Punkt angedeutet. Im Zustand E ist also ein Kristallgemisch aus den Mischkristallen der Konzentration B und D vorhanden. Innerhalb des Gebietes $FBEDG$ trennt sich die Lösung in zwei Mischkristallarten. In diesem Gebiet ist also eine *Mischungslücke* im festen Zustand vorhanden. Wir haben daher mit einem Lösungstyp zu tun, bei dem in gewissen Gebieten die beiden Bestandteile auch im festen Zustand löslich sind, in anderen Gebieten, also in den Mischungslücken jedoch nicht [1].

---

[1] Vgl. z. B. A. EUCKEN: Grundriß der physikalischen Chemie. Leipzig: Akademische Verlagsgesellschaft 1948.

Auch für diesen Fall gelten sinngemäß die Gl. (434) und (435).

Die Gefrierpunktserniedrigung einer Lösung, die aus dem t, ξ-Diagramm abgelesen werden kann, läßt sich auch rechnerisch bestimmen. In Abb. 178 bezieht sich die Dampfspannungskurve a auf die reine Flüssigkeit und die Kurve b auf die feste Phase des reinen Stoffes. Die Kurve c bezieht sich auf die flüssige Lösung einer bestimmten Konzentration. Nach dem Raoultschen Gesetz muß c unterhalb von a verlaufen. Im Punkt A schneiden sich die Kurven b und c. In diesem Punkt hat also der Dampf über der Lösung denselben Druck wie die feste Phase des reinen Stoffes. Haben wir es z. B. mit einer wässerigen Kochsalzlösung zu tun, so hat also in A, d. h. bei der Temperatur T_f das Eis denselben Dampfdruck wie die Kochsalzlösung. T_f ist demnach die Gefriertemperatur der Lösung. Das reine Wasser würde bereits in B bei der Temperatur T_0 gefrieren. Daher ist ΔT_f die Gefrierpunktserniedrigung.

Wir stellen jetzt die gleichen Betrachtungen wie in Nr. 120 an. Es ist für Punkt A in erster Annäherung mit q_s als Schmelzwärme und mit den Beziehungen der Abb. 178

$$\frac{\Delta P_{fest}}{\Delta T_f} = \frac{(r + q_s)P}{A R T_0^2},$$

$$\frac{\Delta P_{fl}}{\Delta P_f} = \frac{q_a P}{A R T_0^2}$$

Die Subtraktion beider Gleichungen ergibt

$$\frac{\Delta P}{\Delta T_f} = \frac{P_0 - P}{\Delta T_f} = \frac{(r + q_s - q_a) P}{A R T_0^2}. \tag{438}$$

Setzt man in erster Annäherung $q_a = r$, d. h. wird die Lösungswärme vernachlässigt, so bleibt in der Klammer nur noch die Schmelzwärme q_s übrig und man erhält aus Gl. (438) nach Umformung

$$\Delta T_f = \frac{P_0 - P}{P} \cdot \frac{A R T_0^2}{q_s}, \tag{439}$$

woraus mit Gl. (418) folgt

$$\Delta T_f = i \, \frac{N_1 A R T_0^2}{N_2 q_s}, \tag{440}$$

bzw.

$$\Delta T_f = 1,985 \, i \frac{G_1 T_0^2}{G_2 m_1 q_s}. \tag{441}$$

Gl. (441) für die Gefrierpunktserniedrigung ist bis auf das Auftreten von q_s anstatt von q_a identisch mit der Gl. (433) für die Siedepunktserhöhung.

Auf die auch bei Gl. (441) zu beachtenden Einschränkungen sei besonders hingewiesen.

122. Das Mischen zweier Lösungen. Mischt man A_1 kg Lösung der Konzentration ξ_1 und A_2 kg Lösung der Konzentration ξ_2, so ergibt die Stoffbilanz

$$\xi_1 A_1 + \xi_2 A_2 = \xi_m (A_1 + A_2).$$

Daraus folgt die Konzentration der Mischung

$$\xi_m = \frac{\xi_1 A_1 + \xi_2 A_2}{A_1 + A_2} \cdot \tag{442}$$

Wir fragen nun, welche Wärmemenge bei einer solchen Vermischung zu- oder abgeführt werden muß. Um die Überlegungen zu verdeutlichen, stellen wir uns zwei wässerige Salzlösungen vor, wobei $\xi_1 < \xi_m < \xi_2$ ist. Lösung 1 enthält also viel Wasser, Lösung 2 wenig Wasser. Man kann sich nun vorstellen, daß man der Lösung 1 soviel Wasser entzieht, daß sie gerade die Konzentration ξ_m erhält. Diese Wassermenge ist offenbar

$$G_w = \xi_1 A_1 \left(\frac{1 - \xi_1}{\xi_1} - \frac{1 - \xi_m}{\xi_m} \right) = \xi_2 A_2 \left(\frac{1 - \xi_m}{\xi_m} - \frac{1 - \xi_2}{\xi_2} \right).$$

Ist für die Lösung die Kurve für Λ bekannt, so kann man aus dieser bezogen auf 1 kg Salz (vgl. Nr. 117 und Abb. 179) die Wärmetönung berechnen. Sie sei $\Lambda_1 - \Lambda_m$. Dann ist für $\xi_1 A_1$ kg Salz die Wärmemenge

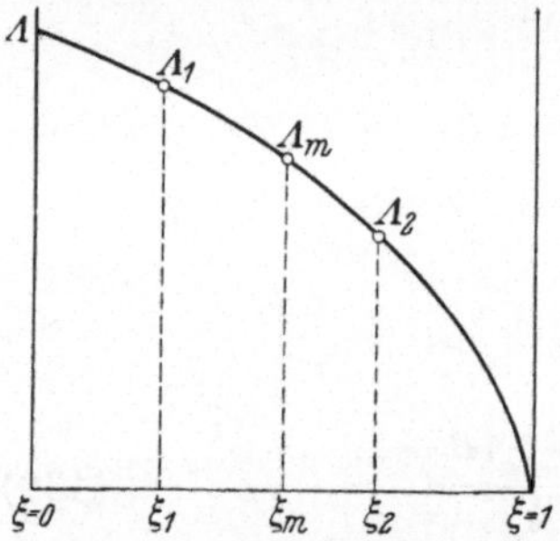

$$Q_1 = \xi_1 A_1 (\Lambda_1 - \Lambda_m) \tag{443}$$

zu oder abzuführen. Dabei entspricht jetzt einem positiven Ergebnis eine zuzuführende und einem negativen Ergebnis eine abzuführende Wärmemenge.

Jetzt wird die Wassermenge G_w zur Lösung 2 hinzugemischt. Dann entsteht auch eine Lösung der Konzentration ξ_m und die Wärmemenge bei diesem Vorgang ist entsprechend Gl. (443)

Abb. 179. Zur Bestimmung der Lösungswärme beim Mischen zweier Lösungen.

$$Q_2 = \xi_2 A_2 (\Lambda_2 - \Lambda_m) . \tag{444}$$

Die gesamte Wärmemenge ist mithin auch vorzeichengerecht

$$Q = Q_1 + Q_2 = \xi_1 A_1 (\Lambda_1 - \Lambda_m) + \xi_2 A_2 (\Lambda_2 - \Lambda_m) . \tag{445}$$

Ist die differentiale Lösungswärme, also $l = f(\xi)$ bekannt, so kann man Q auch angenähert folgendermaßen finden: Für das Entfernen der Wassermenge G_w aus der Lösung 1 ergibt sich als Wärmemenge

$$Q_1 \sim + G_w l_{\xi'} , \tag{446}$$

wobei $l_{\xi'}$ die differentiale Lösungswärme bezogen auf die mittlere Konzentration $\frac{\xi_1 + \xi_m}{2}$ bedeutet. Entsprechend ist

$$Q_2 \sim - G_w l_{\xi''} , \tag{447}$$

wobei ξ'' auf die mittlere Konzentration $\frac{\xi_m + \xi_2}{2}$ bezogen ist. Dann folgt

$$Q = Q_1 + Q_2 \sim G_w (l_{\xi'} - l_{\xi''}) . \tag{448}$$

123. Beispiele. a) Bei einer Lösung von Rohrzucker in Wasser ($m = 342$; $i = 1$) wurden bei $0°$ die osmotischen Drücke 2,48; 4,88; 9,76 und 14,87 at durch Messung festgestellt, wenn je Liter Lösung beziehentlich die Rohrzuckermengen

33,5; 65,7; 126,5 und 182,4 g in Wasser enthalten sind. Berechne die osmotischen Drücke und vergleiche sie mit den gemessenen Werten!

$$P_{osm} = R\,T\,\frac{G}{V}\ \text{kg/m}^2 . \tag{407}$$

$R = \dfrac{848}{m} = 2,48$; $T = 273^\circ$ K; $V = 0,001\,\text{m}^3$; $G = 0,0335\,\text{kg}$ usw. Daraus errechnet sich $= 2,27$; $4,44$; $8,55$ und $12,33$ at. Man erkennt die Zunahme des Fehlers mit wachsender Konzentration.

b) Wie groß ist der Dampfdruck über einer Lösung von 10 Gew.-% Kochsalz (NaCl; $m = 58$) in Wasser (H_2O; $m = 18$) bei 100°?

$$\psi = \frac{\xi}{\xi + \dfrac{m_1}{m_2}\,(1 - \xi)} . \tag{324}$$

Mit $\xi = 0,1$; $m_1 = 58$; $m_2 = 18$ folgt $\psi = 0,0330$. Bei 100° ist $p_0 = 1,033$ at und daher $p = 0,998$ at.

c) Eine Lösung von 1 kmol Natriumhydroxyd (NaOH, $m = 41$) und 3 kmol Wasser (H_2O, $m = 18$) wird auf

$$5;\ 7;\ 9;\ 20;\ 50;\ 100\ \text{und}\ 200$$

kmol Wasser verdünnt. Dabei werden beziehentlich die Wärmemengen

$$2313;\ 2889;\ 3093;\ 3283;\ 3113;\ 3000\ \text{und}\ 2940\ \text{kcal}$$

frei. Zeichne die Kurve, die die integrale Lösungswärme Λ bezogen auf 1 kg Natriumhydroxyd in Abhängigkeit von der Gewichtskonzentration ξ angibt und berechne aus d eser Kurve graphisch die differentiale Lösungswärme bezogen auf 1 kg Wasser!

Sowohl Λ als auch l hat den in Abb. 165 dargestellten Verlauf. Die Kurve für Λ beginnt bei der Gewichtskonzentration

$$\xi = \frac{N_1 m_1}{N_1 m_1 + N_2 m_2} = \frac{1 \cdot 41}{1 \cdot 41 + 3 \cdot 18} = 0,431\,,$$

worin sich der Zeiger 1 auf NaOH und der Zeiger 2 auf H_2O bezieht. Die Werte für die Lösungswärme müssen auf 1 kg NaOH umgerechnet werden. Da für 1 kmol $= 41$ kg NaOH die Wärmemengen angegeben sind, müssen sie also durch $m_1 = 41$ dividiert werden. Schließlich berechnet sich l aus

$$l = -\,\xi^2\,\frac{d\,\Lambda}{d\,\xi} . \tag{426a}$$

Der Differentialquotient $\dfrac{d\,\Lambda}{d\,\xi}$ kann graphisch als Tangente ermittelt werden.

d) Wie groß ist die Lösungswärme, wenn eine Lösung von 1 kmol Natriumhydroxyd und 7 kmol Wasser auf eine Lösung von 1 kmol Natriumhydroxyd und 9 kmol Wasser verdünnt wird? Aus den Zahlenangaben von Beispiel c) ist Λ' bis 7 kmol H_2O 2889 kcal und bis 9 kmol H_2O 3093 kcal. Die Lösungswärme ist also $3093 - 2889 = +204$ kcal, d. h. 204 kcal werden bei der Verdünnung frei. Also erwärmt sich die Lösung bei der Verdünnung, oder es müssen 204 kcal abgeführt werden, um die Anfangstemperatur zu halten.

e) Wie groß ist die Lösungswärme, wenn eine Lösung von 1 kmol Natriumhydroxyd und 50 kmol Wasser auf 1 kmol Natriumhydroxyd und 200 kmol Wasser verdünnt wird? Aus den Zahlenangaben von Beispiel c) ist Λ' für 50 kmol H_2O 3113 kcal und für 200 kmol H_2O 2940 kcal. Die Lösungswärme ist also $2940 - 3113 = -173$ kcal, d. h. die Lösung kühlt sich ab, oder es müssen 173 kcal zugeführt werden, um sie auf der Anfangstemperatur zu halten.

f) Wie groß ist die Lösungswärme, wenn 1 kg Wasser zu einer so großen Menge einer wässerigen Lösung von Natriumhydroxyd von 28 Gew.-% zugemischt wird, daß sich die Konzentration nicht ändert?

Die freiwerdende Wärme ist nichts anderes als die differentiale Lösungswärme l, die sofort aus der in Beispiel c) entwickelten Kurve für $\xi = 0{,}28$ abgelesen werden kann.

Ohne die gesamte Kurve für l zu ermitteln, kann man jedoch schon aus den Zahlenangaben des Beispiels c) den Wert für l angenähert berechnen. Es ist

$$l = -\frac{\xi^2\, d\, \Lambda'}{G_1\, d\,\xi} \sim -\frac{\xi^2\, \Delta\, \Lambda'}{G_1\, \Delta\,\xi}. \tag{426}$$

Für 1 kmol NaOH und 5 kmol H_2O ist $\xi = 0{,}313$ und $\Lambda' = 2313$ kcal und für 1 kmol NaOH und 7 kmol H_2O ist $\xi = 0{,}248$ und $\Lambda' = 2889$ kcal. Die Konzentration $\xi = 0{,}28$, für die l ermittelt werden soll, liegt also gerade dazwischen. Es ist $\Delta\Lambda' = 576$, $\Delta\xi = -0{,}165$ und $G_1 = 41$ kg entsprechend 1 kmol NaOH. Daraus $l = +6{,}67$ kcal.

g) Wie groß ist die Siedepunktserhöhung einer Kochsalzlösung von 30 Gewichtsteilen Kochsalz (KCl) und 100 Gewichtsteilen Wasser (H_2O)?

$$\Delta T_s = 1{,}985\, i\, \frac{G_1\, T_s^2}{G_2\, m_1\, q_a}. \tag{432}$$

Bei Kochsalz ist die Lösungswärme sehr klein, man kann also setzen $q_a = r = 539$ kcal/kg. Ferner ist $i = 1{,}82$ nach Tabelle 7. Mit $G_1 = 30$ kg, $G_2 = 100$ kg, $T_s = 273 + 100 = 373°$ K, $m_1 = 58$ folgt $\Delta T_s = 4{,}82°$, d. h. die Lösung siedet bei $104{,}82°$.

124. Allgemeine Bemerkungen über die Lösung zweier Flüssigkeiten.

Wir haben bisher die Lösung eines festen Stoffes in einer Flüssigkeit besprochen. Diese Einschränkung haben wir bisher deswegen gemacht, weil wir es dann nur mit dem Dampfdruck des flüssigen Bestandteiles zu tun haben, wodurch gewisse Betrachtungen wesentlich erleichtert werden und einige Grundgesetze besonders klar hervortreten.

Lassen wir diese Einschränkung fallen, so werden wir bei allen Überlegungen, in denen der Dampfdruck über der Lösung eine Rolle spielt, beide Bestandteile berücksichtigen müssen, insbesondere dann, wenn die Dampfdrücke der beiden Flüssigkeiten, die wir mischen, von derselben Größenordnung sind. Während also in der Dampfphase über einer wässerigen Kochsalz- oder Zuckerlösung praktisch nur Wasserdampf vorhanden ist, wird über einer Lösung von Alkohol oder Ammoniak in Wasser sowohl Alkohol- und Wasserdampf bzw. Ammoniak- und Wasserdampf vorhanden sein. Wir müssen also unsere Vorstellungen bezüglich der Dampfseite des Problems verfeinern.

Spielen dagegen die Dampfdrücke keine Rolle, so können die früher abgeleiteten Gleichungen ohne weiteres auch auf die Lösungen von Flüssigkeiten übertragen werden. Dies gilt insbesondere für die integrale und differentiale Lösungswärme beim Mischen.

In Nr. 121 haben wir bereits Mischungslücken im festen Zustand kennen gelernt. Sie sind jedoch nicht an den festen Zustand gebunden. Vielmehr kann auch die Lösung zweier Flüssigkeiten im flüssigen Gebiet Mischungslücken aufweisen. So sind in Abb. 180 bis 182 drei Typen von Lösungen mit Mischungslücken dargestellt. Die Mischungslücke wird durch das jeweils schraffierte Gebiet gekennzeichnet. Innerhalb der Mischungslücke trennt sich eine Lösung der Konzentration ξ, z. B. Punkt A, in zwei verschiedene Lösungen der Konzentrationen ξ_1 und ξ_2 (Punkt 1 und 2), die ganz verschiedene physikalische Eigenschaften z. B.

verschiedene spezifische Gewichte haben können, so daß sie sich absetzen. Außerhalb der Mischungslücke lösen sich die beiden Bestandteile in jedem Verhältnis ineinander.

Der Typ Abb. 180 entspricht etwa einer Lösung von Nikotin in Wasser, der Typ der Abb. 181 einer Lösung von Phenol in Wasser und schließlich der Typ der Abb. 182 einer Lösung von Triäthanolamin in

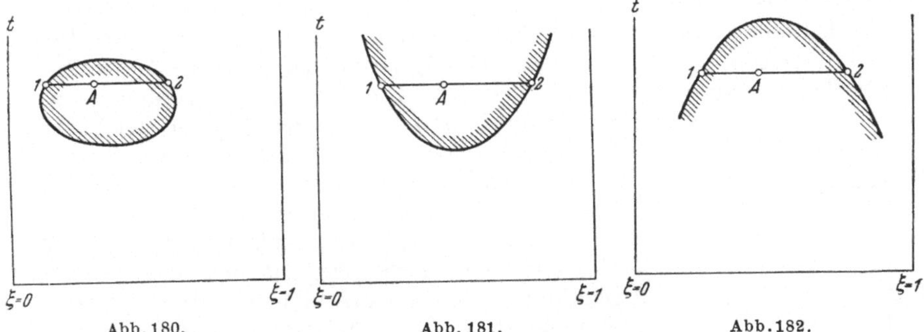

Abb. 180.　　　　　Abb. 181.　　　　　Abb. 182.

Typen von Lösungen mit Mischungslücken.

Wasser. Zur Berechnung der sich jeweils trennenden Mengen können sinngemäß die Gl. (434) und (435) angewendet werden.

Bevor wir nun dazu übergehen, die Dampfphase der Lösung zweier Flüssigkeiten zu betrachten, erscheint es zweckmäßig, eine kurze Bemerkung darüber einzuschalten, wie es sich mit der Dampfphase zweier sich nicht lösender Flüssigkeiten verhält. Zwei solcher Flüssigkeiten sind z. B. Ammoniak (NH_3) und Propan (C_3H_8). Sie haben beide nahezu die gleiche Dampfdruckkurve. Bei 10° hat Ammoniak einen Dampfdruck von 6,27 und Propan einen solchen von 6,48 at. Hat man nun in einem abgeschlossenen Raum (Abb. 183) je eine Schale von flüssigem Ammoniak und Propan, so gibt jede Flüssigkeit ihren Dampf ab und im Raum über den Schalen entsteht bei 10° ein Gesamtdruck von 12,73 at, wobei jeder der beiden Stoffe mit den genannten Teildrücken vertreten ist. Es gilt also das Daltonsche Gesetz.

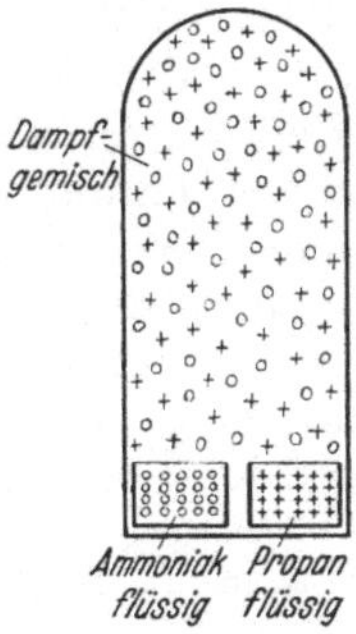

Hat man jedoch in ein Gefäß nach Abb. 184 die beiden Flüssigkeiten eingefüllt, so schichten sie sich, und da das spezifische Gewicht von Ammoniak 0,625 und das von Propan 0,515 ist so schwimmt das Propan auf dem Ammoniak. Da

Abb. 183.　　　　Abb. 184.

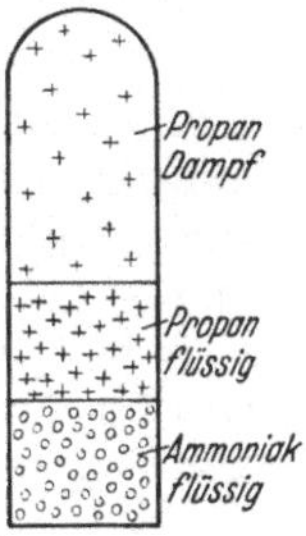

Zusammensetzung der Dampfphase bei nicht ineinander löslichen Flüssigkeiten.

nun aber der Dampfdruck des Propans größer als der des Ammoniaks ist, so kann das Ammoniak unter der Propandecke nicht verdampfen und im Dampfraum befindet sich lediglich Propan von einem Druck von 6,48 at. Würde man das Gefäß schütteln, so daß beide Flüssigkeiten mit dem Dampfraum in Berührung kämen, so würde sich sofort der Druck von 12,73 at einstellen.

125. Die Gleichung von DUHEM-MARGULES. Das Gesetz von HENRY.

Wir wenden uns jetzt der Untersuchung des Dampfdruckes von Lösungen zu, deren beide Bestandteile merklich zum Dampfdruck beitragen. Dabei wenden wir wieder den II. Hauptsatz an in der Form, daß bei einem isothermen Kreisprozeß keine Arbeit geleistet wird. Im Gefäß G (Abb. 185) befinde sich eine sehr große Menge einer Lösung, die aus den Bestandteilen 1 und 2 besteht. Die Zusammensetzung der Lösung sei durch den Molenbruch ψ gekennzeichnet.

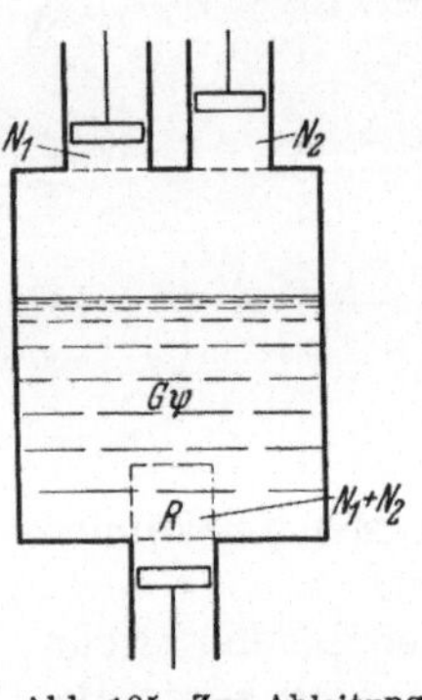

Über der Lösung haben die Bestandteile 1 und 2 bei der herrschenden Temperatur T beziehentlich die Partialdrücke p_1 und p_2. Im reinen Zustand hätten die Bestandteile bei derselben Temperatur T beziehentlich die Drücke p_{10} und p_{20}. Am oberen Deckel des Gefäßes G befinden sich zwei Zylinder, die zunächst an der gestrichelten Stelle vom Gefäß abgetrennt sind. Jetzt werde der Zylinder 1 mit N_1 kmol des Bestandteiles 1 und der Zylinder 2 mit N_2 kmol des Bestandteiles 2 in flüssigem Zustand gefüllt. Die Mengen N_1 und N_2 seien so abgestimmt, daß

Abb. 185. Zur Ableitung der Gleichung von DUHEM-MARGULES.

$$\frac{N_1}{N_1 + N_2} = \psi$$

ist. Ferner seien die Mengen N_1 und N_2 sehr klein gegenüber der im Gefäß G befindlichen Lösungsmenge.

Jetzt wird durch Verdampfung und nachfolgende Entspannung bei konstanter Temperatur T der Bestandteil 1 auf seinen Teildruck p_1 und der Bestandteil 2 auf seinen Teildruck p_2 gebracht. In den beiden Zylindern befinden sich nun also die Dämpfe bei den Teildrücken, die sie auch innerhalb des Gefäßes G haben. Die gestrichelten Absperrungen der Zylinder zum Gefäß werden nun durch halbdurchlässige Wände ersetzt und zwar soll die linke Wand nur den Stoff 1, die rechte nur den Stoff 2 durchlassen. Unter Aufwendung von Arbeit werden jetzt die beiden Dämpfe in das Gefäß G gedrückt, wobei sie sich verflüssigen. Die Konzentration der Lösung ändert sich dabei nicht.

Unter Anwendung der Überlegungen in Nr. 116 wird dabei die Arbeit

$$L' = N_1 \Re \ln \frac{p_{10}}{p_1} + N_2 \Re \ln \frac{p_{20}}{p_2}$$

geleistet, wenn das Volumen der Flüssigkeit gegenüber den Dampfvolumen vernachlässigt wird (Abb. 186).

Wir machen jetzt die Vermischung auf andere Weise aber bei derselben Temperatur wieder rückgängig. In Gefäß G teilen wir einen Raum R mit $N_1 + N_2$ kmol in flüssigem Zustand ab, den wir über eine nur für Stoff 1 durchlässige Wand mit einem Zylinder verbinden. Wir verdampfen einen sehr kleinen Teil dN_1 des Stoffes 1, bringen diesen auf den Druck p_{10} und verflüssigen wieder.

Bei diesem Prozeß wird die Arbeit

$$|dL''| = dN_1 \, \Re \, T \ln \frac{p_{10}}{p_1}$$

aufgewendet. Beim nächsten Teilchen dN_1 ist die Konzentration an Stoff 1 im abgeteilten Raum bereits gesunken und daher der Druck p_1 kleiner als vorher. Er sinkt im Laufe des Verfahrens auf Null ab. Die gesamte aufzuwendende Arbeit bei der Trennung der Stoffe ist also

$$|L''| = \Re \, T \int\limits_0^{N_1} \ln \frac{p_{10}}{p'_1} \, dN_1 \,,$$

wobei jetzt p_1 von N_1 abhängig ist. Am Ende des Kreisprozesses liegen dann wieder N_1 bzw. N_2 kmol getrennt in flüssigem Zustand vor. Nach dem II. Hauptsatz muß sein

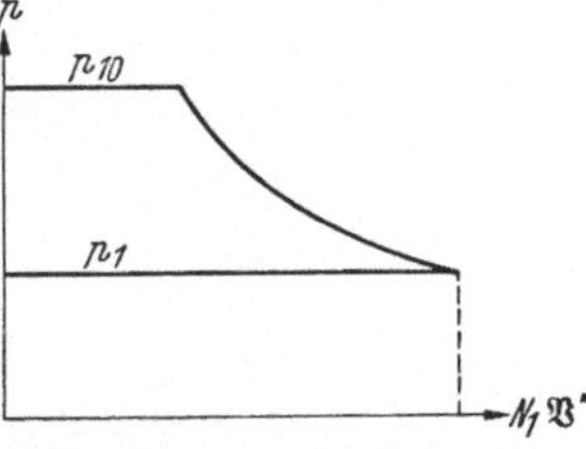

Abb. 186. Zur Ableitung der Gleichung von Duhem-Margules.

$$L' = |L''| = N_1 \, \Re \, T \ln \frac{p_{10}}{p_1} + N_2 \, \Re \, T \ln \frac{p_{20}}{p_2} = \Re \, T \int\limits_0^{N_1} \ln \frac{p_{10}}{p_1} \, dN_1 \,. \quad (449)$$

In Gl. (449) sind sowohl p_1 als auch p_2 von ψ und daher bei festgehaltenem N_2 auch von N_1 abhängig. Differenzieren wir daher Gl. (449) auf beiden Seiten nach N_1, so erhalten wir

$$N_1 \, \frac{\partial \ln P_1}{\partial N_1} + N_2 \, \frac{\partial \ln P_2}{\partial N_1} = 0 \,.$$

Durch einfache Umformung erhält man

$$\psi \, \frac{\partial \ln P_1}{\partial \psi} + (1 - \psi) \, \frac{\partial \ln P_2}{\partial \psi} = 0 \,.$$

Nun ist aber $\partial \psi = -\partial(1 - \psi)$, so daß sich schließlich ergibt

$$\psi \, \frac{\partial \ln P_1}{\partial \psi} - (1 - \psi) \, \frac{\partial \ln P_2}{\partial (1 - \psi)} = 0 \,. \quad (450)$$

Dies ist die *Duhem-Margulessche Gleichung*. Sie gibt den Zusammenhang zwischen dem Molenbruch der flüssigen Lösung und den Teildrücken der Dämpfe.

Wir setzen einen jeden der beiden Ausdrücke von Gl. (450) gleich einer beliebigen Zahl n und erhalten

$$\psi \, \frac{\partial \ln P_1}{\partial \psi} = n \,, \quad (451)$$

$$(1 - \psi) \, \frac{\partial \ln P_2}{\partial (1 - \psi)} = n \,, \quad (452)$$

11*

woraus durch Integration folgt

$$\ln P_1 = n \ln \psi + \ln f_1(T),$$
$$\ln P_2 = n \ln (1 - \psi) + \ln f_2(T),$$
$$P_1 = f_1(T) \cdot \psi^n,$$
$$P_2 = f_2(T)(1 - \psi)^n.$$

Hierin sind $f_1(T)$ und $f_2(T)$ als Integrationskonstanten Temperaturfunktionen, da ja die Drücke auch noch von der Temperatur abhängig sein müssen.

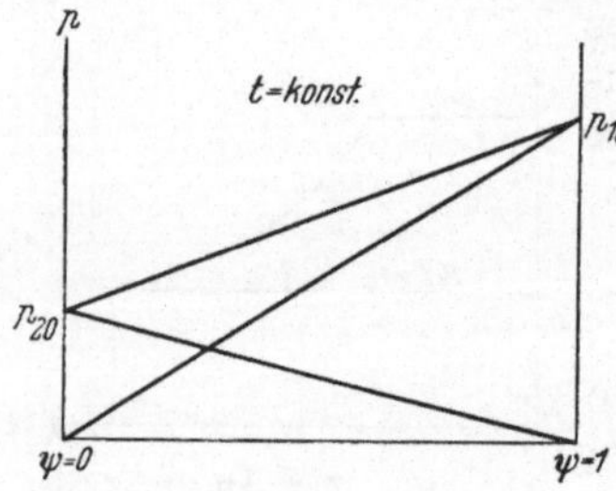

Abb. 187.

Für $\psi = 1$, wenn also nur der Bestandteil 1 vorhanden ist, muß offenbar $p_1 = p_{10}$ sein, daher ist $f_1(T) = p_{10}$. Entsprechendes gilt für $\psi = 0$ und p_2. Aus Gl. (451) und (452) ergibt sich daher

$$P_1 = P_{10}\,\psi^n, \tag{453}$$
$$P_2 = P_{20}(1 - \psi)^n. \tag{454}$$

Mit $n = 1$ entsprechen diese Gleichungen dem Raoultschen Gesetz.

Dieses ist also ein spezieller Fall des Duhem-Margulesschen Gesetzes. Ist $n = 1$, so ergibt sich, abgetragen über dem Molenbruch der Flüssigkeit für p_1, p_2 und den Gesamtdruck p über der Lösung ein Verlauf nach Abb. 187. Ist $n > 1$, so ergibt sich ein Verlauf nach Abb. 188 und schließlich für $n < 1$ ein solcher nach Abb. 189. Dabei bezieht sich ein solches Diagramm jeweils auf eine bestimmte Temperatur. Leider läßt es sich nicht voraussagen, in welche Klasse eine vorgegebene Lösung einzureihen ist. Man ist dabei auf Versuche angewiesen. Die Verbindungskurve $p_{10}\,p_{20}$ heißt *Siedelinie*, weil auf ihr das Sieden einer Lösung bei bestimmter Temperatur beginnt.

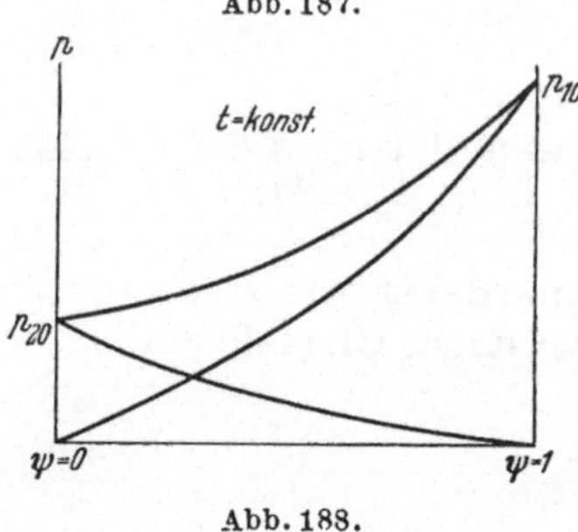

Abb. 188.

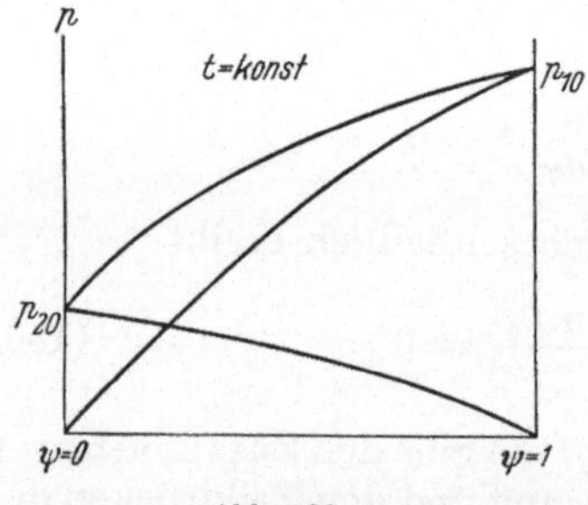

Abb. 189.

Abb. 187—189. Dampfdruck bei verschiedenen Lösungstypen in Abhängigkeit von der Flüssigkeitskonzentration.

Eine Lösung, die zur Klasse der Abb. 187 gehört, nennt man eine *ideale Lösung*. Der Gesamtdruck einer idealen Lösung ist also

$$P = P_1 + P_2 = P_{10}\,\psi + P_{20}(1 - \psi). \tag{455}$$

Durch den Ansatz Gl. (451) und (452) haben wir nur einen Teil der Lösungen der partiellen Differentialgleichung erfaßt. Es gibt daher noch verwickeltere Formen von Dampfspannungskurven, auf die wir später noch näher eingehen werden.

Wir kommen nochmals auf Gl. (453) zurück und schreiben allgemein

$$P = P_0\,\psi^n = P_0 \left(\frac{N_1}{N_1 + N_2}\right)^n .$$

Ist die Lösung stark verdünnt, so ist N_1 gegen N_2 sehr klein und man kann setzen

$$P \sim P_0 \left(\frac{N_1}{N_2}\right)^n .$$

Führen wir statt der Mole noch die Gewichte ein und fassen für eine bestimmte Temperatur P_0 und die Molekulargewichte in eine Konstante zusammen, so wird

$$P = C_1 \left(\frac{G_1}{G_2}\right)^n ,$$

woraus durch Umformung und für $G_2 = 1\,\text{kg}$ die Form

$$G_1 = C\,P^m \tag{456}$$

mit $m = \dfrac{1}{n}$ wird. Für $n = 1$ wird auch $m = 1$ und es ergibt sich

$$G_1 = C\,P . \tag{457}$$

Dies ist das *Gesetz von* HENRY. Es sagt uns, daß für verdünnte ideale Lösungen die von einem Bestandteil aufgenommene Menge seinem Dampfdruck proportional ist. So ist z. B. die Menge an Kohlensäure, die in Wasser gelöst ist, in erster Annäherung dem Kohlensäuredruck über dem Wasser proportional.

126. Zusammenhang zwischen Dampf- und Flüssigkeitskonzentration idealer Lösungen. Nachdem wir den Zusammenhang zwischen den Teildrücken der Bestandteile einer Lösung und dem Molenbruch der Flüssigkeit gefunden haben, ist es einfach, den Zusammenhang zwischen dem Molenbruch der Flüssigkeit und dem Molenbruch des Dampfes zu gewinnen. Den Molenbruch des Dampfes wollen wir mit ψ_D und den der Flüssigkeit mit ψ_F bezeichnen. Es ist dann nach Gl. (453) und (454)

$$P_1 = P_{10}\psi_F , \tag{458}$$
$$P_2 = P_{20}(1 - \psi_F) . \tag{458a}$$

Unter sinngemäßer Anwendung von Gl. (338) finden wir für das Verhältnis der Teildrücke

$$\frac{p_1}{p_2} = \frac{\psi_D}{1 - \psi_D} . \tag{459}$$

Aus Gl. (458) bis (459) ergibt sich dann

$$\frac{\psi_D}{1 - \psi_D} = \frac{p_{10}\,\psi_F}{p_{20}(1 - \psi_F)} \tag{460}$$

und daraus

$$\psi_D = \frac{\psi_F\,p_{10}}{\psi_F\,p_{10} + (1 - \psi_F)\,p_{20}} , \tag{461}$$

$$\psi_F = \frac{\psi_D\,p_{20}}{\psi_D\,p_{20} + (1 - \psi_D)\,p_{10}} , \tag{462}$$

womit der Zusammenhang für ideale Lösungen gefunden ist.

Wo wir jetzt zwischen ψ_F und ψ_D streng unterschieden müssen, schreiben wir Gl. (455) sinngemäß

$$p = \psi_F\, p_{10} + (1 - \psi_F)\, p_{20} \,. \tag{463}$$

Setzen wir ferner ψ_F aus Gl. (462) in (458) und (458a) ein, so folgt

$$p_1 = \frac{\psi_D\, p_{10}\, p_{20}}{\psi_D\, p_{20} + (1 - \psi_D)\, p_{10}}$$

und

$$p_2 = \frac{(1 - \psi_D)\, p_{10}\, p_{20}}{\psi_D\, p_{20} + (1 - \psi_D)\, p_{10}} \,.$$

Die Summe beider Gleichungen ergibt p, daher

$$p = \frac{p_{10}\, p_{20}}{\psi_D\, p_{20} + (1 - \psi_D)\, p_{10}} \,. \tag{464}$$

Aus Gl. (462) folgt ferner

$$\frac{\psi_D}{\psi_F} = \psi_D + (1 - \psi_D)\, \frac{p_{10}}{p_{20}} \,. \tag{465}$$

Da nun ψ_D und $(1 - \psi_D)$ zusammen Eins ergeben, muß wenn $p_{10} > p_{20}$ auch $\psi_D > \psi_F$ sein. Mit anderen Worten ist in der Dampfphase einer idealen Lösung mengenmäßig mehr an dem Bestandteil mit dem höheren Dampfdruck enthalten als in der flüssigen Phase.

In Abb. 190 ist nochmals ein p,ψ-Diagramm bei konstanter Temperatur für eine ideale Lösung gezeichnet, wie wir es bereits in Abb. 187 kennengelernt haben. Die Gerade $p_{10}\, p_{20}$ ist die Siedelinie. Eine Lösung der Konzentration ψ_{F1} beginnt im Punkt 1 zu sieden. Wir ordnen jetzt nach Gl. (461) dem Punkt 1 einen weiteren Punkt 2 zu, der angibt, wie groß die Dampfkonzentration über der siedenden Lösung ist. Diese ist dann ψ_{D2}. Ebenso würde einer Lösung der Konzentration ψ_{F3} die Dampfkonzentration ψ_{D4} zugeordnet sein, wobei, wie schon bewiesen, jeweils $\psi_D > \psi_F$ ist. Man kann dies auch so ausdrücken, daß die Flüs-

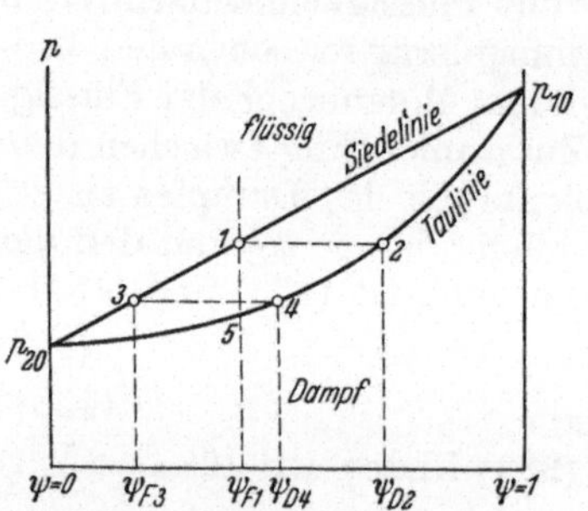

Abb. 190. Siedelinie und Taulinie im p,ψ-Diagramm für ideale Lösungen.

sigkeitsphase im Punkt 1 mit der Dampfphase im Punkt 2 im Gleichgewicht steht. Die untere Kurve heißt die *Taulinie*. Oberhalb der Siedelinie befindet sich Flüssigkeit, unterhalb der Taulinie Dampf, zwischen den beiden Linien nasser Dampf.

Wir wollen jetzt den isothermen Verdampfungsvorgang bei einer Lösung näher verfolgen. In dem Zylinder Abb. 191 befinde sich unter dem Kolben eine Lösung der Konzentration ψ_F. Der Zustand entspreche im p,ψ-Diagramm (Abb. 192) dem Punkt 1. Wir können, ohne daß eine Verdampfung einsetzt, den Druck bis zum Punkt 2 verringern. Erreichen wir diesen Punkt, so beginnt das Sieden. Die ersten Spuren des Dampfes haben die Konzentration ψ_{D3}. Gehen wir mit der Druckentlastung weiter bis zum Punkt 4, so ist jetzt Flüssigkeit der Konzentration ψ_{F_5} und Dampf der Konzentration ψ_{D_6} vorhanden. Erreicht man schließlich die Taulinie, so ist alles verdampft. Da die gesamte Stoffmenge im Zylinder eingeschlossen bleibt, muß offenbar der Dampf die Konzentration $\psi_D = \psi_F$ annehmen. Die letzten verschwindenden Flüssigkeitstropfen haben die Konzentration ψ_{F_7}. Bei weiterer Druckentlastung wird der Dampf überhitzt (Punkt 9).

Nimmt man die Zustandsänderung in umgekehrter Richtung vor, so beginnen im Punkt 8 die ersten Tropfen der Lösung zu kondensieren, wodurch auch die Bezeichnung Taulinie ihre Rechtfertigung findet.

Etwas anders liegen die Verhältnisse, wenn die Verdampfung nicht in einem geschlossenen, sondern in einem offenen Gefäß erfolgt. Bei 2

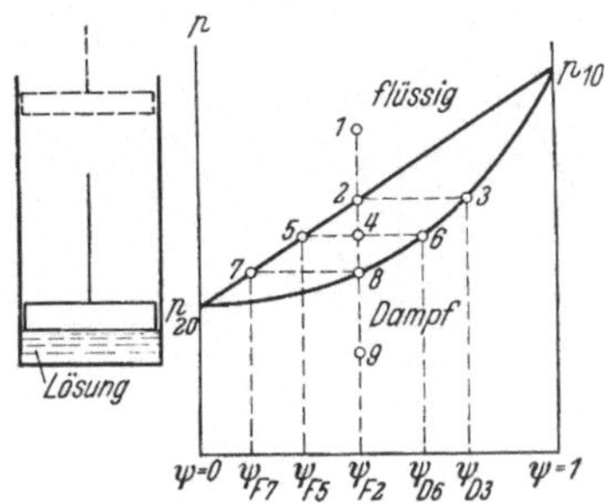

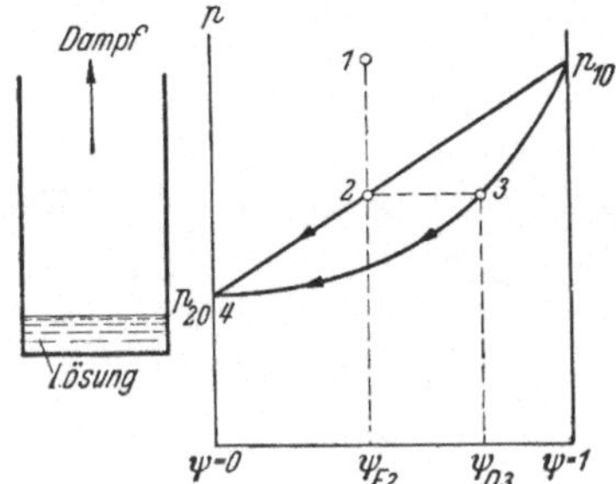

<table>
<tr><td>Abb. 191.   Abb. 192.</td><td>Abb. 193.   Abb. 194.</td></tr>
<tr><td>Verdampfen einer Lösung im
geschlossenen Zylinder.</td><td>Verdampfen einer Lösung im
offenen Gefäß.</td></tr>
</table>

(Abb. 193 u. 194) würde wieder das Sieden beginnen. Der Dampf strömt jetzt aber in die Umgebung ab. Da $\psi_{D_3} > \psi_{F_2}$ verläßt mehr vom Bestandteil 1 das Gefäß als vom Bestandteil 2. Die Restlösung muß also immer ärmer am Bestandteil 1, also reicher an 2 werden. Die Flüssigkeitszusammensetzung gleitet also auf der Siedelinie in Richtung der Pfeile ab. Die letzten verdampfenden Flüssigkeitsspuren haben die Konzentration $\psi_F = 0$ und der zuletzt entströmende Dampf ebenfalls die Konzentration $\psi_D = 0$ (Punkt 4), d. d. die letzten verdampfenden Spuren enthalten nur noch den Bestandteil 2.

Die Siedelinie ist, worauf nochmals ausdrücklich hingewiesen werde, nur bei idealen Lösungen gradlinig und auch dann nur wenn als Abszisse ψ gewählt wird. Wird die Gewichtskonzentration ξ gewählt, so ist in der Regel die Siedelinie gekrümmt, wobei ψ und ξ in dem durch Gl. (324) und (325) dargestellten Zusammenhang stehen.

127. Die verschiedenen Lösungstypen im p, ξ und t, ξ-Diagramm. Da nur wenige Lösungen als ideal angesprochen werden können, müssen wir jetzt darangehen, die verschiedenen Typen von Lösungen zu besprechen. Wir wählen dazu das p, ξ-Diagramm, nehmen also jetzt die Gewichtskonzentration an Stelle des Molenbruches als Abszisse.

Die Abb. 195 entspricht der idealen Lösung. Eine Lösung von Benzol und Toluol kann praktisch als ideal angesehen werden.

Ganz anders ist jedoch der Verlauf der Siede- und Kondensationslinie bei den durch Abb. 196 und 197 dargestellten Lösungstypen. Beide Typen weisen je einen ausgezeichneten Punkt A, den sogenannten *azeotropischen Punkt* auf. Im Punkt A hat der Dampf dieselbe Zusammensetzung wie die Lösung. Bei der Verdampfung bleibt daher bei der azeotropischen Zusammensetzung der Druck konstant und sie erfolgt also in derselben Form, wie bei einheitlichen Stoffen.

Der azeotropische Punkt bildet entweder ein Druckminimum (Abb. 196) oder ein Druckmaximum (Abb. 197). Dem ersteren Typ entspricht beispielsweise die Lösung Azeton-Chloroform, dem zweiten die Lösung Schwefelkohlenstoff-Azeton.

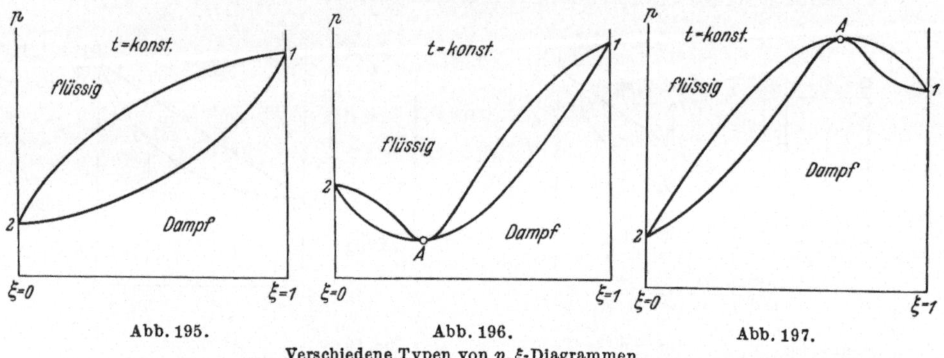

Abb. 195.   Abb. 196.   Abb. 197.

Verschiedene Typen von p, ξ-Diagrammen.

Bei den idealen Lösungen ist die Dampfphase stets reicher an der dem Bestandteil 1 mit dem höheren Druck. Beim Typus der Abb. 196 dagegen ist das nur rechts vom azeotropischen Punkt der Fall und links davon ist es umgekehrt, beim Typus der Abb. 197 ist links vom azeotropischen Punkt der Dampf reicher an Bestandteil 1 und rechts umgekehrt.

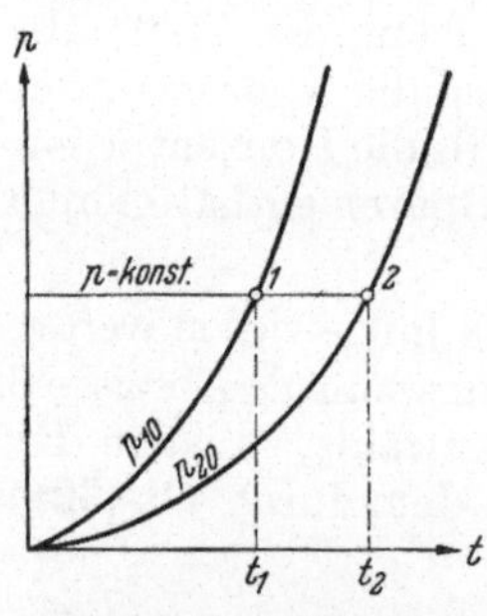

Abb. 198. Zur Entwicklung des t, ξ-Diagrammes.

Das p, ξ-Diagramm gilt jeweils für eine bestimmte Temperatur. Wir können jedoch auch ein t, ξ-Diagramm entwerfen, das für konstanten Druck gilt. Zeichnen wir die Dampfspannungskurven der beiden Bestandteile 1 und 2 im p, t-Diagramm (Abb. 198) auf, so finden wir, daß die Siede- und Taulinie bei dem Gesamtdruck p zwischen den Temperaturen t_1 und t_2 verlaufen müssen. Einer dazwischen liegenden Temperatur t ist jeweils ein bestimmter Druck p_{10} bzw. p_{20} zugeordnet. Man kann dann verschiedene Werte von t aus wählen und die dazu gehörenden Werte p_{10} und p_{20} bestimmen. Da

$$p_1 + p_2 = p$$

sein muß, ist aus Gl. (458) und (458a) der zu t gehörende Wert ψ_F und dem aus Gl. (461) der entsprechende Wert ψ_D berechenbar.

Man erhält dann das für ideale Lösungen gültige Diagramm nach Abb. 199 und für die den Abb. 196 und 197 entsprechenden Lösungstypen die Diagramme.nach Abb. 200 und 201.

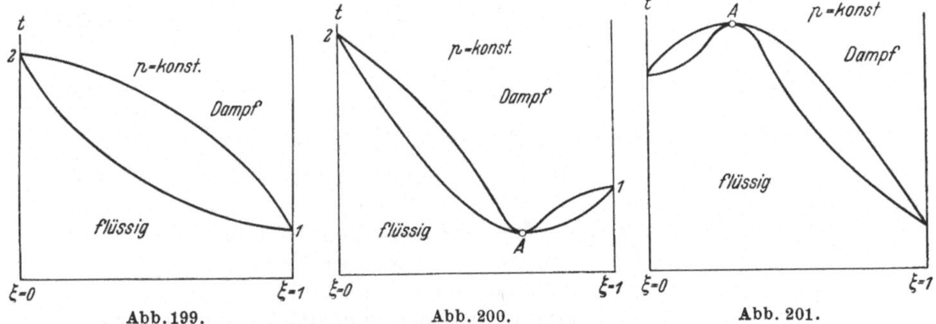

Abb. 199.   Abb. 200.   Abb. 201.
Verschiedene Typen von t, ξ-(Diagrammen.

Bei diesen Diagrammen ist darauf zu achten, daß die Siedelinie unten und die Taulinie oben liegt. Unter der Siedelinie befindet sich das Gebiet der Flüssigkeit, oberhalb der Taulinie das Gebiet des Dampfes, dazwischen das Gebiet des nassen Dampfes. Man beachte auch die sich entsprechenden Lagen der azeotropischen Punkte. In Abb. 202 und 203 sind für ideale Lösungen die Verdampfungs- und Verflüssigungsvorgänge

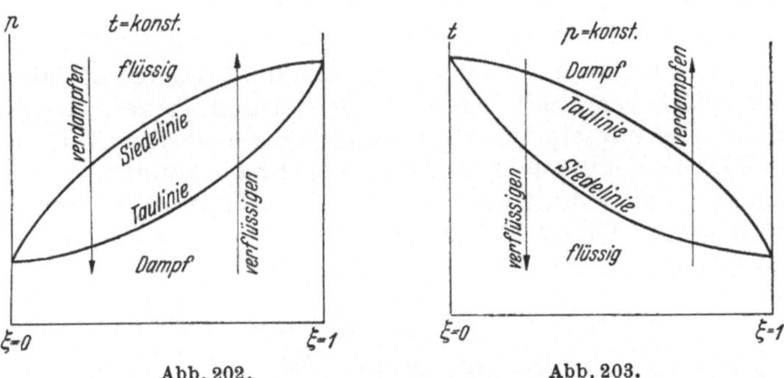

Abb. 202.   Abb. 203.
Verdampfungs- und Verflüssigungsvorgang bei Lösungen im p, ξ- und
t, ξ-Diagramm.

im p, ξ- und t, ξ-Diagramm nochmals gegenübergestellt, um den Unterschied in den beiden Diagrammen besonders deutlich zu machen.

Wird eine Lösung verdampft, so steigt also bei konstantem Druck die Temperatur. Bei konstanter Temperatur fällt der Druck.

Will man für den Punkt A des p, ξ- oder auch t, ξ-Diagramms (Abb. 204) die Dampf- und Flüssigkeitsmenge berechnen, so wendet man wieder die Stoffbilanz und die Überlegungen der Nr. 121 an. Ist G die ursprüngliche Lösungsmenge, die sich in D kg Dampf und F kg Flüssigkeit im Punkt A aufspaltet, so ist

$$\xi G = \xi_F F + \xi_D D , \tag{466}$$

$$G = F + D , \tag{466a}$$

woraus ohne weiteres folgt

$$F = G \frac{\xi_D - \xi}{\xi_D - \xi_F}, \tag{467}$$

$$D = G \frac{\xi - \xi_F}{\xi_D - \xi_F}, \tag{468}$$

$$\frac{D}{F} = \frac{\xi - \xi_F}{\xi_D - \xi} = \frac{AB}{BC}. \tag{469}$$

Das Verhältnis von Dampf zu Flüssigkeit kann also aus dem p, ξ- oder auch t, ξ-Diagramm als Streckenverhältnis abgegriffen werden.

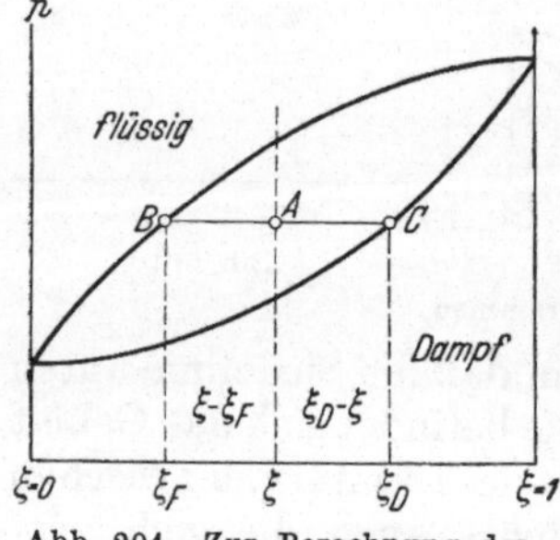

Abb. 204. Zur Berechnung des Dampf- und Flüssigkeitsanteiles einer Lösung.

128. Die Dühringsche Regel. Bei praktischen Aufgaben auf dem Gebiet der Lösungen kommt es in der Regel darauf an, einen Überblick über das Lösungsfeld zu erhalten. Aber nur für sehr wenige Lösungen wird man im Schrifttum genügend Unterlagen finden, um das Lösungsfeld auf Grund gesicherter experimenteller Unterlagen aufzeichnen zu können. Eine umfassende experimentelle Untersuchung wird in vielen Fällen nicht lohnend sein und man wird sich mit einer Abschätzung begnügen müssen.

Die Dampfspannungskurven der beiden Bestandteile können meist als bekannt vorausgesetzt werden. Sind nun die beiden Bestandteile der Lösung chemisch verwandt, wie z. B. Benzol und Toluol, so wird man in erster Annäherung eine ideale Lösung voraussetzen und die Berechnung des Lösungsfeldes nach Nr. 125 vornehmen können.

In anderen Fällen hilft oft das folgende von Dühring angegebene Näherungsgesetz[1]. Nach Gl. (163) kann die Dampfspannungskurve eines Stoffes angenähert durch die Gleichung

$$\ln P = -\frac{r}{ART} + \text{konst.}$$

wiedergegeben werden. Für den Siedepunkt ergibt sich dann

$$\ln P_s = -\frac{r}{ART_s} + \text{konst.}$$

Subtrahiert man beide Gleichungen voneinander, so folgt

$$\ln P_s - \ln P = \frac{r}{AR}\left(\frac{1}{T} - \frac{1}{T_s}\right) = \frac{r}{AR} \cdot \frac{T_s - T}{T_s T}, \tag{470}$$

woraus sich durch Umformung ergibt

$$\ln P_s - \ln P = \frac{r}{ART_s} \cdot \frac{T_s - T}{T}.$$

Nun ist aber nach der Troutonschen Regel Gl. (166) $\frac{mr}{T_s} \sim$ konst., so daß

---

[1] Vgl. auch Müller-Pouillet: Lehrbuch der Physik, Bd. III, 1. Braunschweig: Vieweg u. Sohn 1926

man setzen kann

$$\ln P_s - \ln P = C\,\frac{T_s - T}{T}\,. \tag{471}$$

Macht man nun die Annahme, daß die Troutonsche Regel auch bei Lösungen angenähert richtig ist, so kann für die Lösung zwischen denselben Drücken P_s und P gesetzt werden.

$$\ln P_s - \ln P = C\,\frac{T_{Ls} - T_L}{T_L}\,.$$

Aus Gl. (470) und (471) folgt

$$\frac{T_s - T}{T} = \frac{T_{Ls} - T_L}{T_L}\,,$$

oder

$$\frac{T_s}{T} = \frac{T_{Ls}}{T_L}\,. \tag{472}$$

Kennt man also die Dampfspannungskurve des Bestandteiles mit dem höheren Druck ($\xi = 1$) und die Siedetemperaturen der Lösung bei verschiedenen Konzentrationen ($\xi < 1$), so kann man nach Gl. (472) aus bekannten Werten T_s, T und T_{Ls} die Temperatur T_L ermitteln (vgl. Abb. 205). Durch die experimentelle Bestimmung der Siedepunkte der Lösung, die verhältnismäßig einfach ist, kann dann das Lösungsfeld aufgezeichnet werden.

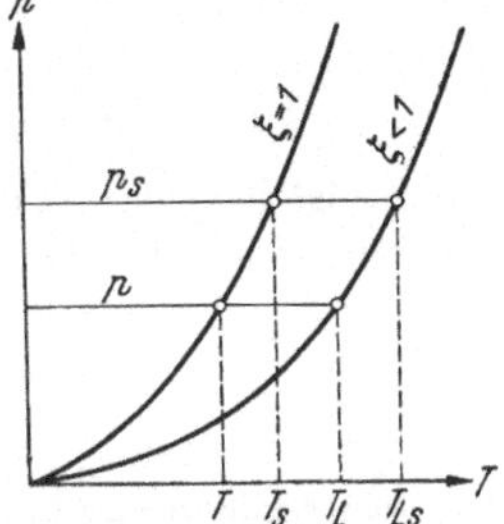

Abb. 205. Zur Erläuterung der Dühringschen Regel.

Es sei aber nochmals ausdrücklich darauf hingewiesen, daß es sich auch hier wieder lediglich um ein Näherungsverfahren handelt. Zur genauen Festlegung des Lösungsfeldes oder der Zusammensetzung der Dampfphase sind umfassende experimentelle Untersuchungen unerläßlich[1].

129. Die Ausdampfungswärme bei Lösungen zweier Flüssigkeiten. In Nr. 118 haben wir bereits die Ausdampfungswärme für Lösungen behandelt, bei denen wir nur einen Bestandteil bezüglich des Dampfdruckes zu berücksichtigen brauchten. Dies war bei Lösungen fester Stoffe in Flüssigkeiten der Fall. Aber auch bei der Lösung zweier flüssiger Stoffe liegen in der Praxis die Verhältnisse glücklicherweise meist so, daß in der Dampfphase der eine Bestandteil soweit überwiegt, daß der andere vernachlässigt oder durch eine kleine Korrektur in der Form berücksichtigt werden kann, daß man für ihn an Stelle von q_a einfach seine Verdampfungswärme einsetzt. Sind D_1 und D_2 die dampfförmigen Bestandteile in der Dampfphase einer Lösung und ist D_1 groß gegen D_2, so kann man die gesamte Ausdampfungswärme unter Anwendung von Gl. (428) setzen

$$Q_a \sim D_1\left[r_1 + l_1 - (t_1 - t_s)\,(c_1' - c_{p1})\right] + D_2 r_2\,, \tag{473}$$

wobei sich der Zeiger 1 auf den Bestandteil 1 und der Zeiger 2 auf den

---

[1] Für das technisch wichtige Gemisch Ammoniak-Wasser vgl. J. WUCHERER: Z. ges. Kälteind. 39 (1932) S. 97.

Bestandteil 2 bezieht. Der Bestandteil 1 ist also der flüchtigere. Er hat den höheren Dampfdruck oder den tieferen Siedepunkt. Bei einer Lösung von Ammoniak und Wasser würde also Ammoniak dem Zeiger 1 und Wasser dem Zeiger 2 entsprechen. In Tabelle 8 ist die Lösungswärme für flüssiges Ammoniak in Wasser nach H. MOLLIER[1] zusammengestellt.

130. Beispiele. Eine Lösung von Benzol und Toluol kann als ideale Lösung angesehen werden. Benzol (C_6H_6; $m_1 = 78$) hat bei 80° einen Dampfdruck von 1,033 at (760 mm QS), Toluol (C_5H_1; $m_2 = 92$) hat bei derselben Temperatur einen Dampfdruck von 0,389 at. Das p,ψ- und p,ξ-Diagramm ist für diese Lösung für 80° zu entwerfen, wobei ψ und ξ die Benzolanteile seien! Welche Zusammensetzung hat bei 80° Dampf- und Flüssigkeitsphase einer Lösung von 50 Gew.-% unter einem Gesamtdruck von 0,65 at? Wie groß ist dabei das Verhältnis von Dampf zu Flüssigkeit?

$$p_1 = p_{10}\,\psi_F, \tag{458}$$
$$p_2 = p_{20}(1 - \psi_F). \tag{458a}$$

Nach diesen beiden Gleichungen kann die Siedelinie sofort als Gerade im p,ψ-Diagramm gefunden werden.

$$\psi_D = \frac{\psi_F\,p_{10}}{\psi_F\,p_{10} + (1 - \psi_F)\,p_{20}} = \frac{p_1}{p_1 + p_2} = \frac{p_1}{p}. \tag{461}$$

Hieraus ist für jedes ψ_F das entsprechende ψ_D zu errechnen. Damit kann die Taulinie eingezeichnet werden, die nach unten durchgebogen ist.

$$\xi = \frac{\psi}{\psi + \dfrac{m_2}{m_1}\,(1 - \psi)} \tag{325}$$

Aus dieser Gleichung kann sowohl für die Siede- als auch für die Taulinie aus ψ_F bzw. ψ_D die Gewichtskonzentration ξ_F bzw. ξ_D berechnet und so das p,ξ-Diagramm gezeichnet werden. Die Siedelinie ist nach oben, die Taulinie nach unten durchgebogen. Aus dem gezeichneten p,ξ-Diagramm findet man für $p = 0,65$ at und $\xi = 0,5$ die Werte $\xi_F = 0,371$ und $\xi_D = 0,601$.

$$\frac{D}{F} = \frac{\xi - \xi_F}{\xi_D - \xi}. \tag{469}$$

Daraus $\dfrac{D}{F} = 1,278$; auf 1 kg Flüssigkeit kommen also 1,278 kg Dampf.

b) Eine wässerige Ammoniaklösung von 50 Gew.-% siedet bei einer Temperatur von 60° unter einem Druck von 9,5 at. Wie groß ist die Ausdampfungswärme für 1 kg NH_3, wenn der Wasseranteil des Dampfes vernachlässigt wird? Die spezifische Wärme des flüssigen bzw. dampfförmigen Ammoniaks ist $c' = 1,1$ kcal/kg grd bzw. $= 0,5$ kcal/kg grd

$$q_a = r + l - (c' - c_p)\,(t - t_s) \tag{428}$$

Auf Grund der in Nr. 118 und Abb. 166 dargestellten Zusammenhänge suchen wir die Sättigungstemperatur für reines Ammoniak bei 9,5 at. Diese ergibt sich aus der Dampftafel für Ammoniak zu 22,6°. Für diese Temperatur und eine Konzentration von 50% finden wir aus Tabelle 8 für die differentiale Lösungswärme $l = 40,2$ kcal/kg Ammoniak. Die Verdampfungswärme für reines Ammoniak bei 22,6° ist $r = 281,0$ kcal/kg. Daraus folgt $q_a = 298,8$ kcal/kg Ammoniakdampf.

---

[1] MOLLIER, H.: VDI-Forsch.-Heft 63/64 (1909).

131. Das i, ξ-Diagramm. An Hand der bisher angestellten Betrachtungen sind wir bereits in der Lage, die meisten Aufgaben aus dem Gebiet der Thermodynamik der Gemische zu lösen. Wir müssen uns lediglich stets über den Gültigkeitsbereich der verwendeten Gleichungen klar sein. Ehe wir jedoch zur Behandlung bestimmter technischer Probleme übergehen, müssen wir noch eine äußerst elegante Methode zur Behandlung der einschlägigen Aufgaben kennen lernen, die insbesondere von F. MERKEL[1] und F. BOSNJAKOVIC[2] entwickelt worden ist. Es handelt sich dabei um das i, ξ-Diagramm für Lösungen, also ein Diagramm, das als Abszisse die Gewichtskonzentration und als Ordinate die Enthalpie der Lösung enthält. Dies Diagramm hat den Vorteil, daß ihm experimentell gefundene Stoffwerte für die Lösung zugrunde liegen, so daß die thermischen Probleme exakt gelöst werden können, ohne daß man auf Näherungsgleichungen zurückgreifen muß. Andererseits gibt es solche Diagramme bisher nur für wenige Lösungen[2] und ihre Aufstellung ist recht mühsam. Sie lohnt sich nur, wenn für ein- und dieselbe Lösung häufig Rechnungen ausgeführt werden müssen. Ist das nicht der Fall, wird man mit den bisher angeführten rechnerischen Methoden rascher zum Ziele kommen und das ist auch der Grund, weswegen diese ausführlich besprochen wurden.

Wir wollen jetzt daran gehen, ein i, ξ-Diagramm zu entwerfen und um gleichzeitig eine Vorstellung mit dem Diagramm zu verbinden, wollen wir eine Lösung von Ammoniak und Wasser zugrunde legen. Zunächst muß die Enthalpie der flüssigen Lösung ermittelt

[1] MERKEL, F.: Z. VDI 72 (1928) S. 109.
[2] BOSNJAKOVIC, F.: Technische Thermodynamik, Bd. II. Dresden u. Leipzig: Theodor Steinkopff 1937.

Tabelle 8. *Differentiale Lösungswärme für Ammoniak in Wasser l in kcal/kg.*

NH$_3$	0°	10°	20°	30°	40°	50°	60°	70°	80°	90°	100°	110°	120°	130°	140°	150°
0%	191,3	192,6	194,1	195,8	197,7	199,8	202,1	204,7	207,4	210,3	213,5	216,8	220,4	224,1	228,2	232,4
5	181,2	182,3	183,6	185,2	186,9	188,8	190,9	193,2	195,7	198,3	201,1	204,1	207,3	210,8	214,4	218,2
10	169,9	170,9	172,1	173,5	175,0	176,7	178,5	180,6	182,8	185,1	187,6	190,3	193,1	196,1	199,4	202,8
15	157,5	158,4	159,5	160,7	162,0	163,5	165,1	166,9	168,8	170,9	173,1	175,4	177,9	180,6	183,4	186,4
20	144,1	144,8	145,7	146,8	148,0	149,3	150,7	152,2	153,8	155,6	157,5	159,5	161,6	163,8	165,2	168,8
25	129,5	130,1	130,9	131,8	132,7	133,8	134,9	136,2	137,6	139,1	140,7	142,4	144,2	146,0	148,0	150,1
30	113,9	114,3	114,9	115,7	116,5	117,3	118,2	119,2	120,4	121,6	122,9	124,2	125,6	127,0	128,6	130,4
35	97,1	97,4	97,9	98,5	99,1	99,7	100,3	101,1	102,0	102,9	103,9	104,9	105,9	107,0	108,2	109,6
40	79,3	79,4	79,7	80,1	80,5	80,9	81,3	81,9	82,6	83,2	83,9	84,5	85,2	85,8	86,6	87,6
45	60,3	60,3	60,5	60,7	60,9	61,1	61,3	61,6	62,0	62,3	62,7	63,0	63,3	63,6	64,0	64,5
50	40,2	40,2	40,2	40,2	40,2	40,2	40,2	40,2	40,2	40,2	40,2	40,2	40,2	40,2	40,2	40,2

werden. Wir führen einem Mischungsgefäß (Abb. 206) G_1 kg Ammoniak und G_2 kg Wasser zu mit den Enthalpien i_1 und i_2. Dabei können die Nullpunkte von i_1 und i_2 willkürlich gewählt werden. Haben wir aber diese beiden Nullpunkte festgelegt, so liegt damit auch die Enthalpie jeder beliebigen Konzentration sowohl im flüssigen als auch im dampfförmigen Gebiet fest. Man kann z. B. als Nullpunkt die Enthalpie der flüssigen Bestandteile bei 0° annehmen. Aus Zweckmäßigkeitsgründen soll $i_1 = 0$ bei —77° dem Gefrierpunkt des Ammoniaks und $i_2 = 0$ bei

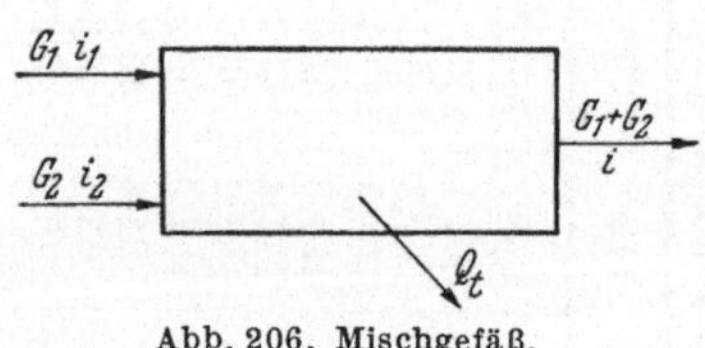

Abb. 206. Mischgefäß.

0°, dem Gefrierpunkt des Wassers sein. Halten wir die Temperatur im Mischgefäß konstant, so werden wir bei Wasser und Ammcniak eine bestimmte Wärme $|Q_t|$ abführen müssen, damit das Gemisch $(G_1 + G_2)$ bei gleicher Temperatur die Mischkammer verläßt. Es ist dann

$$G_1 i_1 + G_2 i_2 = (G_1 + G_2)\, i + |Q_t| \,.$$

Beziehen wir nun i auf 1 kg der Mischung, so ist

$$i = \xi i_1 + (1 - \xi) i_2 - q_t \,, \qquad\qquad (474)$$

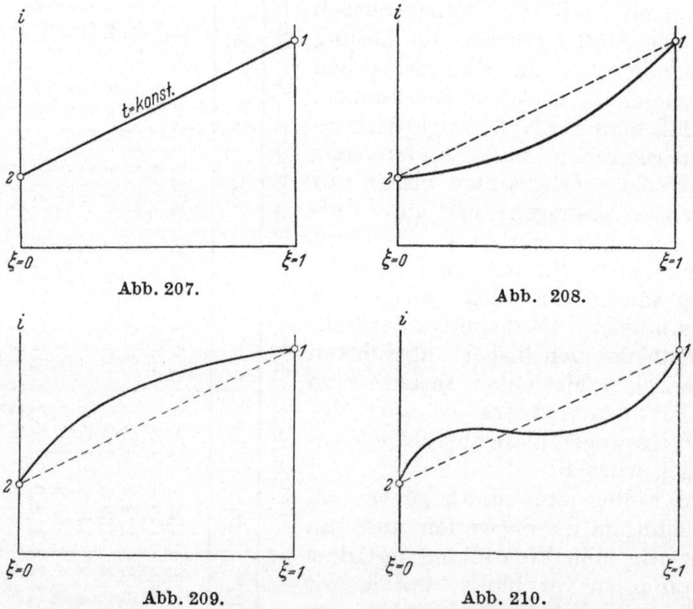

Abb. 207.

Abb. 208.

Abb. 209.

Abb. 210.

Isothermen im i, ξ-Diagramm für verschiedene Lösungswärmen.

wobei gesetzt ist

$$\frac{G_1}{G_1 + G_2} = \xi; \qquad \frac{G_2}{G_1 + G_2} = (1 - \xi); \qquad \frac{|Q_t|}{G_1 + G_2} = |q_t| \,.$$

Dabei ist q_t wieder eine Lösungswärme, die sich diesmal jedoch auf 1 kg der *gesamten* Lösung und nicht auf 1 kg eines Bestandteiles bezieht. Ein positives q_t bedeutet, daß bei der Mischung Wärme abgeführt wird, daß also die Wärmetönung positiv ist. Die Größe q_t selbst ist ihrerseits abhängig von der Temperatur und der Endkonzentration und kann lediglich experimentell ermittelt werden.

Haben wir also $|Q_t|$ bzw. q_t für verschiedene Mischungsverhältnisse und verschiedene Temperaturen t experimentell festgestellt[1], so können wir i berechnen und in ein i, ξ-Diagramm eintragen.

In Abb. 207 bis 210 entsprechen den Punkten 1 und 2 jeweils die Enthalpien für die reinen Flüssigkeiten bei der Temperatur t. Ist $q_t = 0$, so ergibt sich nach Gl. (474) für die Isotherme im i, ξ-Diagramm offenbar eine Gerade (Abb. 207). Ist q_t positiv, wird also beim Mischen Wärme abgeführt, so muß nach Gl. (474) q_t noch abgezogen werden und es ergibt sich ein Verlauf nach Abb. 208. Ist q_t negativ oder teils positiv und teils negativ, so ergibt sich ein Verlauf der Isotherme nach Abb. 209 und 210. Wasser und Ammoniak folgt dem Diagramm Abb. 208.

Für die verschiedenen Temperaturen z. B. t_1 bis t_5 erhalten wir dann

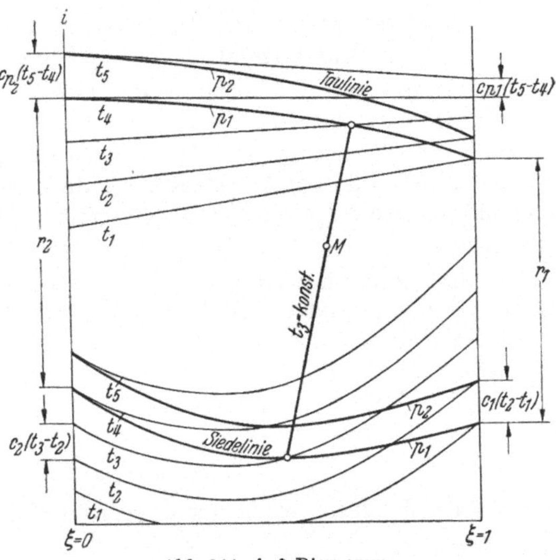

Abb. 211. i, ξ-Diagramm.

Isothermen nach Abb. 211, wobei die Unterschiede der Enthalpien für $\xi = 0$ (reines Wasser) und $\xi = 1$ (reines Ammoniak) jeweils z. B. $c_1(t_3 - t_2)$ bzw. $c_2(t_3 - t_2)$ sind mit c_1 und c_2 als spezifischen Wärmen der Flüssigkeiten.

Wissen wir nun ferner die Siedepunkte der Lösung bei bestimmtem Druck, so können wir z. B. für die Drücke p_1 und p_2 die Siedelinie in das Diagramm eintragen. Wir erhalten dann die dick ausgezogenen Siedelinien, von denen also jede einem bestimmten Druck zugeordnet ist. Damit haben wir das Diagramm für das flüssige Gebiet fertiggestellt.

Oberhalb der Siedelinie haben die Isothermen für den der Siedelinie zugeorneten Druck keine Bedeutung mehr, weil dort die Lösung bereits zu verdampfen beginnt. Für einen kleineren Druck würde dieser Bereich des Diagramms noch der Flüssigkeit zugeordnet sein und die Isothermen behalten ihren Sinn. Nun können wir offenbar Gl. (474) auch auf die Mischung zweier Dämpfe gleicher Temperatur anwenden. Dabei wird q_t

---

[1] Für wässerige Ammoniaklösung vgl. K. ZINNER: Z. ges. Kälteind. 41 (1934) S. 21.

in der Regel zu Null angenommen werden können, so daß die Isothermen im Dampfgebiet gerade Linien werden. Die Entfernung der Isothermen für Flüssigkeit und Dampf bei der gleichen Temperatur für die reinen Bestandteile ist dann gleich der Verdampfungswärme und der Abstand der Isothermen beispielsweise zwischen den Temperaturen t_4 und t_5 ist gleich $c_{p1}(t_5 - t_4)$ bzw. $c_{p2}(t_5 - t_4)$, wobei c_{p1} bzw. c_{p2} die spezifischen Wärmen der reinen Dämpfe sind.

Ist weiterhin für die Taulinie ξ in Abhängigkeit von der Temperatur bei konstantem Druck bekannt, so können die Taulinien ohne weiteres eingetragen werden.

Zwischen der Siede- und Taulinie eines bestimmten Druckes haben die Dampf- u. Flüssigkeitsisothermen keinen Sinn.

Faßt man also einen bestimmten Druck, z. B. den Druck p_2 ins Auge, so befindet sich unterhalb der Siedelinie p_2 das Gebiet der Flüssigkeit, oberhalb der Taulinie p_2 das Gebiet des überhitzten Dampfes und zwischen Siede- und Kondensationslinie das Gebiet des nassen Dampfes. Es gehören also zu je einen Druck je eine Siede- und Taulinie paarweise zusammen.

Wir haben nun noch den Verlauf der Isothermen im Gebiet des nassen Dampfes zu untersuchen. Mischen wir F kg Lösung der Konzentration ξ_F mit D kg Dampf der Konzentration ξ_D, wobei wir ξ_F und ξ_D so wählen, daß Flüssigkeit und Dampf im Gleichgewicht miteinander stehen (markierte Punkte in Abb. 211), so ergibt die Stoffbilanz, wenn $F + D = 1$ kg gesetzt wird

$$\xi = \xi_F F + \xi_D D, \tag{475}$$

worin ξ die Konzentration der gesamten Mischung ist. Ferner ist entsprechend

$$i = i_F F + i_D D. \tag{476}$$

Die Größen ξ und i sind dann dem Mischpunkt M zugeordnet. Aus Gl. (475) folgt

$$F = \frac{\xi_D - \xi}{\xi_D - \xi_F},$$

$$D = \frac{\xi - \xi_F}{\xi_D - \xi_F}.$$

Setzt man diese beiden Gleichungen in Gl. (476) ein, so ergibt sich

$$i = \frac{\xi_D - \xi}{\xi_D - \xi_F} i_F + \frac{\xi - \xi_F}{\xi_D - \xi_F} i_D. \tag{477}$$

Zwischen i und ξ besteht nach Gl. (477) eine lineare Abhängigkeit, so daß der Mischpunkt M stets auf der Verbindungsgraden $\xi_F i_F \cdots \xi_D i_D$ liegt. Die Isothermen im Naßdampfgebiet sind also Geraden.

Gl. (477) gilt offenbar für jede Art von Mischung unabhängig vom Aggregatzustand. Mischt man also zwei Lösungen beliebiger Aggregatzustände $\xi_1 i_1$ und $\xi_2 i_2$ miteinander, so liegt der Mischpunkt im i, ξ-Dia-

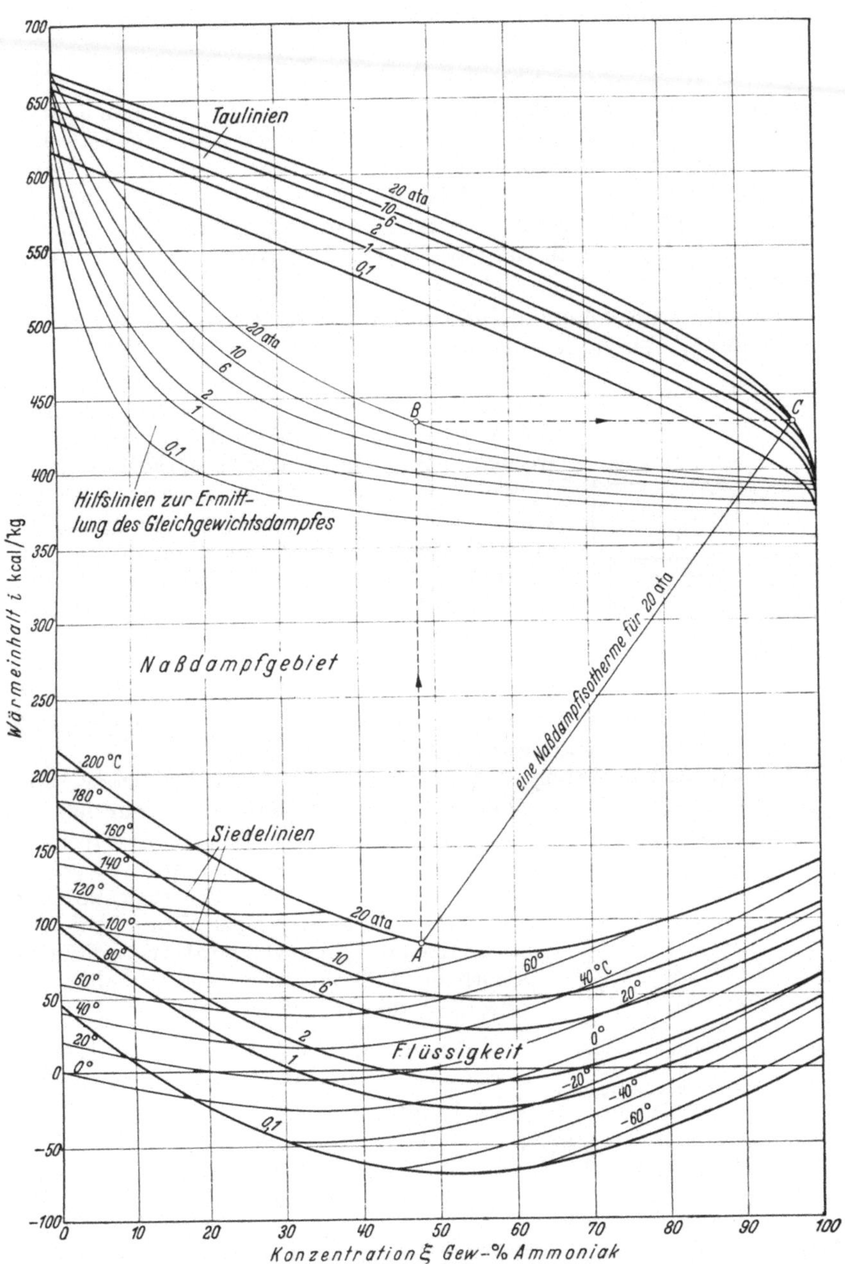

Abb. 211. Diagramm V. i, ξ-Bild des Gemisches Ammoniak-Wasser bei verschiedenen Drücken (nach BOSNJAKOVIC, aus KIRSCHBAUM: Destillier- und Rektifiziertechnik. 2. Aufl. Berlin: Springer 1950).

Nesselmann, Angewandte Thermodynamik.   12

gramm stets auf der Mischgeraden

$$i = \frac{\xi_1 - \xi}{\xi_1 - \xi_2}\, i_2 + \frac{\xi - \xi_2}{\xi_1 - \xi_2}\, i_1 . \tag{477a}$$

Die Verhältnisse liegen also hier ähnlich, wie wir es bereits beim J, x-Diagramm (Nr. 108) kennengelernt haben. Die Größen ξ bzw. i der Mischung findet man sinngemäß nach Gl. (475) und (476).

Diagramm V enthält ein i, ξ-Diagramm für Ammoniak-Wasser. Die Isothermen für das Naßdampfgebiet sind im Diagramm nicht enthalten, können jedoch durch die dargestellte Hilfskonstruktion sofort gefunden werden.

132. Der Ausdampfungsvorgang in rechnerischer und graphischer Behandlung. Wir stellen uns vor, daß in den Kessel Abb. 212 eine Lösungsmenge F kg beispielsweise Ammoniak und Wasser hineinströmt, aus der durch Zuführung der Wärme Q_H an Dampf D kg ausgetrieben werden. Dann verlassen $(F - D)$ kg Lösung den Kessel. Auf die eintretende, an Ammoniak reiche Lösung bezieht sich der Zeiger r, auf die austretende arme Lösung der Zeiger a.

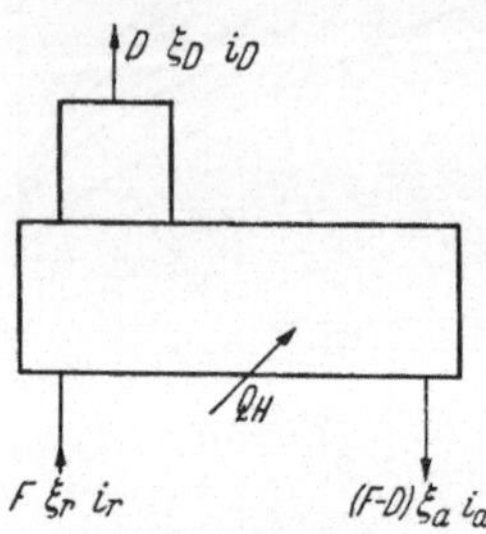

Abb. 212. Austreiben von Dampf aus einer Lösung.

Im p, t-Diagramm (Abb. 213) ist zur rechnerischen Behandlung der Vorgang dargestellt. Die Lösung tritt im Zustand 1 in den Kessel, wird zunächst bei konstanter Konzentration ξ_r auf die Siedetemperatur gebracht (Punkt 2). Dann erfolgt die Ausdampfung bei konstantem Druck bis zum Punkt 3, wobei die Konzentration auf ξ_a gesunken ist.

Die Zustandsänderung 12 geht an sich bei demselben Druck vonstatten wie die Ausdampfung, nur hat die Lösung noch nicht die Sättigungstemperatur erreicht. Die Zustandsänderung 12 erfolgt also sowohl bei konstantem Druck als auch bei konstanter Konzentration. Auf der Dampfspannungskurve sind also beim Druck p sämtliche Flüssigkeitszustände möglich, die unterhalb des Druckes p liegen.

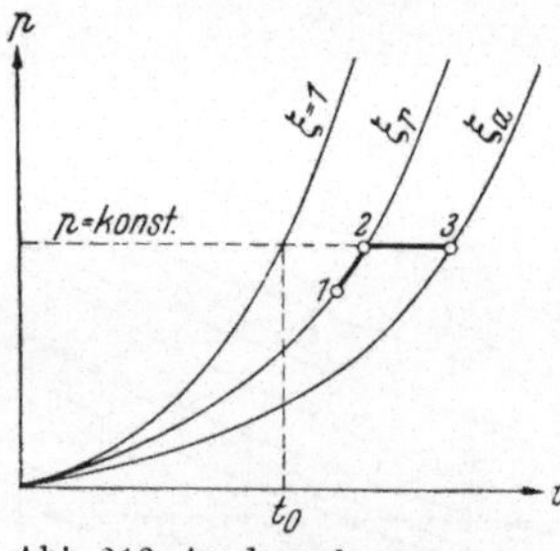

Abb. 213. Ausdampfungsvorgang im p, t-Diagramm.

Ist c_r' die spezifische Wärme der reichen Lösung, so ist die Ausdampfungswärme für D kg Dampf

$$Q_H = F c_r'(t_2 - t_1) + D\left[r + l - (c' - c_p)(t_m - t_s)\right] \left. + \frac{F + (F - D)}{2}\, c_m'(t_3 - t_2). \right\} \tag{478}$$

Der Betrag $F c_r'(t_2 - t_1)$ ist dabei die Wärme, die nötig ist, um die reiche Lösung auf den Siedezustand zu bringen. Die eckige Klammer entspricht der Ausdampfungswärme q_a für 1 kg Dampf, wobei sich l auf die mittlere Konzentration $\frac{\xi_r + \xi_a}{2}$ bezieht und für t_m die mittlere Temperatur $\frac{t_2 + t_3}{2}$

zu setzen ist. Das letzte Glied berücksichtigt die Tatsache, daß während der Ausdampfung der Lösung bei gleichem Druck die Temperatur ansteigt. Man kann dann in erster Annäherung so verfahren, als ob die mittlere Lösungsmenge $\dfrac{F+(F-D)}{2}$ von t_2 auf t_3 erwärmt wird, wobei c'_m die spezifische Wärme ist. Der Anteil des weniger flüchtigen Stoffes im Dampf, also in unserem Beispiel des Wassers, ist in Gl. (478) nicht berücksichtigt. Man könnte ihn nach der Vorschrift von Gl. (473) als Korrektur hinzufügen. Der Vorgang ist also rechnerisch ohne i,ξ-Diagramm, wenn auch nur mit einer gewissen Annäherung, durchaus zu verfolgen.

Die Größen F, D, ξ_r, ξ_a, und ξ_D hängen in folgender Weise voneinander ab. Die Stoffbilanz des Vorganges ergibt

$$\xi_r F = \xi_a (F - D) + \xi_D D \;.$$

Bezieht man alles auf 1 kg Dampf, so ist

$$\xi_r \cdot \frac{F}{D} = \xi_a\left(\frac{F}{D} - 1\right) + \xi_D \;.$$

Setzt man zur Abkürzung die je kg Dampf dem Kessel zuströmende Flüssigkeitsmenge, also die *reiche* Lösung je kg Dampf $\dfrac{F}{D}=f$, so folgt

$$f = \frac{\xi_D - \xi_a}{\xi_r - \xi_a} \;. \tag{479}$$

Dividiert man Gl. (478) durch D und setzt Gl. (479) ein, so erhält man bezogen auf 1 kg Dampf

$$q_H = f c'_r(t_2 - t_1) + r + h - (c' - c_p)(t_m - t_s) + (f - 0{,}5) c'_m (t_3 - t_2). \tag{480}$$

Gl. (480) entspricht im übrigen Gl. (428). Wir haben jetzt die Betrachtung lediglich dahingehend erweitert, daß die Ausdampfung nicht mehr bei konstanter Konzentration, sondern bei endlicher *Entgasungsbreite* $\xi_r - \xi_a$ vor sich geht. Ferner war bei Gl. (428) vorausgesetzt, daß die Lösung im Siedezustand dem Kessel zuströmte, daß also t_1 und t_2 zusammenfallen. Offenbar geht G. (480) in Gl. (428) über, wenn $\xi_r = \xi_a$, und $t_1 = t_2 = t_3$ gesetzt wird.

Will man das Problem mit Hilfe des i,ξ-Diagramms lösen, so ergibt sich eine sehr einfache graphische Methode. Auf Grund der Wärmebilanz folgt

$$F\, i_r + Q_H = (F - D)\, i_a + D i_D \;.$$

Setzt man die auf 1 kg Dampf bezogene Wärme wieder q_H, so erhält man

$$\frac{F}{D} i_r + q_H = \left(\frac{F}{D} - 1\right) i_a + i_D$$

oder

$$q_H = i_D - i_a + f\,(i_a - i_r)$$

und mit f aus Gl. (479)

$$q_H = i_D - i_a + \frac{\xi_D - \xi_a}{\xi_r - \xi_a}\,(i_a - i_r) \;.$$

Diese Gleichung läßt sich sehr elegant im i, ξ-Diagramm darstellen. Man verbindet im i, ξ-Diagramm (Abb. 214) die Zustandspunkte 3 und 1 und verlängert bis ξ_D (Punkt A). Punkt B auf der Taulinie gibt die Enthalpie i_D an. Dann ist AB die gesuchte Wärmemenge q_H.

Strömt die reiche Lösung schon mit Siedetemperatur in den Kessel, so läge A in der Verlängerung 32 und q_H würde kleiner. Beim rechnerischen Verfahren würde dann das erste Glied von Gl. (480) zu Null werden.

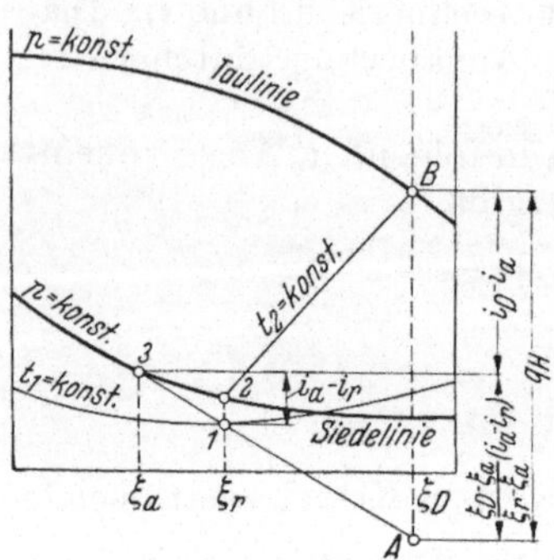

Abb. 214. Ausdampfungsvorgang im i, ξ-Diagramm.

Die Konzentration des Dampfes muß offenbar mit einer Lösung im Gleichgewicht stehen, die zwischen ξ_r und ξ_a liegt. Bildet man den Kessel so, daß der gesamte Dampf erst den Kessel durchströmt, bevor er ihn am Eintrittsende der reichen Lösung verläßt, kann man annehmen, daß er mit ξ_r im Gleichgewicht steht. Andernfalls ist ξ_D kleiner.

Werden D kg nicht ausgedampft, sondern absorbiert, so wird Wärme frei. In diesem Fall wird Gl. (480) bzw. die eben beschriebene Konstruktion im i, ξ-Diagramm sinngemäß angewendet.

133. Beispiele. a) Eine Ammoniak-Wasser-Lösung von 30% Gewichtskonzentration strömt mit 80° unter einem Druck von 10 at in einen Kessel. Aus der Lösung soll 1 kg Dampf ausgetrieben werden und sie soll mit 20% Gewichtskonzentration den Kessel verlassen. Wie groß ist die Menge der zuströmenden reichen Lösung? Welche Wärmemenge muß zugeführt werden? Die spezifische Wärme der Ammoniaklösung werde $c' = 1 + 0,1\,\xi$ gesetzt, die spezifische Wärme des Ammoniakdampfes ist $c_p = 0,5$.

Hat man kein i, ξ-Diagramm, so kann die rechnerische Methode angewendet werden, wobei allerdings das Lösungsfeld vorliegen muß

$$q_H = f c_r' (t_2 - t_1) + r + l - (c' - c_p)(t_m - t_s) + (f - 0,5)\, c_m'(t_3 - t_2). \quad (480)$$

Da aus dem Lösungsfeld nicht zu entnehmen ist wie groß die Dampfkonzentration ist, muß man angenähert $\xi_D = 1$ setzen. Aus

$$f = \frac{\xi_D - \xi_a}{\xi_r - \xi_a}$$

mit $\xi_D = 1,0$; $\xi_a = 0,2$; $\xi_r = 0,3$ berechnet man $f = 8,0$. Aus dem Lösungsfeld sei gefunden $t_2 = 101°$ (Siedetemperatur für $\xi_r = 0,3$ und 10 at) und $t_3 = 124°$ (Siedetemperatur für $\xi_a = 0,2$ und 10 at). Ferner ist $c_r' = 1,03$; $t_1 = 80°$. Aus der Dampftafel für Ammoniak findet man für 10 at $t_s = 24,2°$ und $r = 280$; aus Tabelle 8 ergibt sich für $\xi_m = 0,25$ und $t_m = 113°$ die differentiale Lösungswärme $l = 143$. Es ist $c_m' = 1,025$; $c_p = 0,5$. Daraus folgt $q_H = 726$ kcal/kg Dampf.

Bei Anwendung des i, ξ-Diagrammes findet man $\xi_D = 0,917$, wenn man annimmt, daß der abströmende Dampf mit der reichen Lösung im Gleichgewicht ist. Dann ergibt sich $f = 7,17$ im Vergleich zu $f = 8,0$ bei Annahme $\xi_D = 1,0$. Man sucht im i, ξ-Diagramm den Punkt der Taulinie bei $\xi_D = 0,917$ und 10 at, verbindet die Zustandspunkte $t_3 = 124°$ und $t_1 = 80°$ auf den Ordinaten ξ_a und ξ_r und verlängert bis zur Linie $= 0,917$. Das auf der Linie $\xi_D = 0,917$ abgeschnittene Stück ist dann $q_H = 714$ kcal/kg Dampf. Der Dampf besteht also zu 91,7% aus Ammoniak und zu 8,3% aus Wasserdampf.

Man erkennt, daß auch die rechnerische Methode Resultate liefert, die exakten Methoden sehr nahe kommen.

134. Die Absorptionskältemaschine. In Absorptionskältemaschinen wird die Eigenschaft der Lösungen ausgenutzt zur Kälteleistung. In den allermeisten Fällen wird eine Ammoniak-Wasser-Lösung verwendet und da für diese ein i, ξ-Diagramm vorliegt, wird man die Berechnung auch an Hand eines solchen Diagrammes vornehmen.

Trotzdem wollen wir einige allgemeine Bemerkungen an Hand des Lösungsfeldes vorausschicken. Abb. 215 stellt den Prozeß einer Absorptionskältemaschine im Lösungsfeld und Abb. 216 stellt das Schema

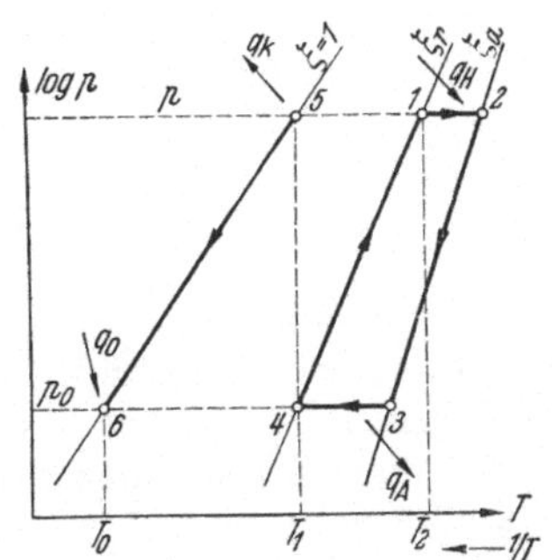

Abb. 215. Prozeß der Absorptionskältemaschine im log p, $1/T$-Diagramm.

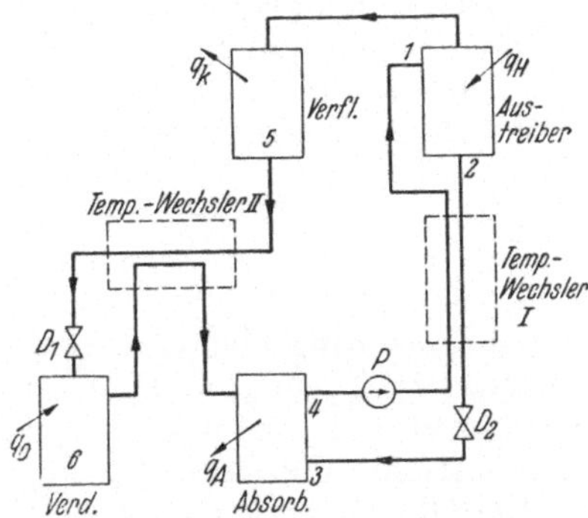

Abb. 216. Schema der Absoptionskältemaschine.

einer Absorptionsmaschine dar. Dabei ist diese Abbildung so gehalten, daß die einzelnen Gefäße temperatur- und druckgerecht bezüglich ihrer Lage ein log p, $1/T$-Diagramm eingezeichnet sind. Die beiden Abbildungen entsprechen also einander. Im *Austreiber* wird aus einer reichen Ammoniaklösung Ammoniakdampf beim hohen Druck p ausgetrieben (Zustandsänderung 12). Die Konzentration der Lösung verringert sich von ξ_r auf ξ_a. Der Austreibeprozeß geht innerhalb des Temperaturbereiches 12 vonstatten. Der Dampf strömt zum *Verflüssiger* 5, wo er unter Wärmeabfuhr verflüssigt wird. Dies geschieht bei der dem Druck p entsprechenden Sättigungstemperatur T_1. Über das Drosselventil D_1 wird das flüssige Ammoniak nun dem *Verdampfer* zugeleitet, der unter dem tiefen Druck p_0 und der tiefen Temperatur T_0 steht (Punkt 6). Unter Kälteleistung verdampft hier das Ammoniak und muß nun irgendwie dem Austreiber wieder zugeführt werden. Dies geschieht auf folgende Weise. Die arme Lösung wird über einen Wärmeaustauscher I auch *Temperaturwechsler* genannt und ein Drosselventil D_2 aus dem Austreiber dem *Absorber* zugeführt. Im Temperaturwechsler kühlt sie sich ab, so daß sie etwa die Temperatur des Punktes 3 annimmt. Der Druck ist p_0 und entspricht dem Verdampferdruck. Unter Abkühlung z. B. durch Kühlwasser und Abführung der Absorptionswärme ist diese Lösung nun imstande, unter Steigerung der Konzentration auf ξ_r den vorher im Austreiber abgegebenen Dampf nun aus dem Verdampfer wieder aufzunehmen (Zustandsänderung 34). Die reiche Lösung wird nun mit Hilfe der Pumpe P wieder auf den Druck p gebracht und erwärmt sich im Temperaturwechsler etwa auf die dem Punkt 1 entsprechende Temperatur. Hier beginnt das Spiel von neuem. In einem Temperaturwechsler II kann noch das aus dem Verflüssiger kommende Ammoniak durch die aus dem Verdampfer kommenden kalten Dämpfe vorgekühlt werden.

Die Absorptionskältemaschine leistet Kälte, ohne daß mechanische Arbeit notwendig ist, abgesehen von der im Vergleich zu den umgesetzten Wärmemengen verschwindend kleinen Pumpenarbeit, die bei den thermodynamischen Betrachtungen als Hilfsapparat außer Betracht gelassen werden kann. Wir können daher dieselben Betrachtungen anstellen, die wir bereits in Nr. 91 auf die Dampfstrahlkältemaschine angewendet haben. Wir definieren wieder das Wärmeverhältnis als den Quotienten aus Kälteleistung und zugeführter Wärmemenge und erhalten für den Fall völliger Umkehrbarkeit

$$\zeta = \frac{1/T_1 - 1/T_2}{1/T_0 - 1/T_1} = \frac{T_0}{T_1 - T_0} \cdot \frac{T_2 - T_1}{T_2}, \tag{481}$$

ganz analog den Gl. (285) und (286). Dabei kann man aus Gründen, deren Erörterung hier zu weit führen würde, die Austreibertemperatur konstant zu T_2 und die Absorbertemperatur konstant zu T_1 annehmen. Man tut also so, als ob im Lösungskreislauf nur eine einzige Konzentration bestünde und setzt $\xi_a = \xi_r$, was $f = \infty$ zur Folge hat.

Die Gl. (481) erlaubt eine sehr anschauliche Deutung im $\log p, 1/T$-Diagramm. Zähler und Nenner lassen sich als Strecken darin abgreifen, so daß das theoretische Wärmeverhältnis als Verhältnis zweier Strecken erscheint. Aus Abb. 217 bis 219 ergibt sich, daß das theoretische Wär-

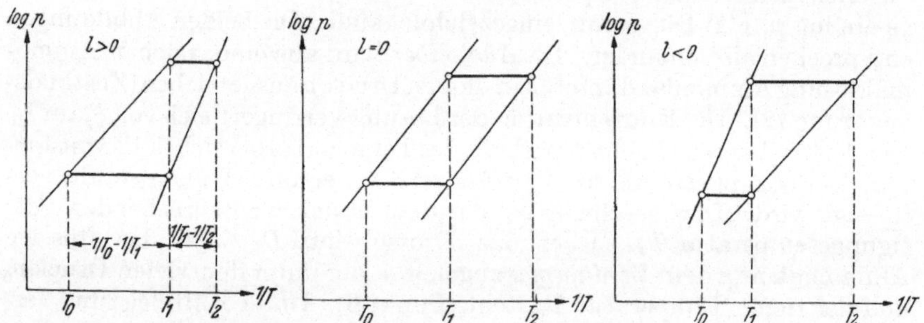

Abb. 217 bis 219. Theoretisches Wärmeverhältnis von einstufigen Absorptionskältemaschinen in Abhängigkeit von der Gestalt des Lösungsfeldes.

meverhältnis mit der Form des Lösungsfeldes und daher mit der Lösungswärme selbst zusammenhängt. Man erhält unter Beachtung von Nr. 119 folgende Zusammenstellung

$$\begin{aligned} l &> 0 & \zeta &< 1 \\ l &= 0 & \zeta &= 1 \\ l &< 0 & \zeta &> 1 \end{aligned}$$

Dies gilt indessen nur für einstufige Maschinen, für mehrstufige sind die Verhältnisse verwickelter[1].

---

[1] Nesselmann, K.: Z. ges. Kälteind. 41 (1934) S. 73.

Nachdem wir so den theoretisch günstigsten Wert des Wärmeverhältnisses gefunden haben, wenden wir uns nun der praktischen Maschine zu, die wir an Hand des i, ξ-Diagrammes behandeln.   Wir beschränken uns dabei auf einstufige Maschinen einfachster Schaltung[1]. In Abb. 220 ist nochmals das Schema einer Absorptionskältemaschine, allerdings ohne Temperaturwechsler II aufgezeichnet und in Abb. 221 das dazugehörige i, ξ-Diagramm. Die einzelnen Zustände sind entsprechend numeriert. Da sich der Prozeß bei zwei verschiedenen Drücken p und p_0 abspielt, muß auch das i, ξ-Diagramm diese beiden Drücke enthalten. Die Siedebzw. Taulinien sind entsprechend bezeichnet.

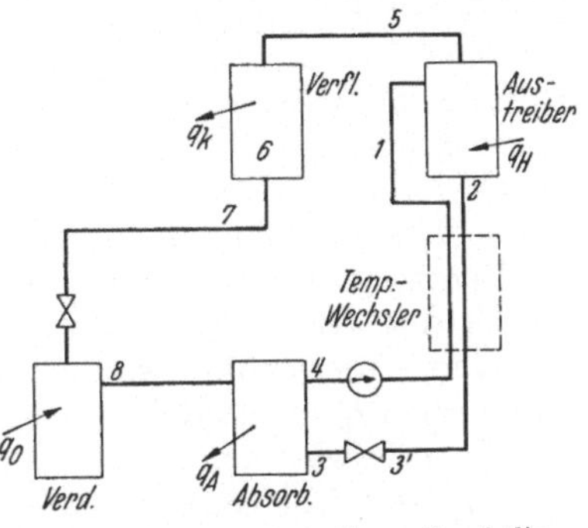

Abb. 220. Schema einer Absorptionskältemaschine.

Die arme Lösung verläßt im Zustand 2 den Austreiber und kann von der mit Kühlwassertemperatur t_3 den Absorber verlassenden reichen Lösung (Zustand 4) bis auf ebendiese Temperatur, also bis zum Zustand 3 vorgekühlt werden. Der Zustand 3' vor dem Drosselventil ist bezüglich der Enthalpie mit dem Zustand 3 identisch, da sich die Enthalpie beim Drosseln nicht ändert. Dagegen gehören die beiden Zustände zwei verschiedenen Drücken an. Zu 3' gehört der hohe Druck p, zu 3 der tiefere Druck p_0. Bezieht man alle Größen auf 1 kg ausgetriebenen Dampf, so ergibt sich für den Temperaturwechsler

$$\left.\begin{aligned}(f-1)(i_2-i_3) = \\ f(i_1-i_4) = q_T\end{aligned}\right\} \quad (482)$$

oder

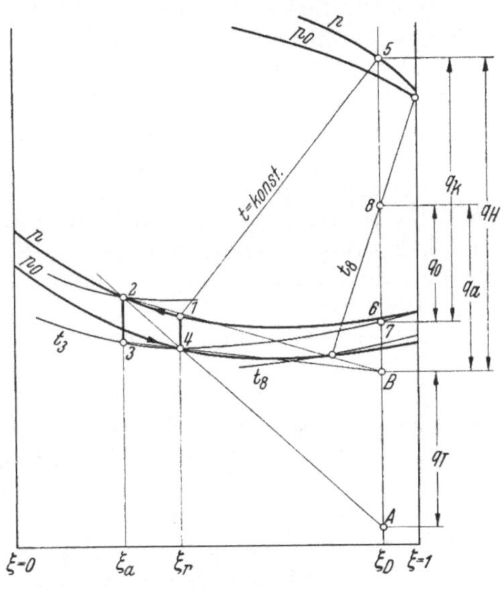

Abb. 221. Prozeß der Absorptionskältemaschine im i, ξ-Diagramm.

$$\frac{i_1-i_4}{i_2-i_3} = \frac{f-1}{f} = \frac{\xi_D-\xi_r}{\xi_D-\xi_a}. \qquad (483)$$

Man findet also Punkt 1, indem man die Gerade 34 bis zur Linie ξ_D verlängert (Punkt B) und dann die Linie $2B$ zieht. Dann liegt 1 auf dem

---

[1] Über die Mannigfaltigkeit der Schaltungsmöglichkeiten vgl. E. ALTENKIRCH: Z. ges. Kälteind. 20 (1913) S. 1 und 21 (1914) S. 7.

Schnittpunkt dieser Linie mit der Konzentrationslinie ξ_r. Aus Gl. (482) folgt dann, daß q_T, die im Wärmeaustauscher übertragene Wärme der Strecke $A B$ gleich ist, wobei A der Schnittpunkt der Verlängerung von 24 bis zur Linie ξ_D ist.

Die reiche Lösung kommt also im Zustand 1 in den Austreiber. Nimmt man an, daß der ausgetriebene Dampf mit der reichen Lösung im Gleichgewicht steht, so ist die Strecke $5\,B$ nach den Überlegungen unter Nr. 132 gleich der Austreibungswärme q_H Darin ist die an sich verschwindend kleine Pumpenarbeit mit enthalten.

Der ausgetriebene Dampf kommt im Zustand 5 in den Verflüssiger. Durch das Kühlwasser kann er über den Sättigungszustand 6 in den Zustand 7 unterkühlt werden, der dem Druck p und der Kühlwassertemperatur t_3 zugeordnet ist. Der Punkt liegt im Flüssigkeitsgebiet. Die Verflüssigerwärme q_k wird also durch die Strecke 57 dargestellt.

Das verflüssigte Ammoniak wird jetzt gedrosselt und behält dabei seine Enthalpie bei. Der Punkt 7 ist aber nach der Drosselung dem tieferen Druck p_0 zuzuordnen. Man erkennt, daß in bezug auf diesen Druck Punkt 7 in das nasse Gebiet fällt. Ein Teil der Flüssigkeit verdampft also beim Drosseln.

Nun sei t_8 die Temperatur, bei der Kälte geleistet werden soll. Dann darf die Verdampfungstemperatur höchstens bis t_8 ansteigen. Aus Abb. 221 geht hervor, daß Punkt 7 für p_0 einer Temperatur zugeordnet ist, die kleiner als t_8 ist. Bis zum Punkt 8 kann also Verdampfung stattfinden, so daß die Kälteleistung q_0 durch die Strecke 78 gegeben ist. Im Zustand 8 kommt dann der nasse Dampf in den Absorber zurück.

Schließlich ist noch die im Absorber abgegebene Wärme zu bestimmen. Unter Beachtung von Nr. 132 hat man nur den Anfangs- und Endzustand der Lösung im Absorber, also nur die Punkte 3 und 4 zu verbinden und bis zur Linie ξ_D zu verlängern. Man kommt dann wieder auf B. Die Absorberwärme ist dann der Strecke $8\,\mathrm{B}$ gleich.

Nach der Wärmebilanz muß sein

$$q_H + q_0 = q_K + q_A . \tag{484}$$

Man überzeugt sich leicht, daß das Diagramm dieser Forderung genügt.

Mit Hilfe des i, ξ-Diagrammes kann man, wie gezeigt, durch Ziehen einiger weniger Linien in elegantester Weise Absorptionskältemaschinen vorausberechnen oder ihr Verhalten bei Änderung der Betriebsbedingungen studieren. Auch mehrstufige Maschinen können so berechnet werden, doch sei dazu auf das Sonderschrifttum verwiesen[1].

Der Absorberdruck p_0 ist in gewissen Grenzen frei wählbar. Untersuchungen über den günstigsten Absorberdruck hat A. Weise angestellt[2].

Durch Rektifikation des den Austreiber verlassenden Dampfes kann das Wärmeverhältnis der Absorptionskältemaschine noch verbessert werden. Die voraufgegangenen Betrachtungen werden dadurch grund-

---

[1] Bosnjakovic, F.: Technische Thermodynamik, Bd. II. Dresden und Leipzig: Theodor Steinhopff 1948.
[2] Weise, A.: Z. ges. Kälteind. 36 (1929) S. 169.

sätzlich nicht geändert. Auf die Rektifikation werden wir im besonderen noch später eingehen.

Das Wärmeverhältnis der praktischen Maschine ist

$$\zeta = \frac{q_0}{q_H}. \tag{485}$$

Praktisch erreichbare Zahlen hat W. NIEBERGALL zusammengestellt[1].

Von GEPPERT wurde der Gedanke eingeführt, Verdampfer und Absorber einer Absorptions-Kältemaschine mit einem indifferenten Gas zu füllen. Er schlug für diesen Zweck Luft vor. Das indifferente Gas beteiligt sich an dem eigentlichen Kälteprozeß nicht, sondern gleicht lediglich den Druckunterschied zwischen Verdampfer und Absorber einerseits und Austreiber und Verflüssiger andererseits aus. Auf diese Weise kann die Pumpe und das Drosselventil entfallen.

Dieser Gedanke ist vor allem für kleinere Haushaltskältemaschinen von v. PLATEN und MUNTERS[2] aufgegriffen worden, die als indifferentes Gas Wasserstoff vorschlagen. Auch zur Erzielung besonders tiefer Temperaturen und einer gleichmäßigen Kälteleistung bei gleitender Temperatur können derartige Maschinen mit Erfolg verwendet werden[3]. Ihre Berechnung läßt sich nicht mit Hilfe des i,ξ-Diagrammes ausführen, sondern ist wesentlich verwickelter[4].

135. Wärmetransformation. Bei der Absorptionskältemaschine war der Zweck eine Kälteleistung bei tiefer Temperatur (T_0). Diese wurde erkauft durch Wärmezufuhr bei hoher (T_2) und Wärmeabfuhr bei mittlerer Temperatur (T_1). In Abb. 222 geben die Pfeile an den einzelnen Temperaturlinien an, ob Wärme zu- oder abgeführt wird. Der jeweilige Zweck des Verfahrens ist umrahmt. Fall I entspricht also der Absorptionskältemaschine. Man kann jedoch eine solche Einrichtung auch als Wärmepumpe benutzen, wobei es auf die Wärmeabgabe bei mittlerer Temperatur T_1 ankommt (Fall II). Durch Wärmezufuhr bei hoher und tiefer Temperatur erhält man Wärme bei mittlerer Temperatur.

Schließlich kann man auch die Umläufe in der Absorptionskältemaschine umkehren. Man gewinnt dann Wärme bei

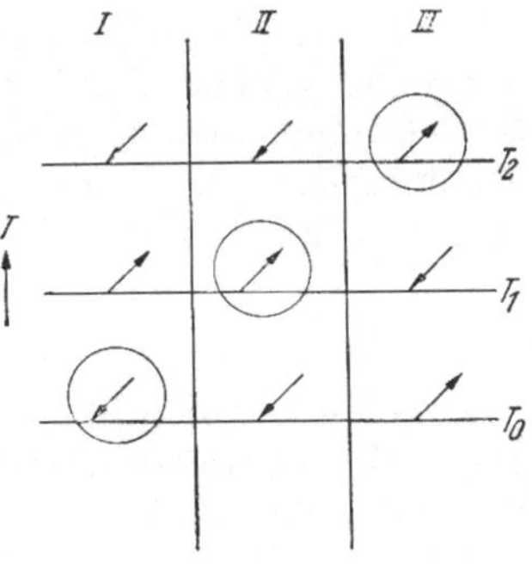

Abb. 222. Zu- und abzuführende Wärmemengen bei der Wärmetransformation.

hoher Temperatur T_2 (Fall III) und muß zu diesem Zweck Wärme bei tiefer Temperatur T_0 abführen und bei mittlerer Temperatur T_1 zu-

---

[1] NIEBERGALL, W : Z. ges. Kälteind. 49 (1942) S. 1. Ders.: Arbeitsstoffpaare für Absorptions-Kälteanlagen und Absorptions-Kühlschränke. Mühlhausen: Rich. Markewitz 1949.

[2] v. PLATEN, B. u. C. G. MUNTERS: Technisk Tidskrift Stockh. Heft 12 (1925) S. 89.

[3] MAIURI, G.: Z. ges. Kälteind. 46 (1939) S. 169.

[4] NESSELMANN, K.: Z. ges. Kälteind. 40 (1933) S. 117.

führen. Diese thermodynamischen Vorgänge werden auch mit *Wärmetransformation* bezeichnet[1].

Bezeichnen wir die entsprechenden Wärmeverhältnisse je nach dem Zweck mit ζ_0, ζ_1 und ζ_2, so erhält man auf Grund der Überlegungen der Nr. 91

$$\zeta_0 = \frac{1/T_1 - 1/T_2}{1/T_0 - 1/T_1}, \tag{486}$$

$$\zeta_1 = \frac{1/T_0 - 1/T_2}{1/T_0 - 1/1}, \tag{487}$$

$$\zeta_2 = \frac{1/T_0 - 1/T_1}{1/T_0 - 1/T_2}. \tag{488}$$

Alle drei Wärmeverhältnisse lassen sich im Lösungsfeld durch Streckenverhältnisse darstellen, wie es bereits in Nr. 134 für die Absorptionskältemaschine gezeigt wurde. Im einzelnen ist für

$$
\begin{array}{ccc}
l > 0 & l = 0 & l < 0 \\
\zeta_0 < 1 & \zeta_0 = 1 & \zeta_0 > 1 \\
\zeta_1 < 2 & \zeta_1 = 2 & \zeta_1 > 2 \\
\zeta_2 > 0{,}5 & \zeta_2 = 0{,}5 & \zeta_2 < 0{,}5
\end{array}
$$

Diese Überlegungen sind auch auf mehrstufige Apparate erweitert worden[2].

136. Die logarithmische und die reziproke Temperaturskala. Bei den Wärmeverhältnissen der Dampfstrahlkältemaschine und bei den Absorptionsmaschinen haben wir gesehen, daß stets die reziproken Werte der absoluten Temperaturen der jeweiligen Wärmebehälter in die Gleichungen eingehen. Nun hat es sich schon für gewisse thermodynamische Betrachtungen als zweckmäßig herausgestellt, statt der bisher verwendeten linearen Skala eine logarithmische Temperaturskala einzuführen[3]. Man definiert diese

$$\vartheta = \frac{1}{\alpha}\ln \alpha T, \tag{489}$$

worin α der Ausdehnungskoeffizient der Gase ist (vgl. Nr. 7). Der thermische Wirkungsgrad einer nach dem Carnot-Prozeß arbeitenden Wärmekraftmaschine ergibt sich dann zu

$$\eta = 1 - e^{-\alpha(\vartheta_1 - \vartheta_2)}, \tag{490}$$

worin ϑ_1 und ϑ_2 die den Temperaturen T_1 und T_1 zugeordneten Werte der logarithmischen Skala sind. Entsprechend folgt für die Leistungsziffer einer Kältemaschine

$$\varepsilon_k = \frac{1}{e^{\alpha(\vartheta_1 - \vartheta_2)} - 1}. \tag{491}$$

---

[1] NESSELMANN, K.: Wiss. Veröff. Siemens-Konz. Bd. XII (1933) Heft 2, S. 89.

[2] NESSELMANN, K.: Z. ges. Kälteind. 41 (1934) S. 73.

[3] PLANK, R.: Festschrift RICHARD MOLLIER zum 70. Geburtstag. Kältetechn. Institut der Techn. Hochschule Karlsruhe, 1933.

Beide Werte sind bemerkenswerterweise in der logarithmischen Skala nur von der Differenz der beiden Temperaturen abhängig. Auf die absolute Höhe kommt es bei der Benutzung dieser Skala nicht an.

Die reziproke Temperaturskala definieren wir

$$\tau = \frac{1}{T}.$$ (492)

Der Temperatur $T = \infty$, also einer unendlich hohen Temperatur, entspricht also $\tau = 0$ und dem absoluten Nullpunkt $T = 0$ entspricht $\tau = \infty$.

Wir erhalten dann für die Wärmeverhältnisse entsprechend Gl. (486) bis (488)

$$\zeta_0 = \frac{\tau_1 - \tau_2}{\tau_0 - \tau_1},$$ (493)

$$\zeta_1 = \frac{\tau_0 - \tau_2}{\tau_0 - \tau_1},$$ (494)

$$\zeta_3 = \frac{\tau_0 - \tau_1}{\tau_0 - \tau_2}.$$ (495)

Für den CARNOT-Prozeß gilt für Wärmekraftmaschine, Kältemaschine und Wärmepumpe

$$\eta = \frac{T_1 - T_0}{T_1} = \frac{\tau_0 - \tau_1}{\tau_0},$$ (496)

$$\varepsilon_k = \frac{T_0}{T_1 - T_0} = \frac{\tau_1}{\tau_0 - \tau_1},$$ (497)

$$\varepsilon_w = \frac{T_1}{T_1 - T_0} = \frac{\tau_0}{\tau_0 - \tau_1}.$$ (498)

Alle diese Größen lassen sich mit Hilfe der reziproken Temperaturskala als Strecken darstellen[1]. Dabei liegen für thermodynamische Apparate mit drei Wärmebehältern ohne äußere Arbeitsleistung oder ohne äußeren Arbeitsverbrauch die Strecken jeweils zwischen den reziproken Temperaturen der Wärmebehälter. Bei Maschinen mit äußerer Arbeitsleistung

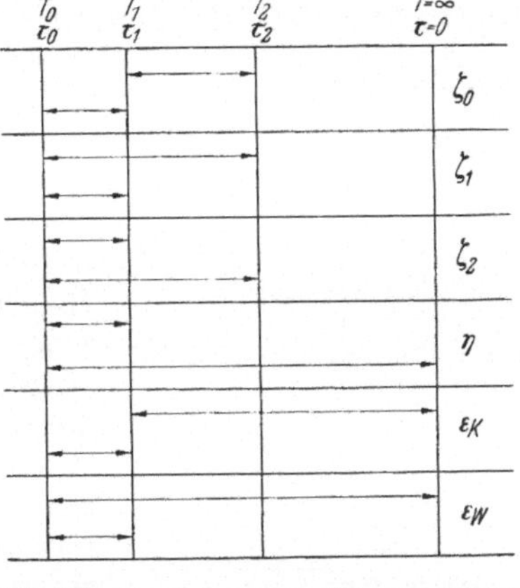

Abb. 223. Darstellung von Wärmeverhältnis und Wirkungsgrad mit Hilfe der reziproken Temperaturskala.

oder Arbeitsverbrauch reicht eine Strecke stets bis zur Temperatur $\tau = 0$ ($T = \infty$), die andere liegt zwischen den reziproken Temperaturen der beiden Wärmebehälter. Abb. 223 gibt eine Übersicht, wobei jedesmal die obere Strecke zur unteren ins Verhältnis gesetzt werden muß.

137. Destillation und Rektifikation. Destillations- und Rektifikationsverfahren dienen zum Trennen der Bestandteile einer Lösung. Sie beruhen auf der bereits erkannten Tatsache, daß in der Regel der Dampf an flüchtigem Stoff reicher ist als an nicht flüchtigem. Daraus ergibt sich bereits, daß es nicht möglich ist, eine Lösung über ihren ozeotropischen Punkt (vgl. Nr. 127) hinaus zu trennen, denn in diesem Punkt

---

[1] NESSELMANN, K.: Z. ges. Kälteind. 44 (1937) S. 220.

verhält sich die Lösung wie ein einheitlicher Stoff und die Dampfphase hat dieselbe Zusammensetzung wie die Flüssigkeit. Zur Trennung von Lösungen mit azeotropischem Punkt muß man besondere Maßnahmen treffen.

Bei der Destillation entwickelt man durch Wärmezufuhr aus einer Lösung Dämpfe, die dann durch Wärmeentzug wieder verflüssigt werden und nach dem oben Gesagten eine Flüssigkeit ergeben, die an flüchtigem Bestandteil reicher ist. Je weiter man die Destillation treibt, um so ärmer wird die Flüssigkeit und auch der Dampf an flüchtigem Bestandteil. Man kann daher die Destillation in einzelnen Stufen, sogenannten *Fraktionen*, ausführen und gelangt dann zur *fraktionierten Destillation*.

Die mehrfache Folge von Destillierungs- und Wiederverflüssigungsvorgängen bezeichnet man mit *Rektifikation*. Diese ermöglicht eine weitestgehende Zerlegung des Gemisches. In sogenannten Rektifikationssäulen kann der Rektifikationsprozeß diskontinuierlich, aber auch kontinuierlich ausgeführt werden[1].

Wir wollen uns im folgenden nur mit den kontinuierlichen Apparaten befassen.

138. Die Verstärkungssäule im ψ_D, ψ_F-Diagramm. Zunächst wollen wir die Aufgabe lösen, den flüchtigen Stoff möglichst rein aus der Lösung zu erhalten. Der Rektifizierapparat (Abb. 224) besteht dann aus der *Blase*, der *Verstärkungssäule*, dem *Rücklaufverflüssiger* und dem *Kühler*. Die Lösung strömt der Blase mit der Molkonzentration ψ_M zu und verläßt diese mit der tieferen Molkonzentration ψ_A. Durch Beheizung, z. B. durch Dampfheizung, wird Dampf ausgetrieben, der in der Säule aufsteigt und auf den einzelnen *Böden* mit der darauf befindlichen Flüssigkeit in innige Berührung kommt, indem er gezwungen wird, durch diese hindurchzusprudeln. Gelegentlich wendet man auch sogenannte Raschig ringe an, an deren großer Oberfläche die Flüssigkeit herabrieselt und mit dem Dampf in innige Berührung kommt. Schließlich

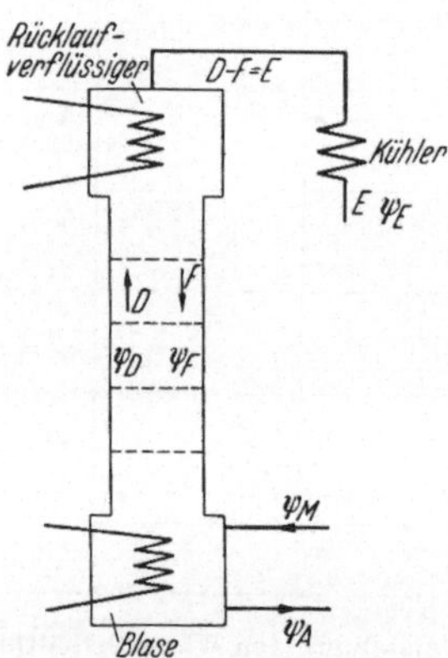

Abb. 224. Verstärkungssäule.

verläßt der Dampf oben die Säule und wird zum Teil im Rücklaufverflüssiger niedergeschlagen und auf den obersten Boden der Säule zurückgeführt. Der Rest wird im Kühler verflüssigt und verläßt als Erzeugnis E mit der Molkonzentration ψ_E den Apparat. Da der Dampf jeweils eine höhere Konzentration als die Flüssigkeit hat, so nimmt die Konzentration von Dampf und Flüssigkeit nach oben hin von Boden zu Boden zu. Den Vorgang auf den Böden kann man so auffassen, daß der von unten zuströmende Dampf in der Flüssigkeit kondensiert und durch

---

[1] Über die Trennmöglichkeit von Gasen durch Zentrifugieren, s. H. HAUSEN u. R. SCHLATTERER: Verfahrenstechnik. Z. VDI Beihefte 1939 Nr. 1. Methoden der Thermodiffusion mit Trennrohren s. bei K. CLUSIUS u. G. DICKEL: Z. physik. Chem. 44 (1939) S. 397.

die Kondensationswärme wiederum neuer Dampf ausgetrieben wird mit höherer Konzentration.

Es kommt nun vor allem darauf an, die Zahl der Böden und die umgesetzten Wärmemengen zu ermitteln. Zur rechnerischen Behandlung nehmen wir an, daß die molekularen Verdampfungswärmen der Bestandteile gleich sind, d. h. daß für 1 kmol kondensierten Dampfes auch jeweils 1 kmol Dampf aus der Lösung auf dem Boden wieder ausgetrieben wird[1]. Diese Annahme ist für viele technisch wichtige Lösungen mit genügender Genauigkeit erfüllt. In Tabelle 9 sind die molekularen Verdampfungswärmen für einige Stoffgruppen zusammengestellt.

Tabelle 9. *Molekulare Verdampfungswärme.*

Stoff	Mol. Verdampfungswärme kcal/kmol
Stickstoff	1340
Sauerstoff	1630
Benzol	7370
Toluol	8000
Xylol	8200
Wasser	9710
Äthylalkohol . . .	9550
Methylalkohol . .	8420

Für die sich begegnenden Dampf- und Flüssigkeitsströme in jedem Punkt der Säule gelten, wenn D die *Mole* Dampf, F die *Mole* Flüssigkeit und E die *Mole* des Erzeugnisses sind die Bilanzen

$$D = F + E \tag{499}$$

und

$$\psi_D D = \psi_F F + \psi_E E , \tag{500}$$

wobei unter den gemachten Voraussetzungen D und F über die Säule konstant sind.

Aus Gl. (499) und (500) folgt

$$\psi_D = \frac{F}{E + F} \psi_F + \frac{E}{E + F} \psi_E . \tag{501}$$

Teilt man Zähler und Nenner durch F, so kann das über die Säule konstante Verhältnis

$$v = \frac{F}{E} \tag{502}$$

eingeführt werden. Offenbar ist v der Rücklaufmenge je Erzeugungsmenge und wird daher das *Rücklaufverhältnis* genannt. Führt man Gl. (502) in (501) ein, so folgt

$$\psi_D = \frac{v}{v + 1} \psi_F + \frac{\psi_E}{v + 1} . \tag{503}$$

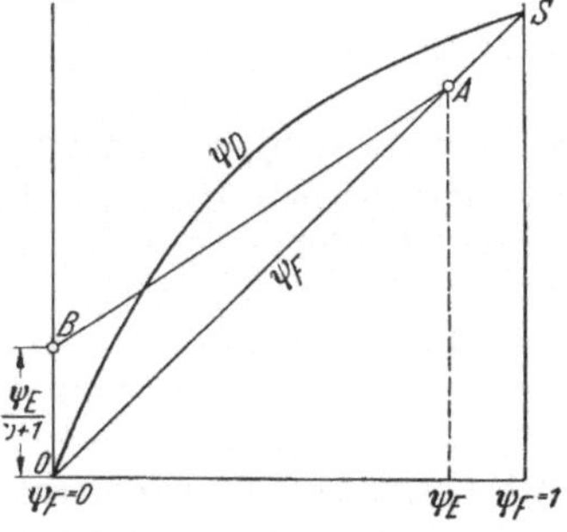

Abb. 225. ψ_D, ψ_F-Diagramm.

Wir benutzen nunmehr ein Diagramm (Abb. 225), in welchem ψ_D über ψ_F aufgetragen ist, wenn Lösung und Dampf sich im Gleichgewicht miteinander befinden. Dies ergibt die mit ψ_D bezeichnete Kurve. Wir

---

[1] Ist dies nicht der Fall, so ist das Verfahren verwickelter. Vgl. E. KIRSCHBAUM: Destillier- und Rektifiziertechnik. 2. Aufl. Berlin/Göttingen/Heidelberg: Springer 1950.

können nun noch ψ_F als unter $45°$ geneigte Gerade eintragen, um ψ_F auch auf der Ordinate ablesen zu können.

Die Werte ψ_D und ψ_F aus Gl. (503) entsprechen jeweils den sich in der Säule begegnenden Dampf- bzw. Flüssigkeitsmengen. Diese stehen nicht miteinander im Gleichgewicht. Trägt man ψ_D nach Gl. (503) über ψ_F in das Diagramm Abb. 225 ein, so ergibt sich bei gegebenem v und ψ_E für die Veränderlichen ψ_D und ψ_F eine Gerade. Für $\psi_F = 0$ schneidet diese das Stück $OB = \dfrac{\psi_E}{v+1}$ von der Oridnatenachse ab. Für $\psi_F = \psi_E$ schneidet sie die unter $45°$ gezogene Gerade OS im Punkt A bei ψ_E. Die Gerade AB heißt *Verstärkungsgerade*.

Mit Hilfe der Verstärkungsgeraden kann die theoretische Bodenzahl bestimmt werden. Wir nehmen dabei an, daß im Rücklaufverflüssiger keine Verstärkung stattfindet. Dann hat der Rücklauf und der aus dem obersten Boden aufsteigende Dampf dieselbe Konzentration $\psi_{D1} = \psi_E$ (Abb. 226 und 227). Der Dampf mit der Konzentration ψ_{D1} entspricht

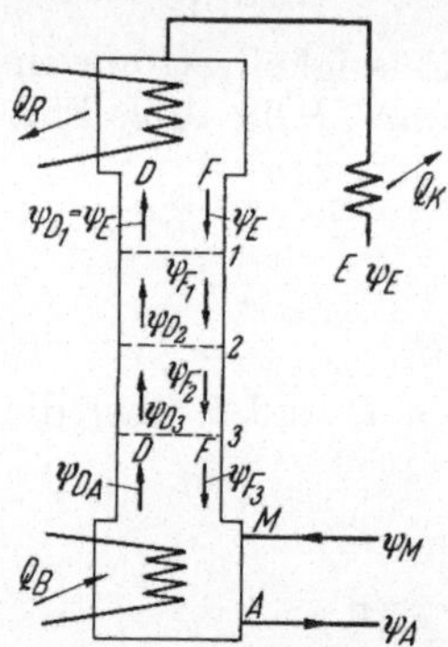

Abb. 226. Verstärkungssäule.

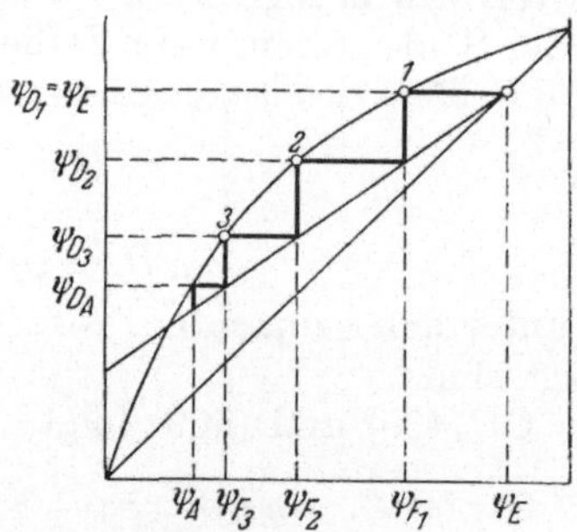

Abb. 227. Bestimmung der Bodenzahl
der Verstärkungssäule.

aber im Gleichgewicht Flüssigkeit der Konzentration ψ_{F1} nach dem ψ_D, ψ_F-Diagramm. Daher muß sich auf dem Boden 1 Flüssigkeit der Konzentration ψ_{F1} befinden, die auf den Boden 2 herabrieselt. Der Flüssigkeit ψ_{F1} muß aber auf Grund der Verstärkungsgeraden Dampf der Konzentration ψ_{D2} entgegenströmen, der wiederum einer Flüssigkeit ψ_{F2} entspricht usw. Diese Überlegungen können fortgesetzt werden, bis man zur Flüssigkeitskonzentration des Blaseninhaltes bzw. des Ablaufes kommt, aus der der Dampf ψ_{DA} aufsteigt. Man kann nämlich annehmen, daß der Blaseninhalt verhältnismäßig groß ist und daß in der Blase eine gute Vermischung der eintretenden Lösung M mit dem Blaseninhalt stattfindet. Dann ist die Konzentration des Blaseninhaltes gleich der des Ablaufes. Den Punkten 1, 2 und 3 entspricht also je ein Boden. Jede Senkrechte auf die Verstärkungsgrade ist also als ein Boden aufzufassen, wobei der letzte Boden mit der Blase identisch ist.

Die Zahl der Böden ist offenbar abhängig von der Neigung der Verstärkungsgeraden. Diese ergibt sich aus Gl. (503) zu

$$\operatorname{tg}\alpha = \frac{v}{v+1}.$$

Ist $v = \infty$, wird also der gesamte in den Rücklaufverflüssiger gelangende Dampf kondensiert und kein Erzeugnis E gewonnen, so fällt die Verstärkungsgerade mit der unter 45° gezogenen Geraden zusammen. Dann ist die Zahl der Böden am geringsten. Ein anderer extremer Fall ergibt sich, wenn die Verstärkungsgerade die ψ_D-Linie bei der Konzentration ψ_A schneidet (Punkt C Abb. 228). Dann ergibt die vorher ausgeführte Konstruktion unendlich viele Böden und man erhält den für die vorliegenden Verhältnisse kleinstmöglichen Rücklauf. Für die laufenden Koordinaten ψ_D und ψ_F in Gl. (503) können für den Fall des Mindestrücklaufverhältnisses die Koordinaten des Punktes C eingesetzt werden. Man erhält dann mit v_{min} als Mindestrücklaufverhältnis

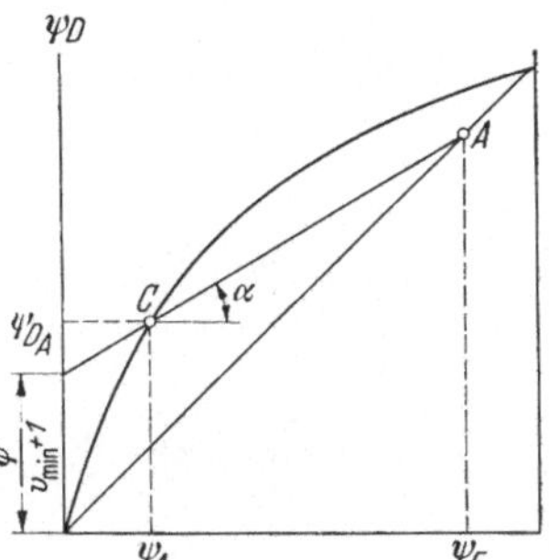
Abb. 228. Bestimmung des Mindestrücklaufes.

$$\psi_{DA} = \frac{v_{min}}{v_{min} + 1}\, \psi_A + \frac{\psi_E}{v_{min} + 1}$$

und daraus

$$v_{min} = \frac{\psi_E - \psi_{DA}}{\psi_{DA} - \psi_A}. \qquad (504)$$

Ist n_t die theoretische Bodenzahl, so ist die praktische

$$n = \frac{n_t}{s}, \qquad (505)$$

wobei s das Austauschverhältnis in der Regel zwischen 0,6 und 0,8 liegt, unter besonderen Verhältnissen jedoch auch über Eins liegen kann[1].

Zwischen den Mengen M, A und E (Abb. 226) bestehen die Beziehungen

$$M = E + A$$
$$\psi_M M = \psi_E E + \psi_A A$$

und daraus folgt

$$M = E\, \frac{\psi_E - \psi_A}{\psi_M - \psi_A}. \qquad (506)$$

Damit ist bei gegebenem E, ψ_E, ψ_M und angenommenem ψ_A die zuzuführende Menge M gegeben.

Die im Rücklaufverflüssiger abzuführende Wärme ist

$$|Q_R| = E\,v\,\mathfrak{r} \qquad (507)$$

mit $\mathfrak{r}$ als molekularer Verdampfungswärme und die im Kühler abzuführende Wärme

$$|Q_K| = E\,\mathfrak{r}. \qquad (508)$$

Die der Blase zuzuführende Wärme ist dann

$$|Q_B| = D\,\mathfrak{r} \sim |Q_R| + |Q_K|. \qquad (509)$$

Hierin sind indessen die Enthalpie der Flüssigkeit von M, A und E nicht beachtet. Heben sich diese nicht näherungsweise heraus, was insbeson-

---

[1] KIRSCHBAUM, E.: Destillier- und Rektifiziertechnik. 2. Aufl. Berlin/Göttingen/Heidelberg: Springer 1950.

dere dann der Fall ist, wenn die zulaufende Lösung nicht mit etwa Siedetemperatur zugeführt wird, so sind sie zu berücksichtigen und die Bilanz ist entsprechend zu korrigieren.

Der Wärmeverbrauch ist am geringsten, wenn v der Mindestrücklaufmenge entspricht. Allerdings ist dann auch die Bodenzahl unendlich groß.

139. Die Abtriebssäule im ψ_D, ψ_F-Diagramm. Will man den weniger flüchtigen Stoff möglichst rein gewinnen, so verwendet man eine sogenannte *Abtriebssäule* (Abb. 229 und 230). Die Mischung wird dem

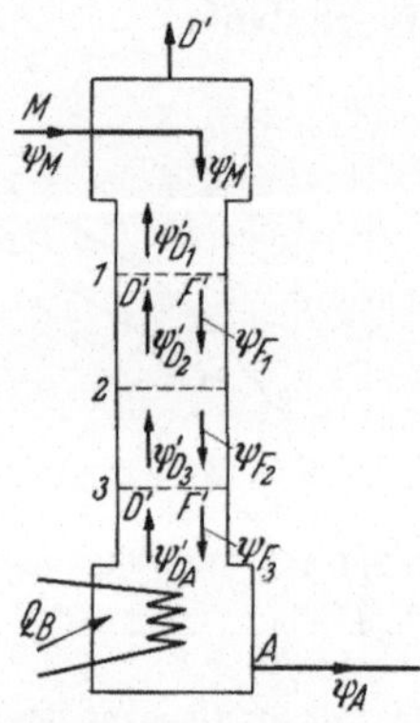

Abb. 229. Abtriebsäule.

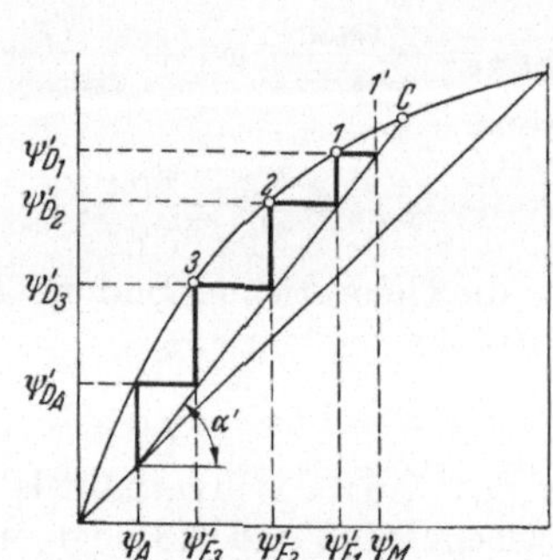

Abb. 230. Bestimmung der Bodenzahl der Abtriebsäule.

obersten Boden zugeführt und strömt wie auch in der Verstärkersäule über die Böden von oben nach unten, wobei der flüchtige Bestandteil allmählich abgetrieben wird, so daß sich die Flüssigkeit mit dem weniger flüchtigen Bestandteil anreichert und den Apparat schließlich mit der Konzentration $\psi_A < \psi_M$ verläßt. Durch Beheizung der Blase wird der Dampf entwickelt, der von unten nach oben durch die Säule strömt und diese oben verläßt. Der den Apparat verlassende Dampf steht bezüglich seiner Konzentration im Gleichgewicht mit der Flüssigkeit auf dem obersten Boden.

Versehen wir die Größen, die sich auf die Abtriebsäule beziehen, mit dem Zeiger ($'$), so ergibt sich wie in Nr. 138 für jeden beliebigen Querschnitt der Säule

$$F' = D' + A, \tag{510}$$

wobei A die die Blase verlassende Flüssigkeitsmenge bedeutet. Ferner ist

$$\psi_F' F' = \psi_D' D' + \psi_A' A. \tag{511}$$

Aus Gl. (510) und (511) folgt

$$\psi_D' = \frac{F'}{F' - A} \psi_F' - \frac{A}{F' - A} \psi_A. \tag{512}$$

Diese Gleichung ist im ψ_D, ψ_F-Diagramm wieder eine Gerade, die *Abtriebsgerade*. Setzt man in Gl. (512) $\psi_D' = \psi_F'$, so erhält man den Ordinatenwert, bei welchem die Abtriebsgerade die Diagonale schneidet. Dieser Wert ist ψ_A.

Dividiert man in Gl. (512) Zähler und Nenner durch A und setzt

$$\frac{F'}{A} = \frac{M}{A} = v',$$

so erhält man

$$\psi'_D = \frac{v'}{v'-1}\,\psi'_F - \frac{\psi_A}{v'-1}. \tag{513}$$

Die Abtriebsgerade hat also die Neigung

$$\operatorname{tg}\alpha' = \frac{v'}{v'-1} = \frac{M}{M-A}.$$

Die Zahl der Böden findet man wie unter Nr. 138 beschrieben mit Hilfe des ψ_D, ψ_F-Diagrammes (Abb. 230), wo sich z. B. drei Böden ergeben. Jede der Senkrechten 1, 2 und 3 entspricht einem Boden. Die Senkrechte bei ψ_A entspricht der Blase selbst. Der abziehende Dampf hat die Konzentration des Punktes 1.

Geht die Abtriebsgerade durch Punkt 1', d. h. fällt C mit 1' zusammen so wird die Zahl der Böden unendlich groß und A nimmt bei gegebenem M den größtmöglichen Wert an.

Die abströmende Dampfmenge ergibt sich zu

$$D' = M - A, \tag{514}$$

wobei nochmals ausdrücklich darauf hingewiesen werde, daß diese Bezeichnungen sich auf die Zahl der Mole beziehen und daß gleiche molekulare Verdampfungswärmen vorausgesetzt wurden.

Der Wärmeverbrauch des Apparates ist unter Vernachlässigung der Enthalpie der Flüsigkeiten von M und A

$$Q_B \sim D'\,\mathfrak{r}. \tag{515}$$

Bei unendlich großer Bodenzahl, wenn also A seinen Höchstwert hat, ist nach Gl. (514) D' und damit nach Gl. (515) auch Q_B am kleinsten.

140. Die gekoppelte Verstärkungs- und Abtriebssäule im ψ_D, ψ_F-Diagramm. Durch Kopplung einer Verstärkungs- mit einer Abtriebssäule lassen sich aus Lösungen sowohl der flüchtige als auch der weniger flüchtige Bestandteil mit großer Reinheit trennen. Man erhält dann einen Apparat nach Abb. 231. Die Ermittlung der Bodenzahl erfolgt in derselben Weise wie in Nr. 138 und 139 angegeben. Hat man das Rücklaufverhältnis festgelegt, so kann man die Verstärkungsgerade zeichnen (Abb. 232). Diese schneidet die Linie ψ_M in P.

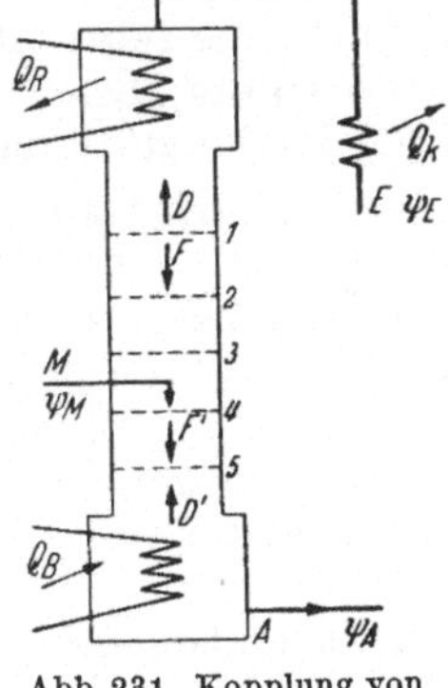

Abb. 231. Kopplung von Verstärkungs- und Abtriebssäule.

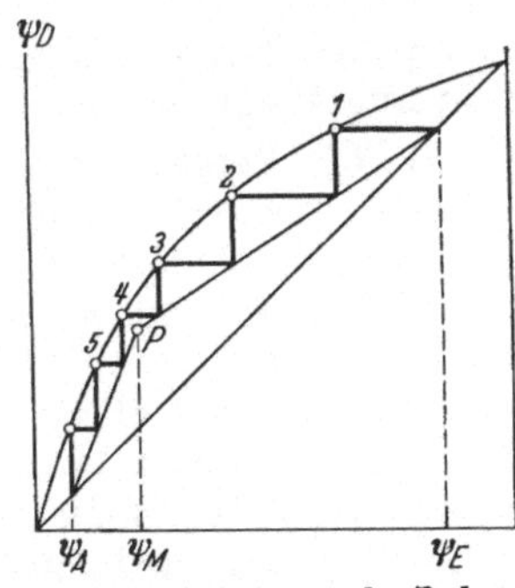

Abb. 232. Bestimmung der Bodenzahl der gekoppelten Verstärkungs- und Abtriebssäule.

An der Stelle, an der die Lösung M zugeführt wird, addiert sich zu der aus der Verstärkungssäule kommenden Flüssigkeit F noch die zugeführte Lösung M. Daher gilt für die in der Abtriebssäule herunterrieselnde Flüssigkeit

$$F + M = F' \,. \tag{516}$$

Nun gehört die Einlaufstelle der Lösung M sowohl der Verstärkungsals auch der Abtriebssäule an. Daher muß an dieser Stelle sowohl Gl. (501) als auch Gl. (512) erfüllt sein. Andererseits muß an dieser, beiden Säulen gemeinsamen Stelle, $\psi_D = \psi_D'$ und $\psi_F = \psi_F'$ sein. Aus Gl. (501) und (512) wird dann

$$\psi_D = \frac{F}{E + F}\,\psi_F + \frac{E}{E + F}\,\psi_E\,, \tag{517}$$

$$\psi_D = \frac{F'}{F' - A}\,\psi_F - \frac{A}{F' - A}\,\psi_A\,. \tag{518}$$

In diesen beiden Gleichungen sind also jetzt ψ_D und ψ_F die Koordinaten des Schnittpunktes der Verstärkungs- und der Abtriebsgeraden. Ferner gilt für den gesamten Apparat

$$M = A + E\,, \tag{519}$$

$$\psi_M M = \psi_A A + \psi_E E\,. \tag{519a}$$

Aus Gl. (516) bis (519a) ergibt sich für den Schnittpunkt $\psi_F = \psi_M$, d. h. die Abtriebsgerade muß durch den Schnittpunkt P der Verstärkungsgeraden mit der Linie $\psi_M = $ konst. gehen.

Streng genommen gilt diese Überlegung nur, wenn die Lösung dem Apparat bereits mit Siedetemperatur zuströmt. Andernfalls ändern sich die Verhältnisse ein wenig[1].

Die zu- bzw. abzuführenden Wärmemengen in der Blase, dem Rücklaufverflüssiger und dem Kühler berechnen sich wie unter Nr. 138 und 139 angegeben, wobei für die Blase

$$D' = M + F - A\,. \tag{520}$$

gilt. Im Gegensatz zu Gl. (514) für die reine Abtriebssäule ist bei der gekoppelten Säule zu beachten, daß am oberen Ende des Abtriebteiles nicht nur M sondern noch F aus der Verstärkungssäule zugeführt wird.

141. Die Verstärkungssäule im i, ξ-Diagramm. Zur Bestimmung der Bodenzahl genügt es, wie wir gezeigt haben, wenn ψ_D in Abhängigkeit von ψ_F bekannt ist. Auch die umgesetzten Wärmemengen lassen sich nach dem bisher gezeigten Verfahren mit genügender Genauigkeit ermitteln.

Indessen gestattet das i, ξ-Diagramm gerade in letzterer Hinsicht eine völlig exakte Behandlung und vor allem eine ausgezeichnete Übersicht bei Änderung der Bedingungen.

Zwischen zwei beliebigen Querschnitten a und b (Abb. 233) der Verstärkungssäule gilt die Stoffbilanz

$$F_a + D_b = F_b + D_a\,,$$

---

[1] Kirschbaum, E.: Destillier- und Rektifiziertechnik. 2. Aufl. Berlin/Göttingen/Heidelberg: Springer 1950.

oder

$$D_a - F_0 = D_b - F_b .$$

Daraus folgt für jeden beliebigen Querschnitt

$$D - F = \text{konst.} ,$$

wobei die Konstante offenbar gleich der Menge des Erzeugnisses E gleich sein muß.

Wir erhalten also

$$D - F = E . \tag{521}$$

In diesen Gleichungen sind im Gegensatz zu Nr. 137 bis 140 unter D, F und E die *Gewichte* zu verstehen. Wir lassen auch jetzt die Voraussetzung fallen, daß die molekularen Verdampfungswärmen gleich sind. Dann wird durch Gl. (521) ausgesagt, daß zwar in jedem Querschnitt der Säule die Differenz von Dampf- und Flüssigkeitsgewicht konstant ist. Die Größen D und F selbst können sich jedoch in Richtung der Säulenachse ändern.

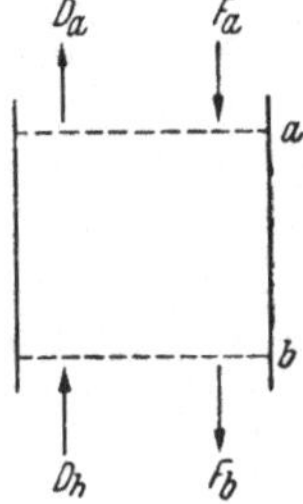

Abb. 233. Stoffbilanz im Säulenquerschnitt.

Bezogen auf den flüchtigen Bestandteil ergibt sich entsprechend den obigen Darlegungen

$$\xi_D D - \xi_F F = \xi_E E . \tag{522}$$

Die Wärmebilanz ergibt entsprechend Gl. (521)

$$D i_D - F i_F = \text{konst.}$$

Hier muß man jedoch bezüglich der Bestimmung der Konstanten vorsichtig sein. Es muß nämlich beachtet werden, daß sich die Differenz $D i_D - F i_F$ nicht in $E i_E$ wiederfindet, sondern daß noch im Rücklaufverflüssiger die Wärme $|Q_R|$ abgeführt wird. Demgemäß ist

$$D i_D - F i_F = E i_E + |Q_R| , \tag{523}$$

wobei sich i_E auf den Zustand hinter dem Rücklaufkühler bezieht.

Setzt man die *spezifische Rücklaufwärme*

$$\frac{|Q_R|}{E} = q_R ,$$

so folgt aus Gl. (521), (522) und (523)

$$i_F + \frac{\xi_E - \xi_F}{\xi_D - \xi_F} (i_D - i_F) = i_E + q_R . \tag{524}$$

Diese Gleichung muß in jedem Querschnitt der Säule befriedigt sein. Verbindet man im Diagramm (Abb. 234) zwei entsprechende Zustände in der Säule $i_D \xi_D$ und $i_F \xi_F$ miteinander, so liegen sie alle

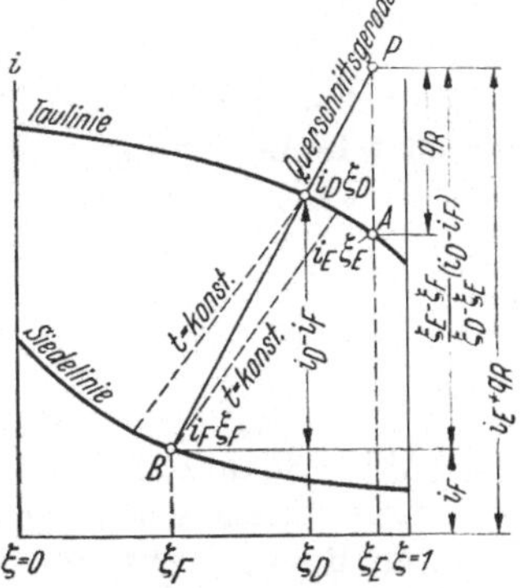

Abb. 234. Querschnittsgerade im i, ξ-Diagramm.

auf Geraden, die durch den Pol P mit den Koordinaten ξ_E und $i_E + q_R$ gehen, wie man aus Abb. 234 erkennt. Diese Gerade heißt *Querschnittsgerade*.

Das aus dem Rücklaufverflüssiger ausströmende dampfförmige Erzeugnis hat den dem Punkt A entsprechenden Zustand, wobei wir wieder voraussetzen, daß der Rücklaufverflüssiger keine verstärkende Wirkung ausübt. Der Strecke PA entspricht die spezifische Rücklaufwärme q_R. Der vom Boden b (Abb. 223) aufsteigende Dampf muß, um sich verstärken zu können, eine geringere Konzentration haben, als sie der Gleichgewichtskonzentration der auf dem Boden a befindlichen Flüssigkeit entspricht. Nur im Grenzfall können also die sich begegnenden Dampf- und Flüssigkeitsmengen im Gleichgewicht sein. Dann entspräche die Neigung der Querschnittsgeraden der Isothermenneigung. Daraus folgt, daß die Querschnittsgerade niemals eine kleinere Neigung haben darf als die Isotherme. Die Rücklaufwärme und daher auch der Rücklauf selbst sind am kleinsten, wenn die Querschnittsgerade ausgehend vom Anfangspunkt B (Abb. 234) mit der Isotherme zusammenfällt. Dieser Fall entspricht im ψ_D, ψ_F-Diagramm (Abb. 228) der Verstärkungsgeraden AC.

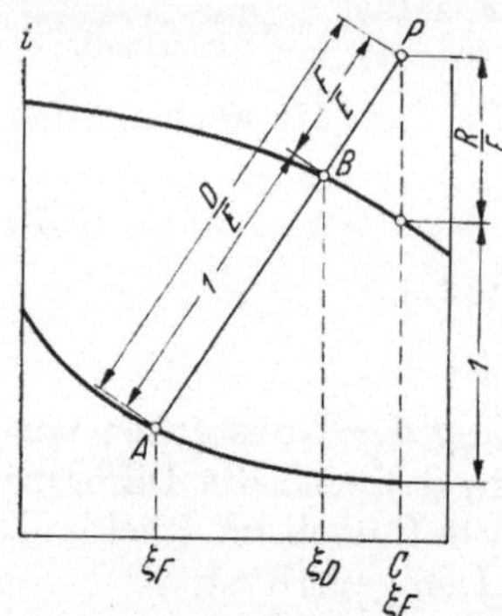

Abb. 235. Bestimmung der Dampf- und Flüssigkeitsmengen in den Säulenquerschnitten.

Aus Gl. (521) und (522) folgt

$$\frac{F}{E} = \frac{\xi_E - \xi_D}{\xi_D - \xi_F}, \tag{525}$$

$$\frac{D}{E} = \frac{\xi_E - \xi_F}{\xi_D - \xi_F}. \tag{526}$$

Aus Abb. 235 geht hervor, daß man auf Grund von Gl. (525) und (526) die Verhältnisse F/E und D/E für jeden Querschnitt der Säule aus dem i, ξ-Diagramm entnehmen kann. Diese Größen ergeben sich zahlenmäßig, wenn die Strecke AB als Einheit gewählt wird. Insbesondere ergibt sich der *spezifische Rücklauf* R/E durch Anwendung der Konstruktion auf die Senkrechte PC, die der Konzentration ξ_E entspricht.

Zwischen den Mengen M, A und E besteht wieder die Gl. (506) entsprechende Beziehung

$$M = E \frac{\xi_E - \xi_A}{\xi_M - \xi_A} \tag{527}$$

mit

$$M = E + A.$$

Auch die Zahl der Böden kann dem i, ξ-Diagramm entnommen werden (Abb. 236 und 237). Wir setzen wieder voraus, daß der Rücklaufverflüssiger keine verstärkende Wirkung ausübt. Dann hat der aus dem obersten Boden 1 abströmende Dampf die Konzentration ξ_E und steht in Gleichgewicht mit ξ_{F1}. Der herabrieselnden Flüssigkeit von der Konzentration ξ_{F1} strömt gemäß der Querschnittsgeraden Dampf der Konzentration ξ_{D2} entgegen, der wiederum mit der auf dem Boden 2 befindlichen Flüssigkeit der konzentrierten ξ_{F2} im Gleichgewicht ist. So entspricht jeder Querschnittsgeraden ein Boden. Die dem untersten Boden entsprechende Querschnittsgerade geht durch den Punkt mit der Dampfkonzentration ξ_{DA} der Blase im Gleichgewicht mit der Flüssigkeit in der Blase mit der Konzentration ξ_A.

Die praktische Bodenzahl ergibt sich wieder gemäß Gl. (505) zu

$$n = \frac{n_t}{s}.$$

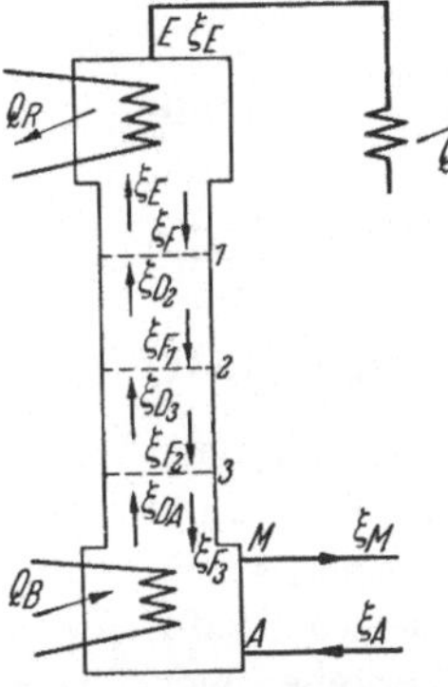

Abb. 236. Verstärkungssäule.

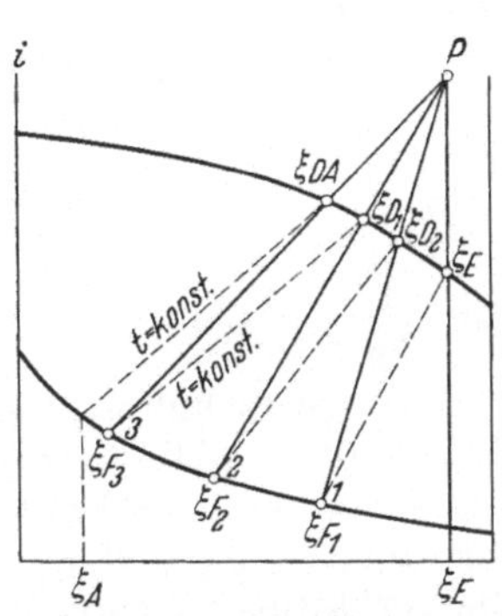

Abb. 237. Bestimmung der Bodenzahl der Verstärkungssäule.

Schließlich bleiben noch die Wärmemengen zu berechnen übrig. Für die Stoffbilanz der Säule ergibt sich

$$M = E + A,$$

$$\xi_M M = \xi_E E + \xi_A A.$$

Die Wärmebilanz ergibt

$$|Q_B| + M i_M = E i_E + A i_A + |Q_R|.$$

Dabei braucht nicht vorausgesetzt zu werden, daß die Lösung M bereits im Siedezustand der Säule zufließt, sondern sie kann auch eine tiefere Temperatur haben. Bezieht man wieder alles auf 1 kg des Erzeugnisses und setzt

$$q_{BE} = \frac{|Q_B|}{E},$$

so folgt

$$\left. q_{BE} = i_E - i_A + q_R + \frac{\xi_E - \xi_A}{\xi_M - \xi_A}(i_A - i_M). \right\} \quad (528)$$

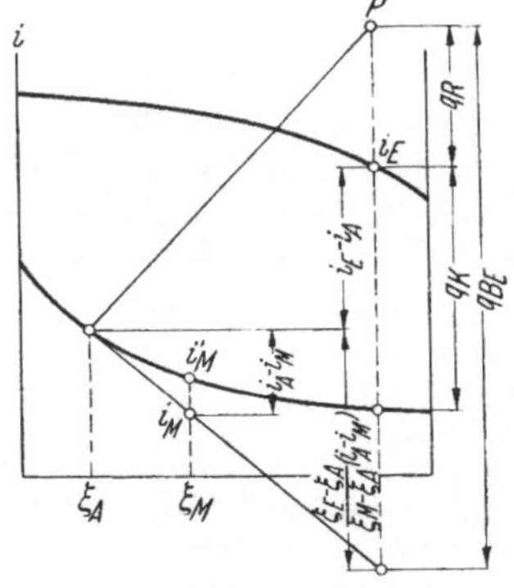

Abb. 238. Wärmeumsatz der Verstärkungssäule im i, ξ-Diagramm.

Aus den geometrischen Beziehungen der Abb. 238 geht ohne weiteres das Verfahren zur Ermittlung von q_{BE} hervor. Strömt die Lösung der Blase bereits im Siedezustand zu, so liegt der Zustandspunkt der Lösung auf der Siedelinie (i_M') und q_{BE} wird entsprechend kleiner.

Die dem Kühler zu entziehende Wärme q_K ergibt sich ebenfalls aus dem Diagramm. Dabei ist angenommen, daß das Erzeugnis im Kühler gerade verflüssigt wird. Wird noch eine weitere Kühlung vorgenommen, so verlängert sich die Strecke q_K über die Siedelinie hinaus nach unten.

Aus dieser Darstellung geht hervor, daß das i, ξ-Diagramm in ausgezeichneter Weise geeignet ist, die verwickelten Zusammenhänge bei der Rektifikation übersichtlich zu veranschaulichen[1].

---

[1] i, ξ-Diagramme für Alkohol-Wasser, Stickstoff-Sauerstoff und Ammoniak-Wasser s. bei F. Bosnjakovic: Technische Thermodynamik, Bd. II. Dresden u. Leipzig: Theodor Steinkopff 1948.

142. Die Abtriebssäule im i, ξ-Diagramm. Für die Behandlung der Abtriebssäule mit Hilfe des i,ξ-Diagrammes gelten ähnliche Überlegungen, wie sie für die Verstärkungssäule angestellt wurden. Wir beziehen jetzt alle Größen auf die abfließende Menge A und erhalten aus den Bilanzen

$$\frac{F}{A} = \frac{\xi_D - \xi_A}{\xi_D - \xi_F}, \qquad (529)$$

$$\frac{D}{A} = \frac{\xi_F - \xi_A}{\xi_D - \xi_F}, \qquad (530)$$

$$i_D - \frac{\xi_D - \xi_A}{\xi_D - \xi_F}(i_D - i_F) = i_A - q_{BA}. \qquad (531)$$

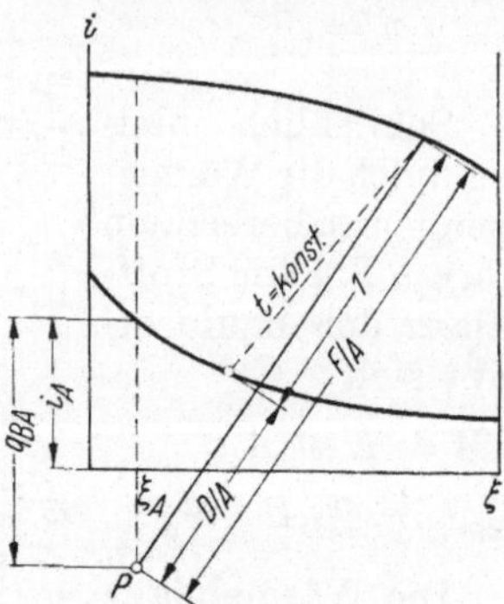

Abb. 239. Querschnittsgerade der Abtriebssäule.

Die Querschnittsgerade der Abtriebssäule muß Gl. (531) befriedigen. Der Pol P liegt jetzt unten im Diagramm und hat die Koordinaten ξ_A und $i_A - q_{BA}$ (Abb. 239). Die Verhältnisse F/A und D/A ergeben sich in ähnlicher Weise wie bei der Verstärkungssäule.

Für die gesamte Säule folgt aus Gl. (531)

$$i_D - \frac{\xi_D - \xi_A}{\xi_D - \xi_M}(i_D - i_M) = i_A - q_{BA}. \qquad (532)$$

Die äußerste Querschnittsgerade muß also auch durch den Punkt ξ_M, i_M gehen, der nicht auf der Siedelinie zu liegen braucht (Abb. 240 u. 241).

Dem Punkt $1'$ entspricht dann der oben aus der Abtriebssäule entweichende Dampf. Dabei muß der Pol P auf der Linie ξ_A so tief liegen, daß die Querschnittsgeraden steiler sind als die Isothermen.

Die Ermittlung der Bodenzahl erfolgt in der bereits in Nr. 141 beschriebenen Weise. Im Beispiel der Abb. 240 u. 241 sind

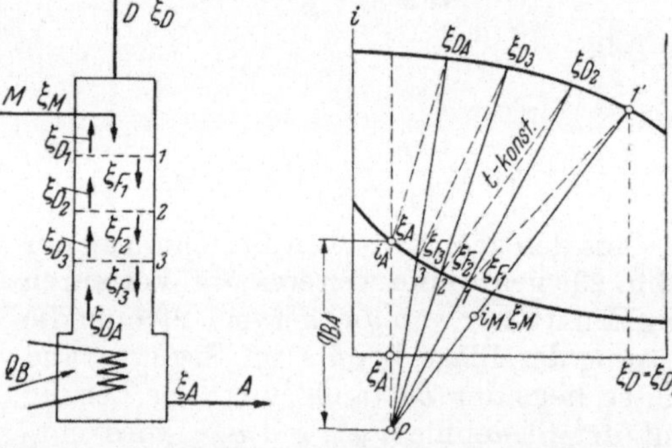

Abb. 240. Abtriebssäule.   Abb. 241. Bestimmung der Bodenzahl der Abtriebssäule.

3 Böden notwendig. Der vierten Isotherme entspricht bereits die Blasenfüllung.

143. Der gekoppelte Verstärkungs- und Abtriebssäule im i, ξ-Diagramm. Die Betrachtungen der Nr. 141 und 142 können jetzt unmittelbar auf den gekoppelten Rektifikationsapparat übertragen werden.

Es gelten die Gleichungen

$$M = E + A,$$

$$\xi_M M = \xi_E E + \xi_A A,$$

$$M i_M + |Q_B| = A i_A + E i_E + |Q_R|.$$

Setzt man wieder

$$q_R = \frac{|Q_R|}{E}$$

und

$$q_{BA} = \frac{|Q_B|}{A},$$

so wird

$$\frac{(i_E + q_R) - i_M}{\xi_E - \xi_M} = \frac{i_M - (i_A - q_{BA})}{\xi_M - \xi_A}. \tag{533}$$

Die Koordinaten i_M und ξ_M gehören der Lösung M an, $(i_E + q_R)$ und ξ_E dem Pol P der Verstärkungssäule und $(i_A - q_{BA})$ und ξ_A den Pol P_A der Abtriebssäule. In der sogenannten *Hauptgeraden* PP_A fallen also für die Eintrittsstelle der Lösung in den Rektifikationsapparat Verstärkungsgerade und Abtriebsgerade zusammen.

Man kann auch die der Blase zugeführte Wärme auf 1 kg des Erzeugnisses beziehen. Dann ergibt sich die spezifische Blasenwärme q_{BE} als Strecke auf der Ordinate ξ_E.

Die Ermittlung der Bodenzahl erfolgt in der bereits erörterten Weise. Im Beispiel der Abb. 242 hat der gesamte Apparat 5 Böden, wobei die zu trennende Lösung zwischen dem dritten und vierten Boden von oben gerechnet zugeführt werden muß.

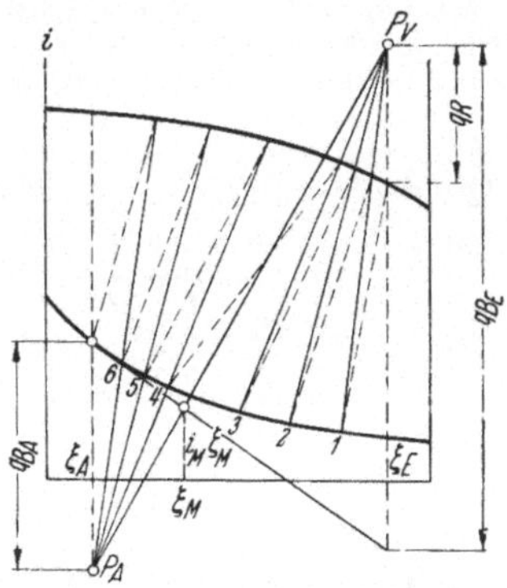

Abb. 242. Kopplung von Verstärkungs- und Abtriebssäule im i, ξ-Diagramm.

144. Beispiele. a) Eine Absorptionskältemaschine arbeitet mit wässeriger Ammoniaklösung bei 100° Heiztemperatur. Der Austreiber-Verflüssigerdruck sei 10 at, der Absorber-Verdampferdruck 2 at. Die höchste Verdampfungstemperatur sei —10°. Die Kühlwassertemperatur werde mit 20° angenommen, wobei vollkommener Wärmeaustausch vorausgesetzt wird, so daß die arme Absorberlösung auf 20° vorgekühlt werden kann. Die Maschine habe einen Temperaturwechsler zwischen der armen und reichen Lösung, bei dem ebenfalls vollkommener Wärmeaustausch vorausgesetzt werde. Die Kälteleistung der Maschine soll 50 000 kcal/h betragen. Der den Austreiber verlassende Dampf sei mit der reichen Lösung im Gleichgewicht. Wie groß ist die Konzentration der armen und der reichen Lösung? Wie groß sind die im Austreiber, Verflüssiger und Absorber umgesetzten Wärmemengen? Wie groß ist das Wärmeverhältnis? Wie groß ist die Menge der armen und der reichen Lösung?

Die Aufgabe ist mit Hilfe des i, ξ-Diagrammes und der graphischen Methode nach Abb. 221 zu lösen. Aus dem Diagramm V ergibt sich $\xi_a = 0{,}306$; $\xi_r = 0{,}446$. Für 1 kg ist $q_H = 420$ kcal/kg Dampf; $q_K = 326$ kcal/kg Dampf; $q_A = 346$ kcal/kg Dampf und $q_0 = 252$ kcal/kg Dampf. Damit ist $\xi = \frac{252}{420} = 0{,}600$.

Für 50 000 kcal/h müssen $\frac{50\,000}{252} = 198{,}5$ kg/h Dampf ausgetrieben werden.

$$f = \frac{\xi_D - \xi_a}{\xi_r - \xi_a}.$$

Mit $\xi_D = 0{,}977$ ergibt sich $f = 4{,}80$ für 1 kg Dampf.

Die Menge der reichen Lösung ist also $4{,}8 \cdot 198{,}5 = 952$ kg/h und die arme Lösung $= 952 - 198{,}5 = 753$ kg/h. Entsprechend ist $|Q_H| = 83\,500$ kg/h; $|Q_K| = 64\,700$ kg/h; $|Q_A| = 68\,700$ kg/h.

b) Eine Lösung von Benzol und Toluol, und zwar 40 Gew.-% Benzol und 60 Gew.-% Toluol soll bei einem Druck von 760 mm QS rektifiziert werden. Das Erzeugnis soll 90 Gew.-% Benzol und 10 Gew.-% Toluol und der Ablauf soll 10 Gew.-% Benzol und 90 Gew.-% Toluol enthalten. Es sei angenommen, daß die Lösung der Säule im Siedezustand zufließt. Die Zusammensetzung des Dampfes in Abhängigkeit von der Zusammensetzung der Flüssigkeit ist durch folgende Tabelle gegeben:

$\xi_F =$	0	0,1	0,2	0,3	0,4	0,5	0,6	0,7	0,8	0,9	1,0
$\xi_D =$	0	0,210	0,375	0,515	0,615	0,710	0,785	0,850	0,908	0,958	1,0

Die Aufgabe soll mit Hilfe des ψ_D, ψ_F-Diagrammes gelöst werden, wobei das Rücklaufverhältnis zu 3,5 angenommen werde. Wie groß ist die Zahl der Böden? Zwischen welchen Böden wird die Lösung zugeführt? Wie groß ist bezogen auf 1 kg des Erzeugnisses die Lösungsmenge, die der Säule zugeführt wird, und die aus der Blase ablaufende Menge? Wie groß ist bezogen auf 1 kg des Erzeugnisses die der Blase zuzuführende Wärme, die dem Rücklaufverflüssiger und dem Kühler zu entziehende Wärme?

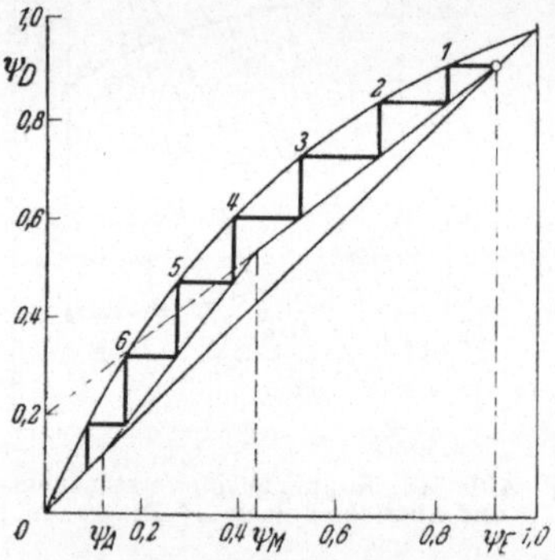

Man zeichnet nach der Gleichung

$$\psi = \frac{\xi}{\xi + \dfrac{m_1}{m_2}\,(1 - \xi)} \tag{324}$$

das ψ, ξ-Diagramm und daraus das ψ_D, ψ_F-Diagramm (Abb. 243). Es entsprechen sich

$$\xi_A = 0{,}10 \quad \text{und} \quad \psi_A = 0{,}12,$$
$$\xi_M = 0{,}40 \quad \text{und} \quad \psi_M = 0{,}44,$$
$$\xi_E = 0{,}90 \quad \text{und} \quad \psi_E = 0{,}93.$$

Abb. 243. Bestimmung der Bodenzahl einer gekoppelten Säule.

Zur Bestimmung der Bodenzahl wendet man die Konstruktion nach Abb. 232 an. Die Verstärkungsgrade schneidet auf der Ordinatenachse das Stück $\dfrac{\psi_E}{v + 1}$ ab. Mit $\psi_E = 0{,}93$ und $v = 3{,}5$ ergibt sich dieser Abschnitt zu 0,206. Damit liegt die Verstärkungsgrade und mit $\psi_M = 0{,}44$ und $\psi_A = 0{,}12$ auch die Abtriebsgrade fest. Es ergeben sich 6 Böden, wobei die Lösung zwischen dem dritten und vierten Boden von oben gerechnet zugeführt werden muß.

$$M = E\,\frac{\psi_E - \psi_A}{\psi_M - \psi_A}. \tag{506}$$

Aus dieser Gleichung ergibt sich mit $\psi_E = 0{,}93$ und $\psi_M = 0{,}44$ und schließlich $\psi_A = 0{,}12$ die der Säule zuzuführende Menge $M = 2{,}53$ kmol/kmol Erzeugnis ($E = 1$).

$$A = M - E. \tag{519}$$

Hieraus folgt $A = 1{,}53$ kmol/kmol Erzeugnis.

$$D' = M + F - A. \tag{520}$$

Daraus ergibt sich die der Blase entströmende Dampfmenge D' zu 4,5 kmol/kmol Erzeugnis.

$$Q_B = D'\mathfrak{r}.$$

Man entnimmt $\mathfrak{r}$ der Tabelle 9 und findet für Benzol und Toluol als Mittelwert 7700 kcal/kmol. Daraus ergibt sich $Q_B = 34\,600$ kcal/kmol Erzeugnis.

$$Q_R = E\,v\,\mathfrak{r}; \qquad Q_K = E\,\mathfrak{r}. \qquad\qquad \text{(507) u. (508)}$$

Daraus errechnet sich $Q_R = 26\,900$ kcal/kmol Erzeugnis und $Q_K = 7700$ kcal je kmol Erzeugnis.

Den Apparat verläßt als Erzeugnis 1 kmol mit $\psi_E = 0,93$. Mit den Molekulargewichten für Benzol ($m_1 = 78$) und Toluol ($m_2 = 92$) ergibt sich die Menge des Erzeugnisses in kg zu

$$G_E = m_1 \psi_E\,E + m_2\,(1 - \psi_E)\,E = 79 \text{ kg/kmol Erzeugnis.}$$

Entsprechend ist

$$G_M = m_1 \psi_M\,M + m_2\,(1 - \psi_M)\,M = 217 \text{ kg/kmol Erzeugnis}$$

die Menge der zuzuführenden Lösung und

$$G_A = m_1 \psi_A\,A + m_2\,(1 - \psi_A)\,A = 138 \text{ kg/kmol Erzeugnis}$$

die Menge der die Blase verlassenden Lösung.

Bezogen auf 1 kg des Erzeugnisses ergeben sich die entsprechenden Mengen zu

$$g_M = \frac{217}{79} = 2,75 \text{ kg/kg Erzeugnis,}$$

$$g_A = \frac{138}{79} = 1,75 \text{ kg/kg Erzeugnis.}$$

Für die Wärmemengen bezogen auf 1 kg Erzeugnis folgt

$$q_{BE} = \frac{34\,600}{79} = 438,0 \text{ kcal/kg,}$$

$$q_R = \frac{26\,900}{79} = 340,0 \text{ kcal/kg,}$$

$$q_K = \frac{7700}{79} = 97,5 \text{ kcal/kg.}$$

145. Kältemischungen. Bekanntlich treten beim Mischen geeigneter Salze mit zerkleinertem Wassereis oder Schnee unter Umständen Temperaturen auf, die weit unterhalb von 0° C liegen. Die dabei auftretenden Erscheinungen lassen sich ausgezeichnet im i,ξ-Diagramm übersehen, das in diesem Falle in den Gefrierbereich der Lösung ausgedehnt werden muß.

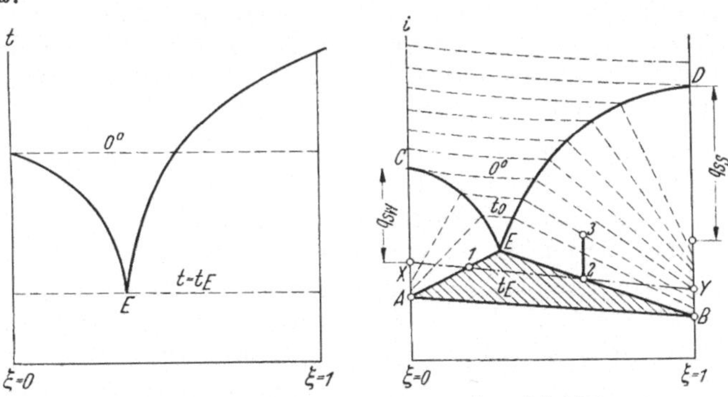

Abb. 244 und 245. Kältemischung im t,ξ- und i,ξ-Diagramm.

In Abb. 244 und 245 ist schematisch ein t,ξ-Diagramm und ein i,ξ-Diagramm, beispielsweise für eine wässerige Salzlösung gezeichnet, wobei die Isotherme gestrichelt und die Phasengrenzlinie ausgezogen sind. Wir gehen zunächst von reinem Wasser aus ($\xi = 0$). Kühlen wir das Wasser ab, so gelangen wir schließlich zur Temperatur $0°$, bei der der Gefrierprozeß beginnt. Im t, ξ-Diagramm bewegen wir uns dabei auf der Linie $\xi = 0$ abwärts bis zum Punkt $t = 0°$. Hier bleiben wir solange stehen, bis das gesamte Wasser zu Eis geworden ist, erst dann beginnt die weitere Temperaturabsenkung. Im i, ξ-Diagramm muß hingegen die Schmelzwärme erscheinen. Wir müssen also während des Gefriervorganges bei gleicher Temperatur um den Betrag der Schmelzwärme des Wassers q_{sW} auf der Linie $\xi = 0$ abwärts gehen. Die gesamte Strecke q_{sW} entspricht also der Isotherme $0°$ C. Erst vom Punkt X ab beginnt eine Temperaturabnahme.

Entsprechendes gilt auf der Salzseite bei $\xi = 1$ mit q_{sS} als Schmelzwärme des Salzes.

Kühlt man eine eutektische Lösung ab, so bleibt man im t, ξ-Diagramm im Punkt E stehen, bis die gesamte Lösung ausgefroren ist. Erst dann beginnt die Temperatur von neuem zu sinken. Während des Ausfrierens der eutektischen Lösung wird jedoch Wärme abgeführt und dieser Vorgang muß im i, ξ-Diagramm in Erscheinung treten. Diese Wärmemenge ist gleich der senkrechten Entfernung von E bis zur Geraden $A B$.

Innerhalb der Gebiete $C E A$ und $D E B$, wo Eis bzw. Salz gleichzeitig mit Lösung vorhanden ist, sind die Isothermen Gerade aus demselben Grunde, aus dem dies auch im Gebiet des nassen Dampfes bei Lösungen der Fall ist (vgl. Nr. 131).

Innerhalb des schraffierten Gebietes $A E B$ herrscht gleiche Temperatur.

Wir wollen nun die Kältemischungen näher betrachten. Mischt man Eis von $0°$ C (Punkt X) mit Salz von $0°$ C (Punkt Y), so liegt nach den Betrachtungen der Nr. 131 der Mischungszustand auf der Geraden $X Y$. Man erkennt aus dem i, ξ-Diagramm, daß sich eine Temperatur $t < 0°$ einstellt. Zwischen den Punkten 1 und 2 ist die Temperatur gleich und am niedrigsten. Sie entspricht hier der eutektischen Temperatur. Hat man das Verhältnis von Eis zu Salz so gewählt, daß es dem Punkt 2 entspricht und will man ein beliebiges Kühlgut bis zur Temperatur t_0 abkühlen, so kann von 1 kg der Kältemischung die Wärme aufgenommen werden, die der Strecke 23 entspicht.

146. Absorption und Adsorption an festen Stoffen. Es ist auch möglich, Gase an feste Stoffe anzulagern. Ist diese Bindung mehr chemischer Natur, so spricht man von *Absorption*, beruht sie mehr auf einer Oberflächenwirkung, so spricht man von *Adsorption*.

Von gewisser technischer Bedeutung ist die Absorption von Ammoniakdampf an Metallsalzen z. B. Chlorcalcium. Wir hatten gesehen, daß z. B. bei einer wässerigen Ammoniaklösung der Druck über der Lösung bei konstanter Temperatur stetig ansteigt, wenn der gelöste Anteil des Ammoniaks größer wird. Im Gegensatz dazu haben die erwähnten Salze die Eigenschaft, daß sich der Druck bei konstanter Temperatur unstetig ändert, wie es für eine bestimmte Temperatur in Abb. 246

dargestellt ist. Lagert man eine Spur Ammoniak an, so steigt der Druck sofort auf den Wert p_1, den er jedoch beibehält, bis die Beladung des Salzes auf 1 kmol Ammoniak je kmol Salz angestiegen ist.

Bei weiterer Beladung springt er auf den Wert p_2 usw., wie es in Abb. 246 dargestellt ist. Dabei braucht sich der Druck nicht bei jeder Molzahl zu ändern. Die Folge davon ist, daß es für derartige Systeme kein stetiges Lösungsfeld gibt, sondern nur diskrete Dampfspannungskurven, wie in Abb. 247 an Hand des $\log p, 1/T$-Diagrammes gezeigt.

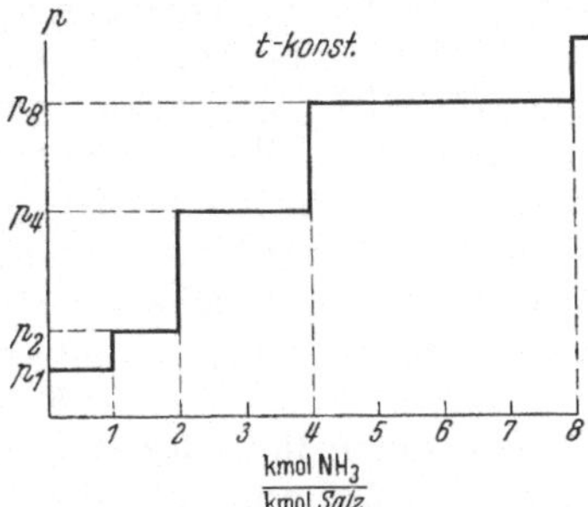

Abb. 246. Druck in Abhängigkeit von der Beladung bei Absorption von Dämpfen an Salzen.

Bei isothermer Absorption muß Wärme abgeführt werden, beim Austreiben des Gases aus dem Salz muß Wärme zugeführt werden. Die Berechnung dieser Wärmemengen erfolgt unter sinngemäßer Anwendung von Gl. (430). Setzt man für $r + l$ sinngemäß q_a, wobei q_a diese Wärmemenge bedeutet, so folgt aus Gl. (430)

$$q_a = -A R \frac{d \ln P}{d\, 1/T},$$

Dabei kann der Differentialquotient als Tangente aus dem $\log p, 1/T$-Diagramm ermittelt werden.

Von der Absorption von Ammoniak an Chlorcalcium macht man bei periodisch arbeitenden Absorptionskältemaschinen Gebrauch[1].

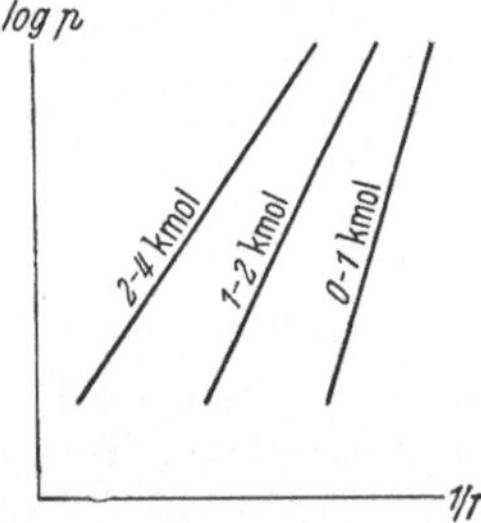

Abb. 247. Diskrete Verteilung von Dampfspannungskurven im Lösungsfeld.

Bei der Adsorption hat man es mit einem stetigen Lösungsfeld zu tun. Ist G das Gewicht des angelagerten Gases, G_0 das Gewicht des adsorbierenden festen Stoffes, so kann man unter Berücksichtigung von Nr. 125 in gewissen Grenzen annehmen, daß

$$\frac{G}{G_0} = C P^n \qquad (534)$$

ist, worin C und n Konstanten sind und P der Druck des Gases ist.

Abb. 248 enthält ein schematisches Diagramm, das p in Abhängigkeit von $\dfrac{G}{G_0}$ zeigt.

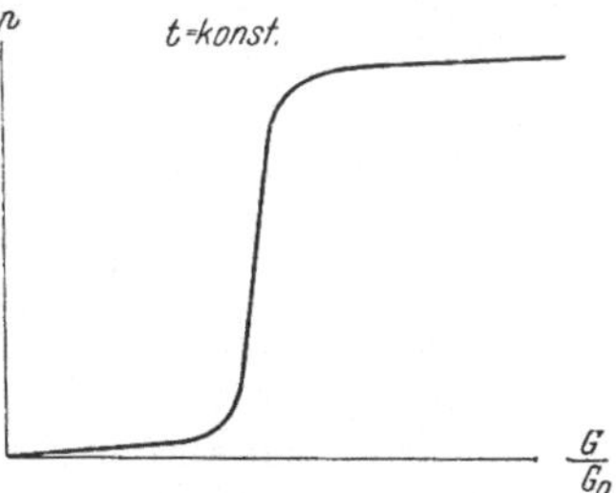

Abb. 248. Druck in Abhängigkeit von der Beladung bei Adsorption von Gasen an festen Stoffen.

Technisch wichtig ist z. B. die Adsorption von Wasserdampf an Silikagel.

---

[1] LINGE, K.: Über periodische Absorptionskältemaschinen. Beihefte zur Z. ges. Kälteind., Reihe 2, Heft 1 (1929).

147. Die Phasenregel. Wir haben schon mehrfach den Begriff der Phase verwendet. Bei der Entwicklung der Zustandsdiagramme, sei es für einheitliche Stoffe oder für Gemische, haben wir gewisse Bezirke kennengelernt, in denen der Stoff oder das Stoffgemisch ein und dieselbe Beschaffenheit besitzt, z. B. fest, flüssig, gasförmig. Die Gesamtheit derjenigen Bezirke, bei denen ein und dieselbe Beschaffenheit vorliegt, nennt man nach dem Vorgang von W. GIBBS *Phasen*.

Ist nun B die Anzahl der vorhandenen Bestandteile eines Gemisches, P die Anzahl der Phasen und F die Anzahl der *Freiheitsgerade*, d. h. die Zahl der veränderlichen Zustandsvariablen (z. B. Druck, Temperatur, Konzentration usw.), so gilt nach W. GIBBS die Beziehung[1]

$$B + 2 = P + F. \tag{535}$$

Wir wollen diese Beziehung an zwei Beispielen erläutern. Nehmen wir nach Abb. 249 an, daß sich in dem gezeichneten Gefäß Wasser und

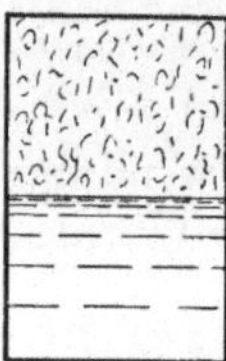 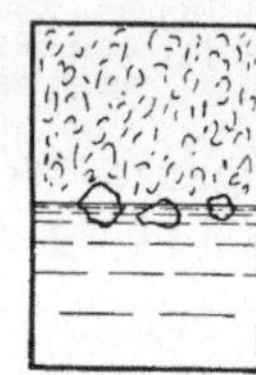

Abb. 249 und 250. Zur Erläuterung der Phasenregel.

Wasserdampf befindet, dann ist offenbar die Zahl der Bestandteile $B = 1$ und die Zahl der Phasen $P = 2$. Aus Gl. (535) folgt dann $F = 1$, d. h. wir haben einen Freiheitsgrad. Wir können z. B. die Temperatur frei wählen, dann ist der Druck festgelegt, oder wir können den Druck frei wählen, dann ist die Temperatur festgelegt. Es ergeben sich also jeweils die zusammengehörenden Werte der Dampfspannungskurve. Ist jedoch, wie in Abb. 250 dargestellt, in einem Gefäß Wasser, Eis und Wasserdampf vorhanden, so ist nach Gl. (535) $F = 0$ weil $P = 3$ ist, d. h. es gibt nur eine bestimmte Temperatur mit einem bestimmten Druck, bei dem die drei Phasen gleichzeitig bestehen können. Weder Temperatur noch Druck sind frei wählbar. Wir haben es dann mit dem Tripelpunkt zu tun.

Würden wir jedoch in das Gefäß nach Abb. 250 eine wässerige Salzlösung füllen, wobei außerdem noch Eis und Wasserdampf vorhanden wären, so wäre $B = 2$, $P = 3$ und $F = 1$, d. h. wir können z. B. die Temperatur frei wählen, dann stellen sich ein bestimmter Druck und eine bestimmte Konzentration ein. Wir können auch Konzentration oder Druck frei wählen, dann stellen sich für die beiden restlichen Größen bestimmte Werte ein.

148. Das kritische Gebiet der Lösungen. Um die kritischen Erscheinungen von Lösungen zu erörtern, gehen wir am besten vom p, ξ-Diagramm aus. Wir wissen bereits (vgl. Nr. 127), daß jeder der Schleifen I, II usw. in Abb. 251 eine bestimmte Temperatur zugeordnet ist. Je höher diese ist, um so höher liegen die Schleifen. Wir nehmen nun an, daß die Schleife II gerade der kritischen Temperatur des Stoffes 1 ($\xi = 1$) entspricht. Dann entspricht Punkt 1 dem kritischen Punkt des reinen Stoffes 1. Erhöhen wir jetzt die Temperatur weiter, so lösen sich die Schleifen von der Linie $\xi = 1$ ab. Die letzte Schleife verschwindet im Punkt 2, dem kritischen Punkt des reinen Stoffes 2. Um die sich ab-

---

[1] Über die Ableitung vgl. z. B. A. EUCKEN: Grundriß der physikalischen Chemie. Leipzig: Akademische Verlagsgesellschaft 1948.

lösenden Schleifen kann man die gestrichelt eingezeichnete *kritische Einhüllende* legen, die im Punkt 1 beginnt und in Punkt 2 endet.

Auf der Schleife kann man die drei ausgezeichneten Punkte A, B und C unterscheiden (Abb. 252). In A, nicht etwa in C laufen Taulinie und Siedelinie zusammen. Die obere Linie der Schleife hat nämlich die Bedeutung einer Phasengrenzlinie, bei deren Überschreitung das Gemisch in eine dampfförmige und eine flüssige Phase zerfällt. Infolgedessen muß ausgehend vom Zustand G der Punkt F_1 der flüssigen und D_1 der dampfförmigen Phase zugeordnet sein, d. h. D_1 muß auf der Taulinie liegen.

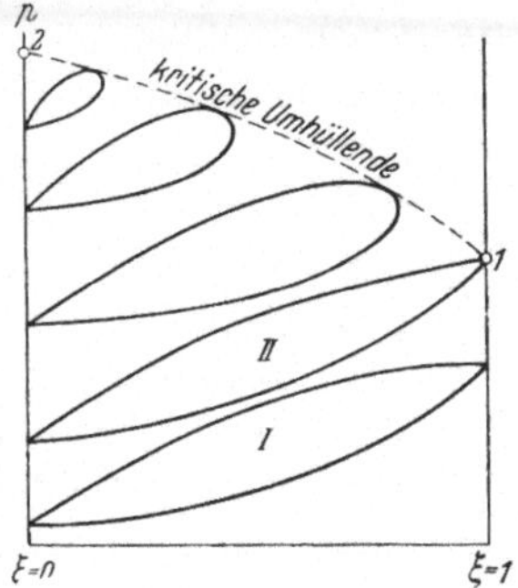

Abb. 251. **Kritische Erscheinungen bei Lösungen im** p, ξ-**Diagramm.**

Im Punkt A haben Flüssigkeit und Dampf dieselbe Konzentration und auch sonst die gleichen physikalischen Eigenschaften. Erhöht man, ausgehend von diesem Punkt, die Temperatur bei konstantem Druck, so gerät man in nächst höher gelegene, zur erhöhten Temperatur gehörende Schleife, und es tritt eine Aufspaltung in Dampf und Flüssigkeit auf.

Oberhalb der kritischen Einhüllenden, die alle Punkte B verbindet, liegt das überkritische Gebiet.

Rechts von Punkt C geht bei gegebener Temperatur Flüssigkeit und Dampf stetig ohne Meniskusbildung ineinander über.

Geht man nach Abb. 253 von Dampf im Punkt 1 aus und erhöht den Druck, so wird beim Überschreiten der Taulinie in a_1 der Dampf in eine Flüssigkeits- und eine Dampfphase aufgespalten, bis in b_1 schließlich alles verflüssigt ist.

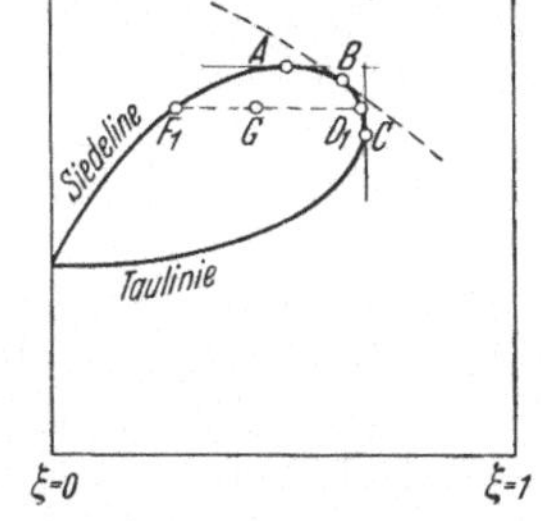

Abb. 252. **Kritische Erscheinungen bei Lösungen im** p, ξ-**Diagramm.**

Nimmt man jedoch die Druckerhöhung mit einem Dampf vor von einer Konzentration, die zwischen A und C liegt, so sind die Erscheinungen wesentlich anders. Da nämlich sowohl a_2 als auch b_2 der Taulinie angehören, ist in beiden Punkten nur Dampf vorhanden. Zwischen a_2 und b_2 jedoch tritt Flüssigkeitsbildung auf, da sich der ursprünglich vorhandene Dampf in eine flüssige und eine dampfförmige Phase aufspaltet. Es tritt also die merkwürdige Erscheinung ein, daß sich bei der Zustandsänderung $2\,a_2b_2$ in a_2 Flüssigkeitstropfen zu bilden beginnen, deren Menge auf dem weiteren Weg zunächst zu- und dann wieder auf Null abnimmt. Diese Erscheinung nennt man *retrograde Kondensation*[1].

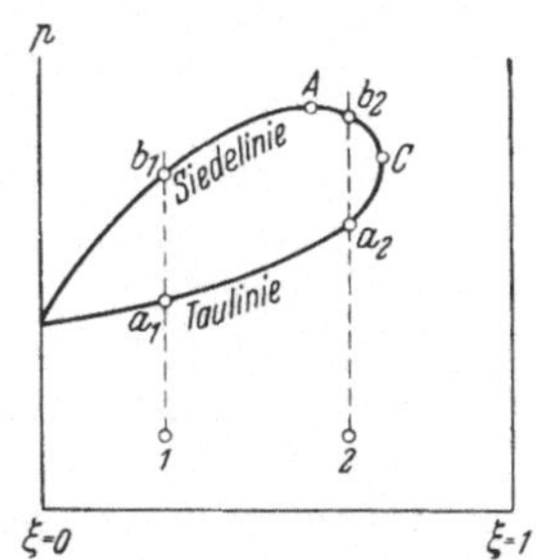

Abb. 253. **Retrograde Kondensation.**

---

[1] KUENEN, J. P.: Theorie der Verdampfung und Verflüssigung von Gemischen und der fraktionierten Destillation. Leipzig: Johann Ambrosius Barth 1906.

VII. Thermodynamik der chemischen Reaktionen.

149. Allgemeine Bemerkungen. Wie aus der Chemielehre bekannt ist, werden chemische Reaktionen symbolisch durch chemische Gleichungen dargestellt. So bedeutet z. B. die Gleichung der Knallgasreaktion

$$2\,H_2 + O_2 \rightleftarrows 2\,H_2O\,, \tag{536}$$

daß sich aus 2 kmol Wasserstoff und 1 kmol Sauerstoff 2 kmol Wasserdampf bilden. Nun ist aber bei gleichem Druck und bei gleicher Temperatur das Volumen von 1 kmol bei allen Gasen gleich. Setzt man also voraus, daß die Reaktionsteilnehmer am Anfang und am Ende der Reaktion gasförmig sind und daß Druck und Temperatur am Anfang

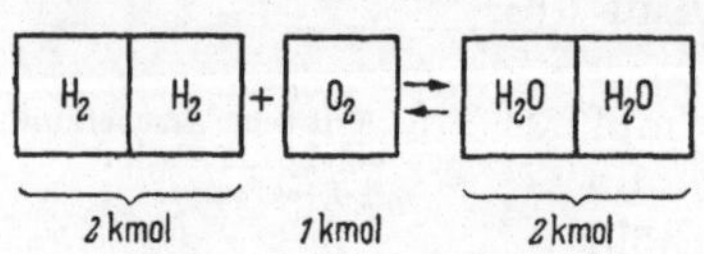

Abb. 254. Volumetrische Deutung chemischer Gleichungen.

und am Ende ebenfalls dieselben sind, so kann Gl. (536) auch volumetrisch gedeutet werden, wie es in Abb. 254 dargestellt ist. Aus zwei Volumeneinheiten Wasserstoff und 1 Volumeneinheit Sauerstoff, also aus im ganzen 3 Volumeneinheiten der Anfangsstoffe entstehen 2 Volumeneinheiten Wasserdampf. Geht also die Reaktion in der beschriebenen Richtung vonstatten, so tritt eine *Volumenverminderung* ein.

Nun ist bereits durch die beiden Pfeile in Gl. (536) angedeutet, daß die Reaktion auch in der entgegengesetzten Richtung ablaufen kann. Es können sich also auch 2 Volumeneinheiten Wasserdampf in 1 Volumeneinheit Sauerstoff und 2 Volumeneinheiten Wasserstoff zersetzen. In diesem Fall ergibt sich eine *Volumenvergrößerung* bei der chemischen Reaktion. Wir werden später die Bedingungen dafür kennenlernen, ob eine chemische Reaktion in der einen oder anderen Richtung verläuft. Wir vermerken zunächst nur, daß beides möglich ist.

Daß Gl. (536) auch gewichtsmäßig gedeutet werden kann, ergibt sich bereits aus den Überlegungen der Nr. 10, die das Gesetz von Avogadro betrafen. Sind nämlich m_{H_2}, m_{O_2} und m_{H_2O} die entsprechenden Molekulargewichte, so sagt Gl. (536) aus:

$$2\,m_{H_2}\,\mathrm{kg} + 1\,m_{O_2}\,\mathrm{kg} \rightleftarrows 2\,m_{H_2O}\,\mathrm{kg}\,.$$

Mit $m_{H_2} = 2$, $m_{O_2} = 32$ und $m_{H_2O} = 18$ ergibt sich dann

$$4\,\mathrm{kg\ Wasserstoff} + 32\,\mathrm{kg\ Sauerstoff} = 36\,\mathrm{kg\ Wasserdampf}.$$

Der bekannte physikalische Grundsatz von der Erhaltung der Masse muß dabei erfüllt sein.

Will man jedoch durch eine symbolische Gleichung auch die energetischen Verhältnisse zum Ausdruck bringen, so muß man beachten, daß bei chemischen Reaktionen in der Regel Wärmetönungen auftreten. Man drückt das in einer chemischen Gleichung so aus, daß man die freiwerdende Wärmemenge mit positivem Vorzeichen auf die Seite des Endproduktes setzt. In dieser Weise kann Gl. (536) geschrieben werden

$$2\,H_2 + O_2 \rightarrow 2\,H_2O + 136\,700\ \mathrm{kcal}^* \tag{537}$$

* Zahlenwerte nach Taschenbuch *Hütte* Bd. I, 1948.

oder für die entgegengesetzte Richtung der Reaktion

$$2\,H_2O \rightarrow 2\,H_2 + O_2 - 136\,700 \text{ kcal}. \qquad (538)$$

Oft bezieht man die Wärmetönung auch auf 1 kmol des Endproduktes. Dann hätte man z. B. Gl. (537) zu schreiben

$$H_2 + \frac{1}{2}\,O_2 \rightarrow H_2O + 68\,350 \text{ kcal}. \qquad (537a)$$

Der Begriff der Wärmetönung war uns schon bei den Lösungen begegnet, wo er uns in der besonderen Form der Lösungswärme entgegentrat (vgl. Nr. 117). Wie damals haben wir auch hier wieder darauf zu achten, daß im Gegensatz zu der sonstigen in der Thermodynamik üblichen Definition einer positiven Wärmetönung eine abzuführende Wärmemenge entspricht und umgekehrt.

Die Wärmetönung, die bei der chemischen Vereinigung von Elementen zu einer Verbindung entsteht, wird auch die *Bildungswärme* dieser Verbindung genannt.

150. Wärmetönung bei konstantem Volumen und konstantem Druck.
Wir wenden den I. Hauptsatz auf chemische Reaktionen an ausgehend von den Gl. (23) und (30)

$$dQ = dU + AP\,dV,$$
$$dQ = dJ - AV\,dP.$$

Die beiden obigen Gleichungen können wir ohne weiteres auch für chemische Reaktionen verwenden, weil sie lediglich der Ausdruck des Energieprinzips sind, nur müssen wir bezüglich der inneren Energie U etwas vorsichtiger verfahren. Solange es sich nämlich nur um die Thermodynamik einheitlicher Stoffe handelt, bei denen keine chemischen Veränderungen auftreten, können wir die *chemische Energie* als konstant betrachten und sie daher außer Betracht lassen, so daß sich für 1 kg eines Stoffes die schon früher gefundene Beziehung Gl. (27)

$$u = c_v T + u_0$$

ergibt. Jetzt müssen wir die chemische Energie u_c mit berücksichtigen und erhalten

$$u = u_c + c_v T + u_0. \qquad (539)$$

Dabei können wir die chemische Energie als unabhängig von der Temperatur annehmen.

Gemäß der bereits bekannten Beziehung Gl. (28)

$$J = U + APV$$

ist also in J ebenfalls die chemische Energie mit enthalten.

Geht die chemische Reaktion bei konstantem Volumen vor sich, so folgt aus Gl. (23)

$$Q = U_2 - U_1$$

und nach der Definition der Wärmetönung in Nr. 149 ergibt sich

$$W_v = U_1 - U_2, \qquad (540)$$

wobei also U_1 die gesamte Energie im Anfangs- und U_2 im Endzustand ist.

Für konstanten Druck ergibt sich aus Gl. (36) sinngemäß

$$W_p = J_1 - J_2 . \tag{541}$$

Ferner ergibt sich für Reaktionen bei konstantem Druck aus Gl. (28) und (41)

$$W_p = W_v - A P (V_2 - V_1) , \tag{542}$$

d. h. die Wärmetönungen bei konstantem Druck und bei konstantem Volumen unterscheiden sich um die äußere Arbeit. Ist $V_2 > V_1$, tritt also eine Volumenvergrößerung ein, so ist $W_p < W_v$, ist $V_2 < V_1$, tritt also eine Volumenverringerung ein, so ist $W_p > W_v$. Ist schließlich $V_2 = V_1$, so ist $W_p = W_v$. Diese Zusammenhänge sind unabhängig vom Anfangs- und Endaggregatzustand der Reaktionsteilnehmer.

Da U und J sowohl temperatur- als auch druckabhängig sind, so hat die Angabe der Wärmetönung nur einen wohldefinierten Sinn, wenn Temperatur und Druck mit angegeben sind.

Allgemein kann eine chemische Gleichung geschrieben werden

$$n_1 A_1 + n_2 A_2 + \cdots \to n_1' A_1' + n_2' A_2' + \cdots , \tag{543}$$

wobei $n_1 \ldots$ die Anzahl der kmol der Reaktionsteilnehmer $A_1 \ldots$ der linken Seite und $n_1' \ldots$ die Zahl der kmol der Reaktionsteilnehmer $A_1' \ldots$ der rechten Seite der chemischen Gl. (543) bedeutet. Wir setzen zur Abkürzung

$$n_1 + n_2 + \cdots - n_1' - n_2' - \cdots = v . \tag{544}$$

Sind nun die Reaktionsteilnehmer gasförmig und ist die Anfangs- und Endtemperatur gleich, so ist mit $\mathfrak{V}$ als das Volumen von 1 kmol eines Gases und

$$V_2 - V_1 = - v \mathfrak{V} ,$$

so daß Gl. (542) übergeht in

$$W_p = W_v + A P v \mathfrak{V} . \tag{545}$$

Andererseits ist nach Gl. (21)

$$P \mathfrak{V} = \mathfrak{R} T ,$$

so daß wir für Gl. (545) schreiben können

$$W_p = W_v + A v \mathfrak{R} T .$$

Führt man ferner die Bezeichnung

$$A \mathfrak{R} = \mathfrak{R}_{cal} = \frac{848}{427} = 1{,}985 \text{ kcal/kmol grd}$$

ein, so ergibt sich für gasförmige Reaktionen mit gleicher Anfangs- und Endtemperatur

$$W_p = W_v + v \mathfrak{R}_{cal} T . \tag{546}$$

Die Wärmetönung W_p bzw. W_v hat die Dimension kcal und bezieht sich jeweils auf eine bestimmte Reaktion mit dem ihr eigenen volumetrischen und gewichtsmäßigen Zusammenhang.

Für Gase ist der Unterschied $W_p - W_v$ in der Regel nicht erheblich, weil das Glied $v \mathfrak{R}_{cal} T$ meist klein im Verhältnis zur Wärmetönung ist. Für feste oder flüssige Stoffe fällt W_p und W_v praktisch zusammen.

151. Das Gesetz von Hess. Da die Energie einer chemischen Verbindung lediglich eine Funktion ihres Zustandes sein kann, so muß nach Gl. (540) bzw. (541) W_v bzw. W_p unabhängig davon sein, welche Temperaturen im Verlauf der Reaktion auftreten oder auf welchem Wege die Reaktion stattfindet, wenn nur das Volumen bzw. der Druck während der Reaktion konstant bleiben und Anfangs- und Endtemperatur gleich sind. Wir betrachten die Reaktion

$$2\,C + O_2 \rightarrow 2\,CO + W\,,$$

wobei statt W_v oder W_p allgemein W gesetzt ist. Wir können 2 CO auch auf einem anderen mittelbaren Wege, nämlich durch die Reaktionsfolge

$$C + O_2 \rightarrow CO_2 + W_1\,,$$
$$C + CO_2 \rightarrow 2\,CO + W_2$$

gebildet denken. Dann muß

$$W = W_1 + W_2$$

sein, wobei selbstverständlich W_1 und W_2 vorzeichengerecht eingesetzt werden müssen.

Man kann sich nach diesem Gesetz jede Reaktion auch so zustandegebracht denken, daß erst sämtliche Anfangsverbindungen in ihre Elemente zerlegt werden, wobei eine bestimmte Wärmetönung W_1 auftritt. Dann denkt man sich die Endbestandteile aus den Elementen zusammengesetzt, wobei die Wärmetönung W_2 auftritt. Die Wärmetönung der Reaktion ist dann wieder

$$W = W_1 + W_2\,.$$

Allgemein kann man also allgemein schreiben

$$W = \Sigma W_i\,. \tag{547}$$

Dies ist die mathematische Formulierung des Gesetzes von HESS.

152. Die Abhängigkeit der Wärmetönung von der Temperatur. Satz von Kirchhoff. Wir lassen eine Reaktion bei der Temperatur T vor sich gehen und erwärmen hinterher die entstandenen Stoffe auf die Temperatur $T + dT$ beides bei konstantem Volumen. Dann ist die zugeführte Energie

$$\Delta U_T = -W_v + (n_1'\,m_1'\,c_{v1}' + n_2'\,m_2'\,c_{v2}' + \cdots)\,dT\,. \tag{548}$$

Ein zweites Mal erwärmen wir zunächst die vor der Reaktion vorhandenen Stoffe auf die Temperatur $T + dT$ und lassen dann die Reaktion bei der Temperatur $T + dT$ erfolgen ebenfalls beides bei konstantem Volumen. Dann ist die zugeführte Energie

$$\Delta U_{T+dT} = -(W_v + dW_v) + (n_1\,m_1\,c_{v1} + n_2\,m_2\,c_{v2} + \cdots)\,dT\,. \tag{549}$$

Da nun aber in beiden Fällen Anfangs- und Endzustand der Reaktionsteilnehmer derselbe ist und bei konstantem Volumen äußere Arbeiten nicht aufgetreten sind, so muß nach dem I. Hauptsatz

$$\Delta U_T = \Delta U_{T+dT}$$

sein. Damit folgt aus Gl. (548) und (549)

$$\frac{dW_v}{dT} = \Sigma(nmc_v) - \Sigma(n'm'c_v') = \Delta\Sigma nmc_v = \Delta\Sigma n\,\mathfrak{C}_v\,. \tag{550}$$

Nesselmann, Angewandte Thermodynamik.   **14**

Durch Differenzieren von Gl. (546) nach T ergibt sich

$$\frac{d\,W_p}{d\,T} = \frac{d\,W_v}{d\,T} + \nu\,\Re_{cal}$$

und daher mit Gl. (550)

$$\frac{d\,W_p}{d\,T} = \Delta\,\Sigma\,n\,\mathfrak{C}_v + \nu\,\Re_{cal} \,,$$

oder unter Beachtung von Gl. (544)

$$\frac{d\,W_p}{d\,T} = \Delta\,\Sigma\,[n\,(\mathfrak{C}_v + \Re_{cal})] \,. \tag{551}$$

Nun ist aber nach Gl. (40)

$$\mathfrak{C}_p - \mathfrak{C}_v = A\,\Re = \Re_{cal} \,. \tag{552}$$

Somit folgt aus Gl. (551) entsprechend Gl. (550)

$$\frac{d\,W_p}{d\,T} = \Delta\,\Sigma\,n\,\mathfrak{C}_p \,. \tag{553}$$

Bei Reaktionen kondensierter, also fester oder flüssiger Stoffe ist $W_p = W_v = W$ und daher allgemein

$$\frac{d\,W}{d\,T} = \Delta\,\Sigma\,n\,\mathfrak{C} \,. \tag{554}$$

Ist im Sonderfall einmal $\Delta\,\Sigma\,n\,\mathfrak{C} = 0$, so ist $W =$ konst. und unabhängig von T.

Die Gl. (550), (553) und (554) bilden den Inhalt des Satzes von KIRCHHOFF.

Für die Wärmetönung ergibt sich dann aus Gl. (554)

$$W = \int\limits_{T_0}^{T} (\Delta\,\Sigma\,n\,\mathfrak{C})\,d\,T + W_{T_0} \,. \tag{555}$$

Ist demnach $\mathfrak{C}$ für die Reaktionsteilnehmer als Funktion der Temperatur kurvenmäßig bekannt[1], so kann aus Gl. (555) W als Funktion der Temperatur ermittelt werden, wenn es für eine bestimmte Temperatur T_0 bekannt ist. Durch diesen bekannten Wert der Wärmetönung ergibt sich in Gl. (555) die Integrationskonstante W_{T_0}. In Abb. 255 sei für eine beliebige Reaktion die Kurve für $\Delta\,\Sigma\,n\,\mathfrak{C}$ zwischen den Temperaturen T_0 und T_1 aufgetragen. Durch graphische Integration findet man die gestrichelte Kurve in Abb. 256. Die gestrichelte Kurve gibt für jede Temperatur jeweils die unter der Kurve $\Delta\,\Sigma\,n\,\mathfrak{C}$ liegende Fläche an. Der Ordinate $A\,B$ bei der Temperatur T_x in Abb. 256 entspricht also die in Abb. 255 schraffierte Fläche. Bei T_0 habe W den aus Versuchen bekannten Wert W_{T_0}. Dann hat man nach Gl. (555) nur nötig, die

---

[1] Für technisch wichtige Stoffe s. R. DOCZEKAL u. H. PITSCH: Absolute thermische Daten und Gleichgewichtskonstante. Wien: Springer 1935 und E. JUSTI: Spezifische Wärme, Enthalpie, Entropie und Dissoziation technischer Gase. Berlin: Springer 1938.

gestrichelte Kurve parallel nach oben zu verschieben bis sie durch den Punkt W_{T_0} geht. Dies entspricht der Addition der Konstanten W_{T_0} zu den Werten der gestrichelten Kurve.

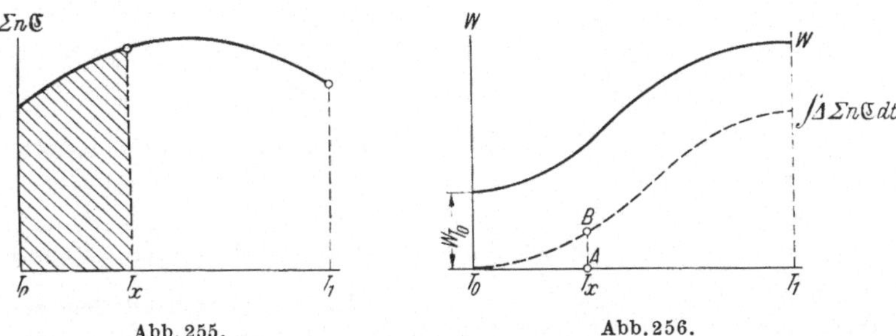

Abb. 255.   Abb. 256.

Abb. 255 und 256. Ermittlung der Wärmetönung in Abhängigkeit von der Temperatur.

153. Die Abhängigkeit der Wärmetönung vom Druck. Läuft eine chemische Reaktion bei einem Druck p_0 ab und bezeichnet man den Anfangszustand mit 1 und den Endzustand mit 2, so ist die Wärmetönung nach Gl. (541)

$$W_{p_0} = J_1 - J_2.$$

Wir wollen die Reaktion jetzt bei dem höheren Druck p von statten gehen lassen. Dazu bringen wir die Reaktionsteilnehmer durch isotherme Verdichtung vom Anfangszustand 1 auf den Anfangszustand 1' bei höherem Druck p jedoch gleicher Temperatur. Nach Ablauf der Reaktion sollen sich die Reaktionsteilnehmer im Zustand 2' befinden. Entspannen wir jetzt isotherm auf den Druck p_0, so ergibt sich wieder der Zustand 2. Die Wärmetönung beim Druck p ist

$$W_p = J_1' - J_2'.$$

Da jedoch J_1 und J_2 bzw. J_1' und J_2' gleichen Temperaturen angehören, so ist, vorausgesetzt, daß die Reaktionsteilnehmer der Zustandsgleichung für vollkommene Gase gehorchen, die Enthalpie nur von der Temperatur aber nicht vom Druck abhängig und infolgedessen $J_1 = J_1'$ und $J_2 = J_2'$. Daher ist

$$W_p = W_{p_0}$$

und vom Druck unabhängig.

Ist jedoch der Druck so hoch, daß die Enthalpie vom Druck abhängig ist, so ist nach Gl. (186)

$$di = c_p\, dT - A\left[T\left(\frac{\partial v}{\partial T}\right)_p - v\right] dP$$

zu setzen. Mit $dT = 0$ und V' für das veränderliche Volumen der Reaktionsteilnehmer zu Anfang und V'' am Ende der Reaktion wird

$$J_1' - J_1 = -A \int_{p_0}^{p}\left[T\left(\frac{\partial V'}{\partial T}\right)_p - V'\right] dP$$

$$J_2' - J_2 = -A \int_{p_0}^{p}\left[T\left(\frac{\partial V''}{\partial T}\right)_p - V''\right] dP.$$

14*

Da nun

$$W_p = W_{p_0} + (J_1' - J_1) - (J_2 - J_2)$$

ist, so folgt

$$W_p = W_{p_0} + A \int\limits_{p_0}^{p} \left[T \left(\frac{\partial V''}{\partial T}\right)_p - T \left(\frac{\partial V''}{\partial T}\right)_p + V' - V'' \right] dP \ . \quad (556)$$

Hierin sind V'' und V' als Funktion von P und T aus der Zustandsgleichung einzusetzen.

154. Beispiele. a) Die Bildungswärme des Methans (CH_4) ist zu berechnen, wenn die Verbrennungswärme des Methans selbst und die seiner Aufbaustoffe C und H_2 gegeben ist.

Man kann sich das Methan in seine Aufbauelemente zunächst zerlegt denken und diese dann mit Sauerstoff verbrennen. Bei dieser Reaktionsfolge muß sich nach dem Gesetz von HESS dieselbe Wärmetönung ergeben wie bei direkter Verbrennung des Methans.

Gegeben ist also[1]

$$CH_4 + 2\,O_2 \rightarrow CO_2 + 2\,H_2O + W_1; \quad W_1 = 213\,300 \text{ kcal/kmol } CH_4$$
$$C\ \ + O_2\ \ \rightarrow CO_2 + W_2; \quad\qquad W_2 = \ \ 97\,000 \text{ kcal/kmol } C$$
$$2\,H_2 + O_2\ \ \rightarrow 2\,H_2O + W_3; \quad W_3 = 136\,700 \text{ kcal/2 kmol } H_2\ .$$

Gesucht ist die Bildungswärme W nach der Gleichung

$$C + 2\,H_2 \rightarrow CH_4 + W$$

oder

$$CH_4 \rightarrow C + 2\,H_2 - W$$

wenn das Methan zersetzt wird.

Man kann das Methan zuerst verbrennen und erhält

$$CH_4 + 2\,O_2 \rightarrow CO_2 + 2\,H_2O + W_1\ .$$

Nun wird die Kohlensäure zerlegt

$$CO_2 \rightarrow C + O_2 - W_2$$

und damit C gewonnen. Schließlich wird der Wasserdampf zerlegt

$$2\,H_2O \rightarrow 2\,H_2 + O_2 - W_3$$

und damit der Wasserstoff gewonnen. Nach der Reaktionsfolge sind also aus CH_4 entstanden C und $2\,H_2$ und die für die Verbrennung von CH_4 ursprünglich verwendeten $2\,O_2$ sind wieder vorhanden. Es muß also sein

$$- W = W_1 - W_2 - W_3\ .$$

Daraus $W = +20\,400$ kcal, d. h. bei der Bildung von 1 kmol Methan werden 21 800 kcal frei.

155. Der Heizwert. Oft ist die Gewinnung von Wärme der Zweck einer chemischen Reaktion z. B. bei der Verbrennung von Kohle auf dem Rost eines Dampfkessels. In solchen Fällen verwendet man für die Wärmetönung die Bezeichnung *Heizwert* und bezieht diesen in der Regel auf die Gewichts- oder Volumeneinheit des *Brennstoffes*. An sich ist also der Heizwert nichts anderes als eine Wärmetönung und es gelten daher auch dieselben Gesetze wie sie für die Wärmetönung abgeleitet wurden.

Grundsätzlich muß man also auch einen Heizwert bei konstantem Druck H_p und bei konstantem Volumen H_v unterscheiden. Wie bereits

---

[1] Zahlenwerte nach Taschenbuch *Hütte*. 27. Aufl. 1948.

erwähnt, ist der Unterschied in der Regel jedoch gering und wir wollen daher im folgenden kurzweg vom Heizwert sprechen[1].

Enthält der Brennstoff Wasserstoff, so enthalten die Verbrennungsprodukte Wasser. Außerdem kann der Brennstoff an sich schon einen gewissen Wassergehalt haben. Es kommt nun darauf an, ob das Wasser nach der Verbrennung flüssig oder gasförmig ist. Im ersteren Fall spricht man vom *oberen* (H_o), im zweiten vom *unteren Heizwert* (H_u). Ist w' die Wassermenge, die je kg Brennstoff nach der Verbrennung vorhanden ist, so besteht zwischen dem oberen und unteren Heizwert bezogen auf 1 kg Brennstoff die Beziehung

$$H_a = H_o - w'r , \tag{557}$$

wobei r für praktische Zwecke zu 600 kcal/kg Wasser angesetzt werden kann.

Der Heizwert kann aus der Elementaranalyse bei festen und flüssigen und aus den Gasbestandteilen bei gasförmigen Brennstoffen berechnet werden, da die Einzelwärmetönungen bekannt sind. Freilich ist bei der Verwendung der Elementaranalyse zu beobachten, daß der Heizwert der chemischen Verbindungen nicht genau mit dem Heizwert der einzelnen Elemente übereinstimmt, da eigentlich die Bildungswärme noch zu berücksichtigen ist. Diese ist in der Regel jedoch klein gegen den Heizwert. Sind c, h, s, o und w die Gewichtsanteile an C, H_2, S, O_2 und Wasser, so gilt angenähert nach der sogenannten Verbandsformel[2]

$$H_u = 8100\,c + 29000 \left(h - \frac{o}{8}\right) + 2500\,s - 600\,w . \tag{558}$$

Über die Heizwärme der wichtigsten Brennstoffe gibt es Zahlenangaben[3].

Hat man es mit gasförmigen Brennstoffen zu tun, so sind die Bestandteile der Mischung in Raumteilen gegeben. Man kann dann aus der Wärmetönung bzw. dem Heizwert der einzelnen Bestandteile bei ihrer Verbindung mit Sauerstoff den Heizwert des gesamten Brenngases ermitteln. Für die wichtigsten technischen gasförmigen Brennstoffe sind diese Werte ebenfalls tabellarisch zusammengestellt[3].

156. Luftbedarf und Rauchgasvolumen fester und flüssiger Brennstoffe. Da die Verbrennung nichts anderes ist, als eine Vereinigung der Brennstoffe mit Sauerstoff, wollen wir nun den Sauerstoffbedarf bzw. den Luftbedarf für den Verbrennungsvorgang festlegen. Auf Grund der Elementaranalyse enthalte der feste oder flüssige Brennstoff je Kilogramm c kg Kohlenstoff, h kg Wasserstoff, s kg Schwefel, o kg Sauerstoff und w kg Wasser, so daß

$$c + h + s + o + w = 1\,\text{kg}$$

---

[1] Über die technische Messung von Heizwerten vgl. A. Gramberg: Technische Messungen bei Maschinenuntersuchungen und zur Betriebskontrolle Bd. I. Berlin: Springer 1933.

[2] Eine Diskussion dieser Formel s. bei H. Menzel: Die Theorie der Verbrennung. Dresden u. Leipzig: Theodor Steinkopff 1924.

[3] Taschenbuch *Hütte*. Bd. 1. 1948.

ist. Nach den Verbrennungsgleichungen

$$C + O_2 \rightarrow CO_2 \,,$$

$$H_2 + \frac{1}{2} O_2 \rightarrow H_2O \,,$$

$$S + O_2 \rightarrow SO_2$$

werden benötigt für

$$c \text{ kg } C : c/12 \text{ kmol } O_2 \,,$$
$$h \text{ kg } H_2 : h/4 \text{ kmol } O_2 \,,$$
$$s \text{ kg } S : s/32 \text{ kmol } O_2 \,.$$

Enthält der Brennstoff bereits $o/32$ kmol Sauerstoff, so sind für die Verbrennung mindestens

$$O_{min}^{kmol} = \frac{c}{12} + \frac{h}{4} + \frac{s}{32} - \frac{o}{32} \text{ kmol/kg} \qquad (559)$$

notwendig. Da $\frac{22{,}41}{12}$ kmol $= 1$ Nm^3 ist (vgl. Nr. 10), so entspricht das nach Umformung von Gl. (559)

$$O_{min} = \frac{12}{22{,}41} \left[c + 3 \left(h - \frac{o - s}{8} \right) \right] \text{Nm}^3/\text{kg} \,. \qquad (560)$$

Nach dem Vorgang von MOLLIER[1] führen wir die Größe

$$\sigma = 1 + 3 \, \frac{h - (o - s)/8}{c} \qquad (561)$$

als Kenngröße des Brennstoffes ein und erhalten

$$O_{min} = 1{,}868 \, c\sigma \text{ Nm}^3/\text{kg} \,. \qquad (562)$$

oder

$$O_{min}^{kmol} = 0{,}0834 \, c\sigma \text{ kmol/kg} \,. \qquad (562a)$$

Die Größe σ ist das Verhältnis des Sauerstoffbedarfes des Brennstoffes zu seinem Kohlenstoffgehalt, hat also die Dimension Nm^3 O$_2$/Nm^3 C oder kmol O$_2$/kmol C.

Die Kennzahl σ schwankt bei den einzelnen Brennstoffen nur wenig. Sie liegt für technische Kohlen bei 1,1 bis 1,2, für schwere Öle bei 1,2 und steigt bei leichten Ölen bis 1,5.

Da die Luft aus 0,79 Vol.-Anteilen Stickstoff und 0,21 Vol.-Anteilen Sauerstoff besteht, so ist der Mindestluftbedarf bei der Verbrennung

$$L_{min} = \frac{O_{min}}{0{,}21} = 8{,}89 \, c\sigma \text{ Nm}^3/\text{kg} \qquad (563)$$

oder

$$L_{min}^{kmol} = 0{,}397 \, c\sigma \text{ kmol/kg} \,. \qquad (563a)$$

Wollen wir das Volumen der Rauchgase ermitteln, so gehen wir wieder von den Verbrennungsgleichungen aus. Es verbrennen

$$c \text{ kg } C \quad \text{zu } c/12 \text{ kmol } CO_2 \,,$$
$$h \text{ kg } H_2 \text{ zu } h/2 \text{ kmol } H_2O \,,$$
$$s \text{ kg } S \quad \text{zu } s/32 \text{ kmol } SO_2 \,.$$

---

[1] MOLLIER, R.: Z. VDI 42 (1921) S. 1095.

Ist der Brennstoff ferner noch feucht und enthält w kg Wasser, so kommen noch $w/18$ kmol H_2O hinzu. Im ganzen entstehen also

$$\frac{c}{12} + \frac{h}{2} + \frac{s}{32} + \frac{w}{18}\ \text{kmol/kg}$$

entsprechend

$$\frac{22{,}41}{12}\left(c + 6h + \frac{3}{8}s + \frac{2}{3}w\right)\text{Nm}^3/\text{kg} .$$

Der Verbrennungsluft werden $(O_2)_{min}$ Nm^3 bei der Verbrennung entzogen. Damit ist das Rauchgasvolumen mindestens

$$V_{r_{min}} = L_{min} - O_{min} + \frac{22{,}41}{12}\left(c + 6h + \frac{3}{8}s + \frac{2}{3}w\right)\text{Nm}^3/\text{kg} ,$$

oder unter Berücksichtigung von Gl. (560)

$$V_{r_{min}} = L_{min} + 1{,}867\left(3h + \frac{2}{3}w + \frac{3}{8}o\right)\text{Nm}^3/\text{kg} . \qquad (564)$$

Bei technischen Feuerungen muß dem Brennstoff Luft im Überschuß zugeführt werden, wenn er vollständig verbrannt werden soll. Setzt man die tatsächlich zugeführte Luftmenge

$$L = \lambda\, L_{min}$$

mit λ als *Luftüberschußzahl*, so wird das Rauchgasvolumen

$$V_r = L + 1{,}867\left(3h + \frac{2}{3}w + \frac{3}{8}o\right). \qquad (565)$$

Aus Gl. (565) geht hervor, daß bei der Verbrennung fester oder flüssiger Brennstoffe das Volumen um den Betrag

$$1{,}867\left(3h + \frac{2}{3}w + \frac{3}{8}o\right)$$

zunimmt.

Die entstehenden Verbrennungserzeugnisse sind je kg Brennstoff in Tabelle 10 zusammengestellt.

Tabelle 10. *Rauchgase je Kilogramm Brennstoff.*

	kmol/kg	Nm³/kg
CO_2	$c/12$	$1{,}867\,c$
H_2O	$h/2 + w/18$	$11{,}20\,h + 1{,}245\,w$
SO_2	$s/32$	$0{,}70\,s$
O_2	$0{,}21\,(\lambda-1)\,L_{min}^{\text{kmol}}$	$0{,}21\,(\lambda-1)\,L_{min}$
N_2	$0{,}79\,\lambda\,L_{min}^{\text{kmol}}$	$0{,}79\,\lambda\,L_{min}$

157. Luftbedarf- und Rauchgasvolumen gasförmiger Brennstoffe. Wie bereits erwähnt, ist die Zusammensetzung der gasförmigen Brennstoffe durch die Raumteile der einzelnen Bestandteile gegeben. Für ein bestimmtes Gas seien diese Anteile z. B.

$$(CO) + (H_2) + (CH_4) + (C_2H_4) + (O_2) + (N_2) + (CO_2) = 1\ \text{Nm}^3 .$$

Die eingeklammerten chemischen Zeichen bedeuten die Raumteile vor der Verbrennung. Nach den Verbrennungsgleichungen

$$CO + \frac{1}{2}O_2 \rightarrow CO_2 ,$$

$$H_2 + \frac{1}{2}O_2 \rightarrow H_2O ,$$

$$CH_4 + 2\,O_2 \rightarrow CO_2 + 2\,H_2O ,$$
$$C_2H_4 + 3\,O_2 \rightarrow 2\,CO_2 + 2\,H_2O ,$$

werden an Sauerstoff benötigt für

$$(CO)\ Nm^3\ CO \quad : 0{,}5\ Nm^3\ O_2\,,$$
$$(H_2)\ Nm^3\ H_2 \quad : 0{,}5\ Nm^3\ O_2\,,$$
$$(CH_4)\ Nm^3\ CH_4 : 2\ Nm^3\ O_2\,,$$
$$(C_2H_4)\ Nm^3\ C_2H_4 : 3\ Nm^3\ O_2\,.$$

Im ganzen werden also für die oben als Beispiel angeführte Mischung unter Berücksichtigung des bereits darin enthaltenen Sauerstoffes benötigt

$$O_{min} = 0{,}5\,[(CO) + (H_2)] + 2\,(CH_4) + 3\,(C_2H_4) - (O_2)\ Nm^3/Nm^3\,, \qquad (566)$$

oder an Luft

$$L_{min} = \frac{O_{min}}{0{,}21}\ Nm^3/Nm^3\,, \qquad (567)$$

wobei tatsächlich

$$L = \lambda\,L_{min} \qquad (568)$$

zugeführt werden.

Die Kennzahl σ ergibt sich zu

$$\sigma = \frac{0{,}5[(CO) + (H_2)] + 2(CH_4) + 3(C_2H_4) - (O_2)}{(CO) + (CH_4) + 2(C_2H_4) + (CO_2)}\,. \qquad (569)$$

Der Zähler ist proportional dem Mindestbedarf an Sauerstoff in kmol, der Nenner ist proportional der Kohlensäuremenge in kmol, die ihrerseits mit der Kohlenstoffmenge in kmol übereinstimmt. Daher ist σ wieder, wie bei den festen Brennstoffen, der Quotient aus Sauerstoffbedarf zu Kohlenstoffgehalt.

Schließlich definieren wir nach dem Vorgang von MOLLIER[1] noch eine weitere Kennzahl ν, die das Verhältnis des Stickstoffgehaltes zu Kohlenstoffgehalt angibt. Es ist dann

$$\nu = \frac{(N_2)}{(CO) + (CH_4) + 2(C_2H_4) + (CO_2)}\,. \qquad (570)$$

Für die Rauchgase ergibt sich aus den Verbrennungsgleichungen unter Berücksichtigung eines Luftüberschusses λ das in Tabelle 11 zusammengestellte Volumen in Nm^3/Nm^3 Brenngas.

Tabelle 11. *Rauchgase in Nm^3 je Nm^3 Brenngas.*

CO_2	$(CO_2) + (CO) + (CH_4) + 2(C_2H_4)$
H_2O	$(H_2) + 2[(CH_4) + (C_2H_4)]$
O_2	$0{,}21\,(\lambda - 1)\,O_{min} = 0{,}21\,L - O_{min}$
N_2	$(N_2) + 0{,}79\,\lambda\,L_{min} = (N_2) + 0{,}79\,L$

Aus der Differenz des Volumens des Brenngases und der zugesetzten Verbrennungsluft einerseits und der Rauchgase andererseits ergibt sich eine Volumenabnahme um

$$V_1 - V_2 = 0{,}5\,[(CO) + (H_2)]\,.$$

Die Gl. (566) bis (570) und Tabelle 11 müssen sinngemäß ergänzt werden, wenn noch weitere Bestandteile im Gas vorhanden sind.

158. Die Bestimmung des Luftüberschusses aus der Rauchgasanalyse. Die Rauchgase werden vor der Analyse getrocknet, wobei sich Wasser

---

[1] MOLLIER, R.: Z. VDI 65 (1921) S. 1095.

und schweflige Säure ausscheiden. Sie enthalten daher nur Kohlensäure, Sauerstoff und Stickstoff. Die Raumanteile nach der Verbrennung sollen mit einem Strich (') versehen werden.

Es ergibt sich also bei der Analyse in Raumanteile

$$(CO_2)' + (O_2)' + (N_2)' = 1\,Nm^3\,. \tag{571}$$

Wir wollen nun die Raumanteile durch die Kennzahlen λ, σ und ν ausdrücken. Da nun bei der Verbrennung von einer Mengeneinheit Brennstoff ebensoviele kmol CO_2 entstehen als kmol C im Brennstoff vorhanden sind, so ist

$$\sigma = \frac{O_{min}}{(CO_2)'}\,. \tag{572}$$

Die Rauchgase enthalten

$$(O_2)' = (\lambda - 1)\,O_{min} \tag{573}$$

Sauerstoff. Aus Gl. (572) und (573) folgt

$$\frac{(O_2)'}{(CO_2)'} = (\lambda - 1)\,\sigma\,. \tag{574}$$

Die in die Feuerung eintretende Stickstoffmenge ist $\frac{0,79}{0,21}\,\lambda\,O_{min}$. Beziehen wir diese auf das Kohlensäurevolumen der Rauchgase, so ergibt sich für das von der Verbrennungsluft herrührende Stickstoffvolumen

$$\frac{0,79}{0,21}\,\lambda\,\frac{O_{min}}{(CO_2)'}\,.$$

Ersetzen wir darin $(CO_2)'$ nach Gl. (572), so ergibt sich

$$\frac{0,79}{0,21}\,\lambda\,\sigma\,.$$

Das aus dem Brenngas herrührende Stickstoffvolumen ist nach Definition von ν ebenfalls auf das Kohlensäurevolumen bezogen. Folglich ist

$$\frac{(N_2)'}{(CO_2)'} = \frac{0,79}{0,21}\,\lambda\,\sigma + \nu\,. \tag{575}$$

Die Gleichungen (571), (574) und (575) bilden ein System von drei Gleichungen mit den drei Unbekannten $(CO_2)'$, $(O_2)'$ und $(N_2)'$, die man berechnen kann. Es ergibt sich

$$(CO_2)' = \frac{0,21}{(\lambda - 0,21)\,\sigma + 0,21\,(\nu + 1)}\,, \tag{576}$$

$$(O_2)' = \frac{0,21\,(\lambda - 1)\,\sigma}{(\lambda - 0,21)\,\sigma + 0,21\,(\nu + 1)}\,, \tag{577}$$

$$(N_2)' = \frac{0,79\,\lambda\sigma + 0,21\,\nu}{(\lambda - 0,21)\,\sigma + 0,21\,(\nu + 1)}\,. \tag{578}$$

Aus Gl. (576) kann nun λ zu

$$\lambda = \frac{0,21}{\sigma}\left[\frac{1}{(CO_2)'} + \sigma - 1 - \nu\right] \tag{579}$$

berechnet werden. Mit Hilfe von Gl. (579) kann, wenn die Kennzahlen des Brennstoffes σ und ν bekannt sind, der Luftüberschuß ermittelt werden. Ist im besonderen, wie es in der Regel bei festen und flüssigen Brennstoffen der Fall ist, $v = 0$, so vereinfacht sich Gl. (579) zu

$$\lambda = \frac{0.21}{\sigma}\left[\frac{1}{(CO_2)'} + \sigma - 1\right]. \tag{580}$$

159. Die rechnerische Ermittlung der Verbrennungstemperatur. Der feste oder flüssige Brennstoff, der der Feuerung zugeführt wird, habe die Temperatur t_B. Ist seine mittlere spezifische Wärme je kg zwischen $0°$ und $t_B° \, c_m$, so wird mit ihm der Feuerung die Wärmemenge $c_m \, t_B$ kcal/kg zugeführt.

Ist ferner die Anfangstemperatur der Verbrennungsluft t_L und ihre mittlere spezifische Wärme je kmol zwischen $0°$ und t_L $\left(\mathfrak{C}_{p_m}\right)_L$ so führt sie die Wärmemenge $\lambda L_{min}^{kmol} \left(\mathfrak{C}_{p_m}\right)_L$ kcal/kg Brennstoff der Feuerung zu.

Schließlich wird bei der Verbrennung die Wärmemenge H_u kcal/kg frei.

Diese drei genannten Wärmemengen müssen sich in den Abgasen wiederfinden, wenn man sie auf $0°$ abkühlt, wobei das Wasser als dampfförmig vorausgesetzt wird, was durch den unteren Heizwert H_u zum Ausdruck kommt. Sind $\left(\mathfrak{C}_{p_m}\right)_{CO_2}$, $\left(\mathfrak{C}_{p_m}\right)_{H_2O}$, $\left(\mathfrak{C}_{p_m}\right)_{O_2}$ und $\left(\mathfrak{C}_{p_m}\right)_{N_2}$ die mittleren spezifischen Wärmen je kmol der Rauchgasbestandteile zwischen $0°$ und der Verbrennungstemperatur $t°$, so gilt die Wärmebilanz

$$\begin{aligned}
H_u + c_m \, t_B &+ \lambda L_{min}^{kmol} \left(\mathfrak{C}_{p_m}\right)_L t_L = t\left[\frac{c}{12}\left(\mathfrak{C}_{p_m}\right)_{CO_2} + \right. \\
&+ \left(\frac{h}{2} + \frac{w}{18}\right)\left(\mathfrak{C}_{p_m}\right)_{H_2O} + 0{,}21\,(\lambda - 1)\,L_{min}^{kmol}\left(\mathfrak{C}_{p_m}\right)_{O_2} + \\
&+ \left. 0{,}79\,\lambda\,L_{min}^{kmol}\left(\mathfrak{C}_{p_m}\right)_{N_2}\right].
\end{aligned} \tag{581}$$

In der Regel werden t_B und t_L im Verhältnis zu t sehr klein sein, so daß man angenähert setzen kann

$$t \sim \frac{H_u}{\dfrac{c}{12}(\mathfrak{C}_{p_m})_{CO_2} + \left(\dfrac{h}{2} + \dfrac{w}{18}\right)(\mathfrak{C}_{p_m})_{H_2O} + 0{,}21\,(\lambda - 1)L_{min}^{kmol}\,(\mathfrak{C}_{p_m})_{O_2} + 0{,}79\lambda\,L_{min}^{kmol}\,(\mathfrak{C}_{p_m})_{N_2}}. \tag{582}$$

Bei gasförmigen Brennstoffen geht man zweckmäßig von 1 kmol Brenngas aus und enthält entsprechend Gl. (581) mit H_u^{kmol} als unterem Heizwert je kmol

$$H_u^{kmol} + \Sigma\,B\,\mathfrak{C}_{p_m}\,t_B + \lambda\,L_{min}^{kmol}\left(\mathfrak{C}_{p_m}\right)_L = \Sigma\,R\,\mathfrak{C}_{p_m}\,t. \tag{583}$$

Hierin bedeutet $\Sigma\,B\,\mathfrak{C}_{p_m}$ die Summe aller Brenngasanteile in kmol multipliziert mit ihrer mittleren spezifischen Wärme je kmol zwischen $0°$ mit $t_B°$. $\Sigma\,R\,\mathfrak{C}_{p_m}$ ist die Summe aller Rauchgasanteile in kmol Brenngas multipliziert mit ihrer spezifischen Wärme je kmol zwischen $0°$ und $t°$.

Entsprechend den vereinfachten Annahmen von Gl. (582) ergibt sich aus Gl. (583)

$$t \sim \frac{H_u^{\text{kmol}}}{\Sigma R \, \mathfrak{C}_{pm}}. \tag{584}$$

Da die mittleren spezifischen Wärmen $\mathfrak{C}_{p_m}$ von t abhängig sind[1] kann t nicht unmittelbar aus Gl. (581) oder (582) berechnet werden. Vielmehr kann t zunächst nur geschätzt und nach Einsetzen der entsprechenden Werte von $\mathfrak{C}_{p_m}$ geprüft werden, ob die Annahme richtig war. Gegebenenfalls muß die Rechnung mit einem anderen Schätzwert wiederholt werden.

Ferner ist zu beachten, daß die Gl. (581) bis (584) nur bis etwa 1500° gültig sind. Oberhalb dieser Temperatur macht sich nämlich bereits die *Dissoziation* bemerkbar, d. h. die Gase spalten sich nach dem Beispiel

$$CO_2 \rightarrow C + O_2$$

teilweise in ihre Bestandteile auf. Bei diesem Vorgang wird Wärme verbraucht, so daß oberhalb von 1500° die nach den Gl. (581) bis (584) ermittelte Verbrennungstemperatur zu hoch ist. Auf die Dissoziation als solcher wird später noch besonders eingegangen.

160. Das J,t-Diagramm der Verbrennung. Durch Rosin[2] wurde festgestellt, daß im Rahmen technischer Genauigkeit zwischen dem Rauchgasvolumen und dem Heizwert bei festen, flüssigen und gasförmigen Brennstoffen eine lineare Abhängigkeit besteht. Es ergibt sich für das Rauchgasvolumen bei *festen Brennstoffen*

$$V_{r_{min}} = \frac{0,89}{1000} H_u + 1,65 \tag{585}$$

und bei *Ölen*

$$V_{r_{min}} = \frac{1,11}{1000} H_u \tag{586}$$

mit V_r in Nm³/kg Brennstoff und H_u in kcal/kg Brennstoff.

Für sogenannte *Armgase* (Hochofengas, Generatorgas, Wassergas) ergibt sich

$$V_{r_{min}} = \frac{0,725}{1000} H_u + 1,0 \tag{587}$$

und für *Reichgase* (Leuchtgas, Koksofengas, Ölgas)

$$V_{r_{min}} = \frac{1,14}{1000} H_u + 0,25 \tag{588}$$

mit V_r in Nm³/Nm³ Brenngas und H_u in kcal/Nm³ Brenngas.

Ferner zeigte sich, daß auch die theoretische Luftmenge L_{min} linear vom Heizwert abhängt. Es ergibt sich für *feste Brennstoffe*

$$L_{min} = \frac{1,01}{1000} H_u + 0,5 \tag{589}$$

---

[1] Zahlenwerte für die wichtigsten Gase s. z. B. Taschenbuch *Hütte*. Bd. 1. 1948.

[2] Rosin, P.: Z. VDI 71 (1927) S. 383. — Rosin, P. u. R. Fehling: Das i,t-Diagramm der Verbrennung. Berlin: VDI-Verlag 1929.

und für *Öle*

$$L_{min} = \frac{0,85}{1000}\, H_\iota + 2,0 \tag{590}$$

mit L_{min} in Nm³/kg Brennstoff.

Für *Armgase* ergibt sich

$$L_{min} = \frac{0,875}{1000}\, H_u \tag{591}$$

und für *Reichgase*

$$L_{min} = \frac{1,09}{1000}\, H - 0,25 \tag{592}$$

mit L_{min} in Nm³/Nm³ Brenngas.

ROSIN fand ferner, daß der Wärmeinhalt der Rauchgase je Nm³ bei sämtlichen Brennstoffen im Rahmen technischer Genauigkeit der gleiche ist. Dabei handelt es sich um eine rein empirische Feststellung. Abb. 257 zeigt ein solches J,t-Diagramm für verschiedene Werte des *Luftgehalts* l, wobei l mit λ durch die Gleichung

$$l = \frac{(\lambda - 1)\,L_{min}}{V_r} = \frac{(\lambda - 1)\,L_{min}}{V_{r_{min}} + (\lambda - 1)\,L_{min}} \tag{593}$$

zusammenhängt.

Das Diagramm ist über die Temperatur von 1500° hinaus ausgedehnt und berücksichtigt die Dissoziation. Die gestrichelte Kurve gibt an, wie die J-Kurve für $\lambda = 1$ bzw. $l = 0$ ohne Berücksichtigung der Dissoziation verlaufen würde.

Mit Hilfe des J,t-Diagramms kann bei bekanntem Hu und Vr die Verbrennungstemperatur ohne weiteres abgelesen werden. Die Enthalpie des Rauchgases je Nm³ bei der Verbrennungstemperatur t findet man durch die Beziehung

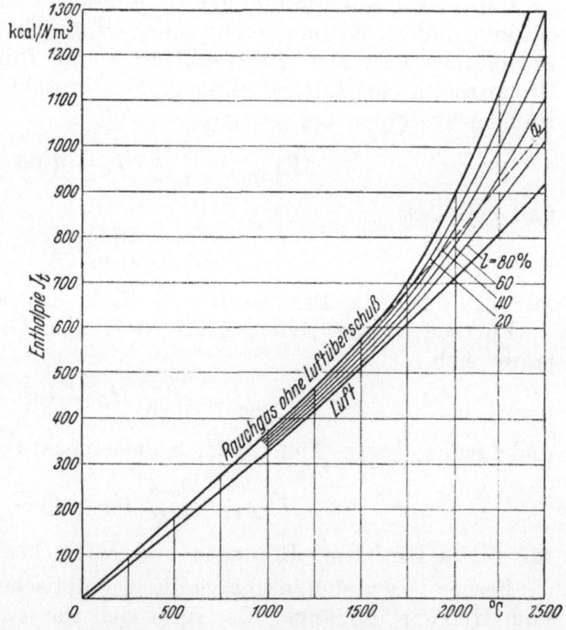

Abb. 257. J,t-Diagramm für Rauchgase nach ROSIN und FEHLING.

$$J_t = \frac{H_u}{V_{r_{min}} + (\lambda - 1)\,L_{min}}. \tag{594}$$

Dabei ist H_u bei festen und flüssigen Brennstoffen in kcal/kg und bei Brenngasen in kcal/Nm³ einzusetzen. Streng genommen gilt dieses Diagramm allerdings nur dann, wenn Brennstoff und Luft beim Eintritt in die Feuerung die Temperatur $0°$ haben.

Bei der Abkühlung der Rauchgase auf $0°$ wird die Wärmemenge J_{t_0} kcal/Nm³ Rauchgas frei. Werden die Rauchgase nun auf die Temperatur $t_0 > 0$ abgekühlt, bei welcher die Enthalpie J_{t_0} ist, so ergibt sich die abgeführte Menge in kcal/Nm³ Rauchgas

$$|Q| = J_t - J_{t_0}, \tag{595}$$

161. Beispiele. a) In einer Feuerung werden stündlich 500 kg Kohle von der Zusammensetzung $c = 0,78$; $h = 0,05$; $o = 0,10$; $s = 0,01$; $w = 0,06$ mit einer Luftüberschußzahl von $\lambda = 1,4$ verbrannt. Gesucht sind Kennzahl σ, notwendiges Luftvolumen, Volumen und Zusammensetzung der Rauchgase.

$$\sigma = 1 + 3\frac{h - (0 - s)/8}{c} . \tag{561}$$

Daraus $\sigma = 1,149$

$$L_{min} = 8,89 \, c \, \sigma \text{ Nm}^3/\text{kg} . \tag{563}$$

Daraus $L_{min} = 7.97$ Nm³/kg. Bei 500 kg/h Brennstoff mit $\lambda = 1,4$ folgt $1,4 \cdot 500 \cdot 7,95 = 5560$ Nm³/h als Luftvolumen.

$$V_r = L + 1,868 \left(3h + \frac{2}{3} w + \frac{3}{8} 0\right) . \tag{565}$$

Daraus $V_r = 11,55$ Nm³/kg bzw. $11,55 \cdot 500 = 5780$ Nm³/h als Rauchgasvolumen.

Die Zusammensetzung der Rauchgase findet man nach dem Schema der Tabelle 10:

$$
\begin{aligned}
CO_2 &= 1,867 \, c \cdot\cdot\cdot\cdot\cdot\cdot\cdot\cdot &= 1,455 \text{ Nm}^3/\text{kg} \\
H_2O &= 11,20 \, h + 1,245 \, w \cdot\cdot\cdot\cdot &= 0,635 \quad ,, \\
SO_2 &= 0,7 \, s \cdot\cdot\cdot\cdot\cdot\cdot\cdot\cdot &= 0,007 \quad ,, \\
O_2 &= 0,21 \, (\lambda - 1) \, L_{min} \cdot\cdot\cdot &= 0,668 \quad ,, \\
N_2 &= 0,79 \, \lambda \, L_{min} \cdot\cdot\cdot\cdot\cdot &= 8,780 \quad ,, \\
\hline
& &= 11,545 \text{ Nm}^3/\text{kg}
\end{aligned}
$$

Dies Ergebnis deckt sich mit der Berechnung nach Gl. (565).

b) Leuchtgas mit den Kennzahlen $\sigma = 1,95$ und $\nu = 0,0364$ werde verbrannt und die trockenen Abgase enthalten auf Grund der Analyse 8,9 Vol.-% CO_2. Wie groß ist die Luftüberschußzahl?

$$\lambda = \frac{0,21}{\sigma} \left[\frac{1}{(CO_2)'} + \sigma - 1 - \nu\right] . \tag{579}$$

$(CO_2)'$ ist 0,089. Daraus folgt $\lambda = 1,310$.

c) Hochofengas von der Zusammensetzung $(H_2) = 0,04$; $(CO) = 0,28$; $(CO_2) = 0,08$ und $(N_2) = 0,60$ hat bei $0°$ und 760 mm QS einen oberen Heizwert $H_p = 970$ kcal/m³. Wie groß ist der Heizwert H_v bei konstantem Volumen?

$$W_p = W_v - A P (V_2 - V_1) . \tag{542}$$

Entsprechend ist

$$H_p = H_v - A P (V_2 - V_1)$$
$$H_v = H_p + A P (V_2 - V_1).$$

Für das Anfangsvolumen ergibt sich unter Berücksichtigung von Gl. (566) und Gl. (567)

$$V_1 = 1 + \frac{0,5}{0,21} [(CO) + (H_2)]$$

und daraus $V_1 = 1,762$ Nm³/Nm³ Brenngas. Entsprechend nach Tabelle 11 für das Rauchgasvolumen

$$V_{r_{min}} = V_2 = (CO_2) + (CO) + (H_2) + (N_2) + 0,79 \, L_{min} .$$

Daraus $V_2 = 1,602\ \mathrm{Nm^3/Nm^3}$. Die Volumenabnahme $V_1 - V_2$ hätte nach Nr. 157 auch aus der Beziehung

$$V_1 - V_2 = 0,5\,[(CO) + (H_2)] = 0,16$$

berechnet werden können.

Mit $P = 1,033 \cdot 10^4\ \mathrm{kg/m^2}$ entsprechend 760 mm QS ergibt sich

$$H_v = 970 - \frac{1,033 \cdot 10^4 \cdot 0,16}{427} = 970 - 3,88 \sim 966\ \mathrm{kcal/Nm^3}.$$

Die beiden Heizwerte unterscheiden sich also nur unwesentlich.

d) Leuchtgas von der Zusammensetzung $(H_2) = 0,51$, $(CO) = 0,08$; $(CH_4) = 0,32$; $(C_2H_4) = 0,04$; $(CO_2) = 0,02$; $(N_2) = 0,03$ wird einmal mit der theoretischen Luftmenge, ein zweites Mal mit dem Luftüberschuß $\lambda = 1,3$ verbrannt. Der untere Heizwert beträgt $H_u = 4860\ \mathrm{kcal/Nm^3}$. Wie groß sind in beiden Fällen die Verbrennungstemperaturen?

$$V_{r_{min}} = \frac{1,14}{1000}\,H_u + 0,25 \tag{588}$$

$$L_{min} = \frac{1,09}{1000}\,H_u - 0,25 . \tag{592}$$

Aus diesen Gleichungen erhält man $V_{r_{min}} = 5,79\ \mathrm{Nm^3/Nm^3}$ und $L_{min} = 5,05\ \mathrm{Nm^3/Nm^3}$. Man hätte diese beiden Werte auch aus der Zusammensetzung des Gases erhalten können.

$$O_{min} = 0,5\,[(CO) + (H_2)] + 2(CH_4) + 3(C_2H_4) - (O_2) . \tag{566}$$

Daraus $O_{min} = 1,055\ \mathrm{Nm^3/Nm^3}$

$$L_{min} = \frac{O_{min}}{0,21} .$$

Daraus $L_{min} = 5,02\ \mathrm{Nm^3/Nm^3}$, also eine gute Übereinstimmung mit der empirischen Gl. (592).

Für die Rauchgase ergibt sich aus Tabelle 11 für

$$
\begin{aligned}
CO_2 &: (CO_2) + (CO) + (CH_4) + (C_2H_4) \cdot \cdot &&= 0,500\ \mathrm{Nm^3/Nm^3}\\
H_2O &: (H_2) + 2(CH_4) + (C_2H_4) \cdot \cdot \cdot \cdot \cdot &&= 1,230\ \quad,,\\
N_2 &: (N_2) + 0,79\,L_{min} \cdot \cdot \cdot \cdot \cdot \cdot \cdot \cdot &&= \underline{3,970\ \quad,,}\\
& &&\ \ 5,700\ \mathrm{Nm^3/Nm^3}
\end{aligned}
$$

also ebenfalls eine gute Übereinstimmung mit der empirischen Beziehung Gl. (588).

$$J_t = \frac{H}{V_{r_{min}} + (\lambda - 1)\,L_{min}} . \tag{594}$$

Daraus folgt mit den errechneten Werten für $\lambda = 1$, d. h. $l = 0$: $J_t = 840\ \mathrm{kcal/Nm^3}$ und aus Abb. 257 eine Verbrennungstemperatur $t = 1930°$. Mit $\lambda = 1,3$ ergibt sich $J_t = 665\ \mathrm{kcal/Nm^3}$. Die Luftzahl l ist aus

$$l = \frac{(\lambda - 1)\,L_{min}}{V_{r_{min}} + (\lambda - 1)\,L_{min}} \tag{593}$$

zu 0,207 zu errechnen. Für $J_t = 665$ und $l = 0,207$ ergibt sich aus Abb. 257 eine Verbrennungstemperatur $t = 1630°$.

162. Entgasung und Vergasung. Feste Brennstoffe können teilweise oder ganz in gasförmige Brennstoffe übergeführt werden. Dies erweist sich deswegen oft als zweckmäßig, weil gasförmige Brennstoffe einfacher fortgeleitet werden können, z. B. im Rohrnetz von Gasanstalten, andererseits gestatten die Brenngase auch eine bessere Vermischung mit Luft.

Die *Entgasung* ist nichts weiter als eine sogenannte *trockene Destillation*, bei der eine Erhitzung des Brennstoffes ohne Sauerstoffzufuhr vorgenommen wird. So entweichen bei der trockenen Destillation von Steinkohle alle entgasbaren Bestandteile und es bleibt nahezu reiner Kohlenstoff in Gestalt von Koks übrig, ein Prozeß, der in den Gasanstalten vorgenommen wird.

Demgegenüber ist die *Vergasung* von festen Brennstoffen eine regelrechte Verbrennung, die allerdings absichtlich unter Sauerstoffmangel vorgenommen wird. Vom festen Brennstoff bleibt dann lediglich die Asche übrig. Ein Beispiel sind die *Gasgeneratoren* an Kraftfahrzeugen, bei denen zwar nicht Steinkohle, aber Holz vergast wird.

Wir wollen uns im folgenden lediglich mit der Vergasung von reinem Kohlenstoff, also z. B. Koks oder Holzkohle, beschäftigen. Bei Brennstoffen, die noch andere Bestandteile enthalten, überdecken sich Entgasungs- und Vergasungsvorgänge. Die Betrachtungen werden dadurch zwar verwickelter, unterscheiden sich indessen nicht grundsätzlich von dem vereinfachten Fall.

Der Vorgang im Gasgenerator ist grundsätzlich in Abb. 258 u. 259 dargestellt. Im Generator (Abb. 258) wird durch die Füllöffnung der feste Brennstoff zugeführt und auf der Höhe $a''b''$ gehalten. Unter den Rost $a\,b$ wird z. B. Luft geblasen, die durch den festen Brennstoff hindurchstreicht. Das Gas hat also unmittelbar hinter dem Rost zunächst die Zusammensetzung der Luft (Abb. 259). Die unteren Schichten des Brennstoffes verbrennen, und daher nimmt der Gehalt der Luft an Sauerstoff ab, während gleichzeitig Kohlensäure entsteht. Bis zur Höhe $a'\,b'$ ist der gesamte Sauerstoff verbraucht. Die heißen Gase, die jetzt

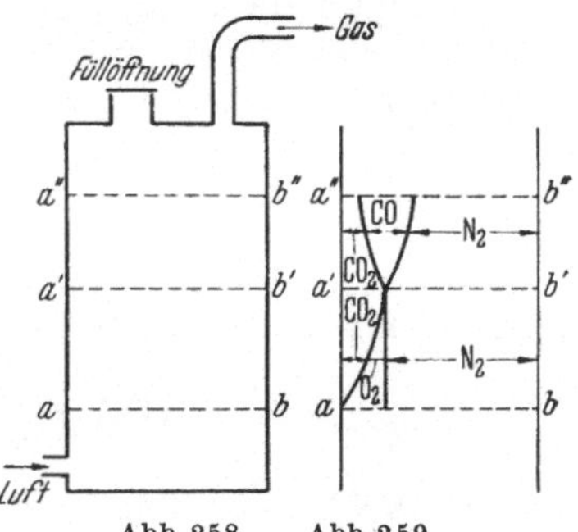

Abb. 258.   Abb. 259.
Abb. 258 und 259. Gasgenerator.

weiter hochsteigen, erhitzen die höher liegenden Brennstoffschichten, so daß sie in glühenden Zustand versetzt werden. Unter diesen Umständen entreißt der Kohlenstoff der Kohlensäure wieder Sauerstoff nach der chemischen Gleichung

$$CO_2 + C \rightarrow 2\,CO\,. \tag{596}$$

Wieviel Kohlensäure in CO_2 umgewandelt wird, hängt von den Gleichgewichtsverhältnissen der Reaktion Gl. (596) ab und diese sind wiederum durch die Bedingungen des Prozesses bestimmt[1]. Wir werden auf die Gleichgewichtsbedingungen solcher Reaktionen noch später näher eingehen. In dem behandelten Beispiel würde also ein Gemisch von CO_2, CO und N_2 den Generator als gasförmiger Brennstoff verlassen.

Man kann dem Generator unter den Rost Luft oder Wasser (flüssig oder dampfförmig) oder ein Gemisch beider zuführen. Im ersten Fall spricht man von *Luftgas*, im zweiten von *Wassergas*, im dritten von

---

[1] NEUMANN, K.: Z. VDI 57 (1913) S. 291 u. VDI Forsch.-Heft 140 (1913).

Mischgas. Beim Zusatz von Wasserdampf dissoziiert dieser bei hohen Temperaturen nach der chemischen Gleichung

$$2\,H_2O \rightarrow 2\,H_2 + O_2\,, \tag{596a}$$

so daß das Generatorgas auch noch Wasserstoff enthält.

163. Das Generatorgas-Diagramm.
Wir leiten die folgenden Beziehungen für den allgemeinsten der drei Fälle, also für das Mischgas ab. Das den Generator verlassende Gas habe die Zusammensetzung:

$$(CO)' + (H_2)' + (CO_2)' + (N_2)' = 1\ Nm^3\,, \tag{597}$$

wobei wir wieder die eintretenden Stoffe einklammern und die austretenden außerdem mit einem Strich (') versehen wollen. Aus den Reaktionsgleichungen

$$C + O_2 \rightarrow CO_2\,,$$

$$C + \frac{1}{2}\,O_2 \rightarrow CO\,,$$

$$H_2O \rightarrow H_2 + \frac{1}{2}\,O_2$$

folgt, daß je Nm^3 Kohlensäure $1\ Nm^3$ und je Nm^3 Kohlenoxyd $0{,}5\ Nm^3$ Sauerstoff zur Verbrennung des Kohlenstoffs notwendig sind. Durch die Dissoziation von Wasserdampf entstehen je Nm^3 Wasserstoff $0{,}5\ Nm^3$ Sauerstoff, so daß die zugeführte Sauerstoffmenge

$$(O_2) = (CO_2)' + 0{,}5\,(CO)' - 0{,}5\,(H_2)' \tag{598}$$

ist. Da der Sauerstoff (O_2) aus der zugeführten Luft stammen muß, hängt er mit der Stickstoffmenge durch die Beziehung zusammen

$$(O_2) = \frac{0{,}21}{0{,}79}\,(N_2)' = \varepsilon\,(N_2)'\,. \tag{599}$$

Aus Gl. (598) und (599) ergibt sich

$$\varepsilon\,(N_2)' + 0{,}5\,(H_2)' = (CO_2)' + 0{,}5\,(CO)'\,. \tag{600}$$

Wir definieren jetzt noch den *Umwandlungswert* η als das Verhältnis des oberen Heizwertes des Generatorgases zum Heizwert der zur Erzeugung dieses Gases notwendigen Brennstoffmenge (Kohlenstoff). Der Umwandlungswert gibt also den Anteil der Verbrennungswärme des Kohlenstoffes an, der sich als Heizwert im abziehenden Gas wiederfindet.

Bezeichnen wir mit H_{CO}^{kmol}, $H_{H_2}^{kmol}$ und H_C^{kmol} beziehentlich die Heizwerte je kmol für Kohlenoxyd, Wasserstoff (oberer Heizwert) und Kohlenstoff, so ist

$$\eta = \frac{H_{CO}^{kmol}\,(CO)' + H_{H_2}^{kmol}\,(H_2)'}{H_C^{kmol}\,[(CO_2)' + (CO)']}\,. \tag{601}$$

Denn wenn im Nm^3 Gas $(CO_2)'$ und $(CO)'$ Volumenanteile bzw. die ihnen proportionalen Molanteile von kohlenstoffhaltigen Verbindungen enthalten sind, müssen die entsprechenden Molanteile Kohlenstoff dafür verbraucht sein. Nun haben Kohlenoxyd und Wasserstoff je kmol praktisch denselben Heizwert, es ist nämlich[1]

$$CO + \frac{1}{2} O_2 \rightarrow CO_2 + 67\,700 \ \text{kcal/kmol} \,,$$

$$H_2 + \frac{1}{2} O_2 \rightarrow H_2O + 68\,350 \ \text{kcal/kmol} \,.$$

Im Mittel ist der Heizwert rund 68 000 kcal/kmol, also $H_{CO}^{kmol} \sim H_{H_2}^{kmol} \sim 68\,000$. Für Kohlenstoff gilt

$$C + O_2 \rightarrow CO_2 + 97\,000 \ \text{kcal/kmol} \,.$$

Es ist also $H_C^{kmol} = 97\,000$. Mithin folgt aus Gl. (601)

$$\eta = \frac{68\,000\,[(CO)' + (H_2)']}{97\,000\,[(CO_2)' + (CO)']}$$

oder

$$\eta = 0{,}7\,\frac{(CO)' + (H_2)'}{(CO_2)' + (CO)'} \,. \tag{602}$$

Wir haben den Wert η mit Absicht nicht als Wirkungsgrad, sondern als Umwandlungswert bezeichnet und zwar deswegen, weil er auch Werte annehmen kann, die größer als Eins sind. Es ist nämlich der Fall möglich, daß der Heizwert der entstehenden Gas kleiner ist, als die Verbrennungswärme des Kohlenstoffes ($\eta < 1$). Dann tritt eine starke Erwärmung der Gase ein und sie ziehen mit einer sehr hohen Temperatur ab. Es kann aber auch vorkommen, daß der Heizwert der entstehenden Gase größer ist als die Verbrennungswärme des Kohlenstoffes ($\eta > 1$). In diesem Fall kann der Prozeß ohne besondere Maßnahmen nicht dauernd weiterlaufen. Die fehlende Wärme muß entweder von außen ersetzt werden oder die glühende Generatorfüllung kühlt sich rasch ab und man muß, bevor der Generator zum Erlöschen kommt, im Grenzfall durch vollständige Verbrennung ein sehr kohlendioxydreiches Gas herstellen, damit der Generator sich wieder erhitzt und genügend Wärme für die Zerlegung speichert. Den Erwärmungsprozeß nennt man *Warmblasen*, den Abkühlungsprozeß *Kaltblasen*.

Die Gl. (597) und (600) bilden ein System von zwei Gleichungen mit den vier Unbekannten $(CO)'$, $(H_2)'$, $(CO_2)'$ und $(N_2)'$. Sind zwei von diesen festgelegt, so sind die beiden restlichen zwangläufig gegeben. Nach dem Vorgang von Mollier[2] läßt sich dieses System sehr einfach graphisch darstellen (Abb. 260). Man wählt $(CO)'$ als Abszisse und $(H_2)'$ als Ordinate. Ist $(CO_2)' = 0$ und $(H_2)' = 0$, handelt es sich also um theoretisches Luftgas, das nur Stickstoff und Kohlenoxyd enthält, so folgt aus Gl. (597) und (600)

$$(CO)' + (N_2)' = 1 \,,$$

$$\varepsilon\,(N_2)' = 0{,}5\,(CO)'$$

und hieraus $(CO)' = 0{,}347$. Diesem Wert entspricht im Diagramm Punkt II, der also dem idealen Luftgasprozeß zugeordnet ist. Dem

---

[1] Zahlenwerte nach Taschenbuch *Hütte*. Bd. I. 1948.
[2] Mollier, R.: Z. VDI 51 (1907) S. 532.

Punkt I mit $(CO)' = 0$ und $(H_2)' = 0$ entspricht die vollkommene Verbrennung. Die den Generator verlassenden Gase enthielten dann nur Stickstoff und Kohlendioxyd.

Für alle theoretischen Mischprozesse, für die $(CO_2)' = 0$ ist, erhält man aus Gl. (597) und (600) die Beziehungen

$$(CO)' + (H_2)' + (N_2)' = 1\,,$$

$$(N_2)' + 0,5\,(H_2)' = 0,5\,(CO)'\,.$$

Eliminiert man daraus $(N_2)'$, so erhält man wiederum eine lineare Beziehung zwischen $(H_2)'$ und $(CO)'$, die durch die Gerade II—III dargestellt ist. Für jeden anderen festen Wert von $(CO)'_2$ erhält man eine entsprechende, parallel nach links verschobene Gerade.

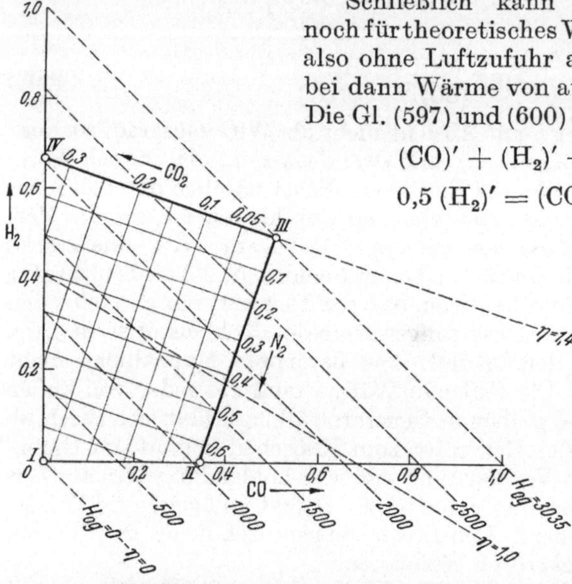

Abb. 260. Diagramm des Gasgenerators.

Schließlich kann dieselbe Betrachtung noch für theoretisches Wassergas mit $(N_2)'=0$, also ohne Luftzufuhr angestellt werden, wobei dann Wärme von außen zuzuführen wäre. Die Gl. (597) und (600) ergeben für diesen Fall

$$(CO)' + (H_2)' + (CO_2)' = 1\,,$$

$$0,5\,(H_2)' = (CO_2)' + 0,5\,(CO)'\,.$$

Durch Eliminieren von $(CO_2)'$ erhält man dann wieder eine lineare Beziehung zwischen $(H_2)'$ und $(CO)'$, die durch die Gerade III—IV dargestellt ist. Für jeden anderen Wert von $(N_2)'$ folgt dann wiederum eine Parallelverschiebung.

Alle überhaupt möglichen Generatorgasprozesse spielen sich also innerhalb des Vierecks I—II—III—IV ab.

Wir hatten bereits gesehen, daß der Heizwert von Kohlenoxyd und Wasserstoff (oberer Heizwert) nahezu gleich sind. Bezeichnen wir diesen Heizwert in kcal/Nm³ mit H_o, so ist der obere Heizwert des Generatorgases in kcal/Nm³

$$H_{og} = H_o[(CO)' + (H_2)']\,. \tag{603}$$

Für einen bestimmten Wert von H_{og} ergibt sich dann aus Gl. (603) zwischen $(CO)'$ und $(H_2)'$ wieder eine lineare Beziehung, so daß im Diagramm die Linien gleichen Heizwertes parallele Gerade sind, die unter 45° geneigt verlaufen.

Schließlich können noch die Linien gleichen Umwandlungswertes eingetragen werden. Nach Gl. (602) ist η lediglich von $(CO)'$, $(H_2)'$ und $(CO_2)'$ abhängig. Nun kann man mit Hilfe von Gl. (597) und (600)

$(CO_2)'$ durch $(CO)'$ und $(H_2)'$ ausdrücken und in Gl. (602) einsetzen. Man erhält dann ebenfalls eine lineare Beziehung zwischen $(CO)'$ und $(H_2)'$, wenn man für η einen konstanten Wert einsetzt. Allerdings ändert sich die Neigung mit η. Man kann auf diese Weise die Geraden gleichen Umwandlungswertes in das Diagramm eintragen. Die Gerade $\eta = 1$ geht mitten durch das Diagramm hindurch. Oberhalb dieser Linie muß dem Generator Wärme zugeführt werden oder es muß mit Warm- und Kaltblasen abgewechselt werden, unterhalb ist Wärmeüberschuß vorhanden, der die Temperatur der Gase erhöht, aber auch die Verluste decken kann.

Jedem Punkt des Diagrammes ist also eine bestimmte Gaszusammensetzung mit einem bestimmten oberen Heizwert des Gases in $kcal/Nm^3$ und ein bestimmter Umwandlungswert zugeordnet.

Setzen wir in Gl. (603) H_0 mit 3035 $kcal/Nm^3$ als Mittelwert ein[1], so folgt

$$H_{og} = 3035\,[(CO') + (H_2)'] \tag{604}$$

während der untere Heizwert sich zu

$$H_{ug} = 3035\,(CO)' + 2570\,(H_2)' \tag{605}$$

ergibt. Hier ändert sich nur der Heizwert für den Wasserstoffanteil, weil nur Wasserstoff zu Wasserdampf verbrennt.

Die Luftmenge, die je Nm^3 Gas eingeblasen wird, ist

$$L = \frac{(N_2)'}{0{,}79}\ Nm^3/Nm^3 .$$

Nach den Verbrennungsgleichungen müssen je Nm^3 Gas

$$\frac{(CO)' + (CO_2)'}{22{,}41}\ kmol$$

Brennstoff (Kohlenstoff) zugeführt werden. Mit dem Molekulargewicht von 12 sind also je Nm^3 Gas zuzuführen

$$K = \frac{12}{22{,}41}\,[(CO)' + (CO_2)'] \tag{606}$$

oder

$$K = 0{,}536\,[(CO)' + (CO_2)']\ kg/Nm^3. \tag{607}$$

Durch eine entsprechende Überlegung ergibt sich für die zugeführte Wassermenge

$$W = 0{,}804\,(H_2)'\ kg/Nm^3. \tag{608}$$

Mit dem oberen Heizwert des Kohlenstoffes von 8080 kcal/kg ergibt sich für die fühlbare Wärme, die mit den Gasen verloren geht ($\eta < 1$) oder zugesetzt werden muß ($\eta > 1$)

$$Q_f = 8080\,K\,(\eta - 1). \tag{609}$$

Ist Q_f positiv, so wird Wärme dem Generator zugeführt, ist Q_f negativ, so wird Wärme abgeführt im Sinne der üblichen Vorzeichensetzung[2].

---

[1] Zahlenwert nach Taschenbuch *Hütte*. Bd. 1. 1948.
[2] Vgl. auch K. NEUMANN: Forsch. Ing.-Wes. 11 (1940) S. 246.

Es ist auch vorgeschlagen worden, der Verbrennungsluft Sauerstoff zuzusetzen und eine sauerstoffreichere Luft zu verwenden. In diesem Fall ändert sich der Wert ε und das Diagramm Abb. 260 verändert sich entsprechend.

164. Beispiele. a) In einem verlustlosen Gasgenerator soll ein Gas mit dem oberen Heizwert von 1500 kcal/Nm³ erzeugt werden, ohne daß der Betrieb durch Warmblasen unterbrochen zu werden braucht. Wie ist die Zusammensetzung des Gases? Wie groß ist die zuzuführende Luft-, Brennstoff- und Wassermenge? Wie groß ist der untere Heizwert des Gases?

Aus dem Diagramm (Abb. 260) folgt bei $\eta = 1,0$ die Gaszusammensetzung

$$(CO)' = 0,20; \quad (H_2)' = 0,29; \quad (CO_2)' = 0,14; \quad (N_2)' = 0,37.$$

$$L = \frac{(N_2)'}{0,79}. \tag{606}$$

Daraus $L = 0,468$ Nm³/Nm³.

$$K = 0,536 \left[(CO)' + (CO_2)' \right]. \tag{607}$$

Daraus $K = 0,1825$ kg/Nm³.

$$W = 0,804 \, (H_2)'.$$

Daraus $W = 0,2330$ kg/Nm³.

Der obere Heizwert des Gases kann auch nach Gl. (604) berechnet werden.

$$H_{og} = 3035 \left[(CO)' + (H_2)' \right]. \tag{604}$$

Daraus $H_{og} = 1488$ kcal/Nm³, ein Ergebnis, das bis auf rund 1% mit dem abgelesenen Wert im Diagramm übereinstimmt.

$$H_{ug} = 3035 \, (CO)' + 2570 \, (H_2)'. \tag{605}$$

Daraus der untere Heizwert $H_{ug} = 1352$ kcal/Nm³.

165. Maximale Arbeit chemischer Reaktionen. Die Ergebnisse, die wir bisher bei der Anwendung der Thermodynamik auf die chemischen Erscheinungen erhalten haben, fußten lediglich auf dem I. Hauptsatz. Wir wollen jetzt dazu übergehen, auch den II. Hauptsatz zu verwenden und zunächst die maximale Nutzarbeit zu bestimmen, die bei chemischen Reaktionen geleitet wird. Hierfür hatten wir bereits (Nr. 40) eine die beiden Hauptsätze enthaltene Gl. (127).

$$A L_{max} = U_1 - U_2 - T_0 (S_1 - S_2) + A P_0 (V_1 - V_2)$$

abgeleitet. Die Zeiger 1 und 2 beziehen sich dabei auf den Anfangs- bzw. Endzustand des Systems, während T_0 und P_0 Temperatur und Druck der Umgebung bedeuten. Gl. (127) gibt also die maximale Arbeit an, die einem System beim Übergang vom Zustand 1 in den Zustand 2 in einer Umgebung von der Temperatur T_0 und dem Druck P_0 nutzbar entzogen werden kann.

Bei Anwendung von Gl. (127) auf chemische Reaktionen wollen wir nun insofern eine Einschränkung vornehmen, als wir die Zustandsänderung bei konstanter Temperatur vonstatten gehen lassen, eine Einschränkung, die grundsätzlich bei Anwendung von Gl. (127) nicht notwendigerweise gemacht werden muß.

Ferner wollen wir zunächst voraussetzen, daß die Reaktionen bei konstantem Volumen erfolgen, d. h. vor und nach der Reaktion soll das Gesamtvolumen der Reaktionsentnahme gleich sein. Dann ist also

$V_1 = V_2$. Drücken wir dann noch die Arbeit im kalorischen Maß aus und setzen $A L_{max} = \mathfrak{A}$, so wird für konstantes Volumen

$$\mathfrak{A}_v = U_1 - U_2 - T(S_1 - S_2)\,, \tag{610}$$

wobei sich nunmehr T auf diejenige konstante Temperatur bezieht, bei der die Reaktion vonstatten geht.

Es mag auf den ersten Blick etwas verwunderlich erscheinen, daß bei konstanter Temperatur und konstantem Volumen überhaupt Arbeit geleistet werden kann. Freilich ist dies auch vom Standpunkt der Thermodynamik einheitlicher Stoffe nicht möglich. Ein Gas kann beispielsweise unter solchen Umständen keine Arbeit leisten, da dann eine Zustandsänderung gar nicht möglich ist. Indessen haben wir bereits in der umkehrbaren Mischung zweier Gase (Nr. 113) einen Vorgang kennengelernt, der ohne äußere Volumenänderung bei konstanter Temperatur dennoch äußere Arbeit leistet. Als weiteres Beispiel mag die langsame Ladung und Entladung eines Akkumulators angeführt werden, die ebenfalls unter Arbeitsleistung ohne Volumenänderung vor sich geht. Daß nicht mechanische, sondern elektrische Energie erzeugt wird, spielt keine Rolle, da Gl. (127) darüber keine Voraussetzungen enthält.

Wir denken uns jetzt eine chemische Reaktion, die isotherm bei der Temperatur T, aber bei konstantem Druck P verläuft, d. h. die Reaktionsteilnehmer sollen am Anfang und am Ende denselben Druck haben, der auch in der Umgebung herrscht. In diesem Fall wird durch die Reaktion die Nutzarbeit

$$\mathfrak{A}_p = U_1 - U_2 - T(S_1 - S_2) + A P(V_1 - V_2)\,. \tag{611}$$

geleistet, wenn die Reaktionsteilnehmer vom Zustand 1 in den Zustand 2 übergehen. Da in die Gleichung der Druck der Umgebung P eingeht, ist die verfügbare maximale Arbeit in diesem Fall vom Umgebungsdruck P abhängig.

166. Freie Energie und freie Enthalpie. Wir definieren zwei neue Zustandsgrößen

$$U - TS = F \tag{612}$$

und

$$J - TS = G \tag{613}$$

und nennen F die *freie Energie* und G die *freie Enthalpie* oder auch *Gibbssches Potential*.

Für einen isothermen Vorgang zwischen den Zuständen 1 und 2 ist dann

$$U_1 - U_2 - T(S_1 - S_2) = F_1 - F_2 \tag{614}$$

und

$$J_1 - J_2 - T(S_1 - S_2) = G_1 - G_2 \tag{615}$$

und unter Berücksichtigung von Gl. (610) und (611) folgt

$$\mathfrak{A}_v = F_1 - F_2\,, \tag{616}$$

$$\mathfrak{A}_p = G_1 - G_2\,. \tag{617}$$

Die Energie bzw. Enthalpiedifferenzen sind also allein für die maximale Arbeit nicht ausschlaggebend. Es hängt noch von dem Vorzeichen des Gliedes $T(S_1 - S_2)$ ab, ob sie größer oder kleiner ist als jene. Die Gl. (614) bis (617) gelten nur für isotherme Vorgänge.

Die Arbeit $\mathfrak{A}_p$ wird auch als *Affinität* bezeichnet. Sie ist ein Maß für die Triebkraft einer chemischen Reaktion. Eine chemische Reaktion läuft mithin von selbst nur in der Richtung ab, in der $\mathfrak{A}_p$ positiv ist, also einer Arbeitsleitung entspricht.

167. Die Gleichung von Helmholtz. Im folgenden sollen die Gleichungen für die maximale Arbeit einer chemischen Reaktion noch etwas umgeformt werden. Wir stellen uns eine Anzahl von Reaktionsteilnehmern im Zustand 1 vor, den wir uns in ein T,S-Diagramm (Abb. 261) eingetragen denken. Wir bringen durch Erwärmung die Teilnehmer auf

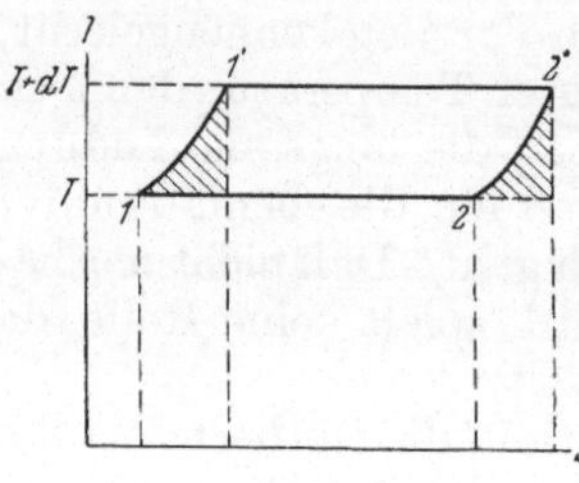

Abb. 261. Zur Ableitung der Gleichung von HELMHOLTZ.

die Temperatur $T + dT$, z. B. bei konstantem Volumen. Dabei steigt die Entropie auf $S_1 + dS$, (Punkt 1′). Nun lassen wir bei konstanter Temperatur $T + dT$ die Reaktion vonstatten gehen und zwar so, daß im Punkt 2′ am Ende der Reaktion das Volumen der Endstoffe gleich dem der Anfangsstoffe ist. Die Entropie im Punkt 2′ ist dann $S_2 + dS_2$. Jetzt kühlen wir die Endstoffe wieder bei konstantem Volumen auf die Temperatur T ab, wobei die Entropie auf S_2 abnimmt. Schließlich machen wir die Reaktion bei der Temperatur T wieder rückgängig und gelangen zum Punkt 1 zurück mit der Entropie S_1.

Den Kreisprozeß, den wir eben für konstantes Volumen beschrieben haben, können wir ebenso gut bei konstantem Druck ausführen.

Sind c und c' beziehentlich die spezifischen Wärmen der Anfangs- und Endstoffe, so findet bei dem Kreisprozeß folgender Wärmeumsatz bezogen auf 1 kg statt:

Zugeführt wird die Wärme

$$c\,dT + (T + dT)(S_2 + dS_2 - S_1 + dS_1)\,,$$

während die Wärme

$$-c'\,dT - T(S_2 - S_1)$$

abgeführt wird. Die Differenz unter Vernachlässigung der unendlich kleinen Größen höherer Ordnung

$$c\,dT - T\,dS_1 - (c'\,dT - T\,dS_2) + T(S_2 - S_1) = d\mathfrak{A}$$

entspricht dem Differential der beim Kreisprozeß geleisteten Arbeit. Nun ist aber

$$dS_1 = \frac{c\,dT}{T}\,; \qquad dS_2 = \frac{c'\,dT}{T}\,.$$

Somit ist also

$$c\,dT - T\,dS = 0\,; \quad c'\,dT - T\,dS_2 = 0\,.$$

Die beiden Ausdrücke stellen nämlich je eins der in Abb. 261 schraffierten Dreiecke dar, die offenbar unendlich klein zweiter Ordnung sind. Es ist also

$$d\mathfrak{A} = dT(S_2 - S_1)\,. \tag{618}$$

Setzen wir Gl. (618) in (610) ein und beachten nach Gl. (540), daß $U_1 - U_2 = W_v$ ist, so ergibt sich

$$\mathfrak{A}_v - W_v = T \left(\frac{d\mathfrak{A}_v}{dT} \right)_v , \tag{619}$$

wobei der Zeiger v auf konstantes Volumen deutet. Entsprechend folgt

$$\mathfrak{A}_p - W_p = T \left(\frac{d\mathfrak{A}_p}{dT} \right)_p \tag{620}$$

für konstanten Druck. Die Gl. (619) und (620) werden als HELMHOLTZ-sche Gleichungen bezeichnet.

Wenn fortan von maximaler Arbeit die Rede ist, wollen wir darunter $\mathfrak{A}_p$ verstehen.

168. Berechnung der maximalen Arbeit. Wir wollen jetzt daran gehen, die maximale Arbeit einer chemischen Reaktion zu berechnen, denn die bisher abgeleiteten Gleichungen sind praktisch nur brauchbar, wenn die Werte der freien Enthalpie bekannt sind. Wir legen unserer Betrachtung eine Reaktion von der Form

$$n_1 A_1 + n_2 A_2 \rightarrow n_1' A_1' + n_2' A_2'$$

zugrunde. In den Ge-fäßen 1 und 2 (Abb. 262) befinden sich, gegen die äußere Atmosphäre vom Druck P mit beweglichen Kolben getrennt, die n_1 bzw. n_2 kmol der Stoffe A_1 und A_2. In den Gefäßen 1' und 2' befinden sich die Kolben zunächst in der gestrichelten Lage am Bo-den. Die Gefäße 1 und 2 sind mit je einem Motor, die Gefäße 1' und 2' mit je einem Verdichter verbunden.

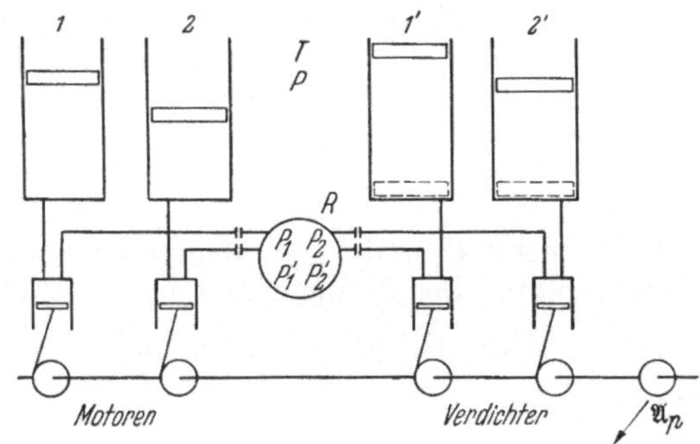

Abb. 262. Gewinnung von Arbeit bei einer umkehrbaren chemischen Reaktion.

In dem Reaktionsgefäß R befinden sich die gasförmigen Reaktionsteilnehmer gerade im Gleichgewicht, wobei sie beziehentlich die zunächst unbekannten Teildrücke P_1, P_2, P_1', P_2' haben. Der Gesamtdruck im Reaktionsraum sei zunächst ebenfalls P. Dann ist

$$P_1 + P_2 + P + P_1' = P_2' .$$

In den Leitungen vor dem Reaktionsraum seien halbdurchlässige Wände angebracht, die durch zwei Striche gekennzeichnet sind und jeweils nur den Stoff durchlassen, welcher der entsprechenden Maschine zugeordnet ist. Alle Teile werden auf konstanter Temperatur gehalten.

Die beiden Motoren und Verdichter sind mit einer gemeinsamen Welle verbunden, an deren Ende wir die Arbeit abnehmen können.

Gemäß den Diagrammen der Abb. 263 u. 264 lassen wir nun die Stoffe A_1 und A_2 jeweils den Motoren unter dem Druck P zuströmen, entspannen dann auf den Druck P_1 bzw. P_2 und schieben die Stoffe durch die halbdurchlässigen Wände in das Reaktionsgefäß. Andererseits entnehmen wir daraus die entsprechenden Mengen der Stoffe A_1' und A_2' durch die halbdurchlässigen Wände bei den Drücken P_1' und P_2', verdichten auf den Druck P und schieben die entstehenden Stoffe in ihre Behälter 1' und 2'. Dabei sinken die Kolben in den Gefäßen 1 und 2 allmählich herunter, während die Kolben in den Gefäßen 1' und 2' sich allmählich aufwärts bewegen.

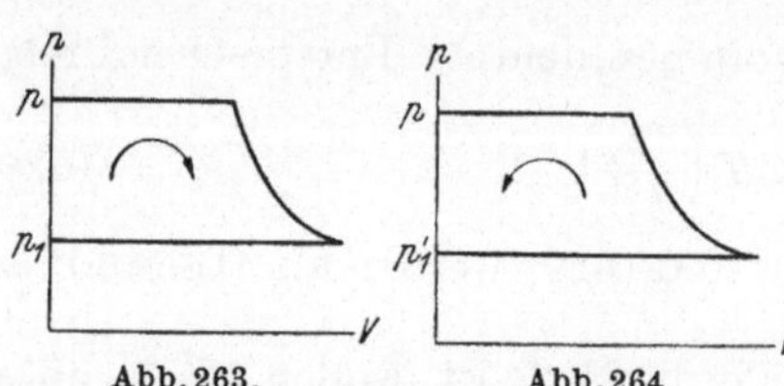

Abb. 263.   Abb. 264.

Abb. 263 und 264. Arbeitsgewinn des Motors und Arbeitsaufnahme des Verdichters bei einer umkehrbaren chemischen Reaktion.

Die Arbeitsleistung der Motoren ist gleich der Fläche der Diagramme wie für A_1 in Abb. 263 dargestellt und bei isothermer Entspannung ergibt sich

$$|\mathfrak{A}_{mot}| = n_1 \, \mathfrak{R}_{cal} \, T \ln \frac{p}{p_1} + n_2 \, \mathfrak{R}_{cal} \, T \ln \frac{p}{p_2} \qquad (621)$$

und entsprechend ist die Arbeitsaufnahme der Verdichter (Abb. 264)

$$|\mathfrak{A}_{verd}| = n_1' \, \mathfrak{R}_{cal} \, T \ln \frac{p}{p_1'} + n_2' \, \mathfrak{R}_{cal} \, T \ln \frac{p}{p_2'} \, . \qquad (622)$$

Nun ist nach den Darlegungen der Nr. 40 die absolut gewinnbare Arbeit bei diesem Prozeß

$$A L = U_1 - U_2 - T(S_1 - S_2) = \mathfrak{A}_{mot} - \mathfrak{A}_{verd} - A P V_1 + A P V_2$$

und daher mit V_1 und V_2 als Gasvolumen vor und nach dem chemischen Umsatz unter Beachtung von Gl. (611) und (617)

$$G_1 - G_2 - A P (V_1 - V_2) = \mathfrak{A}_{mot} - \mathfrak{A}_{verd} - A P (V_1 - V_2) \, .$$

Daraus folgt

$$\mathfrak{A}_p = \mathfrak{A}_{mot} - \mathfrak{A}_{verd} \, . \qquad (623)$$

Mithin wird unter Berücksichtigung von Gl. (621) und (622) die Nutzarbeit

$$\mathfrak{A}_p = \mathfrak{R}_{cal} \, T \left[\ln \left(\frac{p}{p_1}\right)^{n_1} + \ln \left(\frac{p}{p_2}\right)^{n_2} - \ln \left(\frac{p}{p_1'}\right)^{n_1'} - \ln \left(\frac{p}{p_2'}\right)^{n_2'} \right] \qquad (624)$$

geleistet. Durch Umformung folgt

$$\mathfrak{A}_p = \mathfrak{R}_{cal} \, T \left[\ln \frac{P^{n_1} P^{n_2}}{P^{n_1'} P^{n_2'}} - \ln \frac{P_1^{n_1} P_2^{n_2}}{P_1^{n_1'} P_2^{n_2'}} \right] \, . \qquad (625)$$

Ganz allgemein ergibt sich also für beliebig viele Reaktionsteilnehmer

$$\mathfrak{A}_p = \mathfrak{R}_{cal} \, T \left[\ln P^{\nu} - \ln \frac{P_1^{n_1} P_2^{n_2} \cdots}{P_1'^{n_1'} P_2'^{n_2'} \cdots} \right] . \qquad (626)$$

Da nun $\mathfrak{A}_p$ bei bestimmter Temperatur und bestimmten Anfangs- und Endzuständen des Systems stets gleich sein muß, so können wir den

Gesamtdruck innerhalb des Reaktionsgefäßes offenbar beliebig annehmen, ohne daß sich der Ausdruck

$$K_p = \frac{P_1^{n_1} P_2^{n_2} \cdots}{P_1'^{n_1'} P_2'^{n_2'} \cdots} \qquad (627)$$

ändert. Dieser kann somit nur von der Temperatur abhängen.

Wir sind also in der Lage, die maximale Nutzarbeit $\mathfrak{A}_p$ einer Reaktion
zu berechnen, wenn wir die dem Gleichgewicht entsprechenden Teildrücke
der Reaktionsteilnehmer kennen und erhalten dann mit Gl. (627)

$$\mathfrak{A}_p = \mathfrak{R}_{cal}\, T \ln \frac{P^\nu}{K_p} . \qquad (628)$$

Die Größe ist dann auch die Affinität (vgl. Nr. 166). Setzt man insbesondere P gleich der Druckeinheit, so ist $\ln P^\nu = 0$ und wir erhalten

$$\mathfrak{A}_{p\,\mathrm{norm}} = -\,\mathfrak{R}_{cal}\, T \ln K_p . \qquad (628a)$$

Man bezeichnet $\mathfrak{A}_p$ mit *Normalaffinität*. Ist $\mathfrak{A}_p$ positiv, so hat die
Reaktion die Neigung von links nach rechts zu verlaufen und umgekehrt.
Die Größe des Betrages $|\mathfrak{A}_p|$ gibt die Stärke dieser Neigung an.

169. Gleichgewichtskonstante. Gleichung von VAN'T HOFF. Der Ausdruck Gl. (627)

$$K_p = \frac{P_1^{n_1} P_2^{n_2} \cdots}{P_1'^{n_1'} P_2'^{n_2'} \cdots}$$

wird die *Gleichgewichtskonstante* genannt. Der Zeiger soll dabei ausdrücken, daß die Gleichgewichtskonstante auf die Drücke der Reaktionsteilnehmer bezogen ist. Für die zahlenmäßige Berechnung von K_p ist
es nicht gleichgültig, ob der Druck in at oder Atm, also in technischen
oder physikalischen Atmosphären oder in kg/m² eingesetzt wird, worauf
ausdrücklich hingewiesen wird. In der Regel wird K_p in Zahlenwerten
angegeben, die der physikalischen Atmosphäre entsprechen.

Zuweilen ist es üblich, nicht mit den Teildrücken sondern mit den
Konzentrationen zu rechnen, wobei wir unter der Konzentration c die
Zahl der Mole je Raumeinheit verstehen wollen. Es ist also

$$c = \frac{1}{\mathfrak{V}}\,\mathrm{kmol/m^3}$$

und entsprechend

$$P = c\,\mathfrak{R}\,T . \qquad (629)$$

Setzt man Gl. (629) in Gl. (627) ein, so folgt

$$K_p = \frac{(c_1\,\mathfrak{R}\,T)^{n_1} \cdots}{(c_1'\,\mathfrak{R}\,T)^{n_1'} \cdots} = (\mathfrak{R}\,T)^{n_1 + n_2 + \cdots - n_1' - n_2' - \cdots} \cdot \frac{c_1^{n_1} c_2^{n_2} \cdots}{c_1'^{n_1'} c_2'^{n_2'} \cdots} .$$

Bezeichnen wir die auf die Konzentration bezogene Gleichgewichtskonstante mit K_c, so wird

$$K_c = \frac{c_1^{n_1} c_2^{n_2} \cdots}{c_1'^{n_1'} c_2'^{n_2'} \cdots} \qquad (630)$$

und

$$K_p = (\mathfrak{R}\,T)^\nu K_c . \qquad (631)$$

Wir wollen jetzt noch eine Beziehung zwischen der Gleichgewichtskonstanten und der Wärmetönung herstellen, die für praktische Zwecke von großem Wert ist. Dies kann dadurch geschehen, daß wir in Gl. (620) $\mathfrak{A}_p$ aus Gl. (628) einsetzen. Durch Differenzieren von Gl. (628) nach T bei konstantem P erhalten wir

$$\left(\frac{d\mathfrak{A}_p}{dT}\right)_p = \mathfrak{R}_{cal}\left(P^v - T\,\frac{d\ln K_p}{dT} - \ln K_p\right) \tag{632}$$

und nach Einsetzen in Gl. (620)

$$\frac{d\ln K_p}{dT} = \frac{W_p}{\mathfrak{R}_{cal}\,T^2}\,. \tag{633}$$

Wollen wir eine entsprechende Gleichung für K_c ableiten, so gehen wir von Gl. (631) aus. Es ist

$$\ln K_p = v\ln\mathfrak{R}\,T + \ln K_c$$

und

$$\frac{d\ln K_p}{dT} = \frac{v}{T} + \frac{d\ln K_c}{dT}\,.$$

In Gl. (633) eingesetzt ergibt sich

$$\frac{d\ln K_c}{dT} = \frac{W_p - v\mathfrak{R}_{cal}\,T}{\mathfrak{R}_{cal}\,T^2}$$

und unter Berücksichtigung von Gl. (546)

$$\frac{d\ln K_c}{dT} = \frac{W_v}{\mathfrak{R}_{cal}\,T^2}\,. \tag{634}$$

Die Beziehungen Gl. (633) und (634) heißen die *van't Hoffschen Gleichungen*.

Für den konkreten Fall der Reaktion

$$2\,H_2 + O_2 \rightarrow 2\,H_2O$$

würden entsprechend Gl. (627) und (630) die Gleichgewichtskonstanten lauten

$$K_p = \frac{P_{H_2}^2\,P_{O_2}}{P_{H_2O}^2}$$

und

$$K_c = \frac{c_{H_2}^2\,c_{O_2}}{c_{H_2O}^2}\,.$$

170. Das Massenwirkungsgesetz.

Die Beziehung (630)

$$K_c = \frac{c_1^{n_1}c_2^{n_2}\cdots}{c_1'^{n_1'}c_2'^{n_2'}\cdots}$$

ist aus der Chemie als Massenwirkungsgesetz bekannt, das von GULDBERG und WAAGE bereits empirisch gefunden war, ehe seine thermodynamische Ableitung gelang. Wie die Ableitung indessen zeigt, gilt es exakt nur solange, als man die Gleichungen der vollkommenen Gase verwenden kann, also nur bei kleinen Drucken bzw. großen Verdünnungen. Es gilt unter den gemachten Voraussetzungen auch für Reaktionen von gelösten flüssigen Stoffen, solange die osmotischen Drücke den Gesetzen der vollkommenen Gase noch gehorchen.

171. Die Berechnung der Gleichgewichtskonstanten. Aus (633) ergibt sich durch Integration

$$\ln K_p = \int_{T_0}^{T} \frac{W_p}{\Re_{cal}\, T^2}\, dT + \ln (K_p)_{T_0}. \tag{635}$$

Für $T = T_0$ ist das Integral Null und die Gleichgewichtskonstante ist $(K_p)_{T_0}$, d. h. diese muß für eine bestimmte Temperatur T_0 bekannt sein, um aus Gl. (635) K_p für andere Temperaturen bestimmen zu können. Da W_p im allgemeinen in analytischer Form nicht gegeben sein wird, trägt man zur graphischen Auswertung des Integrals den Ausdruck $\dfrac{W_p}{\Re_{cal}\, T^2}$ von T_0 ausgehend über T ab und bestimmt für die verschiedenen Temperaturen das Integral durch Ermittlung der unter $\dfrac{W_p}{\Re_{cal}\, T^2}$ liegenden Fläche z. B. mit Hilfe eines Planimeters.

Meist ändert sich jedoch der Wert W_p in nicht zu weiten Temperaturgrenzen nicht erheblich. Man kann dann W_p als konstant auffassen und erhält dann aus Gl. (635)

$$\ln K_p = \frac{W_p}{\Re_{cal}} \int_{T_0}^{T} \frac{dT}{T^2} + \ln (K_p)_{T_0}$$

oder

$$\ln K_p = \ln (K_p)_{T_0} + \frac{W_p}{\Re_{cal}} \left(\frac{1}{T_0} - \frac{1}{T} \right). \tag{636}$$

Verwendet man noch den dekadischen Logarithmus und setzt für $\Re_{cal}$ den Zahlenwert 1,985 ein, so ergibt sich

$$\log K_p = \log (K_p)_{T_0} + \frac{W_p}{4{,}573} \left(\frac{1}{T_0} - \frac{1}{T} \right). \tag{637}$$

Aus Gl. (637) ist K_p bei bekanntem $(K_p)_{T_0}$ sofort rein rechnerisch zu ermitteln. Diese für praktische Rechnungen sehr bequeme Beziehung macht, wie nochmals betont sein möge, die Kenntnis der Gleichgewichtskonstanten bei einer bestimmten Temperatur, also eine chemische Messung notwendig. Wir werden später sehen, wie mit Hilfe des III. Hauptsatzes die Berechnung der Gleichgewichtskonstanten allein aus thermischen Daten der Reaktionsteilnehmer ermöglicht wird.

Dasselbe gilt für die maximale Arbeit, da diese nach Gl. (628) von der Gleichgewichtskonstanten abhängt.

172. Die Gleichgewichtskonstante heterogener Reaktionen. Bei der Ableitung der Gleichung für die Gleichgewichtskonstante wurde bisher vorausgesetzt, daß sich sämtliche Teilnehmer der Reaktion im gasförmigen Zustand befinden. Wir haben nun noch die Frage zu klären, wie sich die Verhältnisse ändern, wenn einer oder mehrere der Reaktionsteilnehmer in kondensierter, also flüssiger oder fester Form vorhanden sind. Solche Reaktionen heißen *heterogene Reaktionen*.

Wir wollen diese Frage an einem konkreten Beispiel klären. Wären bei der Reaktion

$$C + CO_2 \rightarrow 2\,CO$$

sämtliche Teilnehmer als Gase im Reaktionsgefäß anwesend, so wäre nach Gl. (627) die Gleichgewichtskonstante

$$K_p = \frac{P_c\, P_{CO_2}}{P_{CO}^2}\,.$$

Ist jedoch der Kohlenstoff in fester Form vorhanden, so kann man über seinen Druck nicht mehr frei verfügen, da er durch die herrschende Temperatur festgelegt und damit eine eindeutige Funktion der Temperatur ist. Dann ist

$$K_p' = \frac{K_p}{P_c} = f(T)$$

eine neue Funktion der Temperatur und die Gleichgewichtskonstante dieser heterogenen Reaktion ist

$$K_p' = \frac{P_{CO_2}}{P_{CO}^2}\,.$$

Wir stellen also fest, daß die Teildrücke kondensierter Reaktionsteilnehmer nicht in die Gleichgewichtskonstante eingehen.

Sind sämtliche Reaktionsteilnehmer kondensiert, so verliert die Gleichgewichtskonstante überhaupt ihren Sinn.

Die Berechnung der Gleichgewichtskonstanten K_p' für die heterogenen Reaktionen erfolgt genau nach den Regeln der Gl. (635) bis (637), nur muß an Stelle des Wertes W_p für die gasförmige Reaktion der Wert für die heterogene Reaktion eingesetzt werden. Wir müssen daher noch eine Beziehung zwischen den beiden Wärmetönungen finden.

Die oben angestellten Betrachtungen gelten sinngemäß auch für die Gleichgewichtskonstante K_c.

173. Die Wärmetönung heterogener Reaktionen. Wir wollen nun untersuchen, wie die Wärmetönung der homogenen und der heterogenen Reaktion zusammenhängt.

Wir betrachten zunächst die beiden extremen Fälle, daß entweder alle Reaktionsteilnehmer gasförmig sind oder alle kondensiert sind. Im ersten Fall sei die Wärmetönung W_{gas} im zweiten W_{kond}.

Man kann nun einmal die Reaktion direkt im kondensierten Zustand vonstatten gehen lassen. Dann ist die Wärmetönung W_{kond}.

Das zweite Mal werden die kondensierten Reaktionsteilnehmer zunächst alle isotherm verdampft, dann soll die Reaktion in gasförmigem Zustand vonstatten gehen und nach der Reaktion werden alle Reaktionsteilnehmer wieder kondensiert.

Sind die Reaktionsteilnehmer flüssig, so ist je Mol zur Verdampfung die Verdampfungswärme zuzuführen; sind sie fest, so kommt noch die Schmelzwärme dazu. Um unnötiges Schreibwerk zu vermeiden, wollen wir bei der Behandlung chemischer Reaktionen unter $\mathfrak{r}$ die gesamte Wärme verstehen, die zur Verdampfung notwendig ist, gleichgültig ob der Stoff fest oder flüssig ist.

Bei der Verdampfung ändert sich die innere Energie der Anfangsstoffe um

$$n_1 \mathfrak{r}_1 + n_2 \mathfrak{r}_2 + \cdots - n_1\, \mathfrak{R}_{cal}\, T - n_2\, \mathfrak{R}_{cal}\, T -$$

d. h. um die innere Verdampfungswärme, wobei die Ausdrücke $n\,\Re_{cal}\,T$ der bei der Verdampfung geleisteten Arbeit $n\,A\,P\,\mathfrak{V}$ entsprechen.

Nach der Verdampfung werden die Reaktionsteilnehmer bei konstantem Volumen zusammengebracht und die Reaktion läuft ab. Die Energie vermindert sich dabei um $W_{v_{gas}}$.

Schließlich werden die Endstoffe kondensiert, wobei sich ihre Energie um

$$n_1'\,\mathfrak{r}_1' + n_2'\,\mathfrak{r}_2' + \cdots - n_1'\,R_{cal}\,T - n_2'\,\Re_{cal}\,T - \cdots$$

weiter vermindert. Nun befinden sich jedoch alle Reaktionsteilnehmer wieder im kondensierten Zustand und die gesamte Energieverminderung muß W_{kond} sein, da bei gleichem Anfangs- und Endzustand der Unterschied der inneren Energie als Zustandsgröße für beide Reaktionsarten derselbe sein muß. Daher ist

$$\left. \begin{aligned} W_{kond} = {} &-n_1\mathfrak{r}_1 - n_2\mathfrak{r}_2 - \cdots + n_1\Re_{cal}\,T + n_2\Re_{cal}\,T + \cdots \\ &+ W_{v_{gas}} + n_1'\mathfrak{r}_1' + n_2'\mathfrak{r}_2' + \cdots - n_1'\Re_{cal}\,T - n_2'\Re_{cal}\,T . \end{aligned} \right\} \quad (638)$$

Setzen wir zur Abkürzung

$$n_1\mathfrak{r}_1 + n_2\mathfrak{r}_2 + \cdots - n_1'\mathfrak{r}_1' - n_2'\mathfrak{r}_2' - \cdots \varDelta\,\Sigma\,n\,\mathfrak{r}$$

und wieder .

$$n_1 + n_2 + \cdots - n_1' - n_2' - \cdots = \nu ,$$

so geht Gl. (638) über in

$$W_{v_{gas}} = W_{kond} + \varDelta\,\Sigma\,n\,\mathfrak{r} - \nu\,\Re_{cal}\,T . \qquad (639)$$

Da nun nach Gl. (546)

$$W_{p_{gas}} = W_{v_{gas}} + \nu\,R_{cal}\,T$$

ist, so folgt

$$W_{p_{gas}} = W_{kond} + \varDelta\,\Sigma\,n\,\mathfrak{r} . \qquad (640)$$

Befinden sich alle Reaktionsteilnehmer im kondensierten Zustand, so braucht kein Unterschied zwischen W_p und W_v gemacht zu werden, weshalb der Zeiger fortgelassen werden kann.

Wir betrachten nunmehr den Fall, daß sich die Reaktionsteilnehmer nur teilweise im kondensierten Zustand befinden. Ist z. B. nur der Reaktionsteilnehmer $1'$ auf der rechten Seite der Reaktionsgleichung kondensiert, so erhält Gl. (638) die Form

$$W_{v_{het}} = n_1'\,\mathfrak{r}_1' - n_1'\,\Re_{cal}\,T + W_{v_{gas}} \qquad (641)$$

oder

$$W_{v_{gas}} = W_{v_{het}} - n_1\,\mathfrak{r}_1' - n_1'\,\Re\,T , \qquad (642)$$

d. h. es kommen nur die den kondensierten Stoff betreffenden Glieder in der Gleichung vor. Dabei bezieht sich also $W_{v_{gas}}$ auf die Wärmetönung für den Fall, daß alle Teilnehmer gasförmig sind, $W_{v_{het}}$ auf den Fall, daß der Teilnehmer $1'$ kondensiert, alle anderen jedoch gasförmig sind.

Für konstanten Druck ergibt sich bei sinngemäßer Anwendung von Gl. (546) für gasförmige Reaktionen

$$W_{p_{gas}} = W_{v_{gas}} + n_1 \Re_{cal} \, T + n_2 \Re_{cal} \, T \cdots - n_1' \Re_{cal} T \; \Big\} \atop \quad - n_2' \Re_{cal} T - \cdots \qquad (643)$$

und für die besprochene heterogene Reaktion

$$W_{p_{het}} = W_{v_{het}} + n_1 \Re_{cal} T + n_2 \Re_{cal} T + \cdots - n_2' R_{cal} T - \cdots \qquad (644)$$

d. h. das Glied des kondensierten Stoffes $n_1' R_{cal} \, T$ fehlt.

Setzt man in Gl. (644) $W_{v_{het}}$ aus Gl. (641), ein und ersetzt dann noch $W_{v_{gas}}$ durch $W_{p_{gas}}$ nach Gl. (643), so folgt

$$W_{p_{het}} = W_{p_{gas}} + n_1' \mathfrak{r}_1' \, . \qquad (645)$$

Diese Gleichung entspricht Gl. (557). Bei der Verbrennung von Leuchtgas z. B. sind die Anfangsstoffe gasförmig, die Endstoffe ebenfalls bis auf den Wasserdampf, der gasförmig oder kondensiert vorliegen kann. In diesem Fall ist dann $W_{p_{het}}$ mit dem oberen und $W_{p_{gas}}$ mit dem unteren Heizwert identisch. Das Glied $n_1 \mathfrak{r}_1'$ entspricht in Gl. (557) dem Glied 600 w', nur daß sich 600 w' auf die Gewichtseinheit bezog, während in Gl. (645) mit Molen gerechnet ist.

Sinngemäße Betrachtungen lassen sich anstellen, wenn noch weitere Reaktionsteilnehmer kondensiert sind.

174. Einzelberechnung der Teildrücke der Gleichgewichtskonstanten. Es muß nun noch die Frage geklärt werden, wie bei gegebener Gleichgewichtskonstanten K_p die Teildrücke der Reaktionsteilnehmer einzeln berechnet werden können. Wir gehen dabei wieder von dem Reaktionsschema

$$n_1 A_1 + n_2 A_2 + \cdots \rightarrow n_1' A_1' + n_2' A_2' + \cdots$$

aus mit der Gleichgewichtskonstanten

$$K_p = \frac{P_1^{n_1} P_2^{n_2} \cdots}{P_1'^{n_1} P_2'^{n_2'} \cdots} \, .$$

Nun verschwinden aber die Reaktionsteilnehmer auf der linken Seite bzw. entstehen die Reaktionsteilnehmer auf der rechten Seite stets nur im Verhältnis der Zahl n ihrer Mole. Ist α der Teil der auf der linken Seite verschwundenen Menge, so ist für einen gewissen Zeitpunkt der Reaktion

$$(1 - \alpha)(n_1 A_1 + n_2 A_2 + \cdots) \rightarrow \alpha(n_1' A_1' + n_2'' A_2' + \cdots) \, . \qquad (646)$$

Ist $\alpha = 0$, so sind nur die Anfangsteilnehmer vorhanden, ist $\alpha = 1$, so ist die Reaktion zu Ende und es sind nur die rechten Teilnehmer übrig. Der Wert α durchläuft während der Reaktion alle Werte zwischen 0 und 1.

Nach den Regeln über Gasgemische (Nr. 104) ergibt sich daher aus dem Schema Gl. (646) für die Teildrücke der linken Seite

$$\frac{P_1}{P_2} = \frac{(1 - \alpha) n_1}{(1 - \alpha) n_2} = \frac{n_1}{n_2} \, ,$$

$$\frac{P_2}{P_3} = \frac{(1 - \alpha) n_2}{(1 - \alpha) n_3} = \frac{n_2}{n_3} \, ,$$

$$\cdots \cdots \cdots \cdots$$

und für die rechte Seite

$$\frac{P_1'}{P_2'} = \frac{\alpha\, n_1'}{\alpha\, n_2'} = \frac{n_1}{n_2'},$$

$$\frac{P_2'}{P_3'} = \frac{\alpha\, n_2'}{\alpha\, n_3'} = \frac{n_2'}{n_3'}.$$

. . . .

Ist nun n die Zahl der Reaktionsteilnehmer auf der rechten und n' auf der linken Seite, so ergeben sich auf diese Weise

$$n - 1 + n' - 1 = n + n' - 2$$

Gleichungen zur Berechnung der $n + n'$ Teildrücke. Zusammen mit der Gleichung für K_p und der Gleichung für den Gesamtdruck

$$P = P_1 + P_2 + \cdots P_1' + P_2' + \cdots$$

erhält man somit $n + n'$ Gleichungen, die stets zur Berechnung der Einzelwerte der Teildrücke genügen.

Nach den Regeln der Nr. 104 ist es dann stets möglich, aus den Teildrücken die Gewichts- oder Volumenanteile der Reaktionsteilnehmer zu ermitteln.

175. Dissoziationsgrad und Bildungsgrad. Unter Dissoziationsgrad versteht man die Anzahl der dissoziierten Mole eines Stoffes zur Zahl der anfänglich vorhandenen Mole oder, was dasselbe ist, das Verhältnis des zersetzten Gewichtsteiles zum gesamten Gewicht aller Reaktionsprodukte.

Wir wollen zunächst als konkretes Beispiel die Zersetzung von Wasserdampf in Wasserstoff und Sauerstoff betrachten, also die Reaktion

$$2H_2O \rightarrow 2H_2 + O_2.$$

Die Gleichgewichtskonstante ist

$$K_p = \frac{P_{H_2}^2 P_{O_2}}{P_{H_2O}^2}, \tag{647}$$

wobei wir in üblicher Weise die Zersetzungsprodukte in den Zähler setzen wollen.

Die Zahl der anfänglich vorhandenen Mole Wasserdampf sei $2\,N_0$. Dann sind $2\,\alpha N_0$ Mole Wasserdampf dissoziiert und $2(1-\alpha)N_0$ Mole nicht dissoziiert. Die Zahl der gebildeten Mole Wasserstoff ist offenbar $2\,\alpha N_0$ und die Zahl der gebildeten Sauerstoffmole αN_0. Die Gesamtzahl aller Mole im Gleichgewicht ist

$$2(1-\alpha)N_0 + 2\,\alpha N_0 + \alpha N_0 = (2 + \alpha)N_0.$$

Ist P der Gesamtdruck, unter dem die Reaktionsteilnehmer stehen, so sind nach der Lehre von den Gasgemischen (Nr. 104) die Teildrücke

$$P_{H_2O} = P\,\frac{2(1-\alpha)}{2+\alpha}; \qquad P_{H_2} = P\,\frac{2\,\alpha}{2+\alpha}; \qquad P_{O_2} = P\,\frac{\alpha}{2+\alpha}.$$

In Gl. (647) eingesetzt ergibt das

$$K_p = P\,\frac{\alpha^3}{(1-\alpha)^2\,(2+\alpha)}. \tag{648}$$

Liegt α sehr nahe an Null, ist also die Dissoziation nur gering, so kann man setzen

$$K_p \sim P\,\frac{\alpha^3}{2} \qquad\qquad (649)$$

oder

$$\alpha = \sqrt[3]{\frac{2\,K_p}{P}}\,. \qquad\qquad (650)$$

Auf diese Weise ergibt sich ein einfacher Zusammenhang zwischen Gleichgewichtskonstante und Dissoziationsgrad.

Offenbar gelten die Gl. (648) bis (650) für alle Reaktionen, die nach dem Schema

$$2\,A_1 \rightarrow 2\,A_1' + A_2'$$

verlaufen. Ist das Reaktionsschema anders, so ändern sich auch die Beziehungen Gl. (648) bis (650). Es ist jedoch sehr einfach, nach der vorangegangenen Anleitung für jedes Reaktionsschema den Zusammenhang zwischen α und K_p zu ermitteln. In Tabelle 12 sind für die wichtigsten Reaktionsschemata diese Gleichungen zusammengestellt[1].

Tabelle 12.
Gleichgewichtskonstante und Dissoziationsgrad verschiedener Reaktionstypen.

Schema und Beispiel	K_p	für $\alpha \sim 1$	
		K_p	α
$A_1 \rightarrow A_1'$ $O_2 \rightarrow 2\,O$	$P\,\dfrac{4\,\alpha^2}{1-\alpha^2}$	$4\,P\alpha^2$	$\dfrac{1}{2}\sqrt{\dfrac{K_v}{P}}$
$A_1 \rightarrow A_1' + A_2'$ $C_2H_6 \rightarrow H_2 + C_2H_4$	$P\,\dfrac{\alpha^2}{1-\alpha^2}$	$P\alpha^2$	$\sqrt{\dfrac{K}{P}}$
$2\,A_1 \rightarrow A_1' + A_2'$ $2\,NO \rightarrow N_2 + O_2$	$\dfrac{\alpha}{2\,(1-\alpha)}$	$\dfrac{\alpha}{2}$	$2\,K_p$
$2\,A_1 \rightarrow 2\,A_1' + A_2'$ $2\,H_2O \rightarrow 2\,H_2 + O_2$ $2\,CO_2 \rightarrow 2\,CO + O_2$	$P\,\dfrac{\alpha^3}{(1-\alpha)^2\,(2+\alpha)}$	$P\,\dfrac{\alpha^3}{2}$	$\sqrt[3]{\dfrac{2\,K_p}{P}}$

Bemerkenswert ist insbesondere das Reaktionsschema in der dritten Zeile Tabelle 12, wobei K_p unabhängig vom Gesamtdruck ist.

Oft kommt es vor, daß nicht der zersetzte Anteil eines Reaktionsteilnehmers festgestellt werden soll, sondern man will wissen, welche Menge eines erwünschten Endproduktes sich aus den Anfangsprodukten gebildet hat. Als Beispiel diene die Ammoniaksynthese

$$3H_2 + N_2 \rightarrow 2NH_3\,, \qquad\qquad (651)$$

bei der aus Wasserstoff und Stickstoff Ammoniak entsteht. Man fragt dann nach dem Bildungsgrad β, der die Zahl der gebildeten Mole Ammo-

---

[1] Eine Zusammenstellung von Zahlenwerten von K_p findet sich bei E. Justi: Spezifische Wärme, Enthalpie, Entropie und Dissoziation technischer Gase. Berlin: Springer 1938 und F. Henning: Wärmetechnische Richtwerte. Berlin: VDI-Verlag 1938.

niak zur Zahl der gesamten im Gemisch vorhandenen Mole angibt, oder, was dasselbe ist, der Anteil des Ammoniakvolumens zum gesamten Volumen im Gleichgewichtszustand.

Die Gleichgewichtskonstante ist

$$K_p = \frac{P_{H_2}^3 P_{N_2}}{P_{NH_3}^2} \, .$$

Nach den Regeln der Nr. 104 ist definitionsmäßig

$$\beta = \frac{P_{NH_3}}{P} \tag{652}$$

mit P als Gesamtdruck. Da

$$P = P_{NH_3} + P_{H_2} + P_{N_2} \tag{653}$$

ist muß sein

$$\frac{P_{N_2}}{P} + \frac{P_{H_2}}{P} = 1 - \beta \, .$$

Schließlich muß auf Grund der volumetrischen Verhältnisse der Reaktion Gl. (651)

$$\frac{P_{H_2}}{P_{N_2}} = \frac{3}{1} \tag{654}$$

sein. Aus Gl. 652), (653) und (654) ergibt sich

$$K_p = \frac{3^3}{4^4} P^2 \frac{(1 - \beta)^4}{\beta^2} \, . \tag{655}$$

176. Gleichgewicht bei Überschuß eines Reaktionsteilnehmers. Bei allen bisherigen Betrachtungen über chemische Reaktionen wurde vorausgesetzt, daß die Reaktionsteilnehmer in solchen Mengen vorhanden sind, wie es nach den volumetrischen Verhältnissen der Reaktionsgleichungen erforderlich ist. Wir wollen diese Voraussetzung nun fallen lassen und annehmen, daß bei einer Reaktion der Teilnehmer A_1 im Überschuß vorhanden ist und zwar seien n Mole mehr vorhanden als für die Reaktion notwendig. Das Reaktionsschema lautet dann

$$n A_1 + n_1 A_1 + n_2 A_2 + \cdots \rightarrow n_1 A_1' + n_2' A_2' + \cdots \tag{656}$$

Führen wir für dieses Schema die Betrachtungen nach Nr. 168 und 169 durch, die zur maximalen Arbeit und der Gleichgewichtskonstanten führten, dann finden wir, daß sich der Anteil $n A_1$ aus den Gleichungen heraushebt. Wir können uns nämlich bei dem Apparat nach Abb. 262 einen besonderen Motor und Verdichter für den Anteil $n A_1$ anbringen. Dieser Anteil geht unverändert von der linken Seite auf die rechte Seite über, so daß sich die Arbeiten des entsprechenden Motors und Verdichters gerade aufheben. Der Wert der maximalen Arbeit $\mathfrak{A}_p$ und auch der Wert für die Gleichgewichtskonstanten K_p und K_c werden daher durch etwaigen Überschuß einer Komponente nicht geändert.

Dies gilt offensichtlich auch für jeden weiteren Reaktionsteilnehmer, der im Überschuß vorhanden ist.

Wenn sich nun auch der Wert der Gleichgewichtskonstanten nicht ändert, so ändern sich aber die Einzelwerte der Teildrücke. Von den aktiv beteiligten Mengen der Reaktionsteilnehmer sei im Gleichgewichtszustand wie in Gl. (646) auf der linken Seite die Menge

$$(1 - \alpha)(n_1 A_1 + n_2 A_2 + \cdots)$$

noch vorhanden, auf der rechten die Menge

$$\alpha(n_1' A_1' + n_2 A_2' + \cdots)$$

entstanden. Dann ist das Verhältnis der Teildrücke P_1 und P_2

$$\frac{P_1}{P_2} = \frac{n + (1 - \alpha)\,n_1}{(1 - \alpha)\,n_2}\,, \tag{657}$$

denn es sind im Gleichgewicht nicht nur $(1 - \alpha)\,n_1$ sondern außerdem die n Mole Überschuß vom Teilnehmer 1 vorhanden. Am Verhältnis der Teildrücke $\dfrac{P_2}{P_3}$ usw. ändert sich gegenüber den früheren Darlegungen nichts.

Zwischen den Teildrücken P_1 und P_1 besteht entsprechend das Verhältnis

$$\frac{P_1}{P_1'} = \frac{n + (1 - \alpha)\,n_1}{\alpha\,n_1'}\,. \tag{658}$$

An den weiteren Teildruckverhältnissen $\dfrac{P_1'}{P_2'}$ usw. ändert sich hingegen nichts.

Zur Berechnung der Teildrücke stehen mithin folgende Gleichungen zur Verfügung:

$$K_p = \frac{P_1^{n_1}\,P_2^{n_2}\,\cdots}{P_1'^{\,n_1'}\,P_2'^{\,n_2'}\,\cdots}\,,$$

die Gl. (657) und (658) und die weiteren Beziehungen

$$\frac{P_2}{P_3} = \frac{n_2}{n_3} \qquad \frac{P_1'}{P_2'} = \frac{n_1'}{n_2'}\,.$$

$$\cdots\cdots\cdots \qquad \cdots\cdots\cdots$$

Man erhält auf diese Weise gegenüber den Verhältnissen ohne Überschuß die Unbekannte α mehr aber auch eine Gl. (658) mehr, so daß die Teildrücke grundsätzlich zu bestimmen sind.

Entsprechende Überlegungen gelten auch, wenn mehrere Teilnehmer im Überschuß vorhanden sind.

Bei der Berechnung des Dissoziationsgrades unter Überschuß eines der Teilnehmer geht man sinngemäß vor und findet, daß durch Zufügen eines Überschusses eines der Dissoziationsprodukte der Dissoziationsgrad stets herabgesetzt wird.

177. Die Reaktionsgeschwindigkeit. Wenn verschiedene chemisch reagierende Gase sich in einem Reaktionsgefäß befinden und nicht im Gleichgewicht miteinander stehen, so werden sie dem Gleichgewichtszustand zustreben. Die Frage, mit welcher Geschwindigkeit dies geschieht, gehört in das Gebiet der Kinetik chemischer Reaktionen und fällt aus dem Rahmen der Thermodynamik bereits heraus[1]. Wir wollen

---

[1] Vgl. z. B. A. Eucken: Grundriß der physikalischen Chemie. Leipzig: Akademische Verlagsgesellschaft 1948.

daher diese Probleme nur kurz streifen. Es sei z die Zeit und ξ die von der Zeit abhängige Gewichtskonzentration der Entstehungsprodukte. Dann ist die Bildungsgeschwindigkeit der entstehenden Stoffe

$$\frac{d\xi}{dz} = k(1-\xi) . \qquad (659)$$

Darin ist k die sogenannte *Geschwindigkeitskonstante*, die selbst wieder eine Funktion der Temperatur ist und für jede Reaktion einen besonderen Wert besitzt.

Die Bildungsgeschwindigkeit klingt also ausgehend vom Maximalwert k bei $\xi=0$ allmählich auf Null ab. Die Konzentration der entstehenden Stoffe in Abhängigkeit von der Zeit erhält man durch Integration von Gl. (659) zu

$$\xi = 1 - e^{-kz} . \qquad (660)$$

Für $z=0$ ist $\xi=0$ und für $z=\infty$ ist $\xi=1$. Zur Zeit $z=\infty$ ist also die gesamte Menge des Anfangsstoffes zerfallen.

Als Anhaltspunkt für die Abhängigkeit der Reaktionsgeschwindigkeit von der Temperatur kann die van't Hoffsche Regel dienen: *Einer Temperaturzunahme von 10° entspricht erfahrungsgemäß eine Geschwindigkeitssteigerung auf etwa das Doppelte bis Dreifache. Für einen Celsiusgrad erhält man somit im allgemeinen ein Anwachsen der Reaktionsgeschwindigkeit um 10%.*

178. Beispiele. a) Für die Reaktion

$$2J \rightleftharpoons J_2$$

ist bei $T = 1273°$ K die Gleichgewichtskonstante

$$K_p = \frac{P_J^2}{P_{J_2}} = 0{,}165 .$$

Es ist zu prüfen, ob die Reaktion bei $p=1$ Atm freiwillig von links nach rechts oder umgekehrt verläuft.

$$\mathfrak{A}_{p_{norm}} = -\,\mathfrak{R}_{cal} T \ln K_p . \qquad (628a)$$

Es ergibt sich $\mathfrak{A}_{p_{norm}} = -\,1{,}985 \cdot 1273 \cdot (-1{,}802) = +\,4565$ kcal. Da dieser Wert positiv ist, geht die Reaktion von links nach rechts vor sich, d. h. es bildet sich J_2 aus J.

b) Für die Reaktion

$$2H_2 + O_2 \rightarrow 2H_2O + 2 \cdot 60000 \text{ kcal}$$

ist, bezogen auf physikalische Atmosphären, die Gleichgewichtskonstante bei $T_0 = 1000°$ K $(K_p)_{T_0} = 7{,}62 \cdot 10^{-21}$. Wie groß ist die Gleichgewichtskonstante K_p bei $T = 3000°$ K und wie groß ist der Dissoziationsgrad bei beiden Temperaturen und 1 at ?

Als mittlerer Wert für die Wärmetönung kann in diesem Temperaturbereich $2 \cdot 60000$ kcal angenommen werden.

Die Gleichgewichtskonstante ist

$$K_p = \frac{P_{H_2}^2\, P_{O_2}}{P_{H_2O}^2} , \qquad (627)$$

wobei P in physikalischen Atmosphären einzusetzen ist!

$$\log K_p = \log (K_p)_{T_0} + \frac{W_p}{4{,}573}\left(\frac{1}{T_0} - \frac{1}{T}\right). \qquad (637)$$

Mit $W_p = 2 \cdot 60000 = 120000$ kcal ergibt sich $K_p = 2,38 \cdot 10^{-7}$. Dies ist nur ein Näherungswert. Will man genauere Werte haben, muß W_p als Funktion der Temperatur bekannt sein und man muß dann das graphische Verfahren mit Hilfe von Gl. (635) anwenden.

Nach Tabelle 12 ist

$$\alpha = \sqrt[3]{\frac{2 K_p}{P}} \; .$$

Mit $P = 1$ Atm wird $\alpha_{1000° \, K} = 2,48 \cdot 10^{-7}$; $\alpha_{3000° \, K} = 0,168$. Bei $1000° K = 727° C$ ist also der zersetzte Anteil an Wasserdampf verschwindend gering; bei $3000° K = 2727° C$ sind bereits $16,8\%$ zerfallen. Ein höherer Gesamtdruck vermindert, ein kleinerer erhöht den Dissoziationsgrad.

Würde man die Reaktion in der Form

$$H_2 + \frac{1}{2} O_2 \rightarrow H_2O + 60000 \text{ kcal}$$

schreiben, so würde die Gleichgewichtskonstante die Form

$$K_{p_1} = \frac{P_{H_2} \, P_{O_2}^{1/2}}{P_{H_2O}}$$

annehmen und damit auch einen anderen Zahlenwert ergeben. Offenbar ist $K_{p_1} = \sqrt{K_p}$. Es ist daher bei Berechnungen und bei der Benutzung von Tabellen stets darauf zu achten, welche Form der Reaktionsgleichung verwendet wurde. Der Zahlenwert für α muß natürlich in beiden Fällen derselbe sein. Mit K_{p_1} ergibt sich

$$\alpha = \sqrt[3]{\frac{2 K_{p_1}^2}{P}}$$

Leite diese Gleichung auf dem in Nr. 175 beschriebenen Wege ab!

179. Der III. Hauptsatz. Auf Grund des Verhaltens der umkehrbar arbeitenden galvanischen Elemente, die schon bei gewöhnlicher Temperatur einen elektrischer Arbeitsgewinn liefern können, der fast identisch ist mit der Wärmetönung der in dem Element sich abspielenden chemischen Reaktion, stellte NERNST die Hypothese auf, daß sich für Reaktionen zwischen allen kondensierten Körpern die Kurven für die maximale Nutzarbeit und die Wärmetönung im absoluten Nullpunkt berühren, d. h. eine gemeinsame Tangente haben. Mit anderen Worten liegen damit bei allen kondensierten Systemen die Verhältnisse bezüglich maximaler Arbeit und Wärmetönung im absoluten Nullpunkt so, wie sie bei den erwähnten galvanischen Elementen schon bei normalen Temperaturen herrschen. In mathematischer Formulierung bedeutet dies

$$\left(\frac{dW}{dT}\right)_{T=0} = \left(\frac{d\mathfrak{A}}{dT}\right)_{T=0} . \tag{661}$$

Da es sich um kondensierte Stoffe handelt, brauchen wir keinen Unterschied zwischen W_p und W_v bzw. $\mathfrak{A}_p$ und $\mathfrak{A}_v$ zu machen. Nun folgt aus der Gleichung von HELMHOLTZ Gl. (620)

$$\left(\frac{d\mathfrak{A}}{dT}\right)_{T=0} = \left(\frac{\mathfrak{A} - W}{T}\right)_{T=0} = \frac{0}{0} ,$$

da nach den obigen Darlegungen im absoluten Nullpunkt $\mathfrak{A} = W$ sein muß. Damit würde der Grenzwert zunächst eine unbestimmte Form an-

nehmen. Nach den Regeln der Differentialrechnung differenzieren wir
Zähler und Nenner nach T und erhalten

$$\lim_{T=0} \frac{d\mathfrak{A}}{dT} = \frac{\left(\dfrac{d\mathfrak{A}}{dT}\right)_{T=0} - \left(\dfrac{dW}{dT}\right)_{T+0}}{1} = 0 \,.$$

Es muß also auch

$$\left(\frac{d\mathfrak{A}}{dT}\right)_{T=0} = \left(\frac{dW}{dT}\right)_{T=0} = 0 \qquad (661a)$$

sein, d. h. $\mathfrak{A}$ *und* W *müssen im absoluten Null-*
punkt eine gemeinsame horizontale Tangente haben
(Abb. 265). Dies ist der Inhalt des *Nernstschen*
Wärmetheorems oder des III. Hauptsatzes[1].

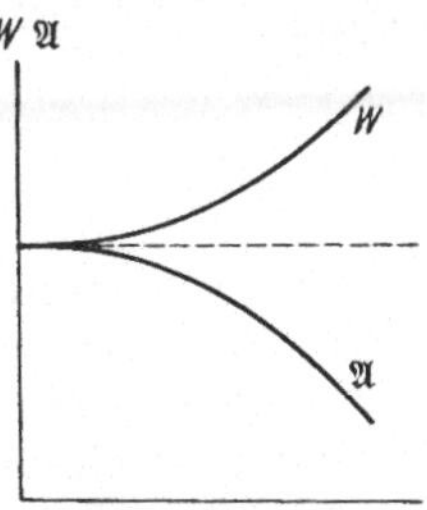

Abb. 265. Verlauf von Wärmetönung und maximaler Arbeit
nach dem III. Hauptsatz.

**180. Der III. Hauptsatz und die maximale Arbeit chemischer Reak-
tionen.** Wir hatten bereits in Nr. 171 festgestellt, daß es mit den bisherigen Mitteln der Thermodynamik nicht möglich war, die maximale
Arbeit allein aus thermischen Größen zu bestimmen. Dazu war noch eine
chemische Messung, nämlich die Ermittlung des chemischen Gleichgewichtes bei einer bestimmten Temperatur notwendig. Wie wir im
folgenden sehen werden, kann mit Hilfe des III. Hauptsatzes hier ein
wesentlicher Fortschritt erzielt werden.

Aus Gl. (619) bzw. (620) folgt nämlich

$$\frac{d\mathfrak{A}}{dT} = \frac{\mathfrak{A} - W}{T}$$

und nach nochmaliger Differentiation

$$d\left(\frac{d\mathfrak{A}}{dT}\right) = \left(\frac{1}{T}\,d\mathfrak{A} - \frac{\mathfrak{A}}{T^2}\,dT\right) - \left(\frac{1}{T}\,dW - \frac{W}{T^2}\,dT\right).$$

Ersetzt man $\mathfrak{A} - W$ durch $T\dfrac{d\mathfrak{A}}{dT}$, so ergibt sich nach Umformung

$$d\left(\frac{d\mathfrak{A}}{dT}\right) = \frac{1}{T}\,(d\mathfrak{A} - dW) - \frac{d\mathfrak{A}}{T} = -\frac{dW}{T}$$

und nach Integration

$$\frac{d\mathfrak{A}}{dT} = -\int\limits_0^T \frac{dW}{T} + \left(\frac{d\mathfrak{A}}{dT}\right)_{T=0}.$$

Setzt man diesen Wert in Gl. (619) bzw. (620) ein, so ergibt sich

$$\mathfrak{A} = W - T\int\limits_0^T \frac{dW}{T} + T\left(\frac{d\mathfrak{A}}{dT}\right)_{T=0}.$$

Der Ausdruck $\left(\dfrac{d\mathfrak{A}}{dT}\right)_{T=0}$ ist also die aus dem I. und II. Hauptsatz nicht
bestimmbare Integrationskonstante. Da aber nach dem III. Hauptsatz

---

[1] NERNST, W.: Die theoretischen und experimentellen Grundlagen des neuen
Wärmesatzes. Halle: W. Knapp 1918.

$\left(\dfrac{d\mathfrak{A}}{dT}\right)_{T=0} = 0$ ist, so folgt

$$\mathfrak{A} = W - T \int\limits_0^T \frac{dW}{T}\,, \qquad (662)$$

so daß nunmehr die maximale Arbeit lediglich aus thermischen Daten zu errechnen ist.

Wir können nun noch einen Schritt weitergehen, indem wir dW auf Grund des Kirchhoffschen Satzes (Nr. 152) aus Gl. (554) in Gl. (662) ersetzen. Wir erhalten dann

$$\mathfrak{A} = W - T \int\limits_0^T \frac{\Delta\Sigma n\,\mathfrak{C}}{T}\,dT\,. \qquad (663)$$

Damit ist also $\mathfrak{A}$ aus der Wärmetönung und den spezifischen Wärmen der Reaktionsteilnehmer errechenbar. Den gemachten Voraussetzungen entsprechend gilt diese Gleichung jedoch nur für kondensierte Systeme.

181. Die Dampfdruckkonstante. Wir wollen jetzt von (662) eine Anwendung machen und zwar wollen wir die maximale Arbeit ausrechnen beim Übergang einer Flüssigkeit in den festen Zustand. Da es sich dabei um ein kondensiertes System handelt, kann offenbar Gl. (662) angewendet werden. Die Wärmetönung W ist dann identisch mit der Schmelzwärme q_s. Wir formen Gl. (662) noch wie folgt um. Es ist

$$\int\limits_0^T \frac{dW}{T} = \int\limits_0^T \frac{W}{T^2}\,dT + \frac{W}{T}\,, \qquad (664)$$

wie man sich durch Differenzieren leicht überzeugen kann. Setzt man $\int\limits_0^T \dfrac{dW}{T}$ nach Gl. (664) in Gl. (662) ein, so folgt

$$\mathfrak{A} = -T \int\limits_0^T \frac{W}{T^2}\,dT\,, \qquad (665)$$

oder mit $W = q_s$

$$\mathfrak{A} = -T \int\limits_0^T \frac{q_s}{T^2}\,dT\,. \qquad (666)$$

Wir können aber auch die Erstarrung über den gasförmigen Zustand zuwege bringen, indem wir die Flüssigkeit unter ihrem der Temperatur T zugeordneten Dampfdruck Π_1 zur Verdampfung bringen (Abb. 266), auf den der festen Phase zugeordneten Druck Π_1' entspannen und dann sublimieren (Abb. 267), wobei wir die Volumina V_{fest} und V_{fl} gegenüber den Dampfvolumina V_1 und V_1' vernachlässigen können. Dann ist

$$\mathfrak{A} = A\,R\,T \ln \frac{\Pi_1}{\Pi_1'}\,. \qquad (667)$$

Nun ist aber für die Dampfdruckkurven über der Flüssigkeit und der festen Phase nach Gl. (162) und (192)

$$\ln \Pi_1 = \frac{1}{AR} \int_0^T \frac{r}{T^2}\, dT + i_{fl}, \tag{668}$$

bzw.

$$\ln \Pi_1' = \frac{1}{AR} \int_0^T \frac{r + q_s}{T^2}\, dT + i_{fest}, \tag{669}$$

wobei jetzt für die Konstanten die Bezeichnungen i_{fl} und i_{fest} eingeführt sind und somit nach Gl. (667) unter Berücksichtigung von Gl. (668) und (669)

$$\mathfrak{A} = -T \int_0^T \frac{q_s}{T^2}\, dT + T\,(i_{fl} - i_{fest})\,. \tag{670}$$

Da nun aber $\mathfrak{A}$ nach Gl. (666) mit $\mathfrak{A}$ nach Gl. (670) bei jeder Temperatur übereinstimmen muß, so muß

$$i_{fl} = i_{fest} = i$$

sein. Der Wert i heißt die *Dampfdruckkonstante*. Wir finden also, daß die Dampfdruckkonstante unabhängig davon ist, mit welcher Phase der Dampf im Gleichgewicht steht.

Abb. 266 u. 267. Zur Ableitung der Dampfdruckkonstanten.

Jedem Stoff ist also eindeutig eine einzige Dampfkonstante zugeordnet. Allgemein können wir also den Dampfdruck für die flüssige bzw. feste Phase in der Form

$$\ln P = \frac{1}{AR} \int_0^T \frac{r}{T^2}\, dT + i, \tag{671}$$

bzw.

$$\ln P = \frac{1}{AR} \int_0^T \frac{r + q_s}{T^2}\, dT + i \tag{672}$$

ausdrücken. Die Größe i wird auch *chemische Konstante* genannt.

182. Gleichgewichtskonstante und maximale Arbeit gasförmiger Reaktionen auf Grund des III. Hauptsatzes. Nach (662) ist die maximale Arbeit einer chemischen Reaktion

$$\mathfrak{A}_p = W_{kond} - T \int_0^T \frac{d W_{kond}}{T}, \tag{673}$$

wobei wir jetzt durch die Zeiger ausdrücklich hervorgehoben haben, daß es sich um eine Reaktion in kondensierter Form bei konstantem Druck handelt. Führen wir dieselbe Reaktion bei der gleichen Temperatur über den gasförmigen Zustand aus, indem wir die kondensierten Teilnehmer zunächst verdampfen, dann die Reaktion unter Arbeitsleistung vonstatten gehen lassen und schließlich die Endprodukte wieder kondensieren, so muß nach dem II. Hauptsatz dieselbe Arbeit geleistet werden. Wir benutzen wieder die Apparatur nach Abb. 262. In den Zylindern 1 und 2 befinden sich die Anfangsstoffe in kondensierter Form. Ihr Volumen ist im Verhältnis zum Volumen im Gaszustand zu vernachlässigen. Wir bewegen jetzt zur Verdampfung bei konstanter Temperatur die Kolben aufwärts gegen den Umgebungsdruck soweit, daß die Anfangsstoffe verdampft sind. Die Stoffe stehen jetzt beziehentlich unter den Drücken $\Pi_1, \Pi_2, \ldots$, die nach ihrer Dampfspannungskurve der Temperatur T zugeordnet ist. Nun saugen die Motoren die gasförmigen Anfangsstoffe an und drücken sie unter den im Reaktionsraum herrschenden Gleichgewichtsdrücken in diesen hinein. Die Kolben 1 und 2 bewegen sich dabei wieder nach unten, so daß sich die Arbeiten dieser Kolben beim Hin- und Rückgang gerade aufheben. Die Verdichter ihrerseits saugen die Endprodukte unter ihren Gleichgewichtsdrücken aus dem Reaktionsgefäß ab und drücken sie unter den der Temperatur T gemäß der Dampfspannungskurve zugeordneten Drücken der Endprodukte $\Pi_1', \Pi_2' \ldots$ in die Aufnahmegefäße, wobei die Kolben 1' und 2' gegen den Umgebungsdruck aufwärts bewegt werden müssen. Zum Kondensieren werden dann diese Kolben bei denselben Innendrücken wieder abwärts bewegt, so daß sich die Arbeiten gegen die Umgebung auch hier aufheben.

In den Betrachtungen, die schon in Nr. 168 angestellt wurden, ändert sich also nur insofern etwas, als im ersten Glied in der Klammer von Gl. (625) jetzt nicht mehr der Umgebungsdruck sondern jeweils die Sättigungsdrücke der Reaktionsteilnehmer auftreten. Daher gilt für diesen Fall Gl. (625) über

$$\mathfrak{A}_p = \mathfrak{R}_{cal}\, T \left[\ln \frac{\Pi_1^{n_1} \Pi_2^{n_2} \ldots}{\Pi_1'^{n_2'} \Pi_2'^{n_2'} \ldots} - \ln \frac{P_1^{n_1} P_2^{n_2} \ldots}{P_1'^{n_1'} P_2'^{n_2'} \ldots} \right]. \tag{674}$$

Nun muß $\mathfrak{A}_p$ nach Gl. (673) und (674) gleich sein, also folgt

$$\mathfrak{R}_{cal}\, T \ln K_p = - W_{kond} + T \int_0^T \frac{d W_{kond}}{T} + \mathfrak{R}_{cal}\, T \varDelta \, \Sigma \, (n \ln \Pi), \tag{675}$$

wobei

$$\varDelta \Sigma (n \ln \Pi) = n_1 \ln \Pi_1 + n_2 \ln \Pi_2 \ldots - n_1' \ln \Pi_1' - n_2' \ln \Pi_2' - \ldots$$

ist.

Nun ist aber nach Gl. (671) bzw. (672) auf 1 kmol bezogen

$$\ln \Pi = \frac{1}{\mathfrak{R}_{cal}} \int_0^T \frac{\mathfrak{r}}{T'^2} d T + i. \tag{676}$$

Beachten wir, daß

$$\int_0^T \frac{\mathfrak{r}}{T^2}\, dT = -\frac{\mathfrak{r}}{T} + \int_0^T \frac{d\mathfrak{r}}{T}$$

ist, so wird aus Gl. (676)

$$\ln \varPi = -\frac{\mathfrak{r}}{\mathfrak{R}_{cal}T} + \frac{1}{\mathfrak{R}_{cal}}\int_0^T \frac{d\mathfrak{r}}{T} + i \tag{677}$$

und

$$\mathfrak{R}_{cal}\, T\, \varDelta\, \Sigma\, (n \ln \varPi) = -\varDelta\, \Sigma(n\,\mathfrak{r}) + T\, \varDelta\, \Sigma \int_0^T \frac{n\,d\mathfrak{r}}{T} + \mathfrak{R}_{cal}\, T\, \varDelta\, \Sigma\,(n\,i)\;.$$

Damit wird aus Gl. (675)

$$\mathfrak{R}_{cal}\, T \ln K_p = -W_{kond} + T\int_0^T \frac{d\,W_{kond}}{T} - \varDelta\, \Sigma(n\,\mathfrak{r}) + T\, \varDelta\, \Sigma \int_0^T \frac{n\,d\mathfrak{r}}{T} +$$

$$+ \mathfrak{R}_{cal}T\, \varDelta\, \Sigma\,(n\,i) = -[W_{kond} + \varDelta\, \Sigma\,(n\,\mathfrak{r})] + T\left[\int_0^T \frac{d\,W_{kond}}{T} + \right.$$

$$\left. + \varDelta\, \Sigma \int_0^T \frac{n\,d\mathfrak{r}}{T}\right] + \mathfrak{R}_{cal}\, T\Sigma(n\,i)\;. \tag{678}$$

Nun ist aber nach Gl. (632)

$$W_{kond} + \varDelta\, \Sigma(n\,\mathfrak{r}) = W_{p\,gas}$$

und

$$\int_0^T \frac{d\,W_{kond}}{T} + \varDelta\, \Sigma \int_0^T \frac{n\,d\mathfrak{r}}{T} = \int_0^T \frac{d\,[W_{kond} + \varDelta\, \Sigma\,(n\,\mathfrak{r})]}{T} = \int_0^T \frac{d\,W_{p\,gas}}{T}$$

und daher schließlich

$$\ln K_p = -\frac{W_p}{\mathfrak{R}_{cal}T} + \frac{1}{\mathfrak{R}_{cal}}\int_0^T \frac{d\,W_p}{T} + \varDelta\, \Sigma\,(n\,i)\;, \tag{679}$$

wobei wir nunmehr den ausdrücklichen Hinweis auf die Gasreaktion fortlassen können. Gl. (679) gestattet es also, lediglich auf Grund von thermischen Größen die Gleichgewichtskonstante von Gasreaktionen zu berechnen, was ohne Hilfe des III. Hauptsatzes nicht möglich ist.

Die maximale Arbeit gasförmiger Reaktionen kann nun ebenfalls berechnet werden, wenn man von Gl. (628) ausgeht. Man hat lediglich Gl. (679) in (628) einzusetzen und erhält

$$\mathfrak{A}_p = W_p - T\int_0^T \frac{d\,W_p}{T} - \mathfrak{R}_{cal}\, T\,[\varDelta\, \Sigma\,(n\,i) - \nu \ln P]\;. \tag{680}$$

Unter Beachtung des Kirchhoffschen Satzes können wir schreiben:

$$dW_p = \varDelta\, \Sigma\,(n\,\mathfrak{C}_p)\; dT$$

und erhalten damit für Gl. (679)

$$\ln K_p = -\frac{W_p}{\Re_{cal} T} + \frac{1}{\Re_{cal}} \int_0^T \frac{\Delta \Sigma (n \mathfrak{C}_p)\, dT}{T} + \Delta \Sigma (n\, i)\,, \qquad (681)$$

oder mit dem dekadischen Logarithmus

$$\log K_p = -\frac{W_p}{4,573\, T} + \frac{1}{4,573} \int_0^T \frac{\Delta \Sigma (n \mathfrak{C}_p)\, dT}{T} + \Delta \Sigma (n\, C)\,, \qquad (682)$$

so daß also

$$C = \frac{i}{2,303}$$

ist. Zur numerischen Auswertung von Gl. (682) bzw. (683) trägt man die Werte $\Delta \Sigma (n \mathfrak{C}_p)$ über T auf und integriert durch Ermittlung der Fläche mit dem Planimeter, ähnlich wie es zur Ermittlung von W_p mit Hilfe des Satzes von KIRCHHOFF in Nr. 152 beschrieben wurde, so daß hier auf eine numerische Auswertung verzichtet werden kann. Für $T = 0$ wird der Bruch unter dem Integral nicht unendlich groß, weil wegen der *Gasentartung*[1] in nächster Nähe des absoluten Nullpunktes für ein Gas, das unter Vermeidung der Kondensation abgekühlt wird, $\mathfrak{C}_p = \mathfrak{C}_v = 0$ wird. Zur graphischen Integration setzt man oft bequemer

$$\frac{\Delta \Sigma (n \mathfrak{C}_p)\, dT}{T} = \Delta \Sigma (n \mathfrak{C}_p)\, d \ln T\,, \qquad (683)$$

wobei man den Ausdruck $\Delta \Sigma (n \mathfrak{C}_p)$ über $\ln T$ aufträgt und dann diese Fläche graphisch integriert. Tabelle 13 enthält eine Zusammenstellung der chemischen Konstanten nach NERNST, wobei der dekadische Logarithmus zugrunde gelegt ist. Da sie sich auf eine Näherungsgleichung für den Dampfdruck beziehen, die von NERNST aus Gl. (677) hergeleitet wurde, wurden sie von NERNST als *konventionelle* chemische Konstanten bezeichnet, im Gegensatz zu den *wahren chemischen Konstanten*, die sich auf die genaue Gl. (677) beziehen.

Über die Molekularwärme der Gase gibt es ausführliche Zusammenstellungen[2].

Tabelle 13. *Chemische Konstanten nach* NERNST.

Gas	C		Gas	C	
	für Atm	für at		für Atm	für at
H_2	1,6	1,614	CO_2	3,2	3,214
N_2	2,6	2,614	N_2O	3,3	3,314
O_2	2,8	2,814	NH_3	3,3	3,314
Cl_2	3,1	3,714	CH_4	2,5	2,514
CO	3,5	3,514	C_6H_6	3,0	3,014
NO	3,5	3,514	C_2H_2	3,2	3,214
H_2O	3,6	3,614	C_2H_5OH	4,1	4,114

[1] NERNST, W.: Die theoretischen und experimentellen Grundlagen des neuen Wärmesatzes. Halle: W. Knapp 1918.

[2] DOCZEKAL, R. u. H. PITSCH: Absolute thermische Daten und Gleichgewichtskonstante. Wien: Springer 1935. — E. JUSTI: Spezifische Wärme, Enthalpie, Entropie und Dissoziation technischer Gase. Berlin: Springer 1938. — Taschenbuch *Hütte*. Bd. I. 1948.

Aus Gl. (679) und (681) erkennt man klar den Nutzen des III. Hauptsatzes, da in diesen Gleichungen nur thermische Größen, aber keine willkürlichen Integrationskonstanten vorkommen.

Nachdem es heute mit Hilfe der Quantentheorie und spektroskopischer Messungen möglich ist, die kalorischen Daten der Gase zu ermitteln, geht man bei der Berechnung von K_p am besten von der freien Enthalpie aus. Vergleicht man die beiden Gl. (679) und (680) und setzt in der Gleichung für $\mathfrak{A}_p$ für den Druck der Umgebung P die Druckeinheit ein, benutzt also die Normalaffinität, so wird $\ln P = 0$ und daher

$$\ln K_p = -\frac{\mathfrak{A}_p}{R_{cal}\, T}\,. \tag{684}$$

Andererseits ist nach Gl. (611) und (617)

$$\mathfrak{A}_p = U_1 - U_2 - T(S_1 - S_2) + A\,P(V_1 - V_2) = G_1 - G_2$$

und folglich

$$\ln K_p = -\frac{G_1 - G_2}{R_{cal}\, T}\,, \tag{685}$$

wobei sich die Werte G_1 und G_2 auf den Anfang und das Ende der Reaktion beziehen.

Für die kalorischen Werte und die Gleichgewichtskonstanten gibt es für technisch wichtige Gase und Reaktionen Zusammenstellungen[1].

183. Gleichgewichtskonstante für heterogene Reaktionen auf Grund des III. Hauptsatzes. Bei heterogenen Reaktionen fallen, wie wir bereits in Nr. 172 nachgewiesen haben, die Drücke der kondensierten Teilnehmer aus der Gleichgewichtskonstanten heraus. Es läßt sich durch Anwendung der Überlegungen von Nr. 182 auf heterogene Reaktionen zeigen, daß auch die Dampfdruckkonstanten der kondensierten Stoffe verschwinden, doch soll im einzelnen hierauf nicht eingegangen werden. So ergibt sich für die spezielle Reaktion

$$C + CO_2 \rightarrow 2\,CO$$

mit festem Kohlenstoff

$$\ln K_p' = -\frac{W_p}{\mathfrak{R}_{cal}\,T} + \frac{1}{\mathfrak{R}_{cal}}\int_0^T \frac{d\,W_p}{T} + \Delta\sum(n\,i) \tag{686}$$

mit

$$K_p' = \frac{P_{CO_2}}{P_{CO}^2}\,; \;\; \Delta\sum(n\,i) = i_{CO_2} - i_{CO}$$

und W_p als Wärmetönung der Reaktion mit festem Kohlenstoff.

184. Theoretische Folgerungen aus dem III. Hauptsatz. Unerreichbarkeit des absoluten Nullpunktes. Aus der Forderung des III. Hauptsatzes

$$\left(\frac{d\,\mathfrak{A}}{d\,T}\right)_{T=0} = 0$$

ergibt sich, da nach Gl. (618)

$$\left(\frac{d\,\mathfrak{A}}{d\,T}\right)_{T=0} = (S_1 - S_2)_{T=0} = 0 \tag{687}$$

---

[1] JUSTI, E.: Spezifische Wärme, Enthalpie, Entropie und Dissoziation technischer Gase. Berlin: Springer 1938.

ist, daß im absoluten Nullpunkt Zustandsänderungen kondensierter Körper ohne Entropieänderung vor sich gehen. Man kann diese Tatsache geradezu zur Formulierung des III. Hauptsatzes verwenden. So hat PLANCK den III. Hauptsatz inhaltlich über die Nernstsche Fassung hinausgehend so formuliert, daß bei unbegrenzt abnehmender Temperatur die Entropie eines jeden chemisch homogenen Körpers von endlicher Dichte sich unbegrenzt einem bestimmten, vom Druck, vom Aggregatzustand und der speziellen chemischen Modifikation unabhängigen Wert nähert. Auf Grund quantentheoretischer Betrachtungen folgt jedoch, daß im absoluten Nullpunkt nur eine einzige Anordnung im Phasenraum möglich ist, der dann die Wahrscheinlichkeit Eins zugeschrieben werden kann. Damit ergibt sich aus der in Nr. 38 erwähnten Beziehung

$$S = k \ln W$$

mit $W = 1$ für die Entropie der Wert Null, d. h. der Grenzwert der Entropie muß Null sein. Mischungen verlieren im absoluten Nullpunkt ihren Mischungscharakter und entmischen sich. Der III. Hauptsatz erhält dann die Fassung: *Bei unbegrenzt abnehmender Temperatur nähert sich die Entropie eines jeden chemisch homogenen Körpers von endlicher Dichte unbegrenzt dem Wert Null.* Daher können absolute Daten für die Entropie von Gasen angegeben werden. Ebenso lassen sich absolute Werte für die Enthalpie und andere kalorische Größen errechnen[1].

Ein weiteres Problem, das eng mit dem III. Hauptsatz verbunden ist, ist die Unerreichbarkeit des absoluten Nullpunktes.

Der I. Hauptsatz bietet in dieser Hinsicht überhaupt keinen Anhaltspunkt.

Wir wollen nun untersuchen, was der II. Hauptsatz über diese Frage auszusagen imstande ist. Wir denken uns mit Hilfe von Carnot-Prozessen einen Körper längs der Kurve a im T, s-Diagramm (Abb. 268) abgekühlt. Die obere Temperatur des Carnot-Prozesses T_1 stimmt mit der Temperatur der Umgebung überein. Die untere Temperatur ist veränderlich. Die Kälteleistung, die notwendig ist, den Körper mit der spezifischen Wärme c

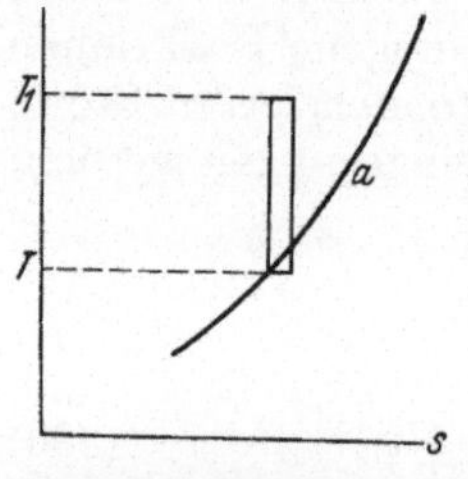

Abb. 268. Zur Unerreichbarkeit des absoluten Nullpunktes

um dT abzukühlen ist $c\,dT$, die Arbeitsaufnahme für einen unendlich schmalen Carnot-Prozeß ist folglich

$$A\,|dL|\,\frac{T}{T_1 - T} = c\,dT\,.$$

Um die zur Abkühlung des Körpers notwendige Arbeit zu ermitteln, muß $A\,|dL|$ von $0°$ K bis $T_1°$ K integriert werden. Man erhält dann

$$|AL| = \int\limits_0^T \frac{T_1 - T}{T}\,dT\,. \tag{688}$$

---

[1] JUSTI, E.: Spezifische Wärme, Enthalpie, Entropie und Dissoziation technischer Gase. Berlin: Springer 1938.

Man nahm nun früher an, daß sich die spezifische Wärme mit sinkender Temperatur einem endlichen Grenzwert nähert. Für diesen Fall kann gesetzt werden

$$c = a_0 + a_1\,T + a_2\,T^2 + \cdots . \tag{689}$$

Setzt man Gl. (689) in (688) ein, so folgt

$$
\begin{aligned}
|A\,L| = T_1 &\left[\int\limits_0^T \frac{a_0}{T}\,dT + \int\limits_0^T a_1\,dT + \int\limits_0^T a_2\,T\,dT + \cdots \right] \\
&- \int\limits_0^T a_0\,dT - \int\limits_0^T a_1\,T\,dT - \cdots \\
= T_1 &\left[a_0 \ln T + a_1\,T + \frac{1}{2}\,a_2\,T^2 + \cdots \right. \\
&\left. - a_0\,T - \frac{1}{2}\,a_1\,T^2 - \cdots \right]_0^{T_1} = +\infty .
\end{aligned}
\tag{690}
$$

Die Arbeit wäre also unendlich groß, d. h. der absolute Nullpunkt könnte nicht erreicht werden. Für den Fall endlicher spezifischer Wärme im absoluten Nullpunkt reicht also der II. Hauptsatz bereits aus, seine Unerreichbarkeit nachzuweisen.

Nun folgt aber aus dem III. Hauptsatz nach Gl. (687), daß im absoluten Nullpunkt Zustandsänderungen ohne Entropieänderungen vor sich gehen, d. h.

$$(dS)_{T=0} = 0 . \tag{691}$$

Mit c als spezifischer Wärme ist also

$$dS = \frac{c\,dT}{T}$$

und für den absoluten Nullpunkt mit Gl. (691)

$$\left(\frac{dS}{dT}\right)_{T=0} = \left(\frac{c}{T}\right)_{T=0} = 0 .$$

Folglich muß $\frac{c}{T}$ durch die unendliche Reihe

$$\frac{c}{T} = a_1\,T + a_2\,T^2 + \cdots$$

ausdrückbar sein und c durch die Reihe

$$c = a_1\,T^2 + a_2\,T^3 + \cdots , \tag{692}$$

d. h. c muß im absoluten Nullpunkt unendlich klein höherer Ordnung werden. Tatsächlich gilt nach DEBYE in der Nähe des absoluten Nullpunktes für feste Körper

$$c = c_0\,T^3 , \tag{693}$$

d. h. die spezifische Wärme ist der dritten Potenz der absoluten Temperatur proportional. Fällt aber in Gl. (690) auf diese Weise das Glied mit a_0 fort, so wird $|AL|$ endlich und damit könnte auf Grund des II. Hauptsatzes der absolute Nullpunkt doch erreicht werden.

Man kann sich nun vorstellen, daß man einen Körper bis dicht an den absoluten Nullpunkt abgekühlt hat und daß der letzte Schritt zur Erreichung dieses Punktes durch eine adiabatische Entspannung des Körpers erfolgen soll. Diese Möglichkeit besteht jedoch nicht, wenn der Differentialquotient $\left(\dfrac{\partial T}{\partial V}\right)_s$, also die Temperaturabnahme je Volumenzunahme Null wird. Nun läßt sich zeigen, daß gerade die Beziehung Gl. (661a), die den III. Hauptsatz verkörpert, zu der Folgerung

$$\lim_{T=0}\left(\frac{\partial T}{\partial V}\right)_s = 0$$

führt, so daß dieser mithin die Unerreichbarkeit des absoluten Nullpunktes fordert[1].

Man kann daher geradezu diese Tatsache zur Formulierung des III. Hauptsatzes verwenden. So gibt NERNST[2] für die drei Hauptsätze folgende Formulierung:

I. Hauptsatz: Es ist unmöglich, eine Maschine zu bauen, die fortwährend Wärme oder äußere Arbeit an nichts schafft.

II. Hauptsatz: Es ist unmöglich, eine Maschine zu konstruieren, die fortwährend die Wärme der Umgebung in äußere Arbeit verwandelt.

III. Hauptsatz: Es ist unmöglich, eine Vorrichtung zu ersinnen, durch die ein Körper völlig der Wärme beraubt, d. h. bis zum absoluten Nullpunkte abgekühlt werden kann.

VIII. Wärmeaustausch.

185. Allgemeine Bemerkungen. Die Lehre vom Wärmeaustausch ist zu einem so umfangreichen selbständigen Gebiet der Thermodynamik geworden, daß eine Anzahl umfassender Lehrbücher diesen Gegenstand im besonderen behandeln[3]. Wir wollen uns daher darauf beschränken, im Rahmen der allgemeinen angewandten Thermodynamik lediglich das Grundsätzliche dieses Gebietes darzustellen.

Unter Wärmeaustausch ist der Vorgang zu verstehen, daß Wärme von einem Körper höherer Temperatur auf einen Körper tieferer Temperatur übergeht. Dieser Austausch kann auf drei verschiedene Arten erfolgen.

Bei der *Wärmeleitung* pflanzt sich die Wärme im Innern eines Körpers fort, wobei die energiereicheren Moleküle Energie auf die benachbarten energieärmeren übertragen. Der Grad der Erwärmung eines Körpers, also seine Temperatur, hängt, wie schon in Nr. 5 gezeigt

<hr>

[1] Kritische Betrachtungen zu dieser Frage s. z. B. bei A. EUCKEN: Grundriß der physikalischen Chemie. Leipzig: Akademische Verlagsgesellschaft 1948.

[2] NERNST, W.: Die theoretischen und experimentellen Grundlagen des neuen Wärmesatzes. Halle: W. Knapp 1918.

[3] GRÖBER, H. und S. ERK: Die Grundgesetze der Wärmeübertragung. Berlin: Springer 1933; M. TEN BOSCH: Die Wärmeübertragung. 3. Aufl. Berlin: Springer 1936; A. SCHACK: Der industrielle Wärmeübergang. Düsseldorf: Stahleisen 1948.

wurde, unmittelbar mit der Bewegungsenergie der Moleküle zusammen. Bei Flüssigkeiten und Gasen kommt im Gegensatz zu dem festen Körper noch ein materieller Austausch gemäß der Brownschen Bewegung hinzu, jedoch bleibt der Wärmeaustausch durch Leitung seinem Wesen nach mikroskopisch. In Abb. 269 ist ein quaderförmiger fester Körper abgebildet, dessen Fläche I die höhere Temperatur t_1 und dessen Fläche II die tiefere Temperatur t_2 habe. Die Dicke des Körpers in Richtung des Temperaturgradienten sei δ. Man setzt nach dem Vorgang von FOURIER die Wärme, die von der Fläche I zur Fläche II übergeht, proportional der Temperaturdifferenz $t_1 - t_2 = \Theta$, der Fläche F und der Zeit z und umgekehrt proportional der Dicke. Der Proportionalitätsfaktor ist λ. Dann ist

$$\overline{Q} = \lambda \frac{\Theta F z}{\delta} \text{ kcal} , \qquad (694)$$

oder

$$Q = \lambda \frac{\Theta F}{\delta} \text{ kcal/h} . \qquad (694a)$$

Man nennt λ die *Wärmeleitzahl*. Sie ist abhängig von der Art des Körpers und der Temperatur. Wie aus Gl. (694) hervorgeht, hat λ die Dimension kcal/m h grd.

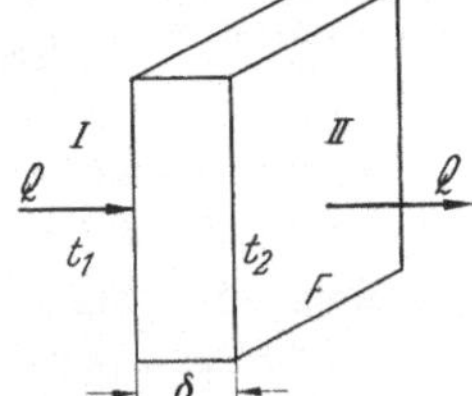

Abb. 269. Zur Erläuterung der Wärmeleitung.

Bei der *Wärmestrahlung* wird die Wärme von dem Körper höherer Temperatur in Form von Wellenenergie abgegeben. Dabei sind die ultraroten Strahlen des Spektrums die wesentlichen Träger dieser Energie. Nach dem Gesetz von STEFAN-BOLTZMANN ist die abgegebene Energie proportional der vierten Potenz der absoluten Temperatur, der Fläche und der Zeit. Es ist daher

$$\overline{Q} = C_1 \, T^4 F z \text{ kcal} : \qquad (695)$$

Diese Gleichung wird in einer für praktische Rechnungen bequemeren Form meist

$$\overline{Q} = C \left(\frac{T}{100}\right)^4 F \, z \text{ kcal} , \qquad (695)$$

oder

$$Q = C \left(\frac{T}{100}\right)^4 F \text{ kcal/h} \qquad (965a)$$

geschrieben. Der Proportionalitätsfaktor C heißt *Strahlungskonstante*. Sie hängt von der Beschaffenheit der strahlenden Oberfläche ab und hat nach Gl. (695) die Dimension kcal/m^2 h grd^4.

Schließlich kann Wärme auch durch *Konvektion* übertragen werden. Dabei ist die Wärme an das einzelne makroskopische Teilchen gebunden, das diese durch seine Ortsveränderung transportiert. Im Gegensatz zur Wärmeleitung ist die Übertragung von Wärme durch Konvektion ihrem Wesen nach also makroskopischer Natur. Die Konvektion spielt sich in Flüssigkeiten und Gasen ab und ist für die Technik besonders bedeutsam. In Abb. 270 sei W eine Wand mit der höheren Temperatur t_W. Rechts von der Wand befinde sich eine Flüssigkeit mit der tieferen Temperatur t_F. Man setzt dann die von der Wand an die Flüssigkeit übertragene Wärmemenge proportional der Temperaturdifferenz $t_W - t_F = \Theta$, der Fläche und der Zeit und erhält

$$\overline{Q} = \alpha\,\Theta\,F\,z \text{ kcal}, \qquad (696)$$

oder

$$Q = \alpha\,\Theta F \text{ kcal/h}. \qquad (696a)$$

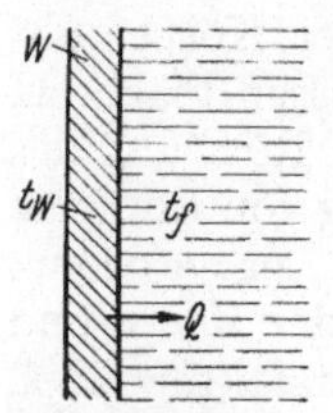

Abb. 270. Zur Erläuterung der Konfektion.

Der Proportionalitätsfaktor α heißt *Wärmeübergangszahl*. Sie hat nach Gl. (696) die Dimension kcal/m² h grd, also eine andere Dimension als die Wärmeleitzahl. Die Wärmeübergangszahl ist abhängig von den Bewegungsverhältnissen der Flüssigkeit bzw. des Gases und ihre Ermittlung ist eng mit den Gesetzen der Strömungslehre verknüpft. Den gesamten Vorgang nennt man *Wärmeübergang*.

Während das Gesetz Gl. (695) von STEFAN-BOLTZMANN theoretisch begründet ist, sind die Ansätze Gl. (694) und (696) empirisch. Man könnte beispielsweise beim Ansatz Gl. (696) ebensogut $\overline{Q}$ proportional einer Potenz der Temperaturdifferenz setzen. Man erhielte dann andere Werte für α. Indessen haben sich die angeführten Ansätze als am brauchbarsten erwiesen.

Der Wärmeaustausch durch Leitung und Konvektion ist an Materie gebunden, der Wärmeaustausch durch Strahlung ist auch ohne Materie, also im luftleeren Raum möglich.

186. Der Wärmedurchgang durch ebene Platten. Nachdem wir das Grundsätzliche über den Wärmeaustausch kennengelernt haben, wollen wir jetzt dazu übergehen, seine einzelnen Arten einer näheren Betrachtung zu unterwerfen. Nach Gl. (694a) geht je Stunde durch eine Platte folgende Wärmemenge hindurch:

$$Q = \frac{\lambda(t_1 - t_2)}{\delta}\,F. \qquad (697)$$

Auf eine unendlich dünne Schicht von der Dicke $d x$ angewendet kann Gl. (697) geschrieben werden

$$Q = -\lambda\,F\,\frac{dt}{dx}. \qquad (698)$$

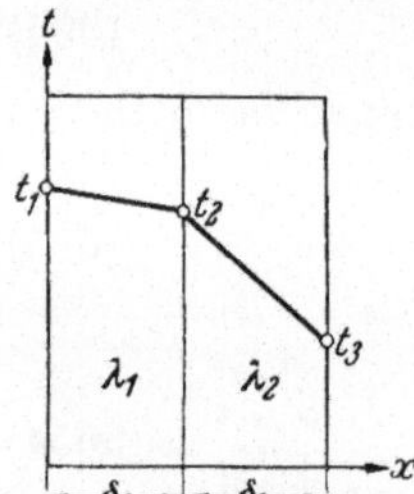

Abb. 271. Temperaturverlauf beim Wärmestrom durch Platten verschiedener Wärmeleitfähigkeit.

Das negative Zeichen kommt dadurch zustande, daß t mit zunehmenden x abnimmt.

Da bei festen Werten t_1 und t_2 auch Q festliegt, ist dt/dx konstant und der Temperaturabfall innerhalb einer Platte konstanter Wärmeleitzahl linear.

Sind mehrere Platten hintereinandergeschaltet (Abb. 271), so ist für die erste Platte

$$Q = \lambda_1 F\,\frac{t_1 - t_2}{\delta_1} \qquad (699)$$

und für die zweite

$$Q = \lambda_2 F\,\frac{t_2 - t_3}{\delta_2}. \qquad (700)$$

Daraus folgt für die beiden Temperatursprünge

$$\frac{t_1 - t_2}{t_2 - t_2} = \frac{\lambda_2 \delta_1}{\lambda_1 \delta_2}. \tag{701}$$

Eliminiert man die nicht interessierende Zwischentemperatur t_2 in Gl. (699) und (700), so erhält man

$$Q = \frac{1}{\dfrac{\delta_1}{\lambda_1} + \dfrac{\delta_2}{\lambda_2}}\, F\,(t_1 - t_3)\,. \tag{702}$$

Man bezeichnet den Ausdruck

$$k = \frac{1}{\dfrac{\delta_1}{\lambda_1} + \dfrac{\delta_2}{\lambda_2}}$$

als *Wärmedurchgangszahl* und erhält dann an Stelle von Gl. (702)

$$Q = k\,F\,(t_1 - t_3) = k\,F\,\Theta\,. \tag{703}$$

Praktisch tritt im allgemeinen der Wärmeaustausch durch Leitung zusammen mit dem Wärmeaustausch durch Konvektion auf, wenn sich z. B. links und rechts der ebenen Wand (Abb. 272) Gase oder Flüssigkeiten befinden. Es treten dann an den Wärmeübergangsstellen die Temperatursprünge $t_i - t_1$ bzw. $t_2 - t_a$ mit den Wärmeübergangszahlen α_i (innen) und α_a (außen) auf, wobei die Temperaturen t_i und t_a den Gasen oder Flüssigkeiten, die Temperaturen t_1 und t_2 den Wandoberflächen zugeordnet sind. Unter Berücksichtigung von Gl. (694a) und (696a) ergibt sich die stündlich übertragene Wärmemenge zu

$$Q = \alpha_i(t_i - t_1)\,F\,,$$

$$Q = \frac{\lambda(t_1 - t_2)}{\delta}\,F\,,$$

$$Q = \alpha_a(t_2 - t_a)\,F\,.$$

Durch Eliminieren von t_1 und t_2 folgt daraus

$$Q = \frac{1}{\dfrac{1}{\alpha_a} + \dfrac{\delta}{\lambda} + \dfrac{1}{\alpha_i}}\,(t_i - t_a)\,F = k\,(t_i - t_a)\,F\,.$$

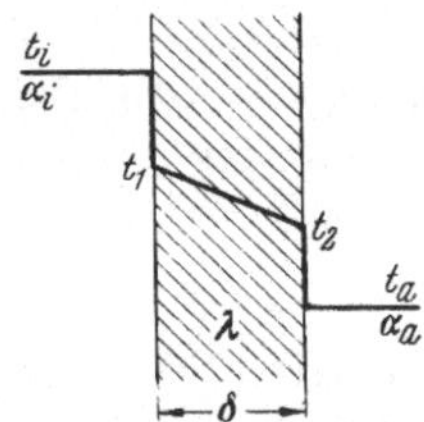

Abb. 272. Wärmedurchgang durch ebene Flächen.

Ist Θ die gesamte Temperaturdifferenz $t_i - t_a$ und sind mehrere wärmeleitende Schichten mit den Dicken bzw. Wärmeleitzahlen $\delta_1, \delta_2 \ldots$ und $\lambda_1, \lambda_2 \ldots$ vorhanden, so ist allgemein

$$Q = k\,\Theta\,F \tag{704}$$

mit der Wärmedurchgangszahl

$$k = \frac{1}{\dfrac{1}{\alpha_a} + \dfrac{\delta_1}{\lambda_1} + \dfrac{\delta_2}{\lambda_2} + \cdots \dfrac{1}{\alpha_i}}\,. \tag{705}$$

187. Der Wärmedurchgang durch das Rohr. Etwas verwickelter liegen die Verhältnisse, wenn die Wärmedurchgangsfläche wie beim

Rohr nicht eben ist. Für das in Abb. 273 und 274 dargestellte Rohr mit den Radien r_i und r_a, der Wärmeleitzahl λ und der Länge L ergibt sich für den gestrichelten Zylinder

$$Q = -2\pi r \lambda \frac{dt}{dr} L\,, \tag{706}$$

wobei $2\pi r L$ eine wärmeübertragende Fläche innerhalb des Zylinders ist. Aus Gl. (706) ersieht man schon, daß im Gegensatz zum ebenen Problem der Temperaturabfall innerhalb der Rohrwandung nicht gradlinig ist. Aus Gl. (706) folgt

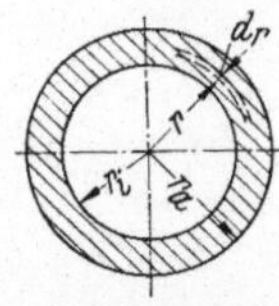

Abb. 273.

$$dt = -\frac{Q}{2\pi r \lambda L}\, dr\,,$$

oder integriert zwischen der Rohrwandtemperatur t_1 und einem Wert t im Innern der Rohrwand

$$t_1 - t = \frac{Q}{2\pi \lambda L} \ln \frac{r}{r_i}\,, \tag{707}$$

woraus man ersieht, daß die Temperatur innerhalb der Rohrwand nach einer logarithmischen Kurve verläuft. Für die festen Temperaturen t_1 und t_2 folgt aus Gl. (707)

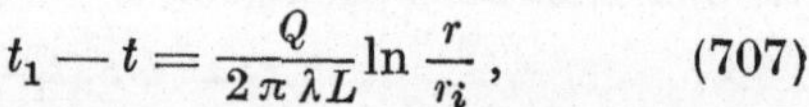

Abb. 274.

Wärmedurchgang beim Rohr.

$$t_1 - t_2 = \frac{Q}{2\pi \lambda L} \ln \frac{r_a}{r_i} = \frac{Q}{2\pi \lambda L} \ln \frac{D_a}{D_i}\,,$$

wenn man die Radien durch die Durchmesser ersetzt. Dann ist

$$Q = \frac{2\pi L}{\frac{1}{\lambda} \ln \frac{D_a}{D_i}} (t_1 - t_2)\,. \tag{708}$$

Kommen noch Wärmeübergänge an der Außenwand und der Innenwand vor, so ist dafür mit $\pi D_i L$ als innerer und $\pi D_a L$ als äußerer Fläche

$$Q = \pi D_i L \alpha_i (t_i - t_1)\,, \tag{709}$$

$$Q = \pi D_a L \alpha_a (t_2 - t_a)\,. \tag{710}$$

Aus Gl. (708), (709) und (710) ergibt sich durch Eliminieren der Temperaturen t_1 und t_2 mit $t_i - t_a = \Theta$

$$Q = \frac{\pi L \Theta}{\dfrac{1}{\alpha_a D_a} + \dfrac{1}{2\lambda} \ln \dfrac{D_a}{D_i} + \dfrac{1}{\alpha_i D_i}}\,, \tag{711}$$

oder allgemein für Rohrwände aus verschiedenartigen Schichten zwischen den Radien r_i und r_1, r_1 und $r_2 \ldots r_n$ und r_a mit den Wärmeleitzahlen $\lambda_1, \lambda_2 \ldots \lambda_n$

$$Q = \frac{2\pi L \Theta}{\dfrac{1}{\alpha_a r_a} + \dfrac{1}{\lambda_1} \ln \dfrac{r_a}{r_1} + \dfrac{1}{\lambda_2} \ln \dfrac{r_1}{r_2} + \ldots \dfrac{1}{\lambda_n} \ln \dfrac{r_n}{r_i} + \dfrac{1}{\alpha_i r_i}}\,, \tag{712}$$

oder mit den Durchmessern

$$Q = \frac{\pi L \Theta}{\dfrac{1}{\alpha_a D_a} + \dfrac{1}{2\lambda_1} \ln \dfrac{D_a}{D_1} + \dfrac{1}{2\lambda_2} \ln \dfrac{D_1}{D_2} + \ldots \dfrac{1}{2\lambda} \ln \dfrac{D_n}{D_i} + \dfrac{1}{\alpha_i D_i}}\,. \tag{713}$$

Zuweilen wird der reziproke Wert des Nenners der Gl. (712) und (713) als Wärmedurchgangszahlen für das Rohr k_R bezeichnet. Dabei hat dann k_R die Dimension kcal/m h grd, also dieselbe Dimension wie die Wärmeleitzahl.

188. Der nichtstationäre Wärmedurchgang. Wir haben bisher stillschweigend vorausgesetzt, daß der Wärmedurchfluß stationär ist, d. h. daß die Temperaturen an den einzelnen Punkten des betrachteten Systems sich zeitlich nicht ändern. Für die meisten praktisch vorkommenden Fälle trifft diese Voraussetzung zu. Sie trifft jedoch nicht mehr zu, wenn man z. B. die Abkühlung eines zunächst gleichmäßig erwärmten Körpers in der ihn umgebenden Luft betrachtet. Es leuchtet ohne weiteres ein, daß sich die äußeren Schichten des Körpers rascher abkühlen werden als die inneren und die Temperatur an jeder beliebigen Stelle des Körpers wird sich zeitlich solange ändern, bis Beharrungszustand eingetreten ist, bis also der Körper in seiner Gesamtheit die Temperatur der Umgebung angenommen hat.

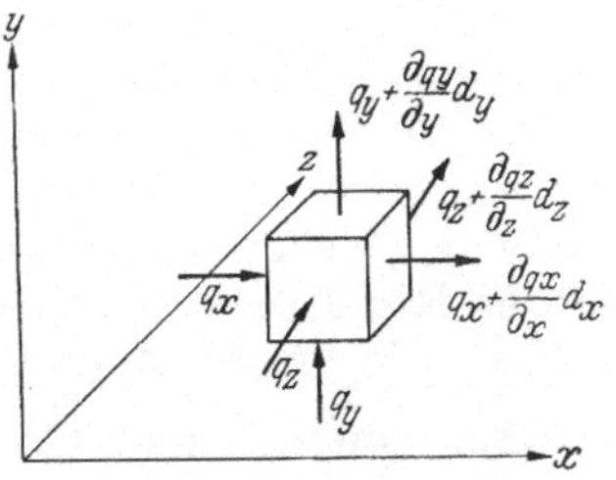

Abb. 275. Nichtstationäre Wärmeströmung.

Um diesen Vorgang näher zu betrachten, denken wir uns nach Abb. 275 aus einem Körper, in dem irgendwelche Wärmeströmungen vorsichgehen, einen unendlich kleinen Würfel mit den Kantenlängen dx, dy und dz herausgeschnitten. Je Flächeneinheit und Zeiteinheit trete in Richtung der x-Achse die Wärmemenge q_x in den Würfel ein und die Wärmemenge $q_x + \dfrac{\partial q_x}{\partial x} dx$ aus dem Würfel aus. Entsprechendes gilt auch für die anderen Richtungen mit den Wärmemengen q_y und q_z. Dann bleibt je Zeiteinheit die Wärmemenge

$$q_x\,dy\,dz - \left(q_x + \frac{\partial q_x}{\partial x}\,dx\right)dy\,dz + q_y\,dx\,dz - \left(q_y + \frac{\partial q_y}{\partial y}\,dy\right)dx\,dz +$$

$$+ q_z\,dx\,dy - \left(q_z + \frac{\partial q_z}{\partial z}\right)dx\,dy$$

im Würfel zurück und dient zur Temperaturerhöhung dt. Mit c als spezifischer Wärme je kg und γ als spezifischem Gewicht ist also die zurückbleibende Wärmemenge je Zeiteinheit mit τ als Zeit

$$dx\,dy\,dz\,c\,\gamma\,\frac{\partial t}{\partial \tau}\,.$$

Diese beiden Wärmemengen müssen gleich sein. Folglich ist

$$c\gamma\,\frac{\partial t}{\partial \tau} = -\left(\frac{\partial q_x}{\partial x} + \frac{\partial q_y}{\partial y} + \frac{\partial q_z}{\partial z}\right). \tag{714}$$

Nun ist aber nach Gl. (698)

$$q_x = -\lambda\,\frac{\partial t}{\partial x}\,;\;\; q_y = -\lambda\,\frac{\partial t}{\partial y}\,;\;\; q_z = -\lambda\,\frac{\partial t}{\partial z}$$

und

$$\frac{\partial q_x}{\partial x} = -\lambda\,\frac{\partial^2 t}{\partial x^2}\,;\;\; \frac{\partial q_y}{\partial y} = -\lambda\,\frac{\partial^2 t}{\partial y^2}\,;\;\; \frac{\partial q_z}{\partial z} = -\lambda\,\frac{\partial^2 t}{\partial z^2}\,.$$

17*

Setzt man diese Werte in Gl. (714) ein, so ergibt sich

$$\frac{\partial t}{\partial \tau} = \frac{\lambda}{c\gamma}\left(\frac{\partial^2 t}{\partial x^2} + \frac{\partial^2 t}{\partial y^2} + \frac{\partial^2 t}{\partial z^2}\right). \tag{715}$$

Den Ausdruck

$$a = \frac{\lambda}{c\gamma} \tag{716}$$

nennt man *Temperaturleitfähigkeit*. Sie hat die Dimension m²/h. Setzt man ferner für die Klammer die in der Vektorrechnung übliche Bezeichnung $\nabla^2 t$, so erhält man

$$\frac{\partial t}{\partial \tau} = a\,\nabla^2 t. \tag{717}$$

Diese von Fourier stammende partielle Differentialgleichung regelt den Temperaturverlauf innerhalb eines Körpers bei nicht stationärer Strömung, wobei zur Lösung dann noch die Randbedingungen für das Problem gegeben sein müssen. Die praktische Berechnung gestaltet sich in der Regel recht schwierig. Für die Abkühlungsvorgänge einfacher Körper wie Platte, Zylinder und Kugel gibt es besondere Tafeln[1].

189. Emission und Absorption. Gesetz von Kirchhoff. Wir wollen jetzt dazu übergehen, den Wärmeaustausch durch Strahlung näher zu betrachten. Wird eine Oberfläche von einer Strahlung getroffen, so wird der Anteil ε absorbiert, der Anteil ϱ reflektiert, wobei wir voraussetzen, daß die Fläche für die Strahlung undurchlässig ist. Es ist also

$$\varepsilon + \varrho = 1. \tag{718}$$

Ein Körper, der sämtliche Strahlen absorbiert ($\varepsilon = 1$) wird ein *schwarzer Körper* genannt. Werden alle Strahlen reflektiert ($\varrho = 1$), so heißt er ein *weißer Körper* Wird von den Strahlen sämtlicher Wellenlängen der gleiche Bruchteil reflektiert, so liegt ein *grauer Körper* vor. Schließlich ist es auch noch möglich, daß bei der Reflektion gewisse Wellenlängen bevorzugt werden. Dann heißt der Körper *farbig*. Werden z. B. nur die Strahlen des grünen sichtbaren Lichtes reflektiert und alle anderen Strahlen absorbiert, so erscheint der Körper grün. Jedoch wird der Ausdruck farbig auch im erweiterten Sinn für Wellenlängen außerhalb des sichtbaren Spektrums gebraucht. In der Technik hat man es in der Regel mit grauen Körpern zu tun.

Wir stellen uns nun vor, daß sich zwei parallele Platten I und II, deren Abstand klein im Verhältnis zu ihrer Oberfläche F ist, gegenüberstehen und sich anstrahlen. Nach Gl. (695a) wird von I je m² und Stunde die Energie

$$\frac{Q_1}{F} = E_1 = C_1\left(\frac{T_1}{100}\right)^4 \tag{719}$$

ausgestrahlt. Man bezeichnet E_1 auch mit *Emission*. Allgemein ist also die Emission die Energie je m² und Stunde. Von der Emission E_1 ab-

---

[1] Gröber, H. u. S. Erk: Die Grundgesetze der Wärmeübertragung. Berlin: Springer 1933. — H. Bachmann: Tafeln über Abkühlungsvorgänge einfacher Körper. Berlin: Springer 1938.

sorbiert die Platte II den Betrag $\varepsilon_2 E_1$ und reflektiert $\varrho_2 E_1$. Vom Betrag $\varrho_2 E_1$ absorbiert I wiederum $\varepsilon_1 \varrho_2 E_1$ und reflektiert $\varrho_1 \varrho_2 E_1$ usw. Im ganzen erhält Platte I von ihrer Strahlung den Betrag

$$E_1 \varepsilon_1 \varrho_2 \left[1 + \varrho_1 \varrho_2 + (\varrho_1 \varrho_2)^2 + \cdots\right]$$

wieder zurück. Die Summe der Reihe in der eckigen Klammer ist $\dfrac{1}{1 - \varrho_1 \varrho_2}$, so daß schließlich von Platte I an Platte II unter Berücksichtigung von Gl. (718) die Energie

$$q_1 = E_1 - E_1 \frac{\varepsilon_1 \varrho_2}{1 - \varrho_1 \varrho_2} = E_1 \frac{\varepsilon_2}{1 - \varrho_1 \varrho_2} \tag{720}$$

abgegeben wird.

Nun empfängt aber Platte I auch von Platte II einen Energiebetrag. Platte II emittiert je m^2 die Energie

$$\frac{Q_2}{F} = E_2 = C_\varepsilon \left(\frac{T_2}{100}\right)^4. \tag{721}$$

Durch eine der vorgehenden analoge Betrachtung finden wir, daß Platte I von der Emission der Platte II den Betrag

$$q_2 = E_2 \frac{\varepsilon_1}{1 - \varrho_1 \varrho_2}$$

absorbiert. Im ganzen gibt also Platte I die Energiemenge

$$q_1 - q_2 = q_{12} = \frac{E_1 \varepsilon_2 - E_2 \varepsilon_1}{1 - \varrho_1 \varrho_2} \tag{722}$$

ab. Nun strahlen aber beide Platten offenbar auch dann, wenn sie sich auf gleicher Temperatur befinden. Da jedoch dann nach dem II. Hauptsatz die von I abgegebene Energie Null werden muß, da sonst von selbst eine Temperaturerhöhung von II auftreten würde, so muß dann $q_1 - q_2 = 0$ sein. Folglich ist nach Gl. (722) für eine gegebene Temperatur

$$E_1 \varepsilon_2 = E_2 \varepsilon_1 \,,$$

oder

$$\frac{E_1}{\varepsilon_1} = \frac{E_2}{\varepsilon_2} = f(T) \,. \tag{723}$$

Dies Gesetz wurde zuerst von KIRCHHOFF gefunden. Bei gegebener Temperatur ist danach das Verhältnis des Emissionsvermögens E zur Absorptionsziffer ε konstant. Das Emissionsvermögen ist also um so größer, je größer die Absorptionsziffer ist. Für einen schwarzen Körper erreicht ε den Höchstwert Eins. Folglich hat ein schwarzer Körper das größte Emissionsvermögen. Für den schwarzen Körper gilt

$$E_s = C_s \left(\frac{T}{100}\right)^4 \tag{724}$$

mit $C_s = 4{,}96 \ \text{kcal/m}^2\,\text{h grd}^4$. Für den grauen Körper ist entsprechend

$$E = \varepsilon C_s \left(\frac{T}{100}\right)^4 = C \left(\frac{T}{100}\right)^4 , \tag{725}$$

wobei

$$C = \varepsilon\, C_s \qquad (726)$$

gesetzt ist[1].

Gl. (723) gilt in dieser Form eigentlich nur für schwarze und graue Körper. Für farbige Körper ist der Quotient $\dfrac{E}{\varepsilon}$ auch noch von der Wellenlänge der Strahlung abhängig, doch ist diese Tatsache für praktische Zwecke von untergeordneter Bedeutung.

190. Die Strahlung des schwarzen Körpers. Aus den vorhergehenden Ausführungen geht hervor, daß ein schwarzer Körper über das gesamte Spektrum strahlt. Wir können nun die Energie messen, die zwischen zwei Wellenlängen λ und $\lambda + d\lambda$ abgestrahlt wird. Diese Energie sei dE_s. Dann nennt man den Ausdruck

$$\frac{dE_s}{d\lambda} = J_\lambda \qquad (727)$$

die *Strahlungsintensität*. J_λ hat nach Gl. (727) die Dimension kcal/m³ h grd⁴. Trägt man J_λ über λ auf, so erhält man für jede Temperatur eine bestimmte Kurve, von denen zwei in Abb. 276 gezeichnet sind. Der Ausdruck $dE_s = J_\lambda\, d\lambda$ wird z. B. für die untere Kurve durch die schraffierte Fläche dargestellt. Die gesamte ausgestrahlte Energie ergibt sich zu

$$E_s = \int\limits_{\lambda=0}^{\lambda=\infty} J_\lambda\, d\lambda \qquad (728)$$

und ist gleich der unter den Kurven liegenden Fläche. PLANCK hat aus theoretischen Überlegungen für die Form der Kurven die Gleichung

$$J_\lambda = \frac{c_1}{\lambda^5 \left(e^{\,c_2/\lambda T} - 1\right)} \qquad (729)$$

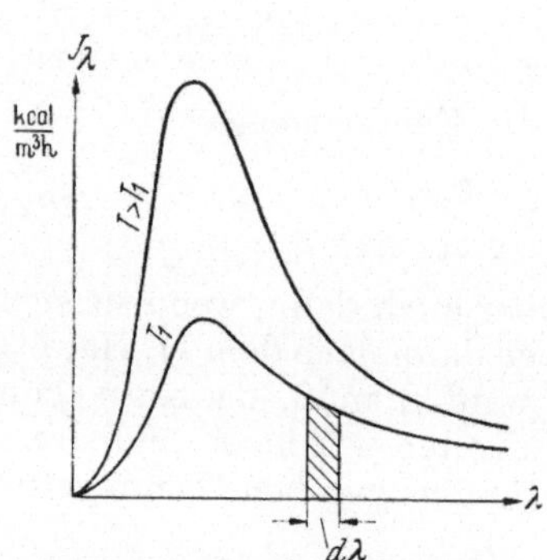

Abb. 276. Strahlungsintensität in Abhängigkeit von der Wellenlänge.

abgeleitet, worin c_1 und c_2 Konstante sind. Die Ausführung der Integration Gl. (728) mit J_λ aus Gl. (729) führt zu der Gesetzmäßigkeit, daß E der vierten Potenz der absoluten Temperatur proportional ist, was wir bereits in Nr. 185 bemerkten.

In Abb. 276 sehen wir ferner, daß das Maximum der Intensität bei höherer Temperatur in den Bereich kleinerer Wellenlängen rückt. Die Lage des Maximums erhalten wir aus der Beziehung

$$\frac{dJ_\lambda}{d\lambda} = 0$$

Es ergibt sich dann das *Wiensche Verschiebungsgesetz* in der Form

$$\lambda_m T = \text{konst} , \qquad (730)$$

---

[1] Absorptionszahlen technisch wichtiger Flächen s. z. B. Taschenbuch *Hütte* Bd. I. 1948 und E. SCHMIDT u. E. ECKERT: Forschg. Ing.-Wes. 6 (1935) S. 175.

wonach das Produkt aus der dem Maximum der Intensität zugeordneten Wellenlänge λ_m und der absoluten Temperatur konstant ist. Je höher also die Temperatur ist, um so kleiner wird die Wellenlänge λ_m.

Bei den technisch vorkommenden Temperaturen liegt der wesentliche Anteil der ausgestrahlten Energie bei Wellenlängen oberhalb $0{,}75\,\mu$ bis zu etwa $400\,\mu$, also im sogenannten ultraroten Teil des Spektrums[1]. Nach der Seite der kürzeren Wellen schließt sich dann der sichtbare Teil des Spektrums, nach der Seite der langen Wellen schließen sich die elektromagnetischen Wellen an. Den oben genannten Bereich ordnet man der Wärmestrahlung zu. Dies ist jedoch nicht etwa so zu verstehen, daß lediglich innerhalb dieses Bereiches Wärmewirkungen auftreten, vielmehr werden alle Strahlen auf einen schwarzen Körper temperaturerhöhend. In dem besagten Gebiet ist lediglich infolge der Form der Strahlungskurven die Wärmewirkung am größten.

Ein absolut schwarzer Körper ist an sich ein ideales Gebilde. Man kann ihn mit großer Annäherung herstellen als einen Hohlraum mit einer verhältnismäßig kleinen Öffnung. Alle Strahlen, welche durch die Öffnung nach Innen gelangen, werden dann im Innern praktisch vollkommen absorbiert, ehe sie nach vielen Reflektionen wieder austreten können.

191. Das Lambertsche Cosinungesetz. Während eine punktförmige Strahlungsquelle nach allen Richtungen gleichmäßig strahlt, ist das bei einer flächenhaften nicht der Fall. Ist dF ein Flächenelement, das in Richtung der Normalen n je Flächen- und Zeiteinheit die Energie E_n ausstrahlt, so wird in der Richtung mit dem Winkel φ gegen die Normale die Energie

$$E_\varphi = E_n \cos \varphi \qquad (731)$$

ausgestrahlt. Dies ist das *Lambertsche Gesetz*.

Umgeben wir nach Abb. 277 das Flächenelement dF mit einer Halbkugel vom Radius r, so fängt diese die gesamte von dF ausgehende Strahlung auf. Die auf die Flächeneinheit der Halbkugel treffende

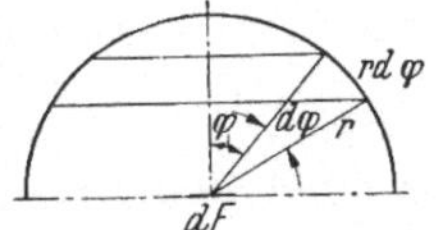

Abb. 277. Zur Erläuterung des Lambertschen Gesetzes

Energie nimmt nun einerseits nach Gl. (731) mit dem Winkel φ ab, andererseits wird sie von um so weniger Strahlen getroffen, je weiter sie von dF entfernt ist und zwar erfolgt die Abnahme proportional $\dfrac{1}{r^2}$. Die Kugelzone mit der Fläche

$$r\,d\varphi \cdot 2\,\pi r \sin\varphi = 2\,r^2\pi \sin\varphi\,d\varphi$$

nimmt also die Strahlung

$$d(E\,dF) = E_n \cos\varphi\,dF\,\frac{1}{r^2} \cdot 2\,r^2\pi \sin\psi\,d\varphi = E_n\,\pi \sin 2\varphi\,d\varphi\,dF$$

auf. Für die Halbkugel ergibt sich dann

$$\left.\begin{aligned} E\,dF &= E_n\pi\,dF \int_0^{\pi/2} \sin 2\varphi\,d\varphi = \pi\,E_n\,dF\,,\\ E &= \pi\,E_n\,. \end{aligned}\right\} \qquad (732)$$

---

[1] $1\mu = 0{,}001$ mm.

Die Gesamtstrahlung je Flächeneinheit eines Flächenelementes beträgt also das π fache der Normalstrahlung.

192. Strahlungsaustausch zwischen zwei parallelen Flächen. Wir wollen uns jetzt die Aufgabe stellen die zwischen zwei Körpern durch Strahlung ausgetauschte Wärmemenge zu berechnen. Die Lösung dieser Aufgabe steckt eigentlich bereits in den Überlegungen der Nr. 189, doch wollen wir hier eine etwas andere Betrachtungsweise verwenden.

Wir betrachten zunächst zwei sehr große parallele Flächen I und II mit den absoluten Temperaturen T_1 und T_2 und den Absorptionsziffern ε_1 und ε_2. Dann emittieren die Flächen die Strahlung

$$E_1 = \varepsilon_1 C_s \left(\frac{T_1}{100}\right)^4, \tag{733}$$

$$E_2 = \varepsilon_2 C_s \left(\frac{T_2}{100}\right)^4. \tag{734}$$

Außer der durch Gl. (733) und (734) gekennzeichneten Energie- bzw. Wärmemenge geht von jeder der Flächen noch diejenige Strahlung aus, die jeweils reflektiert wird. Die gesamte Strahlung einschließlich der reflektierten sei H. Dann ist die je Flächeneinheit ausgetauschte Wärmemenge

$$q_{12} = H_1 - H_2. \tag{735}$$

Nun ist aber

$$H_1 = E_1 + (1 - \varepsilon_1) H_2, \tag{736}$$

wobei $(1 - \varepsilon_1) H_2$ der reflektierte Betrag der von der Fläche II ausgehenden Strahlung ist. Ebenso ist

$$H_2 = E_2 + (1 - \varepsilon_2) H_1. \tag{737}$$

Rechnet man H_1 und H_2 aus Gl. (736) und (737) aus und setzt beide Größen in Gl. (735) ein, so folgt

$$q_{12} = \frac{\varepsilon_2 E_1 - \varepsilon_1 E_2}{\varepsilon_2 + \varepsilon_1 - \varepsilon_1 \varepsilon_2}. \tag{738}$$

Diese Gleichung ist identisch mit Gl. (722), zu der wir mit Hilfe einer etwas anderen Überlegung gekommen waren. Man kann sicht leicht davon überzeugen, wenn man in Gl. (722) für ϱ_1 und ϱ_2 beziehentlich $(1 - \varepsilon_1)$ und $(1 - \varepsilon_2)$ einsetzt.

Setzt man in Gl. (738) wieder für E_1 und E_2 die Werte nach Gl. (733) und (734) ein, so ergibt sich

$$q_{12} = \frac{C_s}{\dfrac{1}{\varepsilon_1} + \dfrac{1}{\varepsilon_2} - 1} \left[\left(\frac{T_1}{100}\right)^4 - \left(\frac{T_2}{100}\right)^4\right] = C_{12}\left[\left(\frac{T_1}{100}\right)^4 - \left(\frac{T_2}{100}\right)^4\right] \text{ kcal/m}^2\text{h.} \tag{739}$$

Sind $C_1 = \varepsilon_1 C_s$ und $C_2 = \varepsilon_2 C_s$ die Strahlungskonstanten der beiden Flächen, so ergibt sich weiter

$$C_{12} = \frac{C_s}{\dfrac{1}{\varepsilon_1} + \dfrac{1}{\varepsilon_2} - 1} = \frac{1}{\dfrac{1}{C_1} + \dfrac{1}{C_2} - \dfrac{1}{C_s}}. \tag{740}$$

Ist $\varepsilon_1 = 1$, so wird $C_{12} = C_2$, wird $\varepsilon_2 = 1$, so wird $C_{12} = C_1$ und ist schließlich $\varepsilon_1 = \varepsilon_2 = 1$, so wird $C_{12} = C_s$.

Haben die Flächen die Größe F, so ist die von I nach II übertragene Wärme

$$Q_{12} = C_{12}\left[\left(\frac{T_1}{100}\right)^4 - \left(\frac{T_2}{100}\right)^4\right] F \text{ kcal/h} . \tag{741}$$

193. Strahlungsaustausch zwischen konzentrischen Flächen. Wir betrachten jetzt den Strahlungsaustausch zwischen zwei konzentrischen Kugeln oder Zylindern I und II (Abb. 278 und 279) mit den Oberflächen F_1 und F_2. Sämtliche von I ausgehenden Strahlen erreichen II, aber von den von II ausgehenden Strahlen erreicht nur der Anteil φ die Fläche I, der Anteil $1 - \varphi$ fällt auf II zurück (Abb. 278). Ein Flächenelement von II dF_2 wird ebenfalls nur mit dem Anteil φ der Strahlen von I erreicht. Nun strahlt jedes Flächenelement von II gleichmäßig. Wir legen eine willkürliche Strahlungsrichtung ab fest (Abb. 279). Jedem Flächenelement von II gehört ein Strahl an, der in die Richtung fällt. Dieselbe Überlegung können wir mit allen anderen Richtungen, also

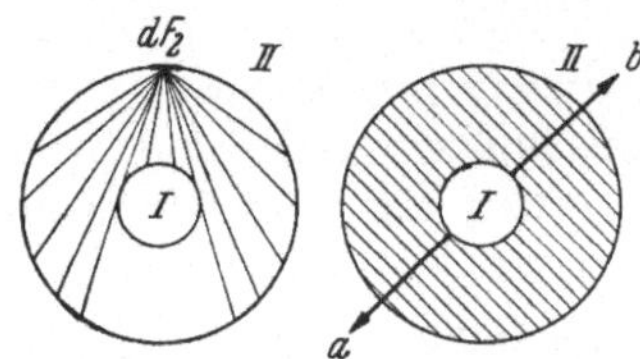

Abb. 278.   Abb. 279.
Strahlungsaustausch zwischen zwei
konzentrischen Flächen.

mit sämtlichen Strahlen ausführen. Der Anteil φ der von II ausgehenden und I treffenden Strahlen ist dann offenbar gleich dem Verhältnis der Projektionen des Körpers I und des Körpers II, die sich wiederum wie die Oberflächen verhalten. Es ist also

$$\varphi = \frac{F_1}{F_2} . \tag{742}$$

Sind nun wiederum H_1 und H_2 die tatsächlich abgestrahlten Energiemengen je Flächeneinheit einschließlich der reflektierten Strahlung, so geht von der Fläche F_1 die Energie bzw. Wärmemenge $F_1 H_1$ und von F_2 die Energie bzw. Wärmemenge $F_2 H_2$ aus. Von der letzteren erreicht aber nur der Anteil

$$\varphi F_2 H_2 = F_1 H_2$$

die Fläche F_1. Die übertragene Wärme ist dann

$$q_{12} F_1 = Q_{12} = F_1 (H_1 - H_2) . \tag{743}$$

Die von F_1 insgesamt abgestrahlte Energie ist

$$F_1 H_1 = F_1 E_1 + \varphi (1 - \varepsilon_1) F_2 H_2 .$$

Der erste Ausdruck der rechten Seite ist die von F_1 direkt ausgestrahlte Energie, der zweite der Teil der von F_2 an F_1 abgegebenen Energie, der von F_1 reflektiert wird. Dividiert man durch F_1, so folgt

$$H_1 = E_1 + (1 - \varepsilon_1) H_2 . \tag{744}$$

Die von F_2 insgesamt abgestrahlte Energie ist

$$F_2 H_2 = F_2 E_2 + (1 - \varepsilon_2) F_1 H_1 + (1 - \varepsilon_2)(1 - \varphi) F_2 H_2 .$$

Der erste Ausdruck der rechten Seite ist die von F_2 direkt abgestrahlte Energie. Der zweite stellt die von F_1 nach F_2 gestrahlte Energie dar, die an F_2 reflektiert wird. Der dritte Ausdruck schließlich ist die von F_2 auf sich selbst gestrahlte Energie, die an F_2 selbst reflektiert wird. Dividiert man durch F_2, so folgt

$$H_2 = E_2 + (1 - \varepsilon_2)\,\varphi\,H_1 + (1 - \varepsilon_2)\,(1 - \varphi)\,H_2 . \tag{745}$$

Aus Gl. (743) bis (745) folgt unter Berücksichtigung von Gl. (733), (734) und (742)

$$q_{12} = \frac{C_s}{\dfrac{1}{\varepsilon_1} + \dfrac{F_1}{F_2}\Big(\dfrac{1}{\varepsilon_2} - 1\Big)} \left[\Big(\frac{T_1}{100}\Big)^4 - \Big(\frac{T_2}{100}\Big)^4\right] = C_{12}\left[\Big(\frac{T_1}{100}\Big)^4 - \Big(\frac{T_2}{100}\Big)^4\right], \tag{746}$$

$$C_{12} = \frac{C_s}{\dfrac{1}{\varepsilon_1} + \dfrac{F_1}{F_2}\Big(\dfrac{1}{\varepsilon_2} - 1\Big)} = \frac{C_s}{\dfrac{1}{C_1} + \dfrac{F_1}{F_2}\Big(\dfrac{1}{C_1} - \dfrac{1}{C_2}\Big)} . \tag{747}$$

Für $F_1 = F_2$ geht Gl. (746) in die für parallele Flächen gültige Gl. (740) über.

Die von I nach II übertragene Wärme ist also

$$Q_{12} = C_{12}\left[\Big(\frac{T_1}{100}\Big)^4 - \Big(\frac{T_2}{100}\Big)^4\right] F_1 \; \text{kcal/h} . \tag{748}$$

Die voraufgehenden Gleichungen gelten streng nur unter den gemachten Voraussetzungen, daß die Flächen konzentrisch sind. Sie können jedoch auch mit genügender Annäherung auf nicht konzentrische Flächen angewendet werden.

194. Strahlungsaustausch zweier Flächen in beliebiger Lage. Wesentlich verwickelter gestaltet sich die Behandlung des Strahlungsaustausches zwischen zwei Flächen von beliebiger gegenseitiger Lage (Abb. 280). Fläche dF_1 strahlt insgesamt den Betrag $\varepsilon_1 E_s\, dF_1$ aus. Dann wird in Richtung der Normalen n_1 nach Nr. 191 die Energie $\dfrac{\varepsilon_1 E_s\, dF_1}{\pi}$ und in Richtung des Verbindungsstrahles r unter Winkel φ_1, gegen die Normale die Energie

$$\frac{\varepsilon_1 E_s \cos \varphi_1}{\pi}\, dF_1$$

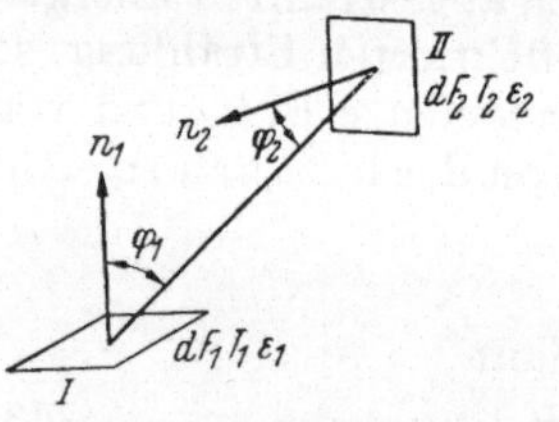

Abb. 280. Strahlungsaustauch zweier Flächen in beliebiger Lage zueinander.

abgegeben. Von diesem Betrag würde nach den Überlegungen von Nr. 191 auf ein Flächenelement im Abstand r von I, das auf r senkrecht steht, der Betrag $\dfrac{\varepsilon_1 E_s \cos \varphi_1}{\pi r^2}\, dF_1\, dF_2$ fallen. Da nun aber dF_2 gegen die Richtung von r um den Winkel φ_2 geneigt ist, ergibt sich lediglich

$$\frac{\varepsilon_1}{\pi}\, E_s\, \frac{\cos \varphi_1 \cos \varphi_2}{r^2}\, dF_1\, dF_2 .$$

Hiervon wird nur der Anteil ε_2 absorbiert. Somit ist der von II aufgenommene Teil

$$\frac{\varepsilon_1 \varepsilon_2}{\pi}\, E_s\, \frac{\cos \varphi_1 \cos \varphi_2}{r_2}\, dF_1\, dF_2 = \frac{\varepsilon_1 \varepsilon_2}{\pi}\, C_s \Big(\frac{T_1}{100}\Big)^4 \frac{\cos \varphi_1 \cos \varphi_2}{r_2}\, dF_1\, dF_2 . \tag{749}$$

Durch eine entsprechende Überlegung findet man für den von I absorbierten Teil

$$\frac{\varepsilon_1 \varepsilon_2}{\pi} C_s \left(\frac{T_2}{100}\right)^4 \frac{\cos \varphi_1 \cos \varphi_2}{r_2} d F_1 d F_2 . \tag{749a}$$

Die von I nach II übertragene Wärme ist also

$$d Q_{12} = \frac{\varepsilon_1 \varepsilon_2}{\pi} C_s \left[\left(\frac{T_1}{100}\right)^4 - \left(\frac{T_2}{100}\right)^4\right] \frac{\cos \varphi_1 \cos \varphi_2}{r^2} d F_1 d F_2 . \tag{750}$$

Für endliche, auch gekrümmte Flächen folgt durch Integration über F_1 und F_2

$$Q_{12} = \frac{\varepsilon_1 \varepsilon_2}{\pi} C_s \left[\left(\frac{T_1}{100}\right)^4 - \left(\frac{T_2}{100}\right)^4\right] \int\limits_{F_1} \int\limits_{F_2} \frac{\cos \varphi_1 \cos \varphi_2}{r_3} d F_1 d F_2 . \tag{751}$$

Setzt man für $\varepsilon_1 = \dfrac{C_1}{C_s}$ und für $\varepsilon_2 = \dfrac{C_2}{C_s}$, so erhält man

$$Q_{12} = C_{12} \left[\left(\frac{T_1}{100}\right)^4 - \left(\frac{T_2}{100}\right)^4\right] \int\limits_{F_1} \int\limits_{F_2} \frac{\cos \varphi_1 \cos \varphi_2}{r^2} d F_1 d F_2 \tag{751a}$$

mit

$$C_{12} = \frac{C_1 C_2}{\pi C_s} . \tag{752}$$

Bei dieser Ableitung ist die Reflexion nicht berücksichtigt worden, weil lediglich die absorbierten Anteile der Strahlung in Betracht gezogen wurden. Daher gelten Gl. (751) und (751a) auch nur für diejenigen Fälle, in denen der reflektierte Anteil gering ist, was in der Feuerungstechnik jedoch im allgemeinen die Regel ist.

Die Berechnung des Doppelintegrals macht meist Schwierigkeiten. Einige spezielle Fälle sind von GERBEL[1] berechnet worden. Man kann auch graphische Verfahren anwenden[2]. In vielen Fällen führt die Näherung zum Ziel, daß man für φ_1, φ_2 und r mittlere Werte einsetzt.

195. Die Wärmeübergangszahl bei Strahlung. In Nr. 185 Gl. (696) haben wir gesehen, daß beim Wärmeübergang durch Konvektion von der Wärmeübergangszahl α Gebrauch gemacht wird, wobei die übertragene Wärme proportional der Wärmeübergangszahl und der Temperaturdifferenz gesetzt ist. Für praktische Zwecke erweist es sich oft als zweckmäßig, auch eine Wärmeübergangszahl α_s für die Strahlung in gleicher Weise zu definieren. Je Flächeneinheit gilt dann

$$\alpha_s (T_1 - T_2) = C_{12} \left[\left(\frac{T_1}{100}\right)^4 - \left(\frac{T_2}{100}\right)^4\right]$$

oder

$$\alpha_s = C_{12} \frac{\left(\dfrac{T_1}{100}\right)^4 - \left(\dfrac{T_2}{100}\right)^4}{T_1 - T_2} = C_{12} \beta . \tag{753}$$

Der Wert β, der nur von T_1 und T_2 abhängt, kann in einem Schaubild dargestellt werden, wie es in Abb. 281 dargestellt ist. Tritt gleichzeitig

---

[1] GERBEL, M.: Die Grundgesetze der Wärmestrahlung. Berlin: Springer 1917.
[2] NUSSELT, W.: Z. VDI 72 (1928) S. 673. — O. SEIBERT: VDI-Forsch.-Heft 324 (1930). — H. C. HOTTEL: Mech. Engng. 52 (1930) S. 699.

Wärmeübertragung durch Strahlung und Kovektion auf, so ist die gesamte übertragene Wärme

$$Q = (\alpha_s + \alpha)\, \Theta F z \ \text{kcal} \tag{754}$$

bzw.

$$\overline{Q} = (\alpha_s + \alpha)\, \Theta F \ \text{kcal/h}, \tag{754a}$$

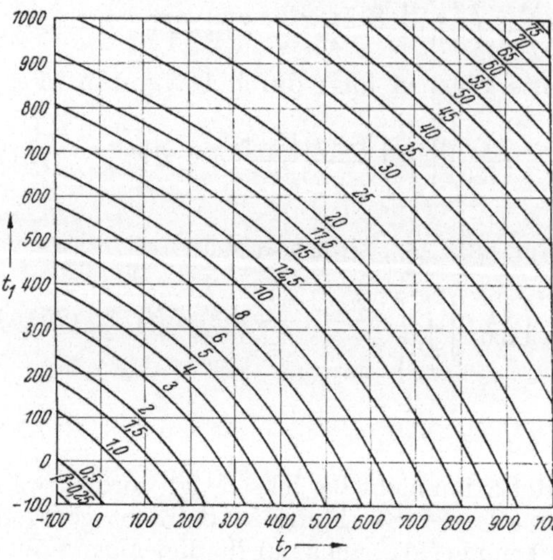

Abb. 281. Hilfsdiagramm zur Berechnung der Strahlungswärme nach Merkel.

wobei α_s unter Berücksichtigung von Gl. (753) mit Hilfe von Abb. 281 berechnet werden kann[1].

196. Gasstrahlung. In technischen Feuerungen spielt auch die Strahlung der Feuerungsgase eine Rolle. Im Gegensatz zu den schwarzen und grauen Körpern, mit denen wir uns bisher befaßt haben und die über das gesamte Spektrum strahlen, geben die Gase lediglich im Bereich bestimmter Wellenlängen Strahlungsenergie ab bzw. absorbieren nach dem KIRCHHOFFschen Gesetz Strahlungsenergie nur innerhalb dieser Bereiche. Die grundlegenden Überlegungen in dieser Richtung stammen von SCHACK[2]. Das Eingehen auf diese Fragen, die schon tief in das Sondergebiet der Wärmeübertragung fallen, würde uns zu weit führen. Wir wollen lediglich erwähnen, daß bei der Strahlung der Gase ihre Schichtdicke und ihr Druck bzw. bei Gemischen ihr Teildruck eine Rolle spielt. Ist ε die Absorptionsziffer der bestrahlten Fläche, p der Druck und s die Schichtdicke des Gases und sind ferner T_g und T_W beziehentlich die absoluten Temperaturen des Gases und der angestrahlten Fläche, so ist nach SCHACK[3] die je m² und Stunde an die Wand übertragene Wärme für Kohlensäure

$$q_{CO_2} = 8,9\, \varepsilon (ps)^{0,4}\left[\left(\frac{T_g}{100}\right)^{3,2} - \left(\frac{T_W}{100}\right)^{3,2}\left(\frac{T_g}{100}\right)^{0,65}\right]\ \text{kcal/m}^2\,\text{h} \tag{755}$$

und für Wasserdampf

$$q_{H_2O} = \varepsilon (40 - 73\, ps)(ps)^{0,6}\left[\left(\frac{T_g}{100}\right)^{2,32\,+\,1,37\sqrt[3]{ps}} \right.$$
$$\left. - \left(\frac{T_W}{100}\right)^{2,32\,+\,1,37\sqrt[3]{ps}}\right]\ \text{kcal/m}^2\,\text{h}. \tag{756}$$

---

[1] MERKEL, F.: Die Grundlagen der Wärmeübertragung. Dresden u. Leipzig: Theodor Steinkopff 1927.

[2] SCHACK, A.: Z. techn. Physik 5 (1924) S. 267.

[3] SCHACK, A.: Der industrielle Wärmeübergang. Düsseldorf: Stahleisen 1948.

Darin ist p in kg/cm² und s in m einzusetzen. Zur Erleichterung der Rechenarbeit sind von SCHACK[1] entsprechende Schaubilder entwickelt worden.

Es wird auffallen, daß bei der Gasstrahlung die abgestrahlte Energie nicht mehr der vierten Potenz der absoluten Temperatur proportional ist. Dies liegt daran, daß es sich bei der Gasstrahlung nicht um schwarze oder graue Strahlung handelt. für die allein das STEFAN-BOLTZMANNsche Gesetz gültig ist.

197. Beispiele. a) Die Wand einer Kühlkabine besteht aus Korkplatten von 200 mm Dicke, die zwischen zwei Kiefernholzverschalungen von je 10 mm Dicke liegen. Die Wärmeleitzahl der Korkplatte ist 0,04 kcal/m h grd und die des Holzes 0,13 kcal/m h grd. Im Innern der Kabine beträgt die Wärmeübergangszahl an die Wand 6 kcal/m² h grd und an der Außenwand 12 kcal/m² h Grad. Wie groß ist die Wärmedurchgangszahl?

$$k = \frac{1}{\frac{1}{\alpha_a} + \frac{\delta_1}{\lambda_1} + \frac{\delta_2}{\lambda_2} + \cdots \frac{1}{\alpha_i}}. \tag{705}$$

Mit $\alpha_a = 12$ kcal/m² h grd; $\alpha_i = 6$ kcal/m² h grd; $\delta_1 = 0,2$ m (Kork); $\delta_2 = 0,01$ m (Holz); $\lambda_1 = 0,04$ kcal/m h grd (Kork); $\lambda_2 = 0,13$ kcal/m h Grad (Holz) ergibt sich $k = 0,185$ kcal/m² h grd.

b) Ein Stahlrohr mit einem Außendurchmesser von 57 mm und einem Innendurchmesser von 50 mm, das mit Korkschalen von 50 mm Stärke isoliert ist, wird von einer Sohle von $-10°$ durchströmt. Die Außentemperatur ist $+25°$. Die Wärmeleitzahlen des Korkes und des Stahles sind beziehentlich 0,04 und 56,0 kcal/m h grd. Die Wärmeübergangszahlen innen und außen sind beziehentlich 600 und 25 kcal/m² h Grad. Wie groß ist der Wärmeeinfall je Stunde für 10 m Rohrlänge?

$$Q = \frac{\pi L \Theta}{\frac{1}{\alpha_a D_a} + \frac{1}{2\lambda_1} \ln \frac{D_a}{D_1} + \frac{1}{2\lambda_2} \ln \frac{D_1}{D_i} + \frac{1}{\alpha_i D_i}}. \tag{713}$$

Der äußere Durchmesser unter Berücksichtigung der Korkschale ist $D_a = 0,157$ m, der äußere Durchmesser des Stahlrohres $D_1 = 0,057$ m, der innere Durchmesser des Stahlrohres $D_i = 0,05$ m. Für Kork ist $\lambda_1 = 0,04$ und für Stahl $\lambda_2 = 56,0$ kcal/m h grd. Ferner $\alpha_a = 25$ und $\alpha_i = 600$ kcal/m² h grd. $\Theta = 25 - (-10) = 35°$, $L = 10$ m. Mit diese Werten folgt $Q = 84,7$ kcal/h.

c) In einem Raum, dessen Gesamtoberfläche 100 m² beträgt und dessen Wände eine Temperatur von 20° C haben, ist ein Kessel aufgestellt mit einer äußeren Fläche von 5 m² und einer Temperatur von 200° C. Die Absorptionsziffern des Kesselmaterials und der Wände seien beziehentlich 0,95 und 0,9. Wie groß ist die vom Kessel auf die Wände übertragene Wärmemenge?

$$Q = \frac{1}{\frac{1}{C_1} + \frac{F_1}{F_2}\left(\frac{1}{C_1} + \frac{1}{C_2}\right)} \left[\left(\frac{T_1}{100}\right)^4 - \left(\frac{T_2}{100}\right)^4\right] F_1 \text{ kcal/h}. \tag{748}$$

Für den Kessel gilt der Zeiger 1, für die Wände der Zeiger 2. Dann sind die Strahlungszahlen $C_1 = 0,95 \cdot 4,96 = 4,72$ und $C_2 = 0,9 \cdot 4,96 = 4,47$ kcal/m² h grd⁴. $T_1 = 200 + 273 = 473$. $T_2 = 20 + 273 = 293°$ K. $F_1 = 5$ m²; $F_2 = 100$ m². Damit folgt für $Q = 10000$ kcal/h.

Man findet auch mit Hilfe von Abb. 281, $\beta = 2,4$ und mit

$$C_{12} = \frac{1}{\frac{1}{C_1} + \frac{F_1}{F_2}\left(\frac{1}{C_2} - \frac{1}{C_s}\right)} = 4,7\,,$$

$$\alpha_s = C_{12}\,\beta = 11,27\,.$$

---

[1] SCHACK, A.: Der industrielle Wärmeübergang, Düsseldorf: Stahleisen 1948.

Mit $\Theta = 200 - 20 = 180°$ C ergibt sich wie oben

$$Q = \alpha_s \Theta F_1 = 10\,120 \text{ kcal/h} .$$

Der geringfügige Unterschied erklärt sich durch Ungenauigkeiten beim Ablesen aus dem Diagramm.

d) Zwei Flächen F_1 und F_2 von 2 m² bzw. 3 m² sind um 30° gegeneinander geneigt, wie es in der Projektion in Abb. 282 gezeigt ist. Die mittlere Verbindungslinie der Mitten r_m ist 5 m lang und steht senkrecht auf F_1. Die Temperatur von F_1 sei 1000° C, die von F_2 100° C. Die Absorptionsziffern der beiden Flächen seien 0,9. Wie groß ist die von F_1 auf F_2 übertragene Wärmemenge ?

$$Q = \frac{\varepsilon_1 \varepsilon_2}{\pi} C_s \left[\left(\frac{T_1}{100} \right)^4 - \left(\frac{T_2}{100} \right)^4 \right] \int\limits_{F_1} \int\limits_{F_2} \frac{\cos \varphi_1 \cos \varphi_2}{r^2} \, dF_1 \, dF_2 . \qquad (751)$$

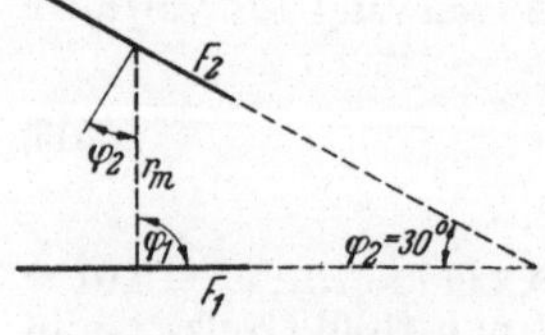

Abb. 282. Lage der strahlenden Flächen zueinander.

An Stelle des Doppelintegrals kann angenähert gesetzt werden

$$\frac{\cos \varphi_1 \cos \varphi_2}{r_m^2} F_1 F_2 .$$

Es ist $\varphi_1 = 0$ und $\cos \varphi_1 = 1$ bzw. $\varphi_2 = 30°$ und $\cos \varphi_2 = 0,866$. Ferner ist $\varepsilon_1 = \varepsilon_2 = 0,9$; $C_s = 4,96$ kcal/m² h grd⁴. Mit diesen Werten ergibt sich $Q = 6910$ kcal/h.

198. Laminare und turbulente Strömung. Wir wenden uns nun der näheren Betrachtung der Wärmeübergangszahl zu. Um uns vom Wesen des Wärmeüberganges einen Begriff zu machen, müssen wir zunächst einige strömungstechnische Tatsachen beachten. Bei der Strömung eines Gases oder einer Flüssigkeit durch ein Rohr fand REYNOLDS[1], daß bis zu einer bestimmten Geschwindigkeit aufwärts ein beigemischter farbiger Flüssigkeitsfaden gradlinig weiterströmt, d. h. bezogen auf den Rohrquerschnitt seine Stelle nicht ändert. Es laufen also alle Stromfäden parallel in der Strömungsrichtung. Eine solche Strömung heißt *laminar*. Von einer bestimmten Geschwindigkeit aufwärts verschwimmt der farbige Faden und erfüllt den ganzen Querschnitt. Bei dieser Strömungsart, die man turbulent nennt, tritt also zu der vorherrschenden Geschwindigkeitskomponente in der Strömungsrichtung noch eine Komponente senkrecht dazu.

Der Umschlag von laminarer in turbulente Strömung tritt beim Rohr auf, wenn die Kenngröße

$$Re = \frac{w\,d}{\nu} = \frac{w\,d\,\varrho}{\eta} \qquad (757)$$

die sogenannte REYNOLDSsche Zahl den Wert 2320 überschreitet. Darin ist w die Geschwindigkeit, d der Rohrdurchmesser und ν die kinematische Zähigkeit. Statt dieser kann auch $\dfrac{\eta}{\varrho}$ eingeführt werden, wobei η die absolute Zähigkeit und ϱ die Dichte ist. Da w die Dimension m/s, d die Dimension m und ν die Dimension m^2/s hat, so erkennt man, daß Re eine dimensionslose Zahl ist. Unter dem Grenzwert von 2320 ist nur die laminare Strömung stabil, oberhalb kann künstlich durch besondere Maßnahmen laminare Strömung aufrechterhalten werden, sie ist jedoch

---

[1] REYNOLDS, O.: Phil. Trans. 174 (1884) S. 935.

instabil. Praktisch kann man damit rechnen, daß oberhalb von $Re = 3000$ im Rohr stets turbulente Strömung herrscht.

Bei turbulenter Strömung wird die Konvektion der makroskopischen Teilchen in der Nähe der Wandung geringer sein als nach der Rohrmitte zu, denn die Stoffschicht unmittelbar an der Wand muß ruhen und es wird sich eine im wesentlichen durch die innere Reibung des strömenden Stoffes bedingte allerdings sehr dünne *Grenzschicht* bilden, in der die Konvektion senkrecht zur Wand nur gering ist. In der Grenzschicht werden also auch bei turbulenter Strömung die Stromfäden parallel zur Wand verlaufen.

Aus diesen Betrachtungen erhellt bereits, daß für den Wärmeübergang von der Wand zum strömenden Stoff, der eine Flüssigkeit oder ein Gas sein kann, die Art der Strömung wesentlich ist. Bei laminarer Strömung spielt durchweg die Übertragung durch Leitung eine Rolle. Bei turbulenter Strömung hingegen wird in der Grenzschicht die Wärme durch Leitung, in dem turbulenten Kern jedoch sowohl durch Leitung als auch durch Konvektion übertragen, wobei die Konvektion weitaus vorherrschend ist. Bei der turbulenten Strömung, die technisch die weitaus wichtigste Rolle spielt, wird daher in der dünnen Grenzschicht der Tempe-

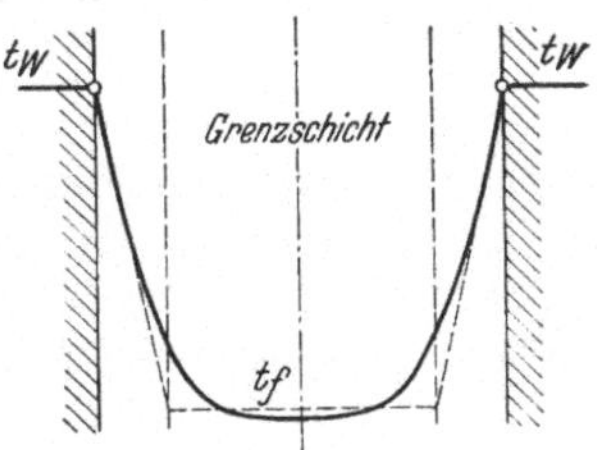

Abb. 283. Temperaturverteilung im Rohr.

raturabfall nahezu linear sein und im weiteren Abstand flacher werden, wie es in Abb. 283 dargestellt ist. Ganz grob betrachtet wird die Temperatur nach dem gestrichelten Linienzug verlaufen.

199. Freie Strömung. Bei den vorangegangenen Strömungsbetrachtungen haben wir stillschweigend vorausgesetzt, daß es sich um eine *erzwungene Strömung* handelt, d. h. daß beispielsweise eine Flüssigkeit zwangsweise mit bestimmter Geschwindigkeit durch ein Rohr gedrückt wird. Im Gegensatz dazu steht die *freie Strömung*, die ohne äußeren Zwang auftritt.

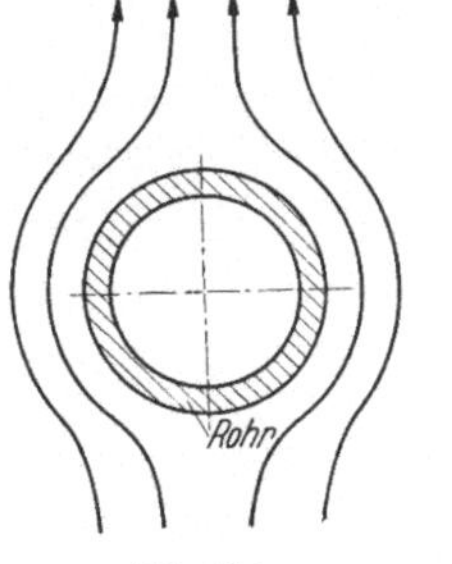

Abb. 284.

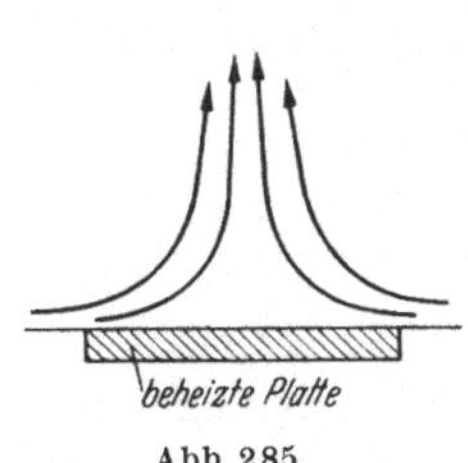

Abb. 285.

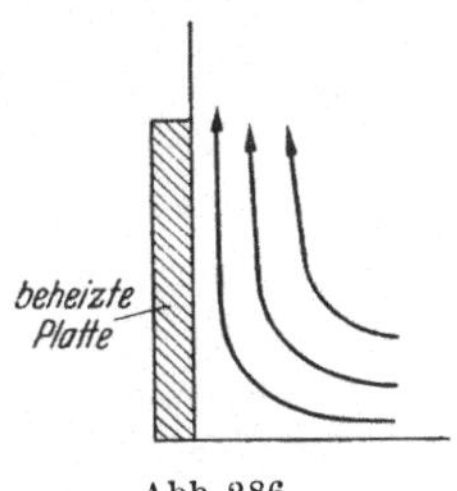

Abb. 286.

Beispiele für freie Strömung.

Als Beispiel denken wir uns ein beheiztes horizontales Rohr in ruhender Luft (Abb. 284). Die Luft, die sich in der Umgebung des Rohres erwärmt, wird im Verhältnis zur kühlen Luft in weiterer Entfernung vom Rohr leichter. Dadurch entsteht am Rohr eine Luftbewegung durch den Auftrieb in der gezeichneten Weise. Ähnlich ist es bei der beheizten horizontalen Platte in Abb. 285. Die Luft der Umgebung wird, durch die Wärmeübertragung leichter geworden, an der Platte aufwärts und seitlich der Platte zuströmen. Bei einer vertikalen heißen Platte (Abb. 286) wird die Luftströmung aus den gleichen Gründen wie vorher den eingezeichneten Verlauf nehmen.

Eine freie Strömung wird sich der erzwungenen Strömung stets überlagern. In praktischen Fällen ist es jedoch in der Regel so, daß entweder die eine oder die andere Art der Strömung weitaus überwiegt. Bei der erzwungenen Strömung treten die Auftriebskräfte völlig zurück.

200. Die mittlere Temperatur des strömenden Stoffes. Wenn wir nun die Grundgleichung (696a)

$$Q = \alpha\,\Theta F$$

auf den in Abb. 283 dargestellten Fall anwenden, so können wir auch schreiben

$$Q = \alpha\,(t_W - t_F)\,F\,, \tag{758}$$

wobei t_W die Wandtemperatur und t_F die mittlere Gas- oder Flüssigkeitstemperatur ist. Indessen bedarf der Begriff der mittleren Flüssigkeitstemperatur noch einer Klarstellung. Würde man nämlich die Temperatur lediglich über den Rohrquerschnitt mitteln und damit

$$t_F = \int\limits_F \frac{t\,dF}{F} \tag{759}$$

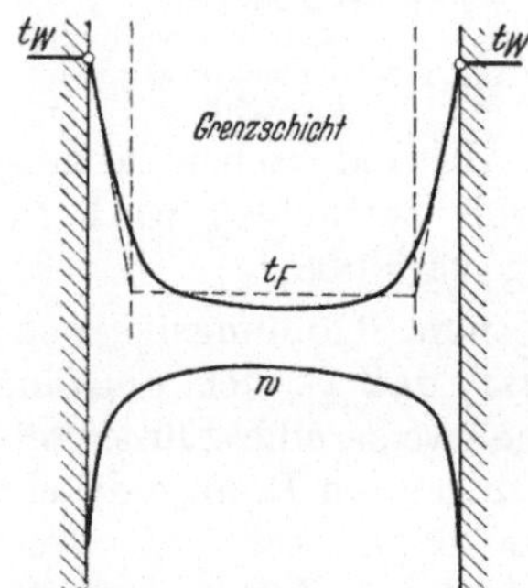

Abb. 287. Temperatur- und Geschwindigkeitsverteilung im Rohr.

setzen, so würde man offenbar zwischen zwei Querschnitten die übertragene Wärmemenge falsch messen, da ja in den einzelnen Punkten des Querschnittes verschiedene Geschwindigkeiten herrschen (vgl. Abb. 287). An der Wand werden die Teilchen haften, so daß dort $w = 0$ wird. Zur Rohrachse hin wird die Geschwindigkeit zunehmen. Die einzelnen über den Querschnitt verteilten Teilströme verschiedener Temperatur strömen verschieden rasch. Man muß für die mittlere Temperatur vielmehr den Ansatz

$$t_F = \frac{\int\limits_F t\,w\,dF}{\int\limits_F w\,dF} = \frac{1}{V}\int\limits_F t\,w\,dF \tag{760}$$

machen, d. h. man muß jedes Flächenelement mit seiner Temperatur und seiner Geschwindigkeit multiplizieren und über den ganzen Querschnitt summieren und dann durch das in der Zeiteinheit durch den Querschnitt strömende Volumen V dividieren. Dann wird der oben angedeutete Fehler vermieden.

Die durch Gl. (760) definierte mittlere Geschwindigkeit erhält man offenbar, wenn man z. B beim Austritt aus dem Rohr d. h. an der Austrittsmeßstelle die Flüssigkeit durch eine geeignete Vorrichtung verwirbelt.

Der Unterschied zwischen Gl. (759) und (760) verschwindet, wenn die Geschwindigkeit über den gesamten Querschnitt konstant ist. Entsprechend ist der Unterschied um so größer, je ungleichmäßiger die Geschwindigkeitsverteilung über dem Querschnitt ist.

Diese Überlegungen spielen indessen nur bei der Auswertung von Wärmeübergangsversuchen eine Rolle. Bei technischen Aufgaben, die in der Regel die Bestimmung der notwendigen Übertragungsfläche für vorgelegte Verhältnisse zum Ziel haben, sind die mittleren Temperaturen im Sinne von Gl. (760) ohnehin gegeben. Wir wollen also im folgenden unter t_F stets diese Temperatur verstehen.

201. Die Berechnung der Wärmeübergangszahl auf Grund der Ähnlichkeitsgesetze. Auf Grund der vorangegangenen Betrachtungen ist erkenntlich, daß die Wärmeübergangszahl α vom Mechanismus der Strömung und der Wärmeleitung abhängig ist. Zu ihrer Berechnung müssen daher die Gleichungen, die die Strömung und den Wärmetransport in strömenden Stoffen regeln, herangezogen werden. Dabei handelt es sich zuerst um die *Kontinuitätsgleichung*[1]

$$\frac{\partial(\varrho w_x)}{\partial x} + \frac{\partial(\varrho w_y)}{\partial y} + \frac{\partial(\varrho w_z)}{\partial z} = 0, \tag{761}$$

wobei wir der Einfachheit halber die Dichte ϱ als konstant ansehen wollen. Hierin sind w_x, w_y und w_z die Geschwindigkeiten der Flüssigkeit in der X-, Y- und Z-Richtung eines rechtwinkligen Koordinatensystems. Die nächste Gleichung ist die Bewegungsgleichung von NAVIER-STOKES, die für die Komponente in der X-Richtung bei stationärer Strömung die Form hat[1]

$$\left.\begin{aligned}\varrho\left(w_x\frac{\partial w_x}{\partial x} + w_y\frac{\partial w_y}{\partial y} + w_z\frac{\partial w_z}{\partial z}\right) &= A - \frac{\partial P}{\partial x}\\[2mm] + \eta\left[\frac{\partial^2 w_x}{\partial x^2} + \frac{\partial^2 w_x}{\partial y^2} + \frac{\partial^2 w_x}{\partial z^2}\right.&\left. + \frac{1}{3}\frac{\partial}{\partial x}\left(\frac{\partial w_x}{\partial x} + \frac{\partial w_y}{\partial y} + \frac{\partial w_z}{\partial z}\right)\right].\end{aligned}\right\} \tag{762}$$

Hierin ist wieder ϱ die Dichte, g die Erdbeschleunigung, A der Auftrieb und η die absolute Zähigkeit. Entsprechende Gleichungen gelten für die Y- und Z-Richtung. Jedoch geht A nur in die Gleichung für die vertikale Richtung ein.

Die linke Seite von Gl. (762) rührt von den Trägheitskräften her, das erste Glied der rechten Seite berücksichtigt den Auftrieb, das zweite den Druckabfall in der Flüssigkeit oder dem Gas und das dritte die durch die Zähigkeitswirkung hervorgerufenen Kräfte.

Der Auftrieb A berechnet sich auf folgende Weise. Für die Raumeinheit ist er

$$A = -g\,(\varrho - \varrho_F)\ \text{kg/m}^2.$$

Nun ist aber

$$\frac{\varrho_F}{\varrho} = \frac{1 + \varepsilon t}{1 + \varepsilon t_F},$$

---

[1] Über die Ableitung vgl. z. B. H. GRÖBER und S. ERK: Die Grundgesetze der Wärmeübertragung. Berlin: Springer 1933.

wobei ε den räumlichen Ausdehnungskoeffizienten $\dfrac{1}{V}\left(\dfrac{\partial V}{\partial t}\right)_p$ bedeutet, der für vollkommene Gase den Wert $\dfrac{1}{T}$ annimmt. Damit folgt

$$A = -g\varrho\left(1 - \frac{\varrho_F}{\varrho}\right) = -g\varrho\left(1 - \frac{1 + \varepsilon t}{1 + \varepsilon t_F}\right) = -g\varrho\,\frac{\varepsilon(t_F - t)}{1 + \varepsilon t_F}.$$

Hierin liegt $1 + \varepsilon t_F$ nahe bei Eins und kann in erster Annäherung vernachlässigt werden. Man kann daher angenähert setzen

$$A \sim -g\varrho\varepsilon\,(t_F - t) = + g\varrho\varepsilon\,(t - t_F) = + g\varrho\varepsilon\vartheta. \tag{762a}$$

Hierin ist also ϑ die Übertemperatur der warmen Teilchen gegenüber den kalt gebliebenen.

Als dritte Gleichung kommt die Energiegleichung von FOURIER-KIRCHHOFF hinzu. Wir machen dabei von den Überlegungen Gebrauch, die bereits in Nr. 188 angestellt wurden. Es ergab sich dort, daß die durch Wärmeleitung einem Raumelement $dx\,dy\,dz$ (Abb. 275) zuströmende Wärmemenge bezogen auf die Raumeinheit durch den Ausdruck $a\,\nabla^2\vartheta$ dargestellt wird. Ist der Vorgang stationär, so darf keine Temperaturerhöhung eintreten und die Strömung muß die durch Leitung hinzukommende Wärme abführen. In X-Richtung strömt das Flüssigkeitsvolumen $w_x\,dy\,dz$ durch das Raumelement hindurch. Erwärmt sich das Volumen auf dem Wege dx um dt, so führt es die Wärme

$$dQ_x = c\,\gamma\,w_x\,\frac{\partial\vartheta}{\partial x}\,dx\,dy\,dz$$

mit sich fort. Auf die Volumeneinheit bezogen ergibt sich

$$dq_x = c\gamma w_x\,\frac{\partial\vartheta}{\partial x}.$$

Entsprechende Gleichungen gelten für die Y- und Z-Richtung. Die Wärmebilanz ergibt daher

$$w_x\,\frac{\partial\vartheta}{\partial x} + w_y\,\frac{\partial\vartheta}{\partial y} + w_z\,\frac{\partial\vartheta}{\partial z} = a\,\nabla^2\vartheta. \tag{763}$$

Diese Gleichungen enthalten als Unbekannte die Größen $w_x,\,w_y,\,w_z,$ ϑ und P, die in Abhängigkeit von den Koordinaten $x,\,y,\,z$ dargestellt werden müssen. Da es sich bei den Beziehungen Gl. (761) bis (763) um fünf Gleichungen handelt, da Gl. (762) eigentlich aus drei Gleichungen für die drei Komponenten besteht, so genügen diese zur Berechnung. Nun ist weiter die vom Flächenelement dF übertragene Wärme

$$dQ = \alpha\,(t_W - t_F)\,dF = -\lambda\,\frac{\partial\vartheta}{\partial n}\,dF, \tag{764}$$

wobei sich der Differentialquotient $\dfrac{\partial\vartheta}{\partial n}$ auf die in Nr. 198 behandelte Grenzschicht bezieht, also unmittelbar an der Wand in normaler Richtung zu nehmen ist. Ist das Temperaturfeld für die Flüssigkeit nach Gl. (761) bis (763) berechnet, so kann damit auch α durch Integration von Gl. (764) bestimmt werden.

Indessen ist es praktisch kaum je möglich, die Differentialgleichungen wirklich zu integrieren. Man hilft sich dann mit Ähnlichkeitsbetrachtungen, die von NUSSELT und GRÖBER in die Lehre von der Wärmeübertragung eingeführt wurden.

Wir stellen uns zwei Flüssigkeiten oder Gase vor, die in zwei Kanälen strömen, deren Wände eine höhere Temperatur haben als die Flüssigkeiten. Wir bezeichnen die beiden Kanäle als ähnlich, wenn je zwei entsprechende Längenabmessungen im gleichen Verhältnis zueinander stehen. Sind $l_0, l_1 \ldots$ und $l_0', l_1' \ldots$ solche Längen des einen ungestrichenen und des anderen gestrichenen Systems, so ist also

$$l_0' = f_l \, l_0 \; ; \; l_1' = f_l \, l_1 \ldots .$$

wobei f_l ein konstanter Faktor ist. Wir erweitern nun den Begriff der Ähnlichkeit, indem wir verlangen, daß auch alle anderen Größen der beiden Systeme sich jeweils um einen der entsprechenden Größe zugeordneten Faktor unterscheiden. Es sei also

$$\left.\begin{aligned}
w' &= f_w \, w & A' &= f_A \, A & \alpha' &= f_\alpha \, \alpha \\
\varrho' &= f_\varrho \, \varrho & \vartheta' &= f_\vartheta \, \vartheta & \lambda' &= f_\lambda \, \lambda \\
g' &= f_g \, g & \eta' &= f_\eta \, \eta & l' &= f_l \, l \\
P' &= f_p \, P & a' &= f_a \, a
\end{aligned}\right\} \qquad (765)$$

Schreiben wir nun die Gl. (761) bis (763) auch für das gestrichene System an und ersetzen dann jeweils die gestrichenen Werte durch die ungestrichenen mit ihren Faktoren, so erhalten wir aus der Kontinuitätsgleichung (761)

$$\frac{f_\varrho \, f_w}{f_l}\left[\frac{\partial(\varrho \, w_x)}{\partial x} + \frac{\partial(\varrho \, w_y)}{\partial y} + \frac{\partial(\varrho \, w_z)}{\partial z}\right] = 0 \qquad (761\,\mathrm{a})$$

aus der Bewegungsgleichung

$$\left.\begin{aligned}
&\frac{f_\varrho \, f_w^2}{f_l}\varrho\left(w_x\frac{\partial w_x}{\partial x} + w_y\frac{\partial w_x}{\partial y} + w_x\frac{\partial w_z}{\partial z}\right) = f_A \, A - \frac{f_p}{f_l}\frac{\partial P}{\partial x} + \\
&+ \frac{f_\eta \, f_w}{f_l^2}\eta\left[\frac{\partial^2 w_x}{\partial x^2} + \frac{\partial^2 w_y}{\partial y^2} + \frac{\partial^2 w_z}{\partial z^2} + \frac{1}{3}\frac{\partial}{\partial x}\left(\frac{\partial w_x}{\partial x} + \frac{\partial w_y}{\partial y} + \frac{\partial w_z}{\partial z}\right)\right]
\end{aligned}\right\} \qquad (762\,\mathrm{a})$$

und Entsprechendes für die beiden anderen Komponenten. Aus der Energiegleichung folgt

$$\frac{f_w \, f_\vartheta}{f_l}\left(w_x\frac{\partial \vartheta}{\partial x} + w_y\frac{\partial \vartheta}{\partial y} + w_z\frac{\partial \vartheta}{\partial z}\right) = \frac{f_a \, f_\vartheta}{f_l^2}\, a \, \nabla^2 \vartheta \qquad (763\,\mathrm{a})$$

und aus Gl. (764) wird

$$f_\alpha \, f_\vartheta \, \alpha(t_W - t_F) = -\frac{f_\lambda \, f_\vartheta}{f_l}\, \lambda \, \frac{\partial \vartheta}{\partial n}. \qquad (764\,\mathrm{a})$$

Nun ist zur Lösung der Differentialgleichungen (761) bis (763) auch noch die Kenntnis der Randbedingungen erforderlich. Für die beiden Kanäle müssen also Temperatur- und Geschwindigkeitsverteilung der Flüssigkeit beim Einlauf bekannt sein. Ferner ist bekannt, daß an den Wänden die Geschwindigkeit Null und die Temperatur t_W sein muß. Sind nun bei zwei Systemen die Randbedingungen ähnlich, so werden sie auch sonst vollkommen ähnlich sein, wenn die in Gl. (761a) bis (764a) auftretenden Faktoren bei jeder Gleichung einander gleich sind, denn dann heben sie sich heraus und es bleiben für beide Systeme dieselben Gleichungen bestehen, die auch zu derselben Lösung führen müssen.

Aus Gl. (761a) erhalten wir offenbar keine Beziehung. Aus Gl. (762a) folgt

$$\frac{f_\varrho\, f_w^2}{f_l} = f_A = \frac{f_p}{f_l} = \frac{f_\eta\, f_w}{f_l^2}\,. \tag{766}$$

Aus Gl. (763a) und (764a) ergibt sich

$$f_w = \frac{f_a}{f_l}\,, \tag{767}$$

$$f_\alpha = \frac{f_\lambda}{f_l}\,. \tag{768}$$

Dann führen offenbar die Beziehungen Gl. (766) bis (768) zu fünf Gleichungen zwischen den Faktoren. Kombiniert man z. B. in Gl. (766) den ersten und letzten Ausdruck, so folgt

$$\frac{f_\varrho\, f_w^2}{f_l} = \frac{f_\eta\, f_w}{f_l^2}\,,$$

oder

$$\frac{f_\varrho\, f_w\, f_l}{f_\eta} = 1\,.$$

Setzt man hierin statt der Faktoren nach Gl. (765) die eigentlichen Größen der beiden Systeme ein, so erhält man

$$\frac{\varrho\, w\, l_0}{\eta} = \frac{\varrho'\, w_0'\, l_0'}{\eta'} = \frac{w\, l_0}{\nu} = \frac{w'\, l_0'}{\nu'}\,.$$

In diesem Ausdruck erkennen wir die REYNOLDSsche Zahl, von der schon in Nr. 198 die Rede war. Dabei ist es offenbar gleichgültig, welches Längenmaß des Systems wir als Bezugslänge nehmen, da ja nach Voraussetzung alle Längen in demselben Verhältnis stehen. Man kann daher bei Rohren auch den Durchmesser als Bezugslänge wählen. Jedenfalls erkennen wir, daß als erste Bedingung für die Ähnlichkeit der beiden Systeme die REYNOLDSschen Zahlen bezogen auf entsprechende Grundlängen dieselben sein müssen

$$Re = \frac{w\, l_0}{\nu}\,. \tag{769}$$

Die Kombination des ersten und dritten Teiles von Gl. (766) führt zur sogenannten EULERschen Kennzahl. Die Hydraulik lehrt jedoch, daß diese eine Funktion der REYNOLDSschen Zahl ist, so daß wir damit keine neue Bedingung erhalten. Dies liegt daran, daß auch die verschiedenartigen Kräfte (Trägheitskräfte, Druckkräfte und Reibungskräfte) unter sich im gleichen Verhältnis stehen müssen[1].

---

[1] Vgl. z. B. B. ECK: Technische Strömungslehre, 3. Aufl. Berlin/Göttingen/Heidelberg: Springer 1949.

Durch Kombination des ersten und zweiten Teiles von Gl. (766) finden wir die weitere Kennzahl $\dfrac{l_0 A}{\varrho w^2}$. Man benutzt indessen nicht diese, sondern, was auf Grund der Ableitungen ohne weiteres zulässig ist, ihr Produkt mit Re^2 und erhält so

$$Gr = \frac{l_0 A}{\varrho w^2} \cdot \frac{w^2 l_0^2}{v^2} = \frac{l_0^3 A}{\varrho v^2} = \frac{l_0^3 \varrho^2 g \vartheta \varepsilon}{\eta^2} = \frac{g l_0^3 (t_W - t_F) \varepsilon}{v^2}. \tag{770}$$

Setzt man bei vollkommenen Gasen $\varepsilon = \dfrac{1}{T}$, so erhält man

$$Gr = \frac{g l_0^3 (T_W - T_F)}{v^2 T_F} = \frac{g l_0^3}{v^2} \left(\frac{T_W}{T_F} - 1 \right). \tag{770a}$$

Die Größe Gr wird *Grashofsche Zahl* genannt. Dabei ist für die Übertemperatur die Differenz zwischen Wandtemperatur t_W und Flüssigkeitstemperatur t_F in weiter Entfernung von der Wand gesetzt worden, weil sich für die Erfassung des Auftriebes die Temperaturdifferenz $t_W - t_F$ als am bequemsten erwiesen hat.

Aus Gl. (767) und (768) folgen die Kennzahlen

$$Pe = \frac{w l_0}{a}, \tag{771}$$

$$Nu = \frac{\alpha l_0}{\lambda}. \tag{772}$$

Die erste heißt die *Pecletsche* und die zweite die *Nusseltsche Zahl*.

Die drei Kennzahlen Re, Pe und Gr gehen offenbar auf die ursprünglichen Differentialgleichungen (761) bis (763) zurück. Wenn also bei zwei Systemen diese Zahlen übereinstimmen, so sind sie ähnlich. Dann müssen sie aber auch in der Kennzahl Nu übereinstimmen. Folglich muß Nu eine Funktion der Zahlen Re, Pe und Gr sein. Wir können also allgemein schreiben

$$Nu = f(Re; Pe; Gr). \tag{773}$$

Die Ähnlichkeitsbetrachtungen haben also dazu geführt, die große Zahl der variablen Größen, von denen α abhängt, auf drei zurückzuführen. Welcher Art diese Funktion ist, darüber vermag die Ähnlichkeitslehre freilich nichts auszusagen. Man ist dabei auf Versuche angewiesen, wobei dann aber nur drei Variable zu berücksichtigen sind.

Zuweilen ist es üblich, statt der Kennzahl Pe die *Prandtlsche Kennzahl*

$$\frac{Re}{Pe} = \frac{v}{a} = Pr \tag{774}$$

zu wählen. Dann wird

$$Nu = f(Re; Pr; Gr). \tag{775}$$

Aus den Ableitungen ergibt sich, daß sämtliche Kennzahlen dimensionslos sind. Es ist streng darauf zu achten, daß bei zahlenmäßiger Auswertung dieselben Maßeinheiten verwendetwerden, d. h. es müssen z. B. alle Längen entweder in m oder in cm usw. ausgedrückt werden.

Schließlich kann auch durch entsprechende Vertauschung der Kennzahlen gesetzt werden

$$Nu = f(Pr;\ Pe;\ Gr).\qquad(776)$$

Hat man zwei ähnliche Systeme, z. B. zwei Rohre, durch die eine Flüssigkeit strömt, und will man für jedes der beiden Rohre die Wärmeübergangszahl bis zu einer bestimmten Stelle l_1 bestimmen, so muß in Gl. (773), (775) und (776) noch diese Länge im Verhältnis zu einer Bezugslänge l_0 eingehen. Bei Rohren wählt man als Bezugslänge am besten den Durchmesser, bei anderen Systemen irgend eine andere geeignete Bezugslänge. Für Rohre gehen dann die Gl. (773), (775) und (776) über in

$$Nu = f\left(Re;\ Pe;\ Gr;\frac{l_1}{l_0}\right),\qquad(773a)$$

$$Nu = f\left(Re;\ Pr;\ Gr;\frac{l_1}{l_0}\right),\qquad(775a)$$

$$Nu = f\left(Pr;\ Pe;\ Gr;\frac{l_1}{l_0}\right).\qquad(776a)$$

Man kann die Gl. (773), (775) und (776) auch mit Hilfe der sogenannten Dimensionsanalysis ohne Zuhilfenahme der Differentialgleichungen herleiten[1]. Die Dimensionsanalysis ist eine Art erweiterter Ähnlichkeitslehre. Ihre Anwendung erfordert jedoch große Erfahrung in der Übersicht der für ein bestimmtes Problem maßgebenden Größen.

202. Die Berechnung der Wärmeübergangszahl auf Grund des Strömungsmechanismus. Die bisher verwendete Methode zur Berechnung von α war rein formal. Es gibt noch eine weitere Möglichkeit der Behandlung dieser Fragen, die insbesondere von PRANDTL eingeführt, und von TEN BOSCH weiter entwickelt wurde[2]. PRANDTL legt seinen Betrachtungen eine laminare Randzone zugrunde, in der die Wärme lediglich durch Leitung übertragen wird und eine Übergangszone zwischen der laminaren Randschicht und dem turbulenten Kern, in welcher der Wärmetransport dadurch zustande kommt, daß fortwährend Flüssigkeitsteilchen aus dem Kern bis an die Grenzschicht gelangen und umgekehrt, wobei sie ihre Wärme austauschen. Es leuchtet ein, daß die aus dem Kern an die Grenzschicht gelangenden Teilchen eine Geschwindigkeitsverminderung erfahren. Umgekehrt müssen die in den Kern zurückkehrenden Teilchen beschleunigt werden. Dies führt nach dem Impulssatz zu einer Widerstandskraft, die durch einen Druckunterschied überwunden werden muß. Man erkennt daraus, daß zwischen der Wärmeübergangszahl und dem Druckverlust ein bestimmter Zusammenhang besteht, der auch für die wirtschaftliche Beurteilung von Wärmeaustauschern von Wichtigkeit ist.

---

[1] Vgl. M. TEN BOSCH: Die Wärmeübertragung. Berlin: Springer 1936 und P. W. BRIDGMAN (deutsch von H. HOLL): Theorie der physikalischen Dimensionen. Leipzig u. Berlin: B. G. Teubner 1932. — B. KOCH: Z. techn. Physik 24 (1948) S. 248.

[2] TEN BOSCH, M.: Die Wärmeübertragung. Berlin: Springer 1936.

Aus diesem Zusammenhang heraus erhält man für den Wärmeübergang im Rohr bei turbulenter erzwungener Strömung die Gleichung[1]

$$Nu = 0,0396\, Pr\, \frac{Re^{3/4}}{1 + 1,74\, Re^{-1/8}\,(Pr-1)}\,. \tag{777}$$

Im Vergleich mit Gl. (775) fällt auf, daß in dieser Gleichung auf der rechten Seite nur die Kennzahlen Re und Pr vorkommen, während die Kennzahl Gr fehlt. Wir werden jedoch später sehen, daß Gr nur bei freier Strömung eine Rolle spielt, so daß sich auch für Gl. (775) eine entsprechende Vereinfachung für die erzwungene turbulente Strömung ergeben wird.

Es ist an sich Geschmackssache, ob man sich an die formale oder die anschauliche, physikalisch unterbaute Darstellungsweise hält. Die letztere ist grundsätzlich vorzuziehen, besonders wenn man Wert auf die Extrapolationsfähigkeit der Gleichungen legt, führt jedoch zu rechnerisch verhältnismäßig unbequemen Ausdrücken. Bei der formalen Methode hat es sich herausgestellt, daß sich Nu als Produkt von Potenzen der übrigen Kenngrößen darstellen läßt, was die praktische Rechnung erleichtert.

Wir wollen uns im folgenden der formalen Darstellungsweise bedienen, ohne daß indessen dadurch ein Werturteil abgegeben werden soll.

203. Wärmeübergang bei erzwungener laminarer Strömung im Kreisrohr. Dieser Fall ist von GRÄTZ und später von NUSSELT[2] allerdings unter gewissen vereinfachenden Annahmen exakt behandelt worden. Es folgt daraus, daß Nu eine Funktion des Produktes $Pe \cdot \dfrac{l}{d}$ ist mit l als Länge und d als Durchmesser des Rohres. Nach HAUSEN[3] kann mit für praktische Zwecke ausreichende Genauigkeit

$$Nu = \frac{\alpha\, d}{\lambda} = 3,3 + 0,4\left(\frac{Pe\, d}{l}\right)^{1/2} \tag{778}$$

gesetzt werden. Diese Beziehung gilt sowohl für Gas als auch für Flüssigkeiten.

Ist

$$Pe \cdot \frac{l}{d} \geqq 0,05$$

so bleibt Nu praktisch konstant.

Praktisch ist die laminare Strömung von geringer Bedeutung, sie spielt im wesentlichen nur bei der Wärmeübertragung an sehr zähe Flüssigkeiten eine Rolle.

Über den Wärmeübergang bei laminarer Strömung in engen Spalten liegen von ALTENKIRCH[4] Untersuchungen vor.

[1] PRANDTL, L.: Phys. Z. 11 (1910) S. 1072 und ebenda 29 (1928) S. 487.
[2] NUSSELT, W.: Z. VDI 54 (1910) S. 1154.
[3] HAUSEN, H.: Verfahrenstechnik. Z. VDI, Beihefte 1943 Nr. 4.
[4] ALTENKIRCH, E.: Z. ges. Kälte-Ind. 51 (1944) S. 1.

204. Wärmeübertragung bei erzwungener turbulenter Strömung von Gasen im Kreisrohr. Bei dieser Betrachtung gehen wir grundsätzlich auf Gl. (776) zurück.

$$Nu = f(Pr;\ Pe;\ Gr)\ .$$

Dabei ist jedoch zu beachten, daß bei aufgezwungener Strömung die Auftriebskräfte zu vernachlässigen sind, so daß die Kennzahl Gr nicht berücksichtigt zu werden braucht. Wir erhalten daher

$$Nu = f(Pr;\ Pe) = K\, Pr^{n_1}\, Pe^{n_2}\ , \tag{779}$$

wobei wir von der in Nr. 202 erwähnten Tatsache Gebrauch gemacht haben, daß sich auf Grund experimenteller Untersuchungen diese Potenzprodukte als brauchbar zur Darstellung der Ergebnisse erwiesen haben.

Nun ist aber nach der kinetischen Gastheorie[1] der Ausdruck $\dfrac{g\, c_v\, \eta}{\lambda}$ konstant. Ferner ist mit $\dfrac{c_p}{c_v} = \varkappa$

$$\frac{1}{\varkappa} \cdot \frac{g\, c_v\, \eta}{\lambda} = \frac{g\, c_p\, \eta}{\lambda} = \frac{\gamma\, c_p\, \eta}{\varrho\, \lambda} = \frac{\gamma\, c_p\, \nu}{\lambda} = \frac{\nu}{a} = Pr\ .$$

Die Kennzahl Pr hängt danach lediglich von $\varkappa$, d. h. von der Atomzahl des Gases ab (vgl. Nr. 15). Für Gase gleicher Atomzahl ist Pr demnach konstant. Da überdies nach experimenteller Erfahrung n_1 sehr klein ist, so kann die Verschiedenheit von Pr^{n_1} vernachlässigt und dieser Wert mit in die Konstante einbezogen werden.

Indem wir bei der praktischen Formulierung der Gleichungen im folgenden im wesentlichen den Angaben von GRÖBER-MERKEL[2] folgen, erhalten wir für alle Gase mit $K = 0{,}040$ und $n_2 = 0{,}75$

$$Nu = \frac{\alpha\, d}{\lambda} = 0{,}04\, Pe^{0{,}75}\ . \tag{780}$$

Die Werte der Konstanten ergeben sich, wie nochmals ausdrücklich festgestellt werden soll, nicht aus der Theorie, sondern aus dem Experiment.

In Nu und Pe kommen die Stoffkonstanten λ, c_p und ν vor, die von der Temperatur abhängig sind. Da, wie aus den Betrachtungen der Nr. 198 hervorging, für die Wärmeübertragung bei turbulenter Strömung die Grenzschicht maßgebend ist, so müssen grundsätzlich diese Werte für die mittlere Temperatur der Grenzschicht eingesetzt werden, angenähert also für das arithmetische Mittel aus Wand- und Gastemperatur.

Ist die Rohrlänge l kleiner als $l' = 0{,}015\, Pe \cdot d$, so muß wegen der Anlaufverhältnisse im Rohr in der Gleichung für Nu auch noch die bezogene Länge $\dfrac{l}{d}$ berücksichtigt werden. In diesem Fall ist Nu bzw. α noch mit einem Wert ζ zu multiplizieren, der aus Tabelle 14 zu ent-

---

[1] MÜLLER-POUILLET: Lehrbuch der Physik, Bd. III, 2. Braunschweig: Vieweg & Sohn 1925.
[2] Vgl. Taschenbuch *Hütte*. Bd. 1. 1948.

nehmen ist. Die Wärmeübergangszahl α gibt dann den Mittelwert vom Anfang des Rohres bis zur Stelle l an.

Tabelle 14. *Korrektur für kurze Rohrlängen.*

l/l'	0	0,01	0,05	0,1	0,2	0,4	0,6	0,8	1	∞
ζ	∞	1,26	1,16	1,12	1,08	1,05	1,03	1,01	1,00	1,00

Für gekrümmte Rohre gilt nach JESCHKE[1]

$$\alpha_{kr} = \left(1 + 1{,}77\frac{d}{R}\right)\alpha_{ger} \tag{781}$$

worin R der Krümmungsradius und α_{ger} die Wärmeübergangszahl für das gerade Rohr bedeutet.

205. Umrechnung auf andere Querschnitte. Hat man es nicht mit einem kreisförmigen, sondern mit einem beliebigen Querschnitt zu tun, so kann dieser Fall auf den ersten zurückgeführt werden. Abb. 288 stellt schraffiert den Querschnitt eines Doppelrohres dar. Die durch den Ringraum strömende Flüssigkeit sei mit der im inneren Rohr strömenden im Wärmeaustausch. Es kommt jetzt also auf die Frage an, den Ringraum auf ein gleichwertiges Kreisrohr zurückzuführen. Nun wissen wir bereits aus Nr. 198, daß bei turbulenter Strömung die laminare Grenzschicht eine maßgebende Rolle für den Wärmeübergang spielt. Wir werden daher für den Ringraum dann annähernd die gleichen Bedingungen für den

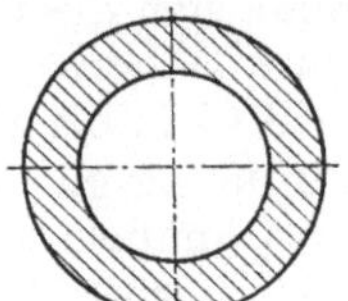

Abb. 288. Zur Ermittlung des gleichwertigen Durchmessers.

Wärmeübergang haben wie bei einem Kreisrohr, wenn die Grenzschichten dieselben sind. Lassen wir nun durch beide Querschnitte eine Flüssigkeit mit derselben mittleren Geschwindigkeit strömen, so wird eine bestimmte Kraft nötig sein, um die Flüssigkeit durch diese Querschnitte zu drücken und die Widerstände zu überwinden. Diese Widerstandskräfte liegen vorwiegend in der sehr dünnen Grenzschicht und werden durch eine Schubkraft τ je Oberflächeneinheit hervorgerufen, die innerhalb der Grenzschicht wirksam ist. Die Schubkräfte werden zur Erzielung derselben Grenzschichtbedingungen gleich sein müssen.

Ist grad p' der Druckabfall je Längeneinheit, U der Umfang des Ringquerschnittes und F der Querschnitt der Ringfläche, so ist für den Ringraum

$$\text{grad } p'\, F = \tau\, U \tag{782}$$

und für das gleichwertige Kreisrohr, das den zunächst unbekannten Durchmesser d_0 habe

$$\text{grad } p\, \frac{\pi d_0^2}{4} = \tau\, \pi\, d_0 \,. \tag{783}$$

Stellen wir nun weiter die Bedingung

$$\text{grad } p = \text{grad } p' \,,$$

---

[1] JESCHKE, H.: Z. VDI (1925), Sonderheft Techn. Mechanik u. Thermodyn. S. 24.

d. h. setzen wir je Längeneinheit denselben Druckabfall voraus, wie es in der Hydromechanik zur Berechnung des sogenannten *hydraulischen Durchmessers* üblich ist, so erhält man durch Division von Gl. (782) und (783) den *gleichwertigen Durchmesser*.

$$d_0 = \frac{4\,F}{U}\,. \tag{784}$$

Hat man also irgendeinen beliebigen Querschnitt, so kann man diesen nach Gl. (784) auf einen gleichwertigen Kreisquerschnitt zurückführen. Die Überlegungen, die zu Gl. (784) geführt haben, sind mit Bezug auf die Wärmeübertragung, die gleiche Grenzschichten voraussetzt, nicht ganz schlüssig, da die zusätzliche Bedingung der Gleichheit der Gradienten nicht aus dem Problem heraus erforderlich ist, wie es bei der Berechnung des hydraulichen Durchmessers der Fall ist, wo man geradezu denjenigen Kreisquerschnitt aufsucht, der den gleichen Gradienten hat wie der beliebig vorgelegte. Immerhin hat sich die Gl. (784) bewährt, wenn sich die Umgrenzungen des beliebigen Querschnittes sich nicht zu stark nähern.

Es ist aber ausdrücklich zu beachten, daß Gl. (784) nur für turbulente Strömung gilt und nicht für laminare. Ferner ist bei Wärmedurchgangsberechnungen der gesamte Umfang in Gl. (784) einzusetzen und nicht etwa nur der Teil des Umfanges, durch den sich der Wärmedurchgang vollzieht. Dies folgt unmittelbar aus dem Gang der Überlegung.

206. Wärmeübergang bei erzwungener Gasströmung quer zur Rohrachse. Für diesen Fall ist zu unterscheiden, cb die Rohre fluchtend, wie in Abb. 289 oder versetzt wie in Abb. 290 angeordnet sind. Ferner kommt es auf das Querverteilungsverhältnis $a = \frac{s_1}{d}$ und auf das Längsverteilungsverhältnis $b = \frac{s_2}{d}$ an.

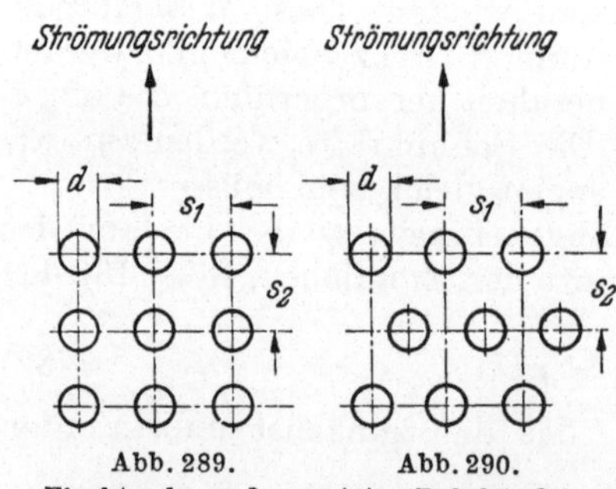

Abb. 289.   Abb. 290.
Fluchtendes und versetztes Rohrbündel.

Nach HOFMANN[1] kann unter Benutzung von Gl. (775) und Vernachlässigung des Einflusses von Pr und Gr gesetzt werden

$$Nu = \frac{\alpha\,d}{\lambda} = K\,Re^{m}\,, \tag{785}$$

wobei die Konstanten K und m Funktionen von a und b und von der Rohranordnung sind. Die Konstanten können aus Tabelle 15 entnommen werden.

Die Tabelle gilt für zehn und mehr hintereinandergeschaltete Rohrreihen. Für weniger als zehn Rohrreihen werden die Werte für Nu etwas kleiner. Diese Verkleinerung macht bei 4 Rohrreihen etwa 12 % aus.

---

[1] HOFMANN, E.: Z. VDI **84** (1940) S. 97.

Tabelle 15. *Konstanten K und m für Rohrbündel.*

a	1,25		1,5		2		3	
b	K	m	K	m	K	m	K	m
	für fluchtende Rohrbündel							
1,25	0,348	0,592	0,275	0,608	0,100	0,704	0,0633	0,752
1,5	0,367	0,586	0,250	0,620	0,101	0,702	0,0678	0,744
2	0,418	0,570	0,299	0,602	0,229	0,632	0,198	0,648
3	0,290	0,601	0,357	0,584	0,374	0,581	0,286	0,608
b	für versetzte Rohrbündel							
0,6	—	—	—	—	—	—	0,213	0,636
0,9	—	—	—	—	0,446	0,571	0,401	0,581
1,0	—	—	0,497	0,558	—	—	—	—
1,125	—	—	—	—	0,478	0,565	0,518	0,560
1,25	0,518	0,556	0,505	0,554	0,519	0,556	0,522	0,562
1,5	0,451	0,568	0,460	0,562	0,452	0,568	0,488	0,568
2	0,404	0,572	0,416	0,568	0,482	0,556	0,449	0,570
3	0,310	0,592	0,356	0,580	0,440	0,562	0,421	0,574

Selbstverständlich wäre es auch möglich, Gl. (785) auf die Form

$$Nu = K_1 Pe^{m_1}$$

mit anderen Konstanten als K und m zu bringen und in der Tat ist diese Form entsprechend den für die vorhergehenden Fälle angegebenen Gleichungen auch verwendet worden. Da indessen in der Originalarbeit, die insbesondere neue amerikanische Messungen berücksichtigt, die Form Gl. (785) angewendet wurde, ist diese Darstellung hier beibehalten.

Die Geschwindigkeit w in Re ist an der engsten Stelle zwischen zwei Rohren zu nehmen.

207. Wärmeübergang bei erzwungener Gasströmung längs einer ebenen Wand. Mit l als Länge der Wand erhalten wir für diesen Fall

$$Nu = \frac{\alpha l}{\lambda} = 0{,}075\, Pe^{0{,}75} . \tag{786}$$

Für Luft kann nach SCHACK[1] vereinfacht gesetzt werden

$$\alpha = 6{,}14\, w^{0{,}78} . \tag{787}$$

Diese Gleichung gilt indessen nur für $w > 5$ m/s. Ist die Geschwindigkeit kleiner, so überlagert sich eine freie Strömung, die jedoch von der Lage der Platte abhängig ist. Für senkrechte Platten und Luft kann für diesen Fall nach SCHACK[2] gesetzt werden

$$\alpha = 5 + 3{,}4\, w. \tag{788}$$

208. Wärmeübergang bei erzwungener turbulenter Strömung tropfbarer Flüssigkeiten im Kreisrohr. Handelt es sich nicht um Gase, sondern um tropfbare Flüssigkeiten, so kann der Einfluß der Kennzahl Pr nicht mehr vernachlässigt werden, wohingegen Gr außer acht gelassen

---

[1] SCHACK, A.: Der industrielle Wärmeübergang. Düsseldorf: Stahl u. Eisen 1948.

[2] SCHACK, A.: Der industrielle Wärmeübergang. Düsseldorf: Stahl u. Eisen 1948.

werden kann. Bei der Wahl der Grundform Gl. (775) erhält man für tropfbare Flüssigkeiten nach KRAUSSOLD[1]

$$Nu = \frac{\alpha d}{\lambda} = 0,024 \, Re^{0,8} \, Pr^{0,37} \, . \tag{789}$$

Bei Umrechnung von einem nicht kreisförmigen Rohrquerschnitt auf den kreisförmigen behält Gl. (784) Gültigkeit.

Gl. (789) gilt ferner nur für genügend große Rohrlängen. Bei kleinen Rohrlängen kann eine Verbesserung des Wertes für α nach Tabelle 14 vorgenommen werden. Die Werte nach Gl. (789) sind jedenfalls niemals zu günstig.

Grundsätzlich liegen die Verhältnisse beim Wärmeübergang stes so, daß ein Unterschied unter sonst gleichen Bedingungen in der Wärme-übergangszahl vorhanden ist, je nachdem das Gas oder die Flüssigkeit erwärmt wird oder sich abkühlt. Das hängt zusammen mit dem Tem-peraturverlauf in der Grenzschicht und der davon abhängigen Zähigkeit. In der Tat gibt Kraussold auch für beide Fälle verschiedene Gleichungen an. Im allgemeinen treten indessen diese Unterschiede in der Praxis zu-rück gegenüber den sonstigen schwer erfaßbaren Einflüssen, so daß mit der Gl. (789) in beiden Fällen gerechnet werden kann.

209. Wärmeübergang bei erzwungener Strömung tropfbarer Flüssig-keiten quer zur Rohrachse. Diese Art des Wärmeüberganges ist noch verhältnismäßig wenig erforscht. HOFMANN[2] gibt bei gradlinig an-geordneten Rohrreihen die Gleichung

$$Nu = \frac{\alpha d}{\lambda} = 0,145 \, Re^{0,654} \, Pr^{0,31} \tag{790}$$

und bei versetzter Anordnung

$$Nu = \frac{\alpha d}{\lambda} = 0,157 \, Re^{0,68} \, Pr^{0,31} \tag{790a}$$

an. Diese beiden Gleichungen gelten für Bündel mit 5 hintereinander-liegenden Rohren. Bei 10 hintereinanderliegenden Rohren erhöht sich der Zahlenfaktor von Gl. (790) kaum, von 791 um etwa 12 %. Bis zum Vorliegen genauerer Messungen können die aus den beiden Gleichungen errechneten Werte nur als Näherungswert angesehen werden.

210. Wärmeübergang bei freier Strömung von Gasen und Flüssig-keiten an Rohren quer zur Rohrachse. Es handelt sich hier um das Problem, das in Abb. 284 bereits dargestellt wurde. Bei dieser Art der Strömung treten die Beschleunigungskräfte gegenüber den Kräften der inneren Reibung völlig zurück. In der Differentialgleichung (762) kann daher das Glied der linken Seite vernachlässigt werden. Daher fällt Re nach den Betrachtungen in Nr. 201 heraus und es bleibt die allgemeine Beziehung

$$Nu = f(Pe; Gr) \, ,$$

oder

$$Nu = f(Pr; Gr) \, .$$

---

[1] KRAUSSOLD, H.: Forschg. Ing.-Wes. 4 (1933) S. 39.
[2] HOFMANN, E.: Z. ges. Kälteind. 41 (1934) S. 190.

Theoretische Überlegungen führen weiterhin zu dem Ergebnis, daß für diesen Fall Nu von dem Produkt $Pr \cdot Gr$ abhängig ist. Für diese Art der Strömung ergibt sich daher die Gleichung

$$Nu = K_1(Pr \cdot Gr)^n \, . \tag{791}$$

Nun ist, wie wir in Nr. 204 gesehen haben, wenigstens für Gase gleicher Atomzahl Pr konstant, so daß wir für Gase Pr^n mit in die Konstante einbeziehen können. Wir erhalten so

$$Nu = KGr^n \, .$$

Mit $K = 0{,}37$ und $n = 0{,}25$ ergibt sich nach JODLBAUER und HERMANN[1] für zweiatomige Gase (Luft)

$$Nu = \frac{\alpha \, d}{\lambda} = 0{,}37 \sqrt[4]{Gr} = 0{,}37 \sqrt[4]{\frac{g \, d^3 (T_W - T_F)}{v^2 \, T_F}} \, , \tag{792}$$

wobei Gr nach Gl. (770a) eingesetzt ist zu

$$Gr = \frac{g \, d^3 (T_W - T_F)}{v^2 \, T} = \frac{g \, d^3}{v^2} \left(\frac{T_W}{T_F} - 1 \right) . \tag{792a}$$

Die Stoffwerte sind in konventioneller Weise für die Wandtemperatur einzusetzen. Die Gl. (792) ist so aufgestellt, daß sie für Auftrieb gilt, d. h. für den Fall, daß die Strömung an der warmen Fläche nach oben gerichtet ist. Ist die Fläche gekühlt, so ist die Strömung abwärts gerichtet und es ist zu setzen

$$Gr = \frac{g \, d^3}{v^2} \left(1 - \frac{T_W}{T_F} \right) . \tag{792b}$$

Jedenfalls ist Gr stets positiv.

Handelt es sich nicht um zweiatomige Gase, so muß die veränderte PRANDTLsche Zahl berücksichtigt werden. Aus Gl. (791) folgt für Luft

$$Nu = K_1 \sqrt[4]{Pr_L} \sqrt[4]{Gr} \, ,$$

wobei Pr_L die PRANDTLsche Zahl für Luft bedeutet. Für irgend ein anderes Gas mit der PRANDTLschen Zahl Pr ergibt sich dann

$$Nu = \frac{K_1 \sqrt[4]{Pr_L}}{\sqrt[4]{Pr_L}} \sqrt[4]{Pr} \sqrt[4]{Gr} = K \sqrt[4]{\frac{Pr}{Pr_L} Gr} \, ,$$

oder mit Einsetzen der Konstanten

$$Nu = \frac{\alpha \, d}{\lambda} = 0{,}37 \sqrt[4]{\frac{Pr}{Pr_L} Gr} \, . \tag{793}$$

Bei Flüssigkeiten muß die Prandtlsche Zahl auf jeden Fall berücksichtigt werden. Man muß dann auf die Grundform Gl. (791) zurückgehen und kann setzen mit $K_1 = 0{,}40$ und $n = 0{,}25$

$$Nu = \frac{\alpha \, d}{\lambda} = 0{,}40 \sqrt[4]{Pr \, Gr} \, , \tag{794}$$

---

[1] JODLBAUER, K.: Forschg. Ing.-Wes. 4 (1933) S. 157. — R. HERMANN: Wärmeübergang bei freier Strömung am waagerechten Zylinder in zweiatomigen Gasen. Hab.-Schrift Aachen 1935.

wenn Gr auch für Flüssigkeiten nach Gl. (792a) eingesetzt wird. Drückt man Pr durch die Stoffwerte aus, so folgt für Flüssigkeiten

$$Nu = \frac{\alpha\,d}{\lambda} = 0{,}40 \sqrt[4]{\frac{g\,d^3(T_W - T_F)}{a\,v\,T_F}} \;. \tag{795}$$

211. Wärmeübergang bei freier Strömung von Gasen und Flüssigkeiten an vertikalen Wänden. Hier handelt es sich um das Problem nach Abb. 286. Auch hier gilt wieder entsprechend den Überlegungen der Nr. 210 die allgemeine Beziehung

$$Nu = \frac{\alpha\,h}{\lambda} = f(Pr,\,Gr) = K_1(Pr \cdot Gr)^n \;, \tag{796}$$

worin h die Höhe der Platte bedeutet. Für zweiatomige Gase, insbesondere Luft, kann Pr^n wieder in die Konstante einbezogen werden, so daß man erhält

$$Nu = \frac{\alpha\,h}{\lambda} = K\,Gr^n \;.$$

Nach Schmidt und Beckmann[1] ist $K = 0{,}480$ und $n = 0{,}25$, so daß man erhält

$$Nu = \frac{\alpha\,h}{\lambda} = 0{,}480 \sqrt[4]{Gr} \;, \tag{797}$$

bzw

$$Nu = \frac{\alpha\,h}{\lambda} = 0{,}480 \sqrt[4]{\frac{g\,h^3(T_W - T_F)}{v^2\,T_F}} \;. \tag{798}$$

Für andere als zweiatomige Gase muß Gr nach der Vorschrift in Nr. 210 mit dem Verhältnis $\dfrac{Pr}{Pr_L}$ multipliziert werden.

Für Flüssigkeiten muß wieder auf die Grundform Gl. (791) zurückgegangen werden und man erhält mit $K = 0{,}52$ und $n = 0{,}25$

$$Nu = 0{,}52 \sqrt[4]{Pr\,Gr} = 0{,}52 \sqrt[4]{\frac{g\,h^3(T_W - T_F)}{a\,v\,T_F}} \;. \tag{799}$$

212. Wärmeübergang bei freier Strömung von Gasen und Flüssigkeiten an horizontalen Wänden. Diese Art des Wärmeüberganges entspricht der Abb. 285. Auf Grund einer von Hencky für Luft gefundenen Beziehung

$$\alpha = 2{,}8 \sqrt[4]{t_W - t_F} \tag{800}$$

schließt Merkel[2], daß der Wärmeübergang an der horizontalen Platte 27 % größer sei, als an der vertikalen. Dagegen fand Rosin[3] lediglich eine Zunahme um etwa 6 %. Bis zur weiteren Klärung dieser Frage wird man vorsichtigerweise den kleineren Wert wählen. In Gl. (800) erkennt man in der vierten Wurzel der Temperaturdifferenz die Abhängigkeit von der Grashofschen Zahl wieder.

---

[1] Schmidt, E. u. W. Beckmann: Forschg. Ing.-Wes. 1 (1930) S. 341.

[2] Merkel, F.: Die Grundlagen der Wärmeübertragung. Dresden u. Leipzig: Theodor Steinkopff 1927.

[3] Rosin, P.: Die Wärmeabgabe geneigter Flächen durch Konvektion. Sonderabdruck aus: Das Braunkohlenarchiv. Halle: W. Knapp 1921.

213. Berippte Flächen. Bei berippten Flächen ist zu beachten, daß die Temperaturdifferenz zwischen Rippe und Umgebung im Mittel kleiner ist als die Temperaturdifferenz zwischen dem Rippenfuß und der Umgebung, weil innerhalb der Rippe radial nach außen ein Temperaturabfall vorhanden ist. Man kann daher einen Rippenwirkungsgrad

$$\eta_R = \frac{Q}{Q_0} = \frac{\alpha}{\alpha_0} \tag{801}$$

definieren. Darin ist Q die tatsächlich von der Rippe abgegebene Wärmemenge und Q_0 diejenige Wärmemenge, die von der Rippe abgegeben würde, wenn diese auf der ganzen Rippenoberfläche die Fußtemperatur t_0 haben würde. Dem entsprechen die Wärmeübergangszahlen α bzw. α_0 bezogen auf die Temperaturdifferenz zwischen Rippenfuß und Umgebung. Der Wirkungsgrad η_R ist eine Funktion der Kenngröße $\sqrt{\dfrac{\alpha}{\lambda y_0}} \cdot b$ mit α als Wärmeübergangszahl, λ als Wärmeleitzahl des Rippenmaterials, y_0 als halben Rippendicke am Fuß und b als Rippenbreite[1].

Die Abb. 291 gibt die Wirkungsgrade für verschiedene Rippenformen an. Dabei ist $\varrho = \dfrac{R}{r_0}$ das Verhältnis des äußeren Rippenradius zum äußeren Rohrradius.

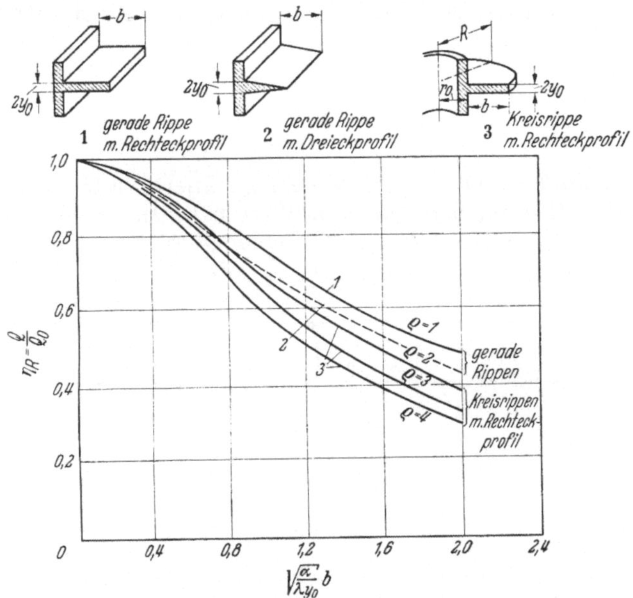

Abb. 291. Rippenwirkungsgrad nach HAUSEN.

Bei erzwungener Strömung kann die Wärmeübergangszahl α_0 so angenommen werden, als ob keine Rippen vorhanden wären. Der Wert wird also für die glatte Fläche oder das glatte Rohr bestimmt. Man

---

[1] HAUSEN, H.: Z. VDI, Beihefte Verfahrenstechnik 1940 Nr. 2.

entnimmt dann η_R aus der Abb. 291 und enthält das tatsächliche α gemäß Gl. (801) aus der Beziehung

$$\alpha = \eta_R \, \alpha_0 \, . \tag{802}$$

Als Temperaturdifferenz ist dabei die Differenz zwischen der Temperatur am Rippenfuß und der Temperatur des umgebenden Mediums einzusetzen.

Bei freier Strömung kann man für α_0 nur mit 50 bis 60 % der Werte rechnen, die man für die glatte Fläche erhält. Im übrigen gilt dann wieder Gl. (802).

Die angestellten Überlegungen gelten nur für die Rippenfläche selbst. Der glatte Körper muß nach den schon früher angestellten Betrachtungen besonders berücksichtigt werden. Für praktische Berechnungen sind die von HOFMANN[1] aufgestellten Nomogramme sehr nützlich.

214. Die Stoffkonstanten. Das Beibringen der zur Berechnung von α notwendigen Stoffkonstanten macht zuweilen Schwierigkeiten, sei es, daß die Angaben im Schrifttum an sich nur spärlich vorhanden sind, sei es, daß sie bei anderen Temperaturen verlangt werden als angegeben. Daher wollen wir im folgenden eine Reihe von Hilfsgleichungen anführen, die oft mit Vorteil verwendet werden können.

Ist bei Gasen die Zähigkeit η_0 bei $T_0 = 273^0$ K gegeben, so läßt sie sich nach der aus gaskinetischen Überlegungen heraus von SUTHERLAND[2] aufgestellten Beziehung

$$\eta = \eta_0 \sqrt{\frac{T}{T_0}} \cdot \frac{1 + \dfrac{C}{T_0}}{1 + \dfrac{C}{T}} \tag{803}$$

auch für andere Temperaturen T berechnen. Hierin ist C eine Konstante, die für jedes Gas einen besonderen Wert hat. In Tabelle 16 sind für gebräuchliche Gase diese Werte zusammengestellt.

Tabelle 16. *Werte für C und η_0 für die Gleichung von Sutherland gültig zwischen -180^0 C und $+1200^0$ C nach ten Bosch.*

	C	$\eta_0 \cdot 10^8$ kg s/m²		C	$\eta_0 \cdot 10^8$ kgs/m²
Wasserstoff . . .	83	85	Kohlensäure . . .	274	140
Helium	80	188	Schweflige Säure .	416	117
Luft.	124	178	Azetylen.	198	102
Sauerstoff	138	197	Chlor	531	129
Stickstoff	110	170	Methan	198	110
Ammoniak	626	96	Wasserdampf. . .	673	87

Für Gasgemische läßt sich die Zähigkeit nach HERNING und ZIPPERER[3] aus der Gleichung

$$\eta_{gem} = 1{,}03 \, \frac{\mathfrak{v}_1 \sqrt{m_1} \, \eta_1 + \mathfrak{v}_2 \sqrt{m_2} \, \eta_2 + \dots}{\mathfrak{v}_1 \sqrt{m_1} + \mathfrak{v}_2 \sqrt{m_2} + \dots} \tag{804}$$

---

[1] HOFMANN, E.: Z. ges. Kälteind. 51 (1944) S. 84. Vgl. auch Th. E. SCHMIDT: Die Wärmeleistung von berippten Oberflächen. Karlsruhe: C. F. Müller 1950.
[2] SUTHERLAND, W.: Philos. Mag. 36 (1893) S. 507.
[3] HERNING, F. u. L. ZIPPERER: Z. Gas- u. Wasserfach 79 (1936) S. 49.

berechnen. Hierin sind $\mathfrak{v}_1, \mathfrak{v}_2 \ldots$ die Volumenteile der einzelnen Gase und $m_1, m_2 \ldots$ ihre Molekulargewichte.

Bei vielen Flüssigkeiten kann die Abhängigkeit der Zähigkeit von der Temperatur durch die Beziehung

$$\eta = A\, e^{b/T}$$

ausgedrückt werden[1]. Ist die Zähigkeit bei zwei Temperaturen bekannt, so können die Konstanten A und b bestimmt und die Zähigkeitswerte für andere Temperaturen berechnet werden.

Die Wärmeleitzahl hängt bei Gasen nach EUCKEN[2] mit der Zähigkeit und der spezifischen Wärme zusammen. Es kann gesetzt werden

$$\lambda = 35\,316 \left(\frac{4{,}47}{\mathfrak{C}_v} + 1 \right) c_v\, \eta\,. \tag{805}$$

Hierin ist $\mathfrak{C}_v$ die Molwärme in kcal/kmol grd, c_v die spezifische Wärme bei konstantem Volumen in kcal/kg grd und η die absolute Zähigkeit in kg s/m². Nach HOFMANN[3] ist diese Gleichung auch auf Gasgemische anwendbar. Man setzt dann für η den Wert nach Gl. (804) ein und berechnet $\mathfrak{C}_v$ und c_v aus den Mischungsanteilen nach den Lehren von Nr. 104.

Schließlich ergibt sich für Flüssigkeiten nach EUCKEN[4] die Beziehung

$$\lambda = 34{,}2 \cdot 10^{-8}\, \gamma c u\,.$$

Hierin ist γ das spezifische Gewicht in kg/m³, c die spezifische Wärme in kcal/kg grd und u die Schallgeschwindigkeit in der Flüssigkeit in m/s.

215. Wärmeübergang bei Kondensation. Nach NUSSELT[5] kann man sich den Vorgang bei der Kondensation von Dämpfen auf Grund von Abb. 292 in folgender Weise vorstellen. Wir nehmen an, daß der an der schraffierten Wand niedergeschlagene Dampf an der Wand herunterfließt. Auf dem Wege nach unten in der X-Richtung wird die Flüssigkeitsschicht immer dicker werden. Nun betrachten wir im Flüssigkeitselement $dx\,dy\,b$, wobei b die Ausdehnung der Platte senkrecht zur Bildebene bedeutet. Wir können ohne Einschränkung der Allgemeingültigkeit der Betrachtung $b = 1$ setzen. Auf der linken Seite des Elementes wirkt bremsend die Schubkraft τ, auf der rechten Seite zieht die außen rascher strömende Flüssigkeit mit der Schubkraft

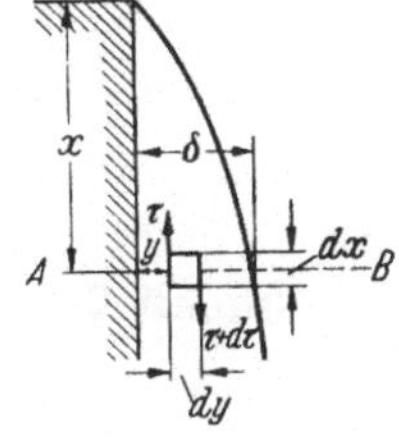

Abb. 292. Zur Ermittlung der Wärmeübergangszahl bei Kondensation.

$\tau + d\tau$. Wenn die Beschleunigung vernachlässigt wird, so hält die resultierende Schubkraft $d\tau\,dx$ dem Gewicht des Teilchens $\gamma\,dx\,dy$

---

[1] Über die Gültigkeit vgl. F. KOHLRAUSCH: Praktische Physik, Bd. I. Leipzig u. Berlin: B. G. Teubner 1943.
[2] EUCKEN, A.: Forschg. Ing.-Wes. 11 (1940) S. 6.
[3] HOFMANN, E.: Z. ges. Kälteind. 49 (1942) S. 66.
[4] EUCKEN, A.: Forschg. Ing.-Wes. 11 (1940) S. 6.
[5] NUSSELT, W.: Z. VDI 60 (1916) S. 541.

das Gleichgewicht. Die Summe der Kräfte muß Null sein. Daher ist

$$d\tau\,dx + \gamma\,dx\,dy = 0 \tag{806}$$

$$d\tau + \gamma\,dy = 0 . \tag{807}$$

Nun ist aber mit w_x als Geschwindigkeit des Teilchens in der X-Richtung

$$\tau = \eta\,\frac{dw_x}{dy}$$

und

$$\frac{d\tau}{dy} = \eta\,\frac{d^2 w_x}{dy^2} . \tag{808}$$

Aus Gl. (807) und (808) folgt

$$\frac{d^2 w_x}{dy^2} = -\frac{\gamma}{\eta}$$

und nach Integration

$$w_x = -\frac{\gamma}{2\eta}\,y^2 + C_1 y + C_2 . \tag{809}$$

Die Integrationskonstanten folgen aus den Bedingungen

$$y = 0 , \quad w_x = 0 .$$

$$\left(\frac{dw_x}{dy}\right)_{y=\delta} = 0 .$$

Die erste Bedingung besagt, daß w_x an der Wand Null ist, die zweite,
daß an der Außenseite des Flüssigkeitsfilmes der Zuwachs der Geschwindigkeit in Richtung auf die Wand ebenfalls Null ist. Daß dies
der Fall sein muß, ist ohne weiteres einleuchtend, da an der Außenseite
$\tau = 0$ und daher auch $\dfrac{dw_x}{dy} = 0$ sein muß. Damit folgt aus Gl. (809)

$$w_x = \frac{\gamma}{y}\delta y - \frac{\gamma}{2\eta}\,y^2 . \tag{810}$$

Die mittlere Geschwindigkeit $\overline{w}_x$ ergibt sich aus der Beziehung

$$\overline{w_x} = \frac{1}{\delta}\int w_x\,dy = \frac{\gamma}{3\eta}\,\delta^2 . \tag{811}$$

Nun fließt durch die Ebene AB (Abb. 292) die Flüssigkeitsmenge

$$G = \overline{w_x}\delta\,\gamma = \frac{\gamma}{3\eta}\,\delta^3$$

und durch eine parallele um dx nach unten verschobene Ebene die um

$$dG = \gamma\,d\,(\overline{w_x}\,\delta) = \frac{\gamma^2}{\eta}\,\delta^2 d\delta \tag{812}$$

vergrößerte Menge. Die Zunahme entspricht der zwischen den beiden
Ebenen kondensierten Dampfmenge. Ist nun t_s die Sättigungstempera-
tur des Dampfes, t_W die Wandtemperatur, λ die Wärmeleitzahl der
Flüssigkeitsschicht und r die Verdampfungswärme, so ist nach der
Wärmebilanz

$$r\,dG = \frac{\lambda}{\delta}\,(t_s - t_W)\,dx . \tag{813}$$

Durch Gleichsetzen von dG aus Gl. (812) und (813) ergibt sich

$$\frac{\gamma^2}{\eta}\,\delta^2\,d\delta = \frac{\lambda}{\delta}\,\frac{t_s - t_W}{r}\,dx\,. \tag{814}$$

Durch Integration und unter Berücksichtigung der Randbedingung $x = 0,\ \delta = 0$ folgt

$$\delta = \sqrt[4]{\frac{4\,\lambda\,\eta\,\Theta\,x}{r\,\gamma^2}}\,, \tag{815}$$

wobei zur Abkürzung $t_s - t_W = \Theta$ gesetzt wurde.

Die Wärmeübergangszahl an der Stelle x ist

$$\alpha_x = \frac{\lambda}{\delta} = \sqrt[4]{\frac{r\,\gamma^2\,\lambda^3}{4\,\eta\,\Theta\,x}}$$

und die mittlere Wärmeleitzahl für eine Wand von der Höhe h

$$\alpha_m = \frac{1}{h}\int\limits_0^h \alpha_x\,dx = \frac{4}{3}\sqrt[4]{\frac{r\,\gamma^2\,\lambda^3}{4\,\eta\,\Theta\,h}}\,. \tag{816}$$

Es sei zur Vorsicht besonders darauf hingewiesen, daß alle unter der Wurzel stehenden Größen in den gleichen Grundeinheiten eingesetzt werden.

Ist die Wand im Winkel φ gegen die Horizontale geneigt, so ist

$$\alpha_{m\,\varphi} = \alpha_m\,\sqrt[4]{\sin\varphi}\,. \tag{817}$$

Indessen gelten Gl. (816) und (817) nur, wenn die Strömung des Filmes laminar ist, wenn die durch strömenden Dampf hervorgerufenen Schubspannungen an der Grenze des Films vernachlässigt werden können und wenn auch wirklich die gesamte Fläche gleichmäßig benetzt wird. Häufig ist das nicht der Fall und die Flüssigkeit schlägt sich in einzelnen Tropfen an der Wand nieder, während andere Stellen gar nicht benetzt sind. Man spricht in diesem Fall von *Tropfenkondensation*. Dabei werden Wärmeübergangszahlen erreicht, die 6 bis 20 mal höher sind als die nach Gl. (816) und (817) berechneten Werte[1].

216. Wärmeübergang bei siedenden Flüssigkeiten. Bei siedenden Flüssigkeiten hängt die Wärmeübergangszahl sehr stark von der Heizflächenbelastung ab. An Kesselheizflächen können für siedendes Wasser nach FRITZ[2] die in Tabelle 17 zusammengestellten Werte angenommen werden.

Tabelle 17. *Wärmeübergangszahl für siedendes Wasser.*

Flächenbelastung kcal/m²h	$10\cdot10^3$	$20\cdot10^3$	$40\cdot10^4$	$60\cdot10^3$	$100\cdot10^3$	$200\cdot10^3$
α	1700	2500	4200	5700	8300	14 000

<hr>

[1] GNAM, E.: VDI Forschungsheft 382 (1937). — W. FRITZ: Z. VDI Beihefte Verfahrenstechnik (1937) Nr. 4.

[2] FRITZ, W.: Beihefte Verfahrenstechnik (1937) Nr. 5 und (1943) Nr. 1.

Für andere Flüssigkeiten sind diese Werte mit den in Tabelle 18 zusammengestellten Faktoren zu multiplizieren.

Tabelle 18. *Korrekturwerte für die Wärmeübergangszahl siedender Flüssigkeiten.*

wäßrige Lösungen		einheitl. Stoffe	
10% Natriumsulfat . . .	0,94	Isopropanol	0,70
20% Zuckerlösung . . .	0,87	Methanol	0,53
40% Zuckerlösung . . .	0,84	Petroleum	0,52
26% Glycerin	0,83	Toluol	0,36
55% Glycerin	0,75	Tetrachlorkohlenstoff . . .	0,35
24% Kochsalz	0,61	Butanol	0,32

217. Mittlere Temperaturdifferenz beim Wärmeaustauscher ohne Speicherung (Rekuperator). Wir haben bereits in Nr. 186 festgestellt, daß sich die ausgetauschte Wärmemenge aus der Wärmedurchgangszahl nach der Beziehung

$$Q = k\,\Theta\,F$$

ergibt. Hat man es mit Wärmeaustauschapparaten zu tun, in denen z. B. eine Flüssigkeit sich abkühlt und dadurch eine andere erwärmt wird, so ist in der Regel an jeder Stelle die Temperaturdifferenz Θ im Austauscher verschieden und es tritt die Frage auf, mit welchem mittleren Θ_m gerechnet werden muß. Diese Verhältnisse sind in Abb. 293 und 294 für Gleich- und Gegenstrom dargestellt, wo der Temperatur-

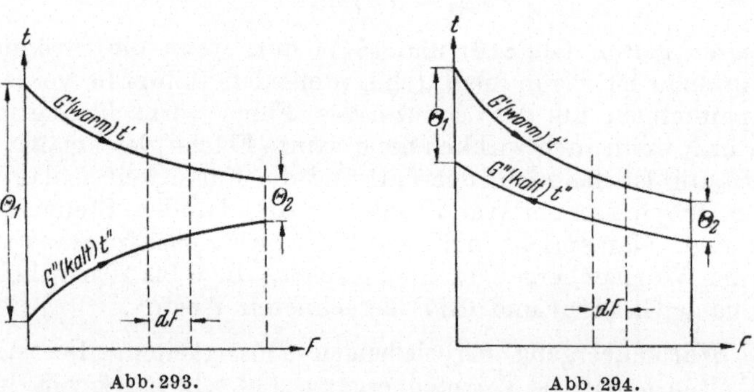

Abb. 293.   Abb. 294.
Temperaturverlauf im Wärmeaustauscher bei Gleich- und Gegenstrom.

verlauf der Flüssigkeiten entlang der Fläche des Austauschapparates gezeigt ist. G' und G'' sind die in der Zeiteinheit durch den Apparat strömenden Mengen der warmen und kalten Flüssigkeit mit den spezifischen Wärmen c', c'' und t', t'' die entsprechenden Temperaturen am Flächenelement dF. Zur Abkürzung setzen wir die Wasserwerte $G'c' = W'$ und $G''c'' = W''$. Wir betrachten zunächst einen Gleichstromwärmeaustauscher. Beim Durchströmen des Flächenelementes dF gibt die warme Flüssigkeit die Wärmemenge

$$dQ = -W'\,dt' \tag{818}$$

ab und die kalte Flüssigkeit nimmt die Wärme

$$dQ = + W'' \, dt'' \qquad (819)$$

auf. Die Temperaturdifferenz an dieser Stelle ist

$$\Theta = (t' - t'') . \qquad (820)$$

Aus Gl. (818) und (819) folgt

$$dt' = -\frac{dQ}{W'},$$

$$dt'' = +\frac{dQ}{W''}$$

und daraus mit Gl. (820)

$$d\Theta = dt' - dt'' = -dQ\left(\frac{1}{W'} + \frac{1}{W''}\right). \qquad (821)$$

Bei Gegenstrom ist

$$dQ = - W'dt' ,$$
$$dQ = - W''dt''$$

und dementsprechend

$$d\Theta = dt' - dt'' = -dQ\left(\frac{1}{W'} - \frac{1}{W''}\right). \qquad (821\,\mathrm{a})$$

Setzen wir für die Klammerausdrücke in Gl. (821) und (821a) die Abkürzung μ, so ergibt sich

$$dQ = -\mu \, dQ . \qquad (822)$$

Durch Integration zwischen den beiden Enden des Austauschers erhält man daraus die gesamte ausgetauschte Wärme Q

$$Q = \frac{1}{\mu}(\Theta_1 - \Theta_2) . \qquad (823)$$

Die am Flächenelement dF ausgetauschte Wärme ist

$$dQ = k\,\Theta\, dF . \qquad (824)$$

Ersetzt man in Gl. (824) dQ aus Gl. (822), so folgt nach Umformung

$$\frac{d\Theta}{\Theta} = -\mu k \, dF$$

und nach Integration zwischen den beiden Enden des Wärmeaustauschers

$$\ln\frac{\Theta_1}{\Theta_2} = \mu k F ,$$

bzw.

$$\frac{1}{\mu} = \frac{kF}{\ln\frac{\Theta_1}{\Theta_2}} .$$

Nach Einsetzen in Gl. (823) ergibt sich

$$Q = \frac{kF}{\ln\frac{\Theta_1}{\Theta_2}}(\Theta_1 - \Theta_2) . \qquad (825)$$

Andererseits ist nach Definition

$$Q = k F \, \Theta_m . \qquad (826)$$

Durch Vergleich von Gl. (825) und (826) ergibt sich

$$\Theta_m = \frac{\Theta_1 - \Theta_2}{\ln \dfrac{\Theta_1}{\Theta_2}} \, . \tag{827}$$

Nach Gl. (827) kann also die mittlere Temperaturdifferenz, mit der man zu rechnen hat, aus der Temperaturdifferenz am Anfang und am Ende des Austauschers als logarithmischer Mittelwert berechnet werden. Dabei ist allerdings vorausgesetzt, daß die Wärmedurchgangszahl k, in der wiederum die Wärmeübergangswerte an der Trennwand stecken, über die gesamte Länge des Austauschapparates konstant ist. Da aber die Wärmeübergangswerte von den temperaturabhängigen Stoffwerten abhängig sind, ändert sich k eigentlich von Stelle zu Stelle insbesondere, wenn die Temperaturunterschiede am Anfang und Ende des Austauschers groß sind. In der Praxis genügt es jedoch in der Regel, den Wert k für die mittleren Verhältnisse zu wählen.

Formt man Gl. (827) etwas um, so erhält man

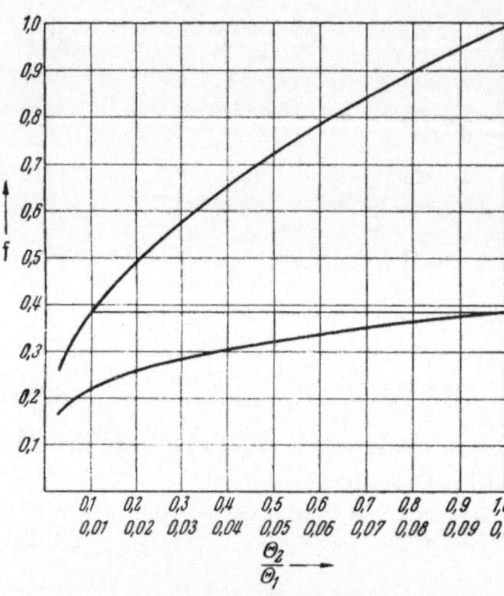

Abb. 295. Diagramm zur Bestimmung von Θ_m nach TEN BOSCH.

$$\Theta_m = \frac{1 - \dfrac{\Theta_1}{\Theta_2}}{\ln \dfrac{\Theta_1}{\Theta_2}} \cdot \Theta_1 = f \, \Theta_1 \, . \tag{828}$$

Der Faktor f, der nur eine Funktion von $\dfrac{\Theta_1}{\Theta_2}$ ist, kann aus Abb. 295 ermittelt werden. Dabei ist für Θ_2 die kleinere und für die größere der beiden Differenzen einzusetzen.

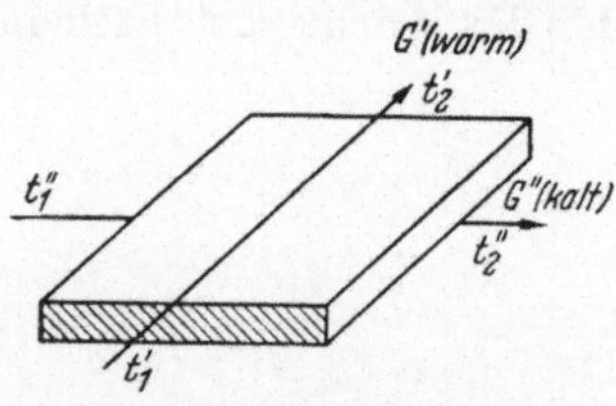

Abb. 296. Kreuzstrom.

Gl. (827) gilt auch, wenn auf einer Seite des Wärmeaustauschers konstante Temperatur herrscht. Dies ist z. B. dann der Fall, wenn auf der einen Seite der Fläche Dampf kondensiert.

Wesentlich verwickelter liegen die Verhältnisse, wenn es sich um den in Abb. 296 dargestellten und praktisch sehr wichtigen *Kreuzstrom* handelt. Diese Fragen sind von NUSSELT[1] ausführlich behandelt worden. Die ausgetauschte Wärme ist

$$Q = W'(t_1' - t_2') = W''(t_1'' - t_2'') \, .$$

---

[1] NUSSELT, W.: Z. VDI 55 (1911) S. 2021 u. Forschg. Ing.-Wes. 1 (1930) S. 417.

Hierbei ist vorausgesetzt, daß die Eintrittstemperaturen der Flüssigkeiten über die ganze Breite des Flüssigkeitsraumes konstant sind. Die Austrittstemperaturen sind bei Kreuzstrom nicht über die gesamte Breite konstant. Daher sind t_2' und t_2'' Mittelwerte über die Strombreite.

Aus mathematischen Überlegungen folgt für die mittlere Temperaturdifferenz

$$\Theta_m = f(t_1' - t_1''),$$

wobei f eine Funktion von den dimensionslosen Kennzahlen

$$a_1 = \frac{t_1' - t_2'}{t_1' - t_1''}$$

und

$$a_2 = \frac{t_2'' - t_1''}{t_1' - t_1''}$$

ist und sich aus Tabelle 19 ergibt.

Tabelle 19. f als Funktion von a_1 und a_2.

$a_2 =$	0	0,1	0,2	0,3	0,4	0,5	0,6	0,7	0,8	0,9	1,0
$a_1 = 0$	1,0	0,947	0,893	0,838	0,781	0,721	0,657	0,586	0,502	0,388	0
0,1	0,947	0,893	0,840	0,786	0,729	0,670	0,605	0,533	0,448	0,338	0
0,2	0,893	0,840	0,785	0,734	0,677	0,617	0,552	0,480	0,398	0,292	0
0,3	0,838	0,786	0,734	0,682	0,625	0,565	0,502	0,430	0,348	0,247	0
0,4	0,781	0,729	0,677	0,625	0,569	0,513	0,449	0,378	0,300	0,206	0
0,5	0,721	0,670	0,617	0,565	0,513	0,456	0,394	0,326	0,251	0,167	0
0,6	0,657	0,605	0,552	0,502	0,449	0,394	0,334	0,271	0,201	0,128	0
0,7	0,586	0,533	0,480	0,430	0,378	0,326	0,271	0,213	0,151	0,089	0
0,8	0,502	0,448	0,398	0,348	0,300	0,251	0,201	0,151	0,100	0,052	0
0,9	0,388	0,338	0,292	0,247	0,206	0,167	0,128	0,089	0,052	0,022	0
1,0	0	0	0	0	0	0	0		0	0	0

Damit ist Θ_m eine Funktion der vier Temperaturen t_1', t_2' t_1'' und t_2'', die sich aus der Aufgabestellung ergeben.

Im übrigen ist bei Wärmeaustauschern darauf zu achten, daß die Temperatur der wärmeabgebenden Flüssigkeit über den gesamten Wärmeaustausch hin höher liegt als die Temperatur der wärmeaufnehmenden Flüssigkeit. Dies erkennt man am besten an Hand eines t,Q-Diagramms (Abb. 297). Die Flüssigkeit mit der großen spezifischen Wärme c wird erwärmt, die Flüssigkeit mit der kleinen spezifischen Wärme kühlt sich ab. Da die ausgetauschten Wärmen gleich sind, liegen beide Zustandslinien zwischen den gleichen Abszissenabschnitten. Da nun

$$\frac{dQ}{dt} = c \quad \text{oder} \quad \frac{dt}{dQ} = \frac{1}{c}$$

ist, so ist die Neigung der Zustandslinien um so größer, je kleiner c ist.

Wird also die Flüssigkeit mit der größeren spezifischen Wärme erwärmt, so liegt die kleinere Temperaturdifferenz am kalten Ende. Wird umgekehrt die Flüssigkeit mit der größeren spezifischen Wärme abgekühlt, so liegt die kleinere Temperaturdifferenz am warmen Ende (Abb. 298).

Die beiden Abb. 297 und 298 gelten für konstante spezifische Wärmen. Diese sind jedoch nicht konstant, wenn es sich z. B. um die

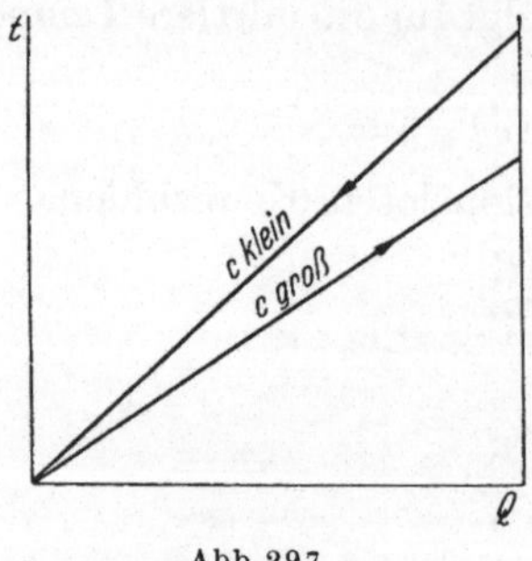

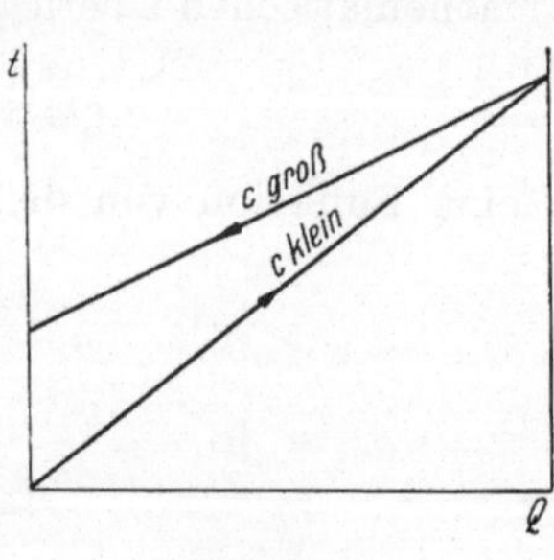

Abb. 297.   Abb. 298.
Temperaturverlauf im Wärmeaustauscher bei Gegenstrom.

Verflüssigung und Unterkühlung überhitzter Dämpfe handelt (Abb. 299). Die Zustandsänderung 12 entspricht dem Entzug der Überhitzungswärme, auf 23 wird die Verdampfungswärme bei konstanter Temperatur abgeführt und 34 stellt die Unterkühlung der Flüssigkeit dar. Soll die Wärme an Kühlwasser abgegeben werden, so kann dieses im Grenzfall nur nach der Zustandsänderung 45 vor sich gehen, damit seine Temperatur nirgends höher als die des zu kühlenden Stoffes ist. Ist K das Gewicht des Kühlwassers und c seine spezifische Wärme, so ist

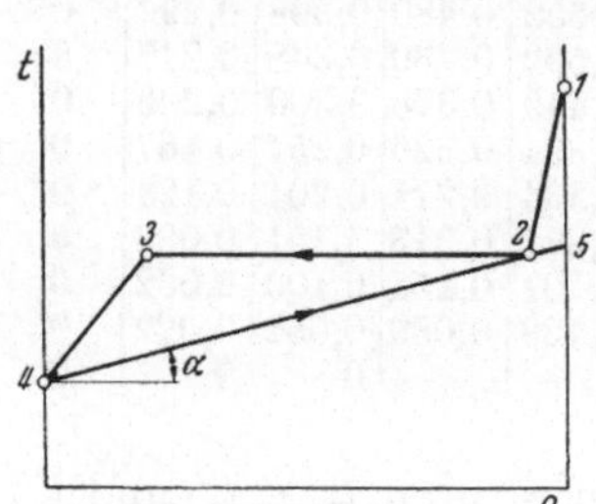

Abb. 299. Temperaturverlauf im Wärmeaustauscher bei unterschiedlichen spezifischen Wärmen.

$$\frac{dQ}{dt} = \frac{Kc\,dt}{dt} = Kc,$$

oder

$$\frac{dt}{dQ} = \operatorname{tg}\alpha = \frac{1}{Kc}.$$

Daraus ergibt sich für den Grenzfall kleinster Temperaturdifferenz die Kühlwassermenge aus der Neigung $\operatorname{tg}\alpha$ zu

$$K = \frac{1}{c\,\operatorname{tg}\alpha}.$$

In Wirklichkeit muß die Kühlwasserlinie unterhalb der Grenzlinie 45 liegen.

218. Wärmeaustauscher mit Speicherung (Regeneratoren). Ein Regenerator ist ein Wärmeaustauscher, in dem nicht nur ein Austausch, sondern auch eine Speicherung von Wärme stattfindet. In der Regel wird er in bestimmten Fällen für Gase verwendet. Er wird abwechselnd vom warmen und vom kalten Gas durchströmt. In der ersten Periode gibt das warme Gas an die im Austauscher befindliche Speichermasse Wärme ab und wird dabei gekühlt, während sich die Speicher masse erwärmt. In der zweiten Periode wird er von kaltem Gas durchströmt, das Wärme aus der Speichermasse aufnimmt und sich dabei erwärmt, während die Speichermasse abgekühlt wird. Daraus geht hervor, daß für einen kontinuierlichen Betrieb die Regeneratoren paarweise umschaltbar vorgesehen werden müssen.

Die Berechnung derartiger Apparate ist wesentlich verwickelter als die der Rekuperatoren[1].

219. Beispiele. a) Durch ein Rohr von 20 mm Durchmesser und 10 m Länge mit einer Temperatur von $100°$ strömt Luft von 1 at und einer mittleren Temperatur zwischen Ein- und Austritt von $0°$ mit einer Geschwindigkeit von 5 m/s. Wie groß ist die Wärmeübergangszahl? Wie groß wäre unter sonst gleichen Verhältnissen die Wärmeübergangszahl bei 10 at?

$$Nu = \frac{\alpha\,d}{\lambda} = 0,040\,P\,e^{0,75}\,. \tag{780}$$

Darin ist $P\,e = \dfrac{w\,d}{a}$. Mit $w = 5 \cdot 3600 = 18000$ m/h, $d = 0,02$ m und $a = \dfrac{\lambda}{c_p\,\gamma}$ $= 0,092$ m²/h für die mittlere Temperatur zwischen Luft und Wand von $50°$ folgt $P\,e = 3910$. Dann ist $P\,e^{0,75} = 494$. Für $50°$ ist $\lambda = 0,0234$, mithin $\alpha = \dfrac{0,0234 \cdot 0,04 \cdot 494}{0,02} = 23,2$ kcal/m² h grd. Dieser Wert ist nach Tabelle 14 mit $l' = 1,171$ m und $l'/l = 0,1171$ noch um etwa 12% zu vergrößern.

Bei 10 at ist a im Verhältnis $1:10$ kleiner, mithin $a = 0,0092$ und daher $P\,e = 39100$ und $P\,e^{0,75} = 2775$ und damit $\alpha = 132,5$ kcal/m²h grd. Für diesen Fall ergibt sich $l' = 11,71$ m und $l'/l = 1,171$. Eine Vergrößerung von α kommt daher nach Tabelle 14 nicht in Frage.

b) Ein versetzt angeordnetes Rohrbündel mit den Konstruktionsdaten (vgl. Abb. 289 u. 290) $s_1/d = 2$, $s_2/d = 1,5$ und $d = 40$ mm wird von Luft von 1 at und einer mittleren Temperatur zwischen Ein- und Austritt von $0°$ mit einer Geschwindigkeit von 5 m/s angeströmt. Die Rohrwandtemperatur ist $-20°$. Wie groß ist die Wärmeübergangszahl?

$$Nu = \frac{\alpha\,d}{\lambda} = K\,Re^{m}\,.$$

Nach Tabelle 15 ist $K = 0,452$ und $m = 0,568$. Mit $w = 500$ cm/s, $d = 40$ cm und $\nu = 0,130$ cm²/s für $-10°$ wird $Re = 154000$ und $Re^{0,568} = 884$. Für $-10°$ ist $\lambda = 0,0199$ kcal/m h grd. Damit folgt $\alpha = 199$ kcal/m² h grd.

c) Ein horizontales Rohr von 40 mm liegt in ruhendem Wasser. Das Rohr habe eine Temperatur von $60°$, das Wasser von $20°$. Wie groß ist die Wärmeübergangszahl?

$$Nu = \frac{\alpha\,d}{\lambda} = 0,37\,\sqrt[4]{\frac{Pr}{Pr_L}}\,Gr\,, \tag{793}$$

$$Gr = \frac{g\,d^3\,(T_W - T_F)}{\nu^2\,T_F}\,. \tag{792 a}$$

Für Wasser von $60°$ ist $\nu = 0,00480$ cm²/s und $a = 0,001604$ cm²/s und somit $Pr = 2,99$. Für Luft von $60°$ ist $\nu = 0,1934$ cm²/s und $a = 0,2678$ cm²/s und somit $Pr_L = 0,727$. Mit $d = 4$ cm, $T_W - T_F = 40°$ und $T_F = 293$ folgt $\dfrac{Pr}{Pr_L}\,Gr = 15,35 \cdot 10^6$. Für Wasser ist weiter $\lambda = 566$ bei $60°$ folglich $\alpha = 1035$ kcal/m² h grd.

---

[1] Vgl. die zusammenfassende Betrachtung bei A. SCHACK: Der industrielle Wärmeübergang. Stahl u. Eisen, Düsseldorf 1948. — H. HAUSEN: Z. VDI Beihefte Verfahrenstechnik (1942) Nr. 2.

d) Abb. 300 und 301 enthalten je einen Querschnitt durch einen Wärmeaustauscher. In Abb. 300 fließt der eine Flüssigkeitsstrom im inneren Rechteck, der andere im Mantelraum. In Abb. 301 fließt der eine Flüssigkeitsstrom in den Rohren mit dem Durchmesser d, der andere im Mantelraum mit dem Durchmesser D. Für die nicht kreisförmigen Querschnitte ist der gleichwertige Durchmesser zu bestimmen.

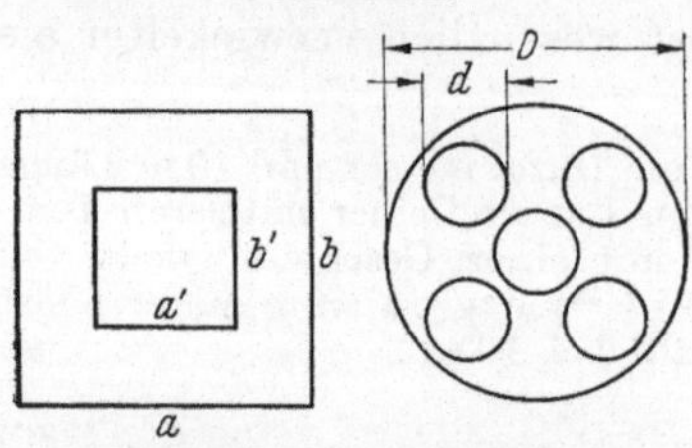

$$d_0 = \frac{4\,F}{U}\,. \qquad (784)$$

Für das innere Rechteck ergibt sich

$$d'_0 = \frac{4\,a'\,b'}{2\,a' + 2\,b'} = \frac{2\,a'\,b'}{a' + b'}\,.$$

Für den rechteckigen Mantelraum

$$d_0 = \frac{2\,(a\,b - a'\,b')}{a + b + a' + b'}$$

Abb. 300.   Abb. 301.
Zur Ermittlung des gleichwertigen
Durchmessers.

und entsprechend für den Mantelraum des Austauschers nach Abb. 301

$$d_0 = \frac{D^2 - 5\,d^2}{D + 5\,d}\,.$$

e) In einem Doppelrohr-Wärmeaustauscher sollen im Gegenstrom 1500 l/h Wasser von 10° auf 30° erwärmt werden. Hierzu stehen 1000 l/h Wasser von 50° zur Verfügung, die sich entsprechend auf 20° abkühlen. Die Wassergeschwindigkei im Wärmeaustauscher sei 1 m/s. Der Wärmewiderstand der Rohre und die Dicke der Innenrohre kann vernachlässigt werden. Im inneren Rohr soll das Warmwasser strömen. Wie groß ist der Austauscher zu bemessen?

Abb. 302 und 303 geben einen Anhalt über die vorliegenden Verhältnisse. Bei 1000 l/h ergibt sich mit $w = 1\,\text{m/s}$ ein Querschnitt für das Innenrohr $f_i = 278\,\text{mm}^2$ entsprechend einem Rohrdurchmesser $d = 18,8\,\text{mm}$. Für den Ringraum ergibt sich bei 1500 l/h und $w = 1\,\text{m/s}$ ein Querschnitt von $f_a = 417\,\text{mm}^2$. Daraus folgt der Durchmesser des Außenrohres $D = 29,7\,\text{mm}$.

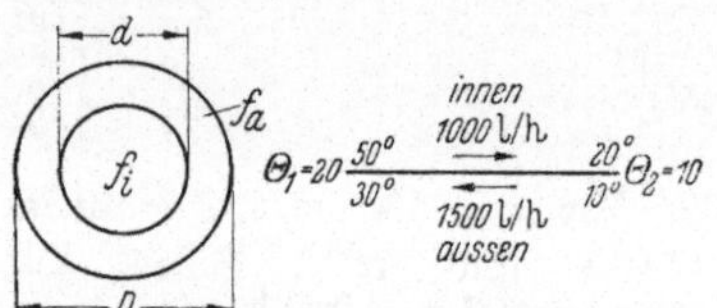

Wir berechnen zunächst für das Innenrohr

Abb. 302.   Abb. 303.
Schematische Darstellung der Verhältnisse beim Doppelrohr-Wärmeaustauscher.

$$N u = \frac{\alpha\,d}{\lambda} = 0{,}24\,R\,e^{0,8}\,P\,r^{0,37}\,. \qquad (789)$$

Die mittlere Temperatur für die Stoffwerte schätzen wir auf etwa 30°. Mit $v = 0{,}00796\,\text{cm}^2/\text{s}$; $a = 0{,}001480\,\text{cm}^2/\text{s}$ ist $P r = 5{,}38$ und $R e = 23\,600$. Ferner wird mit $\lambda = 0{,}529\,\text{kcal/m h grd}$, $d = 0{,}0188\,\text{m}$, $\alpha_i = 2810\,\text{kcal/m}^2\,\text{h grd}$.

Für den Ringraum ist der gleichwertige Durchmesser $D_0 = 10{,}9\,\text{mm}$. Die mittlere Temperatur für die Stoffwerte des Kaltwassers schätzen wir auf etwa 20°. Mit $v = 0{,}00996\,\text{cm}^2/\text{s}$ und $a = 0{,}001430\,\text{cm}^2/\text{s}$ ist $P r = 6{,}97$ und $R e = 10\,930$. Ferner wird mit $\lambda = 0{,}513\,\text{kcal/m h grd}$ und $D_0 = 0{,}0109\,\text{m}$ $\alpha_a = 3950\,\text{kcal/m}^2\,\text{h grd}$.

Da die Wandstärke des Innenrohres vernachlässigt werden sollte, kann der Wärmedurchgang als ebenes Problem behandelt werden. Mit Gl. (705) wird

$$k = \frac{1}{\dfrac{1}{\alpha_i} + \dfrac{1}{\alpha_a}} = 1640\,\text{kcal/m}^2\,\text{h grd}.$$

Die logarithmische Temperaturdifferenz ist

$$\Theta_m = \frac{\Theta_1 - \Theta_2}{\ln \dfrac{\Theta_1}{\Theta_2}} \, .$$

Mit $\Theta_1 = 20°$ und $\Theta_2 = 10°$ folgt aus Abb. 295 $\Theta_m = 14{,}5°$.

Die zu übertragende Wärme ist $1000\,(50-20) = 30\,000$ kcal/h.

$$Q = k F \Theta_m \qquad\qquad (826)$$

wird $F = 1{,}262\,\mathrm{m}^2$, was bei einem Rohrdurchmesser von $d = 18{,}8$ mm einer Rohrlänge von 21,4 m entspricht. Hätte man die Wandstärke des Innenrohres und seine Wärmeleitfähigkeit berücksichtigen müssen, so hätte zur Flächenbestimmung Gl. (711) herangezogen werden müssen.

220. Das Ausfrieren und Schmelzen von Eisschichten. Auf der rechten Seite der ebenen Wand in Abb. 304 befindet sich ein Kühlmittel von der Temperatur t_0, auf der linken Seite eine Flüssigkeit z. B. Wasser, das sich auf der Gefriertemperatur t_g befindet. Ist $t_0 < t_g$, so wird sich allmählich eine Eisschicht bilden. Wir wollen die Abhängigkeit der Eisschichtdicke vor der Zeit ermitteln.

Die Wärmeübergangszahl des Kühlmittels an die Wand sei α_i. Hat ferner die Wand die Dicke δ' und die Wärmeleitzahl λ', so ist nach Nr. 186 die Wärmedurchgangszahl bis zur linken Wandseite

$$k_i = \frac{1}{\dfrac{1}{\alpha_i} + \dfrac{\delta'}{\lambda'}} \, .$$

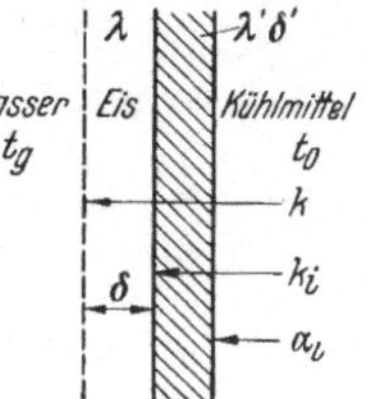

Abb. 304. Ausfrieren und Schmelzen einer Eisschicht an ebener Fläche.

Hat die Eisschicht die Dicke δ mit der Wärmeleitzahl λ, so ist die Wärmedurchgangszahl bis zur Flüssigkeit

$$k = \frac{1}{\dfrac{1}{k_i} + \dfrac{\delta}{\lambda}} \, .$$

Ist ferner q_s die Schmelzwärme der Flüssigkeit, γ das spezifische Gewicht des Eises, z die Zeit und setzt man schließlich zur Abkürzung $t_0 - t_g = \Theta$, so ist

$$k \, \Theta \, d z = \gamma \, q_s \, d \delta \, . \qquad\qquad (829)$$

Auf der linken Seite steht die je Flächeneinheit in der Zeit $d z$ übertragene Wärmemenge, auf der rechten die zum Gefrieren einer Schicht $d \delta$ notwendige Wärmemenge. Beide müssen gleich sein.

Durch Integration von Gl. (829) findet man die Zeit z_f, die zum Ausfrieren der Schicht δ_0 notwendig ist zu

$$z_f = \frac{\gamma \, q_s}{\Theta}\left(\frac{\delta_0}{k_i} + \frac{\delta_0^2}{2\lambda}\right) . \qquad\qquad (830)$$

Will man umgekehrt eine Eisschicht auftauen, so muß offenbar die Flüssigkeit eine höhere Temperatur als die Gefriertemperatur haben, denn sonst könnte keine Wärme an die Eisschicht übergehen. Ist ϑ die Übertemperatur der Flüssigkeit über die Gefriertemperatur und F

die Fläche, so ist mit α als Wärmeübergangszahl zwischen Flüssigkeit und Eisschicht

$$\alpha\,\vartheta\,dz = -\,\gamma\,q_s\,d\delta\,. \tag{831}$$

Auf der linken Seite steht die an die Eisschicht je Flächeneinheit übergehende Wärmemenge, auf der rechten die zum Schmelzen der Schicht $d\delta$ notwendige Wärmemenge ebenfalls je Flächeneinheit. Beide müssen gleich sein. Im Gegensatz zum Vorgang beim Ausfrieren tritt beim Schmelzen eine Wärmeübergangszahl zwischen Eis und Wasser auf. Beim Ausfrieren ist das nicht der Fall, weil vorausgesetzt wurde, daß die Flüssigkeit bereits Gefriertemperatur hat, so daß das Auskristallisieren der einzelnen Teilchen lediglich ein Vorgang der Wärmeleitung ist.

Um den Schmelzvorgang aufrecht zu erhalten, muß man der Flüssigkeit, wenn man sie auf der Übertemperatur ϑ halten will, eine Wärmemenge Q dauernd zuführen. Setzt man mit F als Fläche

$$\frac{Q}{F} = q\,,$$

so ist wegen

$$Q = \alpha\,\vartheta\,F\,,$$

$$q = \alpha\,\vartheta\,.$$

Führt man q in Gl. (831) ein und integriert, so erhält man zum Schmelzen einer Schichtdicke δ_0 die Zeit

$$z_s = \frac{\gamma\,q_s}{q}\,\delta_0\,. \tag{832}$$

Hat man es nicht mit einer ebenen Fläche, sondern mit einem Rohr zu tun, durch dessen Inneres ein Kühlmittel fließt, während außen Eis aufgefroren wird, so liegen die Verhältnisse verwickelter (Abb. 305).

Der innere bzw. äußere Rohrradius sei r_i bzw. r_a, der Radius der Eisschicht r. Für die Wärmedurchgangszahlen ergeben sich unter Beachtung von Nr. 187 die Werte

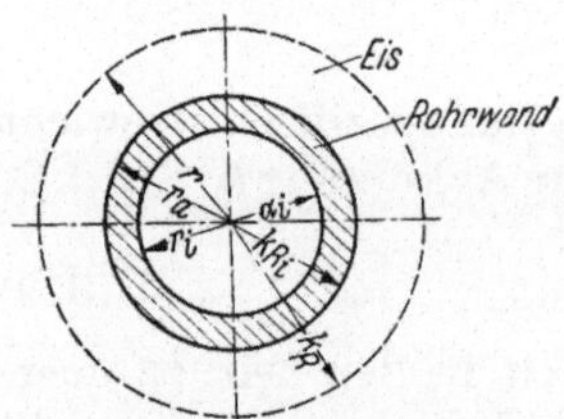

Abb. 305. Ausfrieren und Schmelzen einer Eisschicht am Rohr.

$$k_{R_i} = \cfrac{1}{\cfrac{1}{\alpha_i\,r_i} + \cfrac{1}{\lambda'}\ln\cfrac{r_a}{r_i}}\,,$$

$$k_R = \cfrac{1}{\cfrac{1}{k_i} + \cfrac{1}{\lambda}\ln\cfrac{r}{r_a}}\,.$$

Für den Gefrierprozeß erhält man die Differentialgleichung

$$\frac{2\,\pi\,\Theta}{\dfrac{1}{k_{R_i}} + \dfrac{1}{\lambda}\ln\dfrac{r}{r_a}}\,dz = 2\,\pi\,\gamma\,q_s\,r\,dr\,, \tag{833}$$

woraus für die Gefrierzeit bis zum Eisradius r_0 folgt zu

$$z_f = \frac{\gamma\,q_s}{2\,\Theta}\left[\left(\frac{1}{k_{R_i}} - \frac{1}{2\,\lambda}\right)(r_0^2 - r_a^2) + \frac{1}{\lambda}\,r_0^2\ln\frac{r_0}{r_a}\right]. \tag{834}$$

Während des Schmelzvorganges werde die Wärme Q zugeführt. Wir setzen mit L als Rohrlänge

$$\frac{Q}{2\,\pi\,r_a\,L} = q\,. \tag{835}$$

Dann ist

$$Q = \alpha\,\vartheta\,2\pi\,r_a L$$

und

$$q = \alpha\,\vartheta\,\frac{r}{r_a} = \text{konst.} \tag{836}$$

Im Gegensatz zur ebenen Fläche ändert sich also beim Zuführen einer konstanten Wärmemenge die Flüssigkeitstemperatur mit der Eisdicke.

Die Differentialgleichung für den Schmelzvorgang lautet

$$2\,\pi\,r\,\alpha\,\vartheta\,dz = 2\,\delta\,\gamma\,q_s\,r\,d\,r\,. \tag{837}$$

Unter Beachtung von Gl. (836) folgt durch Integration für die zum Schmelzen einer Eisschichtdicke von Radius r_0 notwendige Zeit

$$z_s = \frac{\gamma\,q_s}{2\,q\,r_a}\,(r_0^2 - r_a^2)\,. \tag{838}$$

221. Beispiele. a) An einer ebenen Platte, deren Dicke bzgl. des Wärmedurchganges vernachlässigt werden kann, wird aus Gefrierwasser von $0°$ Eis ausgefroren. Die Platte werde auf $-10°$ gehalten. Die Wärmeleitzahl des Eises ist $2{,}0$ kcal/m h grd, die Schmelzwärme 80 kcal/kg und das spezifische Gewicht des Eises 900 kg/m³. Welche Zeit ist erforderlich, um eine Eisschicht von 100 mm aufzufrieren?

$$z_f = \frac{\gamma\,q_s}{\Theta}\left(\frac{\delta_0}{k_i} + \frac{\delta_0^2}{2\lambda}\right)\,. \tag{830}$$

Da die Plattentemperatur mit $-10°$ angegeben ist, kann $k_i = \infty$ gesetzt werden so daß der erste Ausdruck in der Klammer verschwindet. Mit $\gamma = 900$ kg/m²; $q_s = 80$ kcal/kg; $\Theta = 10°$ $\lambda = 2{,}0$ kcal/m h grd und $\delta_0 = 0{,}1$ m ergibt sich $z_f = 18$ h.

b) Welche Zeit ist erforderlich, um die unter a) genannte Eisschicht wieder aufzutauen, wenn dem Gefrierwasser je Stunde und je m² der Platte eine Wärmemenge von 5000 kcal zugeführt wird?

$$z_s = \frac{\gamma\,q_s}{q}\,\delta_0\,. \tag{832}$$

Mit $q = 5000$ kcal/m² h und den unter a) angegebenen Daten folgt $z_s = 1{,}44$ h.

IX. Stoffaustausch.

222. Grundgesetz der Diffusion bei volldurchlässigen Grenzflächen. Diffusionszahl. Zwischen den beiden ebenen Flächen I und II, die sich senkrecht zur Zeichenebene ausdehnen sollen (Abb. 306) und deren Abstand x_0 sei, sollen sich zwei Gase befinden, z. B. Wasserstoff und Stickstoff. Der Gesamtdruck beider Gase sei P. An der linken Wand werde dauernd der Teildruck des Wasserstoffes P_1' aufrechterhalten, an der rechten Wand der Teildruck P_2'. Dementsprechend ist der Teildruck des Stickstoffs an der rechten Wand $P_2'' = P - P_2'$ und an der linken Wand $P_1'' = P - P_1'$. Die Erfahrung lehrt, daß sich die ungleiche Verteilung der beiden Gase auszugleichen sucht. Es findet eine *Diffusion* jedes Gases in Richtung seines abnehmenden

Konzentrationsgefälles statt. Um die obengenannten Drücke aufrecht zu erhalten, muß daher durch die linke Wand dauernd Wasserstoff nachgeliefert und durch die rechte Wand entfernt werden, während umgekehrt Stickstoff dauernd durch die rechte Wand nachgeliefert und durch die linke entfernt werden muß. Beide Wände müssen also für beide Gase durchlässig sein. Es handelt sich daher um ein Diffusionsproblem mit *volldurchlässigen Grenzflächen*.

Bezeichnet man mit $\overline{N}$ die Zahl der diffundierenden Mole in kmol, mit c die Konzentration in kmol/m³, die dem Teildruck proportional ist,

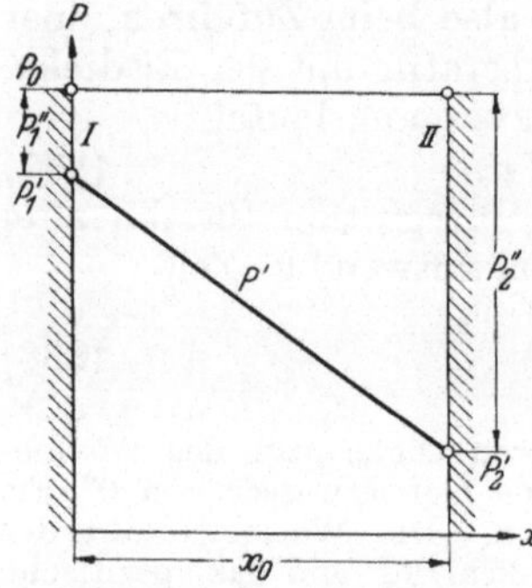

Abb. 306. Druckverlauf bei Diffusion zwischen volldurchlässigen Grenzflächen.

mit x die Diffusionsrichtung in m, mit F die Fläche in m² und mit z die Zeit in h, so setzt man nach dem Vorgang von FICK

$$\overline{N} = - k \frac{dc}{dx} F z. \tag{839}$$

Dabei ist k ein Proportionalitätsfaktor, der nach Gl. (839) die Dimension m²/h hat. Er wird *Diffusionszahl* genannt. Der Wert von k hängt von den Gasen ab, die durcheinander diffundieren.

Der Ansatz Gl. (839) gilt indessen nur, wenn die Diffusion bei konstanter Temperatur vor sich geht. Ist das nicht der Fall, so müssen die Teildrücke an Stelle der Konzentrationen eingeführt werden[1]. Ganz abgesehen davon ist jedoch auch das Rechnen mit den Teildrücken für praktische Zwecke meist bequemer. Beachten wir, daß

$$c = \frac{\gamma}{m}$$

mit γ als spezifischem Gewicht und m als Molekulargewicht ist, so können wir für Gl. (839) setzen

$$m\overline{N} = \overline{G} = - k \frac{d\gamma}{dx} F z, \tag{840}$$

oder auch für den Wasserstoff

$$\overline{G} = - \frac{k}{RT} \frac{dP'}{dx} F z. \tag{840a}$$

Darin ist $\overline{G}$ das diffundierende Stoffgewicht. Bezeichnet man mit G das diffundierende Stoffgewicht je Zeiteinheit, so ist

$$G = - \frac{k}{RT} \frac{dP'}{dx} F. \tag{841}$$

Da G konstant ist folgt aus Gl. (841), daß der Druckabfall innerhalb des Diffusionsraumes linear erfolgt. Im übrigen entspricht Gl. (841) im Aufbau völlig der Gl. (698) für die Wärmeleitung.

---

[1] ACKERMANN, G.: VDI-Forschg.-Heft 382 (1937). — K. NESSELMANN: Z. ges. Kälteind. 48 (1941) S. 181.

In Abb. 307 befinden sich zwischen den beiden Ebenen wieder die beiden genannten Gase mit der eingezeichneten beliebig angenommenen Druckverteilung. Die Wände seien jetzt undurchlässig. Dann werden sich beide Gase auszugleichen suchen. Bezieht sich der Zeiger (') wieder auf Wasserstoff und ('') auf Stickstoff, so ergibt sich nach Division von Gl. (841) durch das Molekulargewicht von Wasserstoff bzw. Stickstoff für die in der Zeiteinheit diffundierende Mole

$$N_1' = - \frac{k'}{RT} \frac{dP'}{dx} F \,, \tag{842}$$

$$N_2'' = + \frac{k''}{RT} \frac{dP''}{dx} F \,. \tag{843}$$

Die Vorzeichen sind so gewählt, daß N' und N'' beide positiv werden. Wenden wir Gl. (842) und (843) auf den Schnitt AB in Abb. 307 an, so muß die Zahl N' der Wasserstoffmole, die den links von AB befindlichen Teil des Diffusionsraumes verläßt, gleich der Zahl N'' der in diesen Raum einströmenden Stickstoffmole sein.

Denn da ein Mol Wasserstoff das gleiche Volumen wie ein Mol Stickstoff hat, so würden sich andernfalls innerhalb des Diffusionsraumes Druckunterschiede ausbilden, was nicht möglich ist. Daher muß $N' = N''$ sein. Da nun ferner

$$\frac{dP''}{dx} = \frac{d(P - P')}{dx} = - \frac{dP'}{dx}$$

ist, so folgt nach Division von Gl. (842) und (843) bei konstantem T

$$\frac{N'}{N''} = \frac{k'}{k''} = 1 \,,$$

und daher

$$k' = k'' = k \,.$$

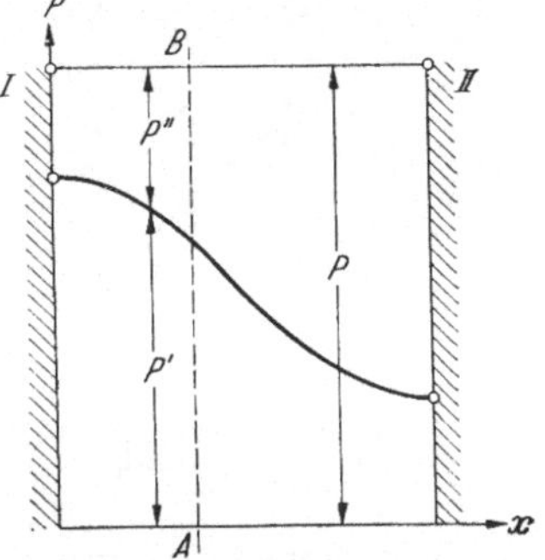

Abb. 307. Zum Beweis der Gleichheit der gegenseitigen Diffusionszahlen bei Gasen.

Die Diffusionszahl von Wasserstoff durch Stickstoff ist also genau so groß wie die Diffusionszahl von Stickstoff durch Wasserstoff. Dies gilt natürlich allgemein für jedes Gaspaar, so daß jeweils jedem Gaspaar eine bestimmte Diffusionszahl zugeordnet ist.

Die Diffusionszahl k hängt von der Temperatur und vom Gesamtdruck ab. Man kann näherungsweise setzen

$$k = \frac{k_0}{P} \left(\frac{T}{273} \right)^n \,, \tag{844}$$

wobei k_0 die Diffusionszahl bei $p_0 = 1$ at und $T = 273$ (t = 0°) ist. Der Wert n ist rund 2.

Die Gleichungen (839) und (840) können auch für die Diffusion von Flüssigkeiten verwendet werden, jedoch sind sie auch hier auf isotherme Probleme beschränkt.

223. Die Diffusion bei halbdurchlässigen Grenzflächen. Die Hauptgleichung (841) hatten wir unter der Voraussetzung gewonnen, daß die Begrenzungsflächen des Diffusionsraumes volldurchlässig, d. h.

für beide Gase durchlässig sind. Leider ist diese Voraussetzung in der Technik fast nie erfüllt. Die Verhältnisse liegen meist so, daß die Begrenzungsflächen nur halbdurchlässig sind. Auf unser Beispiel angewendet heißt das, daß an der durch die Schraffierung angedeuteten Wand I (Abb 308) der Teildruck P_1' des Wasserstoffes durch dauernde Nachlieferung aufrechterhalten wird, so daß er nach rechts in den Stickstoff diffundiert. An der rechten Wand II werde der Wasserstoffdruck P_2' aufrecht erhalten. Beide Wände sollen jedoch für Stickstoff undurchlässig sein. Der Stickstoff, der auf Grund eines nach links gerichteten Druckgefälles nach links diffundiert, kann daher nicht durch die Wand I abgeführt werden. Dies würde an sich einen Anstieg des Gesamtdruckes von rechts nach links zur Folge haben. Da jedoch der Gesamtdruck konstant gehalten wird, kann ein Ausgleich nur dadurch stattfinden, daß eine konvektive Strömung von links nach rechts einsetzt[1]. Im folgenden soll dieser Fall näher untersucht werden, wobei sich der Zeiger D auf die Diffusion und der Zeiger K auf die Konvektion beziehen soll.

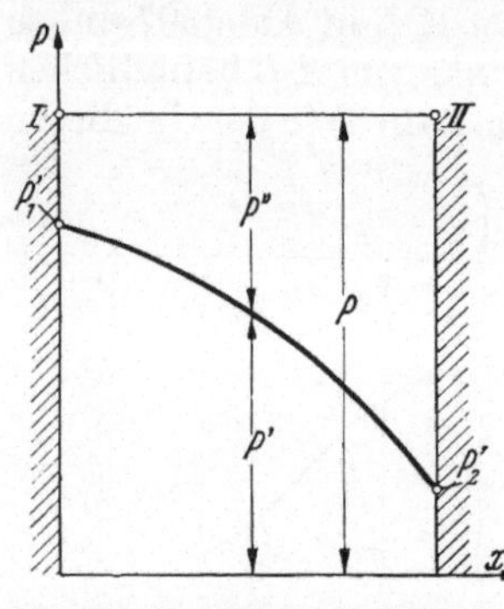

Abb. 308. Druckverlauf bei Diffusion zwischen halbdurchlässigen Grenzflächen.

Von links nach rechts diffundiert die Wasserstoffmenge

$$G_D' = - \frac{k}{R'\,T'} \frac{d\,P'}{d\,x} F \qquad (845)$$

und von rechts nach links die Stickstoffmenge

$$G_D'' = + \frac{k}{R''\,T'} \frac{d\,P''}{d\,x} F . \qquad (845\,\text{a})$$

Dem Gewicht G_D'' entspricht, bezogen auf den Teildruck, das Volumen

$$V_D'' = \frac{G_D''\,R''\,T}{P''} = + \frac{k}{R''\,T} \frac{d\,P''}{d\,x} \cdot \frac{R''\,T}{P''} F = - \frac{k}{P-P'} \frac{d\,P'}{d\,x} F .$$

Dieses Stickstoffvolumen muß je Zeiteinheit durch eine konvektive Strömung wieder von links nach rechts befördert werden. Ist u diese Geschwindigkeit, so ist

$$u = \frac{V_D''}{F} = \frac{V_K''}{F} = - \frac{k}{P-P'} \frac{d\,P'}{d\,x} . \qquad (846)$$

Dabei sind die Vorzeichen so gewählt, daß u in der X-Richtung positiv ist.

Nun befindet sich aber in dem Volumen, das sich mit der Geschwindigkeit u nach rechts bewegt, nicht nur Stickstoff sondern auch Wasserstoff, weil sich die Mischung nur als Ganzes fortbewegen kann. Daher muß sich bezogen auf den Wasserstoffteildruck auch das Wasserstoffvolumen

$$V_K' = u F$$

nach rechts fortbewegen. Nun ist aber

$$V_K' = \frac{G_K'}{\gamma'}$$

---

[1] Nusselt, W.: Z. angew. Math. Mech. 10 (1930) S. 105.

und daher unter Berücksichtigung von Gl. (846)

$$G'_K = \gamma' u F = u F \frac{P'}{R'T} = -\frac{k}{P-P'}\frac{dP'}{dx} \cdot \frac{P'}{R'T} F \; . \qquad (847)$$

Das Gesamtgewicht an Wasserstoff G', das von links nach rechts übertragen wird, ist also

$$G' = G'_D + G'_K \; .$$

Addiert man dementsprechend Gl. (845) und (847), so folgt

$$G' = -\frac{k}{R'T}\frac{P}{P-P'}\frac{dP'}{dx} \; . \qquad (848)$$

Vergleichen wir Gl. (848) mit der Grundgleichung (841) für volldurchlässige Grenzflächen, so finden wir, daß in Gl. (848) noch der Faktor $\frac{P}{P-P'}$ hinzukommt. Nur wenn P' sehr klein im Vergleich zu P_0 ist, gehen beide Gleichungen ineinander über. Da $\frac{P}{P-P'} > 1$ ist, so ist die transportierte Stoffmenge unter sonst gleichen Bedingungen bei halbdurchlässigen Grenzflächen also größer als bei volldurchlässigen.

Aus Gl. (848) folgt weiter, daß der Druckabfall bei halbdurchlässigen Wänden nicht mehr linear verläuft. Gl. (848) unterscheidet sich grundsätzlich in ihrer Form von Gl. (698) für die Wärmeleitung.

224. Stoffaustausch und Wärmeaustausch. Wir wollen im folgenden voraussetzen, daß das einfache Gesetz Gl. (841) für die Diffusion erfüllt ist. Nun kommt es in der Regel bei technischen Aufgaben darauf an, welche Fläche notwendig ist, um eine Gasmenge mit einem bestimmten an der Begrenzungsfläche (z. B. einer Rohrwand) konstant gehaltenen Teildruck in ein anderes Glas diffundieren zu lassen und auf diese Weise fortzuführen. Die Aufgabe kann auch umgekehrt gestellt sein, daß aus einem Gemisch heraus eine Gasmenge entfernt werden soll, wobei dann der mittlere Teildruck dieses Gases innerhalb des Gemisches und der kleinere Teildruck an der Begrenzungsfläche gegeben sein müssen. Wir stellen uns z. B. eine Fläche vor, die von kaltem Wasser berieselt wird. Über diese Fläche werde mit bestimmter Geschwindigkeit ein Gemisch von Luft und Ammoniakdampf geschickt. Solange das kalte Wasser noch nicht allzu stark angereichert ist, wird es Ammoniakdampf absorbieren, wobei an seiner Oberfläche derjenige Teildruck von Ammoniak herrscht, der der Konzentration des Ammoniaks im Wasser und der herrschenden Temperatur entspricht. Solange dieser kleiner ist als der Ammoniakteildruck im Gasgemisch diffundiert Ammoniak an die mit Wasser berieselte Begrenzungsfläche. Man erkennt den engen Zusammenhang zwischen Wärme- und Stoffübertragung. Es entsprechen sich Wärmemenge und Stoffmenge einerseits und Temperatur und Teildruck andererseits.

Der Gleichung für die Wärmeleitung Gl. (698)

$$dQ = -\lambda \frac{dt}{dx} F$$

entspricht die Diffusionsgleichung (841)

$$dG = -\frac{k}{RT}\frac{dP'}{dx}F$$

und der Gleichung für den Wärmeübergang (696a)

$$Q = \alpha F \Theta,$$

bzw. Gl. (758)

$$Q = \alpha F(t_W - t_F)$$

entspricht einer Gleichung für die Stoffübertragung

$$G = \beta\frac{\Delta P'}{RT}F,\tag{849}$$

bzw.

$$G = \beta\frac{F}{RT}(P_W - P_F).\tag{849a}$$

Während α die Dimension kcal/m²h grd hat, ergibt sich für β die Dimension m/h. Man bezeichnet β als *Stoffaustauschzahl*. Der Wandtemperatur t_W entspricht der Teildruck P_W und der mittleren Temperatur t_F der Teildruck P_F. Den Zeiger F haben wir bei der Lehre von der Wärmeübertragung sowohl für Gase als auch für Flüssigkeiten verwendet. In diesem Zusammenhang bezieht er sich lediglich auf Gase.

Unter den gemachten Voraussetzungen können also für den Stoffaustausch dieselben Überlegungen angestellt werden wie in Nr. 198 bis 202 für die Wärmeübertragung. Insbesondere bleiben auch die Ähnlichkeitsbetrachtungen bestehen und die Möglichkeit, die Probleme rein formalistisch oder mit Hilfe des Impulssatzes physikalisch anschaulich durchzuführen. Die Gl. (761) bis (764) gelten grundsätzlich ebenfalls mit folgenden formalen Änderungen[1]:

An Stelle der Temperatur ϑ tritt der Partialdruck des diffundierenden Gases P, weil für die Diffusion der Teildruckunterschied dieselbe Rolle spielt wie die Temperaturdifferenz für die Wärmeleitung.

Beim Auftrieb A muß berücksichtigt werden, daß er auch bei konstanter Temperatur dadurch zustande kommt, daß das spezifische Gewicht des Gasgemisches infolge der Konzentrationsunterschiede an den einzelnen Stellen auch Unterschiede aufweist. Nach den Überlegungen der Nr. 201 ist der Auftrieb

$$A = -g\varrho_W\left(1 - \frac{\varrho_F}{\varrho_W}\right).$$

Beschränken wir uns lediglich auf Gase, so ist nach der Gasgleichung

$$\gamma_F = \frac{PM_F}{\Re T_F}$$

und

$$\gamma_W = \frac{PM_W}{\Re T_W},$$

---

[1] Vgl. auch E. Schmidt: Gesundh.-Ing. 52 (1929) S. 525.

wobei M_F und T_F bzw. M_W und T_W das mittlere Molekulargewicht des Gasgemisches und seine Temperatur an den entsprechenden Stellen bedeuten. Da nun

$$\frac{\varrho_F}{\varrho_W} = \frac{\gamma_F}{\gamma_W} = \frac{M_F T_W}{M_W T_F}$$

ist, so wird

$$A = -g\,\varrho_W\left(1 - \frac{M_F T_W}{M_W T_F}\right) = g\,\varrho_W\left(\frac{M_F T_W}{M_W T_F} - 1\right). \qquad (850)$$

Dies ist der Ausdruck für den Auftrieb in seiner allgemeinsten Form. Ist im besonderen $T_W = T_F$, handelt es sich also um ein isothermes Problem, so wird

$$A_{T=konst.} = g\,\varrho_W\left(\frac{M_F}{M_W} - 1\right).$$

Ist ferner $M_W = M_F$ wie beim reinen Wärmeübergang, so wird

$$A_{M=konst.} = g\,\varrho_W\left(\frac{T_W}{T_F} - 1\right) = \frac{g\,\varrho_F}{T_F}(T_W - T_F) = g\,\varrho_W\,\varepsilon\,(T_W - T_F),$$

wobei wir noch für $\dfrac{1}{T_F}$ den Ausdehnungskoeffizienten ε gesetzt haben.

Wir sind damit auf denselben Ausdruck gekommen, den wir unter anderen Gesichtspunkten in Gl. (762a) kennengelernt hatten.

Schließlich ist bezüglich der Gl. (761) bis (764) noch zu beachten, daß an Stelle der Temperaturleitfähigkeit a die Diffusionszahl k tritt. Dies ergibt sich, wenn man sinngemäß dieselben Überlegungen anwendet, die in Nr. 201 angestellt wurden und zu Gl. (763) führten. Man betrachtet dann wieder ein Raumelement $dx\,dy\,dz$, in welches durch Diffusion eine gewisse Stoffmenge eintritt, die durch die Strömung dem Raumelement wieder entzogen werden muß, um bei stationären Verhältnissen keine Stoffvermehrung oder Verminderung innerhalb des Raumelementes zu erhalten.

Wir erhalten also an Stelle von Gl. (761) bis (764) für den Stoffaustausch bei Strömung die Gleichungen

$$\frac{\partial(\varrho w_x)}{\partial x} + \frac{\partial(\varrho w_y)}{\partial y} + \frac{\partial(\varrho w_z)}{\partial z}, \qquad (761)$$

$$\left.\begin{aligned}
&\varrho\left(w_x\frac{\partial w_x}{\partial x} + w_y\frac{\partial w_x}{\partial y} + w_z\frac{\partial w_x}{\partial z}\right) = A - \frac{\partial P}{\partial x} + \\
&+ \eta\left[\frac{\partial^2 w_x}{\partial x^2} + \frac{\partial^2 w_x}{\partial y^2} + \frac{\partial^2 w_x}{\partial z^2} + \frac{1}{3}\frac{\partial}{\partial x}\left(\frac{\partial w_x}{\partial x} + \frac{\partial w_y}{\partial y} + \frac{\partial w_z}{\partial z}\right),\right.
\end{aligned}\right\} \quad (851)$$

wobei P der Gesamtdruck ist. Zwei weitere Gleichungen gibt es für die Y- und Z-Richtung. Ferner ergibt sich

$$w\frac{\partial P'}{\partial x} + w_y\frac{\partial P'}{\partial y} + w_z\frac{\partial P'}{\partial z} = k\left(\frac{\partial^2 P'}{\partial x^2} + \frac{\partial^2 P'}{\partial y^2} + \frac{\partial^2 P'}{\partial z^2}\right), \qquad (852)$$

worin P' der Teildruck des diffundierenden Gases ist. Und schließlich haben wir als vierte Gleichung

$$dG = \frac{\beta}{RT}(P_W - P_F)\,dF = -\frac{k}{RT}\frac{\partial P'}{\partial n}\,dF. \qquad (853)$$

Auf Grund der gleichen Betrachtungen, wie wir sie schon in Nr. 201 ausführten, erhalten wir die folgenden Kennzahlen

$$Re = \frac{w\,d}{\nu},$$

$$Gr' = \frac{g\,l_0^3}{\nu^2}\left(\frac{M_F\,T_W}{M_W\,T_F} - 1\right). \tag{854}$$

Gl. (854) ist so aufgestellt, daß an der Begrenzungsfläche die Strömung nach oben gerichtet ist, d. h. daß dort das Gasgemisch leichter ist als in einiger Entfernung von der Begrenzungsfläche. Im umgekehrten Falle muß gesetzt werden

$$Gr' = \frac{g\,l_0^3}{\nu^2}\left(1 - \frac{M_F\,T_W}{M_W\,T_F}\right). \tag{854a}$$

Jedenfalls muß Gr' stets positiv herauskommen.

Von diesen beiden Kennzahlen ist uns die erste schon bekannt und die zweite entspricht Gl. (792a), nur daß jetzt auch die unterschiedlichen Molekulargewichte berücksichtigt sind. Die beiden weiteren Kennzahlen, für die bisher im Schrifttum keine besonderen Bezeichnungen eingeführt worden sind, haben die Zusammensetzung

$$\frac{\nu}{k} \quad \text{und} \quad \frac{\beta\,l_0}{k}.$$

Von diesen beiden entspricht die erste der Prandtlschen und die zweite der Nusseltschen Kennzahl. Die allgemeine Lösung des Problems des Stoffaustausches ist also entsprechend Gl. (775)

$$\frac{\beta\,l_0}{k} = f\left(Re;\ \frac{\nu}{k};\ Gr'\right). \tag{855}$$

225. Stoffaustausch bei erzwungener Strömung. Gesetz von Lewis.
Wir haben bereits erkannt, daß bei erzwungener Strömung der Auftrieb in seiner Wirkung völlig zurücktritt. Da nun die Grundgleichungen für den Wärme- und Stoffaustausch in ihrem mathematischen Aufbau dieselben sind, so müssen wir auch dieselben Lösungen haben. Unter Verwendung der Potenzprodukte der Kennzahlen können wir für den Fall der erzwungenen Strömung setzen

$$\frac{\beta\,l_0}{k} = K\,Re^{m_1}\left(\frac{\nu}{k}\right)^{m_2}. \tag{856}$$

Diese Lösung entspricht beim Wärmeaustausch einer Gleichung von der Form

$$Nu = \frac{\alpha\,l_0}{\lambda} = K\,Re^{m_1}\,Pr^{m_2}, \tag{856a}$$

wobei dann K, m_1 und m_2 sowohl für den Stoff- als auch für den Wärmeaustausch die gleichen Werte besitzen müssen. Dividiert man Gl. (856a) durch Gl. (856), so erhält man

$$\frac{\alpha}{\beta} = \frac{\lambda}{k}\left(\frac{k}{a}\right)^{m_2}. \tag{857}$$

Über den Exponenten m_2 liegen zuverlässige Angaben noch nicht vor. Man kann jedoch durch folgende Überlegung einen Anhaltspunkt gewinnen. Nach Gröber[1] kann gesetzt werden

$$Nu = K\, Re^{0,064}\, Pe^{0,850}\,.$$

Dafür kann auch geschrieben werden

$$Nu = K \left(\frac{Pe}{Pr}\right)^{0,064} Pe^{0,850} = K\, Pr^{0,064}\, Pe^{0,786}\,. \tag{858}$$

Man erkennt hieraus zunächst, daß der Exponent für Pr sehr klein ist, was schon in Nr. 204 erwähnt wurde und zu der Überlegung führte, daß für Gase $Pr^{0,064}$ mit in die Konstante einbezogen werden kann. Der Exponent von Pe ist nach den neueren Untersuchungen 0,75 statt 0,786, aber jedenfalls in der Größenordnung derselbe. Man kann nun Gl. (858) in die Form Gl. (856a) überführen

$$Nu = K\, Pr^{0,064}\, Pr^{0,786}\, \frac{Pe^{0,786}}{Pr^{0,786}} = K\, Re^{0,786}\, Pr^{0,850}\,. \tag{859}$$

Würde man in Gl. (858) für den Exponenten von Pe statt 0,786 den Wert 0,75 setzen, so erhielte man in Gl. (859) für den Exponenten m_2 von Pr den Wert 0,814 statt 0,850. Man erkennt also, daß m_2 in Gl. (859) in der Größenordnung von 0,8 liegt. Man wird also angenähert setzen können $m_2 = 0,8$, so daß man erhält

$$\frac{\alpha}{\beta} \sim \frac{\lambda}{k} \left(\frac{k}{a}\right)^{0,8}\,. \tag{860}$$

Weil sowohl für den Wärmeübergang im Rohr als auch an ebenen Wänden bei aufgezwungener Strömung derselbe Exponent für Pe gilt, so hat Gl. (860) auch beim Stoffaustausch für beide Begrenzungsflächen Gültigkeit.

Mit wachsender Reynoldsscher Zahl soll der Exponent m_2 immer größer und für $Re = \infty$ Eins werden[2].

Wird $m_2 = 1$ oder ist $\frac{k}{a} = 1$. so erhält man

$$\frac{\alpha}{\beta} = \gamma\, c_p\,, \tag{861}$$

wobei sich γ und c_p auf das Gemisch beziehen.

Dieser Zusammenhang wird als *Lewissches Gesetz* bezeichnet. Man nahm früher an, daß Gl. (861) allgemeine Gültigkeit hat, was aber, wie gezeigt, nicht der Fall ist[3]. Damit ist die Stoffaustauschzahl auf die Wärmeübergangszahl zurückgeführt.

Man kommt ebenfalls zu einer Beziehung zwischen α und β, wenn man nicht die rein formalistische, sondern die anschauliche Methode mit Hilfe des Impulssatzes verwendet[4].

---

[1] Gröber, H.: Die Grundgesetze der Wärmeleitung und des Wärmeüberganges. Berlin: Springer 1921.
[2] Lorenz, H.: Z. techn. Physik 15 (1934) S. 155.
[3] Vgl. auch G. Ackermann: Forschg. Ing.-Wes. 5 (1934) S. 95.
[4] Hofmann, E.: Z. ges. Kälteind. 49 (1942) S. 66.

226. Stoffaustausch bei freier Strömung. Nach Nr. 209 können wir für den Wärmeübergang bei freier Strömung sowohl für das Rohr als auch für die ebene Wand die Gleichungsform[1]

$$Nu = K \sqrt[4]{Pr\,Gr} \qquad (862)$$

verwenden. Die Ähnlichkeitsbetrachtungen ergeben die gleiche Form auch für den Stoffaustausch, nur daß an Stelle von Gr nunmehr Gr' und an Stelle von Pr wieder die Kennzahl $\dfrac{v}{k}$ tritt. Wir erhalten also

$$\frac{\beta\,l_0}{k} = K \sqrt[4]{\left(\frac{v}{k}\right)Gr'} \; . \qquad (863)$$

Setzen wir auch für den Wärmeaustausch die durch Gr' gekennzeichneten Auftriebsverhältnisse voraus, so ist auch in Gl. (862) Gr durch Gr' zu ersetzen und durch Division von Gl. (862) durch Gl. (863) ergibt sich

$$\frac{\alpha}{\beta} = \frac{\lambda}{k} \sqrt[4]{\frac{k}{a}} \; . \qquad (864)$$

Damit ist auch für freie Strömung die Stoffaustauschzahl auf die Wärmeaustauschzahl zurückgeführt. Man muß nur darauf achten, daß in diesem Fall nicht mit Gr sondern Gr' zu rechnen ist.

Für $\dfrac{k}{a} = 1$ wird auch für freie Strömung Gl. (861) erfüllt.

227. Die Stoffkonstanten. Bei der Berechnung der Stoffaustauschzahl über die Wärmeübergangszahl sind die Stoffkonstanten für dieselben Stellen und Zustände einzusetzen, wie bei den reinen Wärmeaustauschproblemen. Bei erzwungener Strömung sind es die Mittelwerte für die Grenzschicht und bei freier Strömung die Werte an der Wand und in großer Entfernung von der Wand. Da es sich dabei stets um ein Gemisch in der Regel aus zwei Gasen bestehend handelt, sind diese Werte für das Gemisch zu nehmen. Hier leisten bezüglich der Zähigkeit und der Wärmeleitzahl besonders die Gl. (804) und (805) sehr gute Dienste.

Die Diffusionszahl ist für viele Gemische aus dem Schrifttum zu entnehmen. Dagegen ergeben sich Schwierigkeiten, wenn man die Diffusionszahl für die Diffusion eines Gases durch das Gemisch zweier anderen ermitteln will. Ist z. B. die Diffusionszahl von Wasserdampf einerseits durch Stickstoff und andererseits durch Wasserstoff bekannt, so gibt es bis heute leider noch keine Möglichkeit, aus beiden Ergebnissen die Diffusionszahl von Wasserdampf durch das Gemisch von Stickstoff und Wasserstoff zu berechnen. Man ist dabei zunächst völlig auf Versuche angewiesen[2].

228. Korrektur der Grundgleichungen. Wie schon ausdrücklich hervorgehoben wurde, gelten die bisher abgeleiteten Beziehungen genau nur für den Fall, daß der Partialdruck des diffundierenden Gases klein gegen den Gesamtdruck ist oder daß es sich um volldurchlässige Grenzflächen handelt und daß das Temperaturfeld das Geschwindigkeitsfeld

---

[1] Vgl. auch R. Hilpert: VDI-Forsch.-Heft 355 (1932).
[2] Hippenmeyer, B.: Angew. Chem. 1 (1949) S. 549.

nicht beeinflußt. Diese sich überlagernden Einflüsse können nach ACKERMANN[1] durch gewisse Faktoren berücksichtigt werden, mit denen die Stoffaustauschzahl multipliziert werden muß.

229. Wärme- und Stoffaustausch im J, x-Diagramm. In der Technik treten die Stoffaustauschprobleme in der Regel zusammen mit Wärmeaustauschproblemen auf. Die Aufgabe lautet dann häufig so, daß aus einem Gas heraus Dampf durch Kondensation an den gekühlten Begrenzungsflächen, also z. B. an gekühlten Rohren, niedergeschlagen und dadurch entfernt werden soll. Soll beispielsweise in einem Wasserdampf-Luft-Gemisch der Gehalt an Wasserdampf vermindert werden, so muß man die Begrenzungsflächen unter den Taupunkt abkühlen. Setzen wir voraus, daß die Wand auf konstanter Temperatur gehalten wird, so ist hiermit ein bestimmter konstanter Teildruck des Wasserdampfes an der Wand bedingt. Wenn er kleiner als der Teildruck des Wasserdampfes im Gemisch ist, so diffundiert der Wasserdampf gegen die Wand und schlägt sich dort als Wasser nieder. Dabei muß dann die Verflüssigungswärme abgeführt werden. Die Aufgabe kann selbstverständlich auch umgekehrt gestellt sein, daß eine Flüssigkeit unter Wärmezufuhr in ein Gas hinein verdampft.

In diesen Fällen erweist es sich als zweckmäßig, das J, x-Diagramm (vgl. Nr. 106) zu Hilfe zu nehmen, das man sich leicht auch für andere Gemische als Luft und Wasserdampf selbst zusammenstellen kann. Zum mindesten ist die Rechnung mit dem Dampfgehalt x je kg trocknen Gases sehr bequem.

Man findet sogar häufig im Schrifttum die diffundierende Stoffmenge proportional dem Unterschied der x-Werte gesetzt und erhält dann entsprechend Gl. (849a) die Gleichung

$$G = \sigma F (x_W - x_F).\tag{865}$$

Die Stoffaustauschzahl σ hat die Dimension kg/m²h.

Im folgenden soll sich der Zeiger (′) auf den diffundierenden Dampf, der Zeiger (″) auf das Gas beziehen. Wir haben dann also zu schreiben

$$G' = \sigma F (x'_W - x'_F).\tag{865a}$$

Drückt man x'_W und x'_F durch die Gasgleichung aus, so folgt

$$G' = \sigma \frac{R''}{R'} \left(\frac{P'_W}{P - P'_W} - \frac{P'_F}{P - P'_F} \right) F.\tag{866}$$

Wenn die Teildrücke sehr klein gegen den Gesamtdruck P sind, wird

$$G' = \frac{\sigma R''}{P R'} (P'_W - P'_F) F\tag{866a}$$

und Gl. (866a) geht dann in Gl. (849a) über, wenn

$$\sigma = \beta \frac{P}{R''\,T}\tag{867}$$

gesetzt wird.

---

[1] ACKERMANN, G.: VDI-Forsch.-Heft 382 (1937).

Die Gültigkeit von Gl. (865) ist indessen noch weiter eingeschränkt als die von Gl. (849a). Während letztere bei volldurchlässigen Begrenzungsflächen immer und bei halbdurchlässigen nur bei niedrigen Teildrücken gilt, ist Gl. (865) in jedem Fall nur auf sehr kleine Teildrücke des diffundierenden Stoffes beschränkt.

Für den Fall, daß das Lewissche Gesetz erfüllt ist, wird nach Gl. (861)

$$\frac{\alpha}{\beta} = \gamma\, c_p\,,$$

wobei sich γ und c_p auf das Gemisch beziehen. Ist der Teildruck des diffundierenden Dampfes sehr gering, so ist das spezifische Gewicht des Gemisches praktisch gleich dem spezifischen Gewicht des Gases, so daß

$$\gamma \sim \frac{P}{R''\,T} \tag{868}$$

gesetzt werden kann. Setzt man β aus Gl. (861) in Gl. (867) ein, so erhält man unter Berücksichtigung von Gl. (868)

$$\sigma = \frac{\alpha}{c_p}\,, \tag{869}$$

eine auch häufig angewendete Beziehung.

Bei dem technisch wichtigen Gemisch Luft–Wasserdampf ist das Lewissche Gesetz angenähert erfüllt[1] und die Teildrücke des Wasserdampfes sind in der Regel niedrig, so daß für diesen Fall gern die Beziehungen Gl. (865) und (869) verwendet werden. In anderen Fällen ist jedoch Vorsicht geboten.

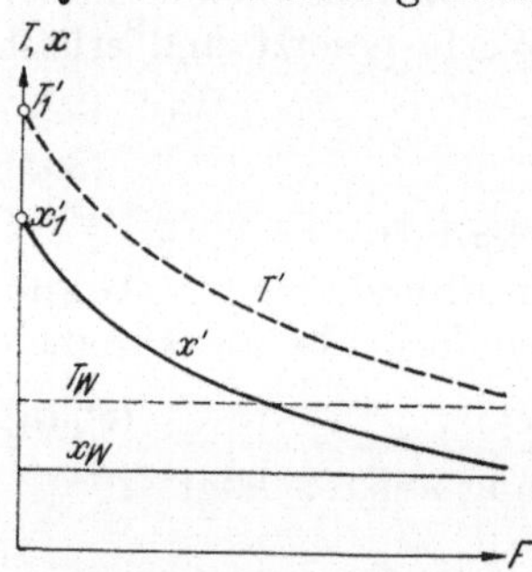

Abb. 309. Grundsätzlicher Verlauf von Temperatur und Dampfgehalt beim Kondensieren eines Dampfes aus einem Gas.

Wir stellen uns jetzt die Aufgabe, die Fläche zu berechnen, die zum Entfernen einer bestimmten Dampfmenge aus einem Gas notwendig ist. Das Gasgemisch ströme in den Austauscher mit der Temperatur T_1' und dem Dampfgehalt x_1' ein. Die Wand werde auf der Temperatur T_W gehalten. Hier ist das Gas mit dem Dampf gesättigt, was einem Dampfgehalt von x_W' entsprechen möge. Beim Vorbeiströmen an der gekühlten Fläche werden Temperatur und Dampfgehalt nach Abb. 309 abnehmen. Der gewünschte Endwert des Dampfgehaltes sei x_2'. Zwischenwerte sind mit x' bezeichnet.

Wir setzen zunächst voraus, daß die vereinfachte Beziehung Gl. (865) gilt. Dann können wir schreiben[2]

$$-G''\,dx' = \sigma\,(x' - x_W')\,dF\,. \tag{870}$$

Hierin ist G'' das unveränderliche Gewicht des trockenen Gases, also $-G''dx'$ die für G'' kg trockenen Gases abgeschiedene Dampfmenge.

<hr>

[1] Genauere Untersuchungen siehe bei E. Kirschbaum, Chem.-Ing. Techn. 21 (1949) S. 89.

[2] Nesselmann, K.: Z. ges. Kälteind. 48 (1941) S. 181.

Das negative Vorzeichen kommt dadurch zustande, daß mit zunehmender Fläche x' abnimmt, also negativ ist. Im Gegensatz zu Gl. (865) steht x'_W an zweiter Stelle, da es kleiner ist als x'.

Die Integration von Gl. (870) zwischen Anfang und Ende führt auf die Beziehung

$$\frac{x'_2 - x'_W}{x'_2 - x'_W} = e^{-\frac{\sigma F}{G''}}, \tag{871}$$

oder

$$F = \frac{G''}{\sigma} \ln \frac{x'_1 - x'_W}{x'_2 - x'_W}. \tag{871a}$$

Setzt man für σ den Wert nach Gl. (867), so erhält man

$$F = \frac{G'' R'' T_m}{P \beta} \ln \frac{x'_1 - x'_W}{x'_2 - x'_W}. \tag{872}$$

Hierin ist T_m die mittlere Temperatur in der Grenzschicht.

Der Temperaturverlauf des Gemisches kann unter den gemachten Voraussetzungen folgendermaßen ermittelt werden.

Ist x'_F der mittlere Dampfgehalt über die gesamte Zustandsänderung, also in erster Annäherung das arithmetische Mittel zwischen x'_1 und x'_2 und sind c'_p und c''_p die spezifischen Wärmen des diffundierenden Dampfes und des Gases, so ist die mittlere spezifische Wärme bezogen auf G''

$$c_p = c''_p + x'_F c'_p \tag{873}$$

und wir ernalten für den Temperaturverlauf die Differentialgleichung

$$-G'' c_p d T = \alpha (T - T_W) dF \tag{874}$$

und nach Integration zwischen Anfang und Ende

$$\frac{T_2 - T_W}{T_1 - T_W} = e^{-\frac{\alpha F}{c_p G'}}, \tag{875}$$

oder

$$F = \frac{c_p G''}{\alpha} \ln \frac{T_1 - T_W}{T_2 - T_W}. \tag{875a}$$

Diese Gleichung verknüpft die Fläche mit der Temperatur. Einer bestimmten Fläche ist also nach Gl. (872) und (875a) ein bestimmter Dampfgehalt und eine bestimmte Temperatur zugeordnet.

Rechnet man nach der genaueren Beziehung Gl. (849a), so erhält man an Stelle von Gl. (870)

$$-G'' d x' = \frac{\beta}{R' T_m} (P' - P'_W) dF. \tag{876}$$

Nach der Gasgleichung ist

$$P' = P \frac{x'}{\frac{R''}{R} + x'}.$$

Setzt man diesen Wert in Gl. (876) ein, so folgt

$$-G'' \, dx' = \frac{\beta}{R' \, T_m} \cdot \frac{x' \, (P - P'_W) - P'_W \dfrac{R''}{R'}}{x' + \dfrac{R''}{R'}} \, dF \, . \tag{877}$$

Durch Integration zwischen Anfang und Ende ergibt sich

$$F = \frac{G'' \, R' \, T_m}{\beta \, (P - P'_W)} \left[(x'_1 - x'_2) \, (P - P'_W) + \frac{R''}{R'} \, P \ln \frac{x'_1 \, (P - P'_W) - P'_W \dfrac{R''}{R'}}{x'_2 \, (P - P'_W) - P'_W \dfrac{R''}{R'}} \right] . \tag{878}$$

Diese Gleichung nimmt eine sehr bequeme Form an, wenn man mit Hilfe der Gasgleichung an Stelle der Drücke den Dampfgehalt einführt. Man erhält dann

$$F = \frac{G'' \, R' \, T_m}{\beta \, P \, \dfrac{R''}{R'' + x'_W \, R'}} \left[x'_1 - x'_2 + \frac{R'' + x'_W \, R'}{R'} \ln \frac{x'_1 - x'_W}{x'_2 - x'_W} \right] . \tag{879}$$

Diese genauere Gleichung entspricht der Näherungsgleichung (872).

Bei der Berechnung von β ist zu beachten, daß man für die Stoffkonstanten die Mittelwerte in der Grenzschicht einsetzt, also auf die Temperatur T_m bezieht. Für den Mittelwert c_{p_m} in der Grenzschicht gilt dann

$$c_{p_m} = \frac{c''_p + x'_m \, c'_n}{1 + x'_m} \, . \tag{880}$$

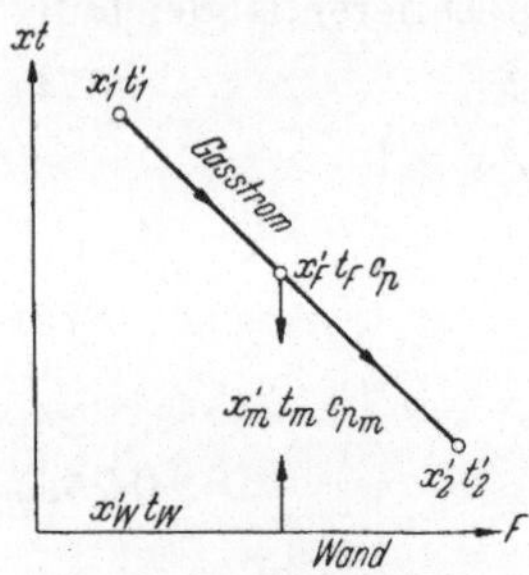

Abb. 310. Übersicht über die Bezeichnungen.

Dabei ist x'_m in erster Annäherung das arithmetische Mittel zwischen x'_F und dem Dampfgehalt an der Begrenzungsschicht x'_W. Zum besseren Verständnis gibt Abb. 310 dieses Verhältnis schematisch wieder.

Auch der Temperaturverlauf läßt sich noch genauer festlegen, als es durch Gl. (875) geschehen ist[1], doch genügt die Näherung in den meisten Fällen.

Wir wollen jetzt noch den Zustandsverlauf im J, x-Diagramm verfolgen (Abb. 311). Punkt 1 gibt den Zustand des Gemisches beim Eintritt in den Austauschapparat an. Dem Zustand an der gekühlten Grenzfläche entspricht Punkt 2' mit der Temperatur t_W und dem Dampfgehalt x'_W. Dieser Zustand muß auf der Sättigungslinie liegen. Würde die Fläche unendlich groß sein, so wäre beim Austritt aus dem Austauschapparat das Gemisch im Zustand 2'. Bei endlicher Fläche liegt der Endpunkt 2 noch im Überhitzungsgebiet oberhalb der Sättigungs-

---

[1] NESSELMANN, K.: Z. ges. Kälteind. 48 (1941) S. 181.

linie und es ist zunächst fraglich, wie die Kurve der Zustandsänderung aussieht.

Theoretische Überlegungen und praktische Berechnungen[1] zeigen, daß für den Fall $Pr = \dfrac{v}{k}$ die Verbindungslinie 12 fast gradlinig verläuft.

Ist $Pr < \dfrac{v}{k}$, verläuft sie im allgemeinen etwas links davon, ist $Pr > \dfrac{v}{k}$, im allgemeinen etwas rechts davon. Der Fall $Pr = \dfrac{v}{k}$ entspricht dem Lewisschen Gesetz. Für $Pr > \dfrac{v}{k}$ ist in Gl. (860) der Klammerausdruck größer als Eins, für $Pr < \dfrac{v}{k}$ ist er kleiner als Eins.

Unter Umständen kann es vorkommen, daß die Verbindungslinie 1—2' das Gebiet des nassen Dampfes durchschneidet. Das würde bedeuten, daß innerhalb des Gemisches Nebelbildung auftritt. Für diesen Fall gelten die abgeleiteten Beziehungen nicht mehr. Die Behandlung dieses Problems steht indessen noch aus.

Die an die Wandung übertragene Wärmemenge einschließlich der Verflüssigungswärme kann aus der Enthalpie der in den Austauschapparat einströmenden und ihn verlassenden Stoffe ermittelt werden. Die Enthalpien sind aus dem J, x-Diagramm ohne weiteres ablesbar.

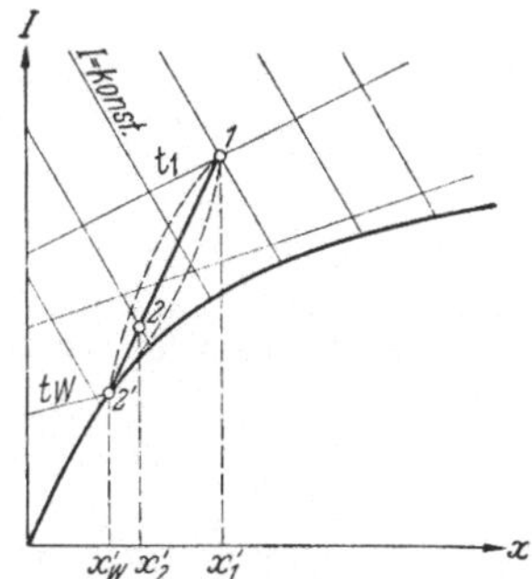

Abb, 311. Zustandsverlauf im J, x-Diagramm beim Kondensieren eines Dampfes aus einem Gas.

230. Beispiele. a) 1000 kg/h trockner Luft mit einem Wasserdampfgehalt von 0,018 kg/kg und einer Temperatur von 35° sollen in einem Wärmeaustauscher, dessen Fläche auf 10° gehalten wird, auf einen Dampfgehalt von $x = 0{,}009$ kg/kg gebracht werden. Der gleichwertige Durchmesser des Austauschers sei 0,05 m, die Strömungsgeschwindigkeit 6 m/s. Der Druck im Austauscher sei 1 at. Welche Fläche ist erforderlich und welche Temperatur hat das Gasgemisch beim Austritt ?

Unter der vorläufigen Annahme, daß die Zustandsänderung gradlinig verläuft, verbinden wir im J, x-Diagramm (Diagramm IV) den Anfangspunkt ($t_1 = 35°$; $x'_1 = 0{,}018$) mit dem Sättigungspunkt für die Begrenzungsfläche bei 10°. Für den gewünschten Dampfgehalt $x'_2 = 0{,}009$ finden wie eine Temperatur von 13°. Die mittlere Temperatur während der Zustandsänderung ist $t_F = (35 + 13)/2 = 24°$ und die mittlere Temperatur in der Grenzschicht, auf die die Stoffkonstanten bezogen werden müssen $t_m = (24 + 10)/2 = 17{,}5°$. Der mittlere Dampfgehalt während der Zustandsänderung ist $x'_F = (0{,}018 + 0{,}009)/2 = 0{,}0135$. Für die Grenzschicht mit $x'_W = 0{,}00785$ auf der Sättigungslinie folgt $x'_m = (0{,}0135 + 0{,}00785)/2 = 0{,}01068$. Wir berechnen zunächst

$$Nu = \frac{\alpha\, d}{\lambda} = 0{,}04\ Pe^{0,75}. \tag{780}$$

Für die Stoffkonstanten c_p, λ und γ können in diesem Fall mit genügender Annäherung die Werte für trockene Luft genommen werden. Sonst müßten die

[1] HOFMANN, E.: Z. ges. Kälteind. 49 (1942) S. 66. — K. LINGE: Festschrift Richard Mollier zum 70. Geburtstag. Karlsruhe 1933.

Gl. (873) und (805) und für γ die Gesetze der Gasgemische nach Nr. 101 Verwendung finden. Die Stoffkonstanten für 17,5° und 1 at sind $c_p = 0{,}242$ kcal/kg grd; $\lambda = 0{,}0215$ kcal/m grd; $\gamma = 1{,}172$ kg/m³. Damit wird $a = \dfrac{\lambda}{c_p\gamma} =$ 0,0758 m²/h $= 0{,}211$ cm/s. Mit $w = 600$ cm/s und $d = 5$ cm ergibt sich $Pe = 14200$ und $Pe^{0,75} = 1300$. Dann folgt $\alpha = 22{,}4$ kcal/m² h grd.

Die Stoffaustauschzahl β folgt aus

$$\frac{\alpha}{\beta} = \frac{\lambda}{k}\left(\frac{k}{a}\right)^{0,8}. \tag{860}$$

Für Wasserdampf und Luft ist $k = 0{,}092$ m²/h. Mit den oben angeführten Stoffwerten folgt $\beta = 82{,}5$ m/h. Nun kann die Fläche nach

$$F = \frac{G'' R' T_m}{\beta P \dfrac{R''}{R'' + x_W' R'}}\left[x_1' - x_2' + \frac{R'' + x_W' R'}{R'}\ln\frac{x_1' - x_W'}{x_2' - x_W'}\right] \tag{879}$$

berechnet werden mit $G'' = 1000$ kg/h; $R' = 47{,}1$ m/grd; $T_m = 273 + t_m = 291°$ K; $R'' = 29{,}3$ m/grd; $P = 10^4$ kg/m². Man erhält dann $F = 22{,}9$ m².

Jetzt kann noch die Richtigkeit der vorher angenommenen Temperatur $t_2 = 13°$ nachgeprüft werden.

$$\frac{T_2 - T_W}{T_1 - T_W} = \frac{t_2 - t_W}{t_1 - t_W} = e^{-\frac{\alpha F}{c_p G''}}. \tag{875}$$

Mit $t_m = 10°$; $t_1 = 35°$; $\alpha = 22{,}4$ kcal/m² h grd; $F = 22{,}9$ m²; $c_p = 0{,}242$ kcal je kg grd; $G'' = 1000$ kg/h folgt $t_2 = 13{,}0°$. Die Annahme stimmte also. Sind die Abweichungen von der Geraden im Diagramm stärker als bei Wasserdampf und Luft, können Unterschiede auftreten. Dies würde dann auf die Bezugstemperatur der Stoffkonstanten Einfluß haben. Da man jedoch ohnehin für die praktische Rechnung die Mittelwertbildung ziemlich roh als arithmetisches Mittel vornimmt, so sind diese Feinheiten für technische Zwecke meist ohne Belang.

Namen- und Sachverzeichnis.